U0940903

# 中 国 国 家 标 准 汇 编

# 374

GB 21556～21614

（2008 年制定）

中国标准出版社　编

中 国 标 准 出 版 社

北　京

**图书在版编目（CIP）数据**

中国国家标准汇编：2008年制定.374：GB 21556～21614/中国标准出版社编.—北京：中国标准出版社，2009

ISBN 978-7-5066-5305-3

Ⅰ.中…　Ⅱ.中…　Ⅲ.国家标准-汇编-中国-2008
Ⅳ.T-652.1

中国版本图书馆CIP数据核字（2009）第079174号

中国标准出版社出版发行
北京复兴门外三里河北街16号
邮政编码：100045
网址 www.spc.net.cn
电话：68523946　68517548
中国标准出版社秦皇岛印刷厂印刷
各地新华书店经销
*
开本 880×1230　1/16　印张 37.75　字数 1 113 千字
2009年6月第一版　2009年6月第一次印刷
*
定价 200.00 元

# 出 版 说 明

1.《中国国家标准汇编》是一部大型综合性国家标准全集。自1983年起，按国家标准顺序号以精装本、平装本两种装帧形式陆续分册汇编出版。它在一定程度上反映了我国建国以来标准化事业发展的基本情况和主要成就，是各级标准化管理机构，工矿企事业单位，农林牧副渔系统，科研、设计、教学等部门必不可少的工具书。

2.《中国国家标准汇编》收入我国每年正式发布的全部国家标准，分为"制定"卷和"修订"卷两种编辑版本。

"制定"卷收入上一年度我国发布的、新制定的国家标准，顺延前年度标准编号分成若干分册，封面和书脊上注明"20××年制定"字样及分册号，分册号一直连续。各分册中的标准是按照标准编号顺序连续排列的，如有标准顺序号缺号的，除特殊情况注明外，暂为空号。

"修订"卷收入上一年度我国发布的、被修订的国家标准，视篇幅分设若干分册，但与"制定"卷分册号无关联，仅在封面和书脊上注明"20××年修订-1，-2，-3，……"字样。"修订"卷各分册中的标准，仍按标准编号顺序排列(但不连续)；如有遗漏的，均在当年最后一分册中补齐。需提请读者注意的是，个别非顺延前年度标准编号的新制定的国家标准没有收入在"制定"卷中，而是收入在"修订"卷中。

读者配套购买《中国国家标准汇编》"制定"卷和"修订"卷则可收齐上一年度我国制定和修订的全部国家标准。

3. 由于读者需求的变化，自1996年起，《中国国家标准汇编》仅出版精装本。

4. 2008年我国制修订国家标准共5946项。本分册为"2008年制定"卷第374分册，收入国家标准GB 21556～21614的最新版本。

中国标准出版社

2009年5月

# 目　　录

ICS 97.180
Y 73

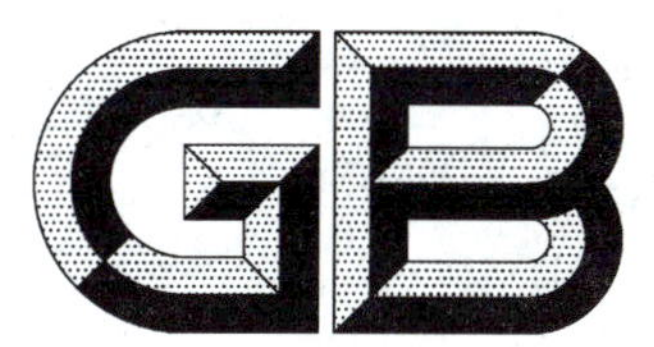

# 中华人民共和国国家标准

GB 21556—2008

# 锁具安全通用技术条件

## General safety technique requirement of locks

2008-03-24 发布　　　　2009-03-01 实施

中华人民共和国国家质量监督检验检疫总局
中国国家标准化管理委员会　发布

# 前　言

**本标准的第4章为强制性条款，其余为推荐性条款。**

本标准采用了国外先进标准的有关技术内容，其一致性程度为：

弹子家具锁与DIN 68852—2004《家具锁要求、试验》的一致性程度为非等效；

自行车锁与JIS D9456—1994《自行车锁》的一致性程度为非等效；

球形门锁与ANSI/BHMA A 156.2—2003《球形门锁、预装门锁及其锁舌》的一致性程度为非等效；

弹子插芯门锁、叶片插芯门锁与JIS A 1510-1：2001《建筑门用金属配件的试验方法　第1部分：锁》的一致性程度为非等效；

电动门锁中的控制器部分参照了GB 14536.1—1998《家用和类似用途电自动控制器　第1部分：通用要求》和GB 14536.13—1996《家用和类似用途电自动控制器　电动门锁的特殊要求》。

本标准的附录A为规范性附录。

本标准由中国轻工业联合会提出。

本标准由全国五金制品标准化技术委员会日用五金分技术委员会归口。

本标准起草单位：国家日用金属制品质量监督检验中心、上海利用锁厂、固力保安制品有限公司、浙江中立集团有限公司、强强集团有限公司、上海新兴锁厂、浙江天宇实业有限公司、山东双山电子锁业股份有限公司。

本标准主要起草人：王振敏、刘荣坚、毕志涛、詹显光、潘教挺、惠文正、林展、张立军。

# 锁具安全通用技术条件

## 1 范围

本标准规定了锁具的术语和定义、要求、试验方法、检验规则。

本标准适用于弹子挂锁、弹子家具锁、自行车锁、外装门锁、弹子插芯门锁、叶片插芯门锁、球形门锁、防火门锁、机械防盗锁、电子防盗锁、电动门锁[1)]。

其他类似锁具可参照执行。

本标准不适用于工业用锁及特殊用锁。

## 2 规范性引用文件

下列文件中的条款通过本标准的引用而成为本标准的条款。凡是注日期的引用文件，其随后所有的修改单（不包括勘误的内容）或修订版均不适用于本标准，然而，鼓励根据本标准达成协议的各方研究是否可使用这些文件的最新版本。凡是不注日期的引用文件，其最新版本适用于本标准。

GB/T 2829 周期检验计数抽样程序及表（适用于对过程稳定性的检验）

GB 4208—1993 外壳防护等级（IP 代码）（eqv IEC 529:1989）

GB 4706.1—2005 家用和类似用途电器的安全 第1部分：通用要求（IEC 60335-1:2004（Ed4.1），IDT）

GB/T 7633 门和卷帘的耐火试验方法（eqv ISO 3008:1976）

GB 14536.1—1998 家用和类似用途电自动控制器 第1部分：通用要求（idt IEC 730-1:1993）

GB 14536.13—1996 家用和类似用途电自动控制器 电动门锁的特殊要求（idt IEC 730-2-12:1993）

GB/T 15729 扭力扳手通用技术条件

GB/T 17626.2 电磁兼容 试验和测量技术 静电放电抗扰度试验（GB/T 17626.2—2006，IEC 61000-4-2:2001，IDT）

GB/T 17626.3 电磁兼容 试验和测量技术 射频电磁场辐射抗扰度试验（GB/T 17626.3—2006，IEC 61000-4-3:2001，IDT）

GB/T 17626.4 电磁兼容 试验和测量技术 电快速瞬变脉冲群抗扰度试验（GB/T 17626.4—1998，idt IEC 61000-4-4:1995）

GB/T 17626.11 电磁兼容 试验和测量技术 电压暂降、短时中断和电压变化的抗扰度试验（GB/T 17626.11—1999，idt IEC 61000-4-11:1995）

GB 50045—1995 高层民用建筑设计防火规范

## 3 术语和定义

下列术语和定义适用于本标准。

3.1

**安全级别 security level**

技术性能指标及防破坏能力程度的差异所划分的级别。

1） 额定电压直流不超过440 V，交流不超过660 V，额定电流不超过63 A的门锁。

3.2

**钥匙　key**

具有匙槽与牙花或信息和信息载体，供开启、关闭锁具的零件。

3.3

**牙花　bit**

在钥匙上编排成一组或若干组高低不同的齿形。

3.4

**牙花数　number of key differs**

在批量中钥匙牙花互不相同的总数。

3.5

**互开　operation of security mechanism**

用本身钥匙能将另一把锁开启的现象。

3.6

**安全装置　security mechanism**

锁的结构中，带有防异物开启的装置。

3.6.1

**防拨　pick up resistant**

抵御在规定的时间内被拨开，导致锁具被打开的能力。

3.6.2

**防钻　drilling resistant**

抵御在规定的时间内被钻坏，导致锁具被打开的能力。

3.6.3

**防锯　sawing resistant**

抵御在规定的时间内零件被锯断，导致锁功能失效的能力。

3.6.4

**防撬　prying resistant**

抵御在规定的时间内被撬开，导致锁功能失效的能力。

3.6.5

**防技术开启　opening locks resistance for technology**

抵抗锁具专业技术人员使用特殊的工具或方法打开锁具的能力。

3.7

**锁头　cylinder**

已组装好锁芯等零件的部件。

3.8

**锁芯　plug**

具有匙槽，能直接传递钥匙动作的零件。

3.9

**锁芯槽封闭中心　key wag center line be senled**

接近或超过锁芯槽中心线的槽形弯曲部分。

3.10

**弹子　pin**

起牙花变化作用的圆柱形零件。

3.10.1

**异形弹子　deformed pin**

装在弹子孔内形状各异起防止异物技术开启作用的弹子。

3.11

**叶片　flat tumbler**

起牙花变化作用的片状零件。

3.12

**锁体　lock body**

已装好零部件的锁具主件。

3.13

**锁舌　bolt**

锁具中直接起锁闭作用的零件或部件。按形状不同分为方舌、斜舌、圆柱舌、钩舌、蟹钳舌等。

3.14

**执手　lever handle**

转动该部件带动锁舌开启，当外力消除后能自行复位的部件。按形状不同分为球形执手、弯形执手、揿拉形执手等。

3.15

**拨动件　cam**

起拨动作用开启、关闭锁舌的零件。

3.16

**挂锁　padlock**

以挂的形式锁住物件(体)的锁。

3.16.1

**锁梁　shackle**

挂住物体起锁闭作用的零件。

3.17

**家具锁　furniture lock**

适用在各类家具上的锁。

3.18

**自行车锁　bicycle lock**

用于锁闭自行车车轮的锁。

3.18.1

**蟹钳形自行车锁　ring bicycle lock**

形状呈蟹钳形的自行车锁。

3.18.1.1

**锁环　shackle**

起锁闭作用的环形零件。

3.18.1.2

**扳手　lug**

连接锁环用手扳动，使锁环运动的零件。

3.18.1.3

**套嘴　mouthpiece**

套在锁体口两端，起加强锁体铆接强度和导向作用的零件。

3.18.2

**条形自行车锁　strip bicycle lock**

形状呈条形的自行车锁。

3.18.2.1

**插头　socket**

连接锁条一端,另一端插入锁头,起关闭作用的零件。

3.18.3

**U形自行车锁　U shape bicycle lock**

形状呈U形的自行车锁。

3.19

**外装门锁　rim lock**

锁体安装在门挺表面上的锁。

3.19.1

**拉手　handle**

拉动门或操纵锁舌等机构的零件。

3.19.2

**保险钮　stop button**

采用揿压、扭转、平移等方式来实现保险功能的零件。

3.19.3

**封片　pinhole seal**

封闭弹子孔、槽的零件。

3.19.4

**锁头传动条(片)　cylinder connect bar**

与锁芯相连接,起传动作用的零件。

3.19.5

**安全链　theft-resistant link chain**

使用时,连接锁体与锁扣盒,起安全作用的链条。

3.19.6

**锁扣盒(板)　strike box (plate)**

关闭时扣住锁舌的盒(板)状零件。

3.20

**插芯门锁　mortise lock**

锁体插嵌安装在门挺中,其附件组装在门上的锁。

3.20.1

**面板　forend**

安装在门挺的侧表面,连接锁体,起锁舌导向作用的零件。

3.21

**球形门锁　door lock with knobs**

锁体插嵌安装在门挺中,开、关机构安装在执手(包括球形或弯形)上的锁。

3.21.1

**保险舌　triggle bolt**

斜舌和一保险柱的组合。当压下保险柱后,自动锁住伸出的斜舌,即使轴向受力也不能使之缩回。

3.21.2

**旋钮 thumb turn**

通过扭转该零件带动锁舌开启、关闭，当外力消除后，不能自行复位的零件。

3.21.3

**按钮 button**

用揿（揿旋转）的方式关闭锁舌的零（部）件。

3.21.4

**固定锁 dead lock**

方舌（圆柱舌）可被内、外钥匙或内旋钮开启。

3.21.5

**拉手套锁 handle set**

由固定锁及拉手球锁配套而成。拉手球锁锁舌可被外按钮或内执手开启。

3.22

**防火门锁 fire resistant lock**

用于安装在防火门上的锁。

3.23

**机械防盗锁 thief resistant machine locks**

通过机械传动方式来驱动锁舌进行锁闭及开启，具有较高的防破坏能力的锁。

3.23.1

**密码锁 dial lock**

以数字编码结构组成的锁。

3.23.2

**防拉 pulling resistant**

抵御在规定的时间内，用相应工具把锁具外露零部件拉坏，导致锁被打开的能力。

3.23.3

**防冲击 impact resistant**

抵御在规定的时间和受外力冲击（或撞击）导致相应机构损坏，锁具被打开的能力。

3.23.4

**磁弹子 magnet pin**

用磁性材料制成的弹子零件。

3.23.5

**防护面 protection surfaces**

锁在实际使用中需要防护的，被工具破坏或被实施技术开启的结构面。

3.24

**电子防盗锁 thief resistant electronic locks**

以电子方式识别、处理相关信息并控制执行机构来驱动锁舌进行锁闭及开启，具有较高的防破坏能力的锁。

3.24.1

**组合编码 code combination**

产品在设计及生产过程中，每一批（循环）中钥匙所规定的理论计算值及实际生产时的实际值的统称。

3.24.2

**误失率　fail identify rate**

用未授权钥匙完成开启电子防盗锁的概率。

3.25

**电动门锁　electrically operated door lock**

以物理地固定门、盖或罩的机械输出机构，藉助于这一机构控制家用或类似设备中门的一种组合的或整套的电气操作装置。

## 4　要求

### 4.1　弹子挂锁

4.1.1　钥匙不同牙花数应符合表1规定。

4.1.2　互开率应符合表1规定。

4.1.3　锁头结构防拨安全装置应符合表1规定。

**表1　钥匙不同牙花数和互开率**

| 产品规格/mm | 30 | 35 | 40 | 45 | 50 | 60 | 75 |
|---|---|---|---|---|---|---|---|
| 钥匙不同牙花数/种　≥ | 300 | 1 500 | 1 800 | | 8 000 | 15 000 | 18 000 |
| 互开率/%　≤ | 0.345 | 0.204 | | | 0.163 | 0.122 | |
| 锁头结构防拨安全装置/项　≥ | 1 | | | | | | |

4.1.4　锁梁抗拉力应符合表2规定。

**表2　锁梁抗拉力**

| 产品规格/mm | 30 | 35 | 40 | 45 | 50 | 60 | 75 |
|---|---|---|---|---|---|---|---|
| 有锁舌挂锁/N　≥ | 980 | 1 570 | 1 960 | 2 250 | 3 800 | 5 880 | 7 840 |
| 无锁舌挂锁/N　≥ | 680 | 880 | 980 | — | — | — | — |

4.1.5　规格不小于35 mm的锁按5.1.5防敲击开启试验后，锁不能开启。

4.1.6　从1.8 m高处跌落的锁，仍能正常使用，不得出现锁梁断裂和锁体开裂。

4.1.7　使用寿命应符合表3规定。

**表3　锁使用寿命**

| 产品规格/mm | 30 | 35 | 40 | 45 | 50 | 60 | 75 |
|---|---|---|---|---|---|---|---|
| 次数/次　≥ | 7 000 | | | | 9 000 | | |

### 4.2　弹子家具锁

4.2.1　钥匙不同牙花数应符合表4规定。

4.2.2　互开率应符合表4规定。

**表4　钥匙不同牙花数和互开率**

| 锁头直径/mm | <20 | | ≥20 | |
|---|---|---|---|---|
| 钥匙牙花/个 | 4 | 5 | 4 | 5 |
| 钥匙不同牙花数/种　≥ | 200 | 750 | 500 | 2 500 |
| 互开率/%　≤ | 0.575 | 0.612 | 0.327 | 0.245 |

4.2.3　锁头结构应具有不少于1项的防拨安全装置。

4.2.4　锁舌伸出长度不少于6 mm。

4.2.5　锁头固定连接静拉力：锁头直径不小于20 mm，承受200 N后，无松动；锁头直径不大于20 mm，承受140 N后，无松动。

4.2.6　锁头固定连接扭矩：锁头直径不小于 20 mm，承受 2.60 N·m 后，无松动；锁头直径不大于 20 mm，承受 1.80 N·m 后，无松动。

4.2.7　锁芯拨动件在承受 0.70 N·m 扭矩后，仍能正常使用。

4.2.8　锁舌在承受 200 N 侧向静载荷后，仍能正常使用。

4.2.9　蟹钳舌在承受 1 000 N 静拉力后，仍能正常使用。

4.2.10　各铆接件在承受 200 N 静拉力后，仍能正常使用。

4.2.11　使用寿命：锁头直径不小于 20 mm，不少于 20 000 次；锁头直径不大于 20 mm，不少于 5 000 次。

## 4.3　自行车锁

4.3.1　钥匙不同牙花数应符合表 5 规定。

4.3.2　互开率应符合表 5 规定。

**表 5　钥匙不同牙花数和互开率**

| 项目名称 | 条形自行车锁 | | 蟹钳形自行车锁和 U 形自行车锁 | | |
|---|---|---|---|---|---|
| 钥匙牙花/个 | 4 | 5 | 4 | 5 | 6 |
| 钥匙不同牙花数/种　≥ | 200 | 800 | 500 | 800 | 3 000 |
| 互开率/%　≤ | 0.526 | 0.327 | 0.327 | 0.204 | 0.163 |

4.3.3　锁头结构应具有不少于 1 项的防拨安全装置。

4.3.4　锁头按 5.3.4 防敲击开启试验后，锁不能开启。

4.3.5　留匙角度不小于 15°。

4.3.6　蟹钳形自行车锁外露锁头在承受 2 800 N 径向静载荷后，仍能正常使用。

4.3.7　套嘴在承受 120 N 静拉力后，不得脱落。

4.3.8　锁环在锁闭状态承受 500 N 静拉力后，仍能正常使用。

4.3.9　扳手与锁环连接牢固，在承受 300 N 静拉力后，无松动(扳手在锁环回位时不受力的不在此范围内)。

4.3.10　条形自行车锁在锁闭状态承受 1 400 N 静拉力后，仍能正常使用。

4.3.11　U 形自行车锁承受静拉力：锁梁直径不小于 10 mm，承受 2 000 N 后，仍能正常使用；锁梁直径不大于 10 mm，承受 1 400 N 后，仍能正常使用。

4.3.12　使用寿命不少于 4 000 次。

## 4.4　外装门锁

4.4.1　钥匙不同牙花数：单排弹子不少于 6 000 种，多排弹子不少于 40 000 种。

4.4.2　互开率应符合表 6 规定，双锁头以外锁头为基准。

**表 6　互开率**

| 项目名称 | 单排弹子 | | 多排弹子 | |
|---|---|---|---|---|
| | A 级(安全型) | B 级(普通型) | A 级(安全型) | B 级(普通型) |
| 互开率/%　≤ | 0.082 | 0.204 | 0.030 | 0.050 |

4.4.3　锁头结构应具有防拨安全装置：A 级不少于 3 项；B 级不少于 1 项。

4.4.4　锁舌伸出长度应符合表 7 规定。

**表 7　锁舌伸出长度**

| 项目名称 | 单舌门锁 | | 双舌门锁 | | 双扣门锁 | |
|---|---|---|---|---|---|---|
| | 斜 舌 | 方 舌 | 斜 舌 | 方 舌 | 斜舌 | 圆柱舌 |
| 伸出长度/mm　≥ | 12 | 14.5 | 12 | 18 | 4.5 | 8 |

4.4.5 采用双锁头结构时，内、外开启的钥匙应相同。

4.4.6 锁头螺孔在承受 1 500 N 静拉力后，仍能正常使用。

4.4.7 弹子孔封片在承受 150 N 静拉力后，不应被弹子顶力顶出，仍能正常使用。

4.4.8 拉手在承受 300 N 静拉力后，仍能正常使用。

4.4.9 执手在承受 400 N 静拉力后，仍能正常使用。

4.4.10 保险钮在承受 250 N 静拉力后，仍能正常使用。

4.4.11 安全链在承受 800 N 静拉力后，仍能正常使用。

4.4.12 锁舌在承受表 8 规定的侧向静载荷后，仍能正常使用。

**表 8 锁舌侧向静载荷**

单位为牛顿

| 级别 | 单舌门锁 | 双舌门锁 | | 双扣门锁 |
|---|---|---|---|---|
| | | 斜舌 | 方舌 | |
| A | ≥3 000 | ≥1 500 | ≥3 000 | ≥3 000 |
| B | ≥1 500 | ≥1 000 | ≥1 500 | ≥1 500 |

4.4.13 锁舌在承受表 9 的轴向静载荷后，仍能正常使用。

**表 9 锁舌轴向静载荷**

单位为牛顿

| 级别 | 单舌门锁 | | 双舌门锁 | |
|---|---|---|---|---|
| | 斜舌 | 方舌 | 斜舌 | 方舌 |
| A | ≥500 | ≥1 000 | ≥500 | ≥1 000 |
| B | — | ≥500 | — | ≥500 |

4.4.14 A 级锁的钥匙在承受 3 N·m 扭矩后，仍能正常使用。

4.4.15 A 级锁的锁头传动条在承受 3 N·m 扭矩后，仍能正常使用。

4.4.16 A 级锁的锁体拨动件在承受 3 N·m 扭矩后，仍能正常使用。

4.4.17 A 级锁的执手在承受 3 N·m 扭矩后，仍能正常使用。

4.4.18 锁扣盒在承受 1 500 N 静拉力后，仍能正常使用。

4.4.19 锁扣板在承受 1 500 N 静拉力后，仍能正常使用。

4.4.20 使用寿命：A 级不少于 100 000 次，B 级不少于 60 000 次。

### 4.5 弹子插芯门锁

4.5.1 钥匙不同牙花数应符合表 10 规定。

4.5.2 互开率应符合表 10 规定。

**表 10 钥匙不同牙花数和互开率**

| 项目名称 | 单排弹子 | 多排弹子 |
|---|---|---|
| 钥匙不同牙花数/种 ≥ | 6 000 | 50 000 |
| 互开率/% ≤ | 0.204 | 0.050 |

4.5.3 锁头结构应具有不少于 1 项的防拨安全装置。

4.5.4 锁舌伸出长度应符合表 11 规定。

**表 11 锁舌伸出长度**

| 项目名称 | 双舌 | | 双舌(铝、塑钢门) | 双舌(钢门) | 单舌 |
|---|---|---|---|---|---|
| | 斜舌 | 方舌、钩舌 | | | |
| 伸出长度/mm ≥ | 11 | 12.5 | 10 | 9 | 12 |
| 注：安装中心距不大于 18 mm，锁舌伸出长度不小于 8 mm。 | | | | | |

4.5.5 方舌在承受1 000 N轴向静载荷后,仍能正常使用。

4.5.6 方舌在承受1 500 N侧向静载荷后,仍能正常使用。

4.5.7 钩舌在承受800 N静拉力后,仍能正常使用。

4.5.8 斜舌在承受1 000 N侧向静载荷后,仍能正常使用。

4.5.9 锁头与锁体螺纹配合旋入顺利,当锁头旋入锁体后,在承受500 N静拉力时螺纹不滑牙。

4.5.10 执手在承受5 N·m扭矩后,仍能正常使用。

4.5.11 执手在承受1 000 N径向静载荷后,仍能正常使用。

4.5.12 执手在承受1 000 N轴向静拉力后,仍能正常使用。

4.5.13 方舌、钩舌使用寿命不少于50 000次。

4.5.14 斜舌使用寿命不少于100 000次。

### 4.6 叶片插芯门锁

4.6.1 每组锁的钥匙牙花数应不少于72种(含不同槽形)。

4.6.2 互开率不大于0.051%。

4.6.3 产品出厂,每箱无同牙花钥匙。

4.6.4 锁舌伸出长度应符合表12规定。

**表12 锁舌伸出长度**

| 项目名称 | | 一档开启 | 二档开启 | |
|---|---|---|---|---|
| | | | 第一档 | 第二档 |
| 伸出长度/mm ≥ | 方舌 | 12 | 8 | 16 |
| | 斜舌 | 10 | | |

4.6.5 方舌在承受1 000 N轴向静载荷后,仍能正常使用。

4.6.6 方舌在承受1 500 N侧向静载荷后,仍能正常使用。

4.6.7 斜舌在承受1 000 N侧向静载荷后,仍能正常使用。

4.6.8 执手在承受5 N·m扭矩后,仍能正常使用。

4.6.9 执手在承受1 000 N径向静载荷后,仍能正常使用。

4.6.10 执手在承受1 000 N轴向静拉力后,仍能正常使用。

4.6.11 方舌使用寿命:单开式不少于30 000次,双开式不少于20 000次。

4.6.12 斜舌使用寿命不少于70 000次。

### 4.7 球形门锁

4.7.1 钥匙不同牙花数应符合表13规定。

**表13 钥匙不同牙花数**

单位为种

| 弹子球锁 | | 叶片球锁 | |
|---|---|---|---|
| 单排弹子 | 多排弹子 | 无级差 | 有级差 |
| ≥6 000 | ≥100 000 | ≥500 | ≥6 000 |

4.7.2 互开率应符合表14规定。

**表14 互开率**

%

| 级别 | 弹子球锁 | | 叶片球锁 | |
|---|---|---|---|---|
| | 单排弹子 | 多排弹子 | 无级差 | 有级差 |
| A | ≤0.082 | ≤0.010 | — | ≤0.082 |
| B | ≤0.204 | ≤0.020 | ≤0.326 | ≤0.204 |

4.7.3 锁舌伸出长度应符合表15规定。

表15 锁舌伸出长度

单位为毫米

| 级别 | 球形锁 | 固定锁 | 拉手套锁 | |
|---|---|---|---|---|
| | | | 方舌 | 斜舌 |
| A | ≥12 | ≥25 | ≥25 | ≥11 |
| B | ≥11 | | | |

4.7.4 弹子球锁锁头结构应具有不少于1项的防拨安全装置。固定锁锁舌应具有防锯安全装置。

4.7.5 带保险的锁舌(即保险舌),当锁舌压至锁止位置时,锁舌伸出不小于6.4 mm,保险柱伸出不小于5.6 mm。

4.7.6 执手按表16(锁闭状态及不锁闭状态)做顺、逆时针扭矩试验后,仍能正常使用。

表16 执手扭矩

单位为牛顿米

| 级别 | 锁闭状态 | | 不锁闭状态 | |
|---|---|---|---|---|
| | 球形执手 | 弯形执手 | 球形执手 | 弯形执手 |
| A | ≥17 | ≥20 | ≥14 | ≥17 |
| B | ≥12 | ≥14 | ≥10 | ≥14 |

4.7.7 执手轴向静拉力:A级承受1 400 N后,B级承受1 000 N后,仍能正常使用。

4.7.8 执手径向静载荷:A级承受1 150 N后,B级承受800 N后,仍能正常使用。

4.7.9 锁舌侧向静载荷:球锁在A级承受2 700 N后,B级承受1 500 N后,仍能正常使用;固定锁在A级承受1 900 N后,B级承受1 400 N后,仍能正常使用。

4.7.10 锁舌保险后,轴向静载荷:球锁在A级承受350 N后,B级承受300 N后,仍能正常使用;固定锁在A级承受500 N后,B级承受350 N后,仍能正常使用。

4.7.11 固定锁旋钮在承受500 N静拉力后,仍能正常使用。

4.7.12 固定锁螺孔在承受1 500 N静拉力后,仍能正常使用。

4.7.13 拉手套锁按钮在承受300 N静载荷后,仍能正常使用。

4.7.14 使用寿命:球锁在A级不少于200 000次,B级不少于100 000次;固定锁在A级不少于100 000次,B级不少于60 000次。

**4.8 防火门锁**

防火门锁在符合相应的产品性能指标后,其耐火极限应符合GB 50045—1995中5.4.1甲级应不小于1.20 h,乙级应不小于0.90 h,丙级应不小于0.60 h的规定。

**4.9 机械防盗锁**

4.9.1 钥匙不同牙花数应符合表17规定。

表17 钥匙不同牙花数

单位为种

| 级别 | 多排弹子 | 磁弹子、叶片锁头 | 密码锁 |
|---|---|---|---|
| A | ≥30 000 | ≥10 000 | ≥36 000 000 |
| B | ≥60 000 | ≥25 000 | ≥600 000 |
| 注:A类级差数为两个,B类级差数为一个。 | | | |

4.9.2 互开率:A级不大于0.010%;B级不大于0.030%;双锁头以外锁头为基准。

4.9.3 弹子锁锁头结构应具有不少于4项的防拨安全装置。

4.9.4 防破坏功能应符合表18规定,锁不能被打开。

表 18 防破坏功能

单位为分

| 级别 | 防钻 | 防锯 | 防撬 | 防拉 | 防冲击 | 防技术开启 | 密码锁防开启 |
|---|---|---|---|---|---|---|---|
| A | 30 | 10 | 30 | 30 | 30 | 5 | 1 440 |
| B | 15 | 5 | 15 | 15 | 15 | 1 | 1 200 |

4.9.5 锁舌伸出长度:A 级不少于 20 mm,B 级不少于 14 mm。

4.9.6 当锁关闭后,执手、旋钮、密码锁操纵件受到破坏或拆卸后,锁舌仍处锁闭状态;钥匙插进锁头旋转后,锁舌伸出但未达锁闭状态时,钥匙应不能拨出。

4.9.7 锁头与锁体连接在承受 3 000 N 静拉力后,仍能正常使用。

4.9.8 锁扣盒在承受 9 000 N 静载荷后,密码锁防护外壳在承受 35 000 N 静载荷后,仍能正常使用。

4.9.9 锁舌强度应符合表 19 规定。

表 19 锁舌强度

| 锁舌轴向静载荷 | 锁舌侧向静载荷 | 钩舌侧向静载荷 | 爪舌静拉力 |
|---|---|---|---|
| 插芯锁及密码锁≥9 800 N,外装锁≥3 000 N,回缩量不大于 8 mm | ≥6 000 N | ≥9 000 N,变形量不大于原有的 10% | ≥12 000 N |

4.9.10 钥匙在承受 3 N·m 扭矩后,无明显变形和损坏。

4.9.11 执手、旋钮、密码锁操纵件在承受 2 200 N 静拉力及 200 N·m 扭矩后,仍能正常使用。

4.9.12 磁弹子在承受 49 N 静载荷后,不得脱落。磁感应强度经高温、振动、冲击、跌落试验后,磁感应的下降率不超过试验前的 10%。

4.9.13 使用寿命:A 级不少于 100 000 次,B 级不少于 60 000 次。

## 4.10 电子防盗锁

4.10.1 不同组合编码的电子编码:A 级不少于 1 000 000 种,B 级不少于 100 000 种。生物特征性编码:A 级不少于 512 个字节,B 级不少于 256 个字节。

4.10.2 电源性能应符合表 20 规定。

表 20 电源性能

| 电池容量 | 欠压指示 | 电源适应性 |
|---|---|---|
| 使用电池供电时,电池容量应保证锁连续正常开、关不少于 $3\times10^3$ 次 | 当供电电压低于标称电压值的 80% 时,应能给出欠压指示。锁能连续正常开、关不少于 50 次 | 当主电源电压在额定值的 85%～110%范围变化时,锁不需作任何调整应能正常操作 |

4.10.3 信息识别卡应具有防水、防污染、防复制、抗静电的能力。

4.10.4 在电源不正常、断电或更换电池时,锁内所存信息不应丢失;锁的误识率应不大于 1%。

4.10.5 锁舌伸出长度:A 级不少于 20 mm,B 级不少于 14 mm。

4.10.6 锁体在承受 110 N 静载荷及 2.65 J 的冲击强度后,无变形和损坏。

4.10.7 锁舌轴向静载荷:A 级承受 3 000 N 后,B 级承受 1 000 N 后,缩进量不大于 8 mm。

4.10.8 锁舌侧向静载荷:A 级承受 6 000 N 后,B 级承受 1 500 N 后,仍能正常使用。

4.10.9 锁扣盒承受静载荷:A 级承受 9 000 N 后,B 级承受 3 000 N 后,仍能正常使用。

4.10.10 手动操作件在锁关闭状态时承受 1 000 N 静拉力及 12 N·m 扭矩后,锁不应被打开,手动操作件无变形和损坏。

4.10.11 识读装置在承受 110 N 静载荷后,键盘上的任一按键经过 6 000 次动作后,无故障及失效。

4.10.12 信息识别卡在经过 1 000 次弯曲及扭曲试验后,卡的功能完好,无破裂。

4.10.13 环境适应性应符合表 21 规定。

表 21 环境适应性

| 项目名称 | 严酷等级 | | 状态 |
|---|---|---|---|
| | A 级 | B 级 | |
| 高温 | 55℃±2℃,2 h | | 加电状态 |
| 低温 | −25℃,2 h | −10℃±2℃,2 h | 不加电状态 |
| 恒定湿热 | 相对湿度(93±2)%,40℃±2℃,48 h | | 不加电状态 |

4.10.14 机械环境适应性应符合表 22 规定,试验后锁仍能正常使用。

表 22 机械环境适应性

| 项目名称 | 试验条件 | | 状态 |
|---|---|---|---|
| 正弦振动 | 频率循环范围 | 10 Hz~55 Hz | 不加电状态 |
| | 振幅 | 0.35 mm | |
| | 扫描频率 | 1 倍频程/min | |
| | 振动方向 | X、Y、Z 三个方向 | |
| | 在共振点上保持时间 | 30 min | |
| 冲击 | 加速度 | 150 $m/s^2$(15 g) | 不加电状态 |
| | 脉冲持续时间 | 11 ms | |
| | 脉冲次数 | 6 个面各 3 次 | |
| | 波形 | 半正弦波 | |
| 跌落 | 跌落高度 | 1 000 mm | 不加电状态 |
| | 跌落次数 | 水泥地面,在任意的四个面各自由跌落 1 次 | |
| 注 1:跌落试验时仅对有键盘盒和个人信息阅读装置进行。<br>注 2:跌落试验时允许产品配用出厂包装盒。 | | | |

4.10.15 抗干扰应符合表 23 规定。试验期间不应有误动作及功能丧失,试验后锁仍能正常使用。

表 23 抗干扰

| 静电放电 | 射频电磁场辐射 | 电快速瞬变脉冲群 | 电压暂降 |
|---|---|---|---|
| 能承受 8 kV(接触)和/或 15 kV(空气)静电放电试验 | 能承受频率范围为 80 MHz~1 000 MHz(调制频率为 1 kHz,调制度为 80%)的射频电磁场辐射干扰试验,试验场强为10 V/m | 采用交流电源供电时,锁能承受 0.5 kV,重复频率为 5 kHz 的电快速瞬变脉冲群干扰试验 | 采用交流电源供电时,锁电源能承受电压降低 30%、25 个周期的试验要求 |

4.10.16 电源插头或电源引入端子与外壳裸露金属部件之间的绝缘电阻在正常环境下不小于 100 MΩ,湿热条件下不小于 10 MΩ。

4.10.17 采用交流电源供电的锁,在正常工作状态下,锁壳对大地的泄漏电流应不大于 5 mA。

4.10.18 抗电强度应符合表 24 规定,试验条件为 50 Hz 的交流电压,经 1 min 试验无击穿和飞弧现象。

表 24 抗电强度

| 额定电压 | | 试验电压/kV |
|---|---|---|
| 直流或正弦交流有效值/V | 交流峰值或合成电压/V | |
| 0~60 | 0~85 | 0.5 |
| 60~130 | 85~184 | 1.0 |
| 130~150 | 184~354 | 1.5 |

4.10.19 非正常操作、阻燃、过压运行及过流保护应符合表 25 安全性规定。

表 25 安全性

| 非正常操作 | 阻燃 | 过压运行 | 过流保护 |
|---|---|---|---|
| 在最残酷的非正常电路故障状态下，应无燃烧和/或触电的危险 | 采用塑料材料为锁的外壳或配套装置，其外壳经火焰燃烧5次，每次5 s，不应起火 | 在主电源电压为额定值的115%过压条件下，应能正常工作 | a) 用交流电源供电的锁，在电源变压器初级应安装断路器或保险丝，其规格一般不大于产品额定工作电流的2倍；<br>b) 对要求用户安装的所有引线，应有明确标识，当无标识造成错接引线时，应能自动保护，使锁不损坏 |

4.10.20 在正常大气下连续加电7 d，每天开、关不少于30次后，锁仍能正常使用，不出现误动作。

4.10.21 在正常工作状态下，由专业技术人员采用技术手段实施技术开启，A级10 min内；B级5 min内，锁不能被开启。

4.10.22 当锁连续三次实施错误操作及防护面遭受外力破坏时，应能自动给出声/光报警指示和/或报警信号输出。

4.10.23 使用寿命：在额定电压和额定负载电流的情况下，进行3 000次的开启、关闭后，电器元件无损坏，机械零部件无损毁和粘连故障。

## 4.11 电动门锁

4.11.1 钥匙不同牙花数或组合编码应符合表26规定。

表 26 钥匙不同牙花数及组合编码

单位为种

| 级别 | 电子编码 | 生物特征性 | 弹子结构 |
|---|---|---|---|
| A级 | ≥1 000 000 | ≥512个字节 | ≥30 000 |
| B级 | ≥100 000 | ≥256个字节 | ≥60 000 |
| 注：A类级差数为两个，B类级差数为一个。 | | | |

4.11.2 弹子结构互开率：A级不大于0.010%，B级不大于0.030%。

4.11.3 锁舌伸出长度：A级不少于20 mm，B级不少于14 mm。

4.11.4 锁头与锁体连接后在承受3 000 N静拉力后，仍能正常使用。

4.11.5 锁体强度符合表27规定后，仍能正常使用。

表 27 锁体强度

| 锁体 | 锁扣盒静载荷 | 防护外壳静载荷 | 手动操作部件 |
|---|---|---|---|
| ≥110 N静载荷及2.65 J冲击 | A级≥9 000 N<br>B级≥3 000 N | ≥35 000 N | 在锁具锁闭状态时承受≥1 000 N静拉力及12 N·m扭矩 |

4.11.6 锁舌强度应符合表28规定后，仍能正常使用。

表 28 锁舌强度

| 锁舌轴向静载荷 | 锁舌侧向静载荷 | 钩舌侧向静载荷 | 爪舌静拉力 |
|---|---|---|---|
| 插芯式及密码锁≥9 800 N，外装锁≥3 000 N，回缩量不大于8 mm | A级≥6 000 N<br>B级≥1 500 N | ≥9 000 N后，变形量不大于原有的10% | ≥12 000 N |

4.11.7 电控制器防触电保护：不能依靠清漆、搪瓷、纸、棉花、金属部件的氧化膜、垫圈和密封胶的绝缘性能来防止与危险的带电部件的意外接触。

4.11.8 电控制器接地保护措施：接地端子、接地端头或接地触头与需要连接到其上的部件之间的连接应是低电阻的。

4.11.9 绝缘电阻和电气强度：带线式、立式和独立安装式控制器应有足够的绝缘电阻，绝缘电阻应不小于表 29 的所示值,所有控制器应有足够的电器强度。

**表 29 绝缘电阻**

| 受试绝缘 | 绝缘电阻/MΩ |
|---|---|
| 工作绝缘 | — |
| 基本绝缘 | 2 |
| 附加绝缘 | 5 |
| 加强绝缘 | 7 |

4.11.10 电控制器环境应力:对湿度环境应力敏感的控制器,应能承受在运输和贮存中可能出现环境应力等级的影响。

4.11.11 电控制器机械强度:控制器的结构应能承受正常使用中发生的机械应力。

4.11.12 爬电距离、电气间隙和穿通绝缘距离:爬电距离和电气间隙应符合 GB 14536.1—1998 中表 20.1 的规定值。穿通绝缘距离应达到:工作电压在 250 V 及以下的穿通绝缘的距离,如果有附加绝缘隔离的,则金属部件之间应不小于 1.0 mm;如果是由加强绝缘隔离的,则金属部件之间应不小于 2.0 mm。

4.11.13 电控制器耐热、耐燃和耐漏电起痕:控制器的所有非金属部件应能耐热、耐燃和耐漏电起痕。

4.11.14 使用寿命:在额定电压和额定负载电流的情况下,进行 3 000 次的连续开启、关闭操作。电器元件无损坏,机械零件无损毁和粘连故障。

## 5 试验方法

### 5.1 弹子挂锁试验

#### 5.1.1 钥匙不同牙花数试验

a) 查阅牙花表或检查实物,计算其牙花数的理论值及实际生产值;

b) 计算见式(1)。

$$N = a^b \qquad \cdots\cdots(1)$$

式中:

$N$——钥匙理论牙花数;

$a$——钥匙牙花级差数;

$b$——钥匙齿数。

#### 5.1.2 互开率试验

按表 30 随机取样本量,由五人分组进行,开足试开数。样本量和测试时间应符合表 30 规定。

**表 30 样本量和测试时间**

| 产品规格/mm | 30 | 35 | 40 | 45 | 50 | 60 | 75 |
|---|---|---|---|---|---|---|---|
| 样本量/把 | 30 | 50 | | | | | |
| 测试时间/min ≤ | 16 | 45 | | | | | |

互开率计算见式(2)。

$$X = \frac{R}{T(T-1)} \times 100 \qquad \cdots\cdots(2)$$

式中:

$X$——互开率,%;

$R$——被开启次数,次;

$T$——样本量,个或把。

5.1.3 锁头防拨安全装置试验

解剖锁(头),检查有无防拨安全装置。如:加长弹子、异形弹子、防拨(销)片、锁芯槽封闭中心线[2)]。

5.1.4 锁梁抗拉力试验

锁梁闭合后,将锁安装在拉力机上,沿锁梁对称中心线对锁梁逐步施加力至规定值。

5.1.5 防敲击开启试验

将"U"形环牢固地固定在一根坚实的硬质木柱上,使锁关闭在"U"形环中,用500 g的硬质木槌,在距锁不小于450 mm处对准锁体部位猛击一次,使锁在柱上震动,检查锁是否开启。

5.1.6 跌落试验

将锁关闭后,拔出钥匙,在距地面1.8 m处,使其自由跌落到水泥地上,检查锁能否正常使用。

5.1.7 使用寿命试验

将锁通过夹具安装在寿命测试机上,以不少于15次/min的频率,用钥匙插入开启、关闭锁梁或锁环,拔出钥匙为一次循环,往复开、关达到指标值。

5.2 弹子家具锁试验

5.2.1 钥匙不同牙花数试验

按5.1.1规定进行。

5.2.2 互开率试验

按表31随机取样本量,由五人分组进行,开足试开数。样本量和测试时间应符合表31规定。互开率计算公式按5.1.2规定进行。

表31 样本量和测试时间

| 锁头直径/mm | <20 | | ≥20 | |
|---|---|---|---|---|
| 钥匙牙花/个 | 4 | 5 | 4 | 5 |
| 样本量/把 | 30 | 50 | | |
| 测试时间/min ≤ | 16 | 45 | | |

5.2.3 锁头防拨安全装置试验

按5.1.3规定进行。

5.2.4 锁舌伸出长度试验

锁舌完全伸出,用游标卡尺测量锁舌端面与锁舌口平面的距离。

5.2.5 锁头固定连接静拉力试验

将锁通过夹具安装在拉力机上,对锁头逐步施加拉力至规定值。

5.2.6 锁头固定连接扭矩试验

将锁安装在试验夹具上,用扭力扳手夹住锁头逐步施加扭力至规定值。

5.2.7 锁芯拨动件扭矩试验

将锁安装在试验夹具上,用扭力扳手夹住拨动件,按顺、逆向施加扭力至规定值,拨动件限位止无变形和损坏。

5.2.8 锁舌侧向静载荷试验

将锁通过夹具安装在拉力机上,在距锁舌孔平面2.5 mm处,对锁舌逐步施加侧向载荷至规定值。

5.2.9 蟹钳舌静拉力试验

将锁通过夹具安装在拉力机上,蟹钳舌伸出,对蟹钳舌逐步施加拉力至规定值。

5.2.10 各铆接件拉力试验

将锁通过夹具安装在拉力机上,沿着铆接件实际受力方向逐步施加拉力至规定值。

2) 横开挂锁视为具有防拨片安全装置。

5.2.11 使用寿命试验

将锁通过夹具安装在寿命测试机上，以不少于 15 次/min 的频率，用钥匙插入开启、关闭锁舌，拔出钥匙为一次循环（中途每万次可停机清理及加润滑剂），往复开、关达到指标值。

5.3 自行车锁试验

5.3.1 钥匙不同牙花数试验

按 5.1.1 规定进行。

5.3.2 互开率试验

按表 32 随机取样本量，由五人分组进行，开足试开数。样本量和测试时间应符合表 32 规定。互开率计算公式按 5.1.2 规定进行。

表 32 样本量和测试时间

| 项目名称 | 条形自行车锁 | | 蟹钳形自行车锁和 U 形自行车锁 | | |
|---|---|---|---|---|---|
| 钥匙牙花/个 | 4 | 5 | 4 | 5 | 6 |
| 样本量/把 | 20 | 50 | | | |
| 测试时间/min ≤ | 7 | 45 | | | |

5.3.3 锁头防拔安全装置试验

按 5.1.3 规定进行。

5.3.4 锁头防敲击开启试验

将锁固定，用 500 g 的硬质木槌在距锁不小于 450 mm 处对准锁头部位猛击一次，同时拉动插头（锁环或锁梁），检查锁是否开启。

5.3.5 留匙角度试验

将锁安装在专用测试仪上，把锁关上后再扭转钥匙使锁开启，待钥匙复位静止时，测量钥匙中心线与拔匙位置的夹角。

5.3.6 蟹钳形自行车锁外露锁头径向静载荷试验

将锁安装在试验夹具上，在距外露锁头端面 3 mm 处逐步施加径向载荷至规定值。

5.3.7 套嘴静拉力试验

将锁通过夹具安装在拉力机上，沿锁环切线方向分别对两个套嘴逐步施加拉力至规定值。

5.3.8 锁环静拉力试验

将锁通过夹具安装在拉力机上，对锁环露出锁壳部分沿对称中心线逐步施加拉力至规定值。

5.3.9 扳手与锁环连接牢固试验

将锁通过夹具安装在拉力机上，沿着连接件实际受力方向逐步施加拉力至规定值。

5.3.10 条形自行车锁静拉力试验

用两根 $\phi$25 mm 的金属圆棒将锁闭的锁固定，且锁头处于两根圆棒的中心位置，安装在拉力机上，逐步施加拉力至规定值。

5.3.11 U 形自行车锁静拉力试验

将锁通过夹具安装在拉力机上，在 U 形锁梁对称中心位置施加拉力至规定值。

5.3.12 使用寿命试验

按 5.1.7 规定进行。

5.4 外装门锁试验

5.4.1 钥匙不同牙花数试验

按 5.1.1 规定进行。

5.4.2 互开率试验

随机取单排弹子锁 50 个（把）、多排弹子锁 100 个（把）的样本量，由五人分组进行，开足试开数（总的测试时间单排弹子不超过 45 min,多排弹子不超过 180 min)。互开率计算公式按 5.1.2 规定进行。

**5.4.3 锁头结构防拔安全装置试验**

按 5.1.3 规定进行。

**5.4.4 锁舌伸出长度试验**

按 5.2.4 规定进行。

**5.4.5 双锁头钥匙试验**

用与锁相匹配的钥匙,对内、外锁头进行试开,应能转动。

**5.4.6 锁头螺孔静拉力试验**

将锁头通过夹具安装在拉力机上,螺钉与螺纹旋合不少于五牙,对螺钉施加规定拉力,维持 30 s。卸载后,检查螺纹是否被损坏。

**5.4.7 弹子孔封片静拉力试验**

将锁头通过夹具安装在拉力机上,把钥匙插进后旋转 180°,沿钥匙拔出方向施加规定拉力,维持 30 s。卸载后,检查弹子孔封片是否变形、脱落。

**5.4.8 拉手静拉力试验**

将锁通过夹具安装在拉力机上,沿拉手拉出方向施加规定拉力,维持 30 s。卸载后,检查拉手动作是否正常。

**5.4.9 执手静拉力试验**

将锁通过夹具安装在拉力机上,对执手施加规定拉力,维持 30 s。卸载后,检查执手是否变形及动作是否正常。

**5.4.10 保险钮静拉力试验**

将锁通过夹具安装在拉力机上,对保险钮施加规定拉力,维持 30 s。卸载后,检查保险钮动作是否正常。

**5.4.11 安全链静拉力试验**

将锁通过夹具安装在拉力机上,对安全链施加规定拉力,维持 30 s。卸载后,检查安全链是否变形,开裂。

**5.4.12 锁舌侧向静载荷试验**

将锁通过夹具安装在拉力机上,使锁舌完全伸出,在距锁舌孔平面 2.5 mm 处对锁舌施加规定载荷,双扣锁在锁舌伸出处施加规定载荷,维持 30 s。卸载后,检查锁舌动作是否正常。

**5.4.13 锁舌端部静载荷试验**

将锁通过夹具安装在拉力机上,使锁舌完全伸出(斜舌处于保险状态),在锁舌端面沿锁舌缩回方向施加规定载荷,维持 30 s。卸载后,检查锁舌动作是否正常。

**5.4.14 钥匙扭矩试验**

将锁头通过夹具安装在试验台上,采用同一槽形的异号钥匙插进锁头,用扭力扳手夹住钥匙柄,深度不少于 12 mm,施加规定扭矩,维持 30 s。卸载后,检查钥匙是否变形。

**5.4.15 锁头传动条扭矩试验**

将锁头通过夹具安装在试验台上,钥匙拔出,用扭力扳手夹住锁头传动条尾部 6 mm 处,施加规定扭矩,维持 30 s。卸载后,检查锁头传动条是否变形。

**5.4.16 锁体拨动件扭矩试验**

将锁体通过夹具安装在试验台上,使锁体拨动件处于锁闭或开启的极限状态,用一强度较高,类似于传动条的构件插入锁体传动孔中,在构件上用扭力扳手施加规定扭矩,维持 30 s。卸载后,检查拨动件是否被损坏。

**5.4.17 执手扭矩试验**

将锁体通过夹具安装在试验台上,使执手处于锁闭或开启的极限状态,在执手上用扭力扳手施加规定扭矩，维持 30 s。卸载后，检查执手是否变形及动作是否正常。

5.4.18 锁扣盒静拉力试验

将锁扣盒通过夹具安装在拉力机上，对锁扣盒施加规定拉力，维持 30 s。卸载后，检查锁扣盒是否被损坏。

5.4.19 锁扣板静拉力试验

将锁扣板通过夹具安装在拉力机上，对锁扣板施加规定拉力，维持 30 s。卸载后，检查锁扣板是否被损坏。

5.4.20 使用寿命试验

将锁安装在模拟门或试验台上，以不少于 10 次/min 的频率，用钥匙插入开启、关闭，方舌、斜舌、圆柱舌拔出钥匙为一次循环(中途每万次可停机清理及加润滑剂)，往复开、关达到指标值。

5.5 弹子插芯门锁试验

5.5.1 钥匙不同牙花数试验

按 5.1.1 规定进行。

5.5.2 互开率试验

按 5.4.2 的规定进行。

5.5.3 锁头防拔安全装置试验

按 5.1.3 的规定进行。

5.5.4 锁舌伸出长度试验

按 5.2.4 规定进行。

5.5.5 方舌轴向静载荷试验

将锁通过夹具安装在拉力机上，使方舌处于伸出状态，在方舌的端面中心部位，施加规定载荷，维持 30 s。卸载后，检查方舌动作是否正常。

5.5.6 方舌侧向静载荷试验

将锁通过夹具安装在拉力机上，使方舌处于伸出状态，在距面板 3 mm 处，施加规定载荷，维持 30 s。卸载后，检查方舌动作是否正常。

5.5.7 钩舌静拉力试验

将锁通过夹具安装在拉力机上，使钩舌处于伸出状态，在钩舌上施加规定拉力，维持 30 s。卸载后，检查钩舌动作是否正常。

5.5.8 斜舌侧向静载荷试验

将锁通过夹具安装在拉力机上，使斜舌处于伸出状态，在距面板 3 mm 处，施加规定载荷，维持 30 s。卸载后，检查斜舌动作是否正常。

5.5.9 锁头与锁体连接牢固试验

将锁通过夹具安装在拉力机上，锁头旋入锁体后，在锁头上施加规定拉力，维持 30 s。卸载后，检查锁头与锁体连接是否牢固。

5.5.10 执手扭矩试验

将锁安装在试验夹具上，在执手上施加规定扭矩，维持 30 s。卸载后，检查执手是否变形及动作是否正常。

5.5.11 执手径向静载荷试验

将锁安装在试验夹具上，球形执手：在距执手平面 50 mm 处，施加规定载荷，维持 30 s。卸载后，检查执手是否变形及动作是否正常。弯形执手：在距门挺表面 50 mm 处，施加规定载荷，维持 30 s。卸载后，检查执手是否变形及动作是否正常。

5.5.12 执手轴向静拉力试验

将锁安装在试验夹具上，球形执手：将专用夹具夹住执手，施加规定载荷，维持 30 s。卸载后，检查执手是否变形及动作是否正常。弯形执手：在距执手轴心 50 mm 处，施加规定拉力，维持 30 s。卸载后，检查执手是否变形及动作是否正常。撤拉执手：在距安装执手孔二分之一处，施加规定拉力，维持 30 s。卸载后，检查执手是否变形及动作是否正常。

5.5.13　**方舌、钩舌使用寿命试验**

将锁安装在模拟门或试验台上，以不少于 10 次/min 的频率，用钥匙插入开启、关闭，方舌、钩舌拔出钥匙为一次循环(中途每万次可停机清理及加润滑剂)，往复开、关达到指标值。

5.5.14　**斜舌使用寿命试验**

将锁安装在模拟门或试验台上，以不少于 10 次/min 的频率，用执手开启、关闭斜舌，为一次循环(中途每万次可停机清理及加润滑剂)，往复开、关达到指标值。

5.6　**叶片插芯门锁试验**

5.6.1　**钥匙不同牙花数试验**

按 5.1.1 规定进行。

5.6.2　**互开率试验**

随机抽取 45 把锁的样本量，由 5 人分组进行，开足试开时间(总的测试时间不超过 36 min，一轮开完)。互开率计算方法按 5.1.2 规定进行。

5.6.3　**产品出厂每箱无同牙花试验**

用目测进行。

5.6.4　**锁舌伸出长度试验**

按 5.2.4 规定进行。

5.6.5　**方舌轴向静载荷试验**

按 5.5.5 规定进行。

5.6.6　**方舌侧向静载荷试验**

按 5.5.6 规定进行。

5.6.7　**斜舌侧向静载荷试验**

按 5.5.8 规定进行。

5.6.8　**执手扭矩试验**

按 5.5.10 规定进行。

5.6.9　**执手径向静载荷试验**

按 5.5.11 规定进行。

5.6.10　**执手轴向静拉力试验**

按 5.5.12 规定进行。

5.6.11　**方舌使用寿命试验**

按 5.5.13 规定进行。

5.6.12　**斜舌使用寿命试验**

按 5.5.14 规定进行。

5.7　**球形门锁试验**

5.7.1　**钥匙不同牙花数试验**

按 5.1.1 规定进行。

5.7.2　**互开率试验**

按 5.4.2 规定进行。

5.7.3　**锁舌伸出长度试验**

按 5.2.4 规定进行。

5.7.4 弹子锁锁头防拔及锁舌防锯安全装置试验

按 5.1.3 规定进行。锁舌防锯装置:拆卸、锯开锁舌部件,检查有否防锯装置。

5.7.5 保险舌保险试验

当保险柱压下至锁舌面板 5.6 mm 时,应起锁舌止动作用,且锁舌伸出长度应不少于 6.4 mm。

5.7.6 执手扭矩试验

将锁装在模拟门上,使其处于锁闭状态及不锁闭状态,带保险柱的锁舌应把保险柱压下,在外执手上做顺时针及逆时针施加规定扭矩,维持 30 s。卸载后,检查执手是否变形及动作是否正常。

5.7.7 执手轴向静拉力试验

将锁装在模拟门上,在执手上施加规定拉力,维持 30 s。卸载后,检查执手是否变形及动作是否正常。

5.7.8 执手径向载荷试验

将锁装在模拟门上,在距门挺表面 50 mm 位置处对两执手同时施加规定载荷,维持 30 s。卸载后,检查执手是否变形及动作是否正常。

5.7.9 锁舌侧向静载荷试验

将锁通过夹具安装在拉力机上,带保险柱的锁舌应把保险柱压下,在锁舌侧向施加规定载荷,维持 30 s。卸载后,检查锁舌动作是否正常。

5.7.10 锁舌保险后轴向静载荷试验

将锁通过夹具安装在拉力机上,带保险柱的锁舌应把保险柱压下,锁舌应处于保险状态,沿锁舌缩进方向施加规定载荷,维持 30 s。卸载后,检查锁舌保险后动作是否正常。

5.7.11 固定锁旋钮静拉力试验

将锁通过夹具安装在拉力机上,对旋钮施加规定拉力,维持 30 s。卸载后,检查旋钮动作是否正常。

5.7.12 固定锁螺孔静拉力试验

按 5.4.6 规定进行。

5.7.13 拉手套锁按钮静载荷试验

将锁装在模拟门上,在揿压按钮距门挺表面 40 mm 处沿开启方向施加规定载荷,维持 30 s。卸载后,检查按钮动作是否正常。

5.7.14 使用寿命试验

球锁:将锁装在模拟门上,用夹具把外执手夹住,以 20 次/min～30 次/min 的频率做顺时针(50%的次数)及逆时针(余下 50%的次数)开启、关闭锁舌达到指标值。

固定锁:将锁装在模拟门上,以 20 次/min～30 次/min 的频率,用钥匙插入开启、关闭锁舌,钥匙拔出为一次循环,往复开、关达到指标值。

拉手套锁:将两锁具分开做试验,固定锁部分按固定锁试验方法进行,球锁部分按球锁试验方法进行(中途每万次可停机清理及加润滑剂)。

5.8 防火门锁试验

防火门锁的耐火极限试验:将防火门锁装在防火门上,按 GB/T 7633 的规定进行,试验后的防火门锁应保持结构完整,无明显变形或熔化现象(锁具不要求能够正常操作)。

5.9 机械防盗锁试验

5.9.1 钥匙不同牙花数试验

按 5.1.1 规定进行。

5.9.2 互开率试验

按 5.4.2 规定进行。

5.9.3 弹子锁锁头防拔安全装置试验

按 5.1.3 规定进行。

5.9.4 防破坏功能试验

a) 防钻试验:将试样安装在模拟门上,对锁头表面或锁体表面用专用工具进行钻削,用钢丝拨动工具试图打开锁,试验结果应符合表18规定。

b) 防锯试验:将试样安装在模拟门上,锁舌处于伸出状态,对锁舌进行锯割,每锯2.5 min换一新锯条,记录锯断锁舌的净工作时间,试验结果应符合表18规定。

c) 防撬试验:将试样安装在模拟门上,使其处于关闭状态,用撬棍、螺丝刀对锁舌部位实施撬、扒,试图打开门,试验结果应符合表18规定。

d) 防拉试验:将试样安装在模拟门上,使其处于关闭状态,在门外试图用专用工具把锁头或密码刻度盘拉掉,拨开锁舌,打开锁,试验结果应符合表18规定。

e) 防冲击试验:将试样安装在模拟门上,使其处于关闭状态,在门外用手锤,冲击钢棍对锁头、锁体或靠近锁舌部位的门体进行锤击,试图冲掉锁头、锁体或锁扣盒开启锁,试验结果应符合表18规定。

f) 防技术开启试验:由一名专业开锁技术人员对三个试样进行技术开启,并记录被开启的时间,试验结果应符合表18规定。

g) 密码锁防开启试验:将试样安装在试验台上,使其处于关闭状态,拨乱密码,由一名专业开锁技术人员用人工手法或密码开锁机进行开启试验,试验时间连续计算,试验结果应符合表18规定。

5.9.5 锁舌伸出长度试验

按5.2.4规定进行。

5.9.6 操纵件受破坏及锁舌伸出状态试验

将试样安装在模拟门上,使锁舌完全伸出,从门外将手动操纵件拆掉或破坏,检查锁舌是否仍处关闭状态;同时将钥匙插进锁头内,旋转使锁舌缩进,检查锁舌缩进后未进入锁闭状态时,钥匙能否拔出。

5.9.7 锁头与锁体连接静拉力试验

按5.5.9规定进行。

5.9.8 锁扣盒及密码锁防护外壳强度试验

a) 将锁扣盒通过夹具安装在拉力机上,对锁扣盒表面施加规定静载荷,维持30 s。卸载后,检查锁扣盒是否被损坏。

b) 将试样通过夹具安装在拉力机上,对防护外壳表面施加规定静载荷,维持30 s。卸载后,检查防护外壳是否被损坏。

5.9.9 锁舌强度试验

a) 锁舌轴向静载荷试验:按5.4.13规定进行。

b) 锁舌侧向静载荷试验:按5.4.12规定进行。

c) 钩舌侧向静载荷试验:按5.4.12规定进行。

d) 爪舌静拉力试验:按5.5.7规定进行。

5.9.10 钥匙扭矩试验

按5.4.14规定进行。

5.9.11 手动操作件静拉力及扭矩试验

a) 手动操作件静拉力试验:将试样安装在测试装置上,在手动操作件(如执手、旋钮、刻度盘)上分别用夹具夹住,沿轴向方向施加规定拉力,维持30 s,卸载后,各操作件不应被损坏,仍能正常操作。

b) 手动操作件扭矩试验:将试样安装在测试装置上,用扭力扳手夹住操作件,施加规定扭矩,维持30 s,卸载后,各操作件不应被损坏。

5.9.12 **磁弹子静载荷及磁感应强度试验**

a) 磁弹子静载荷试验:用专用夹具夹住钥匙,在磁弹子上方施加规定静载荷后,磁弹子不应脱落。

b) 磁弹子磁感应强度试验:对磁弹子进行表 33 中规定环境试验,试验前后用磁感应强度计分别测量,测量结果应符合 4.9.12 的规定。

**表 33 环境试验项目**

| 项目名称 | 条 件 | 试验时间及次数 |
| --- | --- | --- |
| 高温试验 | 70℃(+3℃,−2℃) | 2 h |
| 振动试验 | 频率循环范围为 10 Hz~55 Hz,正弦扫描频率为 1 倍频程/min,振幅为 0.35 mm | 30 min |
| 冲击试验 | 30 g 18 ms | 9 次 |
| 跌落试验 | 距离水泥地面高度 1 m 处自由跌落 | 3 次 |

5.9.13 **使用寿命试验**

a) 机械锁使用寿命试验:按 5.4.20 规定进行。

b) 密码锁使用寿命试验:将锁安装在模拟门上,把密码设定在一个固定的程序上,以 10 次/min~30 次/min 的频率对锁进行开启、关闭达到指标值(中途每万次可清理及加润滑剂)。

5.10 **电子防盗锁试验**

5.10.1 **不同组合编码电子编码、生物特征性编码试验**

根据编码方式计算其理论编码。按照生物特征信息的贮存容量计算其理论编码。

5.10.2 **电源性能试验**

a) 电池容量试验:按规定的电池容量装入新电池,对锁进行连续 3 000 次的开、关试验,不应有误动作或失效现象。

b) 欠压指示试验:用直流稳压电源对锁供电,先把稳压电源调到额定直流工作电压值,测试锁功能正常,然后降低供电电压至额定值的 80%,此时锁应有欠压告警或指示,并能连续开、关锁 50 次。

c) 电源适应性试验:将供电电源分别调整为额定电压值的 85%、100%、110%进行试验,每次试验时间不少于 10 min,试验时不得出现拒开、误开现象。

5.10.3 **信息识别卡抗静电能力试验**

在信息识别卡上任选 3 点,施加 1 500 V 静电放电电压,试验后功能应正常。

5.10.4 **信息保存及误识率试验**

a) 人为使锁断电 5 min,然后恢复供电,检查其信息保存情况。

b) 采用概率统计的方式进行,用不少于 5 把非匹配的“钥匙”进行试验,每把试验不少于 200 次,检查其误识率。

5.10.5 **锁舌伸出长度试验**

按 5.2.4 规定进行。

5.10.6 **锁体强度试验**

a) 锁体静载荷试验:将锁通过夹具安装在拉力机上,在锁体表面施加规定载荷,维持 30 s,卸载后,检查锁体是否变形或损坏。

b) 锁体冲击强度试验:将锁通过夹具安装在试验台上,用一直径为 50.8 mm,质量为 540 g 的钢球,从 1.3 m 处高度垂直自由落下,冲击锁体表面,锁体不应产生变形或损坏。

5.10.7 **锁舌轴向静载荷试验**

按 5.4.13 规定进行。

**5.10.8 锁舌侧向静载荷试验**

按5.4.12规定进行。

**5.10.9 锁扣盒静载荷试验**

按5.4.18规定进行。

**5.10.10 手动操作件静拉力及扭矩试验**

a) 手动操作件静拉力试验:按5.4.9或5.5.12规定进行。

b) 手动操作件扭矩试验:按5.4.17或5.5.10规定进行。

**5.10.11 识读装置强度试验**

识读装置的外壳防护等级按GB 4208—1993中IP50规定的试验方法进行。在识读装置的外壳上,放一直径为177 mm的钢质半球,球面朝下,相当于施加110 N的静载荷,时间60 s±2 s,对识读装置中的按键进行6 000次的动作,不应产生故障及失效。

**5.10.12 信息识别卡抗弯曲及扭曲试验**

a) 信息识别卡抗弯曲试验:将信息识别卡的一短边或一长边固定,将另一边抬起或压下,使识别卡的翘度(与水平时的位置)分别为20 mm或10 mm,连续弯曲1 000次。每弯曲125次时,在读和/或写的状态下检查卡的功能,试验后信息识别卡的功能完好,无破裂。

b) 信息识别卡扭曲试验:将信息识别卡的两个短边夹紧,扭曲15°±1°,连续扭曲1 000次。每扭曲125次时,在读和/或写的状态下检查卡的功能,试验后信息识别卡的功能完好,无破裂。

**5.10.13 环境适应性试验**

在进行环境适应性试验时,除非另有规定,锁不应加任何防护包装。试验中改变温度时,升温或降温速率不应超过2℃/min。

a) 高温试验:将试样放置在高温箱内,通电处于工作状态,使箱内温度上升至规定值,恒温2 h,检查锁的开启、关闭状态是否正常。

b) 低温试验:将试样放置在低温箱中(不加电),使箱内温度降至规定值,待箱内温度稳定后,恒温2 h,通电检查锁的开启、关闭状态是否正常。试验过程中应防止试样结霜。

c) 恒定湿热试验:将试样放入湿热试验箱中(试样处非工作状态),使箱内温度达40℃±2℃,相对湿度达(93±2)%,平衡后开始计时,保持恒温恒湿48 h后,检查锁的开启、关闭状态是否正常。

**5.10.14 机械环境适应性试验**

a) 正弦振动试验:将试样按正常使用位置固定在振动台上,按规定的X、Y、Z三个方向分别在10 Hz~55 Hz范围内进行正弦振动试验,如有共振点,则在此频率上振动30 min,如无共振点,则在35 Hz频率点上振动30 min,共90 min,试验后检查锁的开启、关闭状态是否正常。

b) 冲击试验:将试样安装在冲击试验装置上,按规定的X、Y、Z三个轴向各冲击三次,试验后检查锁的外观及开启、关闭状态是否正常。

c) 跌落试验:按规定值对试样进行跌落试验,试验时应使用出厂时包装状态,试验后锁应能正常操作,无机件松动、位移及损坏,外壳不变形。

**5.10.15 抗干扰试验**

a) 静电放电干扰试验:按GB/T 17626.2中的规定进行。

b) 射频电磁场辐射干扰试验:按GB/T 17626.3中的规定进行。试验中不应出现误动作。

c) 电快速瞬变脉冲群干扰试验:按GB/T 17626.4中的规定进行。试验中不应出现误动作。

d) 电压暂降按GB/T 17626.11中的规定进行。试验中不应出现误动作。

**5.10.16 绝缘电阻测量试验**

用500 V精度1.0级的兆欧表,测量试样的电源插头或电源引入端子与外壳或外壳上裸露金属零部件之间的绝缘电阻,试样的电源开关处接通位置,但电源插头不接入电网,施加500 V试验电压稳定

5 s后，读取绝缘电阻值。试验后试样应能正常工作。

5.10.17 泄漏电流测量试验

按GB 4706.1—2005的第13章的规定进行。

5.10.18 抗电强度试验

在试样的电源插头或电源引线端与机壳上裸露金属零部件之间，用功率不小于500 VA，频率50 Hz的可调电源馈给试验电压，试验电压以200 V/min的速率升至规定值并保持1 min。

5.10.19 锁的非正常操作、阻燃、过压运行及过流保护安全性试验

a) 非正常操作试验：对采用交流电源供电的锁施加额定电压的110%，然后人为地使锁电源变压器次级短路1 h，在故障状态下试样不应燃烧，也不能使人有触电的危险。

b) 阻燃试验：用本生灯，燃烧气体为丁烷加空气，火焰直径9.5 mm，高度125 mm，其中蓝色火焰高度40 mm，火焰与试样的夹角为45°，在不同的部位共烧5次，每次5 s，不应烧着起火。

c) 过压运行试验：试样在电源电压额定值的115%条件下工作，以不间断的方式连续开启、关闭试样50次，应能正常工作。

d) 过流保护试验：检查变压器输入端应有保险丝，其容量规格应为整机工作电流额定值的2倍。引线端碰触或相邻接线柱错接，除可产生断路器或保险丝熔断外，不应产生内部电路损坏现象。

5.10.20 稳定性试验

试样按说明书的要求正确进行安装，并施加额定电源电压，每天做开启、关闭试验不少于30次，连续工作7 d，工作应正常，不应出现误动作。

5.10.21 技术开启试验

由一名专业开锁技术人员对三个试样进行技术开启，并记录被开启的时间，在规定的时间内锁不应被开启。

5.10.22 防破坏报警试验

连续三次实施错误个人信息识读时，采用普通机械手工工具对锁结构实施破坏时，系统应给出声、光报警指示和/或报警信号输出。

5.10.23 使用寿命试验

将试样安装在模拟门上，并按说明书的要求正确连接，同时施加额定电流电压，连续开启、关闭达到指标值。

5.11 电动门锁试验

5.11.1 钥匙不同牙花数及组合编码试验

弹子结构按5.1.1规定进行，电子编码及生物特征性按5.10.1规定进行。

5.11.2 互开率试验

按5.4.2规定进行，样本量为100把，试验时间为180 min。

5.11.3 锁舌伸出长度试验

按5.2.4规定进行。

5.11.4 锁头与锁体连接后静拉力试验

按5.5.9规定进行。

5.11.5 锁体强度试验

按5.9.8、5.10.6、5.10.9规定进行。

5.11.6 锁舌强度试验

按5.9.9规定进行。

5.11.7 防触电保护试验

按GB 14536.1—1998中的8.1.9规定进行。

**5.11.8 接地保护试验**

按 GB 14536.1—1998 中的 9.3.1 规定进行

**5.11.9 绝缘电阻和电气强度试验**

绝缘电阻按 GB 14536.1—1998 中的 13.1 规定进行，所示值应符合表 29 规定。

电气强度按 GB 14536.1—1998 中的 12.3 及 17.5 规定进行，试验后应符合 GB 14536.1—1998 中 13.2 规定。

**5.11.10 环境应力试验**

按 GB 14536.1—1998 中的 16.2 规定进行。

**5.11.11 机械强度试验**

按 GB 14536.1—1998 中的 18.2、18.4、18.8.2、18.9.1 规定进行。

**5.11.12 爬电距离、电气间隙和穿通绝缘距离试验**

按 GB 14536.1—1998 中的附录 B 及图 17 规定进行，试验后应符合 GB 14536.1—1998 中表 20.1 规定。

**5.11.13 耐热、耐燃和耐漏电起痕试验**

按 GB 14536.1—1998 中的 21.2、21.3 及附录 G 规定进行。

**5.11.14 使用寿命试验**

按 5.10.23 规定进行。

## 6 检验规则

6.1 锁具的检验分为出厂检验和型式检验。

6.2 出厂检验的抽样方案和项目由行业标准作出规定。

6.3 若有下列情况之一时，应进行型式检验：

a) 新产品或老产品转厂生产时；

b) 正常生产每年进行一次；

c) 产品长期停产后恢复生产时；

d) 出厂检验结果与上次型式检验结果有较大差异；

e) 产品结构、材料、工艺有较大变动可能影响产品性能时；

f) 国家质量监督机构提出型式检验的要求时。

型式检验的样本量应从出厂检验的合格批中随机抽取。

6.4 型式检验按 GB/T 2829 的规定，采用判别水平Ⅱ的一次抽样方案，各种锁具的检验顺序、检验项目、不合格分类、不合格质量水平、样本量及判定数组应符合表 34～表 44 的规定。

**表 34 弹子挂锁型式检验内容**

<table>
<tr><th rowspan="2">组别</th><th rowspan="2">序号</th><th rowspan="2">检验项目</th><th rowspan="2">要求</th><th rowspan="2">试验方法</th><th rowspan="2">不合格分类</th><th rowspan="2">不合格质量水平(RQL)</th><th rowspan="2">样本量 n</th><th colspan="2">判定数组</th></tr>
<tr><th>Ac</th><th>Re</th></tr>
<tr><td rowspan="2">Ⅰ</td><td>1</td><td>钥匙不同牙花数</td><td>4.1.1</td><td>5.1.1</td><td rowspan="7">B</td><td colspan="4" rowspan="2">按 5.1.1、5.1.2 的规定</td></tr>
<tr><td>2</td><td>互开率</td><td>4.1.2</td><td>5.1.2</td></tr>
<tr><td rowspan="4">Ⅱ</td><td>1</td><td>防敲击开启</td><td>4.1.5</td><td>5.1.5</td><td rowspan="4">65</td><td rowspan="4">2</td><td rowspan="4">0</td><td rowspan="4">1</td></tr>
<tr><td>2</td><td>锁梁抗拉力</td><td>4.1.4</td><td>5.1.4</td></tr>
<tr><td>3</td><td>跌落要求</td><td>4.1.6</td><td>5.1.6</td></tr>
<tr><td>4</td><td>锁头防拨安全装置</td><td>4.1.3</td><td>5.1.3</td></tr>
<tr><td>Ⅲ</td><td>1</td><td>使用寿命</td><td>4.1.7</td><td>5.1.7</td><td>80</td><td>1</td><td>0</td><td>1</td></tr>
</table>

表 35 弹子家具锁型式检验内容

| 组别 | 序号 | 检验项目 | 要求 | 试验方法 | 不合格分类 | 不合格质量水平(RQL) | 样本量 $n$ | 判定数组 Ac | Re |
|---|---|---|---|---|---|---|---|---|---|
| Ⅰ | 1 | 钥匙不同牙花数 | 4.2.1 | 5.2.1 | B | 按 5.2.1、5.2.2 的规定 | | | |
| | 2 | 互开率 | 4.2.2 | 5.2.2 | | | | | |
| Ⅱ | 1 | 锁舌伸出高度 | 4.2.4 | 5.2.4 | | 65 | 5 | 1 | 2 |
| | 2 | 锁头固定连接静拉力 | 4.2.5 | 5.2.5 | | | 2 | 0 | 1 |
| | 3 | 锁头固定连接扭矩 | 4.2.6 | 5.2.6 | | | | | |
| | 4 | 锁芯拨动件承受扭矩 | 4.2.7 | 5.2.7 | | | | | |
| | 5 | 锁舌侧向静载荷 | 4.2.8 | 5.2.8 | | | | | |
| | 6 | 蟹钳舌静拉力 | 4.2.9 | 5.2.9 | | | | | |
| | 7 | 各铆接件承受静拉力 | 4.2.10 | 5.2.10 | | | | | |
| | 8 | 锁头防拨安全装置 | 4.2.3 | 5.2.3 | | | | | |
| Ⅲ | 1 | 使用寿命 | 4.2.11 | 5.2.11 | | 80 | 1 | 0 | 1 |

表 36 自行车锁型式检验内容

| 组别 | 序号 | 检验项目 | 要求 | 试验方法 | 不合格分类 | 不合格质量水平(RQL) | 样本量 $n$ | 判定数组 Ac | Re |
|---|---|---|---|---|---|---|---|---|---|
| Ⅰ | 1 | 钥匙不同牙花数 | 4.3.1 | 5.3.1 | B | 按 5.3.1、5.3.2 的规定 | | | |
| | 2 | 互开率 | 4.3.2 | 5.3.2 | | | | | |
| Ⅱ | 1 | 留匙角度 | 4.3.5 | 5.3.5 | | 65 | 2 | 0 | 1 |
| | 2 | 锁头防敲击开启 | 4.3.4 | 5.3.4 | | | | | |
| | 3 | 外露锁头径向静载荷 | 4.3.6 | 5.3.6 | | | | | |
| | 4 | 套嘴承受静拉力 | 4.3.7 | 5.3.7 | | | | | |
| | 5 | 锁环承受静拉力 | 4.3.8 | 5.3.8 | | | | | |
| | 6 | 扳手与锁环连接静拉力 | 4.3.9 | 5.3.9 | | | | | |
| | 7 | 条形自行车锁承受静拉力 | 4.3.10 | 5.3.10 | | | | | |
| | 8 | U形自行车锁承受静拉力 | 4.3.11 | 5.3.11 | | | | | |
| | 9 | 锁头防拨安全装置 | 4.3.3 | 5.3.3 | | | | | |
| Ⅲ | 1 | 使用寿命 | 4.3.12 | 5.3.12 | | 80 | 1 | 0 | 1 |

表 37 外装门锁型式检验内容

| 组别 | 序号 | 检验项目 | 要求 | 试验方法 | 不合格分类 | 不合格质量水平(RQL) | 样本量 $n$ | 判定数组 Ac | Re |
|---|---|---|---|---|---|---|---|---|---|
| Ⅰ | 1 | 钥匙不同牙花数 | 4.4.1 | 5.4.1 | B | 按 5.4.1、5.4.2 的规定 | | | |
| | 2 | 互开率 | 4.4.2 | 5.4.2 | | | | | |
| Ⅱ | 1 | 锁舌伸出长度 | 4.4.4 | 5.4.4 | | 65 | 5 | 1 | 2 |
| | 2 | 双向锁头结构 | 4.4.5 | 5.4.5 | | | | | |
| | 3 | 锁头螺孔静拉力 | 4.4.6 | 5.4.6 | | | 2 | 0 | 1 |

表 37(续)

| 组别 | 序号 | 检验项目 | 要求 | 试验方法 | 不合格分类 | 不合格质量水平(RQL) | 样本量 n | 判定数组 Ac Re |
|---|---|---|---|---|---|---|---|---|
| Ⅱ | 4 | 弹子孔封片静拉力 | 4.4.7 | 5.4.7 | B | 65 | 2 | 0 1 |
| Ⅱ | 5 | 拉手静拉力 | 4.4.8 | 5.4.8 | B | 65 | 2 | 0 1 |
| Ⅱ | 6 | 执手静拉力 | 4.4.9 | 5.4.9 | B | 65 | 2 | 0 1 |
| Ⅱ | 7 | 保险钮静拉力Ⅳ | 4.4.10 | 5.4.10 | B | 65 | 2 | 0 1 |
| Ⅱ | 8 | 安全链静拉力 | 4.4.11 | 5.4.11 | B | 65 | 2 | 0 1 |
| Ⅱ | 9 | 锁舌侧向静载荷 | 4.4.12 | 5.4.12 | B | 65 | 2 | 0 1 |
| Ⅱ | 10 | 锁舌轴向静载荷 | 4.4.13 | 5.4.13 | B | 65 | 2 | 0 1 |
| Ⅱ | 11 | 锁扣盒静拉力 | 4.4.18 | 5.4.18 | B | 65 | 2 | 0 1 |
| Ⅱ | 12 | 锁扣板静拉力 | 4.4.19 | 5.4.19 | B | 65 | 2 | 0 1 |
| Ⅱ | 13 | 锁头防拨安全装置 | 4.4.3 | 5.4.3 | B | 65 | 2 | 0 1 |
| Ⅲ | 1 | 钥匙扭矩 | 4.4.14 | 5.4.14 | B | 65 | 2 | 0 1 |
| Ⅲ | 2 | 锁头传动条扭矩 | 4.4.15 | 5.4.15 | B | 65 | 2 | 0 1 |
| Ⅲ | 3 | 锁体拨动件扭矩 | 4.4.16 | 5.4.16 | B | 65 | 2 | 0 1 |
| Ⅲ | 4 | 执手扭矩 | 4.4.17 | 5.4.17 | B | 65 | 2 | 0 1 |
| Ⅳ | 1 | 使用寿命 | 4.4.20 | 5.4.20 | B | 80 | 1 | 0 1 |

表 38 弹子插芯门锁型式检验内容

| 组别 | 序号 | 检验项目 | 要求 | 试验方法 | 不合格分类 | 不合格质量水平(RQL) | 样本量 n | 判定数组 Ac Re |
|---|---|---|---|---|---|---|---|---|
| Ⅰ | 1 | 钥匙不同牙花数 | 4.5.1 | 5.5.1 | B | 按 5.5.1、5.5.2 的规定 | | |
| Ⅰ | 2 | 互开率 | 4.5.2 | 5.5.2 | B | 按 5.5.1、5.5.2 的规定 | | |
| Ⅱ | 1 | 锁舌伸出长度 | 4.5.4 | 5.5.4 | B | 65 | 5 | 1 2 |
| Ⅱ | 2 | 方舌轴向静载荷 | 4.5.5 | 5.5.5 | B | 65 | 2 | 0 1 |
| Ⅱ | 3 | 方舌侧向静载荷 | 4.5.6 | 5.5.6 | B | 65 | 2 | 0 1 |
| Ⅱ | 4 | 钩舌静拉力 | 4.5.7 | 5.5.7 | B | 65 | 2 | 0 1 |
| Ⅱ | 5 | 斜舌侧向静载荷 | 4.5.8 | 5.5.8 | B | 65 | 2 | 0 1 |
| Ⅱ | 6 | 锁头与锁体连接 | 4.5.9 | 5.5.9 | B | 65 | 2 | 0 1 |
| Ⅱ | 7 | 执手扭矩 | 4.5.10 | 5.5.10 | B | 65 | 2 | 0 1 |
| Ⅱ | 8 | 执手径向静载荷 | 4.5.11 | 5.5.11 | B | 65 | 2 | 0 1 |
| Ⅱ | 9 | 执手轴向静拉力 | 4.5.12 | 5.5.12 | B | 65 | 2 | 0 1 |
| Ⅱ | 10 | 锁头防拨安全装置 | 4.5.3 | 5.5.3 | B | 65 | 2 | 0 1 |
| Ⅲ | 1 | 方舌、钩舌使用寿命 | 4.5.13 | 5.5.13 | B | 80 | 1 | 0 1 |
| Ⅲ | 2 | 斜舌使用寿命 | 4.5.14 | 5.5.14 | B | 80 | 1 | 0 1 |

**表 39 叶片插芯门锁型式检验内容**

| 组别 | 序号 | 检验项目 | 要求 | 试验方法 | 不合格分类 | 不合格质量水平(RQL) | 样本量 $n$ | 判定数组 Ac | Re |
|---|---|---|---|---|---|---|---|---|---|
| Ⅰ | 1 | 钥匙不同牙花数 | 4.6.1 | 5.6.1 | B | 按5.6.1、5.6.2、5.6.3的规定 | | | |
| | 2 | 互开率 | 4.6.2 | 5.6.2 | | | | | |
| | 3 | 产品出厂每箱无同牙花钥匙 | 4.6.3 | 5.6.3 | | | | | |
| Ⅱ | 1 | 锁舌伸出长度 | 4.6.4 | 5.6.4 | | 65 | 5 | 1 | 2 |
| | 2 | 方舌端面静载荷 | 4.6.5 | 5.6.5 | | | 2 | 0 | 1 |
| | 3 | 方舌侧向静载荷 | 4.6.6 | 5.6.6 | | | | | |
| | 4 | 斜舌侧向静载荷 | 4.6.7 | 5.6.7 | | | | | |
| | 5 | 执手扭矩 | 4.6.8 | 5.6.8 | | | | | |
| | 6 | 执手径向静载荷 | 4.6.9 | 5.6.9 | | | | | |
| | 7 | 执手轴向静拉力 | 4.6.10 | 5.6.10 | | | | | |
| Ⅲ | 1 | 方舌使用寿命 | 4.6.11 | 5.6.11 | | 80 | 1 | 0 | 1 |
| | 2 | 斜舌使用寿命 | 4.6.12 | 5.6.12 | | | | | |

**表 40 球形门锁型式检验内容**

| 组别 | 序号 | 检验项目 | 要求 | 试验方法 | 不合格分类 | 不合格质量水平(RQL) | 样本量 $n$ | 判定数组 Ac | Re |
|---|---|---|---|---|---|---|---|---|---|
| Ⅰ | 1 | 钥匙不同牙花数 | 4.7.1 | 5.7.1 | B | 按5.7.1、5.7.2的规定 | | | |
| | 2 | 互开率 | 4.7.2 | 5.7.2 | | | | | |
| Ⅱ | 1 | 锁舌伸出长度 | 4.7.3 | 5.7.3 | | 65 | 5 | 1 | 2 |
| | 2 | 保险锁舌保险功能 | 4.7.5 | 5.7.5 | | | | | |
| | 3 | 执手扭矩 | 4.7.6 | 5.7.6 | | | 2 | 0 | 1 |
| | 4 | 执手轴向静拉力 | 4.7.7 | 5.7.7 | | | | | |
| | 5 | 执手径向静载荷 | 4.7.8 | 5.7.8 | | | | | |
| | 6 | 锁舌侧向静载荷 | 4.7.9 | 5.7.9 | | | | | |
| | 7 | 锁舌保险后轴向静载荷 | 4.7.10 | 5.7.10 | | | | | |
| | 8 | 固定锁旋钮静拉力 | 4.7.11 | 5.7.11 | | | | | |
| | 9 | 固定锁螺孔静拉力 | 4.7.12 | 5.7.12 | | | | | |
| | 10 | 拉手套锁按钮静载荷 | 4.7.13 | 5.7.13 | | | | | |
| | 11 | 弹子锁锁头防拨安全装置,固定锁锁舌防锯安全装置 | 4.7.4 | 5.7.4 | | | | | |
| Ⅲ | 1 | 使用寿命 | 4.7.14 | 5.7.14 | | 80 | 1 | 0 | 1 |

**表 41 防火门锁型式检验内容**

| 组别 | 序号 | 检验项目 | 要求 | 试验方法 | 不合格分类 | 不合格质量水平(RQL) | 样本量 $n$ | 判定数组 Ac | Re |
|---|---|---|---|---|---|---|---|---|---|
| Ⅰ | 1 | 防火门锁的耐火极限 | 4.8 | 5.8 | B | 65 | 2 | 0 | 1 |

**表 42 机械防盗锁型式检验内容**

<table>
<tr><th rowspan="2">组别</th><th rowspan="2">序号</th><th rowspan="2">检验项目</th><th rowspan="2">要求</th><th rowspan="2">试验方法</th><th rowspan="2">不合格分类</th><th rowspan="2">不合格质量水平(RQL)</th><th rowspan="2">样本量 $n$</th><th colspan="2">判定数组</th></tr>
<tr><th>Ac</th><th>Re</th></tr>
<tr><td rowspan="2">Ⅰ</td><td>1</td><td>钥匙不同牙花数</td><td>4.9.1</td><td>5.9.1</td><td rowspan="11">B</td><td colspan="4" rowspan="2">按5.9.1、5.9.2的规定</td></tr>
<tr><td>2</td><td>互开率</td><td>4.9.2</td><td>5.9.2</td></tr>
<tr><td rowspan="9">Ⅱ</td><td>1</td><td>锁舌伸出长度</td><td>4.9.5</td><td>5.9.5</td><td rowspan="8">65</td><td>5</td><td>1</td><td>2</td></tr>
<tr><td>2</td><td>操纵件受破坏后及主锁舌伸出后状态</td><td>4.9.6</td><td>5.9.6</td><td rowspan="7">2</td><td rowspan="7">0</td><td rowspan="7">1</td></tr>
<tr><td>3</td><td>锁头与锁体连接静拉力</td><td>4.9.7</td><td>5.9.7</td></tr>
<tr><td>4</td><td>锁扣盒及密码锁防护外壳强度</td><td>4.9.8</td><td>5.9.8</td></tr>
<tr><td>5</td><td>锁舌强度</td><td>4.9.9</td><td>5.9.9</td></tr>
<tr><td>6</td><td>钥匙扭矩</td><td>4.9.10</td><td>5.9.10</td></tr>
<tr><td>7</td><td>执手静拉力及扭矩</td><td>4.9.11</td><td>5.9.11</td></tr>
<tr><td>8</td><td>磁弹子静载荷及磁感应强度</td><td>4.9.12</td><td>5.9.12</td></tr>
<tr><td>9</td><td>锁头防拨安全装置</td><td>4.9.3</td><td>5.9.3</td><td colspan="4">按5.9.3的规定</td></tr>
<tr><td>Ⅲ</td><td>1</td><td>防破坏功能</td><td>4.9.4</td><td>5.9.4</td><td>A</td><td>65</td><td>2</td><td>0</td><td>1</td></tr>
<tr><td>Ⅳ</td><td>1</td><td>使用寿命</td><td>4.9.13</td><td>5.9.13</td><td>B</td><td>80</td><td>1</td><td>0</td><td>1</td></tr>
</table>

**表 43 电子防盗锁型式检验内容**

<table>
<tr><th rowspan="2">组别</th><th rowspan="2">序号</th><th rowspan="2">检验项目</th><th rowspan="2">要求</th><th rowspan="2">试验方法</th><th rowspan="2">不合格分类</th><th rowspan="2">不合格质量水平(RQL)</th><th rowspan="2">样本量 $n$</th><th colspan="2">判定数组</th></tr>
<tr><th>Ac</th><th>Re</th></tr>
<tr><td>Ⅰ</td><td>1</td><td>组合编码</td><td>4.10.1</td><td>5.10.1</td><td rowspan="16">B</td><td colspan="4">按5.10.1的规定</td></tr>
<tr><td rowspan="6">Ⅱ</td><td>1</td><td>锁舌伸出长度</td><td>4.10.5</td><td>5.10.5</td><td rowspan="21">65</td><td>5</td><td>1</td><td>2</td></tr>
<tr><td>2</td><td>锁体承受静载荷及冲击强度</td><td>4.10.6</td><td>5.10.6</td><td rowspan="5">2</td><td rowspan="5">0</td><td rowspan="5">1</td></tr>
<tr><td>3</td><td>锁舌轴向静载荷</td><td>4.10.7</td><td>5.10.7</td></tr>
<tr><td>4</td><td>锁舌侧向静载荷</td><td>4.10.8</td><td>5.10.8</td></tr>
<tr><td>5</td><td>锁扣盒承受静载荷</td><td>4.10.9</td><td>5.10.9</td></tr>
<tr><td>6</td><td>执手承受静拉力及扭矩</td><td>4.10.10</td><td>5.10.10</td></tr>
<tr><td rowspan="9">Ⅲ</td><td>1</td><td>电源性能(电池容量,欠压,电源适应性)</td><td>4.10.2</td><td>5.10.2</td><td rowspan="9">2</td><td rowspan="9">0</td><td rowspan="9">1</td></tr>
<tr><td>2</td><td>信息保存及误识率</td><td>4.10.4</td><td>5.10.4</td></tr>
<tr><td>3</td><td>防破坏报警功能</td><td>4.10.22</td><td>5.10.22</td></tr>
<tr><td>4</td><td>环境适应性(高度,低温,湿热)</td><td>4.10.13</td><td>5.10.13</td></tr>
<tr><td>5</td><td>机械环境适应性</td><td>4.10.14</td><td>5.10.14</td></tr>
<tr><td>6</td><td>识读装置承受静载荷</td><td>4.10.11</td><td>5.10.11</td></tr>
<tr><td>7</td><td>信息识别卡抗弯曲及扭曲</td><td>4.10.12</td><td>5.10.12</td></tr>
<tr><td>8</td><td>信息识别卡抗静电</td><td>4.10.3</td><td>5.10.3</td></tr>
<tr><td>9</td><td>抗干扰</td><td>4.10.15</td><td>5.10.15</td></tr>
<tr><td rowspan="6">Ⅳ</td><td>1</td><td>绝缘电阻</td><td>4.10.16</td><td>5.10.16</td><td rowspan="7">A</td><td rowspan="6">2</td><td rowspan="6">0</td><td rowspan="6">1</td></tr>
<tr><td>2</td><td>泄漏电流</td><td>4.10.17</td><td>5.10.17</td></tr>
<tr><td>3</td><td>抗电强度</td><td>4.10.18</td><td>5.10.18</td></tr>
<tr><td>4</td><td>安全性要求</td><td>4.10.19</td><td>5.10.19</td></tr>
<tr><td>5</td><td>稳定性要求</td><td>4.10.20</td><td>5.10.20</td></tr>
<tr><td>6</td><td>防技术开启</td><td>4.10.21</td><td>5.10.21</td></tr>
<tr><td>Ⅴ</td><td>1</td><td>使用寿命</td><td>4.10.23</td><td>5.10.23</td><td>80</td><td>1</td><td>0</td><td>1</td></tr>
</table>

**表 44 电动门锁型式检验内容**

| 组别 | 序号 | 检验项目 | 要求 | 试验方法 | 不合格分类 | 不合格质量水平(RQL) | 样本量 $n$ | 判定数组 Ac | 判定数组 Re |
|---|---|---|---|---|---|---|---|---|---|
| Ⅰ | 1 | 钥匙不同牙花数及组合编码 | 4.11.1 | 5.11.1 | B | 按 5.11.1、5.11.2 的规定 | | | |
| | 2 | 互开率 | 4.11.2 | 5.11.2 | | | | | |
| Ⅱ | 1 | 锁舌伸出长度 | 4.11.3 | 5.11.3 | | 65 | 5 | 1 | 2 |
| | 2 | 锁头与锁体连接静拉力 | 4.11.4 | 5.11.4 | | | 2 | 0 | 1 |
| | 3 | 锁体强度 | 4.11.5 | 5.11.5 | | | | | |
| | 4 | 锁舌强度 | 4.11.6 | 5.11.6 | | | | | |
| Ⅲ | 1 | 防触电保护 | 4.11.7 | 5.11.7 | A | | | | |
| | 2 | 接地保护措施 | 4.11.8 | 5.11.8 | | | | | |
| | 3 | 绝缘电阻和电气强度 | 4.11.9 | 5.11.9 | | | | | |
| | 4 | 环境应力 | 4.11.10 | 5.11.10 | | | | | |
| | 5 | 机械强度 | 4.11.11 | 5.11.11 | | | | | |
| | 6 | 爬电距离,电气间隙和穿通绝缘距离 | 4.11.12 | 5.11.12 | | | | | |
| | 7 | 耐热、耐燃和耐漏电起痕 | 4.11.13 | 5.11.13 | | | | | |
| Ⅳ | 1 | 使用寿命 | 4.11.14 | 5.11.14 | B | 80 | 1 | 0 | 1 |

# 附 录 A
## （规范性附录）
## 标准中使用的检测器具和设备、检测装置、工具

### A.1 检测器具和设备

**A.1.1** 0～125 mm 的游标卡尺，分度值为 0.02 mm。

**A.1.2** 扭力扳手，扭力扳手的最大试验扭矩及扭矩精度按 GB/T 15729 规定。

**A.1.3** 0～9 800 N(精度为 1%)拉力机；0～50 000 N 拉力机。

### A.2 检测装置

进行防破坏功能试验时，锁具制造厂要提供以下试验附加装置和资料：

a) 锁具安装示意图；

b) 锁具制造厂产品出厂时配备的全套附件和安装连接件；

c) 试验的锁具要选装在门厚分别为 40 mm、32 mm、25 mm 的模拟门上；

d) 在模拟门门锁安装位置，以锁头为中心，半径为 100 mm 的范围内，门扇前后面板均为不小于 3 mm 厚的钢板，以作为防盗锁防破坏试验的最低防护基准；

e) 门框的框料为不小于 1.2 mm 厚的钢制型材，锁扣盒(板)焊接或固定连接在框体上；

f) 模拟门的外形尺寸规定为长 320 mm，宽 220 mm；

g) 带有多方位锁舌(栓)的锁，应按产品实际情况安装。

### A.3 检测工具

**A.3.1** 进行防敲击功能试验使用规定的工具：500 g 的硬质木槌。

**A.3.2** 进行条形自行车锁静拉力试验使用规定的工具：两根直径为 ϕ25 mm 的金属圆棒。

**A.3.3** 进行防破坏功能试验使用以下规定的工具：

a) 长度为 300 mm，直径为 ϕ20 mm 的直头和弯头撬棍；

b) 长度为 600 mm，直径为 ϕ30 mm 的直头和弯头撬棍；

c) 长度为 380 mm 的手持式钢锯；

d) 长度不大于 380 mm 的各种螺丝刀；

e) 长度为 250 mm 的管钳、大力钳；

f) 长度为 200 mm，直径分别为 ϕ15 mm 和 ϕ20 mm 的凿子；

g) 质量为 1 350 g，柄长 380 mm 的手锤；

h) 直径为 ϕ6.5 mm 的便携式电钻；

i) 开锁特种工具；

j) 直径不大于 ϕ3 mm 的钢丝制作的拨动工具；

k) 长度为 300 mm，直径分别为 ϕ10 mm 和 ϕ15 mm 的钢棍。

**A.3.4** 进行锁体冲击强度试验使用规定的工具：直径为 ϕ50.8 mm，质量为 540 g 的钢球。

**A.3.5** 进行识读装置强度试验使用规定的工具：直径为 ϕ177 mm 的钢质半球。

---

ICS 85.020
Y 30

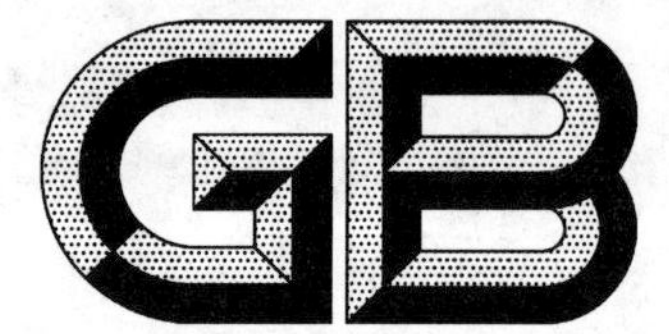

# 中华人民共和国国家标准

GB/T 21557—2008

# 废纸中胶粘物的测定

**Estimation of stickies in waste paper**

(ISO 15360-1:2000, Recycled pulps—Estimation of stickies and plastics—Part 1: Visual method
ISO 15360-2:2001, Recycled pulps—Estimation of stickies and plastics—Part 2: Image analysis method, MOD)

2008-03-24 发布　　2008-10-01 实施

中华人民共和国国家质量监督检验检疫总局
中国国家标准化管理委员会　发布

# 前　言

本标准的目测法修改采用ISO 15360-1:2000《再生纸浆　胶粘物质和塑料物质的估算　第1部分：外观检查法》，图像分析法修改采用ISO 15360-2:2001《再生纸浆　胶粘物质和塑料物质的估算　第2部分：图像分析法》。

本标准与ISO 15360-1:2000和ISO 15360-2:2001的技术性差异及其原因参见附录B，本标准与ISO 15360-1:2000和ISO 15360-2:2001的章条编号对照参见附录C。

本标准的附录A为规范性附录，附录B、附录C为资料性附录。

本标准由中国轻工业联合会提出。

本标准由全国造纸工业标准化技术委员会(SAC/TC 141)归口。

本标准由中国制浆造纸研究院负责起草。

本标准主要起草人：王华佳、崔立国、邓知明、邱文伦、周军锋。

本标准由全国造纸工业标准化技术委员会(SAC/TC 141)负责解释。

# 废纸中胶粘物的测定

## 1 范围

本标准规定了废纸中胶粘物的两种测定方法：目测法和图像分析法。两种方法中图像分析法为仲裁法。

本标准适用于废纸。

## 2 规范性引用文件

下列文件中的条款通过本标准的引用而成为本标准的条款。凡是注日期的引用文件，其随后所有的修改单（不包括勘误的内容）或修订版均不适用于本标准，然而，鼓励根据本标准达成协议的各方研究是否可使用这些文件的最新版本。凡是不注日期的引用文件，其最新版本适用于本标准。

GB/T 740 纸浆 试样的采取（GB/T 740—2003，ISO 7213：1981，IDT）

GB/T 741 纸浆 分析试样水分的测定（GB/T 741—2003，ISO 638：1978，MOD）

GB/T 2481.1 固结磨具用磨料 粒度组成的检测和标记 第1部分：粗磨粒 F4～F220（GB/T 2481.1—1998，eqv ISO 8486-1：1996，EQV）

GB/T 5399 纸浆 浆料浓度的测定（GB/T 5399—2004，ISO 4119：1995，IDT）

QB/T 1462 纸浆实验室的湿解离（QB/T 1462—1992，eqv ISO 5236：1979）

TAPPI T541 om-99 纸板的内结合强度（Z向抗张）

## 3 术语和定义

下列术语和定义适用于本标准。

### 3.1

**胶粘物 stickies**

留在一定筛缝的实验室筛选设备上的粘性物质，这些粘性物质能粘附到与其接触的物体上。

注：胶粘物在室温下呈现粘性，或当温度升高、压力增大、pH变化时呈现粘性。

## 4 方法A：目测法

### 4.1 原理

用一定缝宽的实验室筛选设备筛选解离后的浆料，筛至滤液澄清，将留在筛板上的物质转移到滤纸上。鉴别胶粘物，并分别测定胶粘物的个数和面积。

### 4.2 仪器和设备

4.2.1 解离器，应符合 QB/T 1462 的规定。

4.2.2 实验室筛选设备，筛板的平均缝宽应为 100 μm±5 μm 或 150 μm±5 μm，且每个缝宽与平均缝宽之差应不大于 15μm。也可使用其他缝宽的筛板，但应在报告中说明。

4.2.3 滤纸，定性中速或快速。

4.2.4 镊子。

4.2.5 照明装置

4.2.5.1 光源，应适用于测定胶粘物，有足够光强，确保能看见面积最小的颗粒。

4.2.5.2 灯光桌，桌面的光照度为 2 500 $cd/m^2$～3 000 $cd/m^2$，应避开日光或任何外部光源的直接照射。

4.2.6 吸墨纸，由全漂化学浆或破布浆抄造，中性，无施胶剂、化学添加剂和荧光物质。

4.2.7 对比图，见附录A。

4.2.8 热压机，可在150℃±10℃下施加压力690 kPa±20 kPa。

4.2.9 烘箱，可保持温度105℃±2℃。

**4.3 取样**

按GB/T 740进行。

**4.4 测定步骤**

**4.4.1 温度**

除4.4.5.2外，所有试验应在20℃～25℃的室温条件下进行。

**4.4.2 试样的预处理**

按GB/T 741测定绝干浆的质量。

将试样浸泡在水中至少4 h，然后按QB/T 1462解离浸湿后的试样。在270 mL的水中解离50 g～60 g的绝干浆，直至没有纤维束为止。浓度不大于10%的浆料可不解离。

**4.4.3 筛选**

按筛选设备(4.2.2)说明书，将解离好的100 g绝干浆倒至筛板上，筛选至滤液澄清为止。也可根据纸浆中胶粘物含量的多少，筛选多于100 g或少于100 g的绝干浆。

**4.4.4 移取**

用水尽可能地将筛板上的物质冲下，随后用滤纸(4.2.3)过滤悬浮液，并使胶粘物均匀地分布在滤纸上，所用滤纸张数取决于筛板上物质的数量。

悬浮液过滤后，应再次检查筛板。若筛板上还有胶粘物，应用镊子(4.2.4)夹起放在滤纸上。

将所有滤纸分别放在吸墨纸(4.2.6)上，并置于105℃±2℃烘箱(4.2.9)中干燥1 h。

**4.4.5 检测**

目测判断滤纸(4.2.3)上颗粒的种类，分别记录胶粘物颗粒的个数及每一颗粒的面积，然后计算出每种颗粒的总面积。

**4.4.5.1 室温下胶粘物的测定**

胶粘物一般不透明，呈圆形，常与颜料、油墨或其他颗粒粘附在一起，成为带色聚集物。首先应从最大的颗粒开始测定，用对比图(4.2.7)来估测颗粒的面积。将已辨别的每一胶粘物划上圆圈，并测量每一胶粘物颗粒的面积。然后记录胶粘物颗粒的总个数，并计算其总面积，单位为平方毫米($mm^2$)。

**4.4.5.2 高温和压力条件下胶粘物的测定**

某些胶粘物(如热熔胶)，只有当温度和压力增大时才呈现粘性，当温度降至室温时，其粘性将会消失，故此类胶粘物应按以下方法进行测定。

将滤纸放入热压机(4.2.8)中，在温度150℃±10℃和压力690 kPa±20 kPa条件下，热压10 min±0.5 min，热压后，这类胶粘物将变成透明点。将滤纸放在灯光桌(4.2.5.2)上，将透明点画上圆圈，并用对比图(4.2.7)测定其面积。然后记录透明点的总个数，并计算其总面积，单位为平方毫米($mm^2$)。分别报告高温加压和室温下的测定值，以及所施加的温度和压力。

## 5 方法B：图像分析法

**5.1 原理**

用一定缝宽的实验室筛选设备筛选解离后的浆料，筛至滤液澄清，将留在筛板上的物质转移到滤纸上，用白氧化铝粉末或由特殊涂布纸上掉下来的涂料颗粒标记胶粘物。用图像分析仪测定胶粘物的总个数、面积或不同面积的矩形分布函数图。

**5.2 仪器和设备**

5.2.1 解离器，同4.2.1。

5.2.2 实验室筛选设备,同 4.2.2。

5.2.3 对比图,同 4.2.7。

5.2.4 布氏漏斗,烧结玻璃的漏斗,其过滤基底的直径应不小于 20 cm。

5.2.5 滤纸,定性中速或快速。

5.2.5.1 白色滤纸,用于过滤和在用金属粉给胶粘物作标记时用。

5.2.5.2 黑色滤纸,在用从涂布纸上脱落的涂料颗粒给胶粘物作标记时用。

5.2.6 防粘纸,硅酮涂布。

5.2.7 浅玻璃盘,大约为 25 cm×20 cm。玻璃盘尺寸的精确性无关重要,其最小尺寸应大于滤纸直径。

5.2.8 金属板,上板是圆形的,直径 28 cm±1 cm,质量 6.0 kg±0.1 kg。底板的尺寸与上板相同或大于上板。底板形状无特殊要求,如圆形,其最小直径应为 28 cm;如方形,其最小边长应为 28 cm。

5.2.9 防水黑毡笔。

5.2.10 过滤洗涤装置,在大约 0.1 MPa(1 bar)压力下用缓和的水流冲洗过滤器,流速约 10 L/min。供水端与过滤器的距离约为 180 mm。

5.2.11 热压机,可在 95 kPa±5 kPa、94℃±4℃条件下保持 10 min±0.5 min。

5.2.12 烘箱,同 4.2.9。

5.2.13 图像分析系统,用于照明、观察和测定图像。所用的图像分析系统应能扫描和观察收集在滤纸上的胶粘物的面积(直径大于或等于 20 cm)。图像分析系统包括以下部分:

5.2.13.1 试样台,由一面用于放置样品照明器和检测器的平板组成。试样台应有防止周围光线影响的防护罩。制备的样品是一面收集了胶粘物的滤纸,且这一面应面向照明器和检测器。试样台的精密度与所使用的检测器有关。

5.2.13.2 图像检测器,由至少具有 256 Gy(戈瑞,吸收剂量的国际单位,1 Gy=1 J/kg)的感光性,且其每个物理像素点分辨能力应小于 50 μm 的扫描器或照相机构成,其四个邻近的像素点的组合面积应不超过 0.01 $mm^2$。

5.2.13.3 发光体,波长集中在光谱可见光区的非极化光源,使 95%由白色表面反射的光的波长在 380 nm～750 nm 之间。发光体至少应由两个在入射角 45°±5°时能提供照明的部件组成。两部件彼此以 180°角度相对照明。较好的发光体是由四个部件组成,每个部件在 45°±5°时可提供入射照明。四个部件应分别以 90°角度相对放置。最好的发光体应能提供漫散射或在入射角 45°±5°时轴向对称地照射。在校正任何软件时,对试样台全面积照明的均匀度应在±4%以内。

5.2.13.4 图像分析软件,用于测定所检测的图像的平均强度。例如,用“中心—周围”过滤技术测定数字化胶粘物的像素点时,胶粘物的斑点及其周围的本底强度。软件滤光片的正常尺寸集中在胶粘物中心的 1 $mm^2$ 区域。软件应能调节这个区域,使其完全围绕在所检测的胶粘物图像的周围。检测的临界值是对比图(5.2.3)100%比较范围中的 10%。

**5.3 试剂和材料**

5.3.1 白色氧化铝粉末($Al_2O_3$),分析纯,颗粒尺寸分布为 F220(见 GB/T 2481.1)。

5.3.2 黑色染料溶液,能直接对纤维素染色。也可使用工业用黑色油墨。

5.3.3 黑色碳化硅粉末(SiC),颗粒分布为 F220(见 GB/T 2481.1)。

5.3.4 涂布纸,定量为 120 $g/m^2$～125 $g/m^2$,单面涂布碳酸钙,涂布量约为 50 $g/m^2$～55 $g/m^2$,亮度为 85%±3%。其原纸定量约为 70 $g/m^2$,且不含磨木浆。涂布纸的尺寸应能覆盖胶粘物所使用的黑色滤纸(5.2.5.2)。当涂布纸在 5.2.11 所规定的温度和压力下与胶粘物接触时,涂料吸附在胶粘物颗粒上,使其呈现白色。在本试验条件下,将涂布纸按 5.7.4.1 进行处理,滤纸上不应有任何胶粘物,且涂布纸上不应掉落任何白色涂料颗粒,并按 TAPPI T541 om 测定涂料的层间结合强度是否达到 5.5 kPa ±1.5 kPa。

5.3.5 涂料颗粒，由涂布纸(5.3.4)上脱落，用于标记胶粘物。

### 5.4 取样

按GB/T 740进行。

### 5.5 图像分析系统的调节和校准

按说明书启动图像分析系统(5.2.13)，预热升温。

用对比图(5.2.3)和软件说明书校准图像分析系统，保证图像分析系统能正确测定斑点尺寸，对比度100%时，其误差应不超过±5%。若不能满足，则应通过查阅图像分析系统(5.2.13)中的校准说明书进行校正。

调节图像分析软件(5.2.13.4)，将颗粒按其测定面积分类。最小颗粒的最低限度取决于所用筛板孔眼的尺寸。颗粒尺寸等级的数量可根据所要求的情况而变化。最大等级的尺寸应无上限，因此所有存在的颗粒都应能报告出来。该软件一般有几种计算能力，如在所选择的不同尺寸的等级中，计算胶粘物的总量、测定胶粘物的总面积、绘出矩形分布函数图和频率分布图。

### 5.6 样品预处理

按GB/T 741测定绝干浆的质量。

将风干浆样品在水中浸渍至少4 h(可用自来水)，然后立即解离。浓度不大于10%的浆料可以不解离。

按QB/T 1462解离浆样，使其适合于所使用的筛选设备。纸浆试样的准确质量，应根据胶粘物的含量水平而变化。对于回用浆料(如脱墨浆)，胶粘物的含量比较低，应用50 g绝干浆。若浆料中的胶粘物含量较高，所用纸浆试样的质量可减少至10 g绝干浆。

必要时，按GB/T 5399测定浆料的浓度。

应重复测定三次，一般需要大约150 g绝干浆。

### 5.7 测定步骤

#### 5.7.1 用筛选装置处理样品

按筛选装置说明书，对制备的浆料(5.6)进行处理，直至滤液澄清，应注明处理时间。

#### 5.7.2 被分离的胶粘物在滤纸上的分布

有的实验室筛选装置能把分离出的胶粘物自动输送到一张滤纸上，此时这一步骤便可省略。

对分离出的胶粘物保留在筛板上的实验室筛选装置，可按如下步骤进行：

将筛板从筛选装置上取下，垂直放置在一适当的容器内。用一高压细射水流先从筛板的下面冲洗筛缝，然后再从上端冲洗筛缝。应将筛板上的所有物料全部冲洗到容器内，且用最少量的水冲洗所有的筛渣。

保留筛板用于下一步的目测试验。

将一白色滤纸(5.2.5.1)放在布氏漏斗(5.2.4)的过滤面上，真空条件下用布氏漏斗过滤含有胶粘物的洗涤液，直至游离水全部排出。加入过滤的悬浮液时应小心，以保证胶粘物均匀分布在滤纸上。当所收集的颗粒层接近或达到完全覆盖滤纸时，则需用几张滤纸或用较少量的纸浆完成分析。当收集到的颗粒分布在几张滤纸上时，应在图像分析系统中测定这几张滤纸的总面积。

当悬浮液全部过滤后，检查筛板上有无胶粘物。若有，将其转移到滤纸上。

#### 5.7.3 用金属粉末作标记的胶粘物的测定

##### 5.7.3.1 热压

从收集装置上取出滤纸，用防粘纸(5.2.6)有硅酮的一面覆盖在滤纸上面(胶粘物的沉积面)。将滤纸和防粘纸(5.2.6)放置在95 kPa±5 kPa压力和94℃±4℃温度的热压机(5.2.11)的底部，热压10 min±0.5 min。

##### 5.7.3.2 染色

从滤纸上除去含有胶粘物的防粘纸(5.2.6)。用肉眼观察收集到的颗粒，除去金属屑或其他不是胶粘物的非纤维素外来物。除去外来物时，不应把胶粘物（包括粘附在外来物质上的那些胶粘物）除掉。浆块和木材纤维会被染成黑色，不会干扰试验，不必除去。

将黑色染料溶液(5.3.2)加到浅玻璃盘(5.2.7)中，深度约为15 mm。

将滤纸放入染料中，使滤纸表面全部湿润，滤纸上的纤维被染成黑色，胶粘物不变色。

将染成黑色的湿滤纸放在一张化学浆抄造的纸或吸墨纸上，再在滤纸上放一张防粘纸(5.2.6)，颗粒应在最上面，吸去多余的染料。为防止烘干设备被染料污染，应在防粘纸(5.2.6)上放一张吸墨纸或滤纸。

重复5.7.3.1热压步骤。

#### 5.7.3.3 记录胶粘物

干燥后，除去吸墨纸和防粘纸，在滤纸上仔细、彻底和均匀地撒一层白色氧化铝粉末(5.3.1)，再放上防粘纸和两张吸墨纸，将其放入烘箱中，在105℃±2℃和950 Pa左右压力下干燥10 min±0.5 min。纸页放在两块金属板(5.2.8)之间即可达到所需压力。在干燥过程中，为保证这两块金属板达到测定所需温度，应将其放入烘箱内。

移去吸墨纸，垂直拿住试样，用一把软刷子（化妆用）在无压力情况下刷去多余的溶化的氧化铝。

目测纸页。胶粘物被氧化铝涂布，在黑色的背景上呈现出白色。用镊子将非胶粘性物质除去。偶而会有小块塑料，可以除去或用黑毡笔(5.2.9)将其染成黑色，在图像分析仪中不会被检测出来。

将制备好的带有白色涂布胶粘物的纸页放在图像分析仪试样台(5.2.13.1)上，按说明书操作仪器，测定纸面上胶粘物的总面积，打印数据。

### 5.7.4 用白涂布颗粒作标记的胶粘物的测定

#### 5.7.4.1 加热装置

过滤后，将涂布纸(5.3.4)放在湿的黑色滤纸(5.2.5.2)上，然后夹在两层吸墨纸之间。将这个纸叠放在热压机(5.2.11)的上、下两块加热板之间进行干燥。

#### 5.7.4.2 洗涤滤纸

胶粘物经加热后，将涂布纸从黑色滤纸上揭下，使洗涤装置(5.2.10)的一光滑喷嘴冲洗滤纸20 s～40 s，冲洗掉纸面上的薄片、浆块、砂粒和其他非胶粘性杂质及纤维。水压约为0.1 MPa(1 bar)，水的流速大约为10 L/min，喷嘴与滤纸的距离约为180 mm。

#### 5.7.4.3 干燥

用一张防粘纸(5.2.6)覆盖在黑色滤纸上，然后放在热压机(5.2.11)中干燥5 min。

#### 5.7.4.4 记录胶粘物

除去防粘纸，用白色涂料标记黑色滤纸上的胶粘物。目测纸页，若在黑色滤纸上还留有轻度染色的非胶粘性残留物（纤维、杂质等），应将其除掉或用黑毡笔(5.2.9)染成黑色。

将制备好的带有白色涂布胶粘物的纸页放在图像分析仪的试样台上，按说明书操作仪器，测定纸面上胶粘物的总面积，打印数据。

## 6 计算

### 6.1 胶粘物的数量

分别记录胶粘物的数量，用式(1)计算每千克绝干浆料中胶粘物的个数。

$$Y=\frac{a}{m} \qquad \cdots\cdots(1)$$

式中：

$Y$——每千克绝干浆中的胶粘物的个数，单位为个每千克(个/kg)；

$a$——观察到的胶粘物的个数，单位为个；

$m$——筛选后的纸浆的绝干质量，单位为千克(kg)。

### 6.2 胶粘物的面积

用式(2)计算每千克绝干浆中的胶粘物的面积。

$$X = \frac{A}{m} \quad \cdots\cdots\cdots\cdots (2)$$

式中：

$X$——每千克绝干浆中的胶粘物的面积，单位为平方毫米每千克($mm^2/kg$)；

$A$——胶粘物的总面积，单位为平方毫米($mm^2$)；

$m$——筛选后的纸浆的绝干质量，单位为千克(kg)。

计算三次测定结果的平均值。

## 7 结果表示

用三次测定结果的平均值表示结果，胶粘物的数量取整数，胶粘物的面积修约至两位小数。

## 8 试验报告

试验报告应包括以下内容：

a) 本标准编号；

b) 测定结果；

c) 解离条件；

d) 筛选设备，筛缝宽度和筛选时间；

e) 如果在高温和压力条件下进行测定，应注明温度和压力；

f) 可能影响测定结果的其他因素。

# 附 录 A
## （规范性附录）
## 对 比 图

**A.1** 颗粒尺寸的测定对比图，见图 A.1。

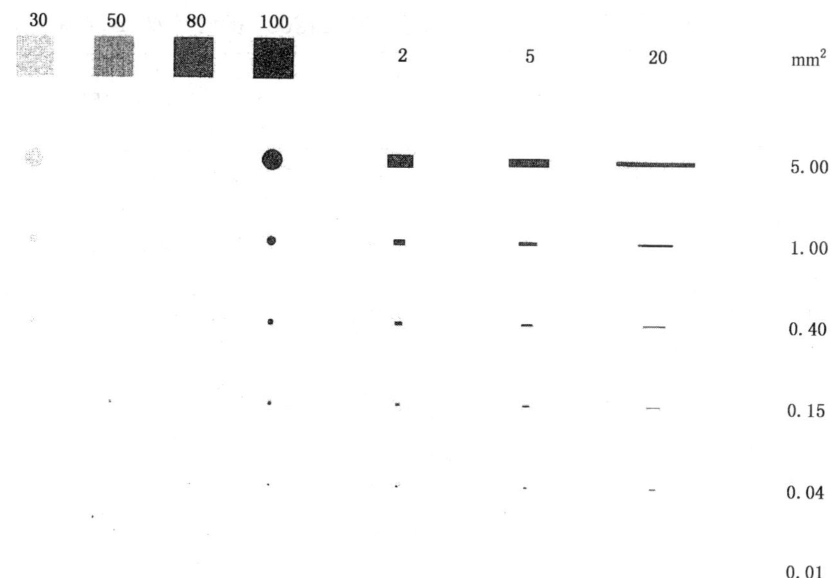


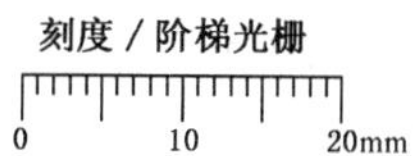


**图 A.1 对比图**

在任何检测中，不应使用对比图的照片，只能使用对比图胶片，否则会使点的大小和对比度发生改变。

# 附 录 B
## （资料性附录）
## 本标准与 ISO 15360-1:2000 和 ISO 15360-2:2001 的技术性差异及其原因

表 B.1 给出了本标准与 ISO 15360-1:2000 和 ISO 15360-2:2001 的技术性差异及其原因。

**表 B.1 本标准与 ISO 15360-1:2000 和 ISO 15360-2:2001 的技术性差异及其原因**

| 本标准的章条编号 | 技术性差异 | 原 因 |
|---|---|---|
| 3 | 术语和定义中删除了非胶粘物部分的内容 | 删除的内容不适用于本标准 |
| 5 | 删除 ISO 15360-1 中 3.2,3.3,5.5,5.7,5.8,7.5.2 和 ISO 15360-2 中 3.2,10.5,10.6 的内容 | 这部分内容与胶粘物测定无关 |
| 5.1 | 直接引用 QB/T 1462 | QB/T 1462 已采用 ISO 5263 |
| 5.2 | 将 ISO 15360-1:2000 中 5.2 和 ISO 15360-2:2001 中 5.2 与附录 A 内容合并,将 ISO 15360-1:2000 和 ISO 15360-2:2001 中附录 A 的其他不适用于本标准的内容删除 | 这样表述更便于操作，ISO 15360-1:2000 和 ISO 15360-2:2001中删除的内容不属于本标准的编写范畴 |
| 7 | 直接引用 GB/T 740 | GB/T 740 已采用 ISO 7213 |
| 8 | 技术内容基本相同,只是语言表述不同,将 ISO 15360-1和 ISO 15360-2 内容合并,其中的引用标准按国家标准,并将非胶粘物部分内容删除 | 语言表述的改写,更便于理解标准,引用的国家标准已采用相应国际标准,删除的非胶粘物部分内容与胶粘物测定无关 |
| 8.1.5.2 | 与 ISO 15360-1 相比,将热压时间改为 10 min ±0.5 min | 使标准中热压时间统一,且准确度提高 |
| 附录 A | 将 ISO 15360-1:2000 和 ISO 15360-2:2001 的附录 B 调整为本标准的附录 A | 因将 ISO 15360-1:2000 和 ISO 15360-2:2001 的附录 A 进行修改后并入本标准的 5.2 中,故将 ISO 15360-1:2000和 ISO 15360-2:2001 的附录 B 调整为本标准的附录 A |

# 附 录 C
（资料性附录）
## 本标准与 ISO 15360-1:2000 和 ISO 15360-2:2001 的章条编号对照

表 C.1 和 C.2 分别给出了本标准与 ISO 15360-1:2000 和 ISO 15360-2:2001 的章条编号对照。

**表 C.1 本标准与 ISO 15360-1:2000 章条编号对照**

| 本标准章条编号 | 对应的 ISO 15360-1:2000 章条编号 |
|---|---|
| 1 | 1 |
| 2 | 2 |
| 3 | 3.1 |
| 4.1 | 4 |
| 4.2 | 5 |
| 4.2.1 | 5.1 |
| 4.2.2 | 5.2、附录 A |
| 4.2.3 | 5.3 |
| 4.2.4 | 5.4 |
| 4.2.5.1 | 5.5 |
| 4.2.5.2 | 5.6 |
| 4.2.6 | 5.11 |
| 4.2.7 | 5.10 |
| 4.2.8 | 5.9 |
| 4.2.9 | 5.12 |
| 4.3 | 6 |
| 4.4 | 7 |
| 4.4.1 | 7.1 |
| 4.4.2 | 7.2 |
| 4.4.3 | 7.3 |
| 4.4.4 | 7.4 |
| 4.4.5 | 7.5 |
| 4.4.5.1 | 7.5.1 |
| 4.4.5.2 | 7.5.3 |
| 5 | — |
| 6 | 8 |
| 6.1 | 8.1 |
| 6.2 | 8.2 |
| 7 | — |
| 8 | 10 |
| 附录 A | 附录 B |
| 附录 B | — |
| 附录 C | — |

表 C.2 本标准与 ISO 15360-2:2001 章条编号对照

| 本标准章条编号 | 对应的 ISO 15360-1:2000 章条编号 |
|---|---|
| 1 | 1 |
| 2 | 2 |
| 3 | 3.1 |
| 4 | — |
| 5.1 | 4 |
| 5.2 | 5 |
| 5.2.1 | 5.1 |
| 5.2.2 | 5.2、附录 A |
| 5.2.3 | 5.4 |
| 5.2.4 | 5.5 |
| 5.2.5 | 5.6 |
| 5.2.6 | 5.7 |
| 5.2.7 | 5.10 |
| 5.2.8 | 5.11 |
| 5.2.9 | 5.13 |
| 5.2.10 | 5.12 |
| 5.2.11 | 5.9 |
| 5.2.12 | 5.8 |
| 5.2.13 | 5.3 |
| 5.3 | 6 |
| 5.3.1 | 6.1.1 |
| 5.3.2 | 6.1.2 |
| 5.3.3 | 6.1.3 |
| 5.3.4 | 6.2.1 |
| 5.3.5 | 6.2.1 |
| 5.4 | 7 |
| 5.5 | 8 |
| 5.6 | 9 |
| 5.7 | 10 |
| 5.7.1 | 10.1 |
| 5.7.2 | 10.2 |
| 5.7.3 | 10.3 |
| 5.7.4 | 10.4 |
| 6 | 11 |
| 6.1 | 11.1 |

**表 C.2（续）**

| 本标准章条编号 | 对应的 ISO 15360-1:2000 章条编号 |
| --- | --- |
| 6.2 | 11.2 |
| 7 | — |
| 8 | 13 |
| 附录 A | 附录 B |
| 附录 B | — |
| 附录 C | — |

ICS 83.100
G 30

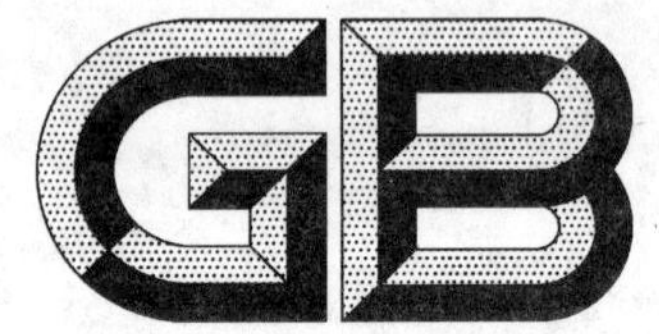

# 中华人民共和国国家标准

GB/T 21558—2008

# 建筑绝热用硬质聚氨酯泡沫塑料

## Rigid polyurethane cellular plastics used in the thermal insulation of building

2008-03-24 发布　　　　2008-10-01 实施

中华人民共和国国家质量监督检验检疫总局
中国国家标准化管理委员会　发布

# 前　　言

请注意本标准的某些内容有可能涉及专利。本标准的发布机构不应承担识别这些专利的责任。

本标准技术内容参考了 ISO 4898:2006《硬质泡沫塑料　用于建筑绝热的泡沫材料　规范》中有关绝热用硬质聚氨酯泡沫塑料的部分。

本标准由中国轻工业联合会提出。

本标准由全国塑料制品标准化技术委员会归口。

本标准起草单位:北京工商大学、烟台万华聚氨酯股份有限公司、南京红宝丽股份有限公司、拜耳材料科技贸易(上海)有限公司、常州晶雪冷冻设备有限公司、空气化工产品(中国)投资有限公司、江苏省化工研究所有限公司、江苏省产品质量监督检验研究院。

本标准主要起草人:陈倩、韩怀强、韦华、朴相林、贾富忠、张鹏、吴昊、王燕。

# 建筑绝热用硬质聚氨酯泡沫塑料

## 1 范围

本标准规定了建筑绝热用硬质聚氨酯泡沫塑料的分类、要求、试验方法、检验规则和标志、运输、贮存。

本标准适用于建筑绝热用硬质聚氨酯泡沫塑料。

本标准不适用于喷涂硬质聚氨酯泡沫塑料和管道用硬质聚氨酯泡沫塑料。

## 2 规范性引用文件

下列文件中的条款通过本标准的引用而成为本标准的条款。凡是注日期的引用文件，其随后所有的修改单(不包括勘误的内容)或修订版均不适用于本标准，然而，鼓励根据本标准达成协议的各方研究是否可使用这些文件的最新版本。凡是不注日期的引用文件，其最新版本适用于本标准。

GB/T 2918—1998 塑料试样状态调节和试验的标准环境(idt ISO 291:1997)

GB/T 6342—1996 泡沫塑料和橡胶 线性尺寸的测定(idt ISO 1923:1981)

GB/T 6343—1995 泡沫塑料和橡胶 表观(体积)密度的测定(neq ISO 845:1988)

GB 8624—2006 建筑材料及制品燃烧性能分级(EN 13501-1:2002,MOD)

GB/T 8810—2005 硬质泡沫塑料吸水率的测定(ISO 2896:2001,MOD)

GB/T 8811—2008 硬质泡沫塑料 尺寸稳定性试验方法( ISO 2796:1986,IDT)

GB/T 8813—2008 硬质泡沫塑料 压缩性能的测定(ISO 844:2004,IDT)

GB/T 10294—1988 绝热材料稳态热阻及有关特性的测定 防护热板法(ISO/DIS 8302:1986,IDT)

GB/T 10295—1988 绝热材料稳态热阻及有关特性的测定 热流计法(idt ISO/DIS 8301:1987)

GB/T 15048—1994 硬质泡沫塑料压缩蠕变试验方法 (idt ISO 7850:1986)

GB/T 20672—2006 硬质泡沫塑料 在规定负荷和温度条件下压缩蠕变的测定(GB/T 20672—2006,ISO 7616:1986,IDT)

QB/T 2411—1998 硬质泡沫塑料水蒸气透过性能(eqv ISO 1663:1981)

ISO 11561:1999 热绝缘材料的老化 密封泡沫塑料耐热性长期变化的测定 加速实验室测试法

## 3 分类

### 3.1 产品分类

产品按用途分为三类。

Ⅰ类——适用于无承载要求的场合。

Ⅱ类——适用于有一定承载要求，且有抗高温和抗压缩蠕变要求的场合。本类产品也可用于Ⅰ类产品的应用领域。

Ⅲ类——适用于有更高承载要求，且有抗压、抗压缩蠕变要求的场合。本类产品也可用于Ⅰ类和Ⅱ类产品的应用领域。

### 3.2 产品分级

产品按燃烧性能根据 GB 8624—2006 的规定分为 B、C、D、E、F 级。

## 4 要求

4.1 板材产品长度和宽度极限偏差应符合表 1 要求。

**表 1 长度和宽度极限偏差**

单位为毫米

| 长度或宽度 | 极限偏差[a] | 对角线差[b] |
| --- | --- | --- |
| <1 000 | ±8 | ≤5 |
| ≥1 000 | ±10 | ≤5 |

[a] 其他极限偏差要求，由供需双方协商。

[b] 是基于板材的长宽面。

4.2 板材产品厚度极限偏差应符合表 2 要求。

**表 2 厚度极限偏差**

单位为毫米

| 厚　度 | 极限偏差[a] |
| --- | --- |
| ≤50 | ±2 |
| 50～100 | ±3 |
| >100 | 供需双方协商 |

[a] 其他极限偏差要求，由供需双方协商。

4.3 板材产品外观表面基本平整，无严重凹凸不平。

4.4 产品的物理力学性能应符合表 3 要求。

**表 3 物理力学性能**

| 项　目 | | 单位 | 性能指标 | | |
| --- | --- | --- | --- | --- | --- |
| | | | Ⅰ类 | Ⅱ类 | Ⅲ类 |
| 芯密度 | ≥ | $kg/m^3$ | 25 | 30 | 35 |
| 压缩强度或形变 10%压缩应力 | ≥ | kPa | 80 | 120 | 180 |
| 导热系数<br>初期导热系数<br>平均温度 10℃、28 d 或<br>平均温度 23℃、28 d<br>长期热阻 180 d | <br><br>≤<br>≤<br>≥ | <br><br>W/(m·K)<br>W/(m·K)<br>$(m^2 \cdot K)/W$ | <br><br>—<br>0.026<br>供需双方协商 | <br><br>0.022<br>0.024<br>供需双方协商 | <br><br>0.022<br>0.024<br>供需双方协商 |
| 尺寸稳定性<br>高温尺寸稳定性 70℃、48 h　长、宽、厚<br>低温尺寸稳定性 −30℃、48 h　长、宽、厚 | <br>≤<br>≤ | % | <br>3.0<br>2.5 | <br>2.0<br>1.5 | <br>2.0<br>1.5 |
| 压缩蠕变<br>80℃、20 kPa、48 h 压缩蠕变<br>70℃、40 kPa、7 d 压缩蠕变 | <br>≤<br>≤ | % | <br>—<br>— | <br>5<br>— | <br>—<br>5 |
| 水蒸气透过系数<br>(23℃/相对湿度梯度 0～50%) | ≤ | ng/(Pa·m·s) | 6.5 | 6.5 | 6.5 |
| 吸水率 | ≤ | % | 4 | 4 | 3 |

4.5 燃烧性能应符合应用领域的相关法规和规范的要求。燃烧性能应达到所标明的燃烧性能等级。

## 5 试验方法

### 5.1 试样

产品去掉表皮后切取样品，当样品厚度达不到试验规定的试样厚度时，在报告中注明。

### 5.2 状态调节

试验按 GB/T 2918—1998 中 23/50 二级环境条件进行，试样应在温度(23±2)℃，相对湿度 40%～60%的条件下进行不少于 48 h 的状态调节。

### 5.3 陈化

要求进行陈化的试验，产品应陈化 28 d，48 h 的状态调节期可包含在 28 d 的陈化期中。

### 5.4 尺寸偏差

5.4.1 按 GB/T 6342—1996 中的规定用最小分度值 1 mm 的卷尺测量长度、宽度。长度、宽度各测三点。

5.4.2 按 GB/T 6342—1996 中的规定用最小分度值 1 mm 的卷尺测量长宽面上的对角线，计算两对角线之差。

5.4.3 按 GB/T 6342—1996 中的规定用最小分度值 0.05 mm 卡尺测量厚度，在距边缘 30 mm 处开始测量，测量点不少于 5 点，各测量点之间间距应均匀。

### 5.5 外观

在自然光线下目测。

### 5.6 芯密度

按 GB/T 6343—1995 的规定进行。试样尺寸(100±1)mm×(100±1)mm×(50±1)mm，试样数量 5 个。

当材料表面带有面层、复合层或涂层时，应去除材料的面层、复合层或涂层后测其芯密度。

### 5.7 压缩强度或 10%形变时的压缩应力

按 GB/T 8813—1988 的规定进行。试样尺寸(100±1)mm×(100±1)mm×(50±1)mm，试样数量 5 个。试验速度为 5 mm/min。施加负荷的方向应平行于产品厚度(泡沫起发)的方向。

测量极限屈服应力或 10%形变时的压缩应力，哪一种情况先出现，结果取哪一种情况的应力。

产品厚度小于 10 mm 的样品不检验本项。

### 5.8 导热系数

#### 5.8.1 初期导热系数

按 GB/T 10294—1988 或 GB/T 10295—1988 的规定进行。产品在大气中陈化应大于 28 d。测试平均温度为 23℃或 10℃，冷热板温差(23±2)℃。

#### 5.8.2 长期热阻

按 ISO 11561:1999 的规定进行。样品在室温下陈化应大于 180 d。冷热板温差为(23±5)℃。

### 5.9 尺寸稳定性

按 GB/T 8811—1988 的规定进行。试样尺寸(100±1)mm×(100±1)mm×(25±0.5)mm，每一试验条件的试样数量 3 个。

#### 5.9.1 高温尺寸稳定性

试验条件为温度(70±2)℃、时间 48 h。

#### 5.9.2 低温尺寸稳定性

试验条件为温度－(30±2)℃、时间 48 h。

### 5.10 压缩蠕变

样品尺寸为(50±1)mm×(50±1)mm×(50±1)mm，试样数量 3 个。

#### 5.10.1 80℃、20 kPa、48 h 压缩蠕变

80℃、20 kPa、48 h 压缩蠕变试验按 GB/T 15048—1994 和 GB/T 20672—2006 进行。在标准环境状态下使试样受 20 kPa 压力 48 h 后，测定厚度 $H_1$。然后将试验装置连同试样放入烘箱，在 80℃ 和相同压力下保持 48 h，再测定厚度 $H_2$，按式(1)计算压缩蠕变 $D_1$。

$$D_1 = \frac{H_1 - H_2}{H_1} \quad \cdots\cdots (1)$$

#### 5.10.2 70℃、40 kPa、7 d 压缩蠕变

70℃、40 kPa、7 d 压缩蠕变试验按 GB/T 15048—1994 和 GB/T 20672—2006 进行。在标准环境状态下使试样受 40 kPa 压力 48h 后，测定厚度 $H_3$。然后将试验装置连同试样放入烘箱，在 70℃ 和相同压力下保持 7 d，再测定厚度 $H_4$，按式(2)计算压缩蠕变 $D_2$。

$$D_2 = \frac{H_3 - H_4}{H_3} \quad \cdots\cdots (2)$$

### 5.11 水蒸气透过系数

试验按 QB/T 2411—1998 中的规定进行。试样厚度为(25±0.5)mm，试样数量 5 个，在(23±1)℃和 0～(50±5)%相对湿度梯度下测定。

### 5.12 吸水率

试验按 GB/T 8810—2005 中的规定进行。试样尺寸(150±2)mm×(150±2)mm×(25±1)mm，试样数量 3 个，水温(23±2)℃，浸泡时间 96 h。

### 5.13 燃烧性能

按 GB 8624—2006 的规定及相关法规和规范规定进行。

## 6 检验规则

### 6.1 检验分类

#### 6.1.1 出厂检验

出厂检验项目为尺寸极限偏差、外观、芯密度、压缩强度、尺寸稳定性和吸水率。

#### 6.1.2 型式检验

型式检验为第 4 章的全部项目。有下列情况之一时应进行型式检验：

a) 新产品试制的定型鉴定；

b) 正式生产后，如结构、原料、工艺有重大改变，可能影响产品性能时；

c) 正常生产时每三个月进行一次检验；

d) 产品长期停产半年后，恢复生产时；

e) 出厂检验结果与上次型式检验结果有较大差异时；

f) 国家质量监督机构提出进行型式检验的要求时。

### 6.2 组批和抽样

#### 6.2.1 组批

同一原料、同一配方、同一工艺条件，数量不超过 1 000 $m^3$ 为一批。

#### 6.2.2 抽样

尺寸极限偏差及外观从每批中随机抽取 10 块产品作为样品进行检验，物理力学性能从 10 块样品中抽取其中 1 块进行物理力学性能检验，当试样数量不足以满足检验要求时，从其余样品中随机抽取。

### 6.3 判定规则

6.3.1 10 块样品尺寸极限偏差及外观全部合格时，该批为合格，其中一块任意一项不合格时，整批剔除不合格品后重新抽样，仍不合格则该批为不合格。

6.3.2 物理力学性能中有一项不合格时，应重新从原批中双倍取样，对不合格项目进行复验，若复验结果全部合格，则该批合格，否则该批为不合格。

## 7 标志、运输、贮存

7.1 产品应有标志和合格证，内容包括产品名称、规格、类型、级别、生产日期、生产厂名称、生产厂地址、检验员章和标准号等。

7.2 产品在运输中严禁烟火，避免长期受压和机械损伤。

7.3 产品不得与化学品接触，贮存环境应清洁、通风、干燥，不得接近火源、热源。

ICS 21.100.20
J 11

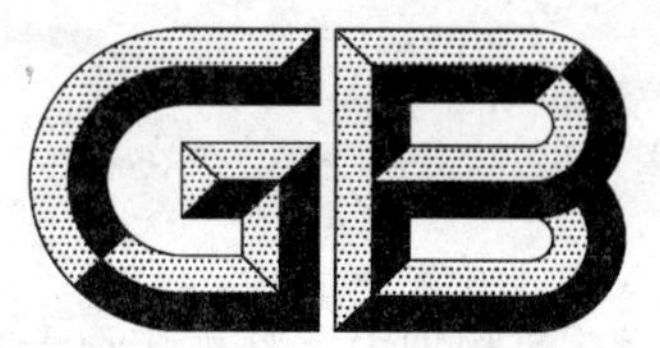

# 中华人民共和国国家标准

GB/T 21559.1—2008/ISO 14728-1:2004

---

# 滚动轴承　直线运动滚动支承 第1部分:额定动载荷和额定寿命

**Rolling bearings—Linear motion rolling bearings—Part 1:Dynamic load ratings and rating life**

(ISO 14728-1:2004,IDT)

2008-03-31 发布　　　　2008-09-01 实施

---

中华人民共和国国家质量监督检验检疫总局
中国国家标准化管理委员会　发布

# 前　言

GB/T 21559《滚动轴承　直线运动滚动支承》分为两个部分：

——第1部分：额定动载荷和额定寿命；

——第2部分：额定静载荷。

本部分为GB/T 21559的第1部分。

本部分等同采用ISO 14728-1:2004《滚动轴承　直线运动滚动支承　额定动载荷和额定寿命》（英文版）。

本部分等同翻译ISO 14728-1:2004。

为了便于使用，本部分做了下列编辑性修改：

——"本文件"一词改为"本部分"；

——删除了国际标准的前言；

——用小数点"."代替作为小数点的逗号","。

本部分由中国机械工业联合会提出。

本部分由全国滚动轴承标准化技术委员会（SAC/TC 98）归口。

本部分起草单位：洛阳轴承研究所。

本部分主要起草人：李飞雪。

# 引　言

对于每一特定应用场合所选用的直线运动滚动支承，通过试验来确定其适用性，通常是不现实的。以下方法业已证明可恰当和方便地代替试验：

——使用动载荷(GB/T 21559.1)作寿命计算；

——使用静载荷(GB/T 21559.2)作静载荷安全系数计算。

直线运动滚动支承的寿命是指一滚道或一滚动体材料中出现第一个疲劳扩展迹象之前，一滚道相对另一滚道移动的距离。

计算基本额定动载荷的公式源自 Lundberg-Palmgren 理论。

# 滚动轴承　直线运动滚动支承
# 第1部分:额定动载荷和额定寿命

## 1　范围

GB/T 21559 的本部分规定了直线运动滚动支承基本额定动载荷和基本额定寿命的计算方法,适用于采用当代、常用、高质量淬硬轴承钢、按良好加工方法制造,且滚动接触表面的形状基本上为常规设计的直线运动滚动支承。本部分还规定了直线运动滚动支承寿命的定义和可靠的寿命计算的条件。

本部分不适用于滚动体直接在机械设备的滑动表面上运转的设计,除非该表面在各方面与直线运动滚动支承零部件的滚道等效方可代替。

## 2　规范性引用文件

下列文件中的条款通过 GB/T 21559 的本部分的引用而成为本部分的条款。凡是注日期的引用文件,其随后所有的修改单(不包括勘误的内容)或修订版均不适用于本部分,然而,鼓励根据本部分达成协议的各方研究是否可使用这些文件的最新版本。凡是不注日期的引用文件,其最新版本适用于本部分。

GB/T 6391—2003　滚动轴承　额定动载荷和额定寿命(ISO 281:1990,IDT)

GB/T 6930—2002　滚动轴承　词汇(ISO 5593:1997,IDT)

GB/T 7811—2007　滚动轴承　参数符号(ISO 15241:2001,IDT)

## 3　术语和定义

GB/T 6391—2003 和 GB/T 6930—2002 确立的以及下列术语和定义适用于本部分。

3.1

**有或无沟道套筒型循环球直线轴承　recirculating linear ball bearing, sleeve type, with or without raceway grooves**

为实现沿淬硬圆柱形轴作直线滚动运动而设计的具有若干循环球封闭滚道的基本圆柱形套筒。

见图1。

注:套筒上的滚道可设计成圆柱形或带沟道平行于轴线的钢制嵌块。

3.2

**循环球[滚子]直线导轨支承　recirculating linear ball[roller] bearing, linear guideway type**

为实现沿设有相应滚道的淬硬导轨作直线滚动运动而设计的具有若干循环球[滚子]的对称、封闭滚道的直线球[滚子]支承。

见图2。

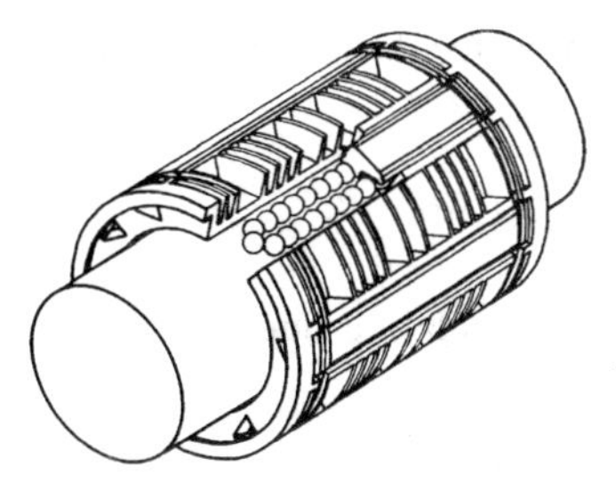

图1　套筒型循环球直线轴承

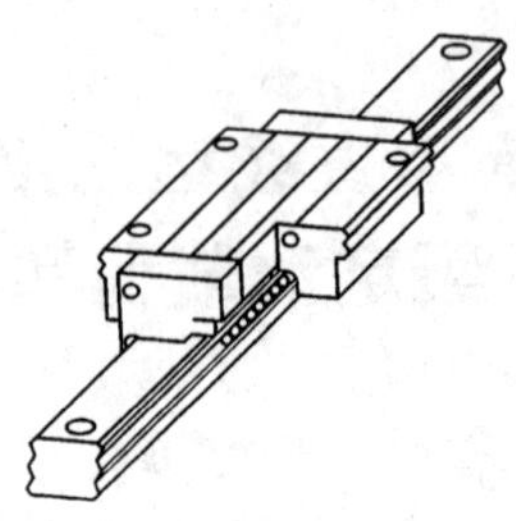

图 2　循环球[滚子]直线导轨支承

3.3

**深沟型非循环球直线导轨支承　non-recirculating linear ball bearing, linear guideway, deep groove type**

用球作滚动体，每个球有两个接触点的直线支承。

见图 3。

注：两导轨的沟道截面半径相等，且可在 $0.52D_w \sim +\infty$ 之间。

3.4

**四点接触型非循环球直线导轨支承　non-recirculating linear ball bearing, linear guideway, four-point-contact type**

用球作滚动体，每个球有四个接触点的直线支承。

见图 4。

注：两导轨上四个接触点的沟道截面半径相等，且可在 $0.52D_w \sim +\infty$ 之间。

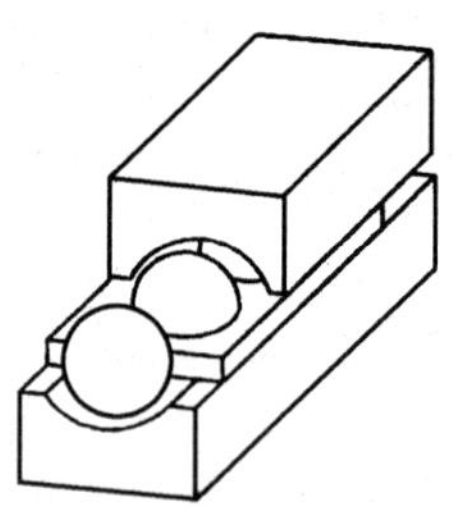

图 3　深沟型非循环球直线导轨支承

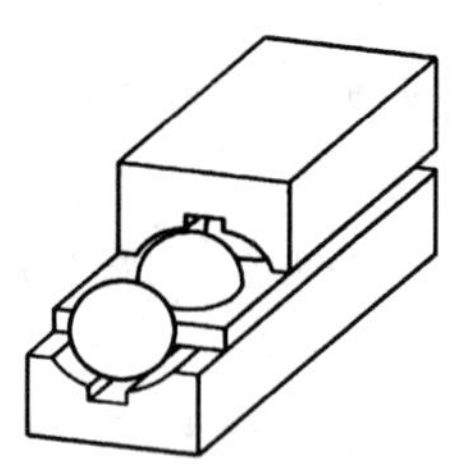

图 4　四点接触型非循环球直线导轨支承

3.5

**平型非循环滚子直线导轨支承　non-recirculating linear roller bearing, linear guideway, flat type**

用滚针或圆柱滚子作滚动体的直线支承。

见图 5。

3.6

**V 型非循环滚子直线导轨支承　non-recirculating linear roller bearing, linear guideway, V-angle type**

导轨为 90°角 V 型构件的直线支承。

见图 6。

注：常用滚针或圆柱滚子作滚动体。

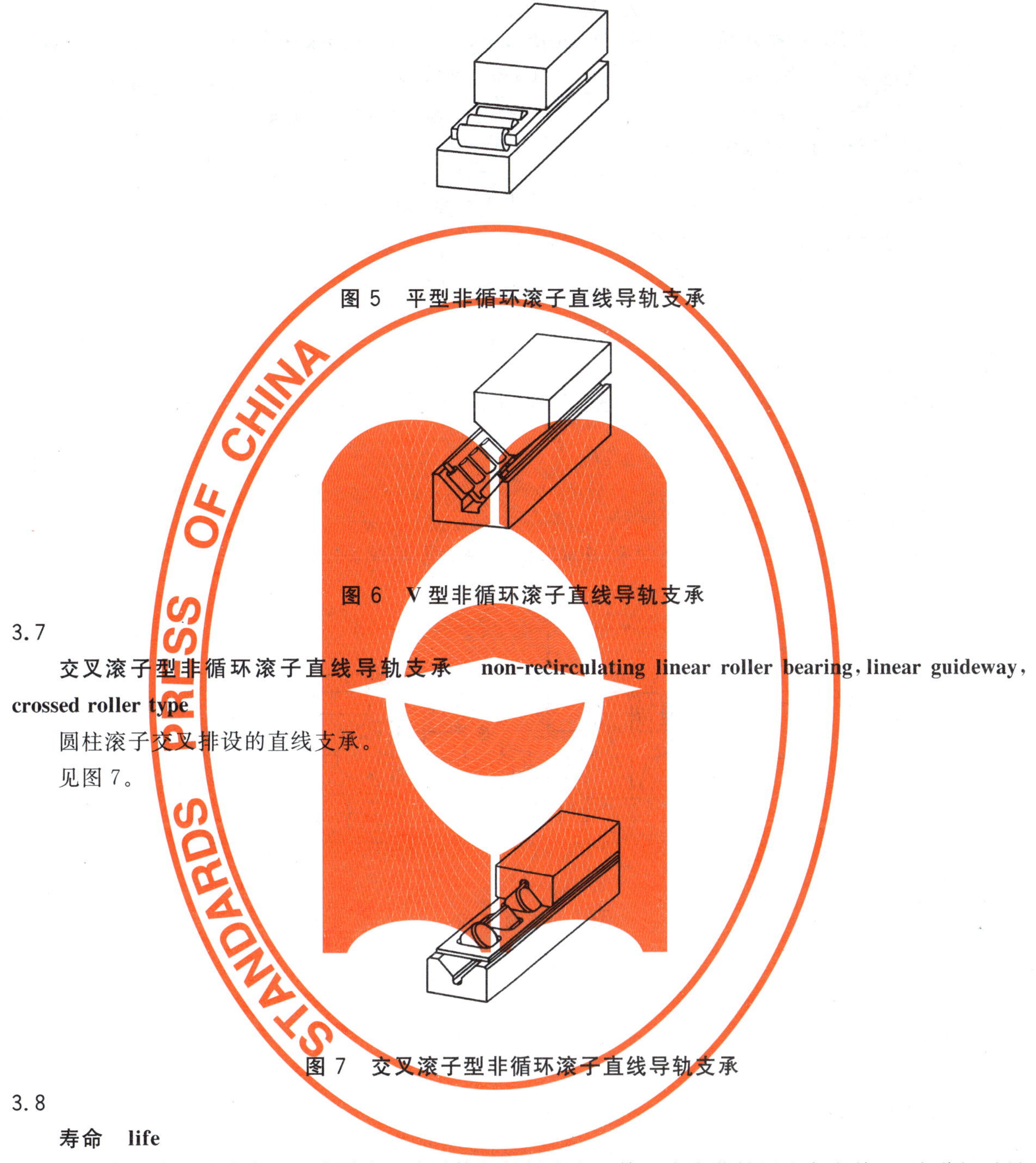

图 5　平型非循环滚子直线导轨支承

图 6　V 型非循环滚子直线导轨支承

3.7

**交叉滚子型非循环滚子直线导轨支承　non-recirculating linear roller bearing, linear guideway, crossed roller type**

圆柱滚子交叉排设的直线支承。

见图 7。

图 7　交叉滚子型非循环滚子直线导轨支承



3.8

**寿命　life**

单个直线运动滚动支承一滚道或一滚动体的材料中出现第一个疲劳扩展迹象之前，一滚道相对另一滚道移动的距离。

3.9

**可靠度　reliability**

一组在同一条件下运转、近于相同的直线运动滚动支承期望达到或超过规定寿命的百分率。

注：单个直线运动滚动支承的可靠度为该支承达到或超过规定寿命的概率。

3.10

**基本额定寿命　basic rating life**

对于单个直线运动滚动支承或一组在同一条件下运转、近于相同的直线运动滚动支承，是与 90% 的可靠度、当代常用材料和加工质量以及常规运转条件相关的寿命。

3.11

**直线运动滚动支承的基本额定动载荷　basic dynamic load rating of a linear motion rolling bearing**

一直线运动滚动支承理论上可承受的恒定稳态载荷。在该载荷下，支承的基本额定寿命为 $10^5$ m。

注：若确定基本额定动载荷时使用的基本额定寿命为 $5\times10^4$ m，则应用下面所示的换算系数：

——球导轨系统的基本额定动载荷：

$$C_{100B}=\frac{C_{50B}}{1.26}$$

——滚子导轨系统的基本额定动载荷：

$$C_{100R}=\frac{C_{50R}}{1.23}$$

3.12

**当量动载荷　dynamic equivalent load**

恒定的稳态载荷。在该载荷作用下，直线运动滚动支承具有与实际载荷条件下相同的寿命。

3.13

**载荷方向　direction of load**

计算额定载荷时所施加载荷的方向。

注：计算基本额定动载荷时，3.1、3.2、3.4 和 3.7 中规定的直线运动滚动支承的载荷方向按图 8 箭头所示的方向确定。

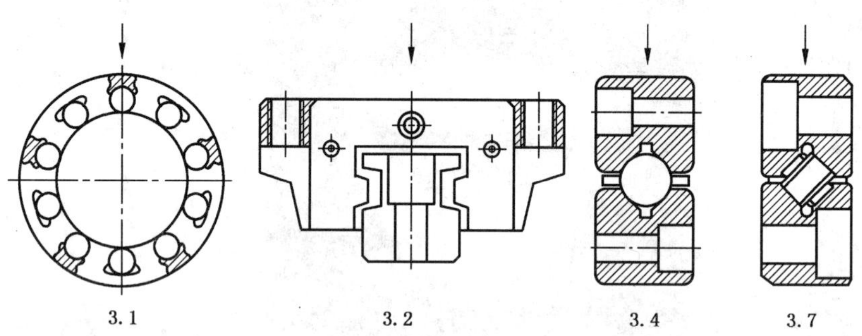

3.1　　3.2　　3.4　　3.7

**图 8　载荷方向**

3.14

**节圆直径　pitch diameter**

套筒型循环球直线轴承在垂直轴承轴线的平面内，包容与滚道接触的球的中心的圆的直径。

3.15

**公称接触角　nominal contact angle**

直线支承的载荷方向与通过支承的滚道构件向滚动体传递力的合力名义作用线之间的夹角。

见图 9。

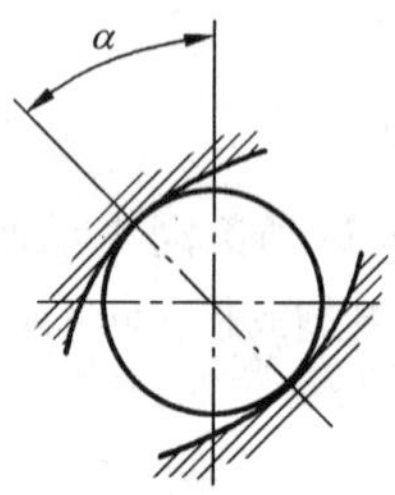


**图 9　公称接触角**

## 4 符号

GB/T 6391—2003、GB/T 7811—2007 和表 1 给出的符号适用于本部分。

**表 1 符号、术语和单位**

| 符号 | 术 语 | 单位 |
|---|---|---|
| $b_m$ | 当代常用高质量淬硬轴承钢和良好加工方法的额定系数，该值随支承类型和设计不同而异 | 1 |
| $C$ | 基本额定动载荷 | N |
| $C_0$ | 基本额定静载荷 | N |
| $C_{50B}$ | 基本额定寿命为 $5\times10^4$ m 时计算的球导轨直线运动滚动支承的基本额定动载荷 | N |
| $C_{50R}$ | 基本额定寿命为 $5\times10^4$ m 时计算的滚子导轨直线运动滚动支承的基本额定动载荷 | N |
| $C_{100B}$ | 基本额定寿命为 $10^5$ m 时计算的球导轨直线运动滚动支承的基本额定动载荷 | N |
| $C_{100R}$ | 基本额定寿命为 $10^5$ m 时计算的滚子导轨直线运动滚动支承的基本额定动载荷 | N |
| $c_L$ | 用于有或无沟道套筒型循环球直线轴承额定载荷计算的修正系数 | 1 |
| $D_{pw}$ | 球列节圆直径 | mm |
| $D_w$ | 球径 | mm |
| $D_{we}$ | 用于额定载荷计算的滚子直径 | mm |
| $F$ | 支承上的载荷 | N |
| $f_c$ | 与支承部件几何形状、制造精度及材料有关的系数 | 1 |
| $f_s$ | 由制造厂规定、用于有或无沟道套筒型循环球直线轴承短暂冲击使用条件下的修正系数 | 1 |
| $i$ | 用于额定载荷计算的球或滚子的列数<br>注：对于套筒型循环球直线轴承，为球的总列数。 | 1 |
| $i_t$ | 用于有或无沟道套筒型循环球直线轴承额定载荷计算的承载区 $-90°<\varphi_j<+90°$ 范围内承载球的列数 | 1 |
| $k_F$ | 动载荷系数 | 1 |
| $k_i$ | 用于有或无沟道套筒型循环球直线轴承额定载荷计算的系数 | 1 |
| $L_{we}$ | 用于额定载荷计算的滚子长度 | mm |
| $L_{10}$ | 与 90%可靠度相关的基本额定寿命 | $10^5$ m |
| $l_s$ | 直线支承的移动长度 | mm |
| $l_t$ | 用于额定载荷计算的滚道长度。对于套筒型或滑鞍型循环滚动体直线支承，由制造厂确定；对于非循环滚动体直线支承，等于位于一列两端的承载球或滚子之间的中心距 | mm |
| $P$ | 当量动载荷 | N |
| $p$ | 指数 | 1 |
| $r_g$ | 导轨上沟道的截面半径 | mm |
| $t_w$ | 两个相邻的球或滚子之间的中心距 | mm |
| $Z$ | 一列中的球或滚子数 | 1 |
| $Z_t$ | 用于额定载荷计算的一列中承载球或滚子数 | 1 |
| $\alpha$ | 公称接触角 | (°) |
| $\varphi_j$ | 载荷方向与球列 $j$ 之间的夹角 | (°) |
| $\lambda$ | 降低系数 | 1 |

## 5 基本额定动载荷

### 5.1 直线球轴承

#### 5.1.1 有沟道套筒型循环球直线轴承

垂直加载状态下，该类轴承的基本额定动载荷为：

$$C_{100B} = b_m \times f_c \times k_i \times l_t^{1/30} \times Z_t^{2/3} \times D_w^{2.1}$$

式中：

$$f_c = \lambda \times c_L \times 29.8 \times \left[2.18 \times \left(1 - \frac{D_w}{D_{pw}}\right)^{-4.67} + \left(\frac{2 \times r_g}{2 \times r_g - D_w}\right)^{-1.37}\right]^{-0.3}$$

$$k_i = \frac{\sum_{j=1}^{j=i_t} (\cos\varphi_j)^{2.5}}{\left[\sum_{j=1}^{j=i_t} (\cos\varphi_j)^5\right]^{0.3}}$$

$b_m = 1.3$

$\lambda = 0.9$

$c_L = 1 \sim 1.2$

承载区内承载球的列数 $i_t$，应为在相对法向载荷(见图 8)方向 $-90° < \varphi_j < +90°$ 角度范围内排布的列数。

上面给出的 $b_m$ 和 $\lambda$ 值为最大值，制造厂可采用较小值。

制造厂可在上面给出的范围内，确定 $c_L$ 值。

等间距球列的套筒型循环球直线轴承的 $k_i$ 值见表 2。

#### 5.1.2 无沟道套筒型循环球直线轴承

垂直加载状态下，该类轴承的基本额定动载荷为：

$$C_{100B} = b_m \times f_c \times k_i \times l_t^{1/30} \times Z_t^{2/3} \times D_w^{2.1}$$

式中：

$$f_c = \lambda \times c_L \times 22.9 \times \left[0.91 \times \left(1 - \frac{D_w}{D_{pw}}\right)^{-4.67} + \left(1 + \frac{D_w}{D_{pw}}\right)^{-1.67}\right]^{-0.3}$$

$$k_i = \frac{\sum_{j=1}^{j=i_t} (\cos\varphi_j)^{2.5}}{\left[\sum_{j=1}^{j=i_t} (\cos\varphi_j)^5\right]^{0.3}}$$

$b_m = 1.3$

$\lambda = 0.9$

$c_L = 1 \sim 1.2$

承载区内承载球的列数 $i_t$，应为在相对法向载荷(见图 8)方向 $-90° < \varphi_j < +90°$ 角度范围内排布的列数。

上面给出的 $b_m$ 和 $\lambda$ 值为最大值，制造厂可采用较小值。

制造厂可在上面给出的范围内，确定 $c_L$ 值。

等间距球列的套筒型循环球直线轴承的 $k_i$ 值见表 2。

表 2 $k_i$ 值

| $i$ | 3 | 4 | 5 | 6 | 7 | 8 | 9 | 10 |
|---|---|---|---|---|---|---|---|---|
| $k_i$ | 1.000 | 1.000 | 1.104 | 1.329 | 1.531 | 1.681 | 1.807 | 1.948 |

#### 5.1.3 循环球直线导轨支承

该类支承的基本额定动载荷为：

$$C_{100B} = b_m \times f_c \times l_t^{1/30} \times i^{0.7} \times Z_t^{2/3} \times D_w^{2.1} \times \cos\alpha$$

式中：

$$f_c = \lambda \times 24.5 \times \left(\frac{2 \times r_g}{2 \times r_g - D_w}\right)^{0.41}$$

$b_m = 1.3$

$\lambda = 0.9$

上面给出的 $b_m$ 和 $\lambda$ 值为最大值，制造厂可采用较小值。

$\lambda=0.9$ 时计算出来的 $f_c$ 值见表 3。

采用更小的沟道半径未必能提高支承的承载能力，但采用大于表 3 所示的沟道半径，则会降低承载能力。

表 3 $f_c$ 值

| $r_g$ | $f_c$ | $r_g$ | $f_c$ |
|---|---|---|---|
| $0.52D_w$ | 83.9 | $0.57D_w$ | 52.1 |
| $0.53D_w$ | 71.6 | $0.58D_w$ | 49.7 |
| $0.54D_w$ | 64.1 | $0.59D_w$ | 47.7 |
| $0.55D_w$ | 58.9 | $0.60D_w$ | 46.0 |
| $0.56D_w$ | 55.1 | | |

#### 5.1.4 深沟和四点接触型非循环球直线导轨支承

这些支承的基本额定动载荷为：

$$C_{100B} = b_m \times f_c \times l_t^{1/30} \times i^{0.7} \times Z_t^{2/3} \times D_w^{2.1} \times \cos\alpha$$

式中：

$$f_c = \lambda \times 24.2 \times \left(\frac{2 \times r_g}{2 \times r_g - D_w}\right)^{0.41}$$

$l_t = (Z_t - 1) \times t_w$

$b_m = 1.3$

$\lambda = 0.9$

上面给出的 $b_m$ 和 $\lambda$ 值为最大值，制造厂可采用较小值。

$i$ 和 $Z_t$ 值见表 4。

表 4 $i$ 和 $Z_t$ 值

| 支　　承 | $i$ | $Z_t$ |
|---|---|---|
| 深沟型 | 1 | $Z$ |
| 四点接触型 | 2 | $Z$ |

$\lambda=0.9$ 时计算出来的 $f_c$ 值见表 5。

**表 5　$f_c$ 值**

| $r_g$ | $f_c$ | $r_g$ | $f_c$ |
|---|---|---|---|
| $0.52D_w$ | 82.8 | $0.57D_w$ | 51.5 |
| $0.53D_w$ | 70.7 | $0.58D_w$ | 49.1 |
| $0.54D_w$ | 63.3 | $0.59D_w$ | 47.1 |
| $0.55D_w$ | 58.2 | $0.60D_w$ | 45.4 |
| $0.56D_w$ | 54.4 | $\infty$ | 21.8 |

## 5.2　直线滚子支承

### 5.2.1　滑鞍型循环滚子直线导轨支承

该类支承的基本额定动载荷为：

$$C_{100R} = b_m \times f_c \times l_t^{1/36} \times i^{7/9} \times Z_t^{3/4} \times L_{we}^{7/9} \times D_{we}^{35/27} \times \cos\alpha$$

式中：

$f_c = \lambda \times 195$

$b_m = 1.1$

$\lambda = 0.83$

上面给出的 $b_m$ 和 $\lambda$ 值为最大值，制造厂可采用较小值。

### 5.2.2　平型、V 型和交叉滚子型非循环滚子直线导轨支承

这些支承的基本额定动载荷为：

$$C_{100R} = b_m \times f_c \times l_t^{1/36} \times i^{7/9} \times Z_t^{3/4} \times L_{we}^{7/9} \times D_{we}^{35/27} \times \cos\alpha$$

式中：

$f_c = \lambda \times 194$

$l_t = (Z_t - 1) \times t_w$

$b_m = 1.1$

$\lambda = 0.83$

上面给出的 $b_m$ 和 $\lambda$ 值为最大值，制造厂可采用较小值。

$i$ 和 $Z_t$ 值见表 6。

**表 6　$i$ 和 $Z_t$ 值**

| 支　承 | $i$ | $Z_t$ |
|---|---|---|
| 平型 | 1 | $Z$ |
| V 型 | 2 | $Z$ |
| 交叉滚子型 | 2 | $Z/2$ |

# 6　当量动载荷

当量动载荷为：

$$P = k_F \times F$$

当支承载荷 $F$ 的方向为图 8 所示的法向、支承游隙在标准范围内时，动载荷系数 $k_F=1$。支承载荷方向非法向并（或）有附加力矩载荷时，$k_F$ 值由制造厂规定。

# 7　基本额定寿命

直线运动滚动支承的基本额定寿命为：

$$L_{10} = \left(\frac{C}{P}\right)^p$$

$p$ 值见表 7。

**表 7　$p$ 值**

| 支　承　类　型 | $p$ |
| --- | --- |
| 直线球支承 | 3 |
| 直线滚子支承 | 10/3 |

可靠的寿命计算所需的条件为：

当量动载荷：

$$P \leqslant 0.5C$$

$$P \leqslant C_0$$

对于所有类型的循环球(滚子)直线支承，其行程：

$$l_s \geqslant 2l_t$$

对于所有类型的非循环球(滚子)直线支承，当球或滚子沿滚动方向在滚道内移动时，其行程：

$$l_s \leqslant l_t$$

对套筒型循环球直线轴承，当行程小于上述定义时，其寿命将受到影响，可通过下列公式进行修正：

$$L_{10} = f_s \left(\frac{C}{P}\right)^p$$

式中：

$f_s = f\left(\frac{l_s}{l_t}\right)$

修正系数 $f_s$ 由制造厂规定。

ICS 21.100.20
J 11

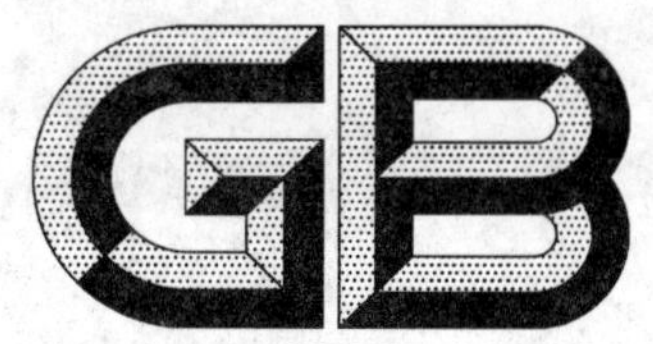

# 中华人民共和国国家标准

GB/T 21559.2—2008/ISO 14728-2:2004

# 滚动轴承　直线运动滚动支承<br>第2部分:额定静载荷

**Rolling bearings—Linear motion rolling bearings—**
**Part 2:Static load ratings**

(ISO 14728-2:2004,IDT)

2008-03-31 发布　　2008-09-01 实施

中华人民共和国国家质量监督检验检疫总局
中国国家标准化管理委员会　发布

# 前　言

GB/T 21559《滚动轴承　直线运动滚动支承》分为两个部分：

——第1部分：额定动载荷和额定寿命

——第2部分：额定静载荷

本部分为GB/T 21559的第2部分。

本部分等同采用ISO 14728-2:2004《滚动轴承　直线运动滚动支承　额定静载荷》(英文版)。

本部分等同翻译ISO 14728-2:2004。

为了便于使用，本部分做了下列编辑性修改：

——“本文件”一词改为“本部分”；

——删除了国际标准的前言；

——用小数点“.”代替作为小数点的逗号“,”。

本部分由中国机械工业联合会提出。

本部分由全国滚动轴承标准化技术委员会(SAC/TC 98)归口。

本部分起草单位：洛阳轴承研究所。

本部分主要起草人：李飞雪。

# 引　言

对于每一特定应用场合所选用的直线运动滚动支承，通过试验来确定其适用性，通常是不现实的。以下方法业已证明可恰当和方便地代替试验：

——使用动载荷(GB/T 21559.1)作寿命计算；

——使用静载荷(GB/T 21559.2)作静载荷安全系数计算。

中等静载荷下，滚动轴承的滚动体和滚道将出现永久变形，而且永久变形还将随载荷的增加而逐渐增大。

对于一特定使用条件下的轴承，通过对该使用条件下的轴承进行试验来确定轴承中出现的变形是否允许，往往是不现实的。因此，要求用其他方法来确定所选轴承的适用性。

经验表明，在大多数轴承应用中，最大载荷滚动体和滚道接触中心处可允许有滚动体直径0.000 1倍的总永久变形量，而不致给轴承后续运转带来损害。因此，将引起如此大小变形量的当量静载荷规定为基本额定静载荷。

不同国家的试验表明，如此大小的载荷等于最大载荷滚动体与滚道接触中心处产生与下列计算接触应力相当的载荷。

——5 300 MPa　套筒型循环球直线轴承；

——4 200 MPa～4 600 MPa　循环球直线导轨支承(见3.9和表1)；

——4 200 MPa～4 600 MPa　非循环球直线支承(见3.9和表1)；

——4 000 MPa　直线滚子支承。

基本额定静载荷的计算公式和系数均以这些接触应力为基础。

依据对运转平稳性和摩擦以及实际接触表面几何形状的要求，许可的当量静载荷可以小于、等于或大于基本额定静载荷。缺乏上述这些方面经验的轴承用户应向制造厂咨询。

# 滚动轴承　直线运动滚动支承
# 第2部分:额定静载荷

## 1　范围

GB/T 21559的本部分规定了直线运动滚动支承基本额定静载荷、当量静载荷和静载荷安全系数的计算方法,适用于采用当代、常用、高质量淬硬轴承钢、按良好加工方法制造、且滚动接触表面的形状基本上为常规设计的直线运动滚动支承。

本部分不适用于滚动体直接在机械设备的滑动表面上运转的设计,除非该表面在各方面与直线运动滚动支承零部件的滚道等效方可代替。

## 2　规范性引用文件

下列文件中的条款通过GB/T 21559的本部分的引用而成为本部分的条款。凡是注日期的引用文件,其随后所有的修改单(不包括勘误的内容)或修订版均不适用于本部分,然而,鼓励根据本部分达成协议的各方研究是否可使用这些文件的最新版本。凡是不注日期的引用文件,其最新版本适用于本部分。

GB/T 4662—2003　滚动轴承　额定静载荷(ISO 76:1987,IDT)

GB/T 6930—2002　滚动轴承　词汇(ISO 5593:1997,IDT)

GB/T 7811—2007　滚动轴承　参数符号(ISO 15241:2001,IDT)

## 3　术语和定义

GB/T 4662—2003和GB/T 6930—2002确立的以及下列术语和定义适用于本文件。

3.1

**有或无沟道套筒型循环球直线轴承　recirculating linear ball bearing, sleeve type, with or without raceway grooves**

为实现沿淬硬圆柱形轴作直线滚动运动而设计的具有若干循环球封闭滚道的基本圆柱形套筒。

见图1。

注:套筒上的滚道可设计成圆柱形或带沟道平行于轴线的钢制嵌块。

3.2

**循环球[滚子]直线导轨支承　recirculating linear ball[roller] bearing, linear guideway type**

为实现沿设有相应滚道的淬硬导轨作直线滚动运动而设计的具有若干循环球[滚子]的对称、封闭滚道的直线球[滚子]支承。

见图2。

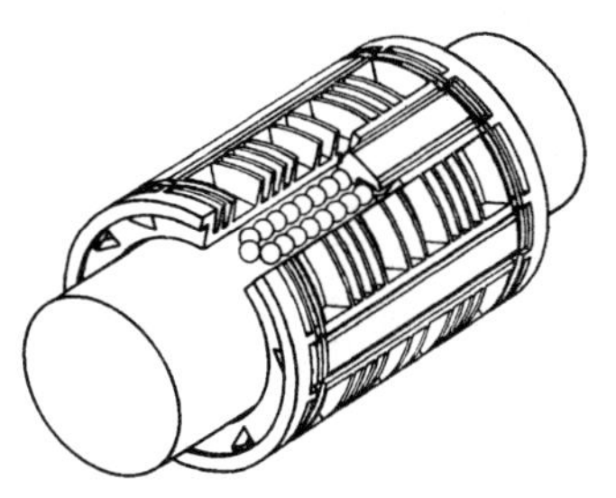

图1　套筒型循环球直线轴承

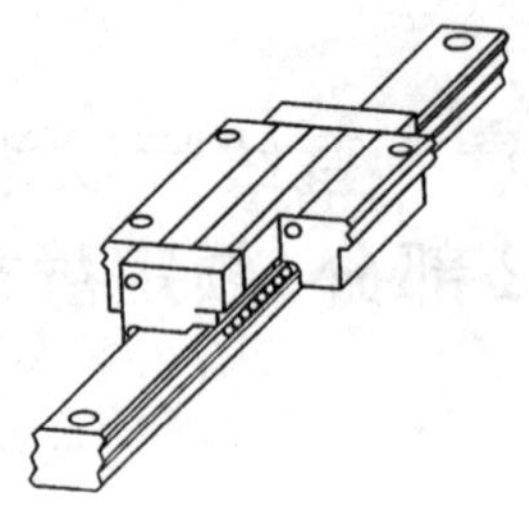

图 2 循环球[滚子]直线导轨支承

3.3

**深沟型非循环球直线导轨支承　non-recirculating linear ball bearing, linear guideway, deep groove type**

用球作滚动体，每个球有两个接触点的直线支承。

见图 3。

注：两导轨的沟道截面半径相等，且可在 $0.52D_w \sim +\infty$ 之间。

3.4

**四点接触型非循环球直线导轨支承　non-recirculating linear ball bearing, linear guideway, four-point-contact type**

用球作滚动体，每个球有四个接触点的直线支承。

见图 4。

注：两导轨上四个接触点的沟道截面半径相等，且可在 $0.52D_w \sim +\infty$ 之间。

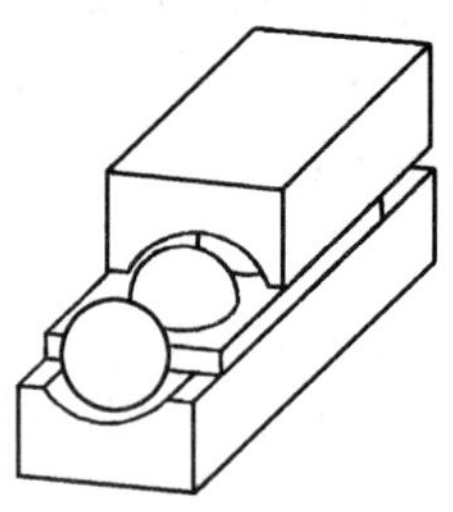

图 3 深沟型非循环球直线导轨支承

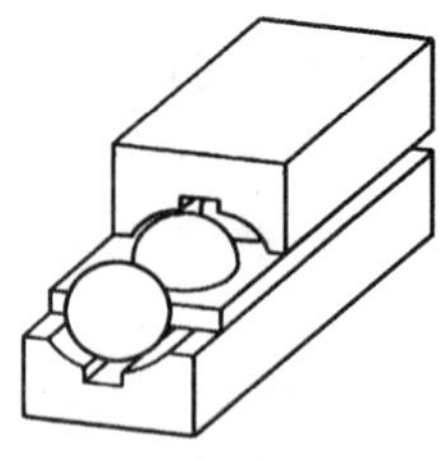

图 4 四点接触型非循环球直线导轨支承

3.5

**平型非循环滚子直线导轨支承　non-recirculating linear roller bearing, linear guideway, flat type**

用滚针或圆柱滚子作滚动体的直线支承。

见图 5。

3.6

**V 型非循环滚子直线导轨支承　non-recirculating linear roller bearing, linear guideway, V-angle type**

导轨为 90°角 V 型构件的直线支承。

见图 6。

注：常用滚针或圆柱滚子作滚动体。

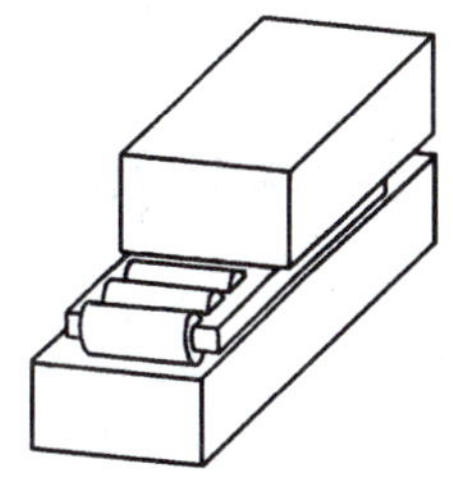

图 5　平型非循环滚子直线导轨支承

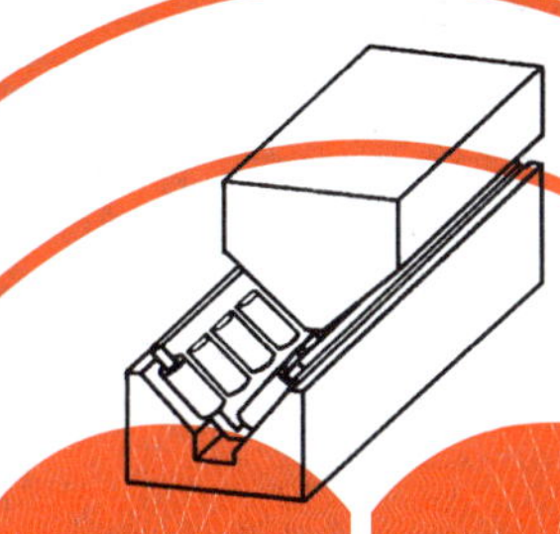

图 6　V 型非循环滚子直线导轨支承

3.7

**交叉滚子型非循环滚子直线导轨支承　non-recirculating linear roller bearing, linear guideway, crossed roller type**

圆柱滚子交叉排设的直线支承。

见图 7。

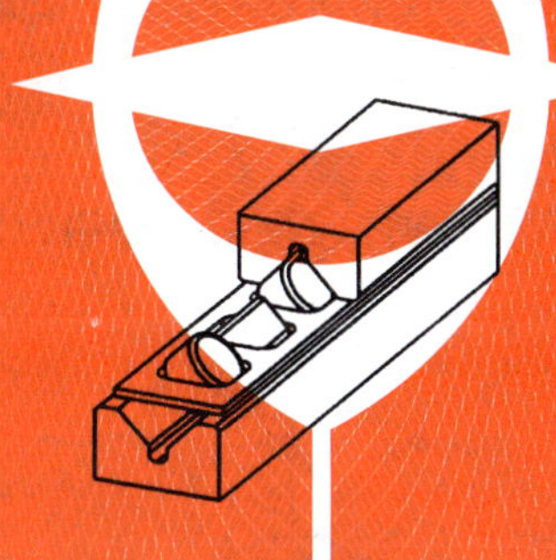

图 7　交叉滚子型非循环滚子直线导轨支承



3.8

**静载荷安全系数　static load safety factor**

基本额定静载荷与当量静载荷之比，表示克服滚动体和滚道上不允许永久变形的安全系数。

3.9

**直线运动滚动支承的基本额定静载荷　basic static rating of a linear motion rolling bearing**

在最大载荷滚动体和滚道接触中心处产生与下列计算接触应力 $\sigma_{max}$ 相当的静载荷。

注：这些接触应力是指引起滚动体和滚道产生约为滚动体直径 0.000 1 倍总永久变形量时的应力。

——套筒型循环球直线轴承：

$\sigma_{max}=5\ 300$ MPa；

——循环球导轨直线支承：见表 1；

——非循环球直线支承：见表 1；

——直线滚子支承：

$\sigma_{max}=4\ 000$ MPa。

表 1　接触应力 $\sigma_{max}$

MPa

| $r_g$ | $\leqslant 0.52D_w$ | $0.53D_w$ | $0.54D_w$ | $0.55D_w$ | $0.56D_w$ | $0.57D_w$ | $0.58D_w$ | $0.59D_w$ | $\geqslant 0.6D_w$ |
|---|---|---|---|---|---|---|---|---|---|
| $\sigma_{max}$ | 4 200 | 4 250 | 4 300 | 4 350 | 4 400 | 4 450 | 4 500 | 4 550 | 4 600 |

3.10

**当量静载荷　static equivalent load**

引起最大载荷滚动体与滚道接触中心处产生与实际载荷条件下相同接触应力的静载荷。

3.11

**载荷方向　direction of load**

计算额定载荷时所施加载荷的方向。

注：计算基本额定静载荷时，3.1、3.2、3.4 和 3.7 中规定的直线运动滚动支承的载荷方向按图 8 所示箭头的方向确定。

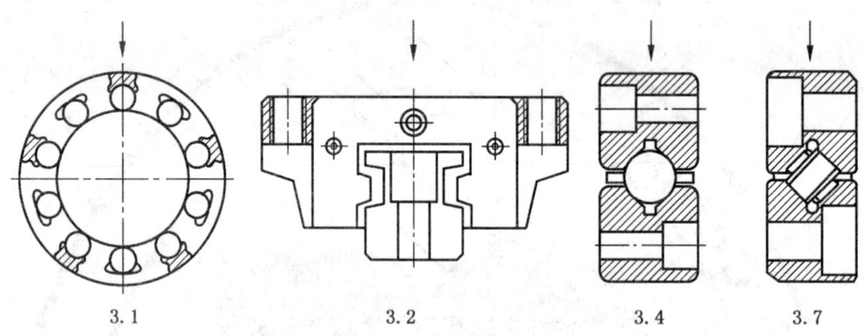


图 8　载荷方向

3.12

**节圆直径　pitch diameter**

套筒型循环球直线轴承在垂直轴承轴线的平面内，包容与滚道接触的球的中心的圆的直径。

3.13

**公称接触角　nominal contact angle**

直线支承的载荷方向与通过支承的滚道构件向滚动体传递力的合力名义作用线之间的夹角。

见图 9。

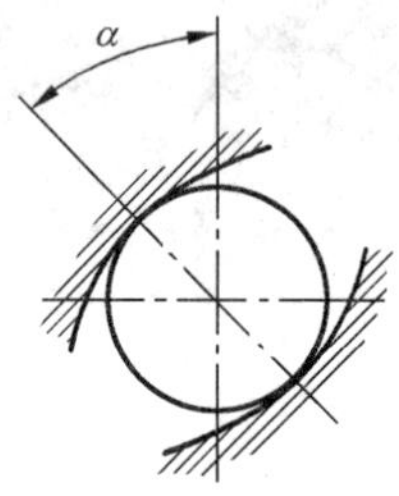


图 9　公称接触角

## 4　符号

GB/T 4662—2003、GB/T 7811—2007 和表 2 给出的符号适用于本部分。

表 2　符号、术语和单位

| 符号 | 术　　语 | 单位 |
|---|---|---|
| $C_0$ | 基本额定静载荷 | N |
| $D_{pw}$ | 球列节圆直径 | mm |
| $D_w$ | 球直径 | mm |
| $D_{we}$ | 用于额定载荷计算的滚子直径 | mm |
| $F$ | 支承上的载荷 | N |

表 2(续)

| 符号 | 术　　语 | 单位 |
|---|---|---|
| $f_0$ | 与支承部件几何形状和应用的应力水平有关的系数 | 1 |
| $i$ | 用于额定载荷计算的球或滚子的列数<br>注:对于套筒型循环球直线轴承,为球的总列数。 | 1 |
| $i_t$ | 承载区$-90°<\varphi_j<+90°$范围内承载球的列数 | 1 |
| $k_{0F}$ | 静载荷系数 | 1 |
| $k_{0i}$ | 取决于套筒型循环球轴承中球列数的载荷系数 | 1 |
| $L_{we}$ | 用于额定载荷计算的滚子长度 | mm |
| $P_0$ | 当量静载荷 | N |
| $r_g$ | 导轨上沟道的截面半径 | mm |
| $S_0$ | 静载荷安全系数 | 1 |
| $Z$ | 一列中的球或滚子数 | 1 |
| $Z_t$ | 一列中承载球或滚子数 | 1 |
| $\alpha$ | 公称接触角 | ° |
| $\varphi_j$ | 载荷方向与球列 $j$ 之间的夹角 | ° |
| $\sigma_{max}$ | 最大载荷滚动体和滚道接触中心处的接触应力 | MPa |

## 5　基本额定静载荷

### 5.1　直线球轴承

#### 5.1.1　有或无沟道套筒型循环球直线轴承

这些轴承的基本额定静载荷为:

$$C_0 = f_0 \times k_{0i} \times Z_t \times D_w^2$$

式中:

$$k_{0i} = \frac{\sum_{j=1}^{j=i_t} (\cos\varphi_j)^{2.5}}{(\cos\varphi_j)^{1.5}}$$

承载区内承载球的列数 $i_t$,应为在相对法向载荷(见图 8)方向$-90°<\varphi_j<+90°$角度范围内排布的列数。等间距球列的套筒型循环球直线轴承的 $k_{0i}$值见表 3,$f_0$ 值见表 4。

#### 5.1.2　滑鞍型循环球直线导轨支承

该类支承的基本额定静载荷为:

$$C_0 = f_0 \times i \times Z_t \times D_w^2 \times \cos\alpha$$

$f_0$ 值见表 5,该值取决于导轨上的沟道截面半径和球直径。

采用更小的沟道半径未必能提高支承的承载能力,但采用大于表 5 所示的沟道半径,则会降低承载能力。

表 3　$k_{0i}$值

| $i$ | 3 | 4 | 5 | 6 | 7 | 8 | 9 | 10 |
|---|---|---|---|---|---|---|---|---|
| $k_{0i}$ | 1.000 | 1.000 | 1.106 | 1.354 | 1.614 | 1.841 | 2.052 | 2.284 |

表 4　$f_0$ 值

| $D_w/D_{pw}$ | $f_0$ | $D_w/D_{pw}$ | $f_0$ | $D_w/D_{pw}$ | $f_0$ |
|---|---|---|---|---|---|
| 0.005 | 14.801 | 0.105 | 13.297 | 0.205 | 11.77 |
| 0.01 | 14.726 | 0.11 | 13.221 | 0.21 | 11.693 |
| 0.015 | 14.651 | 0.115 | 13.146 | 0.215 | 11.616 |
| 0.02 | 14.577 | 0.12 | 13.07 | 0.22 | 11.539 |
| 0.025 | 14.502 | 0.125 | 12.994 | 0.225 | 11.462 |
| 0.03 | 14.427 | 0.13 | 12.918 | 0.23 | 11.384 |
| 0.035 | 14.352 | 0.135 | 12.842 | 0.235 | 11.307 |
| 0.04 | 14.277 | 0.14 | 12.765 | 0.24 | 11.23 |
| 0.045 | 14.202 | 0.145 | 12.689 | 0.245 | 11.152 |
| 0.05 | 14.127 | 0.15 | 12.613 | 0.25 | 11.075 |
| 0.055 | 14.052 | 0.155 | 12.537 | 0.255 | 10.997 |
| 0.06 | 13.977 | 0.16 | 12.46 | 0.26 | 10.92 |
| 0.065 | 13.902 | 0.165 | 12.384 | 0.265 | 10.842 |
| 0.07 | 13.826 | 0.17 | 12.307 | 0.27 | 10.765 |
| 0.075 | 13.751 | 0.175 | 12.231 | 0.275 | 10.687 |
| 0.08 | 13.675 | 0.18 | 12.154 | 0.28 | 10.609 |
| 0.085 | 13.6 | 0.185 | 12.077 | 0.285 | 10.531 |
| 0.09 | 13.524 | 0.19 | 12 | 0.29 | 10.454 |
| 0.095 | 13.449 | 0.195 | 11.924 | 0.295 | 10.376 |
| 0.1 | 13.373 | 0.2 | 11.847 | 0.3 | 10.298 |

表 5　$f_0$ 值

| $r_g$ | $f_0$ | $r_g$ | $f_0$ |
|---|---|---|---|
| $0.52D_w$ | 94.64 | $0.57D_w$ | 51.55 |
| $0.53D_w$ | 76.33 | $0.58D_w$ | 49.03 |
| $0.54D_w$ | 66.07 | $0.59D_w$ | 47.08 |
| $0.55D_w$ | 59.48 | $0.6D_w$ | 45.57 |
| $0.56D_w$ | 54.89 | | |

### 5.1.3　深沟型和四点接触型非循环球直线导轨支承

这些支承的基本额定静载荷为：

$$C_0 = f_0 \times i \times Z_t \times D_w^2 \times \cos\alpha$$

$i$ 和 $Z_t$ 值见表 6。

表 6　$i$ 和 $Z_t$ 值

| 支　　承 | $i$ | $Z_t$ |
|---|---|---|
| 深沟型 | 1 | $Z$ |
| 四点接触型 | 2 | $Z$ |

$f_0$ 值见表 7。

表 7 $f_0$ 值

| $r_g$ | $f_0$ | $r_g$ | $f_0$ |
|---|---|---|---|
| $0.52D_w$ | 94.64 | $0.57D_w$ | 51.55 |
| $0.53D_w$ | 76.33 | $0.58D_w$ | 49.03 |
| $0.54D_w$ | 66.07 | $0.59D_w$ | 47.08 |
| $0.55D_w$ | 59.48 | $0.6D_w$ | 45.57 |
| $0.56D_w$ | 54.89 | $\infty$ | 9.72 |

## 5.2 直线滚子支承

### 5.2.1 循环滚子直线导轨支承

该类支承的额定静载荷为：

$$C_0 = f_0 \times i \times Z_t \times L_{we} \times D_{we} \times \cos\alpha$$

式中：

$$f_0 = 221$$

### 5.2.2 平型、V 型和交叉滚子型非循环滚子直线导轨支承

这些支承的基本额定静载荷为：

$$C_0 = f_0 \times i \times Z_t \times L_{we} \times D_{we} \times \cos\alpha$$

式中：

$$f_0 = 221$$

$i$ 和 $Z_t$ 值见表 8。

表 8 $i$ 和 $Z_t$ 值

| 支 承 类 型 | $i$ | $Z_t$ |
|---|---|---|
| 平型 | 1 | $Z$ |
| V 型 | 2 | $Z$ |
| 交叉滚子型 | 2 | $Z/2$ |

## 6 当量静载荷

直线支承的当量静载荷为：

$$P_0 = k_{0F} \times F$$

当支承载荷 $F$ 的方向为图 8 所示的法向、支承游隙在标准范围内时，静载荷系数 $k_{0F}=1$。当这些条件不满足时，应向制造厂咨询适用的 $k_{0F}$ 系数值。

## 7 静载荷安全系数

支承的静载荷安全系数为：

$$S_0 = \frac{C_0}{P_0}$$

静载荷安全系数 $S_0$ 在常规工作条件下应大于 2。在特殊工作条件下，应向制造厂咨询适用的 $S_0$ 系数值。

# 参 考 文 献

[1] GB/T 16940—1997 直线运动支承 直线运动球轴承 外形尺寸和公差(eqv ISO 10285:1992).

ICS 29.200;33.100
K 81

# 中华人民共和国国家标准

GB/T 21560.3—2008

# 低压直流电源 第3部分:电磁兼容性(EMC)

**Low-voltage power supplies, d. c. output—**
**Part 3: Electromagnetic compatibility(EMC)**

(IEC 61204-3:2000,MOD)

2008-03-24 发布　　2008-11-01 实施

中华人民共和国国家质量监督检验检疫总局
中国国家标准化管理委员会　发布

# 前　言

GB 21560《低压直流电源》分为以下几个部分：

——第1部分：预留；

——第2部分：性能特性（正在考虑中）；

——第3部分：电磁兼容性（EMC）；

——第4部分：不含EMC的试验（正在考虑中）；

——第5部分：预留；

——第6部分：评定低压直流电源性能的要求；

——第7部分：安全要求。

本部分为GB 21560的第3部分。本部分修改采用IEC 61204-3:2000《低压直流电源　第3部分：电磁兼容性（EMC）》（英文版）。本部分的编辑格式按我国国家标准GB/T 1.1—2000。

本部分与IEC 612040-3:2000相比，存在如下技术性差异：

根据我国标准，本部分第1章将输入电源电压范围上限从IEC 61204-3规定的不超过600 V改为不超过660 V，输出电压范围上限则从IEC 61204-3规定的不超过200 V改为不超过250 V。

本部分的附录A和附录F是规范性附录，附录B、附录C、附录D、附录E、附录G、附录H和附录I是资料性附录。

本部分由中国电器工业协会提出。

本部分由全国电力电子学标准化技术委员会（SAC/TC 60）归口。

本部分起草单位：西安电力电子技术研究所。

本部分主要起草人：陆剑秋、周观允、邱见青、蔚红旗。

本部分为首次发布。

# 低压直流电源
# 第3部分：电磁兼容性(EMC)

## 1 范围

GB 21560的本部分规定了功率等级不超过30 kW、交流输入或直流输入电压不超过660 V、直流输出电压不超过250 V的各种电源装置(PSU)的电磁兼容性(EMC)要求。

电源装置独立运行，或安装在有足够电气和机械防护的其他设备中。

对于在某些特殊工业领域(例如化工和冶金)使用的电源装置，可能有其他产品EMC标准。这时，可执行本部分，也可执行那些产品EMC标准。

许多电源装置是作为涉及不同EMC标准的大型设备的部件使用，下面a)和b)给出电源分类和相应EMC标准的适用范围。电源的详细分类见附录A。

a) 预期独立运行的电源(单独的仪器)

本部分适用于作为具有直接功能的单元而开发的电源装置，尤其是市场上的独立单元。

b) 部件电源

可分为两类：

1) 视同仪器的部件电源

本部分适用于视同仪器(例如预期用于设施中或销售给公众)的部件电源装置，其EMC要求按仪器考虑，而未针对其使用预先考虑更多的EMC试验。这不包括作为维修备件销售的电源装置，它们已作为整机的部件进行试验。

2) 预期供专业组装/安装人员用的部件电源

本部分适用于这类电源，只是有助于为满足不同终端产品标准规定相关的EMC要求。

这类部件电源预期由专业组装人员装入终端产品。这些终端产品可能销售给专业组装人员，或是投放到专业批发市场。两种情况下，终端产品的使用者都不是只履行其自身的职责。假定组装后进行进一步的EMC试验。

注：部件电源装入终端产品后，发射值可能发生变化(例如由于接地状况的改变)。

本部分的目的是规定电源装置的EMC限值和试验方法，包括可能对其他电子设备(例如无线电接收机、测量装置和计算机装置)产生干扰的电磁发射限值，以及连续的、瞬时的传导骚扰和辐射骚扰(含静电放电)的电磁抗扰度限值。

本部分规定的是电源装置最低限度的电磁兼容性要求。

遵守本部分，不再要求额外的EMC试验，亦无超出本部分所述的必要。

## 2 规范性引用文件

下列文件中的条款通过GB 21560的本部分的引用而成为本部分的条款。凡是注日期的引用文件，其随后所有的修改单(不包括勘误的内容)或修订版均不适用于本部分，然而，鼓励根据本部分达成协议的各方研究是否可使用这些文件的最新版本。凡是不注日期的引用文件，其最新版本适用于本部分。

GB/T 2900.33—2004 电工术语 电力电子技术(IEC 60050-551:1998和IEC 60050-551-20:2001,IDT)

GB/T 2900.60—2002 电工术语 电磁学(eqv IEC 60050-121:1998)

GB/T 3859.1—1993 半导体变流器 基本要求的规定(eqv IEC 60146-1-1:1991)

GB 4343.1—2003 电磁兼容 家用电器、电动工具和类似器具的要求 第1部分:发射(CISPR 14-1:2000,IDT)

GB/T 4365—2003 电工术语 电磁兼容(IEC 60050-161:1990,IDT)

GB 4824—2004 工业、科学和医疗(ISM)射频设备 电磁骚扰特性 限值和测量方法(CISPR 11:2003,IDT)

GB/T 6113.1—1995 无线电骚扰和抗扰度测量设备规范

GB 9254—1998 信息技术设备的无线电骚扰限值和测量方法(idt CISPR 22:1997)

GB/T 15481—2000 检测和校准实验室能力的通用要求(idt ISO/IEC 17025:1999)

GB/T 16935.1—1997 低压系统内设备的绝缘配合 第一部分:原理、要求和试验(idt IEC 60664-1:1992)

GB/T 17478—2004 低压直流电源设备的性能特性(IEC 61204:2001,MOD)

GB 17625.1—2003 电磁兼容 限值 谐波电流发射限值(设备每相输入电流≤16 A)(IEC 61000-3-2:2001,IDT)

GB 17625.2—2007 电磁兼容 限值 对额定电流不大于16 A的设备在低压供电系统中产生的电压波动和闪烁的限制(idt IEC 61000-3-3:1994)

GB/T 17626.2—2006 电磁兼容 试验和测量技术 静电放电抗扰度试验(idt IEC 61000-4-2:1995)

GB/T 17626.3—2006 电磁兼容 试验和测量技术 射频电磁场辐射抗扰度试验(idt IEC 61000-4-3:1995)

GB/T 17626.4—1998 电磁兼容 试验和测量技术 电快速瞬变脉冲群抗扰度试验(idt IEC 61000-4-4:1995)

GB/T 17626.5—1999 电磁兼容 试验和测量技术 浪涌(冲击)抗扰度试验(idt IEC 61000-4-5:1995)

GB/T 17626.6—1998 电磁兼容 试验和测量技术 射频场感应的传导骚扰抗扰度(idt IEC 61000-4-6:1996)

GB/T 17626.11—1999 电磁兼容 试验和测量技术 电压暂降、短时中断和电压变化的抗扰度试验(idt IEC 61000-4-11:1994)

IEC 60050-131 国际电工词典(IEV) 第131部分:电路理论

IEC 60050-151 国际电工词典(IEV) 第151部分:电器件和磁器件

## 3 术语和定义

GB/T 2900.33、GB/T 2900.60、GB/T 4365、GB/T 3859.1和IEC 60050-151给出的定义,以及下述定义适用于本部分。

3.1

**环境 environment**

3.1.1

**住宅环境 residential environment**

直接连接至公用低压供电电源的所有家用设施。防护距离10 m,与房间尺寸有关。

3.1.2

**商业和轻工业环境 commercial and light industrial environment**

不一定都连接至公用低压供电电源的商业和轻工业设施。根据广播收音机和电视接收机使用的期望状况,防护距离可为10 m或30 m。

3.1.3

**工业环境　industrial environment**

不直接连接至公用低压供电电源的工业设施。由于房屋较大，防护距离为 30 m。

3.2

**防护距离　protection distance**

到电子或电气装置的距离。在此距离内，干扰电平应不影响诸如广播收音机和电视接收机那样的其他电子或电气设备的使用。

3.3

**配电系统　distributed power system**

由配电母线向固定的电力变流器供电的系统。

3.4

**端口　port**

产品与外部电磁环境的特定界面。

端口的例子：

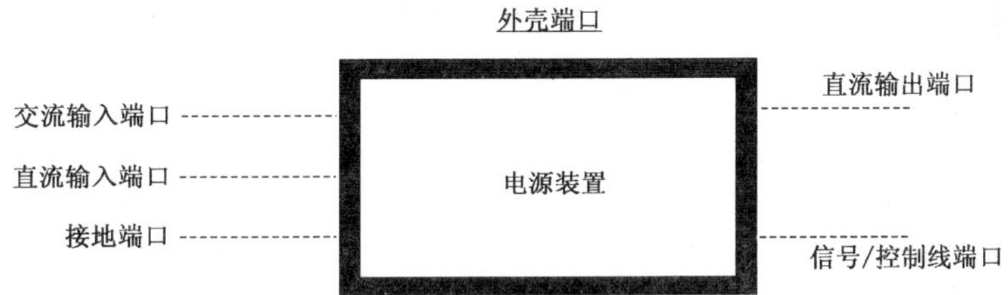


3.4.1

**外壳端口　enclosure port**

电源装置产品的物理界面。电磁场通过其发射出去或由其侵入电源装置产品。

3.4.2

**信号或控制线端口　signal or control line port**

提供诊断或控制信息的低能级输入或输出端口。

3.4.3

**直流输入端口　d.c. input power port**

连接外部直流电源的端口。

3.4.4

**直流输出端口　d.c. output power port**

为输出直流电能，与外部连接的端口。

3.4.5

**交流输入端口　a.c. input power port**

连接外部交流电源的端口。

3.5

**电源(装置)　power supply；PSU**

把输入电能变换成一个或多个输出电源的电气或电子装置。

3.5.1

**部件电源　component power supply**

模块化电源装置　modular PSU

子单元电源装置　sub-unit PSU

用于提供或改变电能、由电气和/或电子器件组成的装置。它们预期不独立运行，由专业组装/安装人员装入终端产品。

3.5.2

**独立电源　stand alone power supply**

预期在实验室、车间和其他独立应用场所使用的终端产品。具有完整外壳，能有效防护静电放电和终端用户触及危险部件。典型例子包括输出可调节或不可调节的台式、直插式、独立式和壁挂式产品。

3.5.3

**台式电源　bench-top power supply**

预期在实验室或类似场所独立使用的一种电源装置。有时也具有监控和测量附属装置。

3.5.4

**开放板卡式电源　open card power supply**

无框架电源　frameless PSU

无固定用金属支架的印刷电路板。预期作为专业组装人员使用的部件电源装置。

3.5.5

**开放框架式电源　open frame power supply**

通常是装在金属支架上的印刷电路板。该金属支架用于在专业组装人员的设备机架上固定，也用于电力半导体的散热。另外，出于安全原因和/或减少辐射干扰考虑，可使用罩。

3.5.6

**插接板卡式电源　plug-in card power supply**

预期插接到子支架上的电源。可设计为开放板卡式、开放框架式或盒式。通常由专业组装人员使用。

3.5.7

**封闭式/盒式电源　enclosed/cased power supply**

全封闭式/盒式/罩式电源装置。采用罩作为散热器，或使用风扇强迫风冷。

3.5.8

**直插式电源　plug-top（direct plug-in）power supply**

带有主电压插头的电源。

3.5.9

**不间断电源设备　uninterruptible power supply；UPS**

预期在主电源故障时提供电能的电源设备。通常为独立运行。

3.6

**终端产品　end-product**

设计为独立应用的产成品，可由终端用户使用并直接操作。预期投放到市场和/或作为单一设备交付使用，或作为系统或设施的一部分交付使用。

3.7

**系统　system**

互连产品的固定组合，易于重新配置。典型例子：包括鼠标、键盘、打印机和显示器的计算机，高保真系统，电视机和录像机。

3.8

**设施　installation**

互连产品的集合，不易于重新配置。典型例子包括工业生产线设施或发电厂控制设施。

3.9

**非专业人员　non-professional**

假定很少具备或不具备技术知识或工具装备的人员或机构。

3.10

**专业组装/安装人员 professional assembler/installer**

技术上胜任，能够正确地将部件和组件组装/安装成终端产品，或者将终端产品组装/安装成系统或设施，且同时完全遵守终端产品、系统或设施的技术要求和法律规定的人员或机构。

3.11

**额定满载 full rated load**

产品标明提供的最大连续功率或平均功率。

3.12

**供电电源 mains supply**

3.12.1

**工业供电电源 industrial mains supply**

单独为工业提供电能的电源。

3.12.2

**专用供电电源 private mains supply**

不直接连接至公用电网的局部电源(例如发电机或UPS)。

3.12.3

**公用供电电源 public mains supply**

为民用、商业或轻工业环境中的一般公共用途提供电能的电源。

3.13

**电源装置的临界频率 critical frequency of a PSU**

波长等于4倍电源装置最长边长度的频率。

## 4 试验对采用不同技术的电源的适用性

通常，各种电源装置的技术差别很大。对所有电源装置不加区别地施加全部EMC试验，既不合理，也无必要。

表1所列的试验适用于独立运行的电源装置和可视同为仪器的部件电源装置(见附录A)。

对于预期由专业安装人员使用的部件电源装置，表1可作为导则。

**表1 试验的适用范围**

| 组别 | 采用的技术 | 章条 | | | | 备注 |
|---|---|---|---|---|---|---|
| | | 发射 | | | 抗扰度 | |
| | | 6.2 | 6.3 | 6.4 | 7 | |
| Ⅰ | 在印刷电路板中使用的、用管脚或螺钉连接的模块 | 不测量 | 推荐 | 推荐 | 推荐 | 这些是部件电源 |
| Ⅱ | 带滤波的整流器或铁磁谐振电源装置 | 强制 | 强制 | 不测量 | 不测量 | 如果仅为整流器骚扰 |
| Ⅲ | 交流/直流线性电源装置 | 强制 | 强制 | 不测量 | 强制 | 无开关[a] |
| Ⅳ | 直流/直流变流器，由电池或整流器供电 | 不测量 | 推荐 | 强制 | 强制 | 无主整流器，不直接连接至交流供电电源 |
| Ⅴ | Ⅰ、Ⅱ、Ⅲ或Ⅳ组未覆盖的交流/直流电源装置 | 强制 | 强制 | 强制 | 强制 | |

[a] 当产品或系统在GB 4343.1范围内时，组别Ⅲ的电源装置可按该标准试验。

## 5 一般要求和试验条件

### 5.1 一般要求

电源装置制造商有责任提供与产品有关的性能、EMC、应用、预期环境等资料和安装指南。

### 5.2 试验条件

试验应使用制造商推荐的电路和安装说明进行，不使用制造商规定之外的其他联结。

电源装置的配置、方位和电气试验条件应是已知运行条件中有代表性的最严酷情况。否则，所有测量应在额定标称输入电压、额定满载和环境温度 15℃～35℃情况下进行。电源装置应为正常运行温度。

假定负载不产生任何电磁干扰。负载电阻可用风扇或冷却液冷却。

本部分规定的所有试验仅是型式试验。

采用规定试验方法测量时，设备应满足要求。

不要求也无必要进行超出本部分规定的额外 EMC 试验。

应注意防止受试设备由于本部分规定的抗扰度试验而变得危险或不安全。

## 6 发射要求

如果已知应用时的电缆布置，应采用之。如果未知，则应按 6.3 和 6.4 选择电缆布置。测量条件应在文件中说明。

### 6.1 规定环境的限值

可安装电源装置的环境分类如下：

——住宅环境

典型场所的例子为住宅地产，例如房屋、公寓等；

——商业和轻工业环境

典型场所的例子为：

- 零售终端，例如商店、超市等；
- 事务所，例如办公室、银行等；
- 公共娱乐设施，例如电影院、公共吧、舞厅等；
- 户外场所，例如加油站、停车场、娱乐和体育中心等；
- 轻工业场所，例如车间、实验室、服务中心等。

——工业环境

上述提及的环境的限值在下面给出，附录 G 给出其概要。

#### 6.1.1 B 级限值

满足 B 级限值的电源装置被定义为 B 级设备。它们预期安装在住宅环境。

对于在商业或轻工业环境安装的电源装置，当直接连接至与住宅环境互连的公用供电电源时，也要求 B 级限值。

#### 6.1.2 A 级限值

满足 A 级限值的电源装置被定义为 A 级设备。它们预期安装在商业、轻工业或工业环境，不直接连接至与住宅环境互连的公用供电电源。

A 级设备应在其文件中载明如下说明：

**警告：这是一种 A 级产品，在住宅、商业或轻工业环境中使用可能产生无线电干扰。这种产品预期不在住宅环境安装。在与公用供电电源连接的商业和轻工业环境中安装时，用户可能需要采取足够的**

措施减少干扰。

供货商建议,由用户负责产品安装环境的电磁兼容性。

#### 6.1.3 特殊应用

这里仅涉及工业环境大电流(大于 25 A)输入设备连接至工业供电电源或专用供电电源问题。其防护距离超过 100 m。

限值正在考虑中。

对这些应用,应在随机文件中明确给出设备限制使用的警告。

例如:

——用户允许的内部无线电干扰和在可接受限值内的外部干扰(例如供电电源不与公用供电电源连接);

——在大功率设施中,与 EMC 要求矛盾的安全要求。

### 6.2 低频现象($f \leqslant 9$ kHz,仅交流输入)

#### 6.2.1 换相缺口

这里仅涉及主电流换相的电源装置。设计为电网换相的大功率电源装置如果连接至高阻抗源,可能会产生换相缺口。不强制进行测量和计算。资料和建议在附录 B 给出。

#### 6.2.2 电流谐波和间谐波

连接至公共供电电源且额定输入电流为 16 A 及以下的电源装置,其限值在 GB 17625.1 中给出。该要求适用于 GB 17625.1 范围涵盖的仪器和视同仪器的部件,但对不要求控制产品谐波限值地区使用的电源装置不是强制性的。

谐波测量对电压源是敏感的,特别是在电源装置上。许多情况下,公用供电电源不适合这种用途。

因而,应使用下述方法之一:

a) 使用符合 GB 17625.1 要求的公用供电电源

——电源装置额定满载运行时,电压源的谐波限值应满足要求;

b) 使用符合 GB 17625.1 要求的人工电源;

c) 计算或模拟考虑下述因素:

——电压源为理想正弦波;

——从电网频率到 40 次谐波的频率范围内,电源装置最严酷情况的内阻抗。

在特定负载条件下可能产生间谐波。本部分不考虑这种状况。这一系统方面的问题是用户、安装人员或组装人员的责任。建议见附录 C。

#### 6.2.3 电压波动和闪烁

连接至公用供电电源且额定输入电流为 16 A 及以下的电源装置,其限值在 GB 17625.2 中给出。该要求适用于 GB 17625.2 范围涵盖的仪器和视同仪器的部件,但对不要求控制电压波动和闪烁限值地区使用的电源装置不是强制性的。

对于电源装置,仅需要测量或计算最大相对电压变化 $d_{max}$。

注:推荐测量冲击电流的幅值和持续时间并计算其在接通后第 1 个周期的方均根值。大多数电源装置冲击电流的持续时间短于 10 ms,这意味着大冲击电流仍低于 $d_{max}$ 限值。

电源装置输入电流的波动可能由于其随时间变化的负载引起。这一系统方面的问题是用户、安装人员或组装人员的责任。

### 6.3 高频传导现象

#### 6.3.1 高频线传导现象

传导发射试验应按 GB 9254 进行,或在工业应用情况下按 GB 4824 进行。然而,并不排除在工业应用情况下也使用 GB 9254。

附录 H 的表 H.1 是限值一览表。

对于直流输入，见附录 D。

### 6.3.2 直流输出端口的高频传导现象

本部分不规定出现高频传导现象时，直流输出端口上负载端子骚扰电压的限值。

某些情形下，制造商和用户可能需要就限值达成协议。

注：推荐制造商在文件中给出如何防止从负载电缆向电源馈电的应用建议。

## 6.4 高频辐射现象

辐射试验可按 GB 9254 使用天线试验、或按 GB/T 6113.1 使用吸收钳的方法以及 6.4.3 说明的限制进行。

对制造商采用的试验方法有争议时，制造商必须在文件和试验报告中证明干扰功率测量的选择是正确的。

附录 H 的表 H.2 是限值一览表。

### 6.4.1 使用天线试验

辐射骚扰试验应按 GB 9254 进行。

未知长度的负载电缆应以 1 m 长度水平布置，且彼此之间等距分开。

主电缆以 1 m 长度水平布置，且与连接至电源的地面垂直距离 0.8 M。电缆不屏蔽，除非电源装置用屏蔽电缆供电。

任何其他布置应证明是正确的，并在文件中说明。

如果使用附录 H 中表 H.2 的限值，则天线与电源装置之间的距离应为 10 m。

测量距离 30 m 时，限值减少 10 dB。

测量距离 3 m 时，限值增加 10 dB。

### 6.4.2 使用吸收钳方法试验

测量接收机应有准峰值检波器，并符合 GB/T 6113.1 要求。吸收钳应按 GB/T 6113.1 设计并校准。

注：吸收钳通常适用于 10 m 辐射场。

测量布局和程序见图 1。

受试电源装置和电缆应放置在高 0.8 m 的非金属台面上，且距其他金属物体至少 0.8 m。

被测电缆在非金属台面上伸展成长度至少 5 m 的直线，以便于吸收钳沿其移动。电缆应穿过吸收钳并以正确的方位放置(电流传感器在电源装置侧)。

所有其他电缆可不连接(如果没有这些电缆仍能维持设备正确运行的话)，或者紧靠电源装置配置铁氧体吸收管(钳)。

应依次试验电源装置的每根电缆。长度超过 5 m 的电缆应如上述 5 m 电缆的试验布局试验。多余的电缆配置并不关键。

正常应用情况下，长度限制在 5 m 以内的电缆按下述试验：

电缆长度限制：

——≤0.25 m：完全不测量；

——$<s$：延长到 $s$；

——$>s$：在整个长度上测量。

这里，$s$ 为两倍于吸收钳的长度。

试验时，吸收钳沿被测电缆移动，从紧靠电源装置处开始直至最长 5 m 处。移动量为零至被测频率波长的一半。利用吸收钳校正因数将最大读数转换成骚扰功率。所有最大值应低于附录 H 中表

H.2的限值。

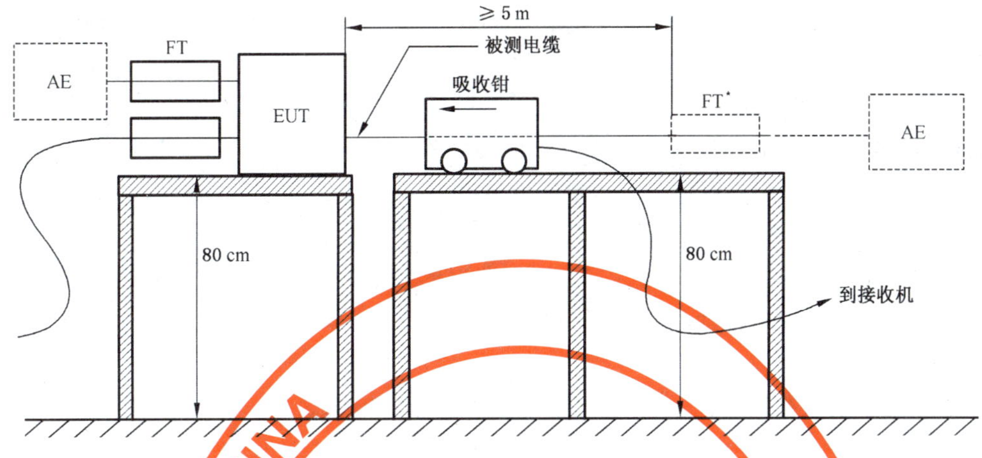


EUT——受试设备；

AE——相关设备；

FT——铁氧体管(与吸收钳相同类型)；

FT*——需要时，为相关设备进一步去耦而附加的铁氧体管。

**图1 骚扰功率测量的试验布局**

### 6.4.3 对干扰功率测量应用的限制

在壳体最长边的长度不超过最高被测频率的λ/4的前提下，干扰功率测量可代替发射场强(按GB/T 6113.1)。

大多数电源装置不发射超过临界频率的干扰功率(电源装置临界频率的计算见附录E)。

某些电源装置能发射超过临界频率的干扰功率。特别是当逻辑电路使用的时钟频率超过1 MHz时。

因而，高频功率试验方法的应用限于电源装置未使用屏蔽电缆以及下述情况：

——最长边的长度小于最高被测频率的λ/4；

——时钟频率低于1 MHz；

——输出少于5路；

——不因为导线直径太大而妨碍使用吸收钳。

## 7 抗扰度要求

### 7.1 性能判据

性能判据应用于检查电源装置对外部骚扰的防护能力，见表2。

从EMC的观点出发，包括电源装置在内的任何程序应如预期运行。

如果由于按本部分规定进行试验的结果是：电源装置是危险的或不安全的，则应认为电源装置未通过试验。

**表2 电源装置抗电磁干扰性能的检验判据**

| | 性能判据 | | |
|---|---|---|---|
| | A | B | C |
| 基本技术要求 | 在试验期间不丧失功能或性能 | 试验期间出现暂时性的功能或性能丧失，但可自行恢复 | 出现功能或性能丧失，不能自行恢复，但未损坏 |
| 备注 | 在规定的允差带内如预期运行 | 试验后，电源装置应如预期连续运行。性能的降低应由制造商规定 | 允许任何条件复位，包括停机 |

下述各表列出的性能判据为最低要求。

这些限值已设定为对应用可能不必产生强烈影响的电平。对于某些应用,可能有必要由用户和供货商就较高电平达成协议。

直流/直流变流器参见附录D。

### 7.2 基本抗扰度要求,高频骚扰

参照基础标准,试验方案在表3～表10中按项号给出。

注:$T_r/T_h$ 指上升时间和脉冲持续时间(50%时的值),如GB/T 17626.4所述。

对预期使用交流/直流电源适配器、有直流输入端口的仪器,应按制造商的规定,在交流/直流电源适配器的交流电源输入端进行浪涌(冲击)试验。

#### 7.2.1 低严酷度等级

这些电平适用于预期在住宅、商业和轻工业环境中使用的电源装置。

**表3 抗扰度——外壳端口**

| 项号 | 环境现象 | 试验项目 | 试验技术条件 | 单位 | 试验方案 | 备注 | 性能判据 |
|---|---|---|---|---|---|---|---|
| 3-1 | 静电放电 | 接触放电<br>空气放电 | ±4<br>±8 | kV<br>kV | GB/T 17626.2 | a | B |
| 3-2 | 射频电磁场<br><br>调幅 | 频率<br>场强<br>AM (1kHz) | 80～1 000<br>3<br>80 | MHz<br>V/m<br>% | GB/T 17626.3 | b<br>c | B |
| 3-3 | 射频电磁场<br><br>键入载波 | 频率<br>场强<br>工作制<br>重复频率 | 900±5<br>3<br>50<br>200 | MHz<br>V/m<br>%<br>Hz | GB/T 17626.3 | d | B |

[a] 对开放框架式电源装置,静电放电试验不切实际,故不必进行。

[b] 该电平不表征紧靠电源装置的收发机发射的场。

[c] 规定的试验电平为未调制载波的方均根值。

[d] 该试验仅适用于欧洲国家。试验应在标示范围内的一个频率下进行。

**表4 抗扰度——信号线和控制线端口**

| 项号 | 环境现象 | 试验项目 | 试验技术条件 | 单位 | 试验方案 | 备注 | 性能判据 |
|---|---|---|---|---|---|---|---|
| 4-1 | 快速瞬变 | 峰值相电压<br>$T_r/T_h$<br>重复频率 | ±0.5<br>5/50<br>5 | kV<br>ns<br>kHz | GB/T 17626.4 | a<br>使用容性钳 | B |
| 4-2 | 射频连续传导 | 频率<br>幅值<br>AM (1 kHz) | 0.15～80<br>3<br>80 | MHz<br>V<br>% | GB/T 17626.6 | b | B |

[a] 仅适用于连接电缆总长度按制造商的功能规范可超过3 m的端口。

[b] 规定的试验电平为未调制载波的方均根值。

**表5 抗扰度——直流输入和输出端口**

下述要求不适用于预期连接电池或再充电时必须与设备断开的可重复充电电池的输入端口。

对某些特殊应用,规定的限值可能不充分。见附录D。

| 项号 | 环境现象 | 试验项目 | 试验技术条件 | 单位 | 试验方案 | 备注 | 性能判据 |
|---|---|---|---|---|---|---|---|
| 5-1 | 快速瞬变 | 峰值相电压<br>$T_r/T_h$<br>重复频率 | ±0.5<br>5/50<br>5 | kV<br>ns<br>kHz | GB/T 17626.4 | a | B |

表 5（续）

| 项号 | 环境现象 | 试验项目 | 试验技术条件 | 单位 | 试验方案 | 备注 | 性能判据 |
|---|---|---|---|---|---|---|---|
| 5-2 | 浪涌(冲击) | $T_r/T_h$<br>峰值相电压<br>峰值线电压 | 1.2/50 (8/20)<br>±0.5<br>±0.5 | μs<br>kV<br>kV | GB/T 17626.5 | b | B |
| 5-3 | 射频连续传导 | 频率<br>幅值<br>AM (1 kHz) | 0.15～80<br>3<br>80 | MHz<br>V<br>% | GB/T 17626.6 | a,c,d | B |

[a] 本试验适用于预期与长度超过 10 m 的电缆永久性连接的直流输入端口。

[b] 仅适用于输入端口。

[c] 仅适用于连接电缆总长度按制造商的功能规范可超过 3 m 的端口。

[d] 规定的试验电平为未调制载波的方均根值。

表 6　抗扰度——交流电输入端口

| 项号 | 环境现象 | 试验项目 | 试验技术条件 | 单位 | 试验方案 | 备注 | 性能判据 |
|---|---|---|---|---|---|---|---|
| 6-1 | 快速瞬变 | 峰值相电压<br>$T_r/T_h$<br>重复频率 | ±1<br>5/50<br>5 | kV<br>ns<br>kHz | GB/T 17626.4 | | B |
| 6-2 | 浪涌(冲击) | $T_r/T_h$<br>峰值相电压<br>峰值线电压 | 1.2/50 (8/20)<br>±2<br>±1 | μs<br>kV<br>kV | GB/T 17626.5 | a | B |
| 6-3 | 电压跌落 | 减少量<br>持续时间<br>减少量<br>持续时间 | 30<br>10<br>60<br>100 | %<br>ms<br>%<br>ms | GB/T 17626.11 | | B<br><br>C |
| 6-4 | 电压中断 | 减少量<br>持续时间 | >95<br>5 000 | %<br>ms | GB/T 17626.11 | | C |
| 6-5 | 射频连续传导 | 频率<br>电压<br>AM (1 kHz) | 0.15～80<br>3<br>80 | MHz<br>V<br>% | GB/T 17626.6 | b | B |

[a] 按 GB/T 16935.1,设计用于Ⅰ类设施的产品,浪涌(冲击)限值可减少 50%。

[b] 规定的试验电平为未调制载波的方均根值。

### 7.2.2　高严酷度等级

这些电平适用于预期在工业环境中使用的电源装置。对骚扰超过下述电平的情况,解决办法是由用户和供货商协商。

表 7　抗扰度——外壳端口

| 项号 | 环境现象 | 试验项目 | 试验技术条件 | 单位 | 试验方案 | 备注 | 性能判据 |
|---|---|---|---|---|---|---|---|
| 7-1 | 静电放电 | 接触放电<br>空气放电 | ±4<br>±8 | kV<br>kV | GB/T 17626.2 | a | B |
| 7-2 | 射频电磁场<br><br>调幅 | 频率<br>场强<br>AM 1 kHz | 80～1 000<br>10<br>80 | MHz<br>V/m<br>% | GB/T 17626.3 | b<br>c | B |

表 7（续）

| 项号 | 环境现象 | 试验项目 | 试验技术条件 | 单位 | 试验方案 | 备注 | 性能判据 |
|---|---|---|---|---|---|---|---|
| 7-3 | 射频电磁场<br>键入载波 | 频率<br>场强<br>工作制<br>重复频率 | 900±5<br>10<br>50<br>200 | MHz<br>V/m<br>%<br>Hz | GB/T 17626.3 | d | B |

[a] 对开放框架式电源装置，静电放电试验不切实际，故不必进行。

[b] 该电平不表征紧靠电源装置的收发机发射的场。

[c] 规定的试验电平为未调制载波的方均根值。

[d] 该试验仅适用于欧洲国家。试验应在标示范围内的一个频率下进行。

表 8　抗扰度——信号线和控制线端口

| 项号 | 环境现象 | 试验项目 | 试验技术条件 | 单位 | 试验方案 | 备注 | 性能判据 |
|---|---|---|---|---|---|---|---|
| 8-1 | 快速瞬变 | 峰值相电压<br>$T_r/T_h$<br>重复频率 | ±2<br>5/50<br>5 | kV<br>ns<br>kHz | GB/T 17626.4 | a<br>使用容性钳 | B |
| 8-2 | 射频共模<br>调幅 | 频率<br>幅值<br>调制量 | 0.15～80<br>10<br>80 | MHz<br>V<br>% | GB/T 17626.6 | a<br>b | B |

[a] 仅适用于连接电缆总长度按制造商的功能规范可超过 3 m 的端口。

[b] 规定的试验电平为未调制载波的方均根值。

表 9　抗扰度——直流输入和输出端口

下述要求不适用于预期连接电池或再充电时必须与设备断开的可重复充电电池的输入端口。

对某些特殊应用，规定的限值可能不充分。见附录 D。

| 项号 | 环境现象 | 试验项目 | 试验技术条件 | 单位 | 试验方案 | 备注 | 性能判据 |
|---|---|---|---|---|---|---|---|
| 9-1 | 快速瞬变 | 峰值相电压<br>$T_r/T_h$<br>重复频率 | ±2<br>5/50<br>5 | kV<br>ns<br>kHz | GB/T 17626.4 | a | B |
| 9-2 | 浪涌（冲击） | $T_r/T_h$<br>峰值相电压<br>峰值线电压 | 1.2/50 (8/20)<br>±0.5<br>±0.5 | μs<br>kV<br>kV | GB/T 17626.5 | b | B |
| 9-3 | 射频连续传导 | 频率<br>幅值<br>AM (1 kHz) | 0.15～80<br>10<br>80 | MHz<br>V<br>% | GB/T 17626.6 | a,c,d | B |

[a] 本试验适用于预期与长度超过 10 m 的电缆永久性连接的直流输入端口。

[b] 仅适用于输入端口。

[c] 仅适用于连接电缆总长度按制造商的功能规范可超过 3 m 的端口。

[d] 规定的试验电平为未调制载波的方均根值。

表 10　抗扰度——交流电输入端口

| 项号 | 环境现象 | 试验项目 | 试验技术条件 | 单位 | 试验方案 | 备注 | 性能判据 |
|---|---|---|---|---|---|---|---|
| 10-1 | 快速瞬变 | 峰值相电压<br>$T_r/T_h$<br>重复频率 | ±2<br>5/50<br>5 | kV<br>ns<br>kHz | GB/T 17626.4 |  | B |

表 10（续）

| 项号 | 环境现象 | 试验项目 | 试验技术条件 | 单位 | 试验方案 | 备注 | 性能判据 |
|---|---|---|---|---|---|---|---|
| 10-2 | 浪涌(冲击) | $T_r/T_h$<br>峰值相电压<br>峰值线电压 | 1.2/50 (8/20)<br>±2<br>±1 | μs<br>kV<br>kV | GB/T 17626.5 | a | B |
| 10-3 | 电压跌落 | 减少量<br>持续时间<br>减少量<br>持续时间 | 30<br>10<br>60<br>100 | %<br>ms<br>%<br>ms | GB/T 17626.11 | | B<br><br>C |
| 10-4 | 电压中断 | 减少量<br>持续时间 | >95<br>5 000 | %<br>ms | GB/T 17626.11 | | C |
| 10-5 | 射频连续传导 | 频率<br>电压<br>AM (1 kHz) | 0.15～80<br>10<br>80 | MHz<br>V<br>% | GB/T 17626.6 | b | B |
| [a] 某些工业环境可能要求较高的限值。<br>[b] 规定的试验电平为未调制载波的方均根值。 | | | | | | | |

## 8 电源的形式和组合

### 8.1 模块化电源装置

配置单个初级电路或模块与分立的输出模块构成的同步或不同步单个单元的电源装置，应如同单个部件型或仪器型电源装置满足本部分要求。

### 8.2 电源系统

由多个电源装置串联、并联或与单个输入联结组成的易于重新配置的系统，应如同单个部件型或仪器型电源装置符合本部分规定。保证符合本部分或终端产品的特定 EMC 标准是系统供货商的责任。

### 8.3 电源设施

大量电源装置在一个设施中使用，且由交流或直流配电系统供电，则成为一种电力设施。这种配置形式不易于重新配置。各单独电源装置均应符合本部分，电源装置制造商对此负有责任，同时还应提供正确安装其产品的信息。最终设施的 EMC 问题由专业安装人员负责考虑。

### 8.4 配电电源

这是一种把交流或直流电能分配给靠近需供电电路安装的单独电力变换单元或模块的电力设施。合适时，本部分适用于单独产品。整个系统或设施的 EMC 性能由专业安装人员负责。

### 8.5 串联或并联电源

电源装置以串联或并联的形式销售时，其文件应包括关于这种配置预期的 EMC 性能信息。

## 9 电源族

电源族由多个具有相似特性的电源装置构成。

测量族中所有电源装置的 EMC 性能，既不经济，也无必要。

制造商的责任是确定整个族中有代表性的电源装置并对其进行试验。应在试验报告中证明所做的决定是正确的。

参见附录 F。

## 10 统计

本部分的限值考虑了测量不确定度。

因此，一个产品试样测得的值应直接与限值进行比较。

——一个产品试样意思是一件；

——有争议时，应采用 GB/T 6113.1—1995 规定的 80%/80%准则。

注：测量不确定度是伴随测量结果的一个参数，表征与测量有相当关系的数值分散特性，并按 GB/T 15481 表述。测量不确定度由随机效应和有系统影响的非理想校正引起。

## 11 安全

EMC 改善措施应不妨害规定的安全要求。例如供电电源滤波器影响接触电流，EMC 屏蔽网可能影响电气间隙和爬电距离。

设备不应由于本部分规定的抗扰度试验而变得危险或不安全。因而，有关 EMC 符合性的型式试验应在安全性的型式试验之前进行或并行。只要由于 EMC 试验而使设备有任何变化，就应重新试验以检查产品安全的符合性要求。

## 12 试验报告

试验结果应以试验报告的形式提交。

试验报告应给出充分的产品识别和试验数据，且应清晰、明确、客观地展现试验的全部相关信息诸如负载条件、电缆长度、接地情况等。

试验方案的功能性描述，包括试验设备、电缆布置和试验时的运行模式等，亦应给出。

详细定义和选定的接收判据的理由应由制造商提供，并在试验报告中说明。

试验报告应给出每一试验的实测值和对应的限值。

# 附　录　A
# （规范性附录）
# 电源装置分类导则

由于许多电源装置作为大型设备的部件使用，涉及不同的EMC标准，因而分类是必要的。本附录提供了产品分类的例子，但确定产品分类是制造商的责任。

## A.1　预期独立运行的电源

对电源装置进行所有相关的EMC试验是制造商的责任。电源装置类别包括：

——实验室或类似用途的台式电源装置；

——工业应用的独立电源装置；

——开关模式控制的直插式电源装置；

——工业用电池充电器；

——无内置高频发生器的直插式电源装置；

——家用电池充电器；

——通信电源系统。

## A.2　部件电源

a）　视同仪器

这种电源预期销售给终端用户或安装人员。对这些电源装置进行所有相关的EMC试验是制造商的责任。电源装置类别包括：

——配置电源连接器和/或IT设备连接器销售给公众的电源装置，用于升级PC机、与打印机一起使用等；

——预期在EMC性能不由安装人员测量的设施中使用（附加适当的罩、配线等）的电源装置；

——置于安全箱中，预期在设施内使用，输出24 V的电源装置；

——业余电子爱好者使用的电源装置。

这种类别不包括销售给公众或在设施中使用的电源装置。这些电源装置作为维修备件，已作为整机的部件进行试验。

b）　预期由专业组装人员使用

这种类别包括：

——大部分开放板卡式、罩式和装在印刷电路板上的电源装置（均带有插头和接线）；

——预期仅由专业组装人员使用的支架组件式电源装置；

——作为维修备件销售、专业组装人员将其作为终端产品的部件已进行试验的电源装置。

表A.1给出了按A.1和A.2分类的电源装置适用的EMC标准概览。

**表A.1　电源分类和相关的EMC标准**

| 电　源 | EMC标准 |
|---|---|
| A.1　仪器 | 本部分 |
| A.2　部件 | |
| a）　视同仪器 | 本部分 |
| b）　预期由专业组装人员使用 | 本部分作为辅助方法<br>根据电源装置制造商和组装人员的协议或预期的特定应用要求，本部分可由终端产品的EMC标准代替 |

## 附 录 B
（资料性附录）
换相缺口

换相缺口问题对于电源装置仅占很小的百分比，因此，不强制测量或计算。在相关情况下，制造商和用户应就缺口的限值达成协议。本附录对换相缺口问题给出一般性说明。

大功率电网换相变流器换相缺口的影响，特别是与高阻抗电压源连接时的影响，是众所周知的。这是一种系统影响，取决于电网内阻抗和变流器的特性。本部分范围内的大功率电源装置可设计成电网换相变流器，缺口问题小得多，因为与传动变流器或大功率不间断电源设备（UPS）相比，其功率相对较小。

缺口已在 GB/T 3859.1 中定义。通过在变流器电源接口串联换相阻抗能减小换相缺口。所需的串联阻抗与电网内阻抗、电源装置输入阻抗以及电源接口处的缺口限值有关。

电网换相电源装置一般连接至工业供电电源，其换相缺口通常可高达 40%。公用供电电源的换相缺口限值必须符合当地供电部门的要求。

换相阻抗的计算众所周知，不需要更详细资料。

## 附 录 C
（资料性附录）
输入电流谐波的计算和模拟

通常，公用供电电源不满足与 GB 17625.1—2003 附录 A 不一致的试验设备要求。这时，为测量输入电流谐波，需要使用人工电压源。由于高输入电流峰值和谐波电流限值应满足电源装置额定满载运行时的要求，人工电压源的标称功率可能要适当大于电源装置的额定功率。

因此，计算或模拟方法一般用于大功率产品。

如果已知电源装置 40 次谐波以内的输入内阻抗，即使是小功率电源装置，模拟依然是评估谐波的合理方法。

如果不确切知道阻抗，则使用最严酷的值。为避免模拟误差，推荐对电源装置族中的典型情形进行分批试验，并将测量结果与模拟值进行比较。

有争议时，首选测量方法。

## 附 录 D
（资料性附录）
直流输入的特殊考虑

### D.1 概述

本部分表 1 中 IV 组直流/直流变流器考虑直接由电源装置供电或由电池供电。

对某些直流/直流变流器应用，使用本部分定义的低严酷度等级和高严酷度等级以及发射等级并不反映能够放置直流/直流变流器的实际环境。

### D.2 发射

传导发射对于直流输入不是强制性试验。然而，推荐的 A 级限值适合所有直流/直流变流器，但不包括第 1 章列项 b)2)定义的部件电源。

限值见附录 H 的表 H.1。

输入电压不超过 60 V 的直流/直流变流器在配电系统和特殊用途的设施(例如电信站)中使用时,可能需要采用 B 级限值。

## D.3 抗扰度

对于下述直流/直流变流器,推荐使用高于本部分规定的抗扰度:

——由发电机供电(如车、船),在有直流电动机的传动系统中(如叉车、电动车)或由高压变流器供电(如火车、有轨电车);

——标称直流输入电压高于 60 V 的工业应用;

——工业用途的电力配电系统(如发电厂、加工工业)。

在 7.2 的表 3～表 5 和表 7～表 9 中规定了这类直流/直流变流器的最低抗扰度等级。

关于直流输入的较高抗扰度等级,对下述输入类型,推荐表 D.1、表 D.2 和表 D.3 的等级。

a) 如果由发电机、直流传动系统或高压变流器供电,标称直流输入电压不超过 100 V;

b) 标称直流输入电压高于 100 V。

**表 D.1 直流输入端口抗扰度——a 类输入**

| 项号 | 环境现象 | 试验项目 | 试验技术条件 | 单位 | 试验方案 | 备注 | 性能判据 |
|---|---|---|---|---|---|---|---|
| D.1-1 | 快速瞬变 | 峰值相电压<br>$T_r/T_h$ 重复频率 | ±2<br>5/50<br>5 | kV<br>ns<br>kHz | GB/T 17626.4 | | B |
| D.1-2 | 浪涌(冲击) | $T_r/T_h$ 峰值相电压<br>峰值线电压 | 1.2/50 (8/20)<br>±1<br>±0.5 | μs<br>kV<br>kV | GB/T 17626.5 | | B |
| D.1-3 | 射频连续传导 | 频率<br>电压<br>AM (1 kHz) | 0.15～80<br>10<br>80 | MHz<br>V<br>% | GB/T 17626.6 | a,b | B |

[a] 本试验适用于预期与长度超过 10 m 的电缆永久性连接的直流输入端口

[b] 规定的试验电平为未调制载波的方均根值。

**表 D.2 直流输入端口抗扰度——b 类输入**

试验适用于预期与长度超过 10 m 的电缆永久性连接的直流端口。

| 项号 | 环境现象 | 试验项目 | 试验技术条件 | 单位 | 试验方案 | 备注 | 性能判据 |
|---|---|---|---|---|---|---|---|
| D.2-1 | 快速瞬变 | 峰值相电压<br>$T_r/T_h$ 重复频率 | ±4<br>5/50<br>5 | kV<br>ns<br>kHz | GB/T 17626.4 | | B |
| D.2-2 | 浪涌(冲击) | $T_r/T_h$ 峰值相电压<br>峰值线电压 | 1.2/50 (8/20)<br>±2<br>±1 | μs<br>kV<br>kV | GB/T 17626.5 | a | B |
| D.2-3 | 射频连续传导 | 频率<br>电压<br>AM (1 kHz) | 0.15～80<br>10<br>80 | MHz<br>V<br>% | GB/T 17626.6 | b | B |

[a] 某些工业环境可能要求较高的限值。

[b] 规定的试验电平为未调制载波的方均根值。

表 D.3 外壳端口抗扰度——a 类和 b 类输入

| 项号 | 环境现象 | 试验项目 | 试验技术条件 | 单位 | 试验方案 | 备注 | 性能判据 |
|---|---|---|---|---|---|---|---|
| D.3-1 | 射频电磁场<br>调幅 | 频率<br>场强<br>AM (1 kHz) | 80～1 000<br>10<br>80 | MHz<br>V/m<br>% | GB/T 17626.3 | a<br>b | B |
| D.3-2 | 射频电磁场<br>键入载波 | 频率<br>场强<br>工作制<br>重复频率 | 900±5<br>10<br>50<br>200 | MHz<br>V/m<br>%<br>Hz | GB/T 17626.3 | c | B |

[a] 该电平不表征紧靠电源装置的收发机发射的场。

[b] 规定的试验电平为未调制载波的方均根值。

[c] 该试验仅适用于欧洲国家。试验应在标示范围内的一个频率下进行。

# 附 录 E
## (资料性附录)
## 高频电源测量的临界频率

### E.1 电源装置的临界频率计算

GB/T 6113.1 的吸收钳测量方法的最高试验频率,在本部分定义为电源装置的临界测量频率。按 GB/T 6113.1 要求,受试设备最长边的长度为:

$$l \leqslant \frac{\lambda_{\text{critical}}}{4}$$

其中,

$$\lambda_{\text{critical}} = \frac{c}{f_{\text{critical}}}$$

那么,

$$f_{\text{critical}} = \frac{c}{4l}$$

或者

$$f_{\text{critical}} = \frac{75}{l} \qquad (\text{MHz})$$

$$f_{\text{measure}} = f_{\text{critical}}$$

式中:

$l$——电源装置最长边的长度;

$\lambda$——测量频率的波长;

$c$——光速,$c \approx 3\times10^{8}$ m/s。

# 附 录 F
## (规范性附录)
## 关于电源族的导则

### F.1 概述

本附录为判断电源族的试验原理提供一些帮助,但归根结底是由制造商确定需要对电源族中哪些典型产品进行试验。

电源族由一系列具有相似特性的电源装置构成。就 EMC 而言，在电源族的诸电源装置中选择有代表性的一种进行试验是可能的，但是通常需要试验若干个电源装置。

试验原理的主要部分，包括试验决策、试验结论和试验计划涉及产品的描述，应在试验报告或文件中逐一说明。

在电源族的诸电源装置中选择受试产品显然取决于它们的相似性。不是所有输入/输出组合都需要进行试验，但是，对所有不同的输入和输出至少一次试验一种是可行的。

可影响发射的项目为：

——外壳类型；

——风道；

——连接器；

——输入/输出滤波器设计；

——配线长度；

——布局和形式；

——接地配置；

——开关组件；

——开关组件的控制；

——磁性元件；

——相同零部件的不同电源；

——印刷电路板设计。

可影响抗扰度的项目为：

——外壳类型；

——风道；

——连接器；

——输入/输出滤波器设计；

——磁性元件；

——配线长度；

——布局和形式；

——接地配置；

——控制回路[1)]；

——印刷电路板设计；

——去耦。

1) GB/T 17626.3、GB/T 17626.4 和 GB/T 17626.6 规定的试验可能影响输出调节。

# 附 录 G
# （资料性附录）
# 环境和限值分类概要

**表 G.1 环境和限值分类概要**

| 环 境 | 防护距离/m | 供电电源 | 发射限值类别 | 抗扰度的严酷度等级 |
|---|---|---|---|---|
| 住宅 | 10 | 公用 | B | 低 |
| 商业和轻工业 | 10 | 公用 | B(A)[a] | 低 |
| 商业和轻工业 | 30 | 公用 | A[a] | 低 |
| 商业和轻工业,工业 | 30 | 工业 | A | 高 |
| 特殊 | 100 | 工业或专用 | 待定 | 低或高[b] |

a 商业或轻工业场所与公用供电电源连接时,A级电源装置的用户可能需要进行测量,以减少干扰。见6.1。

b 当一种或多种具有工业场所特征的情况存在时,需要高严酷度限值。

# 附 录 H
# （资料性附录）
# 发射限值

这些限值摘自GB 4824和GB 9254,未作改动,仅作为资料。

**表 H.1 电源端子骚扰电压限值(交流输入端口)**

| | B级限值 | | A级限值 | |
|---|---|---|---|---|
| 频率/MHz | 准峰值/dB(μV) | 平均值/dB(μV) | 准峰值/dB(μV) | 平均值/dB(μV) |
| 0.15～0.5 | 66～56[a] | 56～46[a] | 79 | 66 |
| 0.5～5 | 56 | 46 | 73 | 60 |
| 5～30 | 60 | 56 | 73 | 60 |

a 限值随频率的对数线性减少。

注:直流输入见附录D。

**表 H.2 电磁辐射/干扰功率骚扰的限值(所有场强限值基于准峰值测量)**

| | B | | A | |
|---|---|---|---|---|
| 频带/MHz | 准峰值/dB(μV)[a] | 距离/m | 准峰值/dB(μV)[a] | 距离/m |
| 30～230 | 30 | 10 | 40 | 10 |
| 230～1 000 | 37 | | 47 | |

a 如果干扰功率由测量场强代替,则为dB(pW)。

下面的限值可替代10 m场强测量:

——30 m时,等于10 m时的限值减去10 dB;

——3 m时,等于10 m时的限值加上10 dB。

注:电源装置一个边长超过最高被测频率的$\lambda/4$时,不推荐采用。

# 附 录 I
# （资料性附录）
# 对连续骚扰现象应用判据B的解释性说明（见7.1）

大多数电源装置对诸如射频电磁场和高频传导信号的连续骚扰现象不非常敏感。观测到的现象仅是某些频率的输出电压出现1%～2%的偏移。电源装置如预期运行。

消除输出电压偏移是困难的，且经济上也不切实可行。

偏移的大小与动态负载变动所引起的偏差相同。

因此，按性能判据A定义试验结果是可能的，因为技术条件没变。

总之，最好使用判据B，以标示性能有一些降级。如表2所示。这时，制造商必须规定偏移的大小和发生偏移的频率范围。

这为用户提供了更准确的资料。

ICS 29.200
K 81

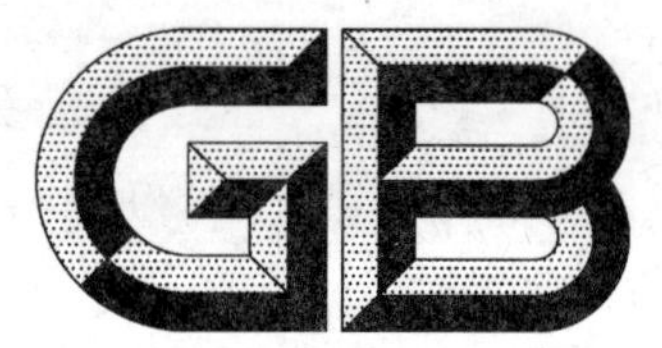

# 中华人民共和国国家标准

GB/T 21560.6—2008

# 低压直流电源
# 第6部分:评定低压直流电源性能的要求

**Low-voltage power supplies, d. c. output—**
**Part 6: Requirements for low-voltage power supplies assessed performance**

(IEC 61204-6:2000, MOD)

2008-03-24 发布　　　　2008-11-01 实施

中华人民共和国国家质量监督检验检疫总局
中国国家标准化管理委员会　发布

# 前　言

GB/T 21560《低压直流电源》分为以下几个部分：

——第1部分：预留；

——第2部分：性能特性(正在考虑中)；

——第3部分：电磁兼容性(EMC)；

——第4部分：不含EMC的试验(正在考虑中)；

——第5部分：预留；

——第6部分：评定低压直流电源性能的要求；

——第7部分：安全要求。

本部分为GB/T 21560的第6部分。本部分修改采用IEC 61204-6:2000《低压直流电源　第6部分：评定低压直流电源性能的要求》(英文版)。本部分的编辑格式按我国国家标准GB/T 1.1。

本部分与IEC 612040-6:2000相比，存在如下技术性差异：

根据我国标准，本部分第1章将输入电源电压范围上限从IEC 61204-6规定的不超过600 V改为不超过660 V，输出电压范围上限则从IEC 61204-6规定的不超过200 V改为不超过250 V。

本部分由中国电器工业协会提出。

本部分由全国电力电子学标准化技术委员会(SAC/TC 60)归口。

本部分起草单位：西安电力电子技术研究所。

本部分主要起草人：陆剑秋、周观允、蔚红旗、邱见青。

本部分为首次发布。

# 低压直流电源
# 第6部分:评定低压直流电源性能的要求

## 1 范围

GB/T 21560 的本部分适用于一般用途电源。这些电源进行交流到直流或直流到直流的变换。适用的安全规定将在相关产品标准中给出。

就输入特性而言,本部分适用于额定值 660 V 及以下的所有交流或直流电源。

就输出特性而言,本部分仅适用于直流电压低于 250 V,且功率 2.5 kW 及以下的电源。注意适用的试验方法,功率能扩展到 30 kW。

本部分的目的是规定评价预期批量生产的低压电源装置性能的要求。如果其他性能要求或质量保证已有合同商定,则以合同为准。

本部分预期作为改进大批量产品性能的导则。

除非另有说明,对于性能和质量一致性检验,本部分引用的章条号见 GB/T 17478。

## 2 规范性引用文件

下列文件中的条款通过 GB/T 21560 的本部分的引用而成为本部分的条款。凡是注日期的引用文件,其随后所有的修改单(不包括勘误的内容)或修订版均不适用于本部分,然而,鼓励根据本部分达成协议的各方研究是否可使用这些文件的最新版本。凡是不注日期的引用文件,其最新版本适用于本部分。

GB/T 2423.22—2002 电工电子产品环境试验 第2部分:试验方法 试验N:温度变化(IEC 60068-2-14:1984, IDT)

GB/T 2423.28—2005 电工电子产品环境试验 第2部分:试验方法 试验T:锡焊(IEC 60068-2-20:1979, IDT)

GB/T 2423.30—1999 电工电子产品环境试验 第2部分:试验方法 试验XA和导则:在清洗剂中浸渍(idt IEC 60068-2-45:1993)

GB/T 17478—2004 低压直流电源设备的性能特性(IEC 61204:2001, MOD)

ISO 9000(所有部分) 质量管理和质量保证标准

IEC 60068-2-21:2006 环境试验 第2-21部分:试验 试验U:引出端和整体安装件的强度

IEC 60410:1973 计数检查抽样方案和程序

IEC 60721-3-3:1994 环境条件分类 第3部分:环境参数组及其严酷程度的分类分级 第3节:在有气候防护场所的固定使用

## 3 程序和分类

本部分的要求适用于:

——制造商生产的、符合详细规范要求的标准电源;或

——定制的特殊电源。

程序包括以下三方面规定:

——制造商的质量控制、方法和制造步骤应按 ISO 9000 系列或等效标准认证;

——初始产品符合性能要求；

——质量一致性的定期评估。

本部分覆盖了以下型式的电源：

——A 类：印刷电路模块；

——B 类：除印刷电路模块之外的、250 W 及以下的电源；

——C 类：250 W～1 000 W 的电源；

——D 类：1 000 W 以上的电源。

## 4 初始产品符合性和试验

试验规定见第 6 章。

如果制造商/(用户)要确认/(规定)各种类型电源族的特征或参数，则所有试验是强制性的。

制造商在最后的单元交货之后，试验结果记录必须保存 10 年。

依据电源型式，制造商的标准电源样品数量推荐如下：

——A 类：10 件；

——B 类：5 件；

——C 类：3 件；

——D 类：2 件。

对于定制的特殊电源，样品数量应在制造商/用户间特定的合同中说明。

## 5 质量一致性的定期评估

对于质量一致性评估，详细规范给出电源装置质量一致性的定期检验内容，包括 5.1 和 5.2 中规定的试验。

### 5.1 分批试验

为确保装置在满足制造规范的规定条件下生产，这些试验由制造商在常规生产时实施。常规生产试验是指制造商为了检验电源的功能而在所有单元上进行的试验。

如果常规生产试验不包含在第 7 章内，则作为附加试验进行。

制造商必须保存试验结果记录 10 年。

### 5.2 周期试验

第 8 章的鉴定试验应在指定的样品数量上进行，从每批 2 000 个单元中选取。

当规模生产的产量降低到使试验循环在经济上不合理时，则 6.1 规定的样品数量可减少到 6.2 规定的数量。

特殊单元停止生产超过 18 个月后再继续生产，如果其基本设计发生变化，应重新进行型式试验。否则，应仅限于质量一致性的定期评估。

对于分批试验和周期性试验，如果制造商使用接收质量限(AQL)以外的方法，则必须在文件中明确说明并给出限值。

对于电特性试验(下述各表中的试验分组 3)，应注意对周期试验和初始试验使用相同的试验方案配置。

试验报告应包括对试验方案的描述。

## 6 初始产品符合性和试验规定

认可试验组 2 的试验结果要求该组全部试验之后重复代码为 1601 的试验。

### 6.1 A类:印刷电路模块(受试样品10件,见表1)

**表1 A类:印刷电路模块(受试样品10件)**

| 试验组 | 试验分组 | 试验代码 | 试验名称 | 参见 GB/T 17478—2004 的条款或另作规定 | 受试样品数量 | 允许故障(不积累) 每次试验 | 每试验分组 | 每试验组 |
|---|---|---|---|---|---|---|---|---|
| 1 | 1 | 1101 | 目测 | — | 全部 | 0 | 0 | |
| | | 1103 | 尺寸 | 8.3 | | 0 | | |
| | | 1105 | 标识 | — | | 0 | | |
| | | 1107 | 标志 | 10 | | 0 | | |
| | | 1109 | 说明书 | — | | 0 | | |
| 1 | 2 | 1201 | 绝缘强度 | | 全部 | 0 | 0 | 2[c] |
| | | 1203 | 漏电流 | | 全部 | 0 | | |
| | | 1205 | 热要求 | | 1 | 0 | | |
| | 3 | | 电特性 | | 全部 | | 2 | |
| | | 1301 | 源电压 | 5.4 | | 0 | | |
| | | 1303 | 源频率(如有关) | 5.4 | | 0 | | |
| | | 1305 | 输出电压允差 | 5.8 | | 0 | | |
| | | 1307 | 源电流 | 5.5 | | 1 | | |
| | | 1309 | 调整率 | 5.6,5.7和5.11 | | 0 | | |
| | | 1311 | 周期性和随机性偏差 | 5.10 | | 0 | | |
| | | 1313 | 瞬态响应 | 5.16 | | 1 | | |
| | | 1315 | 输出过电流保护 | 5.18 | | 0 | | |
| | | 1317 | 输出过电压保护 | 5.17 | | 0 | | |
| | | 1319 | 输出电压可调范围 | 5.9 | | 0 | | |
| | | 1321 | 遥感 | 8.2 | | 0 | | |
| | | 1323 | 起动时间 | 5.14 | | 1 | | |
| | | 1324 | 开通(关断)过冲 | 5.15 | | 0 | | |
| | | 1325 | 维持时间 | 5.13 | | 0 | | |
| | 4 | 1400 | 电磁兼容性(EMC) | d | 2 | 0 | 1 | |
| | 5 | 1501 | 并联运行[a] | 8.5 | 3 | 0 | | |
| | | 1503 | 串联运行 | 8.4 | | 0 | | |
| | | 1505 | 监控和控制信号 | 8.6 | | 0 | | |
| | 6 | 1601 | 在规定运行温度范围内测量性能特性 | 5.2,9.2.1和9.2.2 | 5 | 1 | | |
| | 7 | 1701 | 温度系数测量 | 5.12 | 2 | 0 | | |
| | 8 | 1801 | 热保护 | | 2 | 0 | | |
| 2 | 0 | 2001 | 冲击 | 9.2.4 | 2 | 1 | 1 | 1[c] |
| | | 2003 | 振动 | 9.2.6 | | 1 | | |
| | | 2005 | 碰撞 | 9.2.5 | | 1 | | |
| | | 2007 | 贮存和运输温度范围 | 5.3 | | 1 | | |
| | | 2009 | 湿热 | 9.2.3 | | 1 | | |
| 3 | 0 | 3001 | 标志对清洗剂的耐受性 | GB/T 2423.30—1999 | 1 | 1 | 1 | |
| | | 3003 | 耐焊接热 | GB/T 2423.28—2005 | | 1 | | |
| | | 3005 | 引出端强度 | IEC 60068-2-21:2006 | | 1 | | |
| | | 3007 | 输出端可焊性 | GB/T 2423.28—2005 | | 1 | | |
| | | 3009 | 可燃性[b] | — | | 0 | | |

表 1（续）

| 试验组 | 试验分组 | 试验代码 | 试验名称 | 参见 GB/T 17478—2004 的条款或另作规定 | 受试样品数量 | 允许故障（不积累） | | |
|---|---|---|---|---|---|---|---|---|
| | | | | | | 每次试验 | 每试验分组 | 每试验组 |

[a] 对于符合性试验，如果规范规定运行次数多于 2，则每次至少进行一次（增加进行这些试验的单元应从试验样品之外提取）。

[b] 如果产品已有认可机构的安全证书，则代码为 3009 的试验不必重复。

[c] 试验组 1 允许两次故障，试验组 2 和试验组 3 允许的故障可增加一次。

[d] 制造商应规定是模块自身符合 EMC 要求，还是必须作为整体装置的部件评估。应确认特定的 EMC 标准和符合 EMC 标准规定的等级。

## 6.2 B 类：除印刷电路模块之外的 250 W 及以下的电源（受试样品 5 件，见表 2）

表 2 B 类：除印刷电路模块之外的 250 W 及以下的电源（受试样品 5 件）

| 试验组 | 试验分组 | 试验代码 | 试验名称 | 参见 GB/T 17478—2004 的条款或另作规定 | 受试样品数量 | 允许故障（不积累） | | |
|---|---|---|---|---|---|---|---|---|
| | | | | | | 每次试验 | 每试验分组 | 每试验组 |
| 1 | 1 | 1101 | 目测 | — | 全部 | 0 | 0 | 1[d] |
| | | 1103 | 尺寸 | 8.3 | | 0 | | |
| | | 1105 | 标识 | — | | 0 | | |
| | | 1107 | 标志 | 10 | | 0 | | |
| | | 1109 | 说明书 | — | | 0 | | |
| | 2 | 1201 | 绝缘强度 | | 全部 | 0 | | |
| | | 1203 | 漏电流 | | 全部 | 0 | | |
| | | 1205 | 热要求 | | 1 | 0 | | |
| | 3 | | 电特性 | | 全部 | | 1 | |
| | | 1301 | 源电压 | 5.4 | | 0 | | |
| | | 1303 | 源频率（如有关） | 5.4 | | 0 | | |
| | | 1305 | 输出电压允差 | 5.8 | | 0 | | |
| | | 1307 | 源电流 | 5.5 | | 1 | | |
| | | 1309 | 调整率 | 5.6，5.7 和 5.11 | | 0 | | |
| | | 1311 | 周期性和随机性偏差 | 5.10 | | 0 | | |
| | | 1313 | 瞬态响应 | 5.16 | | 1 | | |
| | | 1315 | 输出过电流保护 | 5.18 | | 0 | | |
| | | 1317 | 输出过电压保护 | 5.17 | | 0 | | |
| | | 1319 | 输出电压可调范围 | 5.9 | | 0 | | |
| | | 1321 | 遥感 | 8.2 | | 0 | | |
| | | 1323 | 起动时间 | 5.14 | | 1 | | |
| | | 1324 | 开通（关断）过冲 | 5.15 | | 0 | | |
| | | 1325 | 维持时间 | 5.13 | | 0 | | |
| | 4 | 1400 | 电磁兼容性（EMC） | e | 2 | 0 | 1 | |
| | 5 | 1501 | 并联运行[a] | 8.5 | 3 | 0 | | |
| | | 1503 | 串联运行 | 8.4 | | 0 | | |
| | | 1505 | 监控和控制信号 | 8.6 | | 0 | | |
| | 6 | 1601 | 在规定运行温度范围内测量性能特性 | 5.2，9.2.1 和 9.2.2 | 5 | 1 | | |
| | 7 | 1701 | 温度系数测量 | 5.12 | 2 | 0 | | |
| | 8 | 1801 | 热保护 | | 2 | 0 | | |

表 2（续）

| 试验组 | 试验分组 | 试验代码 | 试 验 名 称 | 参见 GB/T 17478—2004 的条款或另作规定 | 受试样品数量 | 允许故障(不积累) | | |
|---|---|---|---|---|---|---|---|---|
| | | | | | | 每次试验 | 每试验分组 | 每试验组 |
| | | 2001 | 冲击 | 9.2.4 | | 1 | | |
| | | 2003 | 振动 | 9.2.6 | | 1 | | |
| 2 | 0 | 2005 | 碰撞 | 9.2.5 | 2 | 1 | 1 | |
| | | 2007 | 贮存和运输温度范围 | 5.3 | | 1 | | 1[d] |
| | | 2009 | 湿热 | 9.2.3 | | 1 | | |
| 3 | 0 | 3009 | 可燃性[b] | — | 1[c] | 0 | 0 | |

a 对于符合性试验，如果规范规定运行次数多于 2，则每次至少进行一次（增加进行这些试验的单元应从试验样品之外提取）。

b 如果产品已有认可机构的安全证书，则代码为 3009 的试验不必重复。

c 样品有其自己的外壳。

d 试验组 1 允许两次故障，试验组 2 和试验组 3 允许的故障可增加一次。

e 制造商应规定是模块自身符合 EMC 要求，还是必须作为整体装置的部件评估。应确认特定的 EMC 标准和符合 EMC 标准规定的等级。

## 6.3 C 类：250 W～1 kW 的电源（受试样品 3 件，见表 3）

表 3 C 类：250 W～1 kW 的电源（受试样品 3 件）

| 试验组 | 试验分组 | 试验代码 | 试 验 名 称 | 参见 GB/T 17478—2004 的条款或另作规定 | 受试样品数量 | 允许故障(不积累) | | |
|---|---|---|---|---|---|---|---|---|
| | | | | | | 每次试验 | 每试验分组 | 每试验组 |
| | | 1101 | 目测 | — | | 0 | | |
| | | 1103 | 尺寸 | 8.3 | | 0 | | |
| | 1 | 1105 | 标识 | — | 全部 | 0 | | |
| | | 1107 | 标志 | 10 | | 0 | 0 | |
| | | 1109 | 说明书 | — | | 0 | | |
| | | 1201 | 绝缘强度 | | 全部 | 0 | | |
| | 2 | 1203 | 漏电流 | | 全部 | 0 | | |
| | | 1205 | 热要求 | | 1 | 0 | | |
| | | | 电特性 | | | | | |
| | | 1301 | 源电压 | 5.4 | | 0 | | |
| | | 1303 | 源频率(如有关) | 5.4 | | 0 | | |
| 1 | | 1305 | 输出电压允差 | 5.8 | | 0 | | 1 |
| | | 1307 | 源电流 | 5.5 | | 1 | | |
| | | 1309 | 调整率 | 5.6，5.7 和 5.11 | | 0 | | |
| | | 1311 | 周期性和随机性偏差 | 5.10 | | 0 | | |
| | 3 | 1313 | 瞬态响应 | 5.16 | 全部 | 1 | 1 | |
| | | 1315 | 输出过电流保护 | 5.18 | | 0 | | |
| | | 1317 | 输出过电压保护 | 5.17 | | 0 | | |
| | | 1319 | 输出电压可调范围 | 5.9 | | 0 | | |
| | | 1321 | 遥感 | 8.2 | | 0 | | |
| | | 1323 | 起动时间 | 5.14 | | 1 | | |
| | | 1324 | 开通(关断)过冲 | 5.15 | | 0 | | |
| | | 1325 | 维持时间 | 5.13 | | 0 | | |

表 3（续）

| 试验组 | 试验分组 | 试验代码 | 试验名称 | 参见 GB/T 17478—2004 的条款或另作规定 | 受试样品数量 | 允许故障（不积累） 每次试验 | 每试验分组 | 每试验组 |
|---|---|---|---|---|---|---|---|---|
| 1 | 4 | 1400 | 电磁兼容性（EMC） | d | 2 | 0 | 1 | 1 |
| | 5 | 1501 | 并联运行[a] | 8.5 | 2 | 0 | | |
| | | 1503 | 串联运行 | 8.4 | | 0 | | |
| | | 1505 | 监控和控制信号 | 8.6 | | 0 | | |
| | 6 | 1601 | 在规定运行温度范围内测量性能特性 | 5.2，9.2.1 和 9.2.2 | 2 | 1 | | |
| | 7 | 1701 | 温度系数测量 | 5.12 | 1 | 0 | | |
| | 8 | 1801 | 热保护 | | 1 | 0 | | |
| 2 | 0 | 2001 | 冲击 | 9.2.4 | 1 | 0 | 0 | 0 |
| | | 2003 | 振动 | 9.2.6 | | 0 | | |
| | | 2005 | 碰撞 | 9.2.5 | | 0 | | |
| | | 2007 | 贮存和运输温度范围 | 5.3 | | 0 | | |
| | | 2009 | 湿热 | 9.2.3 | | 0 | | |
| 3 | 0 | 3009 | 可燃性[b] | — | 1[c] | 0 | 0 | |

[a] 对于符合性试验，如果规范规定运行次数多于 2，则每次至少进行一次（增加进行这些试验的单元，应从试验样品之外提取）。

[b] 如果产品已有认可机构的安全证书，则代码为 3009 的试验不必重复。

[c] 样品有其自己的外壳。

[d] 制造商应规定是模块自身符合 EMC 要求，还是必须作为整体装置的部件评估。应确认特定的 EMC 标准和符合 EMC 标准规定的等级。

### 6.4 D 类：1 kW 以上的电源（受试样品 2 件，见表 4）

表 4 D 类：1 kW 以上的电源（受试样品 2 件）

| 试验组 | 试验分组 | 试验代码 | 试验名称 | 参见 GB/T 17478—2004 的条款或另作规定 | 受试样品数量 | 允许故障（不积累） 每次试验 | 每试验分组 | 每试验组 |
|---|---|---|---|---|---|---|---|---|
| 1 | 1 | 1101 | 目测 | — | 2 | 0 | 0 | 1 |
| | | 1103 | 尺寸 | 8.3 | | 0 | | |
| | | 1105 | 标识 | — | | 0 | | |
| | | 1107 | 标志 | 10 | | 0 | | |
| | | 1109 | 说明书 | — | | 0 | | |
| | 2 | 1201 | 绝缘强度 | | 2 | 0 | | |
| | | 1203 | 漏电流 | | | 0 | | |
| | | 1205 | 热要求 | | | 0 | | |
| | 3 | | 电特性 | | 2 | | 1 | |
| | | 1301 | 源电压 | 5.4 | | 0 | | |
| | | 1303 | 源频率（如有关） | 5.4 | | 0 | | |
| | | 1305 | 输出电压允差 | 5.8 | | 0 | | |
| | | 1307 | 源电流 | 5.5 | | 1 | | |
| | | 1309 | 调整率 | 5.6，5.7 和 5.11 | | 0 | | |
| | | 1311 | 周期性和随机性偏差 | 5.10 | | 0 | | |

表 4（续）

<table>
<tr><th rowspan="2">试验组</th><th rowspan="2">试验分组</th><th rowspan="2">试验代码</th><th rowspan="2">试 验 名 称</th><th rowspan="2">参见 GB/T 17478—2004 的条款或另作规定</th><th rowspan="2">受试样品数量</th><th colspan="3">允许故障(不积累)</th></tr>
<tr><th>每次试验</th><th>每试验分组</th><th>每试验组</th></tr>
<tr><td rowspan="15">1</td><td rowspan="8">3</td><td>1313</td><td>瞬态响应</td><td>5.16</td><td rowspan="8">2</td><td>0</td><td rowspan="8">1</td><td rowspan="15">1</td></tr>
<tr><td>1315</td><td>输出过电流保护</td><td>5.18</td><td>0</td></tr>
<tr><td>1317</td><td>输出过电压保护</td><td>5.17</td><td>0</td></tr>
<tr><td>1319</td><td>输出电压可调范围</td><td>5.9</td><td>0</td></tr>
<tr><td>1321</td><td>遥感</td><td>8.2</td><td>0</td></tr>
<tr><td>1323</td><td>起动时间</td><td>5.14</td><td>1</td></tr>
<tr><td>1324</td><td>开通(关断)过冲</td><td>5.15</td><td>0</td></tr>
<tr><td>1325</td><td>维持时间</td><td>5.13</td><td>0</td></tr>
<tr><td>4</td><td>1400</td><td>电磁兼容性(EMC)</td><td>d</td><td>1</td><td>0</td><td rowspan="7">0</td></tr>
<tr><td rowspan="3">5</td><td>1501</td><td>并联运行[a]</td><td>8.5</td><td rowspan="3">2</td><td>0</td></tr>
<tr><td>1503</td><td>串联运行</td><td>8.4</td><td>0</td></tr>
<tr><td>1505</td><td>监控和控制信号</td><td>8.6</td><td>0</td></tr>
<tr><td>6</td><td>1601</td><td>在规定运行温度范围内测量性能特性</td><td>5.2，9.2.1 和 9.2.2</td><td>1</td><td>0</td></tr>
<tr><td>7</td><td>1701</td><td>温度系数测量</td><td>5.12</td><td>1</td><td>0</td></tr>
<tr><td>8</td><td>1801</td><td>热保护</td><td></td><td>1</td><td>0</td></tr>
<tr><td rowspan="5">2</td><td rowspan="5">0</td><td>2001</td><td>冲击</td><td>9.2.4</td><td rowspan="5">1</td><td>0</td><td rowspan="5">0</td><td rowspan="6">0</td></tr>
<tr><td>2003</td><td>振动</td><td>9.2.6</td><td>0</td></tr>
<tr><td>2005</td><td>碰撞</td><td>9.2.5</td><td>0</td></tr>
<tr><td>2007</td><td>贮存和运输温度范围</td><td>5.3</td><td>0</td></tr>
<tr><td>2009</td><td>湿热</td><td>9.2.3</td><td>0</td></tr>
<tr><td>3</td><td>0</td><td>3009</td><td>可燃性[b]</td><td>—</td><td>1[c]</td><td>0</td><td>0</td></tr>
</table>

[a] 对于符合性试验，如果规范规定运行次数多于 2，则每次至少进行一次（增加进行这些试验的单元应从试验样品之外提取）。

[b] 如果产品已有认可机构的安全证书，则代码为 3009 的试验不必重复。

[c] 样品有其自己的外壳。

[d] 制造商应规定是模块自身符合 EMC 要求，还是必须作为整体装置的部件评估。应确认特定的 EMC 标准和符合 EMC 标准规定的等级。

## 7 质量一致性的定期评估——分批试验（电源 A 类、B 类和 C 类，见表 5）

表 5 质量一致性的定期评估——分批试验（电源 A 类、B 类和 C 类）

<table>
<tr><th>试验组</th><th>试验分组</th><th>试验代码</th><th>试 验 名 称</th><th>参见 GB/T 17478—2004 的条款或另作规定</th><th>质量保证水平[a] AQL[b]</th></tr>
<tr><td rowspan="5">A</td><td rowspan="5">A1</td><td>1101</td><td>目测</td><td>—</td><td rowspan="5">4%</td></tr>
<tr><td>1103</td><td>尺寸</td><td>8.3</td></tr>
<tr><td>1105</td><td>标识</td><td>—</td></tr>
<tr><td>1107</td><td>标志</td><td>10</td></tr>
<tr><td>1109</td><td>说明书</td><td>—</td></tr>
</table>

表5(续)

| 试验组 | 试验分组 | 试验代码 | 试验名称 | 参见GB/T 17478—2004的条款或另作规定 | 质量保证水平[a] AQL[b] |
|---|---|---|---|---|---|
| A | A2 | 1201<br>1203<br>1205 | 绝缘强度<br>漏电流<br>热要求 | 修改[c]<br>修改[d] | 0.4% |
| | A3 | 1301<br>1305<br>1309<br>1311<br>1315 | 源电压<br>输出电压允差<br>调整率<br>周期性和随机性偏差<br>输出过电流保护 | 5.4<br>5.8<br>5.6,5.7和5.11<br>5.10<br>5.18 | 1% |

[a] 依据IEC 60410:1973(检验水平IL Ⅱ)。

[b] AQL为接收质量限。

[c] 试验电压应至少保持1 s,但不长于3 s。

[d] 漏电流试验应在IEC 60721-3-3:1994中等级3K1的标准环境条件内进行。

## 8 质量一致性的定期评估——周期试验

限于下述可用于鉴定的试验。

### 8.1 A类:印刷电路模块(受试样品3件,见表6)

表6 A类:印刷电路模块(受试样品3件)

| 试验组 | 试验代码 | 试验名称 | 参见GB/T 17478—2004的条款或另作规定 | 受试样品数量 | 允许存在缺陷的单元 |
|---|---|---|---|---|---|
| C1 | 1301<br>1303<br>1307<br>1313<br>1315<br>1317<br>1319<br>1321<br>1323<br>1324<br>1325 | 源电压<br>源频率(如有关)<br>源电流<br>瞬态响应<br>输出过电流保护<br>输出过电压保护<br>输出电压可调节范围<br>遥感<br>起动时间<br>开通(关断)过冲<br>维持时间 | 5.4<br>5.4<br>5.5<br>5.16<br>5.18<br>5.17<br>5.9<br>8.2<br>5.14<br>5.15<br>5.13 | 全部 | 1 |
| C3 | 1501<br>1503<br>1505 | 并联运行<br>串联运行<br>监控和控制信号 | 8.5<br>8.4<br>8.6 | 全部 | 1 |
| C4 | 1601 | 在规定运行温度范围内测量性能特性 | 5.2,9.2.1和9.2.2 | 1 | 0 |
| C6 | 3007<br>3003<br>3005 | 输出端的可焊性<br>耐焊接热<br>引出端强度 | GB/T 2423.28—2005<br>GB/T 2423.28—2005<br>IEC 60060-2-21:2006 | 1 | 0 |
| C7 | 3001<br>4001 | 标志对清洗剂的耐受性<br>在温度循环之后重复代码为1601的试验 | GB/T 2423.30—1999<br>5.3和GB/T 2423.22—2002 | 1 | 0 |

8.2 B类:除印刷电路模块之外的250 W及以下的电源(受试样品3件,见表7)

表7 B类:除印刷电路模块之外的250 W及以下的电源(受试样品3件)

| 试验组 | 试验代码 | 试验名称 | 参见GB/T 17478—2004的条款或另作规定 | 受试样品数量 | 允许存在缺陷的单元 |
|---|---|---|---|---|---|
| C1 | 1301<br>1303<br>1307<br>1313<br>1315<br>1317<br>1319<br>1321<br>1323<br>1324<br>1325 | 源电压<br>源频率(如有关)<br>源电流<br>瞬态响应<br>输出过电流保护<br>输出过电压保护<br>输出电压可调节范围<br>遥感<br>起动时间<br>开通(关断)过冲<br>维持时间 | 5.4<br>5.4<br>5.5<br>5.16<br>5.18<br>5.17<br>5.9<br>8.2<br>5.14<br>5.15<br>5.13 | 全部 | 1 |
| C3 | 1501<br>1503<br>1505 | 并联运行<br>串联运行<br>监控和控制信号 | 8.5<br>8.4<br>8.6 | 全部 | 1 |
| C4 | 1601 | 在规定运行温度范围内测量性能特性 | 5.2,9.2.1和9.2.2 | 1 | 0 |
| C5 | 2001<br>2003<br>2005 | 冲击<br>振动<br>碰撞 | 9.2.4<br>9.2.6<br>9.2.5 | 1 | 0 |
| C7 | 3001<br>4001 | 标志对清洗剂的耐受性<br>在温度循环之后重复代码为1601的试验 | GB/T 2423.30—1999<br>5.3和GB/T 2423.22—2002 | 1 | 0 |

8.3 C类:250 W～1 kW的电源(受试样品3件,见表8)

表8 C类:250 W～1 kW的电源(受试样品3件)

| 试验组 | 试验代码 | 试验名称 | 参见GB/T 17478—2004的条款或另作规定 | 受试样品数量 | 允许存在缺陷的单元 |
|---|---|---|---|---|---|
| C1 | 1301<br>1303<br>1307<br>1313<br>1315<br>1317<br>1319<br>1321<br>1323<br>1324<br>1325 | 源电压<br>源频率(如有关)<br>源电流<br>瞬态响应<br>输出过电流保护<br>输出过电压保护<br>输出电压可调节范围<br>遥感<br>起动时间<br>开通(关断)过冲<br>维持时间 | 5.4<br>5.4<br>5.5<br>5.16<br>5.18<br>5.17<br>5.9<br>8.2<br>5.14<br>5.15<br>5.13 | 全部 | 1 |
| C3 | 1501<br>1503<br>1505 | 并联运行<br>串联运行<br>监控和控制信号 | 8.5<br>8.4<br>8.6 | 全部 | 1 |
| C4 | 1601 | 在规定运行温度范围内测量性能特性 | 5.2,9.2.1和9.2.2 | 1 | 0 |
| C5 | 2001<br>2003<br>2005 | 冲击<br>振动<br>碰撞 | 9.2.4<br>9.2.6<br>9.2.5 | 1 | 0 |
| C7 | 4001 | 在温度循环之后重复代码为1601的试验 | 5.3和GB/T 2423.22—2002 | 1 | 0 |

8.4 **D类:1 kW以上的电源(受试样品2件,见表9)**

**表9 D类:1 kW以上的电源(受试样品2件)**

| 试验组 | 试验代码 | 试验名称 | 参见GB/T 17478—2004的条款或另作规定 | 受试样品数量 | 允许存在缺陷的单元 |
|---|---|---|---|---|---|
| C1 | 1301 | 源电压 | 5.4 | 全部 | 0 |
| | 1303 | 源频率(如有关) | 5.4 | | |
| | 1307 | 源电流 | 5.5 | | |
| | 1313 | 瞬态响应 | 5.16 | | |
| | 1315 | 输出过电流保护 | 5.18 | | |
| | 1317 | 输出过电压保护 | 5.17 | | |
| | 1319 | 输出电压可调节范围 | 5.9 | | |
| | 1321 | 遥感 | 8.2 | | |
| | 1323 | 起动时间 | 5.14 | | |
| | 1324 | 开通(关断)过冲 | 5.15 | | |
| | 1325 | 维持时间 | 5.13 | | |
| C3 | 1501 | 并联运行 | 8.5 | 全部 | 0 |
| | 1503 | 串联运行 | 8.4 | | |
| | 1505 | 监控和控制信号 | 8.6 | | |
| C4 | 1601 | 在规定运行温度范围内测量性能特性 | 5.2,9.2.1和9.2.2 | 1 | 0 |
| C5 | 2001 | 冲击 | 9.2.4 | 1 | 0 |
| | 2003 | 振动 | 9.2.6 | | |
| | 2005 | 碰撞 | 9.2.5 | | |
| C7 | 4001 | 在温度循环之后重复代码为1601的试验 | 5.3和GB/T 2423.22—2002 | 1 | 0 |

ICS 29.280
S 35

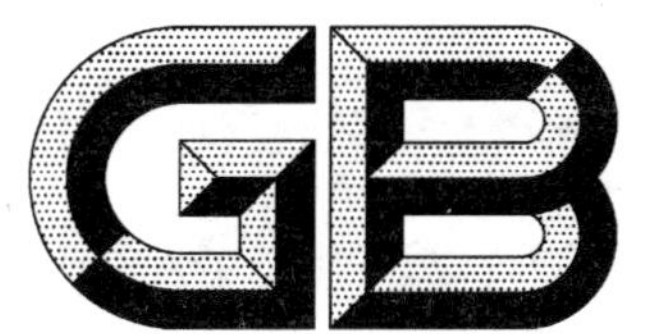

# 中华人民共和国国家标准

GB/T 21561.1—2008/IEC 60494-1:2002

# 轨道交通　机车车辆受电弓特性和试验
# 第1部分:干线机车车辆受电弓

**Railway applications—Rolling stock—Pantographs—Characteristics and tests—Part 1:Pantographs for mainline vehicles**

(IEC 60494-1:2002,IDT)

2008-03-24 发布　　2008-11-01 实施

中华人民共和国国家质量监督检验检疫总局
中国国家标准化管理委员会　发布

# 前　言

GB/T 21561《轨道交通　机车车辆受电弓特性和试验》分为两部分：

——第 1 部分：干线机车车辆受电弓；

——第 2 部分：地铁和轻轨车辆受电弓。

本部分为 GB/T 21561 的第 1 部分。

本部分等同采用 IEC 60494-1:2002《轨道交通　机车车辆　受电弓特性和试验　第 1 部分：干线机车车辆受电弓》(英文版)。

本部分与 IEC 60494-1:2002 相比主要差异如下：

——“本国际标准”一词改为“本部分”；

——用小数点“.”代替作为小数点的逗号“,”；

——删除国际标准的前言；

——第 10 章中的注，原文为“EMC 国际标准正在制订中”，现已出版，故改为“电磁兼容的具体内容参见 IEC 62236”，并将 IEC 62236 列入参考文献。

本部分附录 A、附录 B、附录 C 为规范性附录，附录 D、附录 E 为资料性附录。

本部分由全国牵引电气设备与系统标准化技术委员会提出并归口。

本部分起草单位：铁道科学研究院机车车辆研究所、株洲南车时代电气股份有限公司、中国南车集团株洲九方电器设备有限公司、北京赛德高科铁道电气科技有限责任公司、南车四方机车车辆股份有限公司、中铁电气化勘测设计研究院。

本部分主要起草人：于正平、刘贵、严云升、陈珍宝、苏安社、邓桂美、谢莹。

# 引　言

牵引供电是通过安装在牵引单元或机车车辆上的一个或多个受电弓从接触线集取电流而实现的。

受电弓滑板沿着接触线滑动而传送电能。

受电弓和接触网形成两个相对移动的振动子系统。它们之间单向滑动并保证持续接触。受电弓和接触网的设计应使两个子系统使用中磨耗达到最小。

# 轨道交通　机车车辆受电弓特性和试验
# 第1部分:干线机车车辆受电弓

## 1　范围

本部分规定了干线机车车辆用受电弓从接触网集取电流的通用特性,也规定了受电弓(除绝缘子外)应进行的试验。

本部分不适用于受电弓的介电试验,它是对安装在车顶上受电弓进行的试验。

本部分不适用于在地铁及轻轨车辆系统中运用的受电弓,地铁及轻轨车辆的受电弓见GB/T 21561.2—2008。

## 2　规范性引用文件

下列文件中的条款通过GB/T 21561的本部分的引用而成为本部分的条款。凡是注日期的引用文件,其随后所有的修改单(不包括勘误的内容)或修订版均不适用于本部分,然而,鼓励根据本部分达成协议的各方研究是否可使用这些文件的最新版本。凡是不注日期的引用文件,其最新版本适用于本部分。

GB/T 2900.36　电工术语　电力牵引(GB/T 2900.36—2003,IEC 60050-811:1991,MOD)

GB/T 19001—2000　质量管理体系　要求(idt ISO 9001:2000)

GB/T 21413.1　铁路应用　机车车辆电气设备　第1部分:一般使用条件和通用规则(GB/T 21413.1—2008,IEC 60077-1:1999,IDT)

GB/T 21413.2　铁路应用　机车车辆电气设备　第2部分:电工器件　通用规则(GB/T 21413.2—2008,IEC 60077-2:1999,IDT)

GB/T 21561.2　轨道交通　机车车辆受电弓特性和试验　第2部分:地铁和轻轨车辆受电弓(GB/T 21561.2—2008,IEC 60494-2:2002,IDT)

GB/T 21563　轨道交通　机车车辆设备　冲击和振动试验(GB/T 21563—2008,IEC 61373:1999,IDT)

IEC 60850　铁路应用　牵引系统供电电压

## 3　术语和定义

GB/T 2900.36确立的以及下列术语和定义适用于GB/T 21561的本部分。

### 3.1　总则

#### 3.1.1

**供货商　supplier**

受电弓的制造商。

#### 3.1.2

**用户　customer**

使用行业或车辆制造商。

#### 3.1.3

**受电弓(见附录A)　pantograph**

从一条或多条接触线集取电流的装置。它由底架、升降系统、框架和弓头组成,它的几何形状是可以改变的。在“工作”位置上,装置的部分或全部处在带电状态。在机车车辆车顶上,受电弓仅在接口处是电气绝缘的。受电弓保证电流从接触网传送到机车车辆电气系统。

3.2 设计

除第9、15、16、17、18项外,下述的定义与图A.1有关。

3.2.1

**框架(1) frame**

能使弓头相对于受电弓的底架在垂直方向运动的铰接结构。

3.2.2

**底架(2) base frame**

受电弓中支承框架的固定部件,它安装在固定于车顶的绝缘子上。

3.2.3

**弓头(集电头)(3) collector head**

受电弓中由框架支承的部件,它包括滑板、弓角并可以有一个悬挂装置。

3.2.4

**滑板(4) contact strip**

弓头中可以更换的磨耗部件,它的表面直接和接触网接触。

3.2.5

**弓角(5) horns**

弓头的端部,它用以保证与接触线平滑接触与过渡。

3.2.6

**弓头的长度(6) collector head length**

沿机车车辆横向所测得的弓头水平尺寸。

3.2.7

**弓头的宽度(7) collector head width**

沿机车车辆纵向所测得的弓头尺寸。

3.2.8

**弓头的高度(8) collector head height**

弓角的最低点到滑板的最高点的垂直距离。

3.2.9

**弓头转轴(9) collector head pivot**

如果使用转轴,它是弓头的俯仰转轴。

3.2.10

**滑板长度(10) length of contact strip**

沿机车车辆横向所测得的滑板总长度。

3.2.11

**最低工作高度(11) height at “lower operating position”**

受电弓升至设计受流的最低平面时,绝缘子顶上的受电弓安装平面到滑板顶面之间的垂直距离。

3.2.12

**最高工作高度(12) height at “upper operating position”**

受电弓升至设计受流的最高平面时,绝缘子顶上的受电弓安装平面到滑板顶面之间的垂直距离。

3.2.13

**工作范围(13) working range**

最高工作高度与最低工作高度之差。

3.2.14

**落弓高度(14)　housed height**

受电弓在落弓位置时,从绝缘子顶上的受电弓安装平面到滑板的最高表面或更高的受电弓的其他部件的垂直距离。

3.2.15

**受电弓电气区域(15)　pantograph"electric thickness"**

在落弓位置时,受电弓最高带电部位与最低带电部位之间的垂直距离。

3.2.16

**升降系统(16)　operating system**

提供升弓和降弓动力的装置。

3.2.17

**最大升弓高度(17)　maximum extension**

升到机械止块的最大高度(在升弓范围内没有任何装置限制受电弓升高)。

3.2.18

**限定的最大升弓高度(18)　limited maximum extension**

由中间的机械止块限制的升高值。

3.3　**一般特性**

订货合同中规定了所有的一般特性。除非另有规定,环境条件见 GB/T 21413。

3.3.1

**机车车辆静止时的额定电压　rated voltage,vehicle at standstill**

受电弓设计用来实现其功能的电压。

注:额定值通常是制造商规定的量值。

3.3.2

**机车车辆静止时的额定电流　rated current,vehicle at standstill**

静止时,受电弓在 30 min 内承受的电流平均值。

3.3.3

**机车车辆静止时的最大电流　maximum current,vehicle at standstill**

在订货合同规定的时间内,静止时,受电弓所能承受的电流最大值。

3.3.4

**机车车辆运行时的额定电流　rated current,vehicle running**

机车车辆从静止到最大速度由受电弓集取的电流。

3.3.5

**静态力　static force**

在受电弓升弓装置的作用下,弓头向上施加在接触线上的垂直力。在受电弓升起的同时机车车辆是静止的。

3.3.6

**标称静态力　nominal static force**

静态力实际数值的平均值,其计算如下:在工作范围内持续测量上升和下降过程中的静态压力 $F_r$ 和 $F_l$。按习惯,任何点的标称静态力等于$\frac{F_r+F_l}{2}$。

3.3.7

**总平均抬升力　total mean uplift force**

弓头不与接触网接触时所测得的垂向力。该力的大小等于静态力与在给定的弓头高度与速度下由空气产生的空气动力之和，其值是按照环境风速为零条件下得到的。

3.3.8

**总接触力　total contact force**

机车车辆运行时弓头和接触网之间的总压力。

3.3.9

**落弓保持力　housing force**

保持整个受电弓在落弓位置时弓头所受的垂直方向的力。

## 4　技术要求

### 4.1　限界

受电弓在落弓位置和工作位置时，应符合订货合同规定的限界，或者参照 UIC 505-1 和 UIC 505-5(参见附录 D)的要求。

### 4.2　受电弓升降轨迹

订货合同中应给出 3.2.10～3.2.13 相关的值。在招标书中缺少说明时，升弓或降弓时弓头在工作范围内相对于垂直线的轨迹偏差应在纵向±50 mm 内和横向±10 mm 内。

### 4.3　电气值

符合 IEC 60850 规定的牵引系统供电电压。

订货合同应规定受电弓工作时与落弓位要求的电压值和持续时间。

3.3.2～3.3.4 中指定的值应在订货合同中规定。

### 4.4　静态力允差

除非用户和制造商之间另有规定，升弓或降弓位所测得的静态力应在附录 B 所示的范围之内。

### 4.5　接触力测量

订货合同中应规定适合于静态力、总平均抬升力和总接触力的工作要求。

注：本条将考虑 UIC 57 H2 分技术委员会正进行的工作做更改。

### 4.6　横向刚度

在最高工作高度时，当横向力施加于支承弓头的框架部件时，其侧位移不应超过 6.6 中所规定的值，且不会发生永久变形。

### 4.7　弓头

#### 4.7.1　长度

如果在订货合同中没有特殊规定，可采用 UIC 608(参见附录 D)中规定的长度。

#### 4.7.2　宽度

弓头宽度应根据悬挂类型、滑板数目和接触网的特性决定。

#### 4.7.3　弓头外形

如果订货合同中没有特殊规定，可采用 UIC 608(参见附录 D)中规定的弓头外形轮廓尺寸和最大允许倾角。

#### 4.7.4　滑板

订货合同中应规定滑板材料、最大电流密度和不同滑板材料之间的兼容性。

注：本条将考虑 UIC 57 H2 分技术委员会正进行的工作做更改。

### 4.8　升降系统

供货商应提供升降系统的安装与说明。

牵引单元从静止到最高速度，升降系统应设计成能保证受电弓从接触线处迅速下降，在 3 s 内降至最小绝缘距离外。

机车车辆在小于或等于最高速度的任何速度下，落弓保持力应防止受电弓从落弓位自行升起。

落弓保持力可以在用户和制造商之间达成一致。可以选择适当的落弓位置保持器。

### 4.9 自动降弓装置(ADD)

只有在订货合同中要求时,受电弓才安装自动降弓装置。

在弓头失效时,自动降弓装置应能立即起动降下受电弓。

若订货合同没有明确的规定,ADD应能探测到滑板和弓角出现的损坏,因为这种损坏可能会进一步破坏接触网。

设计时,应考虑下面的特性:

——ADD反应时间;

——ADD失效导向安全状态;

——ADD在工厂的自检。

ADD系统的设计应保证在日常使用中滑板可能出现的较小损伤不引起ADD系统动作。

ADD不应引起受电弓的额外损害。

### 4.10 受电弓重量和对车顶的压力

受电弓的供货商应给出有无绝缘子情况下受电弓的重量及其公差,以及在每个固定点的最大压力。此外,供货商还应给出在每个固定点的相关参数,用于计算在每个固定点的最大压力。

### 4.11 防腐蚀

订货合同中应规定防腐蚀类型和关于使用要求的规范。

## 5 标志

受电弓上至少应有下列标志:

——制造商的商标;

——受电弓的型号和/或序列号。

## 6 试验

### 6.1 试验种类

有以下四种试验:

——型式试验;

——例行试验;

——研究性试验;

——综合试验。

上述试验见6.1.1~6.1.4。

附录C列出应进行的试验项目。

除综合试验外,本部分区分了受电弓的基本模式和相同受电弓的派生模式。派生模式可以看作是对基本设计的修改,倘若通过计算或者至少2年的现场运行经验,证实受电弓的这些改变至少等于基本设计,且技术要求至少与基本模式等同,则可认为已有的相关型式试验已覆盖了派生模式。

#### 6.1.1 型式试验

型式试验应该在指定设计的单个产品上进行。

若制造商提供先前制造的同样产品的型式试验签署报告,则认为制造商当前生产的同类产品已经满足型式试验,可以免做型式试验。

如果订货合同中有规定,并与供货商就补充型式试验达成协议后,就应进行补充型式试验。

#### 6.1.2 例行试验

例行试验用于验证产品的特性是否与型式试验中的测量结果相一致。供货商应对每一产品进行例行试验。对可靠的器件,在用户与供货商协商一致后,例行试验可被抽样试验代替(从一批产品中随机抽取一定数量进行试验)。

6.1.3 **研究性试验**

研究性试验是为了获得补充信息而在某个单项上进行的特定补充性试验。仅当订货合同明确指定时才进行该试验。

研究性试验的结果不作为产品验收的依据。

6.1.4 **综合试验**

综合试验是只有在运行环境下才能进行的特定和补充的试验。该试验应考虑机车车辆的类型、速度和运行方向。该试验应在订货合同规定使用的轨道和/或接触网系统下进行。

以上试验均可适用于基本的和派生的受电弓模式。

6.2 **一般试验**

6.2.1 **目检(例行试验)**

受电弓的组装应完整。

试验验收判据:受电弓包含的所有电气的和机械的部件应没有任何物理缺陷并已进行了表面处理(见4.11)。

6.2.2 **称重试验(型式试验)**

受电弓的组装应完整。

试验验收判据:受电弓的重量应满足4.10的规定重量,且在允差范围之内。

6.2.3 **尺寸**

按照图样规定的受电弓尺寸(包括允差),应采用适当的测量装置来检验。

至少应测量如下项目:

——弓头的长度(例行试验);

——弓头的高度(例行试验);

——弓头的宽度(型式试验);

——弓头外形(型式试验);

——滑板长度(型式试验);

——落弓高度(例行试验);

——最大升弓高度(例行试验);

——限定的最大升弓高度(例行试验);

——电气区域(例行试验);

——安装孔之间的距离(例行试验)。

试验验收判据:尺寸应在图样规定的允差范围内。

6.2.4 **标识(例行试验)**

试验验收判据:标志应符合第5章的规定。

6.2.5 **ADD的功能检测(型式试验)**

该试验应在受电弓的下列两个升弓高度上进行:

——最高工作高度;

——落弓位置以上工作范围的20%处。

当受电弓升到考核高度时,ADD因模拟故障而起动。模拟故障使用与实际运行相同的物理信号。应测量从信号产生至降到考核高度下20 cm处的反应时间。

试验验收判据:除非用户与制造商另有协议,受电弓反应时间应小于或等于1 s。

6.2.6 **ADD的功能检测(例行试验)**

受电弓升到6.2.5描述的高度时,ADD应由模拟故障而起动。

试验验收判据:ADD应能动作。

### 6.3 工作试验

#### 6.3.1 在环境温度下的静态力测量(例行试验)

如果装有阻尼器,应将其分开。

在一个持续的升降周期内,受电弓速度为(0.05±0.005)m/s,应在弓头悬挂下直接测量静态力。

测量装置包括载荷测量、信号处理和数据记录系统,准确度应优于3%。

试验验收判据:所测力应符合4.4的要求。

#### 6.3.2 受电弓升降系统的检查(例行试验)

受电弓应连接到整个升降系统中,试验应在环境温度和额定气压或额定电压(如果是电气操作系统)下进行。

试验验收判据:

a) 平稳升到最高工作高度,无引起损坏的冲击;

b) 从受电弓开始上升时刻算起,从落弓高度升至最高工作高度的上升时间不超过10 s;

c) 在工作范围的任何高度降弓时,开始降弓时应快速动作;

d) 降弓动作应无引起损坏的冲击。

#### 6.3.3 升降弓气候试验(补充型式试验)

在6.3.2中描述的试验应在订货合同规定的极限温度和湿度下进行。如果没有规定,试验应在温度−25℃和+40℃、环境湿度条件下进行。

极限温度下进行的上述试验,应在订货合同规定的最大、最小空气压力或供电电压下进行。

试验验收判据:在试验中和试验后,受电弓应能良好地工作。

### 6.4 耐久性试验

对于没有在现场可靠运行两年或两年以上的受电弓,应在环境温度下进行以下耐久性试验。

#### 6.4.1 升降操作(型式试验)

6.4.1.1 装有最大设计重量弓头的受电弓,应进行10 000次从落弓位置到最高工作高度的升降循环操作。对最初的500次和最后的500次操作,升降系统的能源供应为GB/T 21413.1和GB/T 21413.2规定的最小值,受电弓应升到最大升弓高度。

6.4.1.2 装有最大设计重量弓头的受电弓,应在工作范围内以0.1 m/s的速度进行75 000次升降循环操作(如果装有阻尼器,则应将其分开)。

试验验收判据:

a) 试验后,所有参数应调整到标称值;

b) 没有异常磨损且受电弓应满足6.3.1和6.3.2的要求;

c) 升降系统没有变形和断裂。

#### 6.4.2 弓头悬挂(型式试验)

弓头悬挂在所设计的工作范围内承受$1.2\times10^6$次连续工作循环,试验应在最小频率0.5 Hz下进行。

试验验收判据:

a) 没有异常的磨损且受电弓应满足6.3.1和6.3.2的要求;

b) 没有变形和断裂。

#### 6.4.3 振动试验

受电弓应能承受GB/T 21563规定的冲击和振动。

6.4.3.1 受电弓固有横向频率的测量($F_0$)

受电弓升至最高工作高度的75%处,在弓头转轴处施加300 N的横向力,使之偏离原来所处的位置,从此位置释放后受电弓进入固有的摆动。

6.4.3.2 **横向振动试验(型式试验)**

装有最大设计重量弓头的受电弓,带绝缘子安装在产生正弦振动的振动台上,在横向调节振幅和频率。做试验时,将振动台的振动频率调到比受电弓横向摆动的固有频率低10%。

当升弓高度为最高工作高度的75%时,调整振动台振动的振幅,在弓头转轴处产生7 $m/s^2$ 的加速度($\Gamma$)。

[该值由公式 $\Gamma=0.7\times g\times F_0^2/(F_0^2-1)$ 得出。

式中:

$F_0$——横向摆动的固有频率,单位为赫兹(Hz),$F_0>3$ Hz。]

试验验收判据:振动 $10^7$ 次后,受电弓应没有损坏或降低性能,使受电弓仍满足6.3.1和6.3.2的要求。

6.4.3.3 **垂向振动试验(研究性试验)**

受电弓应装备有正常的升降装置,使用与接触网相应的弓头,安装在垂直方向产生正弦振动的系统下。该系统刚度至少是弓头悬挂总刚度的10倍。接触力由受电弓施加给系统,受电弓升弓高度应与用户协商。

从开始到10 Hz,频率的最大增幅为0.02 Hz/s;从10 Hz到50 Hz,频率的最大增幅为0.1 Hz/s。正弦振动的振幅应由供货商与用户协商。

试验首先在滑板中间进行,然后在最大拉出值处进行。

应记录接触力的变化,它是系统频率和振幅的函数。

6.5 **耐冲击试验(补充型式试验)**

除非制造商与用户另外达成协议,否则应完成如下试验:

首先受电弓应升高到最高工作高度的75%,然后纵向施加300 N的力于弓头转轴上,接着突然断开(见图1)。

本试验应沿前后两纵向各做三次。

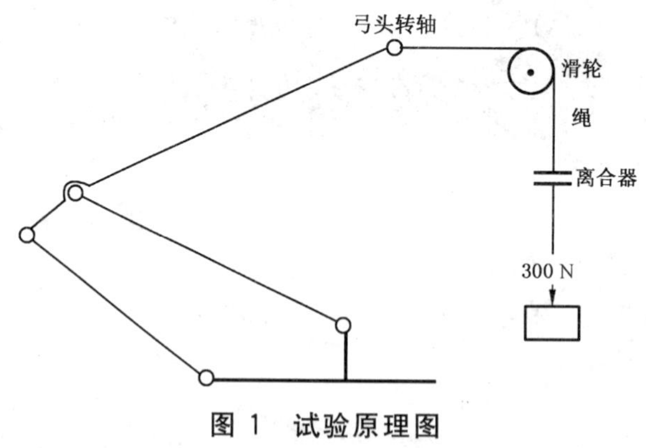


**图1 试验原理图**

试验验收判据:受电弓应没有损坏。

6.6 **横向刚度试验(型式试验)**

受电弓应升至最高工作高度。

当支撑弓头的框架部分的每侧相继施加300 N的力时,每侧位移均不应超过30 mm。

试验验收判据:每次施加力后,应没有永久变形。

6.7 **气密性试验**

6.7.1 **升降弓装置气缸的气密性试验(例行试验)**

应在环境温度下进行该试验,检查升降弓装置气缸(或气囊)的密封性。

气缸(或气囊)应与其体积相同的储风缸相连,然后整个系统充以标称工作气压。

试验验收判据:10 min后,储风缸内压力下降不应超过初始压力的5%。

**6.7.2 气密性气候试验(型式试验)**

6.7.1描述的储风缸将应用于此试验中。该试验应在订货合同所规定的最高温度和最低温度下进行。如果没有特殊规定,试验应在-25℃和+40℃的温度下进行。

试验验收判据:10 min后,储风缸内压力下降不应超过初始压力的5%。

**6.8 弓头自由度的测量(例行试验)**

弓头自由度应由供货商与用户协商决定。在工作范围内测量行程和转角。

试验验收判据:自由度的幅值应满足协商确定的值并且无明显的机械干涉。

**6.9 落弓保持力的测量(型式试验)**

向弓头转轴上施加垂直向上的力,用固定在弓头转轴处的仪器测量该力的值。

试验验收判据:测量值应满足4.8的规定。

**6.10 总平均抬升力(综合试验)**

受电弓的弓头处于水平位置,且不与架空设备接触。

总平均抬升力等于每块滑板(或滑板组)上所测力的总和。

试验验收判据:在指定的工作高度范围内,对于规定的最大速度和两个运行方向上,总平均抬升力应满足4.5的要求。

**6.11 总接触力(综合试验)**

总接触力的值是每条滑板(滑板组)上所测接触压力的总和。

接触力测量应尽可能接近接触点,由测量点以上重量产生的力通过测量它的加速度得到补偿。测量系统不应影响受电弓的动态特性和空气动力特性。

注:本条将考虑UIC 57 H2分技术委员会正进行的工作做更改。

试验验收判据:在接触网系统有代表性区段的两个运行方向上,在给定最大速度下,总接触力应满足4.5的要求。

**6.12 受流试验(综合试验)**

注:本条将考虑UIC 57 H2分技术委员会正进行的工作做更改。

**6.13 温升试验**

**6.13.1 温升试验:机车车辆静止时的额定和最大电流(补充型式试验)**

受电弓应连接到电路中,此电路供给受电弓等于机车车辆静止时的额定电流30 min,然后立即供给等于机车车辆静止时的最大电流30 s。

试验应采用截面积为标称接触线截面积的90%的导体。滑板状况应是"新的",但要模拟初始磨耗。滑板与导体之间的力应是标称静态力。

试验验收判据:

a) 受电弓的任何部位(包括滑板在内)都不应有变形和过热痕迹。

b) 电流通过轴承、转轴和导流线不应使其损伤。

c) 滑板上温度的测量应尽可能靠近接触点。滑板的温度应不超过订货合同规定的温度。

**6.13.2 温升试验:机车车辆运行时的额定电流(补充型式试验)**

该试验的目的是确定受电弓结构能够传送机车车辆运行时的额定电流而不受损害。

无滑板的受电弓应连接到电路中,此电路先供给受电弓的电流等于机车车辆运行时50%的额定电流1 h,接着立即供给等于机车车辆运行时额定电流5 min。

本试验中,应将连接滑板和弓头/框架的所有导流线相连。

在此试验期间,应记录温升严重区域随时间变化的温度和电流。

试验验收判据:受电弓的任何部位上无过热痕迹。

**6.13.3 现场试验(综合试验)**

试验目的是证实弓头能传送机车车辆运行时的额定电流而不受损害。

此试验在安装在机车车辆车顶的受电弓上进行(例如机车在线路上牵引一列车),并施加订货合同规定的负载。

在试验期间,应记录滑板和弓头在温升严重区域随时间的变化温度和电流。

试验验收判据:弓头的任何部位应没有过热痕迹。

## 7 检查计划

如果订货合同没有另行规定,检查计划应按照 GB/T 19001 的要求。

## 8 可靠性

可靠性规范应由供货商与用户共同协商决定。

### 8.1 规范

可靠性规范应包括故障的定义和种类、预期工作条件和预期工作寿命。对受电弓而言,典型的故障种类为:

——A 类:引起接触网设备损坏的受电弓故障;

——B 类:引起受电弓不能工作的故障;

——C 类:允许机车车辆完成行程的其他故障。

可靠性用平均无故障公里(MKBF,Mean Kilometers Between Failures 的缩写)来表示,分别对 A、B、C 三类故障进行量化。

### 8.2 运行可靠性的证实

正在应用的受电弓的可靠性是否达到要求可由用户根据订货合同的规定来监控。

## 9 维修

### 9.1 结构

若供货商与用户之间没有另行规定,受电弓结构(框架、底架)及升降系统的设计寿命应是 $12\times10^{6}$ km 或 30 年,以先达到者为准。

结构和升降系统应包括有较低设计寿命的易耗件。如果订货合同中没有规定,这些易耗部件的设计寿命最小应是 $2\times10^{6}$ km 或 5 年,以先达到者为准。

### 9.2 弓头结构

弓头结构包括弓头、弓头转轴及导流线。设计寿命在订货合同中规定。

### 9.3 可维修性

所有轴承应容易更换,它们的外圈不能作为主部件结构的一部分。

弓头应易于从受电弓框架上拆装。

滑板应易于从弓头上拆装。

维修文件应在订货合同中规定。

设计寿命和可维修性应通过计算或至少 5 年的现场运行经验证实。

## 10 电磁兼容(EMC)

受电弓应符合轨道系统及其环境中受流系统电磁兼容的相关要求。

注:电磁兼容的具体内容参见 IEC 62236。

# 附 录 A
# （规范性附录）
# 受电弓术语

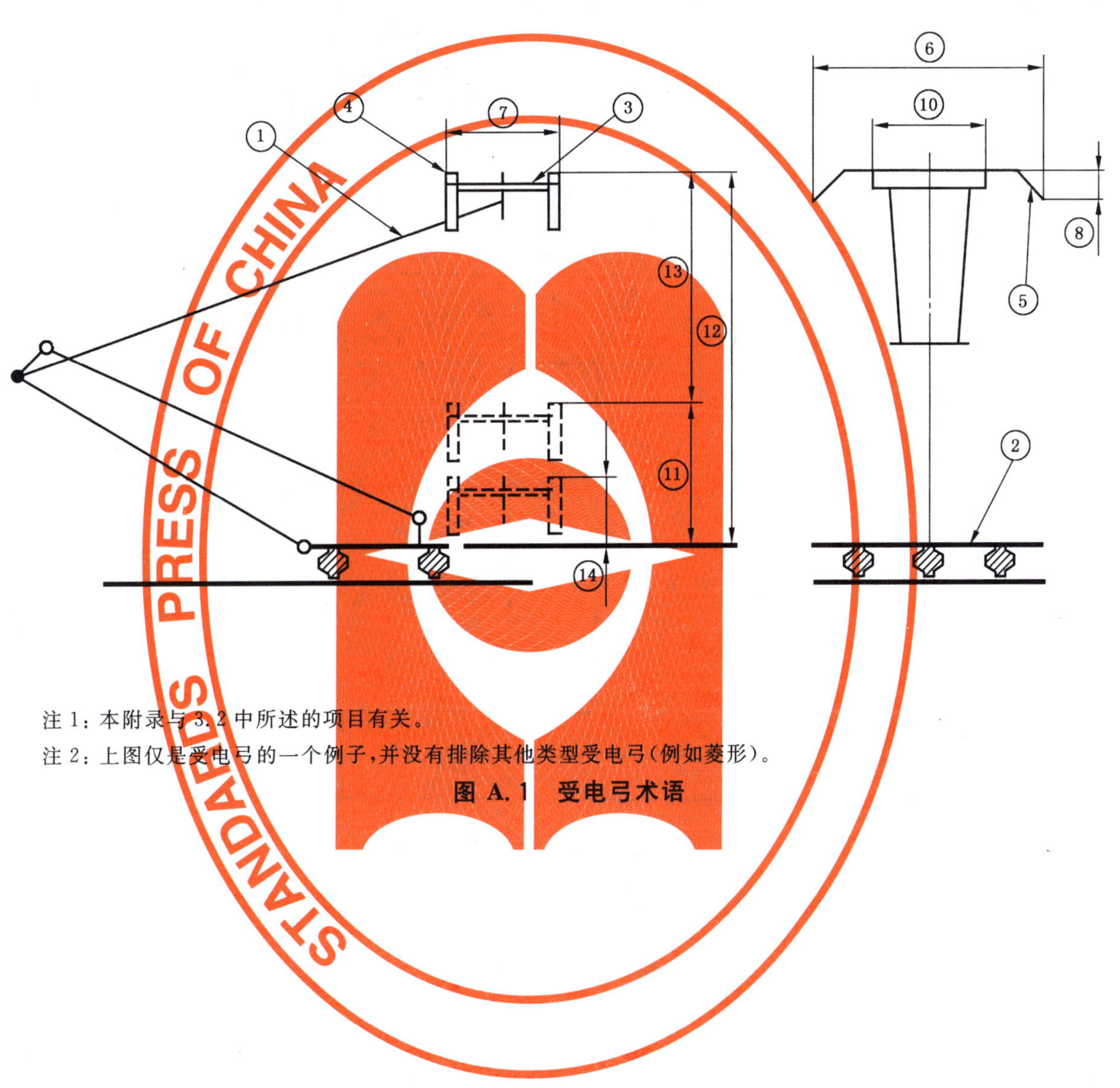


注1：本附录与3.2中所述的项目有关。

注2：上图仅是受电弓的一个例子，并没有排除其他类型受电弓(例如菱形)。

图 A.1 受电弓术语

# 附 录 B
（规范性附录）
静态力允差

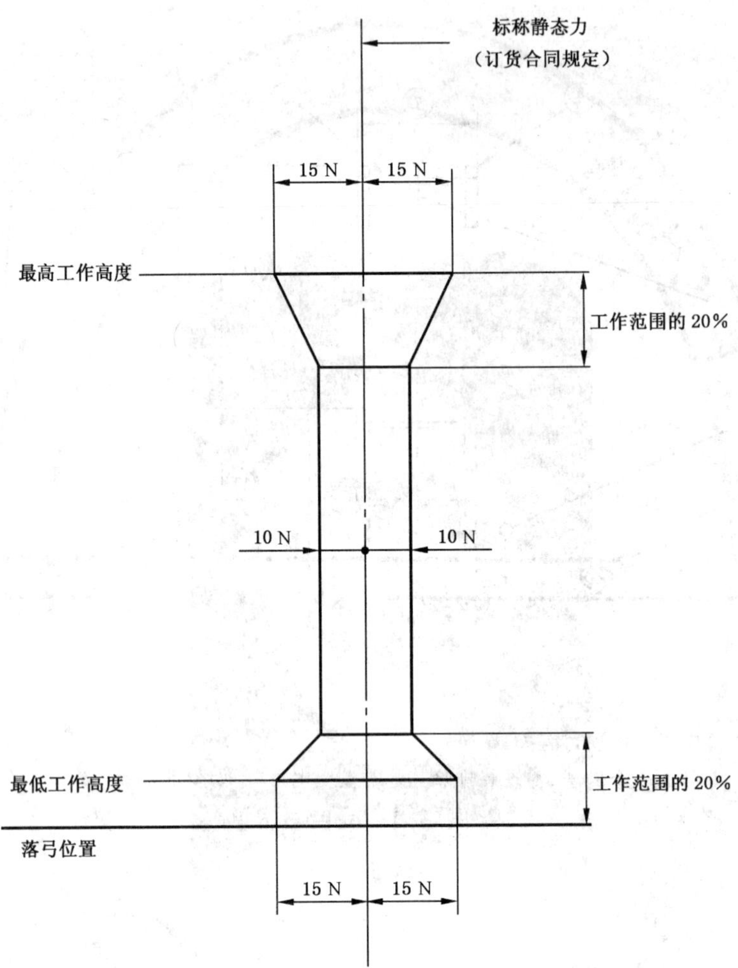


图 B.1 静态力允差

# 附 录 C
## （规范性附录）
## 试 验 列 表

**表 C.1 试验项目表**

| | 例行试验 | 型式试验 | | 研究性试验 | 综合试验 |
|---|---|---|---|---|---|
| | | 强制性 | 补充性 | | |
| **一般试验**(6.2) | | | | | |
| ——目检 | √ | √ | | | |
| ——称重 | — | √ | | | |
| ——弓头的长度 | √ | √ | | | |
| ——弓头的高度 | √ | √ | | | |
| ——弓头的宽度 | — | √ | | | |
| ——弓头外形 | — | √ | | | |
| ——滑板长度 | — | √ | | | |
| ——落弓高度 | √ | √ | | | |
| ——最大升弓高度 | √ | √ | | | |
| ——电气区域 | √ | √ | | | |
| ——安装孔之间的距离 | √ | √ | | | |
| ——标识 | √ | √ | | | |
| ——ADD 功能检测 | √ | | | | |
| **工作试验**(6.3) | | | | | |
| ——标称静态力 | √ | √ | | | |
| ——升降系统检查 | √ | √ | | | |
| ——升降弓气候试验 | — | — | √ | | |
| **耐久性试验**(6.4) | | | | | |
| ——升降操作 | — | √ | | | |
| ——弓头悬挂 | — | √ | | | |
| ——横向振动 | — | √ | | | |
| ——垂向振动 | — | — | — | √ | |
| **耐冲击试验**(6.5) | — | — | √ | | |
| **横向刚度试验**(6.6) | — | √ | | | |
| **气密性试验**(6.7) | | | | | |
| ——升降弓装置的气缸 | √ | √ | | | |
| ——气密性气候试验 | — | √ | | | |
| **测量**(6.8～6.11) | | | | | |
| ——弓头自由度 | √ | √ | | | |
| ——落弓保持力 | — | √ | | | |
| ——总平均抬升力 | — | — | — | — | √ |
| ——总接触力 | — | — | — | — | √ |
| **受流试验**(6.12) | — | — | — | — | √ |
| **温升试验**(6.13) | | | | | |
| ——静止 | — | — | √ | | |
| ——机车运行 | — | — | √ | | |
| ——现场试验 | — | — | — | — | √ |

# 附 录 D
(资料性附录)
UIC(国际铁路联盟)参考文献

UIC 505－1 OR　铁路运输车辆　车辆建设限界

UIC 505－5 OI　规程 505-1 至 505-4 通用基础条件:规程编制和条文说明

UIC 608 OR　国际联运用电力机车和电力动车受电弓应遵循的条件

# 附 录 E
（资料性附录）
## 订货合同规定的项目

章条编号

轨道设备及基础设施特性…… 3.3
额定电压…… 3.3.1
机车车辆静止时的额定电流…… 3.3.2
机车车辆静止时的最大电流…… 3.3.3
机车车辆运行时的额定电流…… 3.3.4
静态力…… 3.3.5
总平均抬升力…… 3.3.7
总接触力…… 3.3.8
受电弓升降轨迹…… 4.2
弓头的长度…… 4.7.1
弓头外形…… 4.7.3
滑板…… 4.7.4
自动降弓装置…… 4.9
防腐蚀 …… 4.11
补充型式试验…… 6.1.1
研究性试验…… 6.1.3
综合试验…… 6.1.4
升降弓气候试验…… 6.3.3
垂向振动试验…… 6.4.3.3
气密性气候试验…… 6.7.2
现场试验 …… 6.13.3
检查计划…… 7
运行可靠性的证实…… 8.2
维修…… 9

# 参 考 文 献

[1] IEC 61133 电力牵引 机车车辆 电力和热力电传动机车车辆制成后投入使用前的试验方法

[2] IEC 62236(所有部分) 轨道交通 电磁兼容

ICS 29.280
S 35

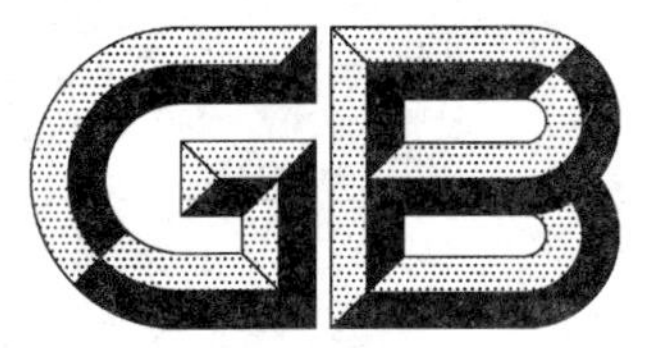

# 中华人民共和国国家标准

GB/T 21561.2—2008/IEC 60494-2:2002

# 轨道交通　机车车辆受电弓特性和试验　第2部分:地铁与轻轨车辆受电弓

Railway applications—Rolling stock—Pantographs—Characteristics and tests—Part 2:Pantographs for metros and light rail vehicles

(IEC 60494-2:2002,IDT)

2008-03-24 发布　　2008-11-01 实施

中华人民共和国国家质量监督检验检疫总局
中国国家标准化管理委员会　发布

# 前　　言

GB/T 21561《轨道交通　机车车辆受电弓特性和试验》分为两部分：

——第 1 部分：干线机车车辆受电弓；

——第 2 部分：地铁和轻轨车辆受电弓。

本部分为 GB/T 21561 的第 2 部分。

本部分等同采用 IEC 60494-2:2002《轨道交通　机车车辆　受电弓特性和试验　第 2 部分：地铁和轻轨车辆受电弓》(英文版)。

本部分与 IEC 60494-2:2002 相比主要差异如下：

——“本国际标准”一词改为“本部分”；

——用小数点“.”代替作为小数点的逗号“,”；

——删除国际标准的前言；

——第 10 章中的注，原文为“EMC 国际标准正在制订中”，现已出版，故改为“电磁兼容的具体内容参见 IEC 62236”，并将 IEC 62236 列入参考文献；

——删除参考文献中“DIN 43267:1973 电力牵引受电弓　带引导弓角的碳滑板受电弓外形限制”。

本部分附录 A、附录 B、附录 C 为规范性附录，附录 D 为资料性附录。

本部分由全国牵引电气设备与系统标准化技术委员会提出并归口。

本部分起草单位：铁道科学研究院机车车辆研究所、株洲南车时代电气股份有限公司、中国南车集团株洲九方电器设备有限公司、北京赛德高科铁道电气科技有限责任公司、南车四方机车车辆股份有限公司、中铁电气化勘测设计研究院。

本部分主要起草人：于正平、王秋华、严云升、陈珍宝、苏安社、邓桂美、谢莹。

# 引　　言

牵引单元的供电是通过安装在牵引单元或车辆上的一个或多个受电弓从接触线集取电流而实现的。

受电弓的滑板沿着接触线滑动而传送电能。

受电弓和接触网形成两个相对移动的振动子系统。在它们之间单向滑动并保持持续接触，受电弓和接触网的设计应使两个子系统使用中磨耗达到最小。

# 轨道交通　机车车辆受电弓特性和试验　第2部分:地铁与轻轨车辆受电弓

## 1　范围

为保证能从接触网系统中集取电流,本部分规定了应用于地铁与轻轨车辆受电弓的通用特性。本部分也规定了受电弓(不包括绝缘子在内)应进行的试验。

本部分不适用于受电弓的介电试验,该试验应对安装在车顶上的受电弓进行。

这些规定也可适用于有轨电车。

本部分不适用于干线机车车辆受电弓,干线机车车辆受电弓见GB/T 21561.1。

本部分与常规悬挂接触网系统和辅助设备有关。对于刚性悬挂的系统(或其中的一部分),用户和供货商间需要进行特殊考虑。

## 2　规范性引用文件

下列文件中的条款通过GB/T 21561的本部分的引用而成为本部分的条款。凡是注日期的引用文件,其随后所有的修改单(不包括勘误的内容)或修订版均不适用于本部分,然而,鼓励根据本部分达成协议的各方研究是否可使用这些文件的最新版本。凡是不注日期的引用文件,其最新版本适用于本部分。

GB/T 2900.36　电工术语　电力牵引(GB/T 2900.36—2003,IEC 60050-811:1991,MOD)

GB 4208　外壳防护等级(IP代码)(GB 4208—1993,eqv IEC 60529:1989)

GB/T 19001—2000　质量管理体系　要求(idt ISO 9001:2000)

GB/T 21413.1　铁路应用　机车车辆电气设备　第1部分:一般使用条件和通用规则(GB/T 21413.1—2008,IEC 60077-1:2002,IDT)

GB/T 21413.2　铁路应用　机车车辆电气设备　第2部分:电工器件 通用规则(GB/T 21413.2—2008,IEC 60077-2:1999,IDT)

GB/T 21561.1　轨道交通　机车车辆受电弓特性和试验　第1部分:干线机车车辆受电弓(GB/T 21561.1—2008,IEC 60494-1:2002,IDT)

GB/T 21563　轨道交通　机车车辆设备　冲击和振动试验(GB/T 21563—2008,IEC 61373:1999,IDT)

IEC 60850　铁路应用　牵引系统供电电压

## 3　术语和定义

GB/T 2900.36确立的以及下列术语和定义适用于GB/T 21561的本部分。

### 3.1　总则

3.1.1

**供货商　supplier**

受电弓的制造商。

3.1.2

**用户　customer**

使用行业或车辆制造商。

3.1.3

**受电弓(见附录 A) pantograph**

从一条或多条接触线集取电流的装置。它由底架、升降系统、框架和弓头组成,它的几何形状是可以改变的。在“工作”位置上,装置的部分或全部处在带电状态。在车辆车顶上,受电弓仅在接口处是电气绝缘的。受电弓保证电流从接触网传送到车辆电气系统。

3.2 **设计**

除第 9、15、16、17 项外,下述的定义与图 A.1 有关。

3.2.1

**框架(1) frame**

能使弓头相对于受电弓的底架在垂直方向运动的铰接结构。

3.2.2

**底架(2) base frame**

受电弓中支承框架的固定部件,它安装在固定于车顶的绝缘子上。

3.2.3

**弓头(3) collector head**

受电弓中由框架支承的部件,它包括滑板、弓角并可以有一个悬挂装置。

3.2.4

**滑板(4) contact strip**

弓头中可以更换的磨耗部件,它的表面直接和接触网接触。

3.2.5

**弓角(5) horns**

弓头的端部,它用以保证与接触线平滑接触与过渡。

3.2.6

**弓头的长度(6) collector head length**

沿车辆横向所测得的弓头水平尺寸。

3.2.7

**弓头的宽度(7) collector head width**

沿车辆纵向所测得的弓头尺寸。

3.2.8

**弓头的高度(8) collector head height**

弓角的最低点到滑板的最高点的垂直距离。

3.2.9

**弓头转轴(9) collector head pivot**

如果使用枢轴,它是弓头的俯仰转轴。

3.2.10

**滑板长度(10) length of contact strip**

沿车辆横向所测得的滑板总长度。

3.2.11

**最低工作高度(11) height at “lower operating position”**

受电弓升至设计受流的最低平面时,绝缘子顶上的受电弓安装平面到滑板顶面之间的垂直距离。

3.2.12

**最高工作高度(12) height at “upper operating position”**

受电弓升至设计受流的最高平面时,绝缘子顶上的受电弓安装平面到滑板顶面之间的垂直距离。

3.2.13

**工作范围(13)　working range**

最高工作高度与最低工作高度之差。

3.2.14

**落弓高度(14)　housed height**

受电弓在落弓位置时,从绝缘子顶上的受电弓安装平面到滑板的最高表面或更高的受电弓的其他部件的垂直距离。

3.2.15

**受电弓电气区域(15)　pantograph"electric thickness"**

在落弓位置时,受电弓最高带电部位与最低带电部位之间的垂直距离。

3.2.16

**升降系统(16)　operating system**

提供升弓和降弓动力的装置。

3.2.17

**最大升弓高度(17)　maximum extension**

升到机械止块的最大高度。

3.2.18

**升弓范围(E)　extension range**

最高工作高度(3.2.12)与落弓高度(3.2.14)之间的区域。

3.3　**一般特性**

订货合同中规定了所有的一般特性。除非另有规定,环境条件见GB/T 21413.1。

3.3.1

**车辆静止时的额定电压　rated voltage, vehicle at standstill**

受电弓设计用来实现其功能的电压。

注:额定值通常是制造商规定的量值。

3.3.2

**车辆静止时的额定电流　rated current, vehicle at standstill**

静止时,受电弓在30 min内承受的电流平均值。

3.3.3

**车辆静止时的最大电流　maximum current, vehicle at standstill**

在订货合同规定的时间内,静止时,受电弓所能承受电流的最大值。

3.3.4

**车辆运行时的额定电流　rated current, vehicle running**

车辆从静止到最大速度由受电弓集取的电流。

3.3.5

**静态力　static force**

在受电弓升弓装置的作用下,弓头向上施加在接触线上的垂直力。在受电弓升起的同时车辆是静止的。

3.3.6

**标称静态力　nominal static force**

静态力实际数值的平均值,其计算如下:在工作范围内持续测量上升和下降过程中的静态力 $F_r$ 和 $F_l$。按习惯,任何点的标称静态压力等于 $\frac{F_r+F_l}{2}$。

## 4 技术要求

### 4.1 限界

受电弓在落弓位置和工作位置时应符合订货合同规定的限界。

### 4.2 受电弓升降轨迹

订货合同中应给出3.2.10～3.2.13相关的值。在招标书中缺少说明时，升弓或降弓时弓头在工作范围内相对于垂直线的轨迹偏差应符合表1的要求：

**表1 弓头轨迹偏差**

| 升弓范围 $E$/m | 相对垂直线的最大偏差/mm |
|---|---|
| $E<1$ | 10 |
| $1\leqslant E<2$ | 20 |
| $E\geqslant 2$ | 30 |

### 4.3 电气值

符合IEC 60850规定的牵引系统供电电压。

订货合同应规定受电弓工作时与落弓位要求的电压值和持续时间。

3.3.2～3.3.4的值应在订货合同中规定。

### 4.4 静态力允差

升弓或降弓时所测得的静态力值应在附录B所示的范围之内。

### 4.5 横向刚度

在最高工作高度时，当横向力施加于支承弓头的框架部件时，其侧位移值不应超过6.6中所规定的值而且不会发生永久变形。

### 4.6 弓头

#### 4.6.1 弓头外形

订货合同应给出3.2.6～3.2.8相关的值和弓头外形轮廓尺寸。

#### 4.6.2 滑板

订货合同中应规定磨损条的材料和/或滑板的设计。

### 4.7 升降系统

在正常工作条件下，升降系统的设计应能保证牵引单元从静止到最大速度，受电弓的任何离线不应造成接触线或滑板的永久损坏。

升降系统的设计准许提供一个附加手动装置，在能量不足时进行操作。

假如受电弓使用电动机，电动机应满足GB/T 21413.1和GB/T 21413.2的要求(例如环境条件、结构和操作条件)。

如果订货合同没有特殊规定，电动机应按照GB 4208的IP55进行防护。

### 4.8 自动降弓装置(ADD)

只有在订货合同中要求时，受电弓才安装自动降弓装置。

在弓头失效时，自动降弓装置应立即起动降下受电弓。

ADD不应引起受电弓的额外损害。

### 4.9 受电弓重量和对车顶的压力

受电弓的供货商应给出有无绝缘子情况下受电弓的重量及其允差。供货商应规定升降系统所施加的所有附加外部力。

### 4.10 防腐蚀

订货合同中应规定防腐蚀类型和关于使用要求的规范。

## 5 标志

受电弓上至少应有下列标志：

——制造商的商标；

——受电弓的型号和/或序列号。

## 6 试验

### 6.1 试验种类

有以下四种试验：

——型式试验；

——例行试验；

——研究性试验；

——综合试验。

上述试验见 6.1.1～6.1.4。

附录 C 列出应进行的试验项目。

除综合试验外，本部分区分了受电弓的基本模式和相同受电弓的派生模式。派生模式可以看作是对基本设计的修改，倘若通过计算或者至少 2 年的现场运行经验，证实受电弓的这些改变至少等于基本设计，且技术要求至少与基本模式等同，则可认为已有的相关型式试验已覆盖了派生模式。

#### 6.1.1 型式试验

型式试验应该在指定设计的单个产品上进行。

若制造商提供先前制造的同样产品的型式试验签署报告，则认为制造商当前生产的同类产品已经满足型式试验，可以免做型式试验。

如果订货合同中有规定，并与供货商就补充型式试验达成协议后，就应进行补充型式试验。

#### 6.1.2 例行试验

例行试验用于验证产品的特性是否与型式试验中的测量结果相一致。供货商应对每一产品进行例行试验。对可靠的器件，在用户与供货商协商一致后，例行试验可被抽样试验代替(从一批产品中随机抽取一定数量进行试验)。

#### 6.1.3 研究性试验

研究性试验是为了获得补充信息而在某个单项上进行的特定补充性试验。仅当订货合同明确指定时才进行该试验。

#### 6.1.4 综合试验

综合试验是只有在运行环境下才能进行的特定和补充的试验。该试验应考虑车辆的类型、速度和运行方向。该试验应在订货合同规定使用的轨道和/或接触网系统下进行。

以上试验均可适用于基本的和派生的受电弓模式。

如果订货合同中有规定且已与供货商达成协议后，应进行以上试验。

### 6.2 一般试验

#### 6.2.1 目检(例行试验)

受电弓的组装应完整。

试验验收判据：受电弓包含的所有电气的和机械的部件应没有任何物理缺陷并已进行了表面处理(参见 4.10)。

#### 6.2.2 称重试验(型式试验)

受电弓的组装应完整。

试验验收判据：受电弓的重量应满足 4.9 的规定，且在允差范围之内。

#### 6.2.3 尺寸

按照图样规定的受电弓尺寸(包括允差),应采用适当的测量装置来检验。

至少应测量如下项目:

——弓头的长度(例行试验);

——弓头的高度(例行试验);

——弓头的宽度(型式试验);

——弓头外形(型式试验);

——滑板长度(型式试验);

——落弓高度(例行试验);

——最大升弓高度(例行试验);

——电气区域(例行试验);

——安装孔之间的距离(例行试验)。

试验验收判据:尺寸应在图样规定的允差范围内。

#### 6.2.4 标识(例行试验)

试验验收判据:标志应符合第5章的规定。

#### 6.2.5 ADD的功能检测(例行试验)

该试验应在受电弓的下列两个升弓高度上进行:

——最高工作高度;

——落弓位置以上工作范围的20%处。

受电弓升起,ADD因模拟故障起动。

试验验收判据:ADD应能动作且对受电弓无损害。

### 6.3 工作试验

#### 6.3.1 在环境温度下的静态力测量(例行试验)

如果装有阻尼器,应该将其分开。

静态力应在弓头悬挂下直接测量,测定一个连续的升降周期,速度为(0.05±0.005)m/s。

测量装置包括载荷测量、信号处理和数据记录系统,准确度应优于3%。

试验验收判据:所测力应符合4.4的规定。

#### 6.3.2 受电弓升降系统的检查(例行试验)

受电弓应连接到整个升降系统中。试验应在环境温度和额定气压或额定电压(如果是电气操作系统)下进行。

注:对于手动操作的受电弓,试验操作方法应根据供货商与用户的协议确定。

试验验收判据:

a) 平稳升到最高工作高度,无引起损坏的冲击;

b) 受电弓开始上升时刻算起,从落弓高度升至最高工作高度的上升时间不超过10 s;

c) 降弓动作应无引起损坏的冲击。

#### 6.3.3 升降弓气候试验(补充型式试验)

在6.3.2中描述的试验应在订货合同规定的极限温度和湿度下进行。如果没有规定,试验应在温度−25℃和+40℃、环境湿度条件下进行。

极限温度下进行的上述试验,应在订货合同规定的最大、最小空气压力或供电电压下进行。

注:对于手动操作的受电弓,试验操作方法应根据供货商与用户的协议确定。

试验验收判据:在试验中和试验后,受电弓应能良好地工作。

### 6.4 耐久性试验

对于没有在现场可靠运行两年或两年以上的受电弓,应在环境温度下进行以下耐久性试验。

注:对于手动操作的受电弓,试验操作方法应根据供货商与用户的协议确定。

6.4.1 升降操作(型式试验)

装有最大设计重量弓头的受电弓,应进行 10 000 次从落弓高度到最高工作高度的升降循环操作。对最初的 500 次和最后的 500 次操作,升降系统的能源供应为 GB/T 21413.1 和 GB/T 21413.2 规定的最小值,受电弓应升到最大升弓高度。

试验验收判据:

a) 试验后,所有参数应调整到标称值。

b) 没有异常的磨损。

c) 升降系统没有变形和断裂。受电弓仍满足 6.3.1 和 6.3.2 的要求。

6.4.2 振动试验

受电弓应能承受 GB/T 21563 规定的冲击和振动。

6.4.2.1 受电弓固有横向频率的测量($F_0$)

受电弓升至最高工作高度的 75%处,在弓头转轴处施加 300 N 的横向力,使之偏离原来所处的位置,从此位置释放后受电弓进入固有的摆动。

6.4.2.2 横向振动试验(型式试验)

装有最大设计重量弓头的受电弓,带绝缘子安装在产生正弦振动的振动台上,在横向调节振幅和频率。做试验时,将振动台的振动频率调到比受电弓横向摆动的固有频率低 10%。

受电弓高度升到最高工作高度的 75%,调整振动台的振幅使弓头转轴处产生与订货合同要求一致的加速度($\Gamma$)。

试验验收判据:振动 $10^7$ 次后,受电弓应没有损坏或降低性能。

6.5 耐冲击试验(补充型式试验)

除非制造商与用户另外达成协议,否则应完成如下试验:

首先受电弓应升高到最高工作高度的 75%,然后纵向施加 300 N 的力于弓头转轴上,接着突然断开(见图 1)。

本试验应沿前后两纵向各做三次。

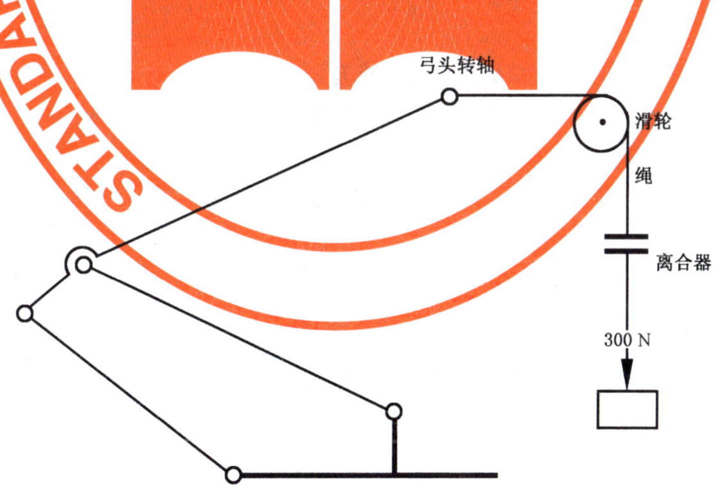


图 1 试验原理图

试验验收判据:受电弓应没有损坏。

### 6.6 横向刚度试验(型式试验)

受电弓应升至最高工作高度。

在支承弓头的框架部件上每侧持续施加 300 N 的力,如果用户与供货商之间没有另行规定,位移应满足表 2 规定的值。

表 2 横向刚度

| 升弓高度 $E$/m | 偏离中心线的最大位移/mm |
|---|---|
| $E<2$ | 20 |
| $2\leqslant E<3$ | 30 |
| $E\geqslant 3$ | 40 |

试验验收判据:每次施加力后,受电弓应没有永久变形。

### 6.7 气密性试验

#### 6.7.1 升降弓装置气缸的气密性试验(例行试验)

应在环境温度下进行该试验,检查升降弓装置气缸(或气囊)的密封性。

气缸(或气囊)应与其体积相同的储风缸相连,然后整个系统充以标称工作气压。

试验验收判据:10 min 后,储风缸内压力下降不应超过初始压力的 5%。

#### 6.7.2 气密性气候试验(型式试验)

6.7.1 描述的储风缸将应用于此试验中。试验应在$-25$℃和$+40$℃的温度下进行。

如果订货合同规定更大的温度范围,试验和验收要求应由用户与供货商之间达成协议。

试验验收判据:10 min 后,储风缸内压力下降不应超过初始压力的 5%。

### 6.8 弓头自由度的测量(例行试验)

弓头自由度应由供货商与用户协商决定。在工作范围内测量行程和转角。

试验验收判据:自由度的幅值应满足协议值,无明显的机械干涉。

### 6.9 受流试验(综合试验)

注:本条将考虑 UIC 57 H 分技术委员会正进行的工作做更改。

### 6.10 温升试验

#### 6.10.1 温升试验:车辆静止时的额定和最大电流(补充型式试验)

受电弓连接到电路中,此电路供给受电弓等于车辆静止时的额定电流 30 min,然后立即按订货合同规定的时间供给等于车辆静止时的最大电流。

试验时,采用的导线截面和类型与半寿命的接触线相同。滑板和导线之间的力应是标称静态力。

试验验收判据:

a) 受电弓的任何部位(包括滑板在内)都不应有变形和过热痕迹。

b) 电流通过轴承、转轴和导流线不应使其损伤。

c) 试验进行时,滑板上温度的测点应尽可能靠近接触点。滑板的温度不应超过订货合同规定的温度。

#### 6.10.2 现场试验(综合试验)

试验目的是确定弓头能传送车辆运行时的额定电流而不受损害。

该试验是在安装在车辆车顶的受电弓上进行,施加订货合同规定的负载。

在试验期间,应记录温升严重区域滑板和弓头随时间变化的温度和电流。

试验验收判据:弓头的任何部位应没有过热痕迹。

## 7 检查计划

如果订货合同没有另行规定,质量管理体系制定的检查计划应符合 GB/T 19001 的要求。

## 8 可靠性

可靠性规范应由供货商与用户共同协商决定。

### 8.1 规范

可靠性规范应包括故障的定义和种类、预期工作条件和预期工作寿命。对受电弓而言，典型的故障种类为：

——A类：引起接触网设备损坏的受电弓故障；

——B类：引起受电弓不能工作的故障；

——C类：允许车辆完成行程的其他故障。

可靠性用平均无故障公里(MKBF，Mean Kilometers Between Failures 的缩写)来表示，分别对A、B、C三类故障进行量化。

### 8.2 运行可靠性的证实

正在应用的受电弓的可靠性是否达到要求可由用户根据订货合同的规定来监控。

## 9 维修

### 9.1 结构

若供货商与用户之间没有另行规定，受电弓结构(框架、底架)及升降系统的设计寿命应是 $1.5\times10^6$ km或30年，以先达到者为准。

结构和升降系统应包括有较低设计寿命的易耗件。如果订货合同中没有规定，这些易耗部件的设计寿命最小应是 $0.25\times10^6$ km或5年，以先达到者为准。

### 9.2 弓头结构

弓头结构包括弓头、弓头转轴及导流线。设计寿命在订货合同中规定。

### 9.3 可维修性

所有轴承应容易更换，它们的外圈不能作为主部件结构的一部分。

弓头应易于从受电弓框架上拆装。

滑板应易于从弓头上拆装。

维修文件应在订货合同中规定。

设计寿命和可维修性应通过计算或至少5年的现场运行经验证实。

## 10 电磁兼容(EMC)

受电弓应符合轨道系统及其环境中受流系统电磁兼容的相关要求。

注：电磁兼容的具体内容参见IEC 62236。

# 附　录　A
# （规范性附录）
# 受电弓术语

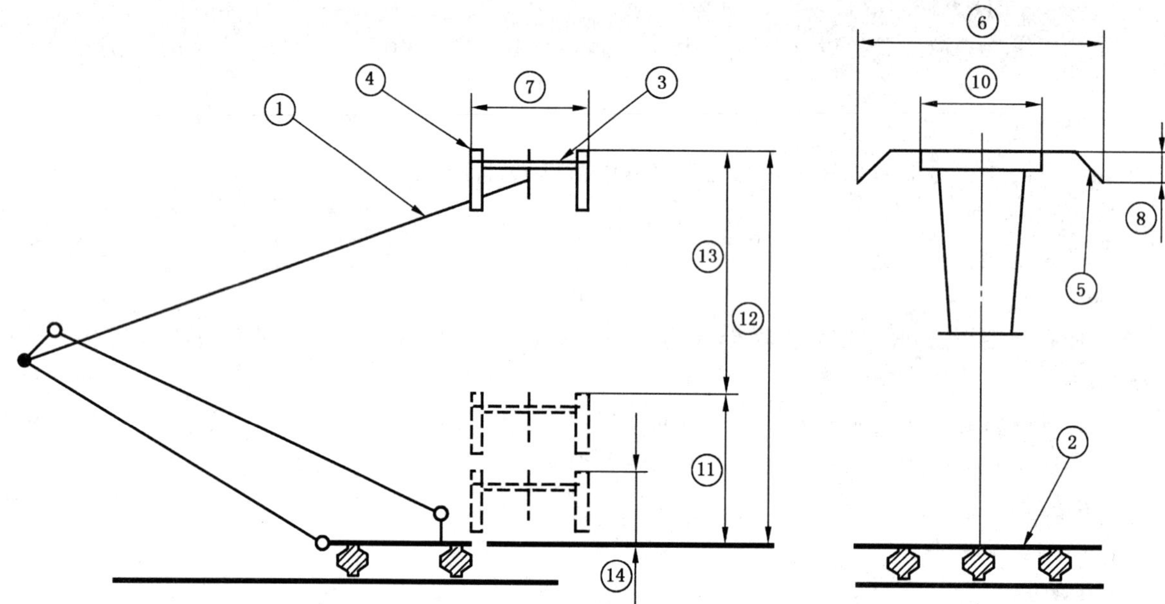


注1：此附录与3.2中所述的项目有关。

注2：上图仅是受电弓的一个例子，并没有排除其他类型受电弓（例如菱形）。

**图 A.1　受电弓术语**

# 附　录　B
（规范性附录）
# 静态力允差

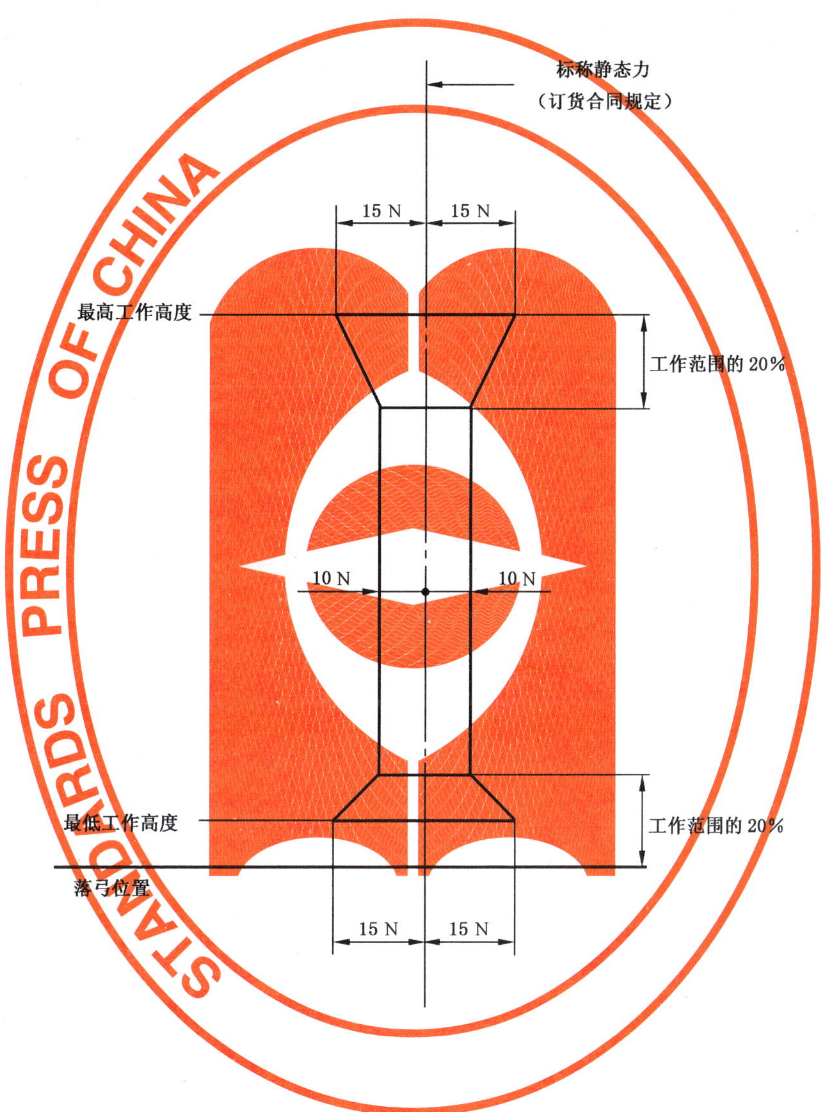


图 B.1　静态力允差

# 附 录 C
（规范性附录）
试验列表

表 C.1 试验项目表

| | 例行试验 | 型式试验 | | 研究性试验 | 综合试验 |
|---|---|---|---|---|---|
| | | 强制性 | 补充性 | | |
| **一般试验**(6.2) | | | | | |
| ——目检 | √ | √ | | | |
| ——称重 | — | √ | | | |
| ——弓头的长度 | √ | √ | | | |
| ——弓头的高度 | √ | √ | | | |
| ——弓头的宽度 | — | √ | | | |
| ——弓头外形 | — | √ | | | |
| ——滑板长度 | — | √ | | | |
| ——落弓高度 | √ | √ | | | |
| ——最大升弓高度 | √ | √ | | | |
| ——电气区域 | √ | √ | | | |
| ——安装孔之间的距离 | √ | √ | | | |
| ——标识 | √ | √ | | | |
| ——ADD 功能检测 | √ | | | | |
| **工作试验**(6.3) | | | | | |
| ——标称静态力 | √ | √ | | | |
| ——升降系统检查 | √ | √ | | | |
| ——升降弓气候试验 | — | — | √ | | |
| **耐久性试验**(6.4) | | | | | |
| ——升降操作 | — | √ | | | |
| ——横向振动 | — | — | √ | | |
| **耐冲击试验**(6.5) | — | — | √ | | |
| **横向刚度试验**(6.6) | — | √ | | | |
| **气密性试验**(6.7) | | | | | |
| ——升降弓装置气缸 | √ | √ | | | |
| ——气密性气候试验 | — | √ | | | |
| **测量**(6.8) | | | | | |
| ——弓头自由度 | — | √ | | | |
| **受流试验**(6.9) | — | — | — | — | √ |
| **温升试验**(6.10) | | | | | |
| ——静止 | — | — | √ | | |
| ——现场试验 | — | — | — | — | √ |

# 附 录 D
## （资料性附录）
## 订货合同规定的项目

章条编号

轨道设备及基础设施特性……………………………………………………………… 3.3
额定电压…………………………………………………………………………………… 3.3.1
车辆静止时的额定电流…………………………………………………………………… 3.3.2
车辆静止时的最大电流…………………………………………………………………… 3.3.3
车辆运行时的额定电流…………………………………………………………………… 3.3.4
静态力……………………………………………………………………………………… 3.3.5
受电弓升降轨迹…………………………………………………………………………… 4.2
电气值……………………………………………………………………………………… 4.3
弓头外形…………………………………………………………………………………… 4.6.1
滑板………………………………………………………………………………………… 4.6.2
电动机……………………………………………………………………………………… 4.7
自动降弓装置(ADD) ……………………………………………………………………… 4.8
防腐蚀 ……………………………………………………………………………………… 4.10
补充型式试验……………………………………………………………………………… 6.1.1
研究性试验………………………………………………………………………………… 6.1.3
综合试验…………………………………………………………………………………… 6.1.4
升降弓气候试验…………………………………………………………………………… 6.3.3
气密性气候试验…………………………………………………………………………… 6.7.2
现场试验 …………………………………………………………………………………… 6.10.2
检查计划…………………………………………………………………………………… 7
运行可靠性的证实………………………………………………………………………… 8.2
可维修性 …………………………………………………………………………………… 9
易耗件设计寿命…………………………………………………………………………… 9.1
弓头设计寿命……………………………………………………………………………… 9.2

## 参 考 文 献

[1] IEC 61133 电力牵引 机车车辆 电力和热力电传动机车车辆制成后投入使用前的试验方法

[2] IEC 62236 (所有部分)轨道交通 电磁兼容

ICS 45.060
S 39

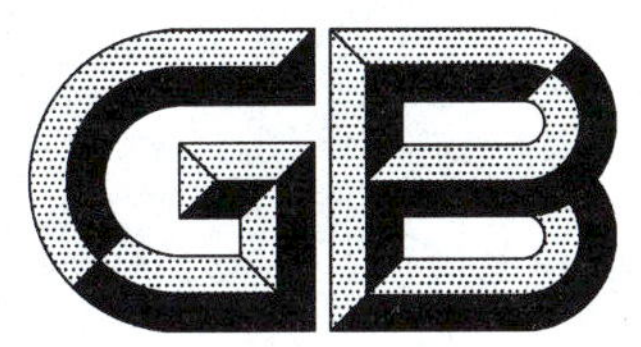

# 中华人民共和国国家标准

GB/T 21562—2008/IEC 62278:2002



# 轨道交通 可靠性、可用性、可维修性和安全性规范及示例

Railway applications—Specification and demonstration of reliability, availability, maintainability and safety(RAMS)

(IEC 62278:2002,IDT)

2008-03-24 发布 2008-11-01 实施

中华人民共和国国家质量监督检验检疫总局
中国国家标准化管理委员会 发布

# 前　言

本标准等同采用 IEC 62278:2002《轨道交通　可靠性、可用性、可维修性和安全性(RAMS)规范及示例》(英文版)。

本标准等同翻译 IEC 62278:2002。

为便于使用,本标准做了下列编辑性修改:

a) “本国际标准”一词改为“本标准”;

b) 删除国际标准的前言。

本标准的附录 A、附录 B、附录 C、附录 D、附录 E 为资料性附录。

本标准由全国牵引电气设备与系统标准化技术委员会提出并归口。

本标准起草单位:株洲南车时代电气股份有限公司、南车四方机车车辆股份有限公司、中国南车集团株洲电力机车有限公司、中铁电气化勘测设计研究院、同济大学、铁道部标准计量研究所。

本标准主要起草人:严云升、范祚成、刘贵、郭立平、高道行、张志龙、苏光辉、程祖国、呼爱蝉。

# 引　言

本标准为轨道交通主管部门及其支承工业提供了一个流程，它使相应方法的实施达到对可靠性、可用性、可维修性和安全性(用 RAMS 表示)的管理。本标准以 RAMS 需求规范的流程及示例为基础，目的是促进共识和对 RAMS 的管理。

在轨道交通应用生命周期的所有阶段，轨道交通主管部门及其支承工业可以系统地应用本标准去开发特定的轨道交通应用 RAMS 需求并达到与之一致。本标准定义的系统分级方法有助于复杂轨道交通的各个要素间 RAMS 相互作用的评估。

在不同的采购策略中，本标准将促进轨道交通主管部门及其支承工业的相互合作，以获得最理想的轨道交通 RAMS 和费用的组合。

本标准规定的流程假定轨道交通主管部门及其支承工业有规定质量、性能和安全的行业政策。本标准中规定的方法应与 GB/T 19000 系列标准的质量管理内容保持一致。

# 轨道交通　可靠性、可用性、可维修性和安全性规范及示例

## 1　范围

本标准定义了 RAMS 各要素(可靠性、可用性、可维修性和安全性)及其相互作用,规定了一个以系统生命周期及其工作为基础、用于管理 RAMS 的流程,使 RAMS 各个要素间的矛盾得以有效地控制和管理。

本标准不规定轨道交通特定应用中的 RAMS 指标、量值、需求或解决方案,不指定保证系统安全的需求。这些应在各类特定应用的 RAMS 子标准中规定。

本标准适用于:

a) 所有轨道交通应用中和在此应用中各个不同层次的 RAMS 规范与说明;例如,从整个轨道线路到位于轨道线路上的主要系统以及到这些主要系统内独立的或综合的子系统及其部件,包括所含软件,特别是:

——新型系统;

——集成到在本标准制定前的既有系统中工作的新系统,尽管它一般不能应用于既有系统的其他方面;

——在本标准制定前的既有系统的更新,尽管它一般不能应用于此系统的其他方面。

b) 应用中生命周期所有相关的阶段。

c) 轨道交通主管部门及其支承工业的使用。

注:应用导则在本标准的要求中给出。

## 2　规范性引用文件

下列文件中的条款通过本标准的引用而成为本标准的条款。凡是注日期的引用文件,其随后所有的修改单(不包括勘误的内容)或修订版均不适用于本标准,然而,鼓励根据本标准达成协议的各方研究是否可使用这些文件的最新版本。凡是不注日期的引用文件,其最新版本适用于本标准。

GB/T 19001—2000　质量管理体系　要求(idt ISO 9001:2000)

GB/T 20438(所有部分)　电气/电子/可编程电子安全相关系统的功能安全[IEC 61508(所有部分),IDT]

IEC 60050(191):1990　国际电工术语　第 191 章:可信性和运行质量

IEC 62279　轨道交通　通信、信号和处理系统　轨道交通控制和防护系统软件

EN 50129:2003　轨道交通　信号用安全相关电子系统

## 3　术语和定义

下列术语和定义适用于本标准。

3.1

**分配　apportionment**

系统的 RAMS 要素在组成系统的各部分间进行分解的过程,以给各部分提出单独的目标。

3.2

**评估　assessment**

根据调查取证,对产品的适用性进行评价。

3.3

**评审 audit**

用来决定对一个产品的要求是否符合计划安排、有效实施和是否适用于指定目标的系统化和独立的考核。

3.4

**可用性 availability**

在要求的外部资源得到保证的前提下，产品在规定的条件下和规定的时刻或时间区间内处于可执行规定功能状态的能力。

3.5

**调试 commissioning**

在验证系统或产品满足规定要求之前拟采取的活动的总称。

3.6

**共因失效 common cause failure**

由一个事件引起两个或两个以上部件同时失效使系统不能执行规定功能的故障。

3.7

**一致性 compliance**

产品的特性或参数满足规定要求的证明。

3.8

**配置管理 configuration management**

用技术和管理来指挥和监控的一门学科，来证实一个项目配置的功能和物理特性，控制这些特性的改变、记录和汇报改变的过程、实现状态以及证实与特定的需求相一致。

3.9

**修复性维修 corrective maintenance**

故障识别后，使产品恢复到能执行规定功能状态所实施的维修。

3.10

**从属失效 dependent failure**

一组事件的失效，其概率不能用单个事件的无条件概率的简单乘积来表示。

3.11

**不可用时间 down time**

产品处于停机状态的时间间隔。

[IEC 60050(191)，修改过]

3.12

**失效原因 failure cause**

在设计、生产或使用期间导致失效的原因。

[IEC 60050(191)]

3.13

**失效模式 failure mode**

失效时与运行状况有关的指定项目失效原因的预计或观察结果。

3.14

**失效率 failure rate**

产品在瞬间 $T$ 失效并位于指定的时间区间$(t, t+\Delta t)$内，其条件概率与时间间隔 $\Delta t$ 的比例，当 $\Delta t$ 趋近于 0(假设在该区间的起始时刻工作正常)时所得到的极限值(如果存在)。

注：在应用中，当走行距离或工作周期数比时间对失效率更加相关时，时间单位可由相应的距离单位或周期数来替代。

3.15

**故障模式　fault mode**

相对于给定的规定功能，故障产品的一种可能的状态。

[IEC 60050(191)]

3.16

**故障树分析　fault tree analysis**

以故障树的形式进行分析来确定故障模式的方法，它用于确定产品、子产品或外部事件或它们的组合可能导致产品的一种已给定的故障模式。

3.17

**危害　hazard**

对人造成潜在伤害或对环境造成潜在损害的物理状况。

3.18

**危害记录　hazard log**

所有安全管理活动、危害确定、作出的决定和解决方法的记录或参考文件，也可称为“安全记录”。

[EN 50129]

3.19

**后勤保障　logistic support**

在所需的生命周期费用下准备和组织用来操作和保持系统工作在规定可用性水平下的所有资源。

3.20

**可维修性　maintainability**

在规定的条件下，使用规定的程序和资源进行维修时，对于给定使用条件下的产品在规定的时间区间内，能完成指定的实际维修工作的能力。

[IEC 60050(191)]

3.21

**维修　maintenance**

为保持或恢复产品处于能执行规定功能的状态所进行的所有技术和管理工作，包括监督活动。

[IEC 60050(191)]

3.22

**维修策略　maintenance policy**

用作某一产品的维修梯队、契约层和维修作业层之间的相互关系的说明。

[IEC 60050(191)]

3.23

**任务　mission**

系统执行的基本工作的目标说明。

3.24

**任务概要　mission profile**

在生命周期的运营阶段内，任务中有关参数(次数、装载量、速度、距离、停车站、隧道等)的预期范围和变化略图。

3.25

**预防性维修　preventive maintenance**

为了防止功能降级、减少失效概率而实施的定期或根据预定判据进行的维修。

3.26

**轨道交通主管部门　railway authority**

对运营轨道交通系统的管理者负有全部责任的机构。

注：对总系统或其部件和生命周期活动而言，主管部门的责任有时分摊给一个或多个团体或组织。例如：

——系统的一个或多个部件拥有者或代理商；

——系统操作员；

——系统的某一部件或多个部件的维护者；

——等等。

以上分配以法定文件或合同为依据，因此在系统生命周期的早期阶段，应明确规定这些责任。

3.27

**轨道交通支承工业　railway support industry**

表示整个轨道交通系统、子系统和组成部件的供应商的通用术语。

3.28

**可靠性和可维修性规划　reliability and maintainability programme**

用书面形式写出的一组时间调度活动、资源和事件，适用于组织结构、责任、工序、运行情况、能力和资源的实现，它们一起保证达到规定合同或项目关于可靠性和可维修性的要求。

3.29

**RAMS**

Reliability，Availability，Maintainability 和 Safety 第一个字母的组合（前三者组合为 RAM）。

3.30

**可靠性　reliability**

产品在规定条件下和规定时间区间($t_1$,$t_2$)内完成规定功能的能力。

[IEC 60050(191)]

3.31

**可靠性增长　reliability growth**

产品持续地改进可靠性性能措施表征的一种状态。

[IEC 60050(191)]

3.32

**修理　repair**

修复性维修的一部分，是在该项目上实施的人工作业。

[IEC 60050(191)]

3.33

**恢复　restoration**

产品在故障发生后再次能执行规定功能的事件。

3.34

**风险　risk**

导致伤害的危害发生概率及伤害的严重等级。

3.35

**安全性　safety**

免除不可接受的风险影响的特性。

3.36

**安全论据　safety case**

产品符合规定安全要求的书面说明。

3.37

**安全完整性　safety integrity**

在所有规定的条件下系统在规定时间内实现所需安全功能的可能性。

3.38

**安全完整性等级(SIL)**

许多已规定的断续的数值之一，这些数值规定了分配给安全相关系统的安全功能的安全完整性要求。数值越大，安全完整性等级越高。

3.39

**安全计划　safety plan**

一组适合于组织机构、责任、工序、活动、能力和资源实现的时间调度活动、资源和事件的文档，它们一起保证达到规定合同或工程关于安全性的要求。

3.40

**安全规章主管部门　safety regulatory authority**

通常是有责任规定或同意这些安全要求且保证轨道交通符合这些要求的国家政府机关。

3.41

**系统生命周期　system life cycle**

从系统的构思开始到系统不能再使用而退役或淘汰的时间内所发生的活动。

3.42

**系统性失效　systematic failures**

在某些特定的环境下或某些特定的输入组合情况下，在任何阶段的安全生命周期活动中由于错误产生的失效。

3.43

**容许风险　tolerable risk**

轨道交通主管部门可以接受的产品最大级别的风险。

3.44

**确认　validation**

用客观证据及检验来确定是否满足指定的预期用途的特定要求。

3.45

**验证　verification**

用客观证据及检验来确定是否满足规定要求。

注：关于验证(Verification)和确认(Validation)的说明见图 11 和 5.2.9。

## 4　轨道交通 RAMS

### 4.1　简介

4.1.1　本章提供了有关 RAMS 和 RAMS 工程的基本资料，其目的是使读者有足够的背景知识，从而使本标准有效地运用到轨道交通系统中。

4.1.2　轨道交通 RAMS 对轨道交通主管部门规定的运行质量起主要作用。轨道交通 RAMS 由几个分别起一种作用的要素组成。因此，本章结构如下：

a)　4.2 考查了轨道交通 RAMS 与运行质量之间的关系。

b)　4.3～4.8 考查了轨道交通 RAMS 的各个方面，即：

——RAMS 的要素；

——影响 RAMS 的因素和获得 RAMS 的方法；

——风险和安全完整性。

4.1.3　本章应尽可能使用已规定的国际术语以及本标准第 3 章定义的轨道交通行业形成的新术语或已经认可的术语。

4.1.4　本标准中“系统、子系统、部件”的顺序用来说明从任意完整应用到其组成部分的细目分类，每个术语(系统、子系统和部件)的精确界限取决于特定的应用。

4.1.5　系统可定义为用一定的方法组织起来获得特定功能的子系统和部件的集合。这些功能分配给系统中的子系统和部件，且系统的性能和状态随着子系统或部件功能的改变而改变。系统对输入作出响应以产生指定的输出，同时与环境相互影响。

**4.2 轨道交通 RAMS 和运行质量**

4.2.1 本条介绍关于某项任务的 RAMS 和运行质量之间的关系。

4.2.2 RAMS 是系统的长期工作特性，在系统的整个生命周期内，它可通过应用已建立的工程概念、方法、工具和技术而实现。系统的 RAMS 可以用与系统或子系统或组成系统的部件有关的定性和定量指标来表示，且可保证达到规定的功能、可用和安全。本标准中系统 RAMS 是可靠性、可用性、可维修性以及安全性(RAMS)的组合。

4.2.3 轨道交通 RAMS 说明了系统能保证在指定的时间内安全地达到轨道运输规定水平的置信度。轨道交通 RAMS 对交付给用户的运行质量有明显的影响；运行质量还受有关功能和性能参数的其他特性影响，例如运行频度、运行规律性和费用结构。其关系见图 1。

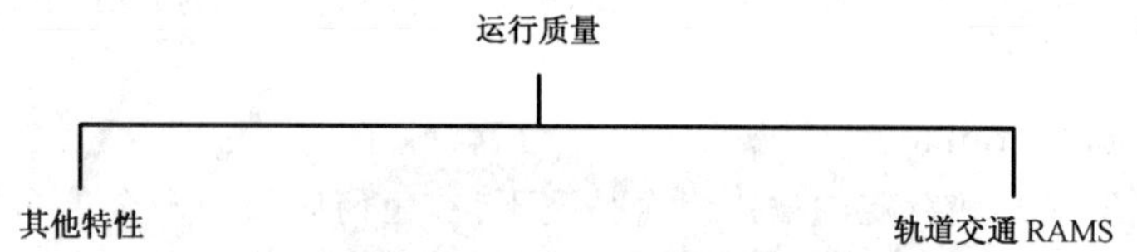


**图 1 运行质量和轨道交通 RAMS**

**4.3 轨道交通 RAMS 的要素**

4.3.1 本条介绍了在轨道交通系统环境中，RAMS 各要素(可靠性、可用性、可维修性和安全性)之间的相互关系。

4.3.2 安全性和可用性相互关联，对安全性要求和可用性要求之间的冲突如果管理不善，会妨碍获得可信的系统。轨道交通 RAMS 各要素(可靠性、可用性、可维修性和安全性)的相互关系见图 2。

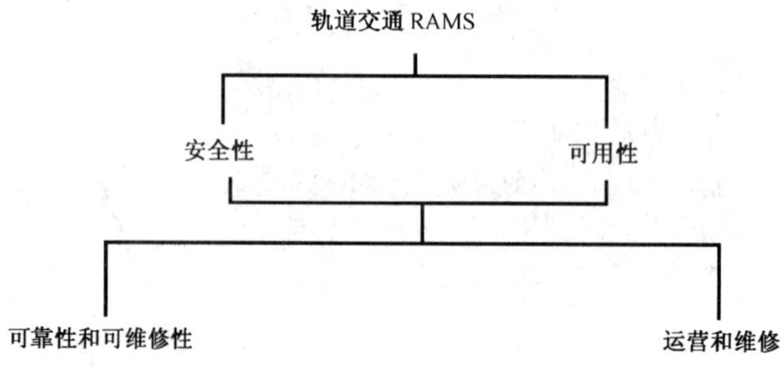


**图 2 轨道交通 RAMS 各要素间的相互关系**

4.3.3 满足了可靠性和可维修性所有要求，并控制正在进行的、长期的维修、运营活动及系统环境才能达到运行期间的安全性和可用性目标。

4.3.4 安全防护，作为表示轨道交通系统对抗故意破坏与不合理的人员行为的防御能力，是 RAMS 的更深层次上的要素。但是，安全防护需要考虑的事项不在本标准的范围之内。

4.3.5 可用性的技术概念以下述内容为基础：

a) 可靠性包括：

——规定应用及环境下所有可能的系统失效模式；

——每个失效发生的概率，或者每个失效出现的几率；

——失效对系统功能的影响。

b) 可维修性包含：

——执行计划维修的时间；

——故障检测、识别及定位的时间；

——失效系统的修复时间(计划之外的维修)。

c) 运营和维修包括：

——系统生命周期内全部可能的工作模式和必要维修；

——人为因素问题。

4.3.6 安全性的技术概念以下述内容为基础：

a) 在所有运行、维护和环境模式下系统中所有可能的危害。

b) 每个危害的特征，以危害后果的严重性表示。

c) 安全性/安全相关的失效包括：

——导致危害的全部系统失效模式(安全相关的失效模式)，它是全部可靠性失效模式的子集[4.3.5.a)]；

——每个安全相关系统失效模式发生的概率；

——在应用中，可能导致事故的事件(即导致事故的危害)的顺序和/或并发率、失效、工作状态、环境条件等等；

——应用中，每个事件、失效、工作状态和环境条件等出现的概率。

d) 系统的安全相关部件的可维修性包括：

——与安全相关失效模式或危害有关的系统中子系统或其部件维修的方便性；

——系统安全有关部件在维修工作期间内发生错误的概率；

——系统恢复到安全状态的时间。

e) 系统操作与系统安全相关部件的维修包括：

——人为因素对系统安全相关部分的有效维修及系统安全运营的影响；

——用于系统安全有关部分的有效维修和系统安全运营的工具、设备和工序；

——有效的控制、处理危害并减轻危害后果的措施。

4.3.7 系统失效，它运行于应用与环境的范围之内，将对系统的性能产生某些影响。所有失效都对系统可靠性产生负面影响，在特定应用中，仅当某些特定失效才对安全性有负面影响。此外，外界环境也影响系统功能，进而影响轨道交通的安全性。它们的联系见图3。

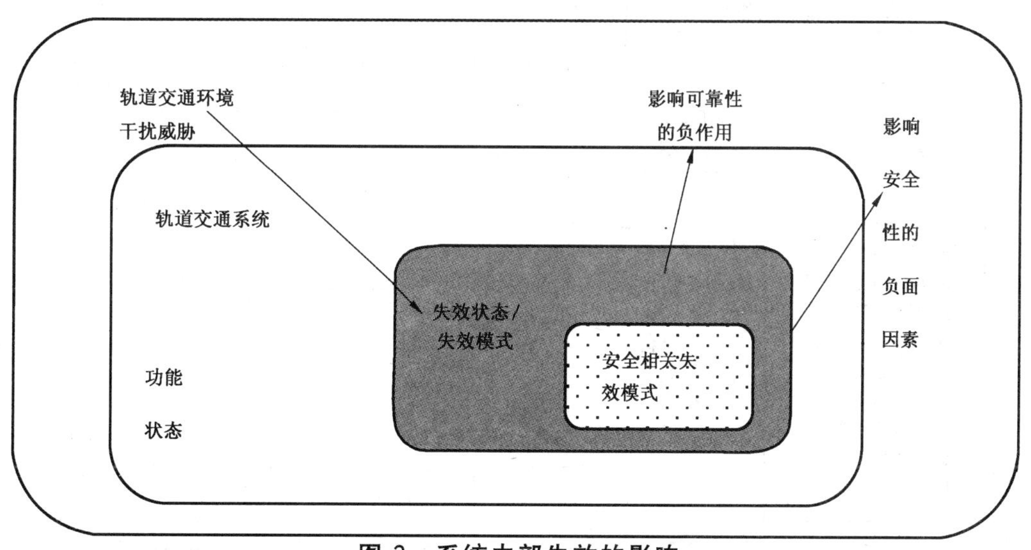


图3 系统内部失效的影响

4.3.8 只有考虑了系统中RAMS各要素的相互作用和本标准，并获得了系统优化的RAMS组合，才能实现一个可靠的轨道交通系统。

## 4.4 影响轨道交通RAMS的因素

### 4.4.1 总则

4.4.1.1 本条介绍和规定了一个流程，用于确定影响轨道交通系统RAMS的因素，尤其是对人为因素影响的考虑。这些因素及其作用是系统 RAMS 需求规范的输入。

4.4.1.2 轨道交通系统 RAMS 受来自三个方面因素的影响：来源于在系统生命周期中任何阶段系统内部的失效（系统环境）、运营过程中强加给系统的失效（运营环境）和在系统维修工作中强加给系统的失效（维修环境）。这些失效源能够相互作用，其关系见图 4，详图见图 5。

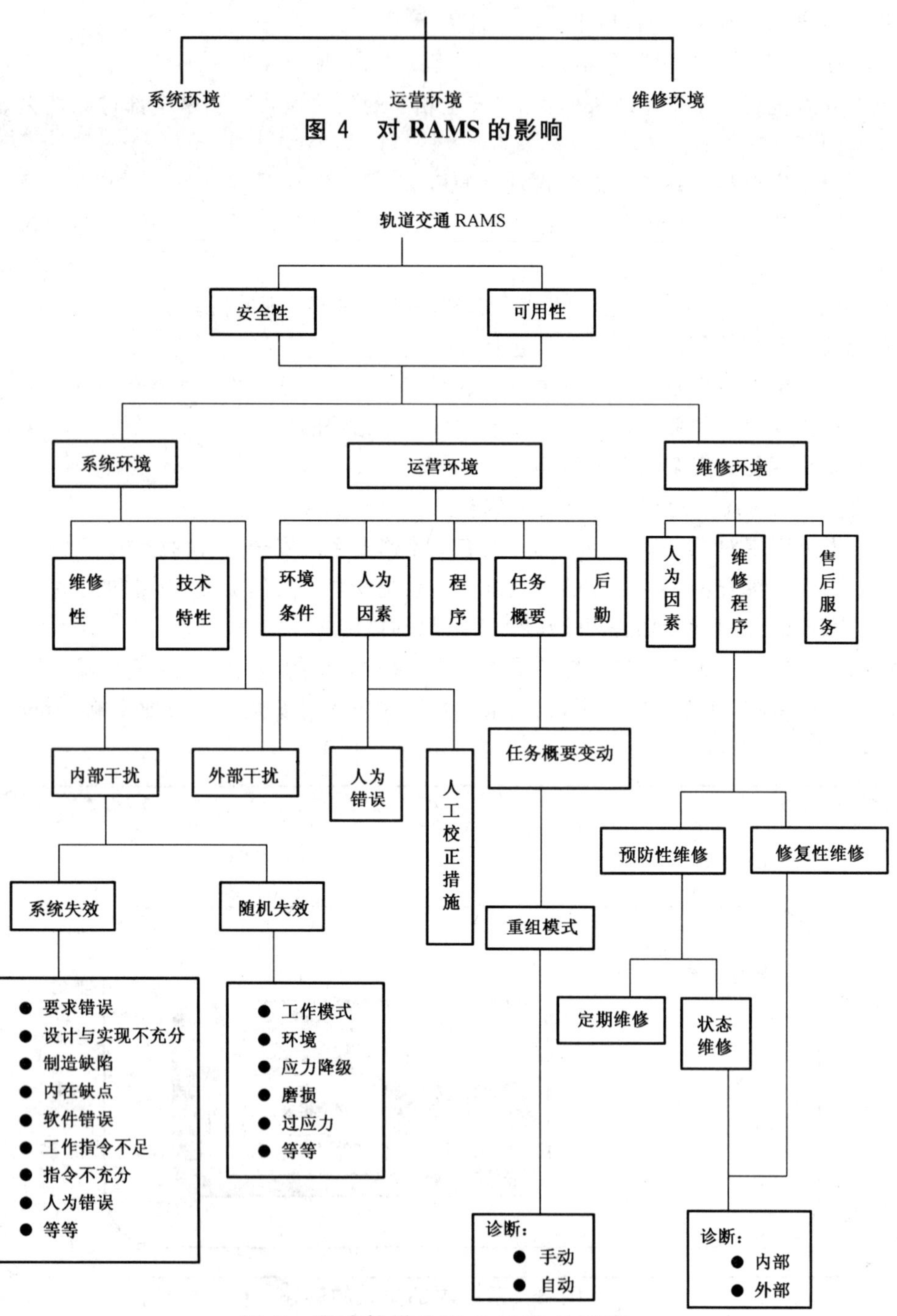


**图 4 对 RAMS 的影响**

**图 5 影响轨道交通 RAMS 的因素**

4.4.1.3 为实现可靠的系统，需要确定影响系统 RAMS 的因素，估计其影响，并且在系统的生命周期内应用适当的控制来驾驭产生这些影响的原因，使系统性能得到优化。

### 4.4.2 因素分类

4.4.2.1 本条详细说明定义因素的流程，这些因素将影响系统成功地达到符合规定 RAMS 的要求。

4.4.2.2 工业应用中影响系统 RAMS 的因素是普遍存在的。图 5 包含影响轨道交通系统 RAMS 的一些普遍因素，还说明了这些因素之间的相互作用。为了确定影响轨道交通系统 RAMS 的具体因素，在指定的系统环境中应考虑每一个普通的影响因素。

4.4.2.3 关于人为因素对系统 RAMS 的影响，其分析在本标准要求的“系统途径”中是固有的。

4.4.2.4 人为因素可以规定为人的性格、期望和行为对系统的影响。这些因素涉及到人体解剖学、生理学和心理学等方面。在满足人的健康、安全和工作后，人为因素的这些思想指导人们有效率地工作。

4.4.2.5 典型的轨道交通包括很广的人群，从旅客、操作人员、维持轨道交通系统运营的人员到影响轨道交通运营的其他人员，例如平交道口的汽车司机。每人都用不同的方法反作用于轨道交通。显然，人类对轨道交通系统 RAMS 的潜在影响是很大的。因此，在整个系统生命周期内，与许多其他的工业应用相比，为达到轨道交通 RAMS 需求须更严格控制人为因素。

4.4.2.6 人可认为拥有有益于轨道交通系统 RAMS 的能力。为达到这一目标，在整个生命周期内，应确定和管理人为因素影响轨道交通 RAMS 的方式。在系统的设计和开发阶段内，分析应包括人为因素对轨道交通 RAMS 的潜在影响。

4.4.2.7 尽管通常在生命周期内需要涉及人为因素，但在所考虑的应用中应规定人为因素对 RAMS 的精确影响。

4.4.2.8 在所考虑轨道交通系统环境中，应复核普通因素，包括图 5 所含的内容。轨道交通主管部门在招标时应规定所有不可行因素。每一可行的普通因素应被评审，且详细的影响因素(与应用对应)应系统地导出。人为因素问题(整个 RAMS 管理程序的核心方面)在评审时应该说明。

4.4.2.9 源自具体影响因素的过程应可通过使用轨道交通特定因素(4.4.2.10)和人为因素(4.4.2.11)两个清单或如图 5 所示的替代图得到。

4.4.2.10 具体的轨道交通特定影响因素应包括对下述每一轨道交通特定因素的考虑，但不限于此。应注意下述列项是不详尽的，且应根据应用范围和目的进行调整。

a) 系统运营：
——系统应执行的工作和执行该工作的条件；
——在运营环境内旅客、货物、人员和系统的共存；
——系统生命需求，包括系统生命期望、运行密度和生命周期费用的要求。

b) 环境：
——物理环境；
——该环境内轨道交通系统集成的高水平；
——在轨道交通环境中测试整个系统的有限机会。

c) 应用条件：
——既有基本设施与系统对新系统的约束；
——在生命周期工作内轨道交通维修服务的需要。

d) 工作条件：
——轨道旁的设备工况；
——轨道旁的维修条件；
——在试运营和运营中已有系统和新型系统的集成。

e) 失效分类：
——分布式轨道交通系统内失效的影响。

4.4.2.11 详细的人为影响因素应包括对下述每一人为因素的考虑，但不只限于此。应注意下述列项是不详尽的，且应根据应用范围和目的进行调整。

a) 人机间系统功能的分配。

b) 系统内对人的行为的影响，包括：

——人/系统接口；
——环境，包括物理环境和人类工程学的要求；
——人类的工作方式；
——人的能力；
——人工工作的设计；
——人的互相配合；
——人工反馈流程；
——轨道交通组织机构；
——轨道交通文化；
——专业轨道交通术语；
——新技术引入出现的问题。

c) 源于下述内容的系统要求：
——人的能力；
——人的动机和志向支持；
——减轻人的行为变动的影响；
——运营安全装置；
——人的反应时间与间隔。

d) 源于人类信息处理能力的系统要求，包括：
——人机通信；
——信息传送密度；
——信息传送率；
——信息质量；
——人对异常情形的反作用；
——人员培训；
——支持人的决策形成过程；
——利于人应变的其他因素。

e) 系统中人和系统接口的影响，包括：
——人/系统接口的设计和操作；
——人为错误的影响；
——人类故意违反规则的影响；
——系统中人的干预和参与；
——人的系统监控和取代；
——人对风险的感知；
——在系统关键范围内人所牵连的事务；
——人预测系统问题的能力。

f) 系统设计与开发中的人为因素，包括：
——人的能力；
——设计中人的独立性；
——验证和确认中人所牵连的事务；
——人与自动化工具之间的接口；
——系统失效预防程序。

4.4.2.12 推荐使用图表法(如因果图)表示具体因素的来源。图 6 是一个简单的因果图。

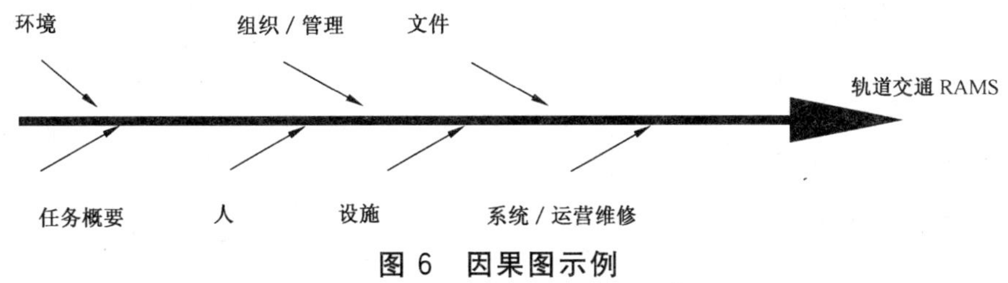


图 6　因果图示例

4.4.3　因素评估

对于所考核轨道交通系统的 RAMS 而言,每一影响因素的潜在影响应在适合于该考核系统的某一级别上进行评估,它包括在生命周期的每一阶段内各个因素影响的评估,且应在适合于考核系统的级别上。评估应该考虑有关影响因素的相互作用。对于人为因素来说,该评估应考虑彼此相关的每个因素的作用。

4.5　实现轨道交通 RAMS 需求的方法

4.5.1　总则

4.5.1.1　实现轨道交通 RAMS 需求的方法关系到整个系统生命内影响 RAMS 因素的控制。在系统的实现和维持中,有效控制要求制定机制和程序来防止误差源引入,这些防御措施需要考虑随机失效和系统失效。

4.5.1.2　用于实现轨道交通 RAMS 需求的方法基于采用预防措施,使在生命周期阶段由错误所引起的损伤概率最小。预防措施的组合包括:

a)　预防:降低损伤发生的概率;

b)　防护:降低损伤后果的严重性。

4.5.1.3　达到轨道交通系统 RAMS 需求的策略(包括预防和/或防护措施的使用)应被证明是正确的。

4.5.2　RAMS 规范

4.5.2.1　RAMS 需求的规范是一复杂的过程。在本标准详述的过程基础上,附录 A 举例提供 RAMS 需求规范的概要。基于本标准的要求,附录 B 提供了概述 RAMS 规划定义的步骤示例。这两个资料性附录仅起指导作用,并以机车车辆为例一起编译。附录 B 中还包含了适当的 RAMS 分析工具一览表。选择一个合适的工具取决于所考核的系统及因素,如其危险程度、新颖性、复杂程度等。

4.5.2.2　表 1 规定了适用于轨道交通 RAM 的失效种类。

表 1　RAM 失效种类

| 失效种类 | 定　　义 |
|---|---|
| 重大(停车故障) | 产生导致阻止列车运行、远大于规定时间的晚点、远远超出指定等级费用的失效 |
| 重要(运行故障) | ——系统为获得规定性能应整修的失效;<br>——不导致晚点或不超出重大失效中规定的最小阈值的费用的失效 |
| 次要 | ——不阻止系统获得规定性能的失效;<br>——不符合重大失效和重要失效标准的失效 |

4.5.2.3　附录 C 列出了表征轨道交通系统可靠性、可维修性、可用性、后勤保障和安全要求的适当参数,具体参数取决于所考核系统。所有的 RAMS 参数应通过轨道交通主管部门及其支承工业的协商。参数可以表示为不同量纲时,应提供它们之间的变换因数。

4.6　风险

4.6.1　风险概念

风险概念由以下两个元素组成:

——导致危害的事件或事件组合发生的概率或这些事件发生的频繁程度；

——危害后果。

**4.6.2 风险分析**

4.6.2.1 在系统生命周期的各个阶段，风险分析应由负责该阶段的主管部门来进行，并应形成文件。该文件至少应包括：

a) 分析方法；

b) 方法的假设、限制和判据；

c) 危害鉴定结果；

d) 风险估计结果和置信度水平；

e) 折衷选择的研究结果；

f) 数据及其来源与置信度水平；

g) 参考文件。

4.6.2.2 表2用定性的术语提供轨道交通系统中危害性事件发生概率或频度的典型分类，并对每类进行描述。这些类别及其数值、采用的数值定标应由轨道交通主管部门规定，与所考核的应用相适应。

**表2 危害事件出现的频度**

| 分　类 | 定　　　　义 |
|---|---|
| 频繁 | 频繁地出现，危害将一直存在 |
| 经常 | 发生多次，危害可以预期经常出现 |
| 有时 | 可能发生几次，危害预期有几次出现 |
| 很少 | 在系统生命周期的某个时期可能发生，危害能合理地预期出现 |
| 极少 | 不太可能发生但可能存在，假定危害极少出现 |
| 几乎不可能 | 几乎不可能发生，可假定危害不会发生 |

4.6.2.3 后果分析应可用于估计可能的影响。表3对所有轨道交通系统描述了典型的危害严酷等级和每个严酷等级危害的后果。所应用的严酷等级数值和每个严酷等级的后果由轨道交通主管部门规定，应与所考核的应用相适应。

**表3 危害严酷等级**

| 严酷等级 | 对环境或人的影响 | 给运行带来的后果 |
|---|---|---|
| 特大 | 多人死亡，和/或是多方面的严重伤害，和/或对环境的较多损害 | |
| 重大 | 一人死亡，和/或是单个严重伤害，和/或对环境产生明显的损害 | 主系统失效 |
| 次要 | 较小的损伤和/或对环境的明显影响 | 严重的系统损害 |
| 轻微 | 可能存在的较小的伤害 | 较小的系统损害 |

**4.6.3 风险评估和验收**

4.6.3.1 本条论述了"频度-后果"矩阵的构成，它用于风险分析结果评估、风险分类、风险降低措施或不容许风险的消除和风险验收。

4.6.3.2 风险评估应结合危害性事件的发生频度及其后果的严重性(用于确定危害性事件产生的风险等级)来进行。"频度-后果"矩阵见表4所示。

**表 4 频度-后果矩阵**

| 危害性事件的发生频度 | 风险等级 | | | |
|---|---|---|---|---|
| 频繁 | | | | |
| 经常 | | | | |
| 有时 | | | | |
| 很少 | | | | |
| 极少 | | | | |
| 几乎不可能 | | | | |
| | 轻微 | 次要 | 重大 | 特大 |
| | 危害后果的严酷等级 | | | |

4.6.3.3 风险验收应以普遍公认的原理为基础。可以利用的原理有许多,如下面的几个例子(这些原理的更多信息参见附录 D):

——ALARP(风险降到可行)原理(ALARP 原理在英国使用)。

——GAMAB(综合最优)原理(法国使用)。这个原理的完整表述是:

"所有新型的导向式运输系统应提供一个风险等级,此等级整体上至少与任何等效的现有系统所提供的等级一样好。"

——MEM(最小内源性死亡率)原理(MEM 原理在德国使用)。

表 5 规定了定性的风险等级及应对每一类风险的措施。轨道交通主管部门应负责规定所采用的原理、容许风险等级和可分成不同风险种类的标准。

**表 5 定性的风险等级**

| 风险等级 | 对各风险等级所采取的措施 |
|---|---|
| 不容许的 | 应该消除 |
| 不希望的 | 当风险降低不可行时,应经过轨道交通主管部门或安全规章主管部门同意后方可接受 |
| 容许的 | 经充分控制并经轨道交通主管部门同意后可以接受 |
| 可忽略的 | 有或无轨道交通主管部门同意均可接受 |

4.6.3.4 表 6 给出了风险评估和用于风险验收的风险降低/控制的例子。

**表 6 风险评估和验收的典型例子**

| 危害性事件的发生频度[a] | 风险等级 | | | |
|---|---|---|---|---|
| 频繁 | 不希望的 | 不容许的 | 不容许的 | 不容许的 |
| 经常 | 容许的 | 不希望的 | 不容许的 | 不容许的 |
| 有时 | 容许的 | 不希望的 | 不希望的 | 不容许的 |
| 很少 | 可忽略的 | 容许的 | 不希望的 | 不希望的 |
| 极少 | 可忽略的 | 可忽略的 | 容许的 | 容许的 |
| 几乎不可能 | 可忽略的 | 可忽略的 | 可忽略的 | 可忽略的 |
| | 轻微 | 次要 | 重大 | 特大 |
| | 危害后果的严酷等级 | | | |

[a] 危害性事件发生频度的定标取决于所考核的应用(4.6.2.2)。

## 4.7 安全完整性

4.7.1 在应用中已设定了安全等级并估计了必要的风险降低，以风险评审过程的结果为基础，应用中系统及部件的安全完整性要求可以得到。安全完整性可以认为是定量元素(一般和硬件有关，如随机失效)和非定量元素(一般与软件、技术条件、文件、程序等等的失效有关)的组合。为了达到安全性目标等级，降低风险的外部设施和系统降低风险设施应和系统要求的必要风险降低相匹配。

4.7.2 系统功能的安全完整性的置信度可以通过有效地组合特定的系统结构、方法、工具和技术来得到。安全完整性与获取要求的安全功能的失效概率相互关联。功能的安全完整性要求越高，则实现所需的费用越昂贵。对轨道交通系统本标准没有规定安全完整性和失效概率之间的相互关系，但应注意在 GB/T 20438 中规定了它们的一般关系，轨道应用中这个关系的定义是轨道交通主管部门的职责。虽然本标准规定的管理程序是通用的，并可适用于任何相互关系，但是，仍须经轨道交通主管部门同意。

4.7.3 系统安全功能应用其他相关标准规定的体系结构、方法、工具和技术来实现。例如，IEC 62279 规定了开发软件系统的方法、工具与技术，EN 50129 规定了轨道交通电子信号系统验收和批准的程序。

4.7.4 安全完整性基本上是为了安全功能规定的。安全功能应分配给安全系统和/或降低风险的外部设施。通过分配程序的反复进行，使整个系统的设计与费用最优化。

4.7.5 当安全计划与 RAM 规划有效实施后，它能给出最终系统获得符合 RAMS 需求的置信度。

4.7.6 应注意与产品安全完整性相关的以下几点：

a) 系统的安全性能和相应的安全完整性受系统使用环境的影响。

b) 当用与指定安全完整性相应的方法、工具和技术开发产品时，可声明该产品是安全完整性等级为“X”的产品。此声明表明产品在规定环境条件下、在某个完整性级别上具有指定的功能。

c) 图 7 表示商业“现货供应”产品在不同的应用中用途可以不同。例如产品 A 在系统 1 和系统 2 中实现不同的功能。因此，产品必需的安全完整性随应用的不同而改变。所以，为确保与系统的整体要求相一致，在一个系统中使用产品之前，应估计对产品的规定环境及功能的限制和约束。

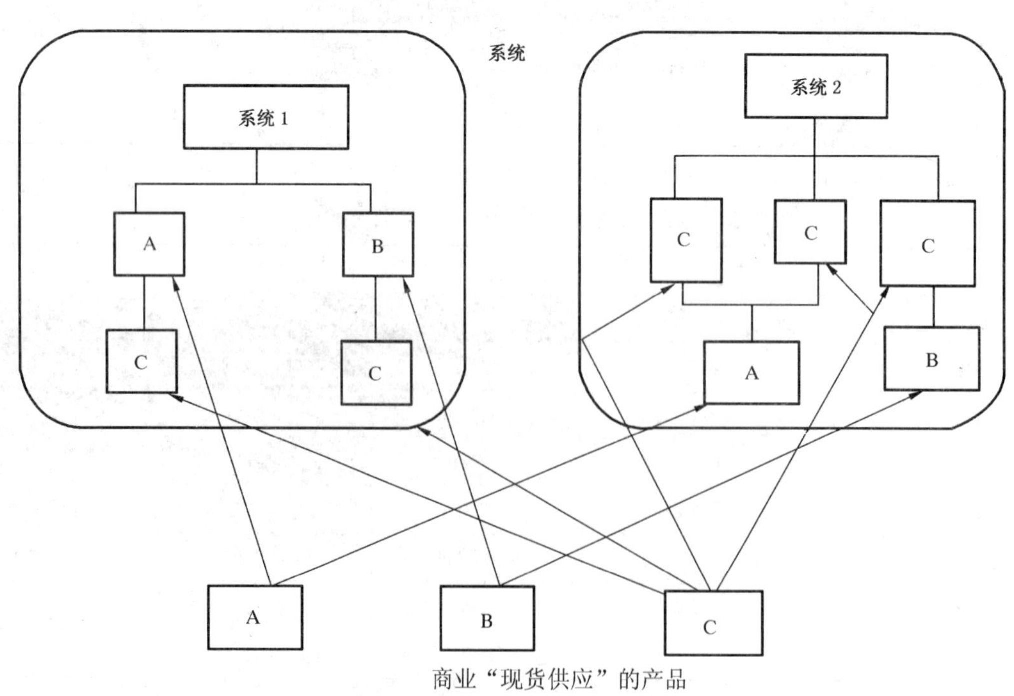


商业“现货供应”的产品

**图 7 安全系统中被鉴定的产品**

4.7.7 应用SIL概念之前,应该考虑以下要求:

a) 应由安全专家来确定所用的SIL是否适当,推荐使用不超过4个等级。

b) 一个"要素"应只分配一个SIL,"要素"指能实现一个或多个简单功能且可被一个实现相同功能的设备代替的独立设备。通常这个"要素"是最底层的设备,在第一级修复性维修工作中可以替换。

c) 对于所考核的系统,产品所在的环境是极其重要的,在与产品的安全要求比较时,应审查现货供应产品的已鉴定的SIL及鉴定方法是否满足全部条件。

d) 一个SIL只说明产品安全性置信度的一个期望等级。如本标准4.3所述,安全性要求和可用性要求在轨道运输范围内是相互关联的。SIL并没有考虑到系统的所有方面,因此只考虑SIL是不够的(如:降级运行模式和处于备用状态有不同的安全要求等等)。

### 4.8 故障安全概念

4.8.1 本标准采用广义的风险管理方法以获得安全性。此方法和故障安全概念一致,并经过轨道交通工程师的充分验证。

4.8.2 轨道交通使用初期,所使用的是故障安全的固有概念,它依赖于一系列的假设,以使用具有已充分证明的失效模式及其失效时安全状态的器件为基础。所有的器件均经过确定,以使这样构建的系统只有无失效时存在的容许状态。

4.8.3 通常,该概念的有效性以经验为基础,但用于商用微机的大型复杂系统的使用与开发时有局限性。使用这些部件时,考虑到失效组合数值的指数增长,通常意味着确定性的方法是不可行的。在这样复杂的系统中,可以有效地使用概率法。

4.8.4 此故障安全方法对系统部件是有效的,本标准中也不排除类似的其他确定性的方法。不管采用何种方法,都应与指定的系统RAMS要求相一致。

## 5 轨道交通RAMS管理

### 5.1 总则

5.1.1 本章规定了一个管理流程,它以系统生命周期为基础,能控制轨道交通中规定的RAMS因素。该流程包括:

——定义RAMS需求;

——评估与控制RAMS的影响;

——计划与实施RAMS工作;

——实现与RAMS需求一致性;

——监控生命周期内一直进行的一致性。

5.1.2 虽然轨道交通RAMS是本标准的核心内容,但只是整个轨道交通系统诸多方面中之一。本章规定了RAMS管理用系统化的流程,此流程是说明整个轨道交通系统的综合管理方法的一个组成部分。

5.1.3 对于任何轨道交通主管部门,其轨道交通系统的容许安全风险取决于国家安全规章、主管部门或轨道交通主管部门自身(经安全规章主管部门同意)制定的安全标准。轨道交通主管部门的主要职责是评估风险、控制风险并使风险降至最小。有些情况下,制订法规需要提供正式的论证系统安全充分性的证据。

### 5.2 系统生命周期

5.2.1 系统生命周期是一个阶段序列(每一阶段均包含有工作),包含从初始概念阶段到停用及处置阶段的整个生命周期。生命周期提供一个规划、管理、控制和监控系统所有方面(包括RAMS)的结构,且在系统各阶段中不断完善，以便在协商的时间阶段内交付适当价格且正确的产品。生命周期概念是成功实施本标准的基础。

5.2.2 轨道交通范围内相应的系统生命周期见图8。对于生命周期每个阶段的主要工作在图9中概述。此图表示作为一般工程工作组成的RAMS工作。这些一般工作不在本标准范围之内，却代表普通工业的实践。每个阶段中有助于一般工程工作的RAMS工作和RAMS工作的需求将在本标准随后的章节中详细说明。

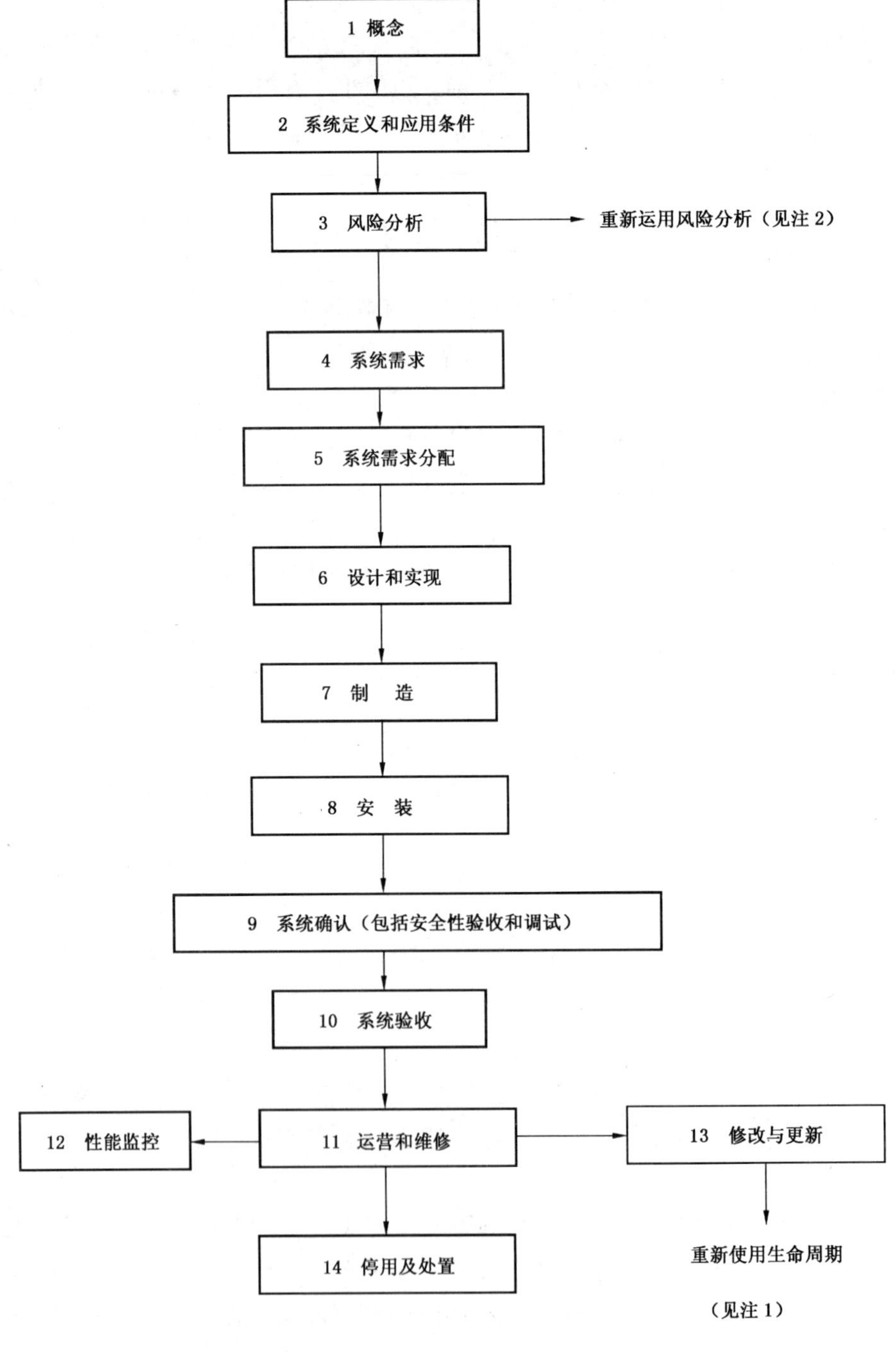


注1：修改进入生命周期的阶段取决于待修改的系统和所考虑的特定修改。

注2：在生命周期的几个阶段中可能要重复进行风险分析[见6.3.1的d)]。

图8 系统生命周期

| 生命周期阶段 | 本阶段的一般工作 | 本阶段的 RAM 工作 | 本阶段的安全性工作 |
|---|---|---|---|
| 1. 概念 | 确定轨道交通项目的用途和范围<br>定义轨道交通项目概念<br>进行财务分析和可行性研究<br>设立管理机构 | 回顾先前达到的 RAM 业绩<br>考虑项目的 RAM 蕴涵 | 回顾先前达到的安全业绩<br>考虑项目的安全蕴涵<br>回顾安全规章和安全目标 |
| 2. 系统定义和应用条件 | 确定系统任务概要<br>拟定系统描述<br>确定运营和维修策略<br>确定运营环境<br>确定维修环境<br>验证现有基础设施约束的影响 | 评价 RAM 过去的经验数据<br>进行初步 RAM 分析<br>制定 RAM 方针<br>确定长期运营和维修环境<br>确定现有基础设施约束对 RAM 的影响 | 评价安全性过去的经验数据<br>进行初步危害分析<br>建立(整个的)安全计划<br>定义风险容许准则<br>确定现有基础设施约束对安全性的影响 |
| 3. 风险分析(见注 6) | 开展项目相关的风险分析 | | 完成系统危害性和安全性风险分析<br>建立危害记录<br>完成风险评估 |
| 4. 系统需求 | 开展需求分析<br>指定系统(所有的要求)<br>指定环境<br>定义系统论证和验收准则(所有的要求)<br>建立确认计划<br>确定管理、质量和组织需求<br>实施变更控制程序 | 规定(全面的)系统 RAM 要求<br>规定(全面的)RAM 验收准则<br>规定系统功能结构<br>建立 RAM 规划<br>建立 RAM 管理 | 指定系统(全面的)安全要求<br>定义安全(全面的)验收准则<br>定义安全相关的功能要求<br>建立安全管理 |
| 5. 系统需求分配 | 系统需求分配<br>——明确子系统和部件要求<br>——规定子系统和部件验收准则 | 系统 RAM 要求分配<br>——指定子系统和部件 RAM 要求<br>——规定子系统或部件 RAM 验收准则 | 系统安全目标和要求的分配<br>——指定子系统或部件安全要求<br>——规定子系统和部件安全验收准则<br>修改系统安全计划 |
| 6. 设计和实现 | 计划编制<br>设计和开发<br>设计分析和测试<br>设计验证<br>实施和确认<br>进行后勤保障资源设计 | 通过复核、分析、测试和数据评估来实施 RAM 规划,包括:<br>——可靠性和可用性<br>——维修和可维修性<br>——最佳维修策略<br>——后勤保障<br>开展程序控制,包括:<br>——RAM 规划管理<br>——分包商和供应商的控制 | 通过复核、分析、测试和数据评估来实施安全计划,涉及:<br>——危害记录<br>——危害分析和风险评估<br>论证安全相关的设计决策<br>开展计划控制,包括:<br>——安全管理<br>——分包商和供应商的控制<br>准备一般安全论据<br>准备(如合适)一般应用安全论据 |

**图 9　项目各阶段的相关工作**

| 生命周期阶段 | 本阶段的一般工作 | 本阶段的 RAM 工作 | 本阶段的安全性工作 |
|---|---|---|---|
| 7. 制造 | 编制生产计划<br>制造<br>零部件的制造和测试<br>准备文件<br>建立培训方案 | 完成环境应力筛选<br>进行 RAM 改进测试<br>着手运行失效报告分析和纠正措施系统(FRACAS) | 通过复核、分析、测试和数据评审来实施安全计划<br>使用危害记录 |
| 8. 安装 | 组装系统<br>安装系统 | 开始维修人员培训<br>建立备件和工具供应方案 | 确定安装程序<br>实施安装程序 |
| 9. 系统确认(包括安全验收和调试) | 调试<br>进行运营前的试运行<br>进行培训 | 完成 RAM 论证 | 建立调试程序<br>实施调试程序<br>准备应用特定的安全论据 |
| 10. 系统验收 | 以验收准则为基础实施验收程序<br>汇集验收证据<br>投入运行<br>继续试运行工作(如果适合) | 评估 RAM 论证 | 评估应用特定的安全论据 |
| 11. 运营和维修 | 长期系统运营<br>进行计划内维修<br>执行计划内培训方案 | 备件和工具的计划内采购<br>进行计划内以可靠性为中心的维修后勤保障 | 进行计划内以安全为中心的维修<br>进行计划内的安全性能监控和危害记录维护 |
| 12. 性能监控 | 收集运营性能统计<br>获取、分析和评审数据 | 收集、分析、评估和使用性能及 RAM 统计 | 收集、分析、评估和使用性能及安全统计 |
| 13. 修改与更新 | 实施修改请求程序<br>实施修改与更新程序 | 考虑修改与更新 RAM 蕴涵 | 考虑修改与更新安全蕴涵 |
| 14. 停用及处置 | 停用和报废处置计划编制<br>执行停用<br>进行处置 | 无 RAM 工作 | 建立安全计划<br>进行危害分析和风险评估<br>实施安全计划 |

注 1：变更控制或结构管理活动适用于项目的所有阶段。

注 2：验证和确认活动可适用于大部分的生命周期阶段，见正文。

注 3：就 RAM 而言，“RAM 规划”是通用术语，并被本标准所采用。就安全性而言，“安全计划”是通用术语，并被本标准所采用。

注 4：注意本标准的范围只限于 RAMS，并不针对于系统的所有保证活动。但是，根据 RAMS 观点，应确保 RAMS 阶段和项目有关阶段同步，而且就通过一个阶段到另一个阶段的条件达成一致。

注 5：在第 9 阶段和第 10 阶段内的工作可以综合到一起，取决于所考核的应用。

注 6：在几个阶段中风险分析应重复使用[见 4.6.2 和 6.3.1 的 d)]。

图 9（续）

5.2.3 本标准承认系统 RAMS 性能和系统开发费用及所有权费用(即生命周期费用)之间的平衡。本标准要求考虑生命周期费用和系统 RAMS 的各个方面，但不在费用的基础之上来规定解决 RAMS 问题的方法，因为这是轨道交通主管部门的责任。

5.2.4 对每个生命周期阶段而言，第 6 章及其条款用一致的格式规定了整个项目范围内 RAMS 工作的目标、要求、输入和可交付性。

5.2.5 此流程通过提供生命周期各个阶段内的综合工作序列来支持供货合同。在综合管理流程内，这是形成单个 RAMS 工作或工作组合的合同基础。进行这些工作的职责取决于所考核的系统和可行的合同条件。确定这些职责的一些一般导则见附录 E。

5.2.6 本标准按顺序表示了系统生命周期。这种表示法指出了单个的阶段及每个阶段之间的联系。其他的生命周期表示法(包括"V"模型在内)广泛应用于工业上。

5.2.7 本标准生命周期的"V"表示法见图 10。下行分支(左边的分支)一般称为设计与开发，这是一个精进过程，以系统的部件制造作为该分支的结束。上行分支(右边的分支)包括装配、安装、验收和整个系统的运营。

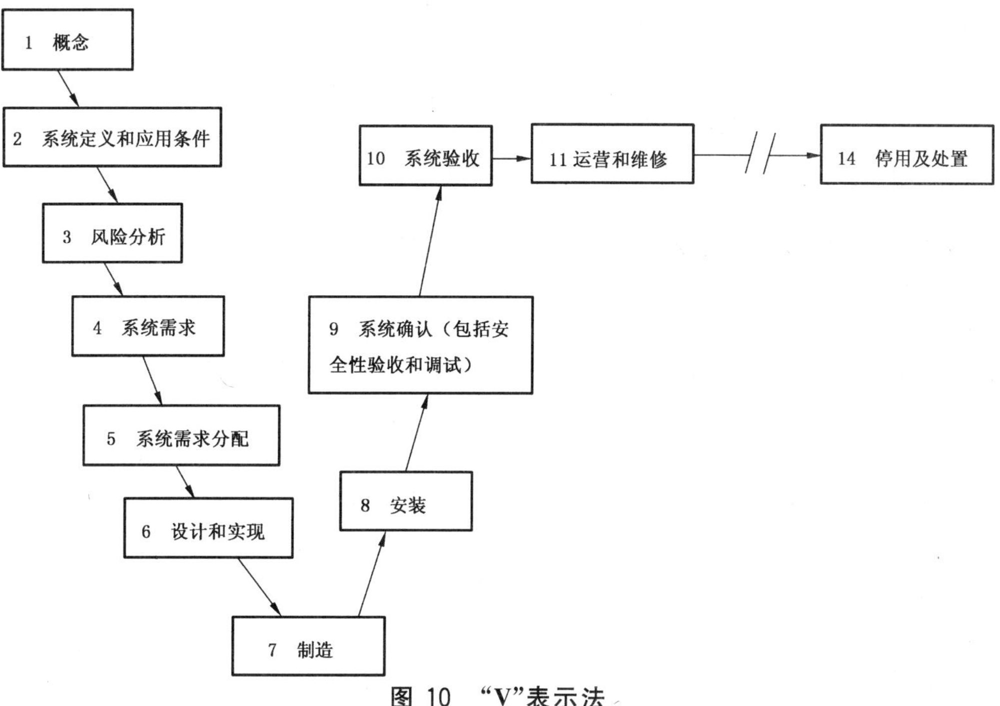


图 10 "V"表示法

5.2.8 由于实际开发的产品最终应按有关要求进行检查，"V"表示法假定验收活动与设计开发活动有固有联系，因此在系统各个阶段内，验收的确认活动以系统规范为基础，且应在较早的阶段中规划，即在相应的生命周期的设计开发阶段开始。这个联系见图 11。

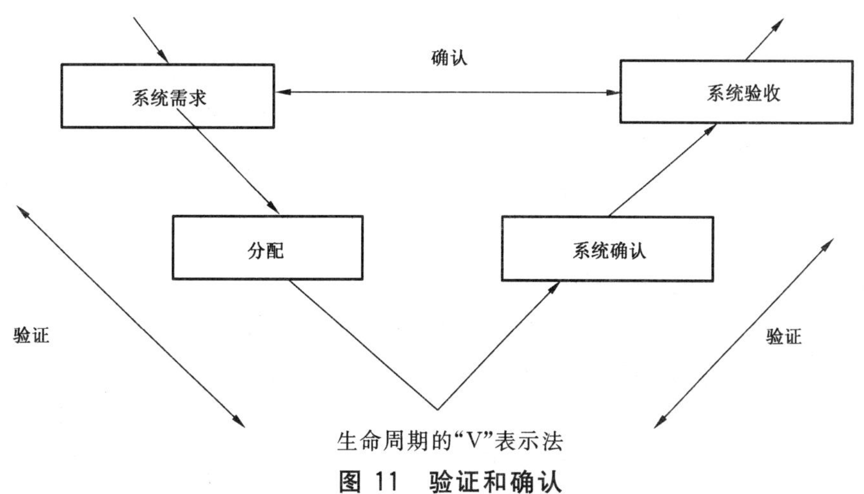


图 11 验证和确认

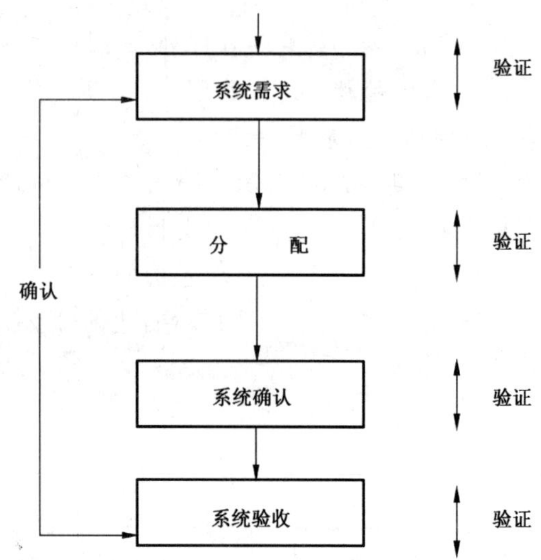


生命周期顺序表示法

注：5.2.9 提供关于验证和确认的附加信息。如图所示，确认包括系统验收框，因为某些确认工作包括在该阶段内（又见 6.9.1 和 6.10.1）。

**图 11**（续）

5.2.9 在生命周期内展示验证与确认工作时该表示法是有效的。验证的目的是为了证明在指定的输入下，每个阶段的交付性在所有方面满足本阶段的要求。确认的目的是为了证明所考核的系统在其开发的各阶段中及安装后满足该阶段各个方面的要求。

5.2.10 本标准中，生命周期的每个阶段都包括了验证工作。虽然本标准在 RAMS 章节涉及到系统保证，但是验证和确认（V&V）工作与全面的系统保证说明是一个整体。因此，RAMS V&V 有助于全面的系统保证 V&V。

## 5.3 本标准的应用

5.3.1 本条根据轨道交通系统的规模、复杂性和费用给出了要求以便灵活且有效应用本标准。

5.3.2 本标准规定的要求是通用的且可应用于轨道交通系统的所有类型。对所考核系统，轨道交通主管部门应规定本标准要求的应用。评估应以对特定系统要求的可行性为基础，在评估第 9 阶段（系统确认）和第 10 阶段（系统验收）内的工作序列时要特别注意。

5.3.3 在系统更新的情况下，既有系统和更新的系统混合运营或同时运营，常常会有"混合阶段"。在这种情况下，安全性研究应明确陈述既有系统与更新系统间可能的相互影响。

5.3.4 本标准的应用应适合于所考核系统的特定的要求。对所考核系统本标准应用的评估应包括：

a) 为实现所考核系统规定需要的生命周期阶段，为这些生命周期阶段提供正当的理由，论证在这些生命周期阶段所从事的工作是否与本标准要求的原理相一致。

b) 用图 9 和第 6 章相关阶段的相应信息为清单，规定所需的生命周期各阶段的强制性活动及要求，包括：

——与所考核系统相关的各个要求的范围；

——每个要求所需要的方法、工具和技术及其应用范围与深度；

——对于每个要求所需要的验证与确认活动及其应用范围；

——所有的支持文件。

c) 证明偏离本标准的要求与活动是正当的。

d) 证明所考核的应用选择的工作是充分的。

5.3.5 在本标准的所有应用中，下述要求是强制的：

a) 对所考核系统，在生命周期每个阶段所执行的全部 RAMS 工作的职责，包括关联工作之间的接口，应被规定并经过协商同意。

b) 所有对 RAMS 管理负责任的人员应有能力履行这些职责。

c) 在可信性系统的实现过程中 RAM 规划和安全计划的建立与实施是基本组成部分。虽然这些规划文件的内容是针对所考核系统的，对这些工作的约束可以不同，但很多 RAMS 工作将要求类似的分析工作。对以 RAM 为中心的工作来说，主要考虑的是费用，而在以安全性为中心的工作中，主要是防止意外的及相关联的事故发生。根据轨道交通主管部门的要求，与 RAMS 有关的经济结果可以不同，在这一意义上 RAMS 的要求可能有冲突。由于 RAMS 工作之间的分析活动的深度可以变化，对确定和管理 RAMS 冲突的认可及所有 RAMS 分析的详细资料应包括在 RAMS 的规划文件内。

d) 在企业活动过程中本标准的要求应被实现，它由符合 GB/T 19001—2000 要求、适用于所考核系统的质量管理体系(QMS)支持。

e) 应该建立和实施一个适当并有效的配置管理系统，它针对所有生命周期阶段的 RAMS 工作。配置管理的范围取决于所考核的系统，但通常应包括全部系统文件和所有其他系统的可交付性。

5.3.6 在系统生命周期规定的管理流程基础上，通过把每一个损伤的影响降到最小和控制第 4 章中讨论的因素，本标准的第 6 章详细讲述了保证达到 RAMS 要求的方法。设计可靠的系统所适用的方法、工具和技术在其他标准中列出(参见附录 B)。值得注意的是方法、工具、技术的选择及其应用的深度和范围以及文档的范围和深度应与所考核的系统需求相匹配。对于所考核系统，这些内容应通过轨道交通主管部门与供货商协商同意。这些与支持 RAMS 工程和管理的不同方面的方法总揽见图 12。

5.3.7 为了提供一个评审过程，本标准写出了一个详细的要求。对于所考核的系统，轨道交通主管部门及其支承工业应该同意和实施评审计划审查本标准要求的应用与系统相适应。

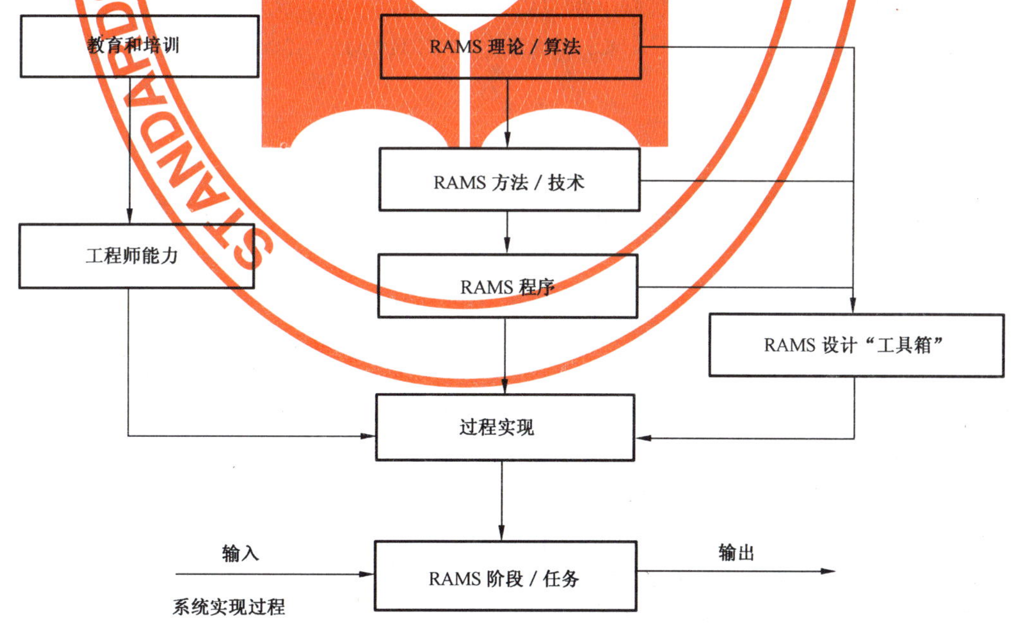


图 12 在系统实现过程中实施的 RAMS 设计和管理

## 6 RAMS 生命周期

本章详细说明了在生命周期的每个阶段内的目标、要求、交付性、所从事的验证和确认工作。这些要求的应用和范围应通过评估并调整到满足所考核系统的特殊要求。关于该主题的更多信息见5.3。

### 6.1 第1阶段:概念

#### 6.1.1 目标

本阶段的目标是理解系统达到某个层次,以使后续的RAMS生命周期工作能满意完成。

#### 6.1.2 输入

本阶段的输入应包括所有相关的信息和(合适时)满足本阶段要求所必需的数据,如对项目的范围和目标说明。

#### 6.1.3 要求

6.1.3.1 本阶段的第1个要求是获得对RAMS性能的来龙去脉的理解:

a) 系统的范围、背景和目标;

b) 系统环境包括:

——自然问题;

——潜在的系统接口问题;

——社会问题;

——政治问题;

——立法问题;

——经济问题;

c) 系统通用的RAMS蕴涵。

6.1.3.2 本阶段的第2个要求应是回顾:

a) 系统财务分析的RAMS蕴涵;

b) 系统可行性研究的RAMS蕴涵。

6.1.3.3 本阶段的第3个要求是确定影响系统RAMS性能的危害源,包括:

——与其他系统的相互作用;

——与人的相互作用。

6.1.3.4 本阶段的第4个要求包括获取以下信息:

a) 类似和/或相关系统中先前的RAMS要求和过去的RAMS性能;

b) 已确定的RAMS性能危害源;

c) 当前的轨道交通主管部门安全规章与目标;

d) 安全立法。

6.1.3.5 本阶段的第5个要求是为后续的系统生命周期RAMS工作规定管理要求的范围。

#### 6.1.4 可交付性

6.1.4.1 本阶段的结果、作出的所有假设及理由应形成文件。

6.1.4.2 可交付性应包括在生命周期第2、3和4阶段能充分实现RAMS要求的管理结构。

6.1.4.3 本阶段的可交付性是后续生命周期阶段的关键输入。

#### 6.1.5 验证

本阶段应进行如下验证工作:

a) 评估本阶段内作为RAMS工作输入的信息、(合适时)数据与其他统计数据的充分性;

b) 评估第1个要求规定的系统环境的充分性;

c) 评估第3个要求列出的危害源的完整性;

d) 评估本阶段内使用的方法、工具和技术的适宜性;

e) 评估本阶段内从事工作的全体人员的能力。

### 6.2 第2阶段:系统定义和应用条件

#### 6.2.1 目标

本阶段的目标是:

a) 规定系统任务概要；

b) 规定系统范围；

c) 确定影响系统特性的应用条件；

d) 规定系统危害分析的范围；

e) 确定系统 RAMS 方针；

f) 建立系统的安全计划。

只要它们影响潜在的系统 RAMS 性能，都要作出规定。

### 6.2.2 输入

本阶段的输入应包括所有相关的信息和(合适时)满足本阶段要求所必需的数据，包括在第 1 阶段的可交付性。

### 6.2.3 要求

6.2.3.1 本阶段的第 1 个要求是规定：

a) 系统任务概要：

——性能要求；

——RAMS 目标；

——长期运营策略和环境；

——长期维修策略和环境；

——系统生命考虑，包括生命周期费用问题；

——后勤考虑；

b) 系统范围，包括：

——与自然环境的接口；

——与其他技术系统的接口；

——与人的接口；

——与其他轨道交通主管部门的接口；

c) 影响系统的应用条件范围，包括：

——现有基础设施的约束；

——系统运营环境；

——系统维修环境；

——后勤保障因素；

——类似系统以往经验数据的复核；

d) 系统危害分析的范围，包括确定如下内容：

——受控过程中固有的危害；

——环境的危害；

——安全防护的危害；

——外部事件的影响；

——待分析系统的范围；

——现有基础设施约束对 RAMS 的影响。

6.2.3.2 本阶段的第 2 个要求是完成：

a) 支持目标的初步 RAM 分析；

b) 对下述内容的初步危害鉴定：

——确定与已识别的危害相关的子系统；

——确定待考核的初始事件的事故类型，包括部件失效、流程错误、人为误差和相关的失效机制；

——规定最初的风险容许准则。

6.2.3.3 本阶段的第3个要求是为系统建立通用RAMS方针，包括为解决可用性和安全性间冲突的轨道交通主管部门的方针与安全概念的要求。

6.2.3.4 本阶段的第4个要求为系统建立安全计划。对于所考核系统，安全计划应通过轨道交通主管部门及其支承工业同意，且应在系统的生命周期内实施、复核和维护，它包括：

a) 达到安全性的方针和策略；

b) 计划的范围；

c) 系统描述；

d) 生命周期内从事工作的团体之间的关系、责任、能力及所担任的角色的详细说明；

e) 系统生命周期与生命周期所从事的安全工作及其依赖性的描述；

f) 生命周期内使用的安全分析、设计和评估过程，包括以下的过程：

——在工作中保证人员相应的独立程度，确保和系统风险相匹配；

——危害确定和分析；

——风险评估和正在进行的风险管理；

——风险容许准则；

——安全要求充分性的确定与复核；

——系统设计；

——验证和确认；

——为获得系统要求与实现一致性进行的安全性评估；

——为获得管理程序与安全计划一致性进行的安全性审查；

——为获得子系统和系统安全分析一致性的安全性评估；

g) 生命周期中安全相关的可交付性的详细说明，包括：

——文件；

——硬件；

——软件；

h) 编写系统安全论据的过程；

i) 系统安全性批准过程；

j) 修改系统安全性的批准过程；

k) 分析运营与维修性能的流程以保证实现的安全与要求相符；

l) 安全相关文件维护的流程，包括危害记录；

m) 与其他相关规划和计划的接口；

n) 计划中的约束与假设；

o) 分包商的管理安排；

p) 贯穿生命周期且适合于所考核系统的与安全相关的周期性安全评审、安全性评估及安全性复核的要求，包括任何人员独立性的要求。

### 6.2.4 可交付性

6.2.4.1 本阶段的结果、作出的所有假设及理由应形成文件。

6.2.4.2 可交付性应包括系统RAMS方针。

6.2.4.3 可交付性应包括安全计划。

6.2.4.4 本阶段的可交付性构成后续生命周期阶段的一个关键输入。

### 6.2.5 验证

6.2.5.1 本阶段应进行如下验证工作：

a) 评估本阶段内作为工作输入的信息、(合适时)数据及其他统计数据的充分性；

b) 在第1阶段可交付性的基础上,应验证第2阶段的可交付性的各个方面,特别是评审RAMS方针与在第1阶段中规定的系统要求相一致;

c) 应对RAM分析的完整性和危害确定过程进行评估;

d) 安全计划充分性的评审,包括核查安全计划内所有数据源的充分性;

e) 评估本阶段内使用的方法、工具和技术的适宜性;

f) 评估本阶段内从事工作的全体人员的能力。

6.2.5.2 任何一个错误或不足都需要重复先前一个或多个生命周期阶段中的部分或全部工作。

### 6.3 第3阶段:风险分析

注:风险分析在生命周期的几个阶段需要重复[见6.3.1的d)]。

#### 6.3.1 目标

本阶段的目标是:

a) 确定与系统有关的危害;

b) 确定导致危害的事件;

c) 确定与危害有关的风险;

d) 建立用于计划内风险管理的流程。

#### 6.3.2 输入

本阶段的输入应包括所有相关的信息和(合适时)满足本阶段要求所必需的数据,特别是第2阶段的可交付性。

#### 6.3.3 要求

6.3.3.1 本阶段的第1个要求是:

a) 在系统应用环境中,系统地确定并区分所有有理由预见的系统危害的优先次序,包括由以下条件所产生的危害:

——系统正常运营;

——系统故障环境;

——系统紧急运营;

——系统误用;

——系统接口;

——系统功能;

——系统操作、维修和支持问题;

——系统处置所需要考虑的事项;

——人为因素;

——职业健康问题;

——机械环境;

——电气环境;

——包括雪、洪水、风暴、雨及滑坡等现象在内的自然环境。

b) 确定导致危害的事件的顺序。

c) 估计每个危害发生的频度(见表2)。

d) 估计每个危害后果可能的严酷性。

e) 估计每个危害产生的系统风险。

6.3.3.2 考虑了可用性与系统生命周期费用要求的冲突后,本阶段的第2个要求是确定与每个已识别危害有关的风险的可接受性,并对其进行分类。

6.3.3.3 本阶段的第3个要求是建立一个危害记录作为管理风险的基础。在生命周期中,只要已识别的危害发生改变或确定有新的危害,危害记录就应更新。危害记录包括下述详细情况:

a) 危害记录的目的和用途；
b) 每个危害性的事件和引起危害的部件；
c) 每个与危害有关的事件序列的可能结果及频度；
d) 每个危害的风险；
e) 应用中风险容许准则；
f) 降低风险至容许等级或消除每个危害事件的风险的方法；
g) 检查风险可接受性的流程；
h) 核查降低风险方法有效性的流程；
i) 日常的风险和事故汇报的流程；
j) 危害记录管理流程；
k) 已实施分析的极限；
l) 分析中所做的任何假设；
m) 分析所用数据的置信度限值；
n) 使用的方法、工具和技术；
o) 过程中有关的人员及其能力。

#### 6.3.4 可交付性

6.3.4.1 本阶段的结果、作出的所有假设及理由应形成文件。

6.3.4.2 风险分析的结果应记录在危害记录中。

6.3.4.3 本阶段的可交付性构成后续生命周期阶段的关键输入。

#### 6.3.5 验证

6.3.5.1 本阶段应进行如下验证工作：
a) 评估本阶段内作为工作输入的信息、(合适时)数据和其他统计数据的充分性；
b) 第3阶段的可交付性应比照第2阶段的可交付性进行检查；
c) 评审风险评估的完整性；
d) 评估风险可接受的类别；
e) 评审所考核系统危害记录流程的适宜性；
f) 评估本阶段内使用的方法、工具和技术的适宜性；
g) 评估本阶段内从事工作的全体人员的能力。

6.3.5.2 任何一个错误或不足需要重复先前一个或多个生命周期阶段中的部分或全部工作。

### 6.4 第4阶段：系统需求

#### 6.4.1 目标

本阶段的目标是：
a) 规定系统全面的RAMS要求；
b) 对系统RAMS，规定全面的论证与验收准则；
c) 为控制后续生命周期阶段的RAM工作建立RAM规划。

#### 6.4.2 输入

本阶段的输入应包括所有相关的信息和(合适时)满足本阶段要求所必需的数据，特别是第2、3阶段的可交付性。

#### 6.4.3 要求

6.4.3.1 本阶段的第1个要求是规定整个系统的所有RAMS要求(参见6.2.3.1)。所考核系统的RAMS要求应包括：

——系统定义和界限；

——任务概要；

——功能要求和所支持的性能要求，对于每个安全功能，包括安全功能要求和安全完整性要求；
——后勤保障要求；
——接口关系；
——应用环境；
——已识别危害的容许风险等级；
——为达到要求所必需的外部测量；
——系统支持要求；
——分析限值的详细说明；
——所作假设的详细情况。

6.4.3.2 本阶段的第2个要求是规定与系统RAMS相一致的所有要求(参见6.2.3.3)，包括：
——所有RAMS要求的验收准则；
——系统RAMS确认计划推进的所有RAMS要求的论证和验收流程，包括：
- 系统描述；
- 系统采用的RAMS确认原理；
- 为进行确认所作的RAMS试验和分析，包括需要的环境、工具、设施等细节；
- 包括个人独立性要求在内的确认管理结构；
- 确认规划(顺序和进度表)的详细情况；
- 处理不一致性的程序。

6.4.3.3 本阶段的第3个要求是为余下的生命周期工作建立详细的RAM规划(参见6.2.3.3)。对于所考核系统，RAM规划应包括判定能最有效地达到RAM要求的工作。所考核系统的RAM规划应经过轨道交通主管部门及其支承工业的同意，并在整个系统生命周期内进行实施。RAM规划中，应考虑以下工作：

a) 管理，包括下列详细情况：
——获得RAM要求的方针和策略；
——规划范围；
——系统描述；
——系统生命周期、RAM工作和生命周期内采取的流程，特别是保证最有益于系统设计的RAM工作的顺序；
——生命周期内执行工作的组织的角色、责任、能力和关系；
——从生命周期的第7阶段，系统采用了失效报告分析和纠正措施系统(FRACAS)(适当时，由轨道交通主管部门及其支承工业同意)，记录包括如下内容：
- 系统的技术数据；
- 维修理由；
- 维修类别；
- 维修工时与用去的时间；
- 维修不可用时间；
- 人员的数量和其技能水平；
- 使用的备品；
- 消耗品的费用；
- 汇报和纠正措施；

——为保证单个RAM要素间的协调所作的安排；
——本生命周期内所有与RAM相关的可交付性的详细资料；
——RAM验收工作的详细资料；

——与其他相关规划和计划的接口；
——RAM 规划作出的约束和假设；
——分包商管理方案。

b) 可靠性包括：

——可靠性分析和预计包括：
- 功能分析和系统失效定义；
- 下行分析法，如故障树分析和方框图分析；
- 上行分析法，如失效模式影响分析(FMEA)；
- 共因失效或多路失效分析；
- 敏感度分析和折衷研究；
- 可靠性分配；
- 人机接口分析；
- 应力分析；
- “最坏情况”预计和容差分析；

——可靠性规划包括：
- 可靠性设计复核方案；
- 部件可靠性保证方案；
- 软件质量/可靠性保证方案；

——可靠性测试包括：
- 基于失效产生的可靠性增长测试；
- 基于预期失效模式的可靠性论证测试；
- 环境应力筛选；
- 部件的寿命测试；
- 早期运营期间的系统寿命测试；
- 可靠性数据获取和评估；
- 可靠性改进的数据分析。

c) 可维修性包括：

——可维修性分析和预计包括：
- 可维修性分析与验证；
- 维修工作分析；
- 易维修性研究和测试；
- 人为因素可维修性考虑；

——可维修性计划包括：
- 可维修性设计方案复核；
- 建立维修策略；
- 以可靠性为中心的维修选项的核查；
- 软件维修方案；

——后勤保障评估包括：
- 维修要求定义；
- 备件策略与支持资源的定义；
- 维修人员及设备；
- 人员安全预防措施；
- 系统支持要求；

- 培训方案要求；
- 系统运输、包装、搬运和贮存条件；

——可维修性数据获取和评估；

——可维修性改进的数据分析。

d) 可用性包括：

——可用性分析；

——敏感度分析和折衷研究；

——早期运营期间的可用性论证；

——可用性数据获取和评估；

——可用性改进和预计的数据分析。

6.4.3.4 本阶段第4个要求是修订安全计划以保证所有今后计划工作与系统的应急RAMS要求相一致。

**6.4.4 可交付性**

6.4.4.1 本阶段的结果、作出的所有假设及理由应形成文件。

6.4.4.2 本阶段应产生一个更新的安全计划和验收计划。

6.4.4.3 本阶段的可交付性构成后续生命周期阶段的输入。

**6.4.5 验证**

6.4.5.1 本阶段应进行如下验证工作：

a) 评估本阶段内作为工作输入的信息、(合适时)数据和其他统计数据的充分性；

b) 系统要求应在比照第2、3阶段产生的可交付性(包括生命周期费用)后验证；

c) 安全性要求应在比照轨道交通主管部门的安全目标和安全方针后验证；

d) RAM要求应对照轨道交通主管部门的RAM目标和RAM方针进行验证；

e) 评估验收计划和确认计划的充分性与完整性；

f) 评估RAM规划的充分性(包括复核所有使用的数据源的充分性)；

g) 评估本阶段内使用的方法、工具和技术的适宜性；

h) 评估本阶段内从事工作的全体人员的能力。

6.4.5.2 任何一个错误或不足需要重复先前一个或多个生命周期阶段中的部分或全部工作。

**6.5 第5阶段：系统需求分配**

**6.5.1 目标**

本阶段的目标是：

a) 把系统的所有RAMS要求分配给所设计的子系统、部件和外部设施；

b) 为所设计的子系统、部件和外部设施规定RAMS验收准则。

**6.5.2 输入**

本阶段的输入应包括所有相关的信息和(合适时)满足本阶段要求所必需的数据，特别是第4阶段产生的所有可交付性。

**6.5.3 要求**

6.5.3.1 本阶段的第1个要求是：

a) 给所设计的子系统、部件和外部设施分配功能要求；

b) 给所设计的子系统、部件和降低风险的外部设施分配安全要求；

c) 规定所设计的子系统、部件与外部设施达到全部的系统RAM要求，包括共因失效与多路失效的影响；

d) 复核RAM规划。

6.5.3.2 本阶段的第2个要求是规定符合子系统、部件和外部设施要求的一些要求，包括：

——子系统、部件和外部设施要求的验收准则；

——子系统、部件和外部设施要求的论证、验收过程与步骤。

6.5.3.3 本阶段的第3个要求是复核和更新安全计划并确认计划，确保计划的工作与分配后的系统要求相一致。包括人员独立性要求的关键区域和系统接口控制的安全功能，可折衷妥善处理。

6.5.4 **可交付性**

6.5.4.1 本阶段的结果、作出的所有假设及理由应形成文件。

6.5.4.2 本阶段应产生更新的安全计划。

6.5.4.3 本阶段产生的文件应包括给所设计的子系统、部件和外部设施分配系统要求。

6.5.4.4 本阶段的可交付性构成后续生命周期阶段的一个关键输入。

6.5.5 **验证**

6.5.5.1 本阶段应进行如下验证工作：

a) 评估本阶段内作为工作输入的信息、(合适时)数据和其他的统计数据的充分性；

b) 对照第4阶段产生的可交付性，验证系统、子系统、部件和外部设施要求，包括对系统生命周期费用要求的复核；

c) 应验证所设计的子系统、部件和外部设备总的组成结构，确保与整个系统RAMS要求相一致；

d) 应验证子系统、部件和外部设施的RAMS要求，确保它们可追踪系统的RAMS要求；

e) 应验证子系统、部件和外部设施的RAMS要求，确保功能之间的完整性和一致性；

f) 修订后的安全计划和确认计划应经过验证以确保持续可用性；

g) 评估本阶段内使用的方法、工具和技术的适宜性；

h) 评估本阶段从事工作的全体人员的能力。

6.5.5.2 任何一个错误或不足需要重复先前一个或多个生命周期阶段中的部分或全部工作。

6.6 **第6阶段：设计和实现**

6.6.1 **目标**

本阶段的目标：

a) 创建符合RAMS要求的子系统和部件；

b) 证明子系统和部件符合RAMS要求；

c) 为后续的生命周期工作(包括RAMS)建立计划。

6.6.2 **输入**

本阶段的输入应包括所有相关的信息和(合适时)满足本阶段要求所必需的数据，特别是第5阶段的可交付性。

6.6.3 **要求**

6.6.3.1 本阶段的第1个要求是设计满足RAMS要求的子系统和部件的方案。

6.6.3.2 本阶段的第2个要求是完成满足RAMS要求的子系统和部件的施工设计。

6.6.3.3 本阶段的第3个要求是在RAMS范围内为今后的生命周期工作建立计划，包括：

——安装；

——调试；

——运营和维修，包括运营和维修程序的定义；

——运营中的数据获取和评估。

6.6.3.4 本阶段的第4个要求是定义、验证和建立能够生产已确认的RAMS的子系统和部件的制造工序，并考虑使用如下措施：

——环境应力筛选；

——RAM改进测试；

——对RAMS有关失效模式进行检查和测试；

——实施安全计划的第 4 个要求[见 6.2.3.4 中 d)]。

6.6.3.5 本阶段的第 5 个要求是：

a) 为一已设计的并独立使用的系统准备一个一般安全论据，证明系统能满足安全性要求。该安全论据应通过轨道交通主管部门的正式批准，包括：

——系统概述；

——安全性要求的摘要或参考，包括安全功能 SIL 的论证；

——生命周期内采用的质量和安全管理控制摘要；

——安全性评估和安全性审查工作摘要；

——安全性分析工作摘要；

——系统所采用的安全工程技术综述；

——制造工序的验证；

——与安全性要求(包括系统的任何 SIL 要求)一致的充分性；

——应用到系统的限制与约束摘要；

——与本标准的普通要求相比，合同强加并认为是正当的任何特定的考核。

b) 如果在这个阶段合适，则为系统准备应用安全论据。该应用安全论据建立在一般安全论据的基础之上，用于证明对于特定类别的应用，系统设计及其物理实现(包括安装和试验阶段)满足安全性要求。该应用安全论据需经轨道交通主管部门的正式批准，且应包括：

——对于所考核应用的级别，证明系统安全性所必需的全部附加信息；

——系统应用有关的所有约束与限制。

#### 6.6.4 可交付性

6.6.4.1 本阶段的结果、作出的所有假设及理由应形成文件。

6.6.4.2 应记录本阶段内进行的 RAMS 确认工作。

6.6.4.3 应提出 RAMS 后续生命周期工作的详细计划。

6.6.4.4 运营与维修规程，包括所有提供备用部件的相关信息，特别是安全相关项目，应在本阶段内提出。

6.6.4.5 本阶段应出示一般安全论据。

6.6.4.6 本阶段可出示应用安全论据。

6.6.4.7 本阶段的可交付性构成后续生命周期阶段的一个关键输入。

#### 6.6.5 验证

6.6.5.1 本阶段应进行如下验证工作：

a) 评估本阶段内作为工作输入的信息、(合适时)数据与其他统计数据的充分性；

b) 通过分析和测试，验证子系统和部件的设计符合 RAMS 要求；

c) 通过分析和测试，验证子系统和部件的施工设计与设计方案一致；

d) 确认子系统和部件的实现，以保证与 RAMS 验收准则(包括生命周期要求)相一致；

e) 通过分析和测试，验证制造布局可生产已确认 RAMS 的子系统与部件；

f) 验证所有后续生命周期活动计划与系统 RAMS 要求(包括生命周期费用要求)相一致；

g) 评估一般安全论据与相应的应用安全论据的充分性和完整性；

h) 评估本阶段内使用的方法、工具和技术的适宜性；

i) 评估本阶段内从事工作的全体人员的能力；

j) 保证 RAMS 确认计划的持续适用性。

6.6.5.2 任何一个错误或不足需要重复先前一个或多个生命周期阶段中的部分或全部工作。

### 6.7 第 7 阶段：制造

#### 6.7.1 目标

本阶段的目标是：

a） 实施能生产出已确认 RAMS 的子系统和部件的制造工序；

b） 建立以 RAMS 为中心的工序确保计划；

c） 建立子系统和部件 RAMS 的支持计划。

#### 6.7.2 输入

本阶段的输入应包括所有相关的信息和（合适时）满足本阶段要求所必需的数据，特别是第 6 阶段产生的可交付性。

#### 6.7.3 要求

6.7.3.1 本阶段的第 1 个要求是验证和实现制造工序。

6.7.3.2 本阶段的第 2 个要求是建立子系统和部件支持计划，包括：

——子系统和部件 RAMS 支持文件的准备、验证和确认；

——RAMS 内容中运营和维修程序的准备、验证和确认；

——子系统和部件关于 RAMS 培训材料的准备、验证和确认。

上述文件、程序和培训材料应在所有后续阶段中复核。

6.7.3.3 本阶段的第 3 个要求（如果合适）是：

a） 安排满足要求的制造；

b） 实施满足要求的制造；

c） 实现 RAMS 流程保证，以避免潜在的 RAMS 相关失效模式。

#### 6.7.4 可交付性

6.7.4.1 本阶段的结果、作出的所有假设及理由应形成文件。

6.7.4.2 应继续记录本阶段内进行的 RAMS 确认工作。

6.7.4.3 本阶段的可交付性构成后续生命周期阶段的一个关键输入。

#### 6.7.5 验证

6.7.5.1 本阶段应执行如下验证工作：

a） 评估本阶段内作为工作输入的信息、（合适时）数据及其他统计数据的充分性；

b） 验证 RAMS 支持文件是正确的、充分的，并与生命周期费用要求和系统规定的目标 RAMS 要求相一致；

c） 评估以确保正在生产的产品按系统要求制造；

d） 评估本阶段内使用的方法、工具和技术的适宜性；

e） 评估本阶段内从事工作的全体人员的能力。

6.7.5.2 任何一个错误或不足需要重复先前一个或多个生命周期阶段的部分或全部工作。

### 6.8 第 8 阶段：安装

#### 6.8.1 目标

本阶段的目标是：

a） 对形成完整系统所需要的子系统和部件进行组合装配与安装；

b） 启动系统支持计划。

#### 6.8.2 输入

本阶段的输入应包括所有相关的信息和（合适时）满足本阶段要求所必需的数据，特别是第 6 阶段准备的安装计划，以及第 7 阶段制造的子系统和部件以及第 7 阶段准备的 RAMS 支持文件。

#### 6.8.3 要求

6.8.3.1 本阶段的第 1 个要求是按照安装计划对形成完整系统所需要的子系统、部件和外部设施进行组合装配和安装。

6.8.3.2 本阶段的第 2 个要求是写出安装流程，包括：

——复核设计和实现阶段（6.6.3.3）第 3 个要求的计划；

——安装工作；

——用于解决失效和不兼容性的活动。

6.8.3.3 本阶段的第3个要求是在安装完成后复核和修改安全计划，确保记录了系统或工序发生的变化，并在后续的生命周期工作中有效管理。

6.8.3.4 本阶段的第4个要求是：

a) 开始人员培训；

b) 制订可用的支持步骤；

c) 建立备件供应；

d) 建立工具供应。

### 6.8.4 可交付性

6.8.4.1 本阶段的结果、作出的所有假设及理由应形成文件。

6.8.4.2 应继续记录本阶段内所执行的所有RAMS确认工作，包括安装活动。

6.8.4.3 本阶段应更新安全计划。

6.8.4.4 本阶段的可交付性构成后续生命周期阶段的一个关键输入。

### 6.8.5 验证

6.8.5.1 本阶段应进行如下验证工作：

a) 评估本阶段内作为工作输入的信息、(适当时)数据和其他统计数据的充分性；

b) 验证安装工作是按安装计划进行的；

c) 通过分析和测试，验证已安装的系统满足RAMS要求；

d) 评估安全计划以确保其持续适用性；

e) 评估系统支持计划的有效性和充分性；

f) 评估本阶段内使用的方法、工具和技术的适宜性；

g) 评估本阶段内从事工作的全体人员的能力。

6.8.5.2 任何一个错误或不足需要重复先前一个或多个生命周期阶段的部分或全部工作。

## 6.9 第9阶段：系统确认(包括安全性验收和调试)

### 6.9.1 目标

6.9.1.1 本阶段的目标是：

a) 确认子系统、部件和降低风险的外部措施的总成与系统的RAMS要求一致；

b) 对子系统、部件和降低风险的外部措施的总成进行调试；

c) 准备和(合适时)验收系统的特定应用安全论据；

d) 提供获得的数据并评估。

6.9.1.2 关注第10阶段(系统验收)的要求是非常重要的，如果适合于所考核的系统，它可以是第9阶段要求的集成。如果是这样，在第9阶段实现后，本阶段的可交付性已证明第10阶段的要求得到了充分满足。

### 6.9.2 输入

本阶段的输入应包括所有相关的信息和(合适时)满足本阶段要求所必需的数据，特别是在第4阶段内产生的系统要求、验证和确认计划，还有第6阶段的调试计划及第7阶段准备的培训材料。

### 6.9.3 要求

6.9.3.1 本阶段的第1个要求是按照确认计划来确认子系统、部件和降低风险的外部措施的总成并记录确认流程，包括：

——RAMS确认工作对照验收准则的详细情况，包括RAM论证和安全性分析；

——确认工作采用的流程、工具、设备对照验收准则的详细情况；

——按所有验收准则进行确认工作的结果；

——应用于系统的所有限制与约束；

——解决各种失效和不兼容性的活动。

6.9.3.2 本阶段的第2个要求是：

a) 按照调试计划调试子系统、部件和降低风险的外部措施的总成并记录调试过程，包括：

——调试工作；

——失效报告与评估工作；

——解决各种失效和不兼容性的活动；

——任何约束与限制系统使用的详细情况。

b) 如果需要，采取试运营周期以解决正式运营时的系统问题。当采用作为系统验收一个部分的试运营周期时，在系统投入商业运营之前，应考虑证明系统的安全性。

6.9.3.3 本阶段第3个要求是，若在第6阶段还没有准备好[见6.6.3.5b)]，则应为系统准备一个应用安全论据，用它来证明该系统在特定的应用中符合系统安全性要求。该应用安全论据需经轨道交通主管部门的正式批准，并应包括：

——系统综述；

——安全性要求的参考或摘要(包括该应用的安全功能SIL合理性的考虑)；

——生命周期内采取的质量和安全管理控制摘要；

——安全评估及安全评审工作摘要；

——安全性分析工作摘要；

——系统所采用的安全工程技术概要；

——符合系统安全性要求的充分性，包括遵循在特定应用中的SIL要求(含其物理实现)的充分性；

——对本应用采取的限制与约束摘要。

6.9.3.4 本阶段的第4个要求是建立和实现一个流程，用于获取和评估运营数据，然后作为系统改进过程的输入。

### 6.9.4 可交付性

6.9.4.1 本阶段的结果、作出的所有假设及理由应形成文件。

6.9.4.2 应继续记录本阶段内执行的所有RAMS确认工作，包括调试活动。

6.9.4.3 在本阶段内应为系统提供一个特定应用安全论据。

6.9.4.4 应继续记录本阶段内进行的所有验收工作。

6.9.4.5 本阶段的可交付性构成后续生命周期阶段的一个关键输入。

### 6.9.5 验证

6.9.5.1 本阶段应进行如下验证工作：

a) 评估本阶段内作为工作输入的信息、(合适时)数据和其他统计数据的充分性。

b) 通过分析和测试，验证并确认所安装系统满足RAMS要求。应注意在有些轨道交通系统中，特定应用安全论据的验收要求在安装和调试工作进行之前完成验收。

c) 验证调试活动是按调试计划实施的。

d) 评估运行数据采集系统的有效性和充分性。

e) 评估本阶段内使用的方法、工具和技术的适宜性。

f) 评估本阶段内从事工作的全体人员的能力。

6.9.5.2 任何一个错误或不足需要重复先前一个或多个生命周期阶段的部分或全部工作。

## 6.10 第10阶段：系统验收

### 6.10.1 目标

本阶段的目标是：

a) 评估子系统、部件和降低风险的外部措施的总成符合完整系统的所有 RAMS 要求；

b) 验收投入运行的系统。

6.10.2 **输入**

本阶段的输入应包括所有相关的信息和(合适时)满足本阶段要求所必需的数据，特别是在第 4 阶段准备的系统要求、验证与确认计划和验收计划以及在第 9 阶段中准备的验证和确认工作的记录。

6.10.3 **要求**

6.10.3.1 本阶段的第 1 个要求是根据系统验收计划评估系统的所有验证和确认工作，特别是 RAM 验证和确认以及特定应用安全论据。

6.10.3.2 如果合适的话，本阶段的第 2 个要求是正式验收系统以便投入运行。

6.10.3.3 本阶段的第 3 个要求是复核和更新危害记录，记录系统确认或验收过程中确定的残留危害，并确保这些危害所造成的风险得以有效管理。

6.10.4 **可交付性**

6.10.4.1 本阶段的结果、作出的所有假设及理由应形成文件。

6.10.4.2 应继续记录本阶段所执行的所有验收工作。

6.10.4.3 更新本阶段的危害记录。

6.10.4.4 本阶段的可交付性构成后续生命周期阶段的一个关键输入。

6.10.5 **验证**

6.10.5.1 本阶段应进行如下验证工作：

a) 评估本阶段内作为工作输入的信息、(合适时)数据与其他统计数据的充分性；

b) 通过分析和测试验收系统满足 RAMS 要求(包括生命周期费用要求)；

c) 验证验收工作是按验收计划执行的；

d) 评估修改过的安全计划的延续适用性；

e) 评估以确保任何残留的危害已得到有效地管理；

f) 评估特定应用安全论据的充分性和完整性；

g) 评估本阶段内使用的方法、工具和技术的适宜性；

h) 评估本阶段内从事工作的全体人员的能力。

6.10.5.2 任何一个错误或不足需要重复先前一个或多个生命周期阶段的部分或全部工作。

6.11 **第 11 阶段：运营和维修**

6.11.1 **目标**

本阶段的目标是运营(在规定限值内)、维修与支持子系统、部件和降低风险的外部措施的总成，使之继续符合系统 RAMS 要求。

6.11.2 **输入**

本阶段的输入应包括所有相关的信息和(合适时)满足本阶段要求所必需的数据，特别是第 6 阶段准备的运营和维修程序。

6.11.3 **要求**

6.11.3.1 本阶段的第 1 个要求是监控系统实现，实施运营和维修程序，特别是与系统性能和生命周期费用相关的程序。

6.11.3.2 本阶段的第 2 个要求是用下列方法确保整个阶段中符合系统 RAMS 要求：

a) 运营和维修程序的定期核查和更新；

b) 系统培训文件的定期核查；

c) 定期核查和更新危害记录与安全论据；

d) 有效的后勤保障，包括备品、工具、校正措施、胜任的人员和以 RAMS 为中心的维修；

e) 维护失效报告分析和纠正措施系统(FRACAS)。

#### 6.11.4 可交付性

6.11.4.1 应继续记录在本阶段内所做的假设、论证及所有执行的 RAMS 工作。

6.11.4.2 在本阶段内应更新相应的系统文件。

6.11.4.3 本阶段的可交付性构成后续生命周期阶段的一个关键输入。

#### 6.11.5 验证

本阶段应进行如下验证工作：

a) 评估本阶段内作为工作输入的信息、(合适时)数据和其他统计数据的充分性；

b) 验证后勤计划的变动与系统 RAMS 要求和生命周期费用要求一致；

c) 评估本阶段内使用的方法、工具和技术的适宜性；

d) 评估本阶段内从事工作的全体人员的能力。

### 6.12 第 12 阶段：性能监控

#### 6.12.1 目标

本阶段的目标是保持系统 RAMS 性能的置信度。

#### 6.12.2 输入

本阶段的输入应包括所有相关的信息和(合适时)满足本阶段要求所必需的数据，特别是系统 RAMS 要求和系统支持数据。

#### 6.12.3 要求

6.12.3.1 本阶段的第 1 个要求是建立、实施和定期核查以下流程：

——RAMS 和运营性能统计数据的收集；

——RAMS 和性能数据的获得、分析和评估；

——在安全论据中的假设保持有效的核查。

6.12.3.2 本阶段的第 2 个要求是分析影响下述内容的性能、RAM 数据以及统计数据：

——新的运营和维修程序；

——系统后勤保障的变动。

#### 6.12.4 可交付性

6.12.4.1 应继续记录本阶段内所有性能监控工作、所作的假设与理由。

6.12.4.2 本阶段内可能更新的系统支持文件。

6.12.4.3 本阶段的可交付性构成后续生命周期阶段的一个关键输入。

#### 6.12.5 验证

本阶段应进行如下验证工作：

a) 评估本阶段内作为工作输入的信息、(合适时)数据和其他统计数据的充分性；

b) 验证保障计划的变动与系统 RAMS 要求和生命周期费用要求相一致；

c) 评估本阶段内使用的方法、工具和技术的适宜性；

d) 评估本阶段内从事工作的全体人员的能力。

### 6.13 修改与更新

#### 6.13.1 目标

本阶段的目标是控制系统修改与更新工作来保持系统 RAMS 的要求。

#### 6.13.2 输入

本阶段的输入应包括所有相关的信息和(合适时)满足本阶段要求所必需的数据。

#### 6.13.3 要求

6.13.3.1 本阶段的第 1 个要求是建立一个安全计划。

6.13.3.2 本阶段的第 2 个要求是在 RAMS 范围内建立、实现和定期核查控制系统修改与更新的流程，包括：

——通过强制采用一种合适的生命周期模型来控制全部修改与更新工作；
——在修改与更新之后要求建立一个验证、确认和验收系统 RAMS 性能的程序；
——要求分析变更的原因；
——要求进行变更 RAMS 的影响分析，包括对生命周期费用要求的影响；
——要求变更计划的实现及随后的验收；
——要求记录修改与更新工作；
——要求更新所有受影响的系统文件。

**6.13.4 可交付性**

6.13.4.1 本阶段的关键可交付性是确认修改过的系统。

6.13.4.2 本阶段的结果、作出的所有假设及理由应形成文件。

6.13.4.3 继续记录本阶段内进行的验证、确认和验收工作。

6.13.4.4 在本阶段内应更新危害记录。

6.13.4.5 在本阶段内应更新应用安全论据。

6.13.4.6 必需时，应复核及更新全部 RAM 相关的文件。

6.13.4.7 本阶段的可交付性构成后续生命周期阶段的关键输入。

**6.13.5 验证**

本阶段应进行如下验证工作：

a) 评估本阶段内作为工作输入的信息、(合适时)数据和其他统计数据的充分性；
b) 验证和确认系统的任何变更或修改与系统 RAMS 要求和生命周期费用要求相一致；
c) 评估任何修改过的系统文件(特别是系统安全论据文件)的充分性和完整性；
d) 评估本阶段内使用的方法、工具和技术的适宜性；
e) 评估本阶段内从事工作的全体人员的能力。

**6.14 停用及处置**

**6.14.1 目标**

本阶段的目标是控制系统停用及处置工作。

**6.14.2 输入**

本阶段的输入应包括所有相关的信息和(合适时)满足本阶段要求所必需的数据。

**6.14.3 要求**

6.14.3.1 本阶段的第 1 个要求是：

a) 确定停用与处置对与待停用系统关联的任何系统和外部设施的影响；
b) 制订停用计划，包括确定以下内容的步骤：
——系统和相联外设的安全关闭；
——系统和相联外设的安全拆除；
——继续保证受停用系统影响的任何系统或外部设施的 RAMS 要求的一致性。

6.14.3.2 本阶段的第 2 个要求是提供包括生命周期费用在内的 RAMS 生命周期性能的分析，作为将来系统的输入。

**6.14.4 可交付性**

6.14.4.1 本阶段的结果、作出的所有假设及理由应形成文件。

6.14.4.2 继续记录本阶段执行的全部停用及处置工作。

6.14.4.3 在本阶段内应更新危害记录。

6.14.4.4 建立安全计划说明停用及处置工作和停用后要完成的工作。

6.14.4.5 本阶段可产生一个修订的应用安全论据。

6.14.4.6 在停用与处置工作期间，更新后的文件应包含仍然满足受影响的相关系统 RAMS 要求的一致性。

### 6.14.5 验证

本阶段应进行如下验证工作：

a) 评估本阶段内作为工作输入的信息、(合适时)相应的数据和其他统计数据的充分性；

b) 评估被停用及处置工作影响的系统所有文件的充分性；

c) 评估本阶段内使用的方法、工具和技术的适宜性；

d) 评估本阶段内从事工作的全体人员的能力。

# 附 录 A
# （资料性附录）
# RAMS 规范概要（示例）

## A.1 引言

为了促进本标准的应用，附录中列出了轨道交通系统 RAMS 规范的原理性概要。这个概要示例和本标准的图 8、图 9 有关，关于生命周期阶段相应的说明详见第 6 章，在此概要中提供以机车车辆作为示例的详细情况。

## A.2 概要

RAMS 规范的基本结构和内容（完整系统要求的一部分）应和下面的概要一致。

1 立项

1.1 确定项目；

1.2 可交付性和最后期限；

1.3 项目组织和 RAMS 管理。

2 通用系统描述

2.1 系统的技术描述。

2.2 特定应用和运营：

例如对于机车车辆

——高速列车运营；

——列车编组；

——任务概要；

——地理位置；

——列车时刻表和容差；

——运营概要；

——安全性原理；

——人为因素考虑。

2.3 子系统的技术描述：

例如对于机车车辆

——能源供给系统；

——制动系统；

——牵引系统；

——通风系统；

——保护系统；

——控制系统；

——通信系统；

——采暖系统。

3 运营条件与环境条件

3.1 确定运营模式：

例如对于机车车辆

——日运营时间或里程；

——日待用时间；

——日停止运营时间。

3.2 期望寿命：

例如对于机车车辆

——系统预计使用的总时间(年)；

——年平均运营时间。

3.3 确定环境条件：

例如对于机车车辆

——遵循标准；

——温度范围；

——机车车辆内部的温度范围；

——运营中；

——停用状态；

——湿度范围；

——最高海拔。

4 可靠性

4.1 可靠性目标；

4.2 规定可靠性目标以满足特定应用所需的性能(见 2.2)；

4.3 系统失效模式和平均失效间隔时间(MTBF)：

例如对于机车车辆

| 失效种类 | 系统失效模式 | 对运行的影响 | MTBF(.)[a] |
|---|---|---|---|
| 特大 | 完全失效 | 不能运行 | |
| 重大 | 重大的功能失效 | 紧急运行 1 | |
| 次要 | 不重大的功能失效 | 紧急运行 2 | |
| 轻微 | 可忽略的功能失效 | 正常运行 | |

[a] MTBF(.)单位为小时、年或千米。

深入了解见 4.5.2.2 表 1、附录 C 表 C.1。

4.4 对运营和性能的影响：

例如对于机车车辆

——对运行中完全失效、紧急运行 1、紧急运行 2 和对运营无影响的失效等各种技术和运营条件作出规定；

| 失效种类 | 对运行的影响[a] | 性　　能 | | | 备 注 |
|---|---|---|---|---|---|
| | | 功率(%) | 速度(%) | (.) | |
| 特大 | 不能运行 | 0 | 0 | | |
| 重大 | 紧急运行 1 | | | | |
| 次要 | 紧急运行 2 | | | | |
| 轻微 | 正常运行 | 100 | 100 | | 简化信息显示 |

[a] 在应用中规定以下几个方面的技术与运行条件：

——完全失效；

——紧急运行 1；

——紧急运行 2；

——对运营没有影响的失效。

5 维修和修理

5.1 预防性维修

维修制度和遇到的维修类型 R0～R3 的说明。

例如对于机车车辆

| 维修类型 | MTBM(.) | MTTM(.) |
|---|---|---|
| R0 | | |
| R1 | | |
| R2 | | |
| R3 | | |
| MTBM：平均维修间隔时间(单位：小时、年或千米)<br>MTTM：平均维修前时间(平均维修期限，单位：小时或天) | | |

详细说明见附录 C、表 C.2 和表 C.4

5.2 修理：

修理规章和必需的后勤保障描述。

- 规定系统平均恢复时间(MTTR)(单位：小时或天)。
- 规定包含在 MTTR 组成中的时间成分：
  ——调用/行车时间；
  ——进入时间；
  ——备件准备时间；
  ——修理/替换时间；
  ——测试/启动时间；
  ——数据接收时间；
  ——等待时间。
- 说明每个可修理部件的修理/替换时间(最大或平均修理/替换时间)及条件。
- 说明最小的备件供应和后勤保障条件。

例：

| 可修理部件 | 平均修理替换时间 | 修理地点(现场，修理车间) | 必需的修理人数 |
|---|---|---|---|
| | | | |
| | | | |
| | | | |

6 安全性

6.1 安全目标：

- 说明安全目标和应用规章(见 2.2)。

6.2 危害情况：

- 识别和列出在应用中要考虑的危害；
- 指出危害的频度级别(见 4.6.2.2，表 2)。

6.3 安全相关的功能和失效：

- 识别和列出安全相关的功能或部件，如：制动或与制动相关的部件。
- 指出每个安全相关功能在应用中的安全相关失效(见 4.3.6 和 4.3.7)。

例如对于机车车辆

| 安全相关功能/部件 | 安全相关失效描述 | MTBSF[a]（年或千米） |
| --- | --- | --- |
| 制动 | | |
| 车厢门 | | |
| [a] 参见附录 C，表 C.5。 | | |

● 安全危害严重等级；

——规定应用的安全危害严酷等级（见 4.6.2.3，表 3）。

● 风险分类：

——规定风险的容许程度（见 4.6.3.2 和 4.6.3.3）。

7 可用性

系统的可用性 $A$ 归因于下面的部分：

● 预料的不可用性（可维修性）：$1-A_m$

● 没有预料到的不可用性（修理）：$1-A_R$

$$A = 1-[(1-A_m)+(1-A_R)]$$

$$A = MUT/[(MUT+MDT)];0 \leqslant A \leqslant 1$$

式中：

MUT＝平均可用时间；可用相应的 MTBF、MTBSF 等等代替。

MDT＝平均不可用时间；可用相应的 MTTM、MTTR 等等代替。

对特定可用性 $A(.)$ 应规定 MUT 与 MDT。

如“安全系统”的可用性 As，（MUT＝ MTBSF）。

任务时间 $T$（如 1 年）内的不可用时间 $d(T)$ 的结果是：

$d(T)=(1-A)\times T$。

可用性规范：

● 说明系统可用性 $A$ 是可维修性和修理要求的联合（见 A.2.5）；

● 可维修性和修理规章是按期望一定的可用性 $A$ 来规定的。

8 RAMS 性能的论证

第 9 阶段系统确认和第 10 阶段系统验收的 RAMS 性能的说明。

搜集的证据更加易于说明 RAMS 性能，如：

——RAMS 管理及组织；

——RAMS 资源的可用性；

——RAMS 需求规范；

——RAMS 计划和规划；

——RAMS 相关的核查报告；

——RAMS 分析报告；

——RAMS 测试记录（部件）；

——失效数据获取（统计表）；

——特定应用安全论据；

——系统确认和验收；

——在早期运营阶段 RAMS 性能监控；

——生命周期费用评估。

9 RAMS 规划

供应商应该建立 RAM 规划和安全计划，用以保证最有效地达到该项目的 RAMS 需求。

一个基本的 RAMS 规划的示例参见附录 B。

# 附 录 B
## （资料性附录）
## RAMS 规划

**B.1** 本附录给出一个关于基本 RAM 规划/安全计划的概要程序的示例，还列出一些关于 RAMS 管理和分析的方法和工具。

**B.2** 供应商应建立一个 RAMS 规划，它有助于满足所考虑应用的 RAMS 需求。类似项目的 RAMS 设计或供应商的系统要求可以提供一个“标准的 RAMS 规划”，它是一个公司的 RAMS 原始资料。

**B.3** 步骤

以下给出一个基本 RAMS 规划的简要示例步骤。

1 规定符合公司商业流程的合适生命周期。

结果：建立公司的生命周期或项目的各个阶段。

2 指定每个项目阶段及其相关的 RAM 和安全工作，这些应充分满足项目和系统指定的要求。

结果：确定生命周期内所有必需的 RAMS 工作。

3 规定在公司内执行每个 RAMS 工作的责任者。

结果：确定必需的 RAMS 资源和人员的责任。

4 规定每个 RAMS 工作必需的指令、工具和参考文件。

结果：文件化的 RAMS 管理。

5 在公司作业中执行的 RAMS 活动。

结果：集成 RAMS 管理规程（RAMS 原始资料）。

**B.4** 基本 RAMS 规划示例

表 B.1 给出基本 RAMS 规划的概要。这个概要由能够应用到特定项目中的一组工作的示例组成。

**表 B.1 基本 RAMS 规划概要示例**

| 项目—阶段 | RAMS 工作 | 责任者 | 参考文件 |
|---|---|---|---|
| 预 计 | ——估计指定应用的 RAMS 目标 | | |
| 可行性研究 | ——评估 RAMS 要求<br>——评价 RAMS 过去的数据和经验<br>——确定指定应用对安全性的影响<br>——咨询用户关于 RAMS 的要求（必要时） | | |
| 邀请投标者 | ——进行初步的 RAMS 分析（最坏情况）<br>——系统 RAMS 要求的分配（子系统/设备、其他相关系统等）<br>——进行系统危害和安全风险的分析<br>——进行 RAM 相关的风险分析<br>——准备进一步的 RAMS 数据评审<br>——逐条注释 RAMS | | |
| 合同协议 | 核查/修改初步的 RAMS 分析和 RAMS 分配 | | |
| 指令作业：<br>规定系统要求 | ——确定项目具体的 RAMS 管理<br>——规定系统 RAMS 需求（所有的）<br>——建立 RAM 规划（标准 RAMS 规划充分否?）<br>——分配 RAMS 要求给分包商、供应商<br>——规定 RAM 验收准则（所有的） | | |

表 B.1(续)

| 项目—阶段 | RAMS 工作 | 责任者 | 参考文件 |
| --- | --- | --- | --- |
| 指令作业:设计和实现 | ——可靠性分析(FMEA)<br>——安全性分析(FMECA),如果可行的话<br>——维护/修理分析;说明维护/修理策略<br>——在维护/修理策略基础上作可用性分析<br>——RAMS 核查<br>——生命周期费用估计<br>——RAMS 说明,一致性的证据<br>——设计/制造 FMEA<br>——测试可靠性和可维修性,如果可行的话 | | |
| 采购 | 提供给分包商/供应商的 RAMS 规范 | | |
| 制造/测试 | RAMS 相关的质量保证/工艺保证 | | |
| 调试/验收 | ——完成 RAM 说明<br>——准备特定应用安全论据<br>——启动 RAMS 数据评估<br>——早期运营的 RAM 测试、数据筛选和评估 | | |
| 运营/维修 | ——临时的运营和维修(维修/修理策略)<br>——运营人员和维修人员的培训<br>——RAMS 数据评估<br>——生命周期费用评估<br>——性能复核 | | |

**B.5** 工具清单:

下面列出了一些实施和管理 RAMS 规划的合适的方法和工具。相关工具的选择取决于研究中的系统及系统的重要性、复杂性和新颖性等等。

1 RAMS 规范的概要形式:以保证所有的 RAMS 相关要求的评估(参见附录 A 的示例)。

2 正规设计核查程序:着重于 RAMS,使用某些普通的和应用指定的合适的检查清单,如:

IEC 61160 正规设计核查(第 1 次修订版)。

3 实施"从上到下"(推理法)和"从下到上"(归纳法)的程序,对简单和复杂功能的系统结构进行深入 RAM 分析和最坏情况的分析。通常对不同技术使用的 RAM 分析程序、方法、有利之处和不利之处、输入数据和其他要求的一般综述如下所示:

IEC 60300-3-1 可信性管理 第 3 部分:应用指南 第 1 节:可信性分析技术:方法指南

不同的 RAM 分析技术分别在不同的标准中描述,如:

IEC 60706-1 设备可维修性指南 第 1 部分 第 1、2、3 节:引言,要求和可维修性计划

IEC 60706-2 设备可维修性指南 第 2 部分 第 5 节:在设计阶段内进行可维修性研究

IEC 60706-3 设备可维修性指南 第 3 部分 第 6、7 节:数据的验证、收集、分析和表述

IEC 60706-4 设备可维修性指南 第 4 部分 第 8 节:维修及其保障规划

IEC 60706-5 设备可维修性指南 第 5 部分 第 4 节:诊断测试

IEC 60706-6 设备可维修性指南 第 6 部分 第 9 节:可维修性评估中的统计方法

IEC 60812 系统可靠性的分析技术 失效模式和影响分析(FMEA)程序

IEC 60863 可靠性、可用性和可维修性预测说明

IEC 61025 故障树分析(FTA)法

IEC 61078　可信性分析技术　可靠性框图法

IEC 61165　马尔可夫技术的应用

在设计中部件所统计的"RAM"数据的可用性是 RAM 分析的基础(特别是:失效率、修理率、维修数据、失效模式、事故率、数据和随机事件的分布状态等等),如:

IEC 61709(1996)　电子部件　可靠性　失效率和应力模型转化的参考条件

US MIL HDBK 217　电子系统的可靠性预计

许多关于系统 RAM 分析和统计数据分析的计算机程序也可利用。

4　实现危害和安全/风险分析程序:以下列出一些

US MIL HDBK 882D　系统安全设计要求

US MIL HDBK 764(MI)　对军事材料的系统安全工程、设计指南

上面的第 3 条关于 RAM 的基本技术和分析方法也可用于安全/风险分析。

GB/T 20438.1～20438.7《电气/电子/可编程电子安全相关系统的功能安全》由以下几部分组成:

第 1 部分:一般要求;

第 2 部分:电气/电子/可编程电子安全相关系统的要求;

第 3 部分:软件要求;

第 4 部分:定义和缩略语;

第 5 部分:确定安全完整性等级的方法示例;

第 6 部分:GB/T 20438.2 和 GB/T 20438.3 的应用指南;

第 7 部分:技术和措施概述。

5　RAM 测试计划和程序:目的是测试部件、装备和系统的长期运营性能是否与要求一致。更加深入的 RAMS 分析和测试结果是用来改进 RAMS 规划,如:

IEC 60300-3-5　可信性管理　第 3-5 部分:应用指南　可靠性测试条件和统计测试原理

IEC 60605-2　设备可靠性测试　第 2 部分:测试周期设计

IEC 60605-3-1　设备可靠性测试　第 3 部分:首选的测试环境　户内可移动的设备　粗模拟

IEC 60605-3-2　设备可靠性测试　第 3 部分:首选的测试环境　在气候保护的地方固定使用的设备　精模拟

IEC 60605-3-3　设备可靠性测试　第 3 部分:首选的测试环境　第 3 节:测试周期 3:在部分气候保护地方的固定使用的设备　粗模拟

IEC 60605-3-4　设备可靠性测试　第 3 部分:首选的测试环境　第 4 节:测试周期 4:便携的及非固定使用的设备　粗模拟

IEC 60605-4　设备可靠性测试　第 4 部分:成指数分布的统计步骤　点的判断、置信度间隔、预测间隔及容差间隔

IEC 60605-6　设备可靠性测试　第 6 部分:恒定失效率和恒定失效密度假设的有效性试验

IEC 61014　可靠性增长设计

IEC 61070　稳定状态可用性遵循的测试程序

IEC 61123　可靠性测试　成功率遵循的测试规划

现场的 RAMS 数据评估是很重要的(在运营中的 RAMS 测试),如:

IEC 60300-3-2　可信性管理　第 3 部分:应用指南　第 2 节:现场可靠性数据的收集

IEC 60319　电子部件可靠性数据的说明

**B.6**　执行 LCC(生命周期费用)分析的步骤/工具:LCC 分析可以利用各种各样的计算机程序。

# 附 录 C
# （资料性附录）
# 轨道交通应用参数示例

适用于轨道交通的典型参数与符号示例列表如下：

## C.1 可靠性参数

表 C.1 可靠性参数示例

| 参　　数 | 符　　号 | 量　　纲 |
|---|---|---|
| 失效率 | $Z(t)$，$\lambda$ | 失效数/（时间、距离、周期） |
| 平均可用时间 | MUT | 时间、距离、周期 |
| 平均失效前时间<br>平均失效前距离<br>（对不可修理的项目而言） | MTTF<br>MDTF | 时间、距离、周期 |
| 平均失效间隔时间<br>平均失效间隔距离<br>（对可修理的项目而言） | MTBF<br>MDBF | 时间、距离、周期 |
| 故障发生概率 | $F(t)$ | 无 |
| 可靠度（成功发生概率） | $R(t)$ | 无 |

## C.2 可维修性参数

表 C.2 可维修性参数示例

| 参　　数 | 符　　号 | 量　　纲 |
|---|---|---|
| 平均不可用时间 | MDT | 时间、距离、周期 |
| 平均维修间隔时间、距离 | MTBM/MDBM | 时间、距离、周期 |
| 平均修复性维修间隔时间、距离<br>平均预防性维修间隔时间、距离 | MTBM(c)/MDBM(c)<br>MTBM(p)/MDBM(p) | 时间、距离、周期 |
| 平均维修前时间 | MTTM | 时间 |
| 平均修复性维修前时间<br>平均预防性维修前时间 | MTTM(c)<br>MTTM(p) | 时间 |
| 平均恢复时间 | MTTR | 时间 |
| 错误报警率 | FAR | 时间的倒数 |

## C.3 可用性参数

表 C.3 可用性参数示例

| 参　　数 | 符　　号 | 量　　纲 |
|---|---|---|
| 可用性<br>——固有的<br>——达到的<br>——运营的 | $A(.)=\mathrm{MUT}/(\mathrm{MUT}+\mathrm{MDT})$<br>$A_i$<br>$A_a$<br>$A_o$ | 无 |
| 可用率 | FA(=可用机车车辆/保有量) | 无 |
| 准时率 | SA | 无 |

## C.4 后勤保障参数

表 C.4 后勤保障参数示例

| 参　　数 | 符　　号 | 量　　纲 |
|---|---|---|
| 运营和维修费用 | O&MC | 货币 |
| 维修费用 | MC | 货币 |
| 维修工时 | MMH | 时间(小时) |
| 后勤和管理延期 | LAD | 时间 |
| 故障修复时间 | | 时间 |
| 修理时间 | | 时间 |
| 维修保障性 | | 无 |
| 替换人员 | EFR | 无 |
| 需要时库存备件的概率 | SPS | 无 |

## C.5 安全性参数

表 C.5 安全性能参数示例

| 参　　数 | 缩写符号 | 量　　纲 |
|---|---|---|
| 平均无危害性失效时间 | MTBF(H) | 时间、距离、周期 |
| 安全系统平均无失效时间 | MTBSF | 时间、距离、周期 |
| 危害率 | $H(t)$ | 故障数/时间、距离、周期 |
| 安全相关失效率 | $F_s(t)$ | 无 |
| 安全功能概率 | $S_s(t)$ | 无 |
| 恢复安全的时间 | TTRS | 时间 |

# 附　录　D
（资料性附录）
# 几种风险验收原理的例子

注：本附录中的值仅用来说明原理而不作其他用途。

## D.1　ALARP(风险降到可行)原理(在英国实施)

本原理可以用下面的简图说明：

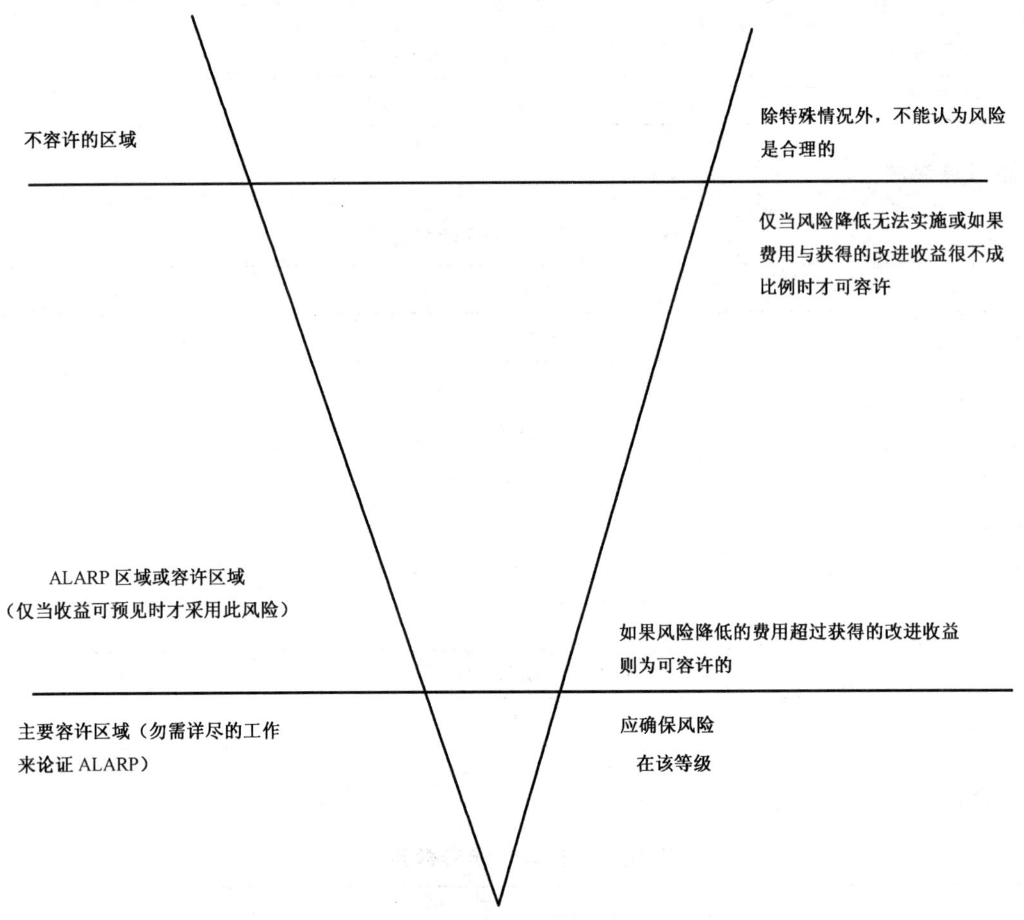


**D.1.1**　最上面的范围规定了不容许的风险等级。有些风险很大，且有些结果太不可接受，因此在任何场合它们都是不容许的，也不能认为它们是合理的。如果风险等级不能降低到此范围以下就不能投入运营。

**D.1.2**　该简图中的最下面范围规定为主要容许区域，该区域中风险都可认为很小不需要通过任何 ALARP 判据的证明。

**D.1.3**　上边界与下边界之间的区域称为 ALARP 区域。应强调的是所有在这个区域内的风险并不都是充分的，应使它们尽量低到可行。证明 ALARP 有很多方法。应充分表明采用目前可用的最佳标准和实践。对新的运营，或是当前标准或实践值得怀疑，要引入成本效益分析和使用期限的概念。

**D.1.4**　当可能有大量人员伤亡的灾难发生时，应检查社会风险。这些大型事故的厌恶度被称为“微分风险厌恶度”(DRA)，可以在对数 $F$-$N$ 曲线上用一条斜率为 $-1$ 的直线来表示，$F$ 表示每年发生频率（年$^{-1}$），$N$ 表示发生一次事故的伤亡人员数。

## D.2 GAMAB(综合最优)原理(在法国实施)

这个原理的完整表述如下：

“新的导向运输系统应提供一个风险等级，它整体上至少与现有的任何等效的系统一样好。”

**D.2.1** 根据要求“至少”，此表述考虑现有制造的系统，并要求新系统有隐含的进步；根据要求“整体上”，不需要考虑特定风险。轨道交通系统供应商可随意为系统固有的不同风险区分分配和采用相关的方法，即定性的和定量的方法。

**D.2.2** 采用定量方法时，可以用下述方法来解释：

1 $\tau_{c.ref}$(=死亡人数/旅客人数，死亡人数为两列列车相撞导致的死亡人数)表示在上一年运行中，轨道交通运输系统的经验数据。在同样的自然环境下，该分数应从现有系统的统计数据中提取，并作为同类新型系统的基准。

2 现在考查新的(更新的)系统。在此系统中规定：

$C$=一列车的载客量(乘客人数/车)

$F$=列车密度(列车/小时)

$r$=平均满员率(列车不全满)

$n_c$=新型系统中每次碰撞的死亡人数

$D_m$=吞吐量(旅客人数/小时)= $r\times C\times F$

因此，实际上每个旅客经历的碰撞次数应该是：

$col=(\tau_{c.ref}/n_c)$(碰撞次数/旅客人数)

并且新型系统的碰撞率应小于现有系统的碰撞率：

因此，

$\lambda_c\leqslant col\times D_m$

$=(\tau_{c.ref}/n_c)\times D_m$

$=\tau_{c.ref}\times(r\times C/n_c)\times F$ (碰撞次数/小时)

3 备注：

——对于现有系统和已设计系统而言，假定同一列车中死亡人数在旅客人数中所占的比例相同：即：$n_c/r\times C$=常量；

——对于较低的运行质量而言，$\lambda_c$ 可以是难以实现的要求，特别是 $F$ 值较小时(列车密度)；

——改进由符号“$\leqslant$”推进；

——设计者/供应商可在轨旁设备和车载设备之间自由分配 $\lambda_c$。

## D.3 MEM(最小内源性死亡率)原理(在德国实施)

此原理由下述方法导出：

1 死亡有许多不同的原因。下列这样的原因被称为“技术因素”。如：

——娱乐和体育(冲浪、试用等)；

——自助活动(割草等)；

——工作机器；

——运输。

但不包括下述内容：

——疾病死亡；

——先天畸形死亡。

根据被考查的人口年龄的变化，每组导致一定的年龄死亡百分数也随之变化。此风险是指“内源性死亡率 $R$”。

2 在发达国家中,$R$ 在 5 岁到 15 岁年龄段的值最小。内源性死亡率的最低等级称为"最小内源性死亡率",用 $R_m$ 表示,它由下式决定:

$$R_m = 2 \times 10^{-4} \text{ 死亡人数 /(人} \times \text{年)}$$

3 综上所述,简要陈述下述规则:

"新型运输系统的危害应不使指标 $R_m$ 明显增加"。

实际上可以使用下列数据:

$R_1 \leqslant 10^{-5}$ 死亡人数/(人×年)

$R_2 \leqslant 10^{-4}$ 重伤人数/(人×年)

$R_3 \leqslant 10^{-3}$ 轻伤人数/(人×年)

此观点在特大灾难或小型灾难的事实上,虽不能使受害者的家庭找到任何安慰,但就涉及到的实际运输方式(如火车、飞机等)而言,这是正确的。对于可能造成大量人员伤亡的事故,"微分风险厌恶度"(DRA)可以用下面的递减斜率曲线来介绍。

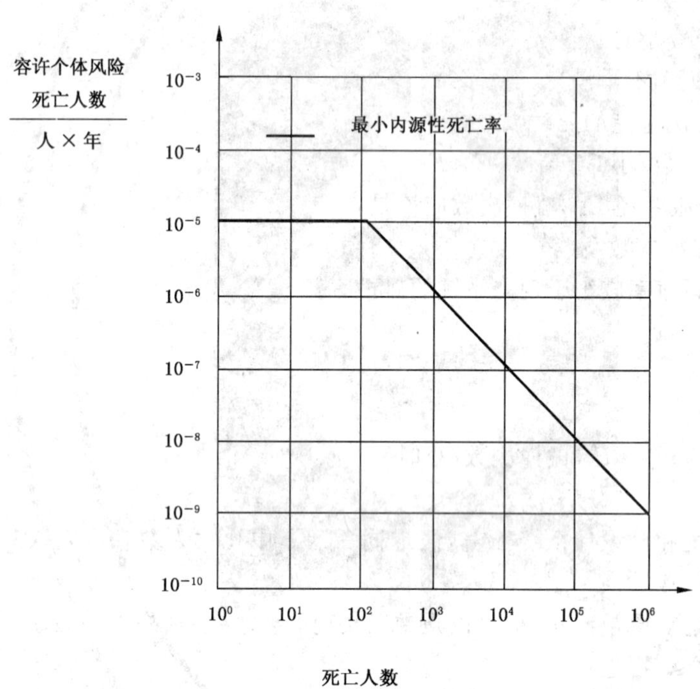

# 附 录 E
（资料性附录）
生命周期 RAMS 流程内的责任

作为一个典型轨道交通项目的一般导则，下列各条适用：

——通常，要求由用户或某个制定规章的(法定的)机构来制定；

——同样，批准和验收由用户或制定规章的机构来执行；

——解决方法及其效果与验证通常由承包商详细说明或执行；

——通常同时实施确认。

但此一般规则取决于有关各方的合同关系与法定关系。

然而，在每种情形下，本标准要求在生命周期各个阶段工作的责任都被规定且经过协商。下面的矩阵表举例说明典型安排的责任。

| | 用户/操作员 | 批准机构 | (主要的)承包商 | 分包商 | 供货商 |
|---|---|---|---|---|---|
| 概念 | × | | | | |
| 系统定义和应用条件 | × | | | | |
| 风险分析 | × | | × | | |
| 系统需求 | × | (×) | | | |
| 系统需求分配 | (×) | | × | | |
| 设计和实现 | | | × | (×) | |
| 制造 | | | × | × | × |
| 安装 | | | × | (×) | |
| 系统确认 | × | × | × | (×) | |
| 系统验收 | × | × | | | |
| 运营和维修 | × | | (×) | (×) | |
| 性能监控 | × | | (×) | (×) | |
| 修改与更新 | × | | × | × | |
| 停用及处置 | × | | (×) | | |

×＝全部责任并参与；

(×)＝特定的责任和/或部分参与(例如：分包商或备用要素的责任)。

ICS 29.280
S 35

# 中华人民共和国国家标准

GB/T 21563—2008/IEC 61373:1999

# 轨道交通 机车车辆设备<br>冲击和振动试验

**Railway applications—Rolling stock equipment—<br>Shock and vibration tests**

(IEC 61373:1999,IDT)

2008-03-24 发布 2008-11-01 实施

中华人民共和国国家质量监督检验检疫总局<br>中国国家标准化管理委员会 发布

# 前　　言

本标准等同采用 IEC 61373:1999《轨道交通　机车车辆设备　冲击和振动试验》(英文版)。

本标准等同翻译 IEC 61373:1999。

为便于使用,本标准做了下列编辑性修改:

——“本国际标准”一词改为“本标准”;

——用小数点“.”代替作为小数点的逗号“,”;

——删除国际标准的前言。

本标准的附录 A、附录 B、附录 C、附录 D 为资料性附录。

本标准由全国牵引电气设备与系统标准化技术委员会提出并归口。

本标准起草单位:株洲南车时代电气股份有限公司、南车四方机车车辆股份有限公司。

本标准主要起草人:毛远琪、言武、何丹炉。

# 引 言

本标准包括了安装在轨道机车车辆上的机械、气动、电气和电子设备或部件(以下均简称为设备)的随机振动和冲击试验要求。随机振动是验证设备的唯一方法。

本标准中的试验主要用于验证被试设备在轨道机车车辆正常环境条件下承受振动的能力。为了使之具有代表性,本标准采用了全世界各个机构提供的现场实测数据。

本标准不适用于特殊应用场合下因自感应产生的振动。

在执行和解释本标准时,需要有工程技术方面的判断能力和经验。

本标准用于设计和论证、但也并不排除采用其他方式(如正弦振动)来保证机械和工作上的置信度满足预期要求。为便于按本标准进行产品设计,在附录B中列出了指南,可供与采用的其他设计方法进行比较。

对被试品的试验量级仅取决于它在车上的位置(即车轴、转向架或车体安装)。

值得注意的是,为了获得随机振动时与产品性能有关的设计信息,试验可在样机上进行。但是为了验证设备,则应从正常产品中抽取样品进行试验。

# 轨道交通　机车车辆设备
# 冲击和振动试验

## 1　范围

本标准规定了对要安装在轨道机车车辆上的设备进行随机振动和冲击试验的要求。由于轨道运行环境的影响，车上的设备将承受振动和冲击。为了保证设备的质量，应模拟设备使用环境条件对其进行一段时间的试验。

可采用一系列方法进行模拟长寿命试验，这些方法都各有其优缺点，最常用的方法有：

a)　幅值增强法：增强幅值，缩减时间；

b)　时基压缩法：保留实际幅值而缩短时间；

c)　幅值截取法：去除幅值较小(低于规定值)的时间段。

本标准采用上述a)所述的幅值增强法，与第2章中的引用文件一起，规定了用于轨道机车车辆上的设备进行振动试验时的默认试验步骤。但是，制造商和用户也可根据事先达成的协议采用其他一些标准，在这种情况下，可不按本标准进行验证。若能获得现场信息，则可采用附录A的方法获取现场信息与本标准进行比较。

本标准主要用于固定式轨道系统上的机车车辆，也可用于其他场合。对于采用充气轮胎或诸如无轨电车之类的其他运输系统，由于冲击振动水平明显不同于固定式轨道系统，供货商和用户可在招标时就试验量级达成协议。建议按附录A中的指南来决定频谱和冲击时间及幅值。对于未按本标准的量级进行试验的项目，不得按本标准要求发放证书。

无轨电车就是其中一例，其车体安装的设备可按本标准的1类设备进行试验。

本标准适用于单方向试验。多方向试验超出了本标准的范围。

本标准仅根据设备在车上的位置将试验等级分为三类。

1类　车体安装

A级　车体上(或下部)直接安装的柜体、组件、设备和部件。

B级　车体上(或下部)直接安装的箱体内部的组件、设备和部件。

注：当设备安装位置不明时，应采用B级。

2类　转向架安装

安装在轨道机车车辆转向架上的柜体、组件、设备和部件。

3类　车轴安装

安装在轨道机车车辆轮对装置上的组件、设备和部件或总成。

注：对于安装在只有一系悬挂的机车车辆(如棚车和敞车)上的设备，除非招标时另有协议，否则，车轴安装的设备应按3类进行试验，所有其他设备按2类试验。

试验费用取决于被试项目的重量、形状和复杂程度，所以在招标时供货商可提出符合本标准要求的、更为经济有效的方法。采用商定的替代方法后，供货商有责任向用户或其代表证明其替代方法符合本标准的要求。一旦采用替代方法，则不得按本标准要求发放证书。

本标准用于评估安装在机车车辆主结构上的设备，不适用于对组成主结构的设备本身进行试验。在很多情况下，用户可能提出要做一些附加或特殊的试验，如：

a)　安装或连结在已知的可能产生固定频率振动的振源上的设备。

b) 对牵引电动机、受电弓、受电靴及设计用于传递力和(或)力矩的悬挂部件和机械零件等设备,可能要按它们的特殊要求进行试验以确定它们能应用于轨道机车车辆上。在这些情况下,所有需要进行的试验都应在招标时一一协定。

c) 在用户指定的特殊环境下使用的设备。

## 2 规范性引用文件

下列文件中的条款通过本标准的引用而成为本标准的条款。凡是注日期的引用文件,其随后所有的修改单(不包括勘误的内容)或修订版均不适用于本标准,然而,鼓励根据本标准达成协议的各方研究是否可使用这些文件的最新版本。凡是不注日期的引用文件,其最新版本适用于本标准。

GB/T 2423.5—1995 电工电子产品环境试验 第二部分:试验方法 试验 Ea 和导则:冲击(idt IEC 60068-2-27:1987)

GB/T 2423.43—1995 电工电子产品环境试验 第二部分:试验方法 元件、设备和其他产品在冲击(Ea)、碰撞(Eb)、振动(Fc 和 Fb)和稳态加速度(Ca)等动力学试验中的安装要求和导则(idt IEC 60068-2-47:1987)

IEC 60068-2-64:1993 环境试验 第2部分:试验方法 试验 Fh:振动、宽带随机振动(数控)及其指南

## 3 术语和定义

IEC 60068-2-64:1993 确立的术语和定义适用于本标准。

## 4 总则

本标准目的在于揭示产品潜在的缺陷(或错误)。在轨道机车车辆上已知的振动和冲击环境下工作时,这些缺陷或错误可能导致故障。本标准试验不能替代全寿命试验,然而,本试验条件足以在合理的置信度上证明设备在现场使用时具有规定的寿命。

试验之后,只要不产生机械损坏或性能降低,就可以认为符合本标准。

本标准中的试验量级是参照附录 A 中的方法,从环境试验数据推导出来的。这些数据由负责收集现场环境振动量级的机构提供。

根据本标准,应进行以下试验:

——功能随机振动试验量级:施加的最小试验量级,用于证明在轨道机车车辆上可能的环境条件下使用时,被试设备能正常工作。在试验进行之前,制造商和最终用户应就功能正常发挥的程度达成协议(见 6.3.2)。功能试验的要求见第 8 章。功能试验不适用于在模拟的使用条件下进行全面的性能评估。

——模拟长寿命试验量级:该试验的目的是证实在增强的环境条件下,设备的机械结构的完好性。在此条件下不必检查设备的功能。模拟长寿命试验的要求见第 9 章。

——冲击试验:冲击试验的目的是模拟使用过程中的偶然情况。在此试验过程中不必检查设备的功能,然而,有必要证明工作状态未曾改变,也没有产生机械位移或损坏。这些情况应该在最后的试验报告中清楚地说明。冲击试验的要求见第 10 章。

## 5 试验次序

可以按以下次序进行试验:

首先做增强随机振动量级的垂向、横向和纵向模拟长寿命试验;其次做垂向、横向和纵向冲击试验;

然后(仅当指明或协定时)做运输和装卸试验;最后做垂向、横向和纵向功能随机试验。

注:运输和装卸试验不是本标准所要求的,因此不包括在本标准中。

试验次序可以改动,以避免重复。改动后的试验次序应记录在试验报告中。在模拟长寿命试验之前和之后,应按 6.3.3 进行性能试验,并将时间传递函数进行比较,以检查在模拟长寿命试验之后是否发生变化。

试验大纲中应指明振动的位置和方向,并记录在试验报告中。

## 6 试验机构需要的其他信息

注 1:一般信息见 IEC 60068-2-64:1993。

注 2:部件安装的一般情况参见 GB/T 2423.43—1995。

### 6.1 被试设备的安装和定位

应按实际要求(包括弹性安装),直接或通过夹具将被试设备安装在试验装置上。

由于安装方式对结果有较大的影响,试验报告中应详细记录实际安装方式。

除非另有协议,应按设备的正常工作方位进行试验,试验时不能采取特殊防护措施来消除电磁干扰、发热或其他因素对被试设备的使用和性能产生的影响。

夹具在试验的频率范围内应尽可能不产生共振,无法避免时,应分析试验时共振对被试设备性能的影响,并在试验报告中予以说明。

### 6.2 基准点和控制点

应在基准点、有时是控制点(相对于设备的固定点而言)进行测量,以确定是否满足试验要求。

在设备的很多小零部件安装在同一个夹具的情况下,试验时如果安装夹具的最低谐振频率高于试验频率的上限,则选取夹具和振动台的固定点作为基准点和(或)控制点,而不选取试验样品和夹具的固定点作为基准点和(或)控制点。

#### 6.2.1 固定点

固定点是被试设备与夹具或振动试验台面相接触的那一部分,是实际使用时用于固定被试设备的点。如果设备上的安装机构本身作为夹具,则应将安装机构而不是被试设备作为固定点。

#### 6.2.2 控制点

控制点一般来说就是固定点,它应尽可能靠近固定点,并且一定要与固定点刚性连接。只有或少于四个固定点时,每个点都用作是控制点。这些点的振动不应低于规定下限。试验报告中应详细说明所有的控制点。如果设备的零部件较少、重量较轻、机械结构不太复杂而不必采用多个控制点时,应在试验报告中说明控制点的数目和位置。

#### 6.2.3 基准点

基准点是为证实试验要求是否满足而选取的一个点,用来测量基准信号。基准点能代表被试设备的运动情况,它可以是控制点或者是对各控制点信号进行手工或自动处理得出的虚拟点。

对于采用虚拟点进行计算的随机振动,其基准信号的频率谱规定为所有控制点信号的加速度谱密度值(ASD)在每一频率上的算术平均值。此时,基准信号的总方均根值等于各控制点信号方均根值的方均根。

$$\text{基准点总的方均根值} = \sqrt{\frac{\sum_{i=1}^{i=n_c}(\mathrm{r.m.s.}_i)^2}{n_c}}$$

式中:

$n_c$——是控制点的数目。

试验报告应对采用点的情况及选用的原因进行说明。对于大型、复杂设备,建议采用虚拟点。

注:确认总的方均根加速度时,允许采用扫描技术对控制点信号进行自动处理构成虚拟点,但未修正分析仪器的带宽、采样时间等误差时,不能用于确认 ASD 的量级。

#### 6.2.4 响应点(测量点)

响应点是被试设备上的指定位置,用于试验时采集数据以检查被试设备的振动响应特性。响应点的选取确定工作在进行本标准的试验之前就已经完成(见第7章)。

### 6.3 试验中的机械状态和功能试验

#### 6.3.1 机械状态

被试设备安装在机车车辆上以后,如果长时间保持的机械状态不止一种,那么要选取两种机械状态进行试验,其中至少要选取一种最恶劣的状态(如接触器紧固力最小的机械状态)。

当状态多于一种时,对于选取的每种状态,被试设备做振动和冲击试验的时间应一样长,试验量级分别在第8章、第9章和第10章中规定。

#### 6.3.2 功能试验

如有必要,制造商应在试验进行之前拟出功能试验大纲并与用户达成协议。功能试验应在振动试验时按本标准第8章的量级进行。

功能试验是为了验证设备工作能力,只用于表明被试设备在实际使用时能正常工作,不应与性能试验混淆。

注1:冲击试验时不做功能试验,除非制造商和用户之间事先达成了协议。

注2:如果功能试验有所更改,应该在试验报告中详细说明。

#### 6.3.3 性能试验

在试验之前以及所有试验完成之后,应进行性能测试。制造商应给出性能测试大纲,其中应有允许的误差极限。

### 6.4 随机振动试验的可再现性

随机振动信号在时域内是不可重复的,在同样长的时间里,随机信号发生器不可能产生两个完全相同的样本。尽管如此,还是可以说明两个随机信号的相似性,并在它们的特性曲线上给出其容差范围,因此有必要对随机信号给出定义,便于以后能按相似的振动条件由其他试验机构或在其他试品上再次进行试验。应注意,以下的公差中包括仪器误差,但不包括其他误差如随机(统计)误差和系统(固有)误差。测量在控制点或基准点进行。

#### 6.4.1 加速度谱密度(ASD)

ASD容差应小于规定的ASD量级的±3 dB(范围从½×ASD到2×ASD),见相应的图1~图4。起止斜率不得小于图1~图4中的数值。

#### 6.4.2 方均根值(r.m.s.)

在给定的频率范围内,基准点的加速度方均根值应在图1~图4中的规定值±10%以内。

注:频率较低时,很难达到±3 dB,在这种情况下,只需将试验值记录在试验报告中。

#### 6.4.3 概率密度函数(PDF)

除非另有说明,对于每个响应点,所测加速度的时间序列PDF应呈近似的高斯分布,且波峰因数(即峰值与r.m.s.值之比)至少为2.5。

注:图5给出了累积PDF的容差范围。

#### 6.4.4 持续时间

每个轴向上进行上述随机振动的总时间不应少于规定值(见8.2和9.2)。

### 6.5 测量容差

振动容差应符合IEC 60068-2-64:1993中4.3的规定。

### 6.6 恢复

试验前和试验后的测量应在同样的条件(如温度)下进行。如有必要,试验之后应间隔一段时间再进行测量,以确保被试设备达到试验前测量时相同的条件。

## 7 试验前的测量和准备

试验之前，应按6.3.3进行性能测试，如果此类测试超出了试验机构的实际能力范围，则应由制造商进行，并提供书面证明，即证明在按本标准进行振动和冲击试验之前，被试设备符合性能试验要求。制造商有责任确定响应点的位置，并在试验报告中清楚指明。

传递函数应按制造商给出的基准点和响应点上获取的随机信号来计算。为了进行检查或安装仪器而取下的盖板，在试验中应复原。

对于2、3类设备和1类设备，应分别在第8章和第9章的试验条件下取得传递函数。

测量的相干系数至少要达到0.9，如果不可能达到，则最少要取120个不重叠频谱的平均值(或240个统计自由度的线性平均值)。

## 8 功能随机振动试验条件

### 8.1 试验严酷等级和频率范围

应按表1给出的相关r.m.s.值和频率范围对设备进行试验。在设备的实际取向不明确或未知的情况下，应在三个方向上按垂直方向的r.m.s.值进行试验。

表1 功能随机振动试验的严酷等级和频率范围

| 类别 | 取向 | r.m.s./($m/s^2$) | 频率范围 |
|---|---|---|---|
| 1类<br>A级<br>车体安装 | 垂向<br>横向<br>纵向 | 0.75<br>0.37<br>0.50 | 见图1 |
| 1类<br>B级<br>车体安装 | 垂向<br>横向<br>纵向 | 1.00<br>0.45<br>0.70 | 见图2 |
| 2类<br>转向架安装 | 垂向<br>横向<br>纵向 | 5.4<br>4.7<br>2.5 | 见图3 |
| 3类<br>车轴安装 | 垂向<br>横向<br>纵向 | 38<br>34<br>17 | 见图4 |

注：这些试验数据是附录A中的典型使用数据，这是试验时施加在被试设备上的最小试验量级。有实际的测量数据时，可以按附录A中的方法增强其功能振动试验条件。这些引用的数值是试验时施加在被试设备上的最小试验量级。

### 8.2 功能振动试验的持续时间

功能振动试验的持续时间应足够长，以保证完成所有规定的功能试验。

注1：本试验是为了证实被试设备不受所施加的、代表实际使用情况的试验量级的影响。

注2：试验时间通常都不少于10 min。

### 8.3 试验中的功能试验

在功能随机振动试验中，应进行与用户商定的功能试验(见 6.3.2)。

## 9 提高随机振动量级的模拟长寿命试验

### 9.1 试验严酷等级和频率范围

在设备的实际取向不明确或未知的情况下，应按表 2 中垂向的试验量级在三个方向上进行试验。

表 2 模拟长寿命试验严酷等级和频率范围

| 类别 | 取向 | 试验 5 h<br>r.m.s./($m/s^2$) | 频率范围 |
|---|---|---|---|
| 1 类<br>A 级<br>车体安装 | 垂向<br>横向<br>纵向 | 5.90<br>2.90<br>3.90 | 见图 1 |
| 1 类<br>B 级<br>车体安装 | 垂向<br>横向<br>纵向 | 7.90<br>3.50<br>5.50 | 见图 2 |
| 2 类<br>转向架安装 | 垂向<br>横向<br>纵向 | 42.5<br>37.0<br>20.0 | 见图 3 |
| 3 类<br>车轴安装 | 垂向<br>横向<br>纵向 | 300<br>270<br>135 | 见图 4 |

### 9.2 加速振动试验的持续时间

各类设备都应经受总共 15 h 的试验，一般应在三个互相垂直的方向分别做 5 h。如果在此期间设备出现过热(如橡胶件的振动等)，可以将试验暂停一段时间，使设备恢复正常，然而，应保证该方向试验时间达到 5 h。试验暂停情况应记录在试验报告中。

注 1：本试验过程中不必让设备工作。

注 2：如果事先达成了协议，可以减少振动的幅值，但试验时间应按附录 A 中的方法相应延长。这种方法建议尽量不用，而且只限于 3 类车轴安装的设备。由于采用该方法超出了本标准的要求，因此不应按本标准发放证书。

## 10 冲击试验条件

### 10.1 脉冲波形和容差

对被试设备，按 GB/T 2423.5—1995 施加一系列持续时间为 $D$、峰值为 $A$ 的单个半正弦脉冲($D$ 和 $A$ 的值见图 6)。

横向运动不应超过 GB/T 2423.5—1995 规定方向的标称脉冲峰值加速度的 30%。

图 6 给出了脉冲波形和容差范围。

### 10.2 速度变化量

实际的速度变化量不应超过图 6 所示标称脉冲相应值的±15%。

当速度变化量取决于图中实际脉冲的积分时,应按图 6 的积分时间计算。

### 10.3 安装

被试设备应按 6.1 的要求连接到试验装置上。

### 10.4 脉冲重复频率

为了使被试设备从共振效应中恢复,两次冲击之间应相隔足够长的时间。

### 10.5 试验严酷等级、脉冲波形和方向

数值见表 3。

表 3 试验严酷等级、脉冲波形和方向

| 类 别 | 取 向 | 峰值加速度 $A/(m/s^2)$ | 标称持续时间 $D$/ms |
|---|---|---|---|
| 1 类<br>A 级和 B 级<br>车体安装 | 垂向<br>横向<br>纵向 | 30<br>30<br>50 | 30<br>30<br>30 |
| 2 类<br>转向架安装 | 全部 | 300 | 18 |
| 3 类<br>车轴安装 | 全部 | 1 000 | 6 |
| 注:脉冲波形详见图 6。 | | | |

### 10.6 冲击次数

按 GB/T 2423.5—1995 的规定,应对被试设备施加 18 次冲击(在三个正交平面的每个平面上的正向和反向各三次)。试验应对 6.3.1 中的每种机械状态都重复进行。

### 10.7 试验过程中的功能试验

试验过程中,设备不必工作。然而某些设备应保持功能的完整性,而且,除非在相关产品标准中另有规定,应按制造商或用户在试验大纲中的要求进行验证。

## 11 运输和装卸

用户专门提出的运输和装卸试验应符合 GB/T 2423.5—1995 的规定。

## 12 最终测量

试验完成之后,应按 6.3.3 对设备进行性能测试。由于测试类型的原因,此类测试可能超出了试验机构的能力范围,在这种情况下,应由制造商进行,并提供书面证明,即证明在按本标准进行振动和冲击试验之后,被试设备符合性能测试要求。

传递函数应按制造商给出的基准点和响应点上获取的随机信号来计算。为了进行检查或安装仪器而取下的盖板,在试验中应该复原。

对于 2、3 类设备和 1 类设备,应分别在第 8 章和第 9 章的试验条件下取得传递函数。

测量的相干系数至少应达到 0.9,如果不可能达到,则最少要取 120 个不重叠频谱的平均值(或 240 个统计自由度的线性平均值)。

传递函数或其他测量数据发生变化时,应进行分析并在试验报告中说明。

## 13 验收标准

所有试验完成之后，如果达到了以下要求，则可认为通过了该试验：

a) 6.3.3 的性能在规定范围以内；

b) 6.3.2 的功能在规定范围以内；

c) 外观和机械结构没有发生变化。

## 14 试验报告

在试验、最终测量和功能检查全部或部分完成之后，试验机构应向用户提供一份完整的试验报告。报告中应说明试验过程、设备所受的影响以及：

a) 试验过程中发生的变化，并标明系列号或标识号；

b) 有必要时，应能够提供所使用的仪器和试验步骤的详细记录，可以但并不是必须将其列入试验报告中；

c) 试验报告中应按 6.1 的规定记录安装方法；

d) 采用的试验方法和次序，报告中应有图示说明所有的控制点和测量点的位置；

e) 所进行的功能试验以及试验前、后测得的数据；

f) 控制点、基准点的试验数据和按预期要求、验收标准得出的观察结果。报告中应包括按图 1～图 6 格式的所有控制点的图示；报告中还应有容差范围，以证明该试验在本标准容差范围之内；

g) 应提供振动试验的功能测试数据和(或)冲击试验的功能验证结果。

注：试验报告中可以记录所进行的，超出本标准范围的特殊试验。

## 15 试验证书

试验证书应该包含以下信息：

——关于被试设备的说明；

——制造商名称；

——设备型号和出厂/更改情况；

——设备的系列号；

——试验报告编号；

——报告日期；

——产品试验大纲。

该证书应该由试验机构和制造商授权的代表签署。

注：作为示例，附录 D 列出了一个常见的试验证书。

## 16 试品的处置

对于满足试验要求和验收标准的设备，可以按制造商和最终用户之间协定的标准进行修整并投入使用。

为了更好地跟踪了解有关信息，对于按本标准进行过试验的所有设备，制造商有责任给出明确的标志。

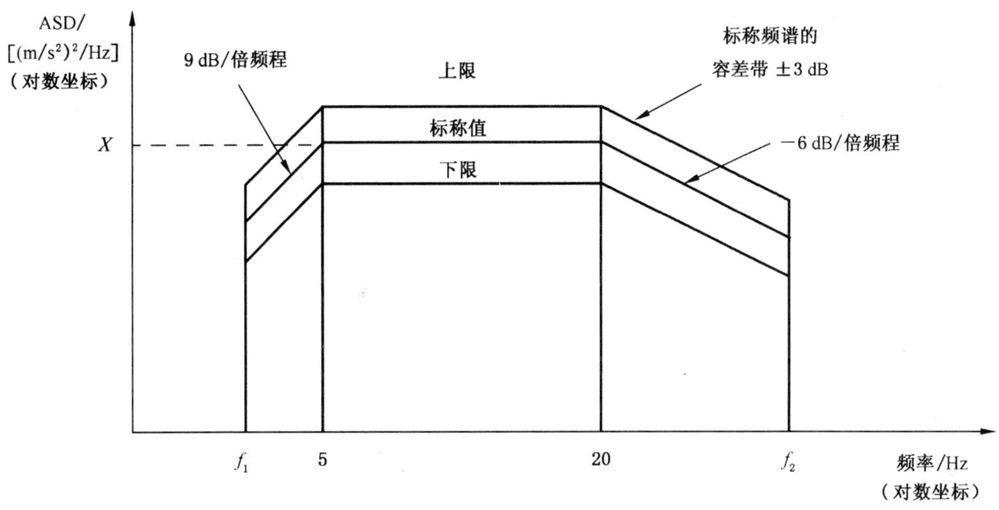


当　质量＜500 kg 时：　　$f_1$=5 Hz　　$f_2$=150 Hz

当　500 kg＜质量＜1 250 kg 时：　　$f_1$=(1 250/质量)×2 Hz　　$f_2$=(1 250/质量)×60 Hz

当　质量＞1 250 kg 时：　　$f_1$=2 Hz　　$f_2$=60 Hz

| | | 垂 向 | 横 向 | 纵 向 |
|---|---|---|---|---|
| 功能试验 | ASD 量级/[$(m/s^2)^2/Hz$] | 0.016 4 | 0.004 1 | 0.007 3 |
| | r.m.s.值/($m/s^2$)<br>(5 Hz～150 Hz) | 0.75 | 0.37 | 0.50 |
| 长寿命试验 | ASD 量级/[$(m/s^2)^2/Hz$] | 1.034 | 0.250 | 0.452 |
| | r.m.s.值/($m/s^2$)<br>(5 Hz～150 Hz) | 5.9 | 2.9 | 3.9 |

注 1：对于试验频率低于 5 Hz 的设备，其 r.m.s.值应该高于上述值。

注 2：对于试验频率低于 150 Hz 的设备，其 r.m.s.值应该低于上述值。

注 3：如果 $f_2$ 以上的频率存在，则应该包括在内，通过延长−6 dB/倍频程衰减线与要求的最大频率相交可以得到其幅值。这种情况下，r.m.s.值将增加。

**图 1　1 类 A 级 车体安装 ASD 频谱**

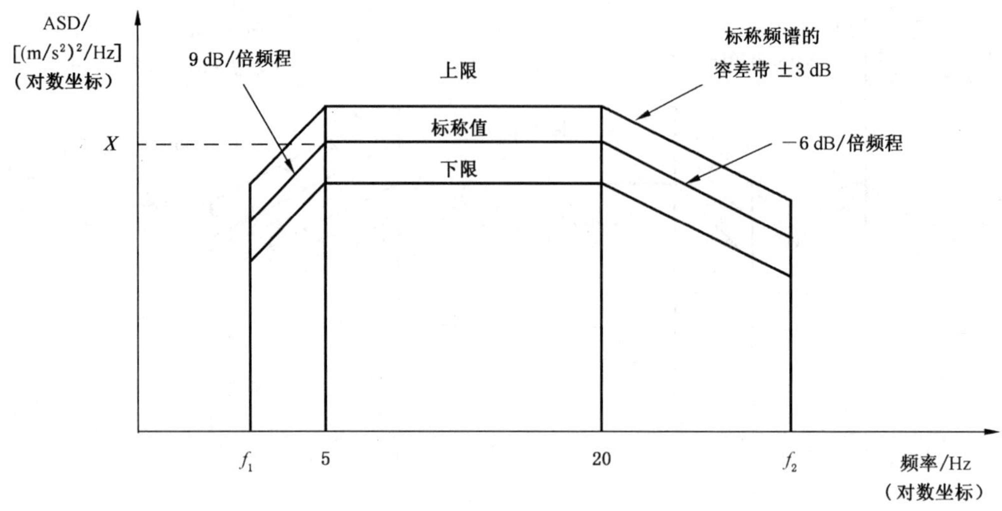


当　质量＜500 kg 时：　$f_1$＝5 Hz　$f_2$＝150 Hz

当　500 kg ＜质量＜1 250 kg 时：　$f_1$＝(1 250/质量)×2 Hz　$f_2$＝(1 250/质量)×60 Hz

当　质量＞1 250 kg 时：　$f_1$＝2 Hz　$f_2$＝60 Hz

| | | 垂 向 | 横 向 | 纵 向 |
|---|---|---|---|---|
| 功能试验 | ASD 量级/[(m/s²)²/Hz] | 0.029 8 | 0.006 0 | 0.014 4 |
| | r. m. s. 值/(m/s²)<br>(5 Hz～150 Hz) | 1.00 | 0.45 | 0.70 |
| 长寿命试验 | ASD 量级/[(m/s²)²/Hz] | 1.857 | 0.366 | 0.901 |
| | r. m. s. 值/(m/s²)<br>(5 Hz～150 Hz) | 7.9 | 3.5 | 5.5 |

注 1：对于试验频率低于 5 Hz 的设备，其 r. m. s. 值应该高于上述值。

注 2：对于试验频率低于 150 Hz 的设备，其 r. m. s. 值应该低于上述值。

注 3：如果 $f_2$ 以上的频率存在，则应该包括在内，通过延长－6 dB/倍频程衰减线与要求的最大频率相交可以得到其幅值。这种情况下，r. m. s. 值将增加。

**图 2　1 类 B 级 车体安装 ASD 频谱**

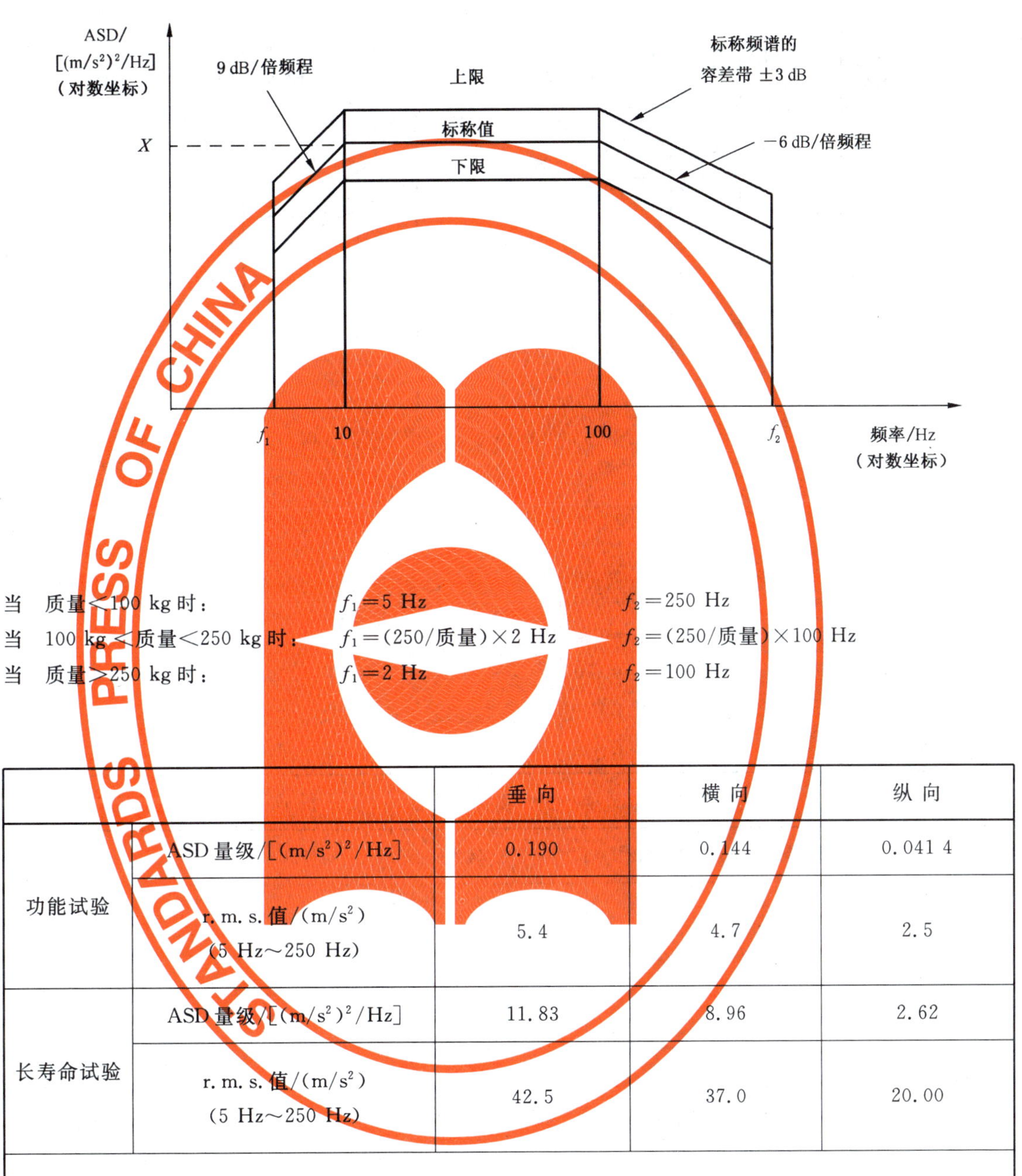




当　质量<100 kg 时：　　$f_1$=5 Hz　　$f_2$=250 Hz

当　100 kg<质量<250 kg 时：　　$f_1$=(250/质量)×2 Hz　　$f_2$=(250/质量)×100 Hz

当　质量>250 kg 时：　　$f_1$=2 Hz　　$f_2$=100 Hz

| | | 垂 向 | 横 向 | 纵 向 |
|---|---|---|---|---|
| 功能试验 | ASD 量级/[(m/s²)²/Hz] | 0.190 | 0.144 | 0.041 4 |
| | r.m.s. 值/(m/s²)<br>(5 Hz～250 Hz) | 5.4 | 4.7 | 2.5 |
| 长寿命试验 | ASD 量级/[(m/s²)²/Hz] | 11.83 | 8.96 | 2.62 |
| | r.m.s. 值/(m/s²)<br>(5 Hz～250 Hz) | 42.5 | 37.0 | 20.00 |

注 1：对于试验频率低于 5 Hz 的设备，其 r.m.s. 值应该高于上述值。

注 2：对于试验频率低于 250 Hz 的设备，其 r.m.s. 值应该低于上述值。

注 3：如果 $f_2$ 以上的频率存在，则应该包括在内，通过延长 −6 dB/倍频程衰减线与要求的最大频率相交可以得到其幅值。这种情况下，r.m.s. 值将增加。

图 3　2 类 转向架安装 ASD 频谱

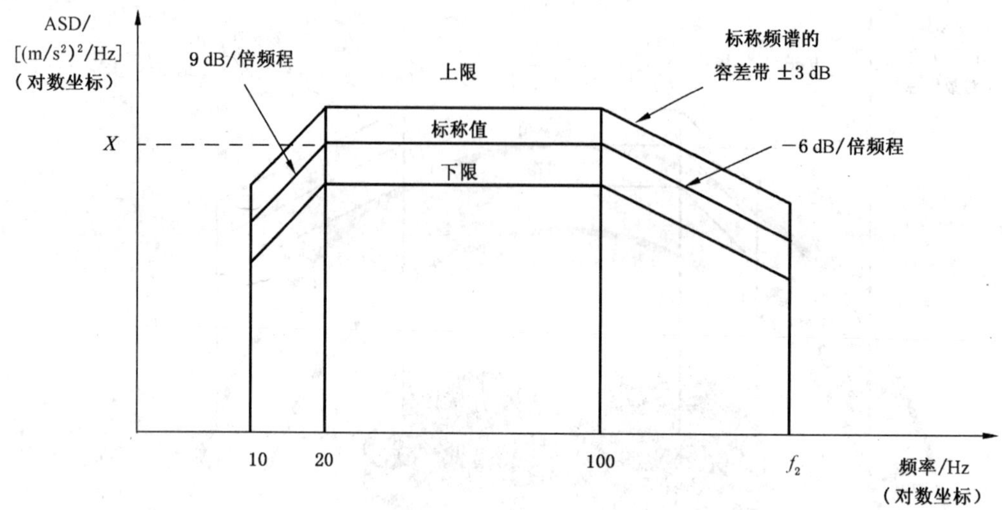


当　质量＜50 kg 时：　　　　　$f_2$＝500 Hz

当　50 kg ＜质量＜125 kg 时：　　$f_2$＝(125/质量) ×200 Hz

当　质量＞125 kg 时：　　　　　$f_2$＝200 Hz

| | | 垂 向 | 横 向 | 纵 向 |
|---|---|---|---|---|
| 功能试验 | ASD 量级/[(m/s²)²/Hz] | 8.74 | 7.0 | 1.751 |
| | r. m. s. 值/(m/s²)<br>(10 Hz～500 Hz) | 38 | 34 | 17 |
| 长寿命试验 | ASD 量级/[(m/s²)²/Hz] | 545.2 | 441.2 | 110.3 |
| | r. m. s. 值/(m/s²)<br>(10 Hz～500 Hz) | 300 | 270 | 135 |

注 1：对于试验频率低于 500 Hz 的设备，其 r. m. s. 值应该低于上述值。

注 2：如果 $f_2$ 以上的频率存在，则应该包括在内，通过延长−6 dB/倍频程衰减线与要求的最大频率相交可以得到其幅值。这种情况下，r. m. s. 值将增加。

图 4　3 类 车轴安装 ASD 频谱

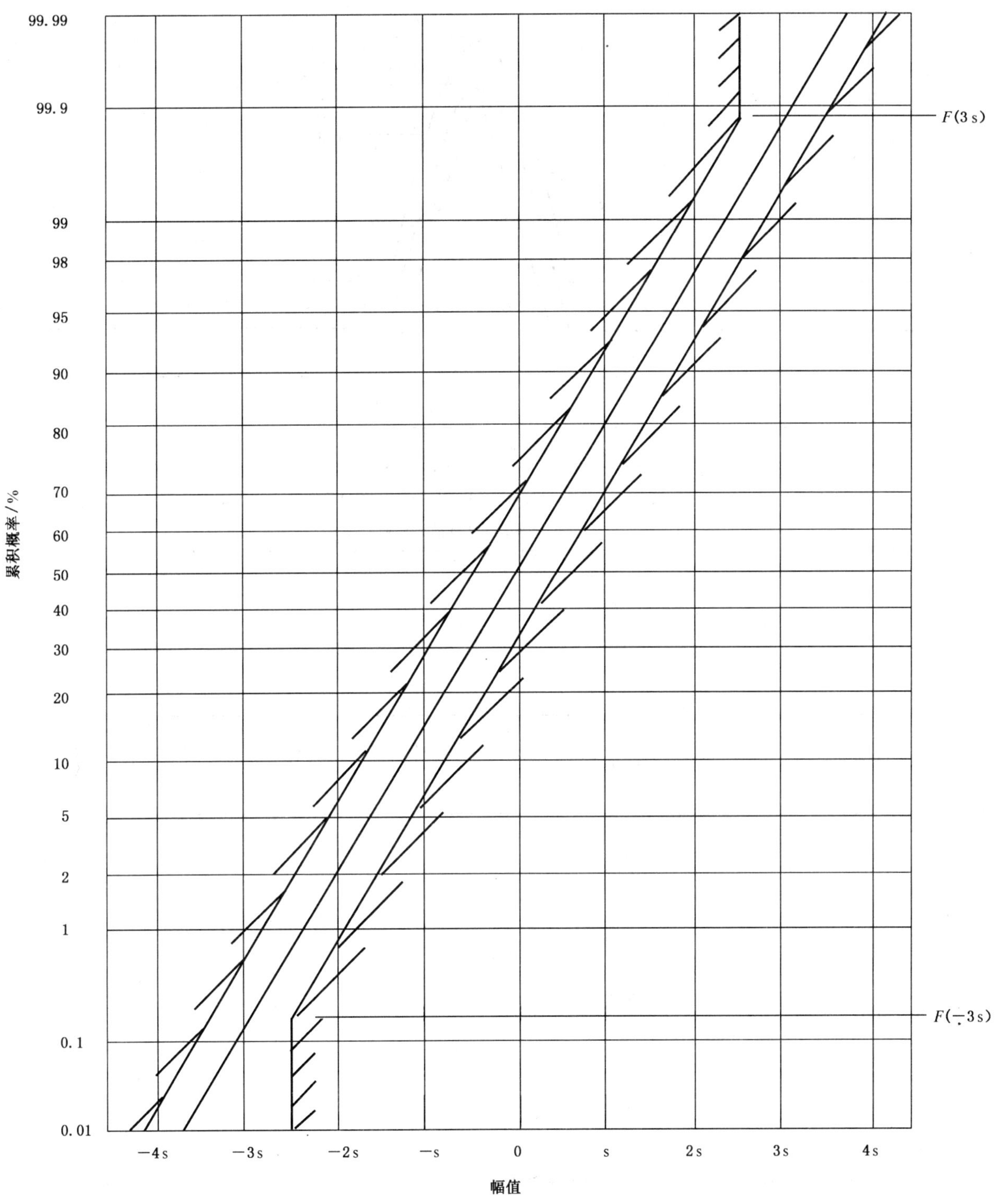


**图 5 累积 PDF 容差范围**

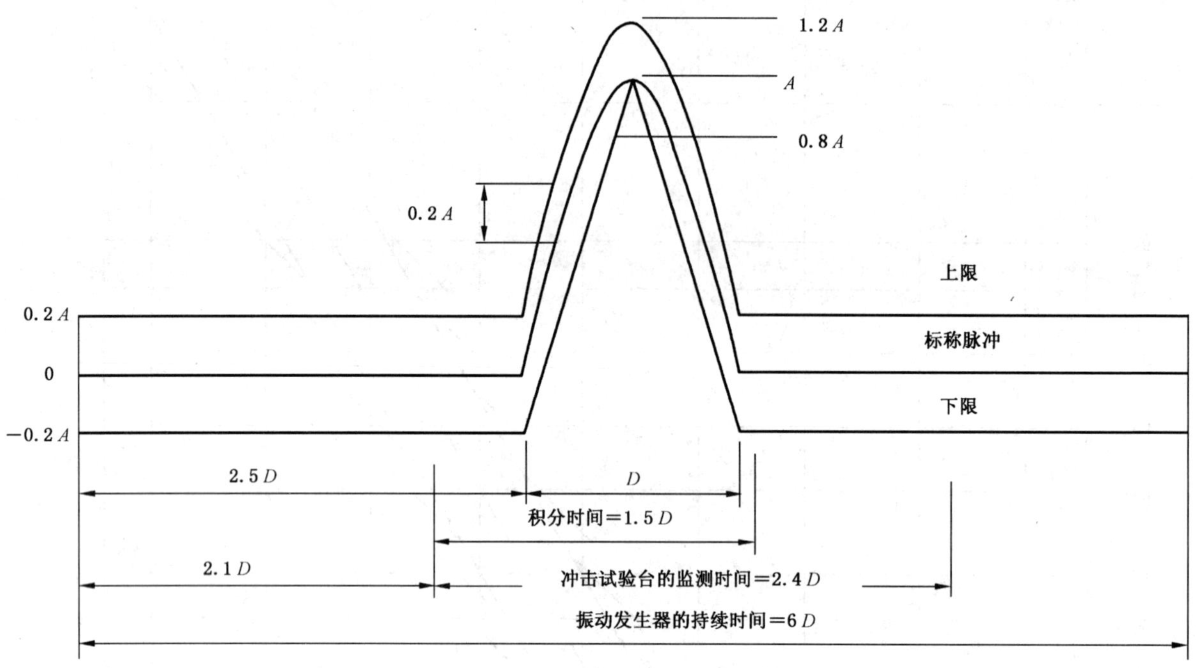


| 类 别 | 取 向 | 峰值加速度 $A/(m/s^2)$ | 标称持续时间 $D/ms$ |
|---|---|---|---|
| 1 类<br>A 级和 B 级<br>车体安装 | 垂向<br>横向<br>纵向 | 30<br>30<br>50 | 30<br>30<br>30 |
| 2 类<br>转向架安装 | 全部 | 300 | 18 |
| 3 类<br>车轴安装 | 全部 | 1 000 | 6 |
| 注：某些特殊用途的 1 类设备可能需要额外增加峰值加速度为 30 $m/s^2$ 和脉冲宽度为 100 ms 的冲击试验。在这种情况下，应在试验之前就这些要求的试验量级取得一致意见。 | | | |

图 6 冲击试验容差范围—半正弦脉冲

# 附　录　A
（资料性附录）
## 关于运行测量、测量位置、记录运行数据的方法、运行数据的汇总以及从所得运行数据推出随机试验量级的方法的解释

轨道机车车辆的冲击和振动与车辆速度、轨道条件及其他环境因素有关。为评估轨道机车车辆上安装的设备能否满意地无故障工作一定年限，需要有设计/试验规范。

为建立实用的试验规范，必须获得所测的运行数据，并根据这些数据，得到试验量级。为此使用下面的数据和方法：

——对三种安装类别：车轴、转向架及车体，采用的标准测量位置(见 A.1)；

——用问卷向轨道交通工作人员及设备制造人员采得的运行数据(见 A.2)；

——所得运行数据的汇总(见 A.3)；

——从所得运行数据推出随机试验量级采用的方法(见 A.4)；

——采用 A.4 的方法从运行数据得到的试验量级(见 A.5)。

注：当运行数据是从实际轨道机车车辆/线路上得到时，试验量级可用 A.4 中所示的方法计算得到。

A.1　对三种安装类别：车轴、转向架及车体采用的标准测量位置(图 A.1)。

*A*：垂向、横向和纵向坐标轴示意图中的车轴测量位置

*F*：垂向、横向和纵向坐标轴示意图中的转向架(构架)测量位置

*B*：垂向、横向和纵向坐标轴示意图中的车体测量位置

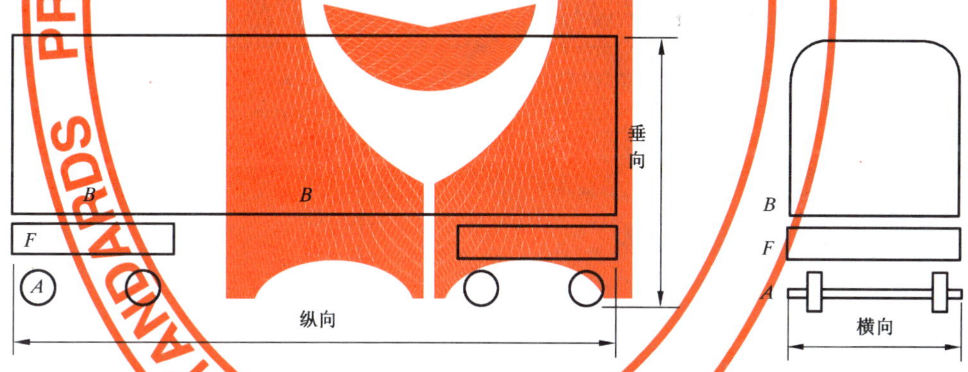


图 A.1　车轴、转向架(构架)及车体采用的标准测量位置

A.2　用问卷向轨道交通工作人员及设备制造人员采得的运行数据。

应对每个测量位置填写表 A.1。

表 A.1　试验参数/条件的环境数据采集问卷表

| 测量位置　测量方向 | |
|---|---|
| 试验参数/条件(问题) | 注释(回答) |
| 总则<br>1　测量振动级别的理由<br>2　轨道交通系统的位置<br>3　被测车辆的类型<br>4　特定试验或正常运行<br>5　车辆速度 | |

表 A.1(续)

| 测量位置　测量方向 | |
|---|---|
| 试验参数/条件(问题) | 注释(回答) |
| 主要条件<br>6　气候条件[温度(℃)、相对湿度(% RH)、雨、雪]<br>7　被测车辆的轴重<br>8　钢轨型号(UIC 分级)<br>9　轨道基础(轨枕、道碴)<br>10　钢轨接合类型(焊接、接缝) | |
| 附加条件<br>11　车轮条件、断面、圆锥度<br>12　轨道条件(垂向 r.m.s.振幅)<br>13　用于测量的轨道长度<br>14　弯曲半径和数量<br>15　过道叉数和位置<br>16　其他专有事件(桥梁、隧道)<br>17　列车配置和总重量<br>18　牵引力(仅动车) | |
| 记录<br>19　记录仪类型(FM、DR、PCM、DAT)<br>20　频率范围(下限及上限)<br>21　振幅范围(最大和最小) | |
| 时域分析<br>22　时域分析的带宽<br>23　采样频率<br>24　采样的总次数或所有记录的总时间<br>25　最大加速度($m/s^2$,正)<br>26　最小加速度($m/s^2$,负)<br>27　方均根值<br>28　振幅分辨率<br>29　基于谱密度函数的 r.m.s.值($m/s^2$) | |
| 频谱分析(对车体、转向架和车轴推荐带宽都为 500 Hz)<br>30　频谱分析带宽/抗混滤波器的截止频率<br>31　相应时间记录的采样频率<br>32　频率的分辨率($\Delta f$)或频率线数<br>33　数据采集时的采样次数(信息组长度)<br>34　低频极限<br>35　采集/分析时的时间窗的类型及记录长度<br>36　平均次数(时间记录)<br>37　采样的重叠($0 \leqslant O_t < 1$)和总次数<br>38　ADC 分辨率(动态范围)<br>39　仪器固有的噪声级别<br>40　基于 PSD 的总 r.m.s.值($m/s^2$) | |
| 需要的图片<br>41　用于频域分析的功率谱密度<br>42　用于时域分析的概率密度分布 | |

**A.3** 所得运行数据的汇总。

见表A.2。

**表A.2 从问卷得到的r.m.s.加速度量级的汇总**

| 类 别 | 最大运行量级 r.m.s./($m/s^2$) | 平均运行量级 r.m.s./($m/s^2$) | 标准偏差 | 该值的次数 |
|---|---|---|---|---|
| 1类 | | | | |
| 车体垂向 | 1.24 | 0.49 | 0.26 | 19 |
| 车体横向 | 0.43 | 0.29 | 0.08 | 15 |
| 车体纵向 | 0.82 | 0.30 | 0.20 | 8 |
| 2类 | | | | |
| 转向架垂向 | 7.0 | 3.1 | 2.3 | 14 |
| 转向架横向 | 7.0 | 3.0 | 1.7 | 10 |
| 转向架纵向 | 4.1 | 1.2 | 1.3 | 9 |
| 3类 | | | | |
| 车轴垂向 | 43 | 24 | 14 | 19 |
| 车轴横向 | 39 | 20 | 14 | 17 |
| 车轴纵向 | 20 | 11 | 6 | 9 |
| 注：采用A.4中所示的方法得到A.5中的试验量级。 | | | | |

**A.4** 从所得运行数据推导出随机试验量级采用的方法。

为缩短试验时间，本标准选择增加振幅的方法，为进行模拟长寿命随机振动试验，假定损坏正比于应力的 $m$ 次方乘以循环次数。

$$\text{损坏} \propto \sigma^m N_f$$

式中：

$N_f$——循环次数；

$\sigma$——应力量级；

$m$——指数(典型值为3～9)。

这个关系与加速度量级有关、并且与运行寿命和试验寿命有相同常数的假设有关，

于是：

$$T_s A_s^m = T_t A_t^m$$

式中：

$T_s$——运行寿命/时间；

$T_t$——试验时间；

$A_s$——运行加速度；

$A_t$——试验加速度。

将上面等式转换成加速度的比例关系，

得到：
$$\frac{A_t}{A_s} = \left(\frac{T_s}{T_t}\right)^{1/m}$$

设加速度比例系数=时间因子，

则得到：
$$\text{时间因子} = \left(\frac{T_s}{T_t}\right)^{1/m}$$

因而,当

$T_s$=25% 正常寿命

=25 年寿命×300 天/年×10 h/天×25%

=18 750 h 运行时间

$T_t$=5 h 试验时间

$m$=4(金属时的典型取值)

则有:

$$\text{加速度比例系数} = \left(\frac{18\ 750}{5}\right)^{1/4} = 7.83$$

为了本规范进行了环境的调查,所得数据已按 r.m.s.量级和不同类别的标准偏差等级编辑汇总,见表 A.2。

1 类 B 级

FRTL=AS+2STD

所有其他类别

FRTL=AS+STD

SLLRTL=FRTL×加速度比例系数(见表 A.3 所计算的试验值)

AS——平均运行量级;

STD——标准偏差;

RTL——随机试验量级;

FRTL——功能随机试验量级;

SLLRTL——模拟长寿命随机试验量级。

**A.5** 采用 A.4 中的方法,从运行数据得到的试验量级。

见表 A.3 所示。

**表 A.3 采用 A.4 中的方法从运行数据得到的试验量级**

| r.m.s. 加速度量级/($m/s^2$) | | | | |
|---|---|---|---|---|
| 类 别 | 功能随机试验量级(FRTL) | | 模拟长寿命随机试验量级(SLLRTL) | |
| | A 级 | B 级 | A 级 | B 级 |
| 1 类 | | | | |
| 车体垂向 | 0.75 | 1.00 | 5.9 | 7.9 |
| 车体横向 | 0.37 | 0.45 | 2.9 | 3.5 |
| 车体纵向 | 0.50 | 0.70 | 3.9 | 5.5 |
| 2 类 | | | | |
| 转向架垂向 | 5.4 | | 42.5 | |
| 转向架横向 | 4.7 | | 37.0 | |
| 转向架纵向 | 2.5 | | 20.0 | |
| 3 类 | | | | |
| 车轴垂向 | 38 | | 300 | |
| 车轴横向 | 34 | | 270 | |
| 车轴纵向 | 17 | | 135 | |

示例:采用A.4中的方法计算试验量级

车体垂向

AS=0.49(从表A.2)

STD=0.26

FRTL=AS+STD=0.75　A级

SLLRTL=FRTL×加速度比例系数=5.90　A级

# 附 录 B
# （资料性附录）
# 从随机振动试验数据导出设计量级的指南

## B.1 引言

设计过程中，有必要采取措施来防止振动试验或以后正常运行时，设备/部件出现故障。

本附录提供了计算振动激振幅值的公式供设计计算时使用，还提供了怎样根据本标准选择随机输入值的指南，结尾时示出一工作实例，最后以通用形式给出该基本公式。本附录根据单自由度系统（SDOF）导出了近似计算的公式。

因此设计工程师有责任选择临界的振动模式（SDOF 系统）来评估设计的机械完善性。

本附录描述的计算过程供参考，不作为合同的要求。

评估机械强度要求有一定程度的工程判断能力，供货商和采购商都应充分认识到这一点。本附录不排除为设计的需要、用于追加的试验研究，以便适用于特殊的合同或环境要求。

## B.2 目的

设备在运行工作时很可能受到振动，因此计算机械强度时，与振动程度有关的信息是非常重要的。在这样的信息缺少时，本指南提供根据本标准导出设计振动激振数据的替换方法。这样，设计工程师就能计算应力、力或加速度响应以确认疲劳损坏。但是本标准并不涉及特殊的设计方法。

本附录未讨论冲击计算，但推荐设计工程师考虑本标准的冲击激振量级。

## B.3 定义

波峰因数：时域上振动的峰值对 r. m. s. 值的比值。

疲劳损坏过程：在设备/部件上的固定点施加振动力，导致在它内部所产生的积累损坏效应。

量值设计：设备/部件最大允许的振动响应效应（例如，过量可导致损坏或误动作）。

冲击设计：设备/部件最大允许的瞬变响应效应（例如，过量可导致损坏或误动作）。

单自由度系统（SDOF）：为单一质量弹簧/阻尼器系统，能用简单的二次微分方程来描述。

## B.4 符号

| | |
|---|---|
| $A_{d(ft)}$ | 谐振时，设计模型疲劳损坏的稳定正弦振动激振幅值（$m/s^2$） |
| $A_{d(mg)}$ | 谐振时，基于设计模型的稳定正弦振动激振幅值的量值（$m/s^2$） |
| $ASD_{25}$ | 从本标准图 1～图 4 选择的指示 25％寿命的试验激振加速度谱密度[$(m/s^2)^2/Hz$] |
| $ASD_{100}$ | 100％寿命的设计激振加速度谱密度[$(m/s^2)^2/Hz$] |
| $CF_t$ | 试验中使用的波峰因数 |
| $f$ | 作为单自由度系统（SDOF）的设备/部件的谐振频率（Hz） |
| $N_d$ | SDOF 系统的设计响应循环次数（cs） |
| $N_{ll}$ | SDOF 系统寿命极限时响应循环次数[$S$-$N$ 曲线上（应力与循环次数曲线）通常认为平缓的点，等于耐疲劳度极限 $\sigma_{el}$]　（cs） |
| $\nu$ | 峰值/ r. m. s. 值 — SDOF 系统的响应值 |
| $\nu_l$ | $\nu$ 的下限 |
| $\nu_u$ | $\nu$ 的上限 |
| $Q$ | $1/(2\xi)$＝谐振时的放大倍数 |

$T_{rt}$　随机试验持续时间(s)

$\xi$　临界阻尼系数

$\sigma_{el}$　耐疲劳度极限(Pa)

## B.5　假设

本附录中的公式作如下假设：

a)　当所激振的设备/部件考虑为 SDOF 系统时，在各个可能的谐振点上，公式(B.3)中正弦振动激振幅值 $A_{d(ft)}$ $(m/s^2)$ 的疲劳损坏在设计疲劳损坏过程上与相应的随机振动激振量级 $ASD_{100}$ $[(m/s^2)^2/Hz]$ 有同样的疲劳损坏效果；

b)　当激振峰值因数限制到 2.5 时，公式(B.4—3.0σ 近似值)中的基于正弦振动激振幅值 $A_{d(mg)}$ $(m/s^2)$ 的量值，在各个可能的谐振点上，和响应是 3 倍于它的 r.m.s. 值的相应随机振动产生相同的最大响应幅值；

注：3.0σ 近似值是指试验时，随机振动加速度响应量级限幅的波峰因数为 3.0，见 B.6。

c)　设备/部件的动态特性可认为是线性的；

d)　设备的重量对它的支持结构的比率是非常小的，因而可忽略动态的相互作用效应；

e)　存在着一个或几个设备/部件的显著的谐振频率；

f)　疲劳损坏过程基于“米勒”(Miner)损坏模型；

g)　一次负荷循环所增加的疲劳损坏与 SDOF 系统的响应振幅的 1/m 次方($m=4$)成正比；

h)　$N_{ll}$ 次循环的耐疲劳度极限是存在的；

i)　忽略波峰因数对疲劳损坏过程的影响，只留一点裕量(本标准要求留给波峰因数的裕量 $<5\%$)；

j)　SDOF 系统的随机振动响应幅值是按“瑞利”(Rayleigh)分布的。

## B.6　设计步骤

设计计算相应的振动参数可有几种方法，这里优先选用的方法是基于任何相关用户定义的动态模型，它是由本标准引用的模拟长寿命试验(5 h，25%的寿命)的 ASD 谱导出的振动量来激振的，而模拟长寿命试验的 ASD 谱是根据附录 A 的运行数据导出的。

此外，还推荐设计工程师进行冲击计算时，对 GB/T 2423.5—1995 附录 B 的冲击响应谱连同本标准选择的冲击输入激振数据一起考虑。

设计条件如下所述：

在评估机械强度时，设计工程师既要考虑试验，又要考虑运行工作。本指南涉及的设计条件主要是对应于试验条件。本指南提供的振动激振量级用于对疲劳和量级设计的评估使用。

由本标准选择(按比例适用 100%寿命)的模拟长寿命试验相应的试验 ASD 谱导出的振动激振量级适用于疲劳损坏过程，其疲劳损坏过程应该对照疲劳损坏判据来进行评估。

基于设计的量值是用相对于试验时的最大响应幅值来评估的。这些计算适用于随机振动试验中由于压缩试验时间、增加随机振动幅值而可能发生的各种严酷情况，但这种激振量级并不一定反映在实际运行情况中。

试验时随机振动激振的量级值由 r.m.s. 值及试验设备使用的实际波峰因数来确定。该波峰因数按本标准至少应为 2.5。因而设计工程师应注意试验时使用的实际波峰因数。因此，当根据试验设备考虑设计时，有效的、高于 2.5 的波峰因数将用于这个量值设计级的补偿。而且，本指南涉及的(见公式 B.4 及 B.5)响应波峰因数趋于比试验激振的波峰因数有更高的值(见公式 B.6)。

注：若试验激振的波峰因数为 2.5，则本指南中基于正弦设计激振的幅值宜按 3 倍试验响应的 r.m.s. 值计算。

轨道交通运行过程中，存在着各种振动、碰撞和冲击幅值，因而波峰因数可以考虑高于 2.5，而运行中的振动量值是不易确定的。

## B.7 从本标准导出随机设计激振的精确方法

如果设计工程师对于此类分析已使用过计算机工具，则设计时推荐采用从随机试验激振量级转换到随机设计激振量级的方法。

### B.7.1 使用随机激振的疲劳计算

从本标准的相应图1～图4中选择 $ASD_{25}$ 量级，它与长寿命试验量级相等。疲劳损坏过程计算用的设计 $ASD_{100}$ 谱[$(m/s^2)^2/Hz$]可从下式得到：

$$ASD_{100} = 2 \times ASD_{25} \quad \cdots\cdots (B.1)$$

式中系数2补偿从试验时25%寿命到设计中100%寿命引起的损坏增加（$ASD_{100} = ASD_{25}\sqrt{4}$）。

### B.7.2 使用随机激振的量值计算

振动量级[$(m/s^2)^2/Hz$]作为设计中基于应力、力或加速度计算的量值，一般可取：

$$ASD_{25} \quad \cdots\cdots (B.2)$$

## B.8 从本标准导出正弦设计激振的近似方法

根据B.5中的假定，近似的正弦设计激振幅值可作为随机激振的一种替换。

### B.8.1 使用正弦激振的疲劳计算

近似的疲劳损坏过程正弦振动激振幅值 $A_{d(ft)}$（$m/s^2$）可从下式得到：

$$A_{d(ft)} = 1.7\left[\sqrt{(\pi/2) \times f \times ASD_{100}/Q}\right] \times \left[T_{rt}/(N_{ll}/f)\right]^{(1/4)} \quad \cdots\cdots (B.3)$$

### B.8.2 使用正弦激振的量值计算

基于正弦振动激振幅值 $A_{d(mg)}$（$m/s^2$）的近似量值由下式得到[1)]（接近 $3.0\sigma$）：

$$A_{d(mg)} = 3.0 \times \sqrt{(\pi/2) \times f \times ASD_{25}/Q} \quad \cdots\cdots (B.4)$$

## B.9 举例

问题：

部件安装在列车下方的箱体内，箱体自身直接安装在车体的主结构上，承受本标准适用的振动环境。试计算相应的垂向激振加速度的设计幅值。

### B.9.1 随机激振量级

解：

首先从本标准图2中，1类B级车体安装的设备（垂向）一栏中找到随机振动试验数据，选择ASD量级（读取正常量级），代入公式（B.1）求得供疲劳损坏计算的设计ASD谱的量级：

$$ASD_{100} = 2 \times 1.9 = 3.8 (m/s^2)^2/Hz$$

（相应的总疲劳设计 r.m.s. 值：$r.m.s._d = 7.9 \times \sqrt{2} = 11.2\ m/s^2$）

所选的值直接适用于按B.7.2计算的量值。

$$ASD_{25} = 1.9 (m/s^2)^2/Hz$$

### B.9.2 正弦激振量级

解：

从本标准图2中，1类B级车体安装的设备中，选择垂向随机振动试验数据（读取正常量级），计算设计 $ASD_{100}$ 谱（见B.9.1），并假定输入数据如下：

$T_{rt} = 5\ h = 18\ 000\ s$；$N_{ll} = 10^7\ cs$；$Q = 10$；$f = 20\ Hz$

---

1) 公式的一般形式见B.10。

代入公式(B.3),得到供疲劳损坏计算的相应设计正弦幅值,$A_{d(ft)}$:

$A_{d(ft)}=1.7\times[\sqrt{(\pi/2)\times20\times3.8/10}]\times[5\times3\ 600/(10^7/20)]^{1/4}=2.56\ m/s^2$

把 $ASD_{25}$ 量级代入公式(B.4),得到供量值设计的相应设计正弦幅值,$A_{d(mg)}$

$A_{d(mg)}=3.0\times\sqrt{(\pi/2)\times20\times1.9/10}=7.33\ m/s^2$

检查试验的量值对供疲劳损坏计算设计幅值的比值:

$A_{d(mg)}/A_{d(ft)}=7.33/2.56=2.86$

于是在按本标准设计计算机械强度中,对安装在列车下方箱体中的部件应考虑幅值为 2.56 $m/s^2$ 的持续正弦振动量级来模拟其疲劳过程。同样用幅值为 7.33 $m/s^2$ 的正弦激振来模拟试验中的最大响应量级,在本例中它高达 2.86 倍。见表 B.1。

表 B.1 为本例所有三个方向的激振设计量级

**表 B.1 本例所有三个方向的激振设计量级**

| 车体安装 1类 B级 ($\xi=0.05\Rightarrow$ $Q=10$)<br>设计激振量级 | | | | | | | | | | | | |
|---|---|---|---|---|---|---|---|---|---|---|---|---|
| 随机(B.7.1)<br>$ASD_{100}$/<br>$[(m/s^2)^2/Hz]$ | | | 随机(B.7.2)<br>$ASD_{25}$/<br>$[(m/s^2)^2/Hz]$ | | | 频率<br>$f$/<br>Hz | 正弦(B.8.1)<br>$A_{d(ft)}$;$N_{ll}=10^7$cs/<br>$(m/s)^2$ | | | 正弦(B.8.2)<br>$A_{d(mg)}$;3.0σ/<br>$(m/s)^2$ | | |
| 垂向 | 横向 | 纵向 | 垂向 | 横向 | 纵向 | | 垂向 | 横向 | 纵向 | 垂向 | 横向 | 纵向 |
| 3.8 | 0.74 | 1.8 | 1.9 | 0.37 | 0.90 | 20 | 2.56 | 1.13 | 1.76 | 7.33 | 3.23 | 5.04 |

## B.10 用于导出近似设计激振所使用的公式的一般形式

这些公式的简化形式已在 B.8 中给出。

### B.10.1 疲劳计算

近似的疲劳损坏过程的正弦振动激振幅值($m/s^2$)一般从下式得到:

$$A_{d(ft)}=[\sqrt{(\pi/2)\times f\times ASD_{100}/Q}]\times[T_{rt}/(N_{ll}/f)]^{(1/m)}\times[\int_{\nu_l}^{\nu_u}\nu^{(m+1)}\times e^{-\nu^2/2}\partial\nu^{(1/m)}] \quad \cdots(B.5)$$

公式(B.5)的第一项表示 SDOF 系统的 r.m.s. 响应幅值($m/s^2$)除以 $Q$,它是由本标准(按比例覆盖 100%寿命)模拟长寿命试验中的相应的 ASD 谱的平直部分选择的宽带随机振动输入激振的。

第二项是由随机试验时间 $T_{rt}$(s)与设计要求在 $f$(Hz)频率下达到 $N_{ll}$(cs)次循环的时间不同引起的参数。

第三项是正比于参与疲劳过程中所有循环的积分权重的参数,假定 SDOF 系统的响应振幅是按"瑞利"(Rayleigh)分布的。

因子 $m$ 是一个指数,它取决于 $S$-$N$ 曲线(应力-循环曲线)的斜率,本标准中选择 $m=4$ 。

### B.10.2 量值计算

基于正弦振动激振幅值($m/s^2$)的近似量级一般从下式得到:

$$A_{d(mg)}=(CF_t+0.5)\times\sqrt{(\pi/2)\times f\times ASD_{25}/Q} \quad \cdots\cdots(B.6)$$

公式(B.6)的第一项表示试验的波峰因数(受试验机械限制)加一常数 0.5,该常数用于补偿 SDOF 系统的响应波峰因数比激振波峰因数高的趋势。

第二项表示 SDOF 系统的 r.m.s. 响应幅值($m/s^2$)除以 $Q$,它是由本标准模拟长寿命试验相应的 ASD 谱的平直部分选择的宽带随机振动输入激振的。

# 附 录 C
## （资料性附录）
## 识别设备在轨道机车车辆上的位置示意图及其试验类别图

注：本分类不适用于仅有一系悬挂的车辆。

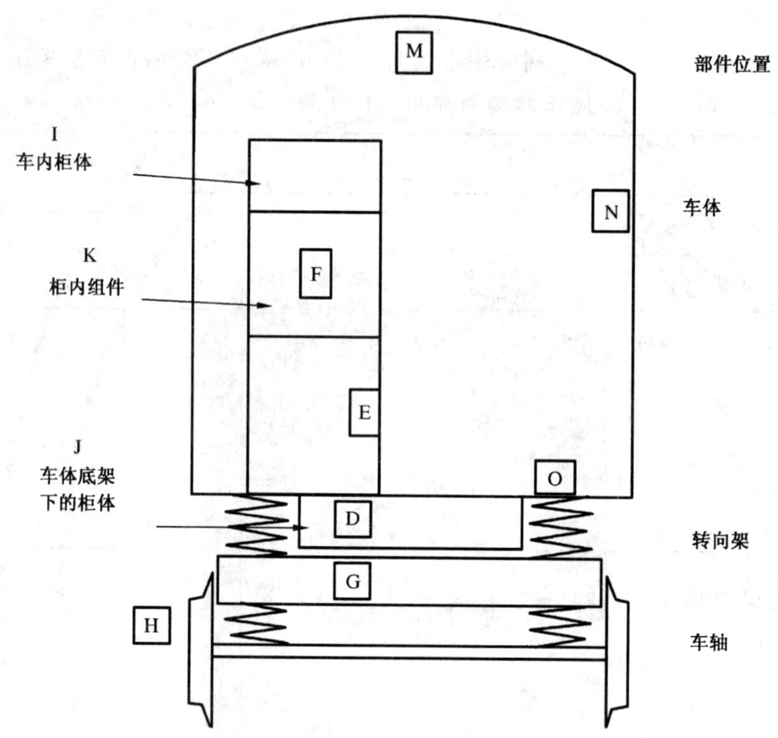


| 类别 | 位置 | 设备位置说明 |
|---|---|---|
| 1类<br>A级 | M N O I J | 直接安装在车体上方或车体下方的部件 |
| 1类<br>B级 | D | 安装在固定于车体底架下箱体内的部件 |
| 1类<br>B级 | K E | 安装在固定于车体上的大柜体内的部件 |
| 1类<br>B级 | F | 安装在固定于车体上的柜体内组件中的部件 |
| 2类 | G | 安装于轨道机车车辆转向架上的柜体、组件、设备及部件 |
| 3类 | H | 安装于轨道机车车辆车轴总组件上的组件、设备及部件或总成 |

图 C.1 机车车辆上设备的位置示意图

# 附　录　D
## （资料性附录）
## 试验证书的示例

下列设备已通过 GB/T 21563—2008《轨道交通　机车车辆设备　冲击和振动试验》所要求的试验

设备说明
......................................................................................................
......................................................................................................
......................................................................................................

设备型号 ........................................ 制造商名 ........................................
......................................................................................................
......................................................................................................

出厂/调整状态 ........................................ 生产序号 ........................................
......................................................................................................
......................................................................................................

试验机构报告编号 ........................................ 报告日期 ........................................
......................................................................................................
......................................................................................................

产品试验大纲编号：
......................................................................................................
......................................................................................................

备注：
......................................................................................................
......................................................................................................
......................................................................................................

1）试验机构 ........................... 职务 ........................... 日期 ...........................

2）制造商 ........................... 职务 ........................... 日期 ...........................

ICS 13.320
A 91

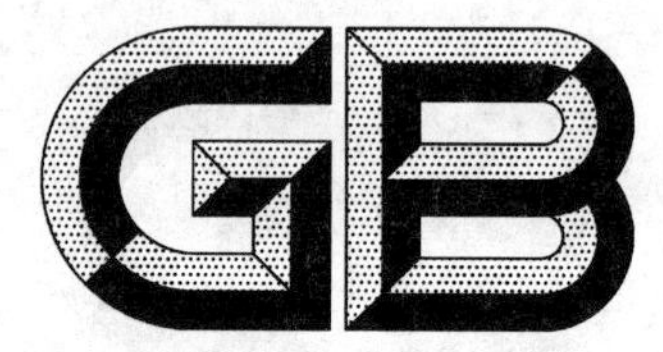

# 中华人民共和国国家标准

GB/T 21564.1—2008

# 报警传输系统串行数据接口的信息格式和协议 第1部分:总则

**Message formats and protocols for serial data interfaces in alarm transmission systems—Part 1:General**

(IEC 60839-7-1:2001 Alarm systems—Part 7-1: Message formats and protocols for serial data interfaces in alarm transmission systems—General,MOD)

2008-03-24 发布　　　　2008-09-01 实施

中华人民共和国国家质量监督检验检疫总局
中国国家标准化管理委员会　发布

# 前　　言

GB/T 21564《报警传输系统串行数据接口的信息格式和协议》分为五个部分：

——第1部分：总则

——第2部分：公用应用层协议

——第3部分：公用数据链路层协议

——第4部分：公用传输层协议

——第5部分：数据接口

本部分为GB/T 21564的第1部分。

本部分修改采用了国际电工委员会IEC 60839-7-1：2001(英文版)。

为了便于使用，对本部分做了下列修改：

——控制指令的定义改为"对报警系统或报警传输系统部分下达的控制信息。"；

——报警状态的定义改为"是功能部件的状态之一。在该状态下，功能部件对面临的非正常情况(包括面临的危险和潜在的危险)做出反应的结果。"；

——正常状态的定义改为"是功能部件的状态之一。在该状态下，功能部件运行良好，可随时提示其他情况发生。"；

——防拆的定义改为"是功能部件的状态之一，由于该功能部件内部防拆装置的起动所产生的状态。"；

——"主机"定义为"在报警传输系统中，控制链路信息，并能发送和接收信息的设备。"；

——"从机"定义为"在报警传输系统中，不能对链路通信直接起控制作用，仅能对主机请求做出应答或回送信息的设备。"；

——第7章结构改变，标题改为"接口"，增加7.1"接口类型"，原7.1改为7.2，原7.2改为7.3，原7.3改为7.4，内容不变；

——删除了原IEC前言，增加了引言部分。

本部分的附录A、附录B均为资料性附录。

本部分由全国安全防范报警系统标准化技术委员会(SAC/TC 100)提出和归口。

本部分起草单位：中国矿业大学(北京)信电系、SAC/TC 100秘书处、湖北东润科技有限公司，北京联视神盾安防技术有限公司。

本部分主要起草人：王汝琳、刘希清、唐胜男、金巍、周明锦、佟祝斌、杨国胜。

# 引　言

串行数据通信方式是各种通信模型中的主要表现形态。

本标准是基于较早期的 RS-232 点对点通信模型和 RS-485 点对多点总线式串行通信模型而制定的。故对目前正在广泛应用的宽带应用情况和无线传输方式未予详细表述，仅在部分环节给出注释和提示。

尽管本标准给出的模型的通信速率较慢，但其数据传输控制原理与现今的各类宽带应用和无线应用是一致的，所以本标准对于报警产品设计者、报警系统规划者和报警系统的使用者等都有很好的指导作用和示范意义。

由 ITU-T V.24 和 ITU-T V.28 共同规定的接口，正是目前大家熟悉的 EIA-RS232 接口，它是适用于同步和异步串行二进制数据交换系统中，数据终端设备之间互连的串行接口协议，是一种非平衡式的双工数字基带通信接口。该接口主要适用于传输速率低，传输距离近的场合。

由 ISO/IEC 8482:1993 规定的接口，正是目前大家熟悉的 EIA-RS485 接口，它也是适用于同步和异步串行二进制数据交换系统中，数据终端设备之间互连的串行接口协议。但它是一种平衡式（差分式）的半双工数字基带通信接口。该接口可以支持较远距离的通信，且可支持多通信机间的总线式分时通信。

由 ITU-T V.23 定义的接口，是一种类似 EIA-RS232 接口规范的双工数字频带调制的串行通信接口。它可用于基于电话系统的较远距离的点对点通信。

在本标准中，将报警通信的发起者定义为主机，报警通信的响应者定义为从机。它不同于报警系统中的概念。在报警系统中，报警主机和报警从机主要从管理角度来阐述其存在的意义。作为本标准的使用者务必适当分清二者的概念异同：在报警系统中，一台报警从机既可以作为报警主机的响应者而成为报警传输系统的从机，同时它又可以连接下位的总线报警器和下一级报警从机，而成为报警传输系统的主机。其他概念也有类似情况，敬请留意辨析，以免混淆。

作为报警系统的重要技术指标之一——报警响应时间已在其他相关标准中明确定义。本标准不再对此做出新的定义，但推荐使用者理解将报警事件发生到终端设备接收到并显示有关报警信息之间，或者当地的值守人获得报警信息之间的时间间隔作为报警响应时间的测试依据。由于报警传输系统的传输时延是报警响应时间的重要组成环节之一，故本标准推荐本标准的使用者对报警传输系统的传输能力给出适当的评估，以保证实现最终的系统指标。

# 报警传输系统串行数据接口的信息格式和协议 第1部分:总则

## 1 范围

GB/T 21564 的本部分规定了报警传输系统中标准串行数据接口的一般要求,概要地给出报警传输系统的连接方式以及常用的串行数据接口的类型,并在附录中给出了信息结构和一些范例。

## 2 规范性引用文件

下列文件中的条款通过 GB/T 21564 的本部分的引用而成为本部分的条款。凡是注日期的引用文件,其随后所有的修改单(不包括勘误的内容)或修订版均不适用于本部分,然而,鼓励根据本部分达成协议的各方研究是否可使用这些文件的最新版本。凡是不注日期的引用文件,其最新版本适用于本部分。

GB/T 21564.2—2008 报警传输系统串行数据接口信息格式和协议 第2部分:公用应用层协议(IEC 60839-7-2:2001,MOD)

GB/T 21564.5—2008 报警传输系统串行数据接口信息格式和协议 第5部分:数据接口(IEC 60839-7-5,-7-6,-7-7,-7-11,-7-12,-7-20:2001,MOD)

ISO/IEC 8482 信息技术 系统间远程通信和信息交换 数据通信 双绞线多点互连

ITU-T V.23 用于公用交换电话网的600/1 200波特率标准化调制解调器

ITU-T V.24 数据终端设备(DTE)与数据电路终端设备(DCE)之间的接口电路定义表

ITU-T V.28 非平衡双流接口电路的电气特性

## 3 术语和定义

下列术语和定义适用于 GB/T 21564 的本部分。

3.1

**报警系统信息 alarm system message**

报警系统各类工作状态和控制指令的信息,可包括:

3.1.1

**报警信息 alarm messages**

报告生命或财产面临危险或潜在危险的信息,或排除这一危险的信息,包括报警状态信息的报告。

3.1.2

**控制指令 commands**

对报警系统或报警传输系统部分下达的控制信息。

3.1.3

**指示信息 informative messages**

表示有关报警系统功能状态情况的信息。

3.1.4

**传输系统信息 transmission system messages**

报警传输系统部件状态的信息,包括报告报警系统收发器工作状态的信息。

注:此类信息的格式和处理与报警系统信息完全相同。

3.2

**报警信道　alarm channel**

报警逻辑传输通道的组成部分，相连报警系统的各个可识别的逻辑功能部件的状态信息通过该路径被传送。

3.3

**功能部件　functional part**

指逻辑功能部件，包括各个独立的探测器、探测器组及系统的配套通用部件[如电源(PSU)、警报装置等]。

注：此类功能部件可处于下列一种或多种状态。

3.3.1

**正常状态　normal condition**

是功能部件的状态之一。在该状态下，功能部件运行良好，可随时提示其他情况发生。

3.3.2

**报警状态　alarm condition**

是功能部件的状态之一。在该状态下，功能部件对面临的非正常情况(包括面临的危险和潜在的危险)做出反应的结果。

3.3.3

**已确认报警　outstanding alarm**

是功能部件的状态之一。在该状态下，功能部件对面临的非正常情况(包括面临的危险和潜在的危险)做出反应的结果，但该结果已被成功传输或当地人工确认。

3.3.4

**防拆　tamper**

是功能部件的状态之一，由于该功能部件内部防拆装置的起动所产生的状态。

3.3.5

**测试状态　test condition**

是功能部件的状态之一，为测试目的而改变正常状态时所产生的功能部件的状态。

3.3.6

**无效　disabled**

是功能部件的状态之一。在该状态下，正常的服务功能被取消。

3.4

**报警系统收发器　alarm system transceiver**

安置在被监控区域或传输中继站内的报警传输设备。

3.5

**主机　master**

在报警传输系统中，控制链路信息，并能发送和接收信息的设备。

3.6

**从机　slave**

在报警传输系统中，不能对链路通信直接起控制作用，仅能对主机请求做出应答或回送信息的设备。

3.7

**数据链路数据　data link data**

信息码元、数据链路信息或由第4层(传输层)产生的信息。

3.8

**发送器　originator**

启动链路数据通信的设备。

注：该条款不要求启动物理/逻辑连接。

3.9

**接收器　receiver**

接受链路中其他设备(发送器)启动链路数据通信的设备。

3.10

**信息鉴别码　message authentication code(MAC)**

确保信息来自确定源的一种代码。

3.11

**信息容量　window size**

无需接收确认(ACK)的情况下,可传送信息的最大数量。

## 4　缩略语

ACK　acknowledgement　确认

CCTV　closed circuit television　闭路电视

ITU-T　International Telecommunication Union-telecommunication　国际电信联盟电信标准化部门

CIE　control and indicating equipment　控制和指示设备

CR　carriage return　回车

CRC　cyclic redundancy check　循环冗余校验

DLLA　data link layer authentication　数据链路层确认

HEX　hexadecimal　十六进制

ID　identity　身份

INIT　initiated　启动

ISO　International Standards Organization　国际标准化组织

ISDN　Integrated Services Digital Network　综合业务数字网

SK　secondary key　次级密钥

MAC　message authentication code　信息鉴别码

MK　master key　主密钥

LSB　least significant byte　最低有效字节

OSI　Open System Interconnection　开放系统互连

PSTN　Public Switched Telephone Network　公共电话交换网

PTT　Post,Telegraph and Telephone　邮电

R1/R2　Random Number　随机数

RS　random seed　随机初始值

STX　start of Text　正文开始

TTL　transistor transistor logic　晶体管逻辑

## 5　OSI 参考模型

开放系统互连(OSI)参考模型是由国际标准化组织(ISO)研发的。它提供了描述、理解和分析复杂通信系统各种功能的一种共同约定的方法,也提供了起草其他国际标准的框架。

参考模型把系统功能分为多层来研究,正式的有 7 层,但 0 层和 8 层目前通常也被加上。

分层结构允许我们进行功能转换而不影响其他层。实际系统中,某些层可不予考虑。设计者可自由选择分层实现或组合实现。

OSI 模型支持多种应用程序,可在当前和将来网络技术的任意组合上运行而无须改变应用程序本身。因此模型中有一个基本划分,以便在应用与实际网络之间提供一个稳定的界限。这种功能由参考模型的层 3—网络层执行。

OSI 参考模型分层结构如下。

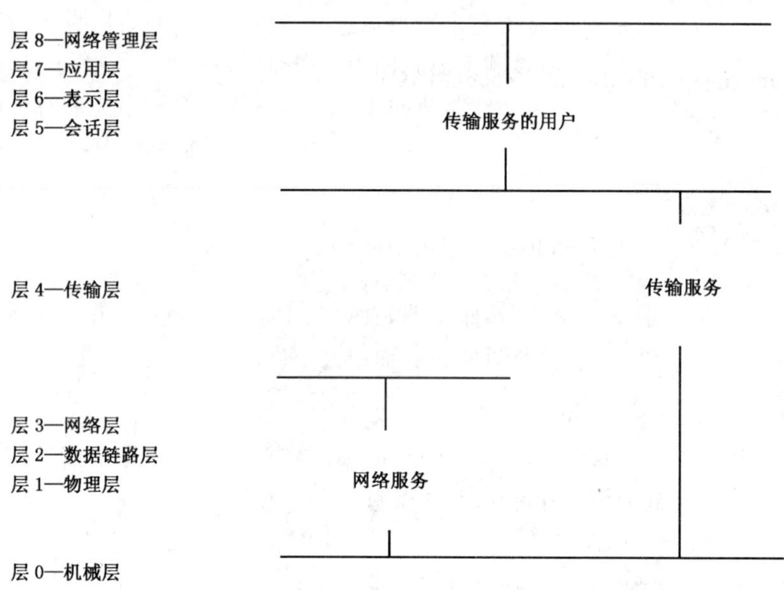


## 5.1 OSI 的各层

层 0—机械层,仅用于需要规定接插件和直接互联模块的物理形状的场合。例如应限定嵌入式数字通信机的最大尺寸及接插件的布局,以便控制和指示设备的制造商在其设备中留出一个标准的空间和标准的接插件接口,使其他制造商的通信机刚好能够放入。

层 1～3,反映任何网络中功能的逻辑划分。层 1—物理层,规定现实的传输媒介接口的物理和电气特性,提供一个完全透明的路径。层 2—数据链路层,负责将低层数据格式化成数据块并提供差错检测和/或差错纠正。层 3—网络层,在多终端网络中提供寻址和路由选择以及基本呼叫建立和拆除程序。

层 4—传输层,在某些应用中,较低的那些层不提供应用所需要的全部传输特征。在报警传输的过程中,也许要用到更高一级的差错检验和纠正、倒频和加密以及把短数据块连接成较长信息。这一层提供这些附加功能。

4 层以上的层与数据管理和同步有关,应不依赖于所使用的数据传输系统。层 5—会话层用来管理这样的系统,在这种系统中,不同的应用共享同一传输系统。层 6—表示层在两个数据终端有不同的数据表示方法的场合,它负责数据格式的转换。报警传输系统的特征在这两层上没有体现。

层 7—应用层,是顶层,对应用提供实际的传输服务。它是一个窗口,通过该窗口应用层可看到报警传输服务。

层 8—网络管理层,是控制和管理传输设备特别是更为复杂的交换设备和多路复用设备的一种通用格式。网络管理者可把它看作特殊的、可选择的表示层/应用层来监控传输系统。

## 5.2 各层的定义

参考模型每层由下面三类要求来定义:

a) 它所提供的服务及与上层的接口。包括信息接收的方式和将信息传送到上层的方法(在应用层中,包括应用层本身信息的接收和发送)。

b) 该层的处理功能。

c) 本层所要求的服务及与下层的接口。包括信息接收的方式和把信息传送到下层的方法。

在单独网络中,可根据不同的链路采用不同技术。因此,尽管一套单独的高级协议可以应用于整个传输系统,但较低的那些层可因链路的不同而不同。

注:OSI 的详细说明见 ISO 标准 7498-1,信息技术—开放系统互连—基本参考模型—基本模型。

## 6 一般考虑事项

GB/T 21564.1～21564.5—2008 是一套系列标准,旨在规定使用串行数据传输的报警系统与报警接收中心或监控中心之间的报警信息、报警系统状态信息以及控制数据的传输要求。它包括推荐协议、信息结构和格式等全部内容。

为使标准相互兼容,本系列标准所提出的公共应用层协议与具体报警传输系统中使用的网络技术及配置无关。这样在不同配置方案中,不同供应商设备之间可进行灵活的相互连接。

本系列标准预期适用于报警传输网络中标准的、开放的接口,即支持不同制造商设备之间所有接口的互配,以及所选技术能够提供一个开放的 OSI 传输结构。

本系列标准并不排除使用专用的或其他的串行接口标准。在有的地方,开放的标准接口的优越性并不需要,而使用不支持开放接口的网络技术的优点显得更重要。例如,控制和指示设备(CIE)同报警系统收发器之间使用的某些局部总线连接并不提供对上层网络的开放接口,而是一个单独的覆盖 1～7 层的不可分割的协议。

GB/T 21564.2—2008 中定义公共应用层协议的目的在于,为可预见的未来对各类报警系统的要求勾画出一个可预期的概貌,包括允许产品制造商根据这些要求扩展产品性能的选择自由。这是一种最小的开销,用一个基本的、最小的程序来完成一些简单的应用,并能扩展以适应一些特殊的要求。

## 7 接口

### 7.1 接口类型

报警传输系统中现有串行数据接口的类型可分为如下几种:

a) CIE 和报警系统收发器之间的报警系统接口;

b) 在被监控区域场所内,报警系统收发器和标准通信装置(如调制解调器)之间的接口;

c) 报警传输系统中的中间接口,包括与现有公共网络(如果存在的话)的接口;

d) 终端接口。

### 7.2 报警系统接口

对于报警系统接口,有以下几种可能:

a) 接口在物理上不存在,报警系统收发器和 CIE 可作为一个单独的不可分割的整体来实现;

b) 报警系统收发器可以直接嵌入 CIE,或者是在 CIE 箱体中用短电缆相连;

c) 报警系统收发器可以与 CIE 分开安放,并用电缆和专用接插件相连;

d) 连接可以通过系统传输总线或其他具有自己协议但并不能支持本协议的专用链路来完成。

对于类型 b)的接口,短的信号传输线意味着 TTL 信号的电平是足够的,而且不需要复杂的差错校验。因此特制驱动器的费用可以避免,通信软件可以简化。而且连接是受 CIE 箱体保护的,因此只需对连接进行很少的监控,加密也是没有必要的。

对于类型 c)的接口,GB/T 21564.5—2008 规定了收发器远离 CIE 时的要求。它详细说明了按照 ISO/IEC 8482 采用双线多路配置的简单总线的技术要求,这种配置能使多个收发器连到一个单独的 CIE 上。

对于类型 d)的接口,总线系统本身可能把全部 OSI 堆栈加给使用者,因此对所有这样的系统可规定的要求就有一个限制。某些通用要求必须得到满足(如监控接口要求),而其他的应用要求选择总线也是可以的。

## 7.3 中间接口

最重要的中间接口是被监控区域处同传输媒介的接口。通常是与 PTT(PSTN、专线、ISDN、X25等)相连的接口,但也可以是与其他业务(如无线通讯)相连的接口。

GB/T 21564.5—2008 的第 8 章“采用 ITU-T 建议 V.23 信令的 PSTN 接口和专用信道 PTT 接口”,定义了先进的数据通信机所使用的信息格式,描述了专用通信线路的接口要求。它们采用 ITU-T 建议 V.23 信令以提供除基本报警信息传输外更多的特征信息传输,它们包括区域名称、区域地址、报警描述以及地形信息和记录信息的上传和下载。

## 7.4 终端接口

GB/T 21564.5—2008 的第 9 章“采用 ITU-T 建议 V.24/V.28 信令的终端接口”,规定了终端收发器和中继设备之间的接口要求。也适用于初级中继设备和次级中继设备之间的接口。例如,数字通信机的接收器通常将收发器和中继设备组成一个完整的单元,它能把报警信号传给次级中继设备上的计算机,以便进行更为精确的处理。

# 附 录 A
## (资料性附录)
## 信 息 结 构

本系列标准的 GB/T 21564.2、GB/T 21564.3 和 GB/T 21564.4 为在报警传输网络中使用“标准”接口的应用层、数据链路层和传输层定义了一套兼容的协议。在没有可替换的现行国家标准以满足接口要求的场合,本系列标准被指定使用。

图 A.1 显示了这些协议的基本结构和相关信息的大小。

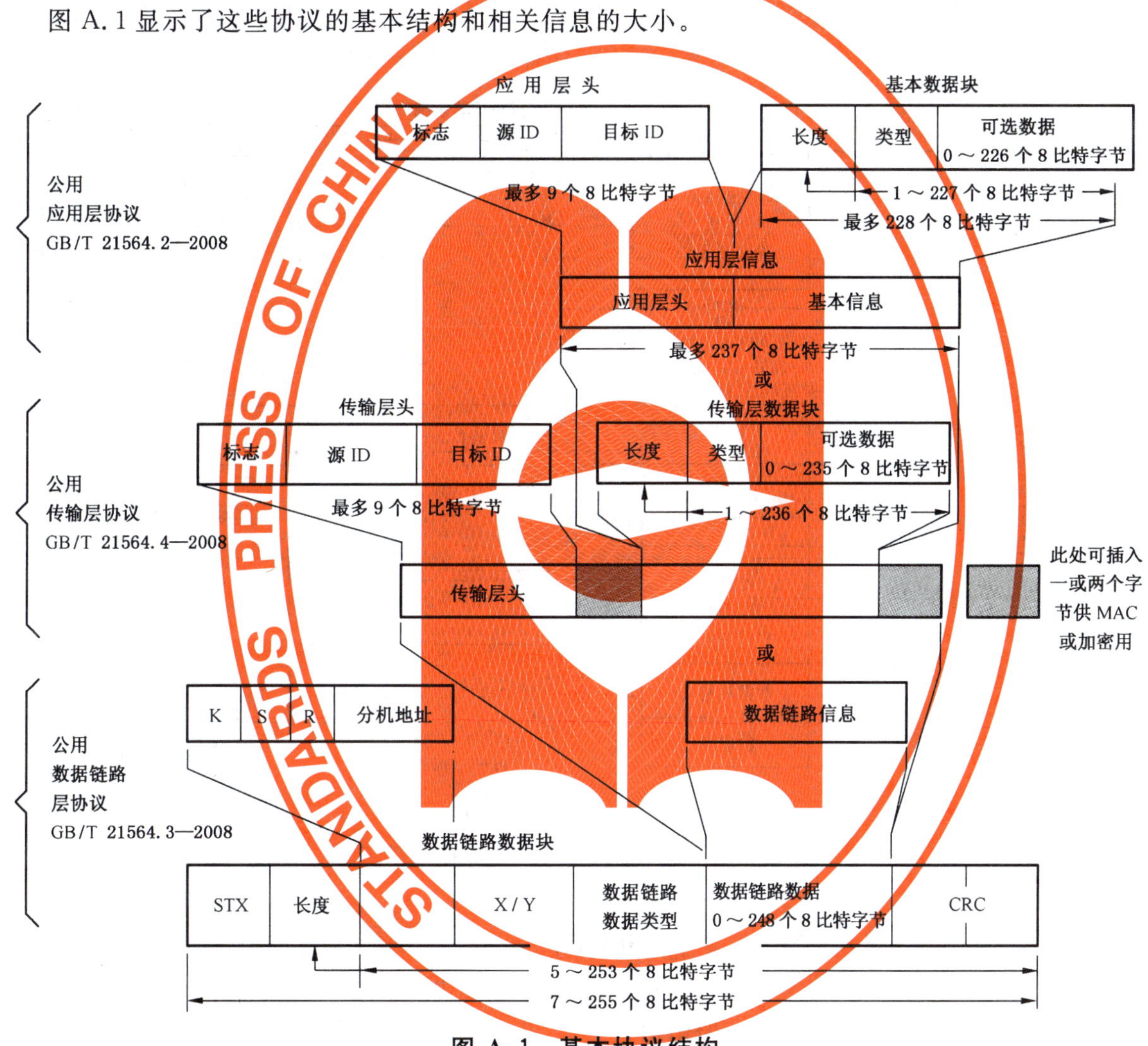



**图 A.1 基本协议结构**

公用数据链路层协议被限制在最大 255 个 8 比特字节以内,以使该长度能保证一个单独 8 比特字节的吞吐量。内置信息可以是数据链路数据(在 GB/T 21564.3—2008 中定义)或是来自更高层的信息(例如层 4—传输层)。

类似地,层 4—传输层可以包括一个传输层数据块(在 GB/T 21564.4—2008 中定义)或应用层信息。

# 附　录　B
## （资料性附录）
## 范　　例

下面这一系列的例子意在说明如何配置公用报警传输系统，并说明在检测组成设备时如何应用这套标准。

注：以下的范例不是很全面，还有其他大量可选范例。它们无论是在次序和内涵上都不暗示任何优先。

范例1

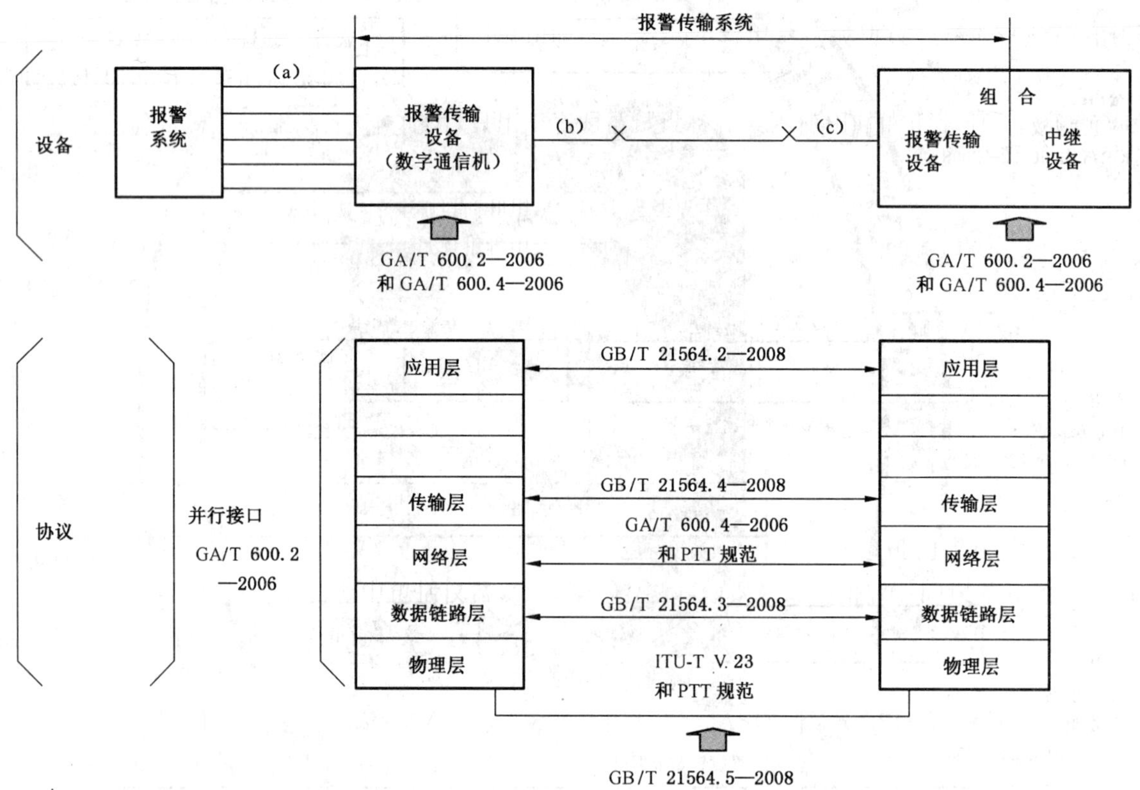


**图 B.1　用简单并行接口连接 CIE 并以高级串行接口连接 PSTN 的数字通信机**

在这个示例里，接口(a)是在GA/T 600.2—2006中定义的并行接口。

接口(b)和(c)是连到PSTN的接口，GB/T 21564.5—2008对该类型接口做了规定。请注意这包括参考ITU-T建议V.23以及确认电话线连接并建立PSTN通信的PTT规则。

因此，报警系统收发器应按照GA/T 600.2—2006和GA/T 600.4—2006（它们分别规定了通用报警传输设备和数字通信机的技术要求）规定的设备要求进行性能检验。它在(a)的接口应按照GA/T 600.2—2006中并行接口的要求进行检验，而连到PSTN的接口应按照GB/T 21564.5—2008中的要求进行检验。

范例 2

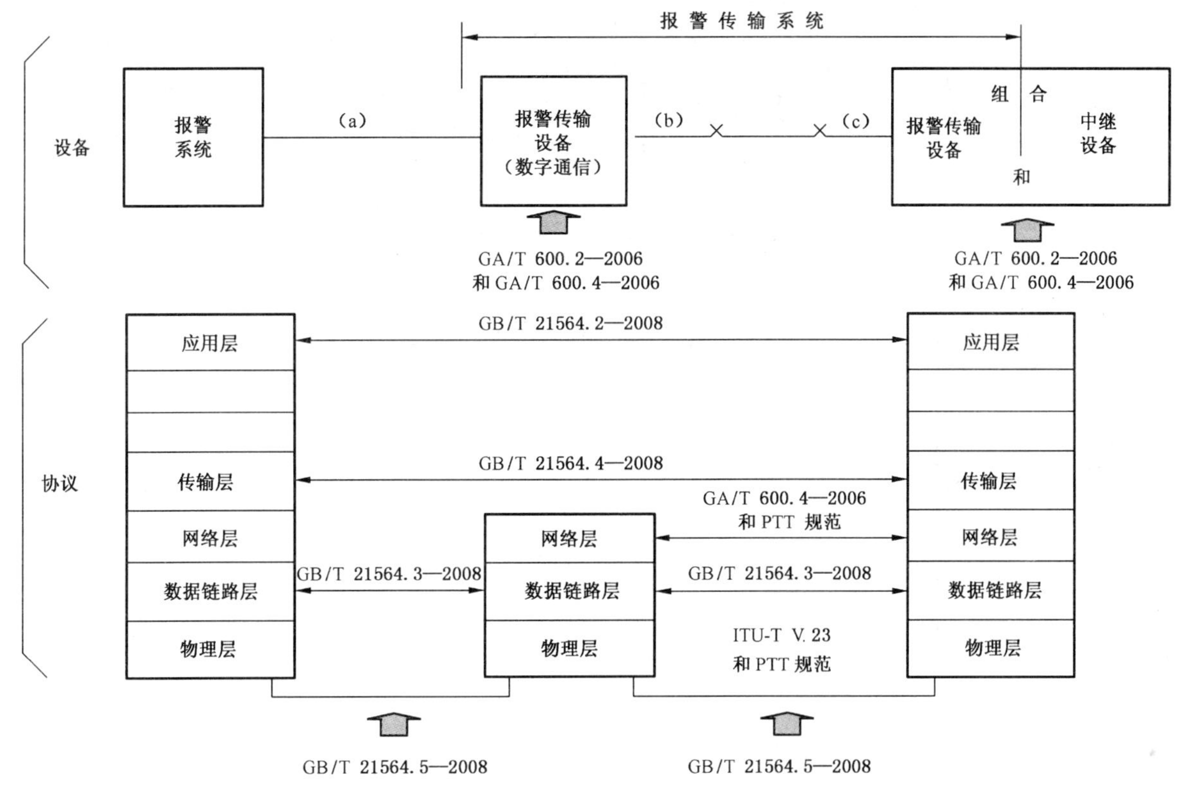


**图 B.2 用串行接口连接 CIE 的数字通信机系统**

本范例中,(a)为串行接口,而(b)和(c)是连接到 PSTN 的接口。

这样,报警系统的收发器可按照 GA/T 600.2—2006 和 GA/T 600.4—2006 的设备要求,连同(a)、(b)接口的技术条件进行检验。

此范例中,(a)作为标准接口,可以按照 GB/T 21564.5—2008(它详细规定了按 ISO/IEC 8482 使用双线配置的报警系统接口要求和 TTL 接口)进行检验。若(a)是一个专用接口,就应当对照制造商的文件对其进行检验。

(b)是一个标准接口,可按照 GB/T 21564.5—2008[其中包含了(b)和(c)的接口要求]的要求进行检验,像前一个范例一样,这包括参考 GA/T 600.4—2006 的要求(它规定了建立呼叫的某些细节)以及 ITU-T 建议和当地连接电话网的 PTT 规则。

范例 3A

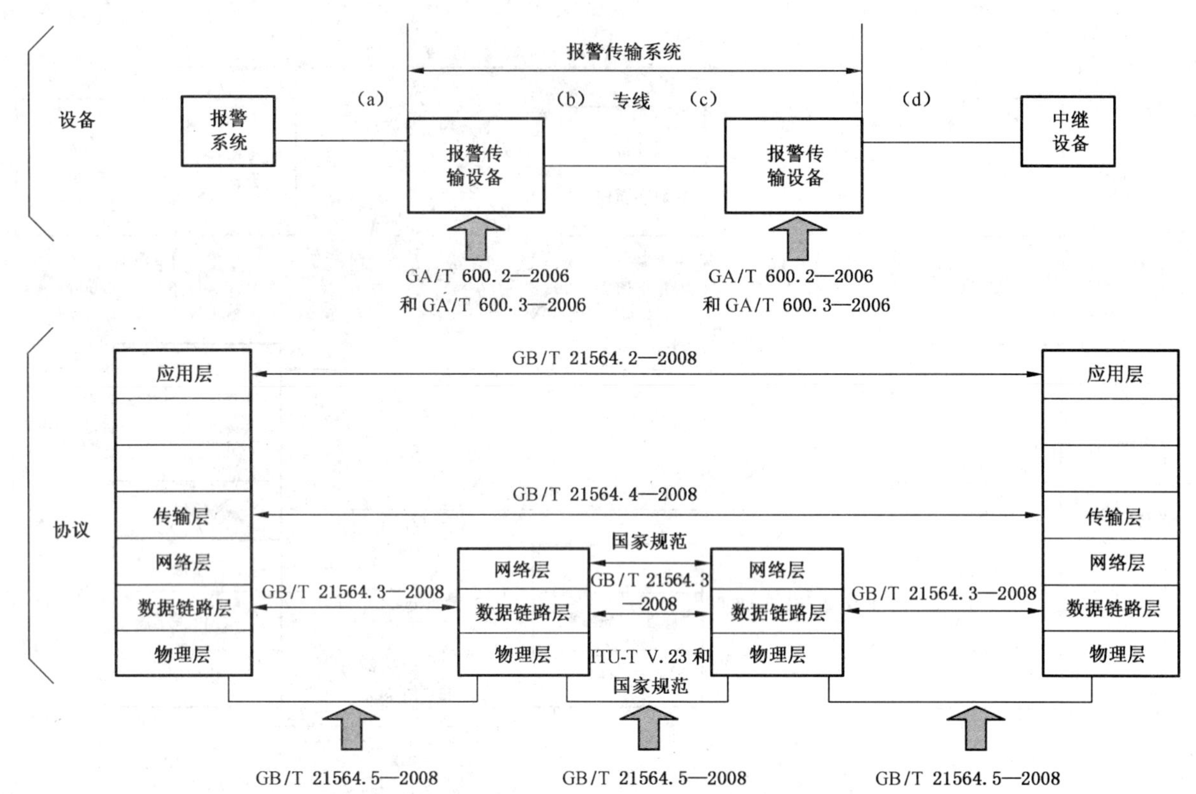


**图 B.3a) 在专用线路上使用 ITU-T 建议 V.23 信令的专用通信**

在这个例子里，接口(a)是一个串行接口，接口(b)和(c)是连到 PTT 网络的接口，接口(d)是连到终端的接口。

因此，报警系统收发器可以按照 GA/T 600.2—2006 和 GA/T 600.3—2006[其中规定了专用通信的要求]规定的设备要求连同 GB/T 21564.5—2008[详细规定了 ISO/IEC 8482 在(a)处的接口要求和包括了在(b)处的接口要求]的要求进行检验。

终端收发器可以按照 GA/T 600.2—2006 和 GA/T 600.3—2006 规定的设备要求连同 GB/T 21564.5—2008[其中规定了(c)处的接口要求和规定了(d)处的接口要求]的要求一并进行检验。

在这个例子里，终端收发器和中继设备是分离的设备，高层协议可通过终端收发器透明扩充。在某些应用场合，为了在收发器内部实现某些应用层处理功能，或为了在(d)处使用一个不同的(专用)接口，可以将终端收发器的协议堆栈扩展到应用层。

范例 3B

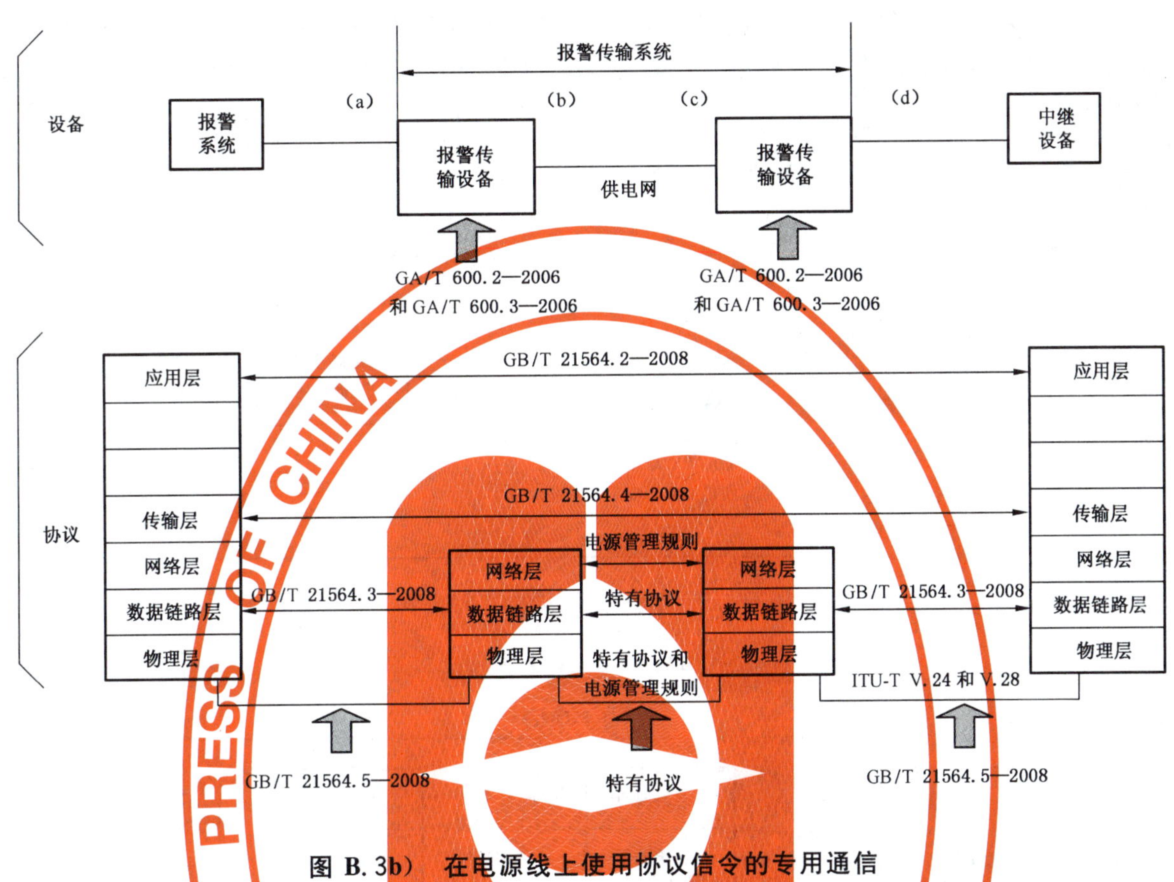


**图 B.3b) 在电源线上使用协议信令的专用通信**

在这个例子里,接口(a)是串行接口,接口(b)和(c)是连到供电网的接口、接口(d)是终端接口和使用的特殊协议。

因此,报警传输设备可以按照电源管理规则所规定的设备要求和在(b)处、(c)处所使用的特殊协议以及 GB/T 21564.5—2008[它详细说明了 ISO/IEC 8482 在(a)处和(d)处的接口要求]的要求进行检验。

在这个例子里,报警系统收发器和中继设备是分离的设备,高层协议可通过报警系统收发器透明扩充。在某些应用场合,为了在收发器内部实现某些应用层处理功能,或为了在(d)处使用一个不同的(专用)接口,报警系统收发器的协议堆栈可以扩展到应用层。

范例 4

下面给出一个被监控区域的配置图，在图中，报警传输设备的功能是单独分开的，以提供一个 V.24 接口。这种配置在下列情况下可能发生，如：为了与标准电信设备（即标准调制解调器、X.25 分组装拆设备、无线发射机等）相连，设计的 CIE 与数字通信器（作为例子）的接口需要转换成一个 V.24/V.28 接口的时候。

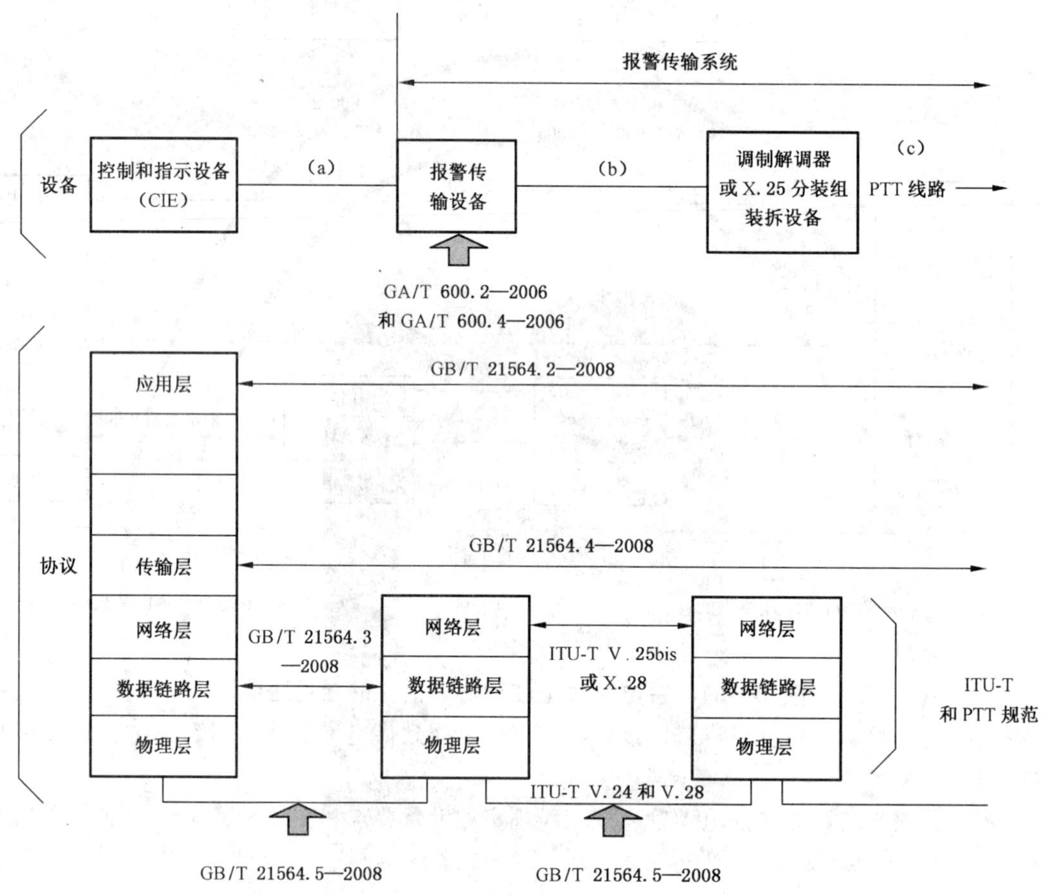


图 B.4　采用 ITU-T 建议 V.24/V.28 接口的报警传输设备

在本范例中，(a)接口可以是符合 GA/T 600.4—2006 或 GB/T 21564.5—2008 要求的接口，也可以是在 GA/T 600.2—2006 中定义的并行接口。

接口(b)是一个 ITU-T V.24 和 V.28 接口，它应符合 GB/T 21564.5—2008 的要求。如果 CIE 直接提供了 ITU-T V.24 和 V.28 接口，那么该接口与现行接口是等同的。

(c)处的接口必须满足 ITU-T 建议的相关规则和连接 PTT 网络的相关规则。除了公用应用层协议和传输层协议必须被完整保留之外，本标准未包括上述相关规则。

范例 5

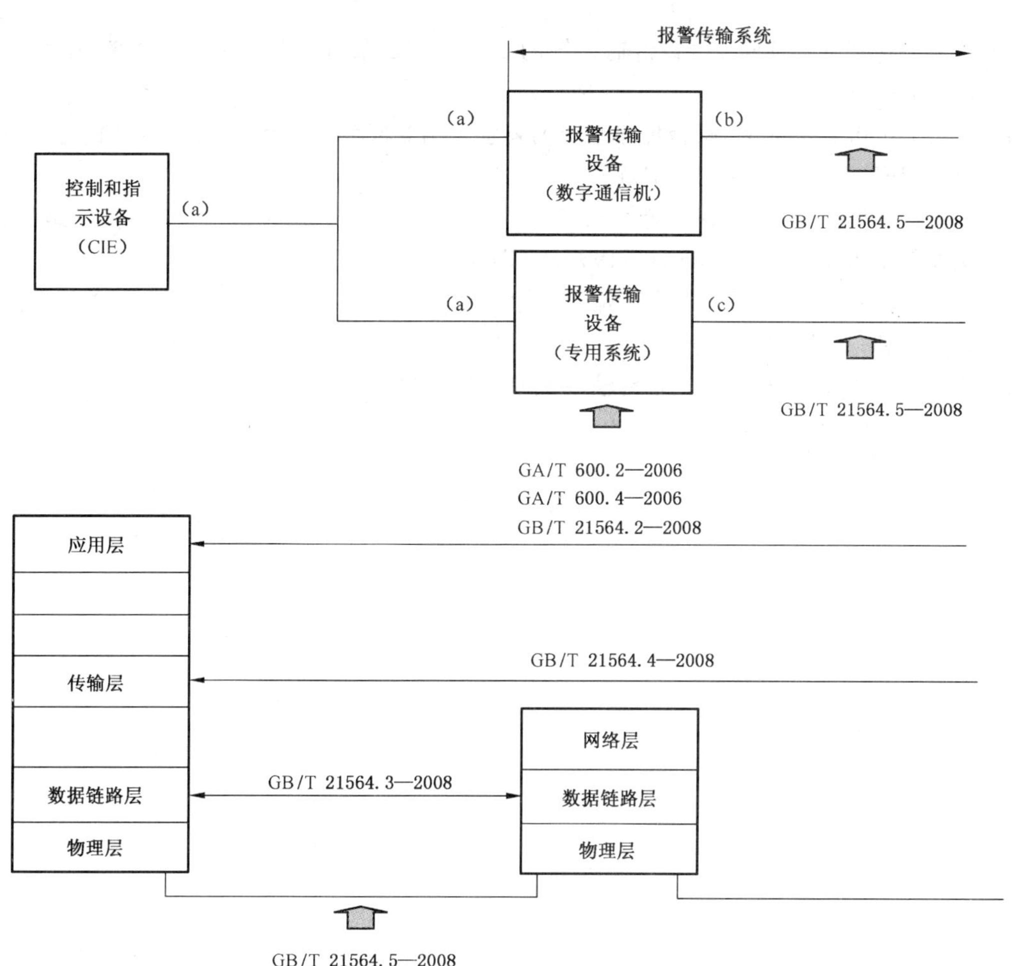


**图 B.5　多种传输选项的系统配置**

本范例中，接口(b)应该符合 GB/T 21564.5—2008 的要求，接口(c)应该符合 GB/T 21564.5—2008 的要求。

所有的 (a) 接口必须遵守同一技术条件，以使不同的设备能够在保证无冲突互连的条件下独立进行测试。

在(a)是标准接口的场合，应按照 GB/T 21564.5—2008(它规定了 ISO/IEC 8482 接口的要求)的要求进行检验。在(a)为家居总线系统的场合，该接口应按照相关接口标准或厂家的接口要求进行检验。在(a)是一个专用接口的场合，应对照厂家接口文件进行检验。

这种安排可以扩展，例如，允许 CIE 去控制一个 CCTV 发射机。在本协议和 ISO/IEC 8482 所定义的范围内，最多可以连接 31 个可选报警系统收发器，虽然在实际应用中不可能超过 3～4 个。

## 参 考 文 献

[1] GA/T 600.2—2006 报警传输系统的要求 第2部分：设备的一般要求(IEC 60839-5-1：1991,IDT)

[2] GA/T 600.3—2006 报警传输系统的要求 第3部分：利用专用报警传输通路的报警传输系统(IEC 60839-5-4:1991,IDT)

[3] GA/T 600.4—2006 报警传输系统的要求 第4部分：利用公共电话交换网络的数字通信机系统的要求(IEC 60839-5-5:1991,IDT)

[4] GB/T 21564.3—2008 报警传输系统串行数据接口信息格式和协议 第3部分:公共数据链路层协议 (IEC 60839-7-3:2001,MOD)

[5] GB/T 21564.4—2008 报警传输系统串行数据接口信息格式和协议 第4部分:公共传输层协议(IEC 60839-7-4:2001,MOD)

ICS 13.320
A 91

# 中华人民共和国国家标准

GB/T 21564.2—2008

# 报警传输系统串行数据接口的信息格式和协议 第2部分:公用应用层协议

**Message formats and protocols for serial data interfaces in alarm transmission systems—Part 2:Common application layer protocol**

(IEC 60839-7-2:2001 Alarm systems—Part 7-2: Message formats and protocols for serial data interfaces in alarm transmission systems—Common application layer protocol,MOD)



2008-03-24 发布　　　　2008-09-01 实施

中华人民共和国国家质量监督检验检疫总局
中国国家标准化管理委员会　发布

# 前　言

GB/T 21564《报警传输系统串行数据接口的信息格式和协议》分为五个部分：

——第1部分：总则

——第2部分：公用应用层协议

——第3部分：公用数据链路层协议

——第4部分：公用传输层协议

——第5部分：数据接口

本部分为GB/T 21564的第2部分。

本部分修改采用了国际电工委员会IEC 60839-7-2:2001(英文版)。

为了便于使用，对本部分做了下列修改：

——附录中日期和时间中有涉及到“年”的内容都删除，数据块长度从月开始计算；

——附录“A.5 名字/地址”一章中，数据长度“名字”改为“最长8字符+CR。”，“地址2”则改为“最长48字符+CR。”；

——附录“A.19”一章中，增加了注解，更便于理解使用；

——删除了原IEC前言，增加了引言部分。

本部分的附录A、附录B均为规范性附录。

本部分由全国安全防范报警系统标准化技术委员会(SAC/TC 100)提出和归口。

本部分起草单位：中国矿业大学(北京)信电系、SAC/TC 100秘书处、湖北东润科技有限公司，北京联视神盾安防技术有限公司。

本部分主要起草人：王汝琳、刘希清、唐胜男、金巍、周明锦、佟祝斌、杨国胜。

# 引　　言

串行数据通信方式是各种通信模型中的主要表现形态。

本部分是基于较早期的 RS-232 点对点通信模型和 RS-485 点对多点总线式串行通信模型而制定的。故对目前正在广泛应用的宽带应用情况和无线传输方式未予详细表述，仅在部分环节给出注释和提示。

尽管本部分给出的模型的通信速率较慢，但其数据传输控制原理与现今的各类宽带应用和无线应用是一致的，所以本部分对于报警产品设计者、报警系统规划者和报警系统的使用者等都有很好的指导作用和示范意义。

由 ITU-T V.24 和 ITU-T V.28 共同规定的接口，正是目前大家熟悉的 EIA-RS232 接口，它是适用于同步和异步串行二进制数据交换系统中，数据终端设备之间互连的串行接口协议，是一种非平衡式的双工数字基带通信接口。该接口主要适用于传输速率低，传输距离近的场合。

由 ISO/IEC 8482：1993 规定的接口，正是目前大家熟悉的 EIA-RS485 接口，它也是适用于同步和异步串行二进制数据交换系统中，数据终端设备之间互连的串行接口协议。但它是一种平衡式（差分式）的半双工数字基带通信接口。该接口可以支持较远距离的通信，且可支持多通信机间的总线式分时通信。

由 ITU-T V.23 定义的接口，是一种类似 EIA-RS232 接口规范的双工数字频带调制的串行通信接口。它可用于基于电话系统的较远距离的点对点通信。

在本部分中，将报警通信的发起者定义为主机，报警通信的响应者定义为从机。它不同于报警系统中的概念。在报警系统中，报警主机和报警从机主要从管理角度来阐述其存在的意义。作为本部分的使用者务必适当分清二者的概念异同：在报警系统中，一台报警从机既可以作为报警主机的响应者而成为报警传输系统的从机，同时它又可以连接下位的总线报警器和下一级报警从机，而成为报警传输系统的主机。其他概念也有类似情况，敬请留意辨析，以免混淆。

作为报警系统的重要技术指标之一——报警响应时间已在其他相关标准中明确定义。本部分不再对此做出新的定义，但推荐使用者理解将报警事件发生到终端设备接收到并显示有关报警信息之间，或者当地的值守人获得报警信息之间的时间间隔作为报警响应时间的测试依据。由于报警传输系统的传输时延是报警响应时间的重要组成环节之一，故本部分推荐本部分的使用者对报警传输系统的传输能力给出适当的评估，以保证实现最终的系统指标。

# 报警传输系统串行数据接口的信息格式和协议 第2部分:公用应用层协议

## 1 范围

GB/T 21564 的本部分规定了报警传输系统的标准接口的公用应用层协议(信息结构、格式和传输过程)。当不同供应商所提供的设备之间需要相互通信而下层系统结构不能将自己的应用层放在接口时(例如在某些总线系统中),应该使用本部分。

信息结构遵循 OSI 分层协议的建议以提供选择和使用低层传输媒体和协议的灵活性。

公用应用层协议规定了一个由所有支持本部分的设备所提供的最小子集,并且定义了可能提供的扩展范围。协议的设计允许它在此处所定义的信息范围外得到扩展,这样可以提供更多的功能和制造商特定扩展。

本部分适用于报警信息的传输和发往/来自入侵、火警、出入口控制和社会报警系统的其他信息的传输,以及发往/来自其他类似系统的信息的传输。

## 2 规范性引用文件

下列文件中的条款通过 GB/T 21564 的本部分的引用而成为本部分的条款。凡是注日期的引用文件,其随后所有的修改单(不包括勘误的内容)或修订版均不适用于本部分,然而,鼓励根据本部分达成协议的各方研究是否可使用这些文件的最新版本。凡是不注日期的引用文件,其最新版本适用于本部分。

GB/T 21564.1—2008 报警传输系统串行数据接口的信息格式和协议 第1部分:总则(IEC 60839-7-1:2001,MOD)

GB/T 21564.4—2008 报警传输系统串行数据接口的信息格式和协议 第4部分:公用传输层协议(IEC 60839-7-4:2001,MOD)

ISO 8859-1 信息处理 8 比特单字节编码图形字符集 第1部分:1号拉丁字母

## 3 术语和定义

GB/T 21564.1 确立的术语和定义适用于 GB/T 21564 的本部分。

## 4 缩略语

GB/T 21564.1 确立的缩略语适用于 GB/T 21564 的本部分。

## 5 应用层功能

在报警传输系统中,应用层负责对传输数据所需的基本信息进行格式化。它也必须对来自远程应用层的基本信息做出响应。

下列功能、协议、信息结构和格式满足串行数据接口的基本要求。

## 6 基本数据块

报警和其他需要传输的信息应该被格式化成基本数据块。它们由 2 个或多个 8 比特字节所组成。

第一个字节通常是长度字节，表示其后的数据块中字节数；第二个应该是数据块的类型描述符。

基本数据块的细节在附录A中给出。当包含日期/时间基本数据块时，它指的是在一个信息中(适当之处)的后续数据块，直到该信息块的结尾或出现其他日期/时间基本数据块。

## 6.1 应用层信息头

每个基本信息应该由应用层格式化成一个应用层信息，它带有一个应用层信息头，如下所示：

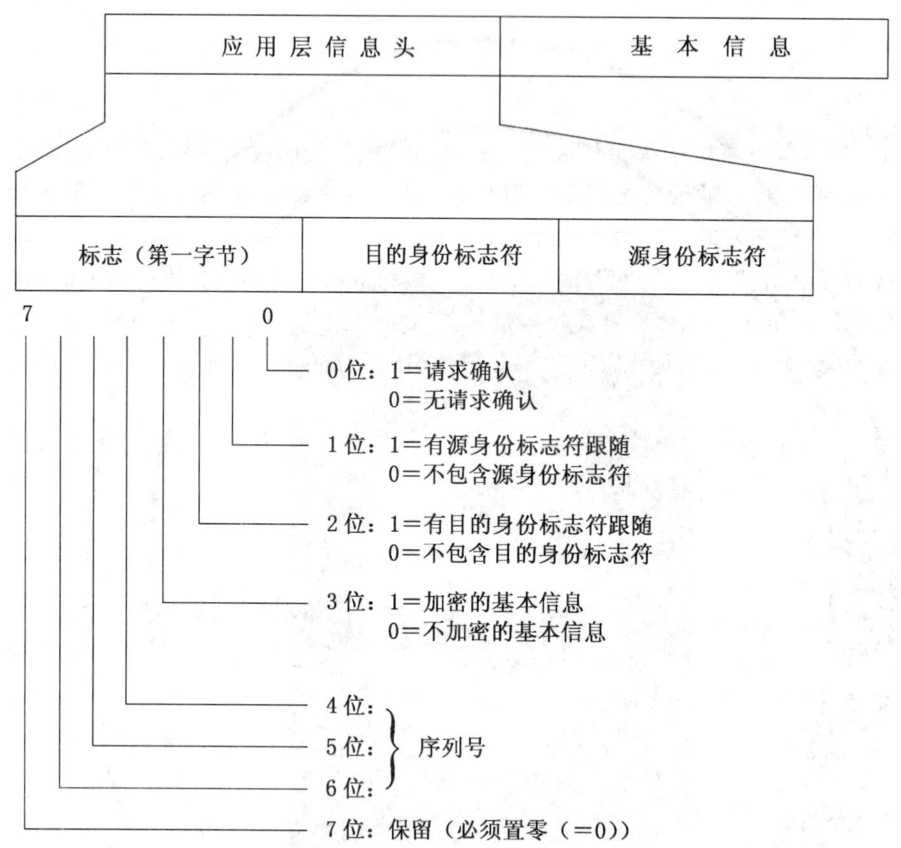


注：第一个8比特字节的第7位是传输层信息头的结尾(或一个空传输层，参照本系列标准的第4部分)，应该被设置成0来表示将有一个应用层信息头跟随着。

序列号可初始化为任意值，对于后续传输的应用层信息，序列号依次加1，每个目的地和每个传输方向都要有自己的序列号集合。

应用层信息头可以只包含源身份标志符或目的身份标志符，也可以二者都有或两者都无。如信息头第一个字节所定义的那样。

若两种标志符都有，源身份标志符应该总在前面。

标志符的格式如下：

| 7 4 | 3 0 | 7 4 | 3 0 | | … | 7 4 | 3 0 |
|---|---|---|---|---|---|---|---|
| N位<br>半字节 | 第一位<br>数字 | 第二位<br>数字 | 第三位<br>数字 | | … | | |

第一个半字节(第一个8比特字节的第4～7位)是地址内数字的个数。实际的身份标志符数字应该以十六进制形式跟在随后的半字节内，从第一个8比特字节的低4位开始。标志符所包含的字节数由所需包括的数字(十六进制)数目决定。如果数字的个数是偶数，最后4位(最后一个字节的0～3位)应该是0。

例如，如果标志符是1234，它将以如下方式传输：

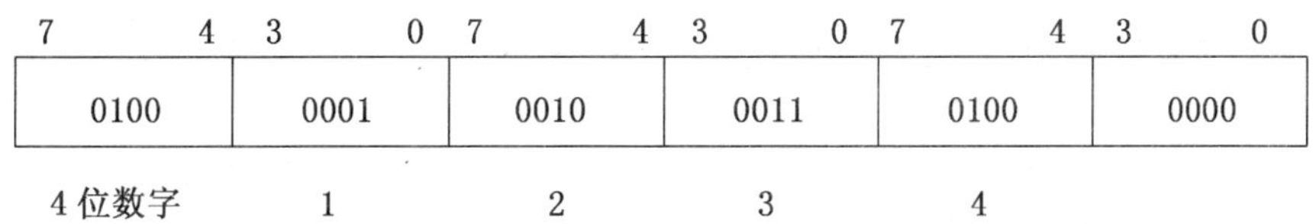


## 6.2 基本信息

一个或多个基本数据块可能会被连接在一起组成一个基本信息，允许的最大信息长度是228字节。

在应用层内基本数据块可能会被进一步分解，这是为了提供一个或多个报警信道数据块。如下所示：

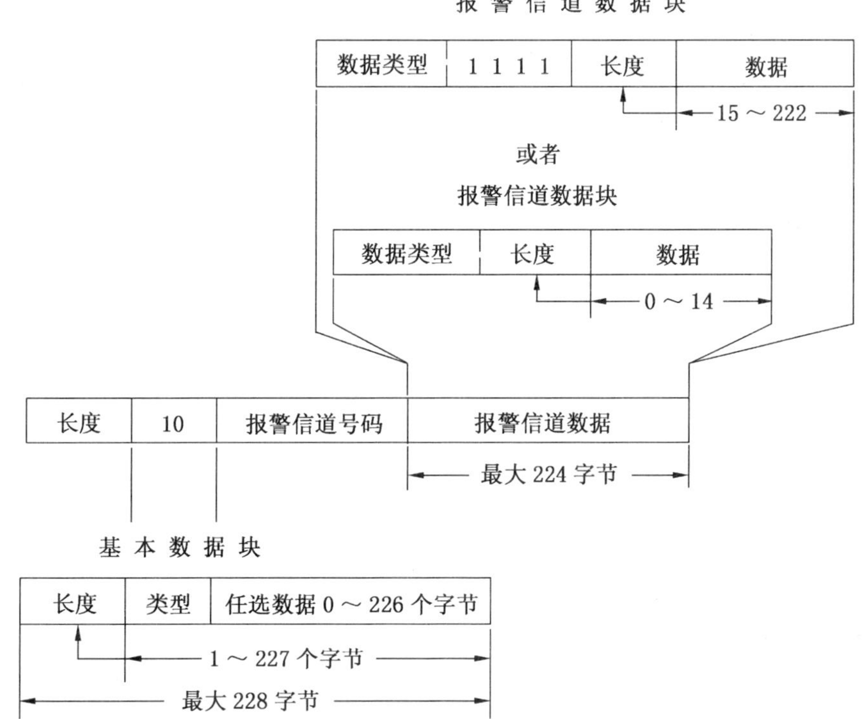


## 6.3 确认(ACK)

在底层和网络许可的情况下，应用层可以发送不需要远程应用层确认的信息。

对于单个信息，应用层可能会向远程应用层请求确认(总是或要求)，它可以通过将应用层信息头的0位置1(请求确认)来实现。

在请求确认之处，如果没有收到相应的确认(例如，信息容量是4)，则不能传送4条以上的信息。对于一组信息，接收端要按顺序确认，如果前面的信息(由它自己的序列号定义)没有接到，则不能接收后面的信息。

如果一组需要确认的信息中有一个信息的确认信号没有收到，则那个信息应该连同已发送的后续信息，与原始序列号一起重新发送。

当接收到的那个确认信号不包含下一个预期序列号时，需要确保前面的报警信息已经得到了确认。

## 6.4 所支持的最小信息子集

对于声称接口符合本部分的设备，并不需要它们能够支持所有附录A中定义的基本数据块。

但为了确保基本报警信息成功传输，这些设备必须能够遵循下述原则正确地处理错误，并正确响应那些在接口处不能被全部设备所支持的信息。

a) 所有设备都应该能够在任何标准接口处传输和接收类型78(接收错误)和类型79(检测到传输错误)基本数据块。

b) 设备应该能够在面向报警系统的接口处传输类型70(确认)基本数据块。

c) 设备应该能够在面向报警接收中心或监视中心的接口处接收类型70(确认)基本数据块。

d) 设备应该能够在面对报警接收中心或监视中心的接口处传输类型10(报警系统状态)和类型12(状态改变)基本数据块。

e) 设备应该能够在面对报警系统的接口处接收类型10(报警状态)和类型12(状态改变)基本数据块。

对于d)和e),设备应该能够传输或接收类型1(报警事件/状态数据)报警信道数据块,该类型可达3个数据字节(见附录B)。

### 6.5 信息解码

当接收到一个有效信息时,应该检查它包含的每个数据块。当接收到一个不能被解码的基本数据块时(由于接收器不支持该数据块类型或块中包含的数据多于被支持长度),应该返回信息(基本数据块接收错误或检测到传输错误)给发送端表明不匹配,如果采取了相应措施,也应返回信息表明。

## 7 公用应用层协议过程

以下信息序列适用于所有信息类型的传输和接收。

一个或多个信息形成序列,应该遵守以下规则。初始的信息认为是自发产生的,并送到低层传输。后续信息是对接收信息或系统故障的即时响应,具体描述如下。

若某信息是接收信息的响应,但应用层在确定格式或答复之前需要先对其进行处理,则它不应该看作序列的一部分,而应被看作新序列的开始。

若一个基本信息的应用层信息头的"请求确认"位没有置位,则接收该信息时,无需返回一个确认基本数据块(如附录A所定义的)。

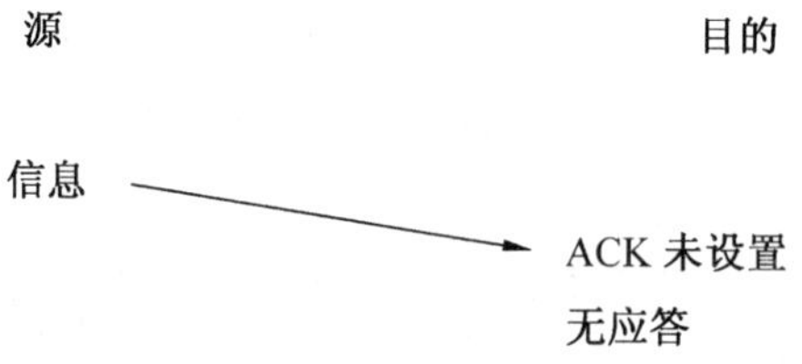


当接收到应用层信息头内"请求确认"位置1的基本数据块时,若接收信息类型是可以理解的,其长度也能够处理,则应该将确认基本数据块传输给接收信息的发送者也可发送一个特定的响应信息。

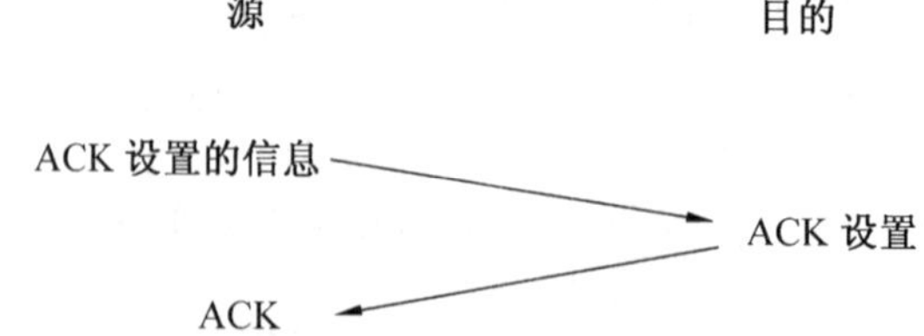


当发送一个请求确认的信息而在给定时间内没有收到确认基本数据块时,最初的数据应该重发。这个时间依赖于传输介质。有可能进行多次重发。

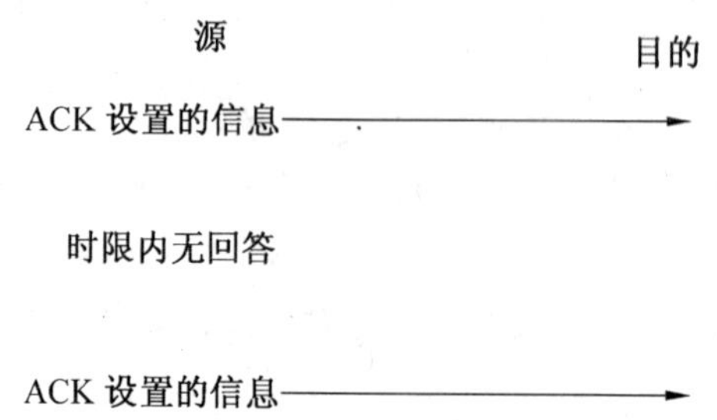

当信息需要传输而ISO的1～6层决定不能传输该信息，或在传输或尝试传输失败时，应该产生一个检测到传输错误基本数据块(附录A所定义的A.24)信息并返回给发出信息的应用层。

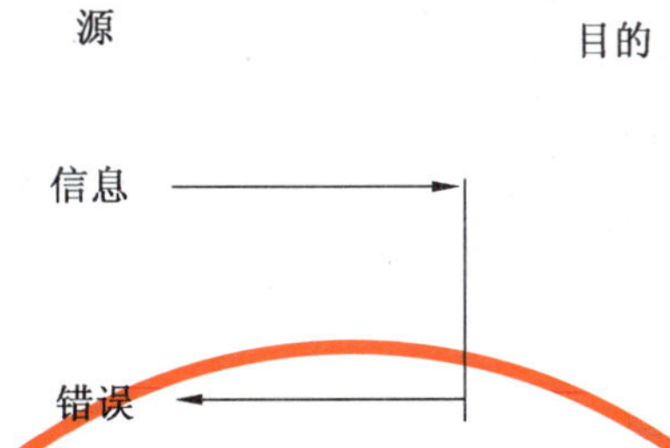


当检测到输入信息，但信息内部错误使其数据块不能被成功解码时，应该产生一个检测到传输错误基本数据块并将其送至网络监视中心或除返送给源以外还应送到预期接收信息的目的地。

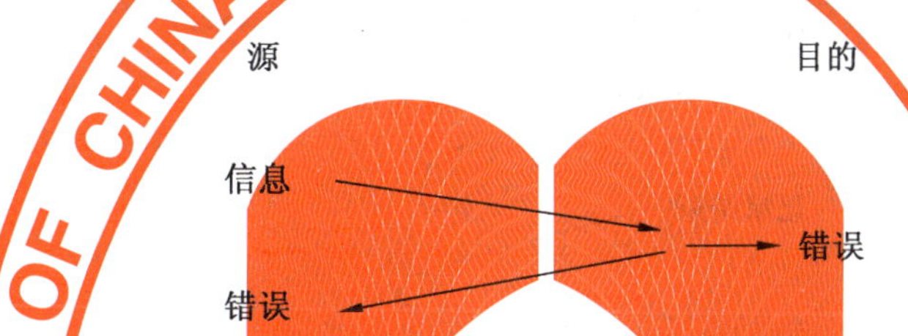


当目的地的低层检测到传输路径中有错误信号时，应该产生一个检测到传输错误基本数据块并且将其送至应用层(例如作为输入线路监控故障的结果)。

当一个输入信息被成功解码但所接收到的数据块是一个未知或不能识别的类型时，要返回一个接收错误基本数据块，该数据块对于目的地的应用程序必须是有效的。

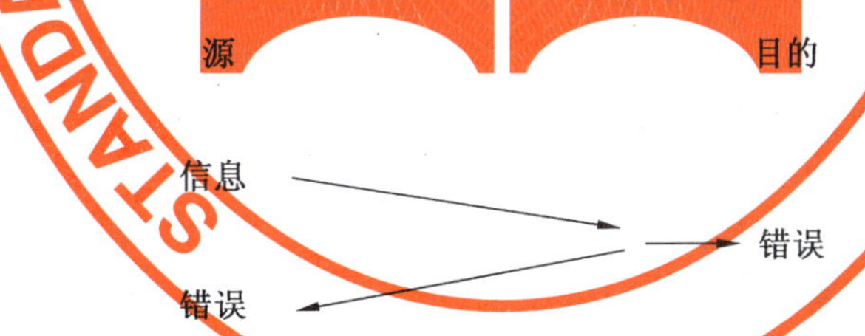


当一个输入信息被成功解码并且是所支持的类型，但接收到的数据块长于所支持的长度时，要返回一个接收错误基本数据块，该数据块对于目的地的应用程序必须是有效的。

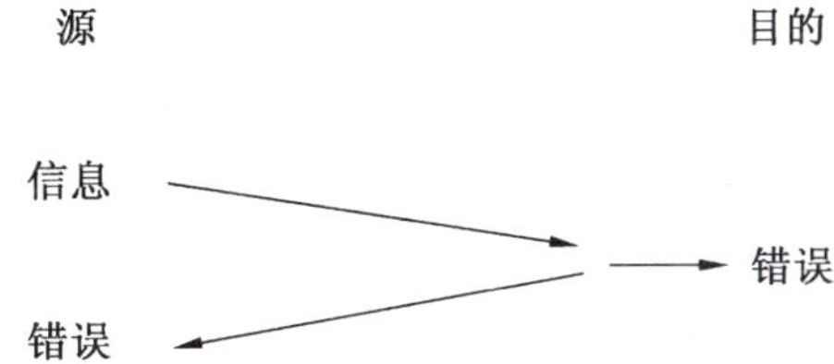


如果数据块序列正在被发送(例如一个记录)，为允许传输不在该序列内的一个或多个信息，它可能被中止或中断。这些信息随后要以正常方式传送。

如果该序列被中断，在发送完最后一个信息后要立刻继续该序列。

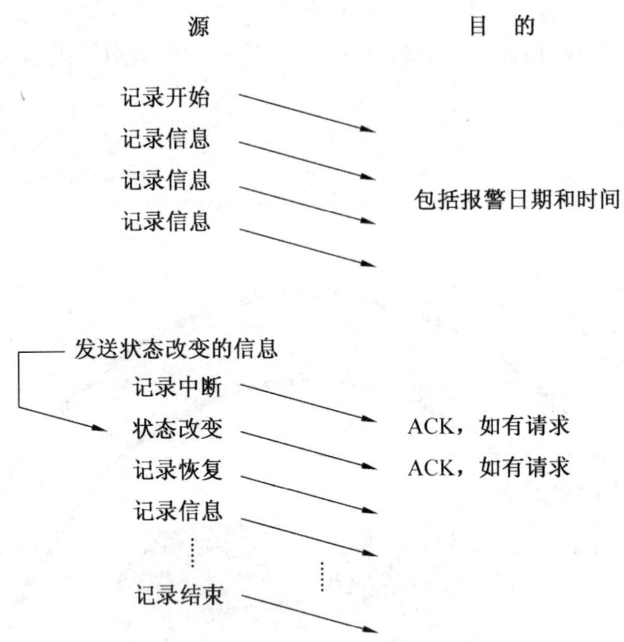


## 8 提供给应用层的服务

在一个报警传输系统中，以下的基本服务应该由传输层(和低层)提供给应用层。

### 8.1 长信息

当下层网络不能传输长达255字节的信息时，低层应该把信息分块传输，并在目的地将其按正确的顺序组合起来。

### 8.2 信息的正确顺序

从一个源地址发送到一个目的地址的信息要按他们的发送顺序递交。

### 8.3 传输错误

已被检测出有传输错误的信息不能传给应用层。错误应该由低层通过纠错算法来纠正，也可以由低层通过重发信息或其他适于所用传输媒介的方法来纠正。

### 8.4 传输错误的传送

当一个信息由于传输系统中的故障而无法传输时，应该产生一个信息来表明故障并返回到信息的发送处。该信息也应该被送到网络监视中心。

当一个信息由于传输中的一个无法更正的传输错误而不能成功传输时，应该产生一个信息来表明故障。它将被发送给信息发送者。当被监控区域或报警接收中心的信息收发器检测到故障时，要产生一个信息表明接收信息中有检测出的传输错误。

# 附 录 A
## （规范性附录）
## 基本数据块

基本数据块类型表如表 A.1。

表 A.1

| 类型(HEX) | 基本数据块代号 | 基本数据块 |
|---|---|---|
| 01 | A.1 | 日期和时间 |
| 02 | A.2 | 时间计数器 |
| 10 | A.3 | 报警系统状态 |
| 12 | A.4 | 状态改变 |
| 18 | A.5 | 名字/地址 |
| 19 | A.6 | 名字/地址(扩展字符集) |
| 30 | A.7 | 记录开始 |
| 31 | A.8 | 记录结束 |
| 32 | A.9 | 记录中止 |
| 33 | A.10 | 记录继续 |
| 34 | A.11 | 记录指示 |
| 35 | A.12 | 记录中断 |
| 38 | A.13 | 配置开始 |
| 39 | A.14 | 配置结束 |
| 3A | A.15 | 配置中止 |
| 3B | A.16 | 配置指示 |
| 40 | A.17 | 用户号 |
| 41 | A.18 | 登录/退出 |
| 50 | A.19 | 打开视频、音频和数据信道 |
| 51 | A.20 | 关闭视频、音频和数据信道 |
| 70 | A.21 | 确认 |
| 72 | A.22 | 信息请求 |
| 78 | A.23 | 接收错误(信息无法理解) |
| 79 | A.24 | 检测到传输错误 |
| A0～FF | | 制造商特定扩展 |

除非特别指明，本附录中涉及到的所有数字都是十六进制形式。数值 A0(HEX)下面未使用的信息类型留待后用。A0(HEX)以上的类型对于制造商特定扩展是有效的。

基本数据块应该由两个或多个 8 比特字节组成：

| 长度 | 类型 | 任选数据 |
|---|---|---|

第一个字节是长度字节，代表跟随长度字节后的基本数据块的字节数。

第二个字节应该如下列条款所定义的那样，表示基本数据块的类型。

可以像下面所定义的那样增加一个或更多的字节。数据字节的数目不应该超过 226 字节，但是应注意当很多基本数据块被组合在一个单一基本信息时，所有此类基本数据块的最大长度应该不超过 228 字节。

### A.1 日期和时间

该基本数据块包含日期和时间。

| 长 度 | 0 1 | 月 | 日 | 小时 | 分钟 | 秒 |
|---|---|---|---|---|---|---|
| | | 01-12 | 01-31 | 00-23 | 00-59 | 00-59 |
| | (类型) | | | | (任选) | |

所有字段以二进制形式占一个字节。

数据块的包含项由字节长度决定，如下：

| 长度 | 包含项 |
|---|---|
| 4 | 日，小时，分 |
| 5 | 日，小时，分，秒 |
| 7 | 月，日，小时，分 |
| 8 | 月，日，小时，分，秒 |

其他组合或长度是无效的。

### A.2 时间计数器

该基本数据块包含了根据给定的参考值所得的秒数。该参考值可能是一个确定的日期和时间(例如1月1日)，或是一个随机的时间(例如控制的指示设备最后一次通电的时间)。

| 长度 | 02 | 计数值 |
|---|---|---|
| | (类型) | |

计数器的数值应该是一个正数，它最小占2个字节的长度。

### A.3 报警系统状态

该基本数据块包含一个报警信道的当前状态。

| 长度 | 10 | 报警信道序号 | 报警信道数据 |
|---|---|---|---|
| | (类型) | | |

报警信道序号是一个占用2字节的正数(首先是LSB)。

报警信道数据应该包含报警信道的状态。它是由一个或更多的附录B中定义的报警信道数据块组成。

### A.4 状态改变

该基本数据块汇报一个指定报警信道的状态改变。

| 长度 | 12 | 报警信道序号 | 报警信道数据 |
|---|---|---|---|
| | (类型) | | |

报警信道序号是一个占用2字节的正数(首先是LSB)。当信道0000用来表示所有信息请求基本数据块的信道时，它是无效的。

报警信道数据应该包含报警信道的状态。它是由一个或更多的附录B中定义的报警信道数据块组成。

### A.5 名字/地址

该基本数据块包含被监控区域的名字和地址。

| 长度 | 18 | 名字和地址 |
|---|---|---|

(类型)

名字和地址数据字段应该由 CR 字符(0D HEX)分成 6 行。每行所包含字符的范围应该在 ISO 出版物 8859-1 中定义的 20(HEX)到 7E(HEX)和 A0(HEX)到 FF(HEX)之内,可长至下面所指定的长度,且应该有给定含义。

名字　　:最长 8 字符+CR。

地址 1　　:最长 32 字符+CR。

地址 2　　:最长 48 字符+CR。

城市　　:最长 24 字符+CR。

邮政编码/邮箱号　　:最长 16 字符+CR。

电话号码　　:最长 24 字符+CR。

一个名字/地址基本数据块的最大长度是 2+158 字节。

注:如果某行内无文本,则它将仅由 CR 组成。

## A.6 名字/地址(扩展字符集)

该基本数据块包含被监控区域的名字和地址。

| 长度 | 19 | 名字和地址 |
|---|---|---|

(类型)

名字和地址数据字段应该由 CR 字符(0D HEX)分成 6 行。每行所包含的字符的范围在 20(HEX)到 7E(HEX),813F(HEX)到 9FEE(HEX)以及 A000(HEX)到 FFFF(HEX)之内,可长至下面所指定的长度,且应该给出每行的含义。

名字　　:最长 24 字符+CR。

地址 1　　:最长 32 字符+CR。

地址 2　　:最长 32 字符+CR。

城市　　:最长 24 字符+CR。

邮政编码/邮箱号　　:最长 16 字符+CR。

电话号码　　:最长 24 字符+CR。

由于某些字符由两个字节组成,所以一个名字/地址基本数据块的最大潜在长度可能会超过 228 字节。当出现这种情况时,信息应该分成两个连续的信息发送。前一条信息仅包含前 3 个字段。后者在前 3 字段处为空字段(例如,虽无字符但必须有 CR 存在),随后是剩下的字段。



## A.7 记录开始

该基本数据块表明随后的基本数据块包含一个报警记录的细节。

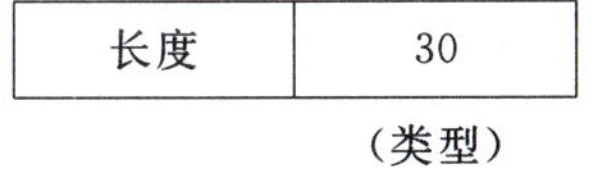

| 长度 | 30 |
|---|---|

(类型)

一条传输记录通常包含一对或多对基本数据块,每对包含一个时间块(类型 01 或 02),跟随其后的是一个包含 CIE 其他活动细节或报警信息的基本数据块。

指示被记录开始或记录中止基本数据块或当前应用层信息块的结束所终止。当传输记录需要更多的基本信息时,记录指示基本数据块应该在每个连续信息的开始处传送。

注:它是用来防止当含有记录结束基本数据块的信息在传输过程中丢失时接收器停止在记录模式。

### A.8 记录结束

该基本数据块表明一个报警记录传输结束。

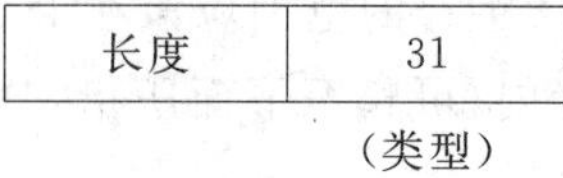

| 长度 | 31 |
| --- | --- |

(类型)

### A.9 记录中止

该基本数据块表明报警记录的传输被中止,以允许其他更紧急的信息进行传输。

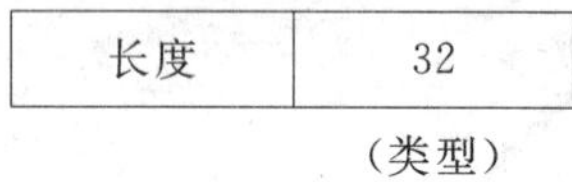

| 长度 | 32 |
| --- | --- |

(类型)

### A.10 记录继续

该基本数据块表明先前为传输其他更紧急的信息而被中止的报警记录现在恢复传输。该记录/序列数应该总是被包含在第一个基本数据块中。

| 长度 | 33 |
| --- | --- |

(类型)

### A.11 记录指示

该基本数据块表明当前信息余下的基本数据块是报警记录的传输或记录的一部分。传输时,它应该总是信息的第一个基本数据块。

| 长度 | 34 |
| --- | --- |

(类型)

### A.12 记录中断

该基本数据块会中断报警记录信息的当前数据块的传输。传输时,它总是一个信息的第一个基本数据块。

| 长度 | 35 |
| --- | --- |

(类型)

### A.13 配置开始

该基本数据块表明随后的基本数据块包含一个报警系统配置的细节。

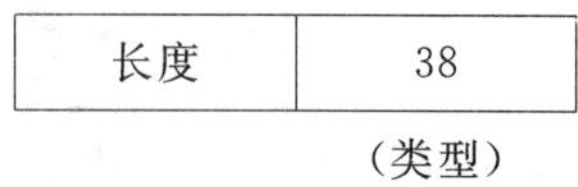

| 长度 | 38 |
| --- | --- |

(类型)

指示会被配置结束基本数据块或当前应用层信息块的结束所终止。当传输的配置需要更多的基本信息时,配置指示基本数据块应该在每个连续信息开始处传送。

### A.14 配置结束

该基本数据块表明一个配置的传输结束。

| 长度 | 39 |
| --- | --- |
| | （类型） |

## A.15 配置中止

该基本数据块表明配置的传输被中止，以允许其他更紧急的信息进行传输。

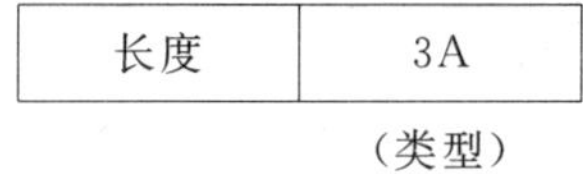

| 长度 | 3A |
| --- | --- |
| | （类型） |

## A.16 配置指示

该基本数据块表明当前信息余下的基本数据块是配置传输的一部分。传输时，它应该总是信息的第一个基本数据块。

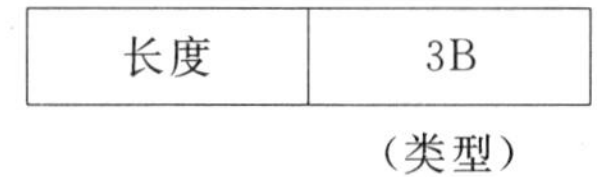

| 长度 | 3B |
| --- | --- |
| | （类型） |

## A.17 用户号

发送该基本数据块是为了表明当前的用户号。它适用于所有后续操作动作，直到被改为另一个新用户号或被一个空数据块的传输所取消（例如，一个含有新用户号的长度为 2 的块）。

| 长度 | 40 | 用户号 |
| --- | --- | --- |
| | （类型） | |

用户号是一个任意长度（由长度字节确定）的正整数。

## A.18 登录/退出

该基本数据块用来表明用户已经登录或退出报警系统。

| 长度 | 41 | 登录级别 |
| --- | --- | --- |
| | （类型） | |

登录/退出基本数据块的数据应该给出用户登录（0＝退出）的新级别。

## A.19 打开视频、音频和数据信道

该基本数据块用来请求打开报警地点和报警接收中心之间的视频、音频或数据信道的。该信道可能与基本报警传输使用相同的介质，也可以使用单独的物理或逻辑链路。

| 长度 | 50 | 信道 | 协议 | 最大时间（2 字节） | ID（1～n 字节） |
| --- | --- | --- | --- | --- | --- |
| | （类型） | | | | |

信道字节应定义所要求的视频、音频或数据信道的物理或逻辑信道。信道号为 0 表明与报警传输使用同一信道。其他号码应在报警区域和报警接收中心的系统供应者之间达成一致。

注：基于目前技术的快速发展，信道的多样化和高带宽化是目前的现状。这里建议理解信道不限于窄带的基本话务信道。

协议字节应定义所使用的协议，例如：

0 ＝ 模拟视频（PAL）

1 ＝ 数字音频 64 k 比特 PCM（A-law with ADI）

2= 8 字节异步数据

3= X 调制解调器

4 = Z 调制解调器

5 = 其他

占 2 个字节的最大时间应定义传输所用最大秒数。这两个字节应仅仅在传输与报警传输使用同一信道时才有效(例如,信道=0)。

如果需要完成连接的话(例如通过 ISDN),ID 应是 1～n 字节。

注:由于在目前的通信环境下,视频、音频的编码方案组合很多,难以在本部分中一一列出,故强调在报警系统建立时,对传送链路的两端设备应约定好编码方式,以便使信息的传递有效可靠。这里对协议字节在原有的基础给出一个扩展标志的建议

6=MPEG 1 (CIF,25fps)

7=MPEG 2 (D1,25fps)

8=MPEG 4/H.264 (CIF,25fps),算法单独约定

9= MPEG 4/H.264 (D1,25fps),算法单独约定

10=AVS (CIF,25fps)

11= AAVS (D1,25fps)

其他方式可以按此方式进一步约定。

## A.20 关闭视频、音频和数据信道

这是一个关闭视频、音频和数据信道的指令。

| 长度 | 50 | 信 道 |
|---|---|---|
| | (类型) | |

## A.21 确认

返回该基本数据块用来表明一个基本数据块已经被成功接收和理解。

| 02 | 70 | 被接收数据块的顺序号 |
|---|---|---|
| (长度) | (类型) | |

第三个字节的数列应该包含在接收信息头的 4～6 位内,且它独立于确认信息头内的数列。该数列应该以 4～6 位和 0～3 位以及未置 7 位(=0)的形式传输。

## A.22 信息请求

发送该基本数据块用来请求远程设备的信息。

| 长 度 | 72 | 请求数据的类型 | 数 据 |
|---|---|---|---|
| | (类型) | | (任选) |

请求数据的类型应该是一个有效的基本数据块类型。

例如:传输整个记录的请求应该是:

| 02 | 72 | 30 |
|---|---|---|
| (长度) | (类型) | (记录开始) |

该数据是使请求的信息合格所需的信息。当需要多个数据项目以使请求的数据类型合格时,它的顺序应该如下:

——信道号

——日期和时间

——其他数据

举例

传输从特殊数据开始记录的请求应该是：

| (长度) | 72 | 30 | 格式化为类型 01 基本数据块的日期和时间 |
|---|---|---|---|
| | (类型) | (记录开始) | |

举例

传输报警信道所有信息的请求应该是：

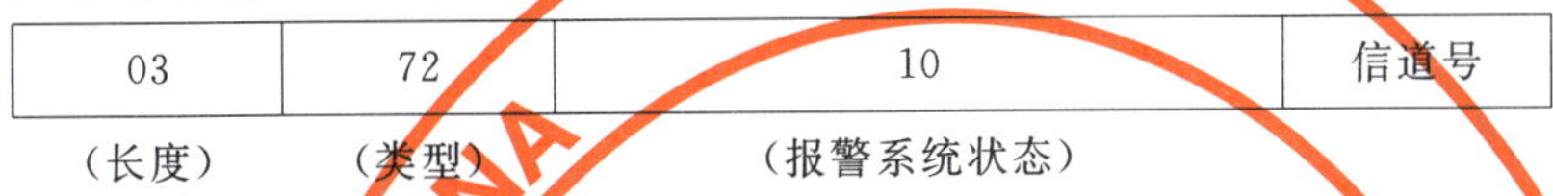

| 03 | 72 | 10 | 信道号 |
|---|---|---|---|
| (长度) | (类型) | (报警系统状态) | |

信道号为 0000 表示请求所有信道信息。

举例

传输与报警信道相关的报警描述的请求应该是：

| 04 | 72 | 10 | 信道 N | 02 |
|---|---|---|---|---|
| (长度) | (类型) | (报警系统状态) | | |

注：最后一个字节(02)指在条款 B.2 和条款 B.4 中定义的报警信道数据类型。

## A.23 接收错误(信息无法理解)

该基本数据块用来表明接收到一个可解码类型的基本数据块或内容可以被解码的信息，但是所包含数据量太大。(例如，接收报警信道数大于可以处理的信道数)。

| 03 或 05 | 78 | 接收类型 | 所采取的动作 | 接收长度 | 预期最大长度 |
|---|---|---|---|---|---|
| (长度) | (类型) | | | | |

所采取的动作：

01——收到未知的类型，丢弃所有数据块

02——数据块过长，丢弃所有数据块

03——数据块过长，丢弃多余数据块

04——无法对信息内容解码，丢弃所有数据块

当所采取的动作=01 或 04，长度应该是 03，且实际接收长度和预期长度不应包含在内。

当所采取的动作=02 或 03，长度应该是 05，且实际接收长度和预期长度应该作为第 5 和第 6 字节被包含。

当所采取的动作=03，丢弃的字节数应该是接收长度(字节 5)减去预期长度(字节 6)。

## A.24 检测到传输错误

由传输系统返回该基本数据块表明传输系统发生故障。

| 02 | 79 | 错误类型 |
|---|---|---|
| (长度) | (类型) | |

错误类型定义如下：

00——未知

01——互连故障(一种接口种类)

02——本地线路故障(在报警系统收发器和当前传输网络之间)

03——中间报警传输链路

09——(由报警系统供应者定义)

0A——本地线路故障(在终端收发器和报警传输网络之间)

0B——互连故障(在终端收发器和主中继设备之间)

0C——互连故障(在主中继设备和次级中继设备之间)

# 附　录　B
## （规范性附录）
## 报警信道数据块

除非特别声明，本附录中的所有数据都是十进制形式。

## B.1　报警信道数据类型

每个报警信道可以由一个或多个报警信道数据块来描述。每个这样的数据块应该符合下列一种形式，具体哪种形式由数据所需的长度决定：

| 数据类型 | 长度 | 数据(1～14 字节) |
|---|---|---|

或

| 数据类型 | 长度 |
|---|---|

（第一个字节的值以二进制形式显示）

或

| 数据类型 | 1111 | 长度 | 数据(15～222 字节) |
|---|---|---|---|

第一个字节的高四位(4～7 位)定义了数据类型，且它应该是来自 B.2 中的适当数值。

报警信道数据块中的长度应该是数据的长度，且不应包括第一个字节和可选长度字节。当无数据(如数据请求或无数据可用)时，第一个字节的低四位应该设置为 0000(二进制)。

当数据的长度不超过 14 字节时，长度应该设置在第一个字节的低四位。

当数据的长度超过 14 字节时，第一个字节的低四位应该设置为 1111(二进制)，且长度应该包含在第二字节中。

## B.2　报警信道数据类型

报警信道数据块的高四位(4～7 位)中的数据类型定义如下：

| 类型值 | 含义 | 数据形式 |
|---|---|---|
| 0 | | |
| 1 | 报警事件/状态数据 | 如条款 B.3 |
| 2 | 报警事件/状态描述 | 如条款 B.4 |
| 3 | 区号/地址 | 数字 |
| 4 | 探测器号/地址 | 数字 |
| 5 | | |
| 6 | 常规文本 | 文本 |
| 7 | 设备构造/类型 | 文本 |
| 8 | 日期/时间 | 如条款 B.5 |
| 9 | 模拟值 | 如条款 B.6 |
| A | | |
| B | | |
| C | | |
| D | | |
| E | | |
| F | | |

未使用的数值保留且不应使用。

数字数据应该是一个或多个字节(首先是 LSB)的正数。

当一个报警信道内存在几个探测器和/或区号/地址,探测器和/或区号/地址的传输值对于该报警信道来说应适用于所有后续信息,直到改变为一个新值或由于传输数值为 0(在该情况下后续信息适用于整个信道)而取消传输。

## B.3 报警事件/状态数据

报警状态信息的数据应该组成一个单独的字节,定义如下:

| 数据(HEX) | 含义 |
| --- | --- |
| 00 | 正常 |
| 01 | 报警 |
| 02 | 已确认报警 |
| 03 | 报警恢复 |
| 04 | 故障 |
| 05 | 已确认故障 |
| 06 | 故障恢复 |
| 07 | 防拆报警 |
| 08 | 已确认损坏 |
| 09 | 防拆报警恢复 |
| 0A | |
| 0B | |
| 0C | |
| 0D | |
| 0E | |
| 0F | |
| 10 | |
| 11 | 设置 |
| 12 | 设置超时 |
| 13 | 解除 |
| 14 | 解除超时 |
| 15 | 有效 |
| 16 | |
| 17 | 失效 |
| 18 | 封锁 |
| 19 | |
| 1A | 消除封锁 |
| 1B | 旁路 |
| 1C | 旁路恢复 |
| 1D | 主电源失效 |
| 1E | |
| 1F | 主电源恢复 |
| 20 | |
| 21 | 次级电源失效 |

| | |
|---|---|
| 22 | |
| 数据(HEX) | 含义 |
| 23 | 次级电源恢复 |
| 24 | |
| 25 | 主通讯失效 |
| 26 | |
| 27 | 主通讯恢复 |
| 28 | |
| 29 | 次级通讯失效 |
| 2A | |
| 2B | 次级通讯恢复 |
| 2C | |
| 2D | |
| 2E | |
| 2F | |

A0 以下未使用的数据值留待后用。A0 以上的值可用作制造商特定扩展。

例如

代表报警的一个报警信道数据块应该由 2 字节组成，如下：

| 0001 | 0001 | 01 | （第一字节的值表示为二进制） |
|---|---|---|---|
| （类型） | （长度） | （数据） | |

## B.4 报警事件/状态描述

报警说明由一个标准说明字节构成，其意义定义如下，在需要之处，它之后跟着许多 ASCII 文本字符。

| | 标准说明代码(HEX) | 含义 |
|---|---|---|
| | 00 | 报警 |
| 火警组 | | |
| | 10 | 火警，手动呼叫点 |
| | 11 | 火警，自动探测 |
| | 12 | 喷淋装置 |
| | 18 | 热(高温) |
| | 19 | 冷(低温) |
| | 1A | 冻结 |
| | 等 | 等 |
| 入侵组 | | |
| | 20 | 抢劫 |
| | 21 | 入侵者 |
| | | |
| | 30 | 正面进入 |
| | 31 | 背面进入 |
| | 1A | 冻结 |
| | 等 | 等 |

| | | | |
|---|---|---|---|
| 医疗组 | | | |
| | 40 | 医疗 | |
| | 41 | | |
| 标准说明代码(HEX) | | 含义 | |
| 设置和解除 | | | |
| | 60 | 设置(关闭) | |
| | 61 | 解除(开启) | |
| | 62 | 设置或解除 | |
| | 64 | 设置超时 | 具有当地监视器的报警系统的设置/解除 |
| | 65 | 未在时间段尾设置 | |
| | 66 | 解除设置超时 | |
| | 67 | 未在时间段内解除 | |
| | 68 | 部分设置(留下部分解除) | |
| | 69 | 部分解除(留下部分设置) | |
| | 等 | 等 | |
| 报警系统故障 | | | |
| | 70 | 交流(AC)电源 | |
| | 71 | 直流(DC)电源 | |
| | 72 | 电池故障 | |
| | 73 | 电池电压低 | |
| | 74 | 程序/设备故障 | |
| | 75 | | |
| | 等 | 等 | |
| 传输设备故障 | | | |
| | 78 | 交流(AC)电源 | |
| | 79 | 直流(DC)电源 | |
| | 7A | 电池故障 | |
| | 7B | 电池电压低 | |
| | 7C | 线路故障 | |
| | 等 | 等 | |
| 水/液体 | | | |
| | 80 | 高位 | |
| | 81 | 低位 | |
| | 82 | 溢出 | |
| | 83 | 空 | |
| | 98 | 气体 | |
| | 99 | 化学物质 | |
| | 等 | 等 | |

A0 以下未使用的代码留待后用。A0 以上的值可用作制造商特定扩展。

举例

一个只给出标准说明的简单报警信道数据块应该由 2 个字节组成,如下所示:

| 0010 | 0001 | 21 |
|---|---|---|
| （类型） | （长度） | （数据） |

（第一字节的值表示为二进制）

它可以用文本扩展，如下所示：

| 0010 | 1111 | 12 | 21 | 文本描述 |
|---|---|---|---|---|
| （类型） | | （长度） | （数据） | （17 个文本字符） |

## B.5 日期和时间

数据的形式如下：

| 月 | 日 | 时 h | 分 min | 秒 s |
|---|---|---|---|---|
| 01～12 | 01～31 | 00～23 | 00～59 | 00～59 |
| | | | | （任选） |

所有其他字段是单字节。

数据块的包含项目由长度确定，如下：

| 长 度 | 包含项目 |
|---|---|
| 3 | 日，时，分 |
| 4 | 日，时，分，秒 |
| 6 | 月，日，时，分 |
| 7 | 月，日，时，分，秒 |

其他组合或长度是无效的。

该报警信道数据块用于传输记录信息，仅适用于同一个基本信息内的后续信息。一般使用参看条款 A.1。

## B.6 模拟值

模拟值只用 3 个 8 比特字节传输，需要时其后可跟 ASCII 文本字符。

第一个字节应该是下面定义的模拟类型，决定传输数值的类型和精度。

实际数值是在第二和第三字节（LSB 在先）传输的，可以是：

a) 一个范围在 0～65 535 模拟类型之间的十六进制数值，仅含有正数。或

b) 一个范围在－327 67～＋32 767 之间的十六进制模拟数值，用二进制补码表示负值。

注 1：对于字（16 比特）

32 767 ＝ 7FFF（上限）

1 ＝ 0001

－1 ＝ FFFF

－32 767 ＝ 8 001（下限）

注 2：二进制补码是术语，表示一种负数存储方式，二进制补码通过对各位取反然后加 1 得到。二进制反码通过对数的各位取反得到。

如：

8 比特字节 7＝0000 0111

1111 1000 ＝反码

1111 1001 ＝补码（对大多数软件来说＝－7）

如果把 7 与它的反码相加，得到 1111 1111

如果把 7 与它的补码相加，得到 0000 0000（忽略溢出）

| 模拟类型(HEX) | 说明 | 单位 | 范围 | 增量 |
|---|---|---|---|---|
| 01 | 事件计数器 | 件 | −32 000～+32 000 | 1 件 |
| 02 | 总标度的百分之几 | % | 0～100% | 1/256% |
| 11 | 温度 | ℃(摄氏度) | −3 200～ +3 200 | 0.1℃ |
| 15 | 湿度百分数 | % | 0～100% | 1/256 % |
| 20 | 能量 | kWh(千瓦·小时) | 0～650 | 0.01 kWh |
| 21 | 功率 | W(瓦特) | 0～65 000 | 1 W |
| 22 | 电压 | V(伏特) | −3 200～+3 200 | 0.1 V |
| 23 | 电流 | A(安培) | −3 200～+3 200 | 0.1 A |
| 30 | 流量 | L/h(升/小时) | 0～650 | 0.1 L/h |
| 31 | 压力 | kPa(千帕) | 0～65 000 | 1 kPa |

A0(HEX)以下未使用的模拟类型留待后用。A0(HEX)以上的类型可用作制造商特定扩展。

ICS 13.320
A 91

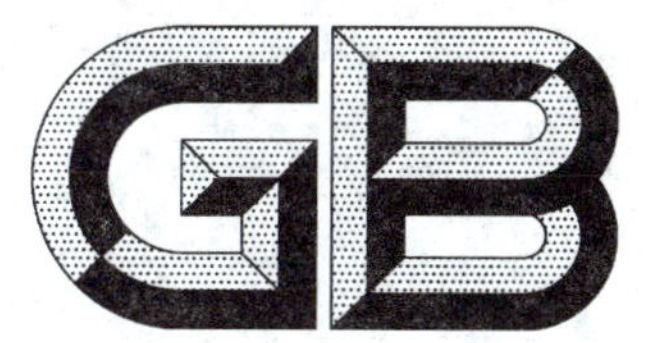

# 中华人民共和国国家标准

GB/T 21564.3—2008

# 报警传输系统串行数据接口的信息格式和协议 第3部分:公用数据链路层协议

**Message formats and protocols for serial data interfaces in alarm transmission systems—Part 3: Common data link layer protocol**

(IEC 60839-7-3:2001 Alarm systems—Part 7-3: Message formats and protocols for serial data interfaces in alarm transmission systems—Common data link layer protocol, MOD)



2008-03-24 发布 2008-09-01 实施

中华人民共和国国家质量监督检验检疫总局
中国国家标准化管理委员会 发布

# 前　言

GB/T 21564《报警传输系统串行数据接口的信息格式和协议》分为五个部分：

——第1部分：总则；

——第2部分：公用应用层协议；

——第3部分：公用数据链路层协议；

——第4部分：公用传输层协议；

——第5部分：数据接口。

本部分为 GB/T 21564 的第3部分。

本部分修改采用了国际电工委员会 IEC 60839-7-3:2001(英文版)。

为了便于使用，对本部分做了下列修改：

——对“再起动时限”增加了注解，便于理解和使用；

——对“主机从机初始化”增加了注解，主要提示其起到的示范作用；

——删除了原 IEC 前言，增加了引言部分。

本部分的附录 A 为规范性附录。

本部分由全国安全防范报警系统标准化技术委员会（SAC/TC 100）提出和归口。

本部分起草单位：中国矿业大学(北京)信电系、SAC/TC 100 秘书处、湖北东润科技有限公司，北京联视神盾安防技术有限公司。

本部分主要起草人：王汝琳、刘希清、唐胜男、金巍、周明锦、佟祝斌、杨国胜。

# 引　言

串行数据通信方式是各种通信模型中的主要表现形态。

本部分是基于较早期的RS-232点对点通信模型和RS-485点对多点总线式串行通信模型而制定的。故对目前正在广泛应用的宽带应用情况和无线传输方式未予详细表述，仅在部分环节给出注释和提示。

尽管本部分给出的模型的通信速率较慢，但其数据传输控制原理与现今的各类宽带应用和无线应用是一致的，所以本部分对于报警产品设计者、报警系统规划者和报警系统的使用者等都有很好的指导作用和示范意义。

由ITU-T V.24和ITU-T V.28共同规定的接口，正是目前大家熟悉的EIA-RS232接口，它是适用于同步和异步串行二进制数据交换系统中，数据终端设备之间互连的串行接口协议，是一种非平衡式的双工数字基带通信接口。该接口主要适用于传输速率低，传输距离近的场合。

由ISO/IEC 8482:1993规定的接口，正是目前大家熟悉的EIA-RS485接口，它也是适用于同步和异步串行二进制数据交换系统中，数据终端设备之间互连的串行接口协议。但它是一种平衡式(差分式)的半双工数字基带通信接口。该接口可以支持较远距离的通信，且可支持多通信机间的总线式分时通信。

由ITU-T V.23定义的接口，是一种类似EIA-RS232接口规范的双工数字频带调制的串行通信接口。它可用于基于电话系统的较远距离的点对点通信。

在本部分中，将报警通信的发起者定义为主机，报警通信的响应者定义为从机。它不同于报警系统中的概念。在报警系统中，报警主机和报警从机主要从管理角度来阐述其存在的意义。作为本部分的使用者务必适当分清二者的概念异同：在报警系统中，一台报警从机既可以作为报警主机的响应者而成为报警传输系统的从机，同时它又可以连接下位的总线报警器和下一级报警从机，而成为报警传输系统的主机。其他概念也有类似情况，敬请留意辨析，以免混淆。

作为报警系统的重要技术指标之一——报警响应时间已在其他相关标准中明确定义。本部分不再对此做出新的定义，但推荐使用者理解将报警事件发生到终端设备接收到并显示有关报警信息之间，或者当地的值守人获得报警信息之间的时间间隔作为报警响应时间的测试依据。由于报警传输系统的传输时延是报警响应时间的重要组成环节之一，故本部分推荐本部分的使用者对报警传输系统的传输能力给出适当的评估，以保证实现最终的系统指标。

串行数据通信有很多方式，如有线和无线(局域私网、WLAN，公网-GSM，CDMA等)方式，低速和高速(xDSL)方式，低抗干扰到高抗干扰(CANBUS)方式，单向通信和双向通信(CANBUS，LONWORKS和以太网等)方式等等。本部分以低速低抗干扰的数字基带通信的方式为硬件模型，以一个主机与一个或多个从机之间的简单查询响应算法为基础说明报警传输系统串行数据通信的协议。本协议支持点对点、点对多点操作。不支持多点对多点之间的操作，但支持以主机为简单路由器的从机到从机之间的信息传输。

# 报警传输系统串行数据接口的信息格式和协议 第3部分：公用数据链路层协议

## 1 范围

GB/T 21564 的本部分规定了当报警传输系统的传输网络没有提供标准协议时，其标准串行数据接口所应采用的数据链路层信息结构、格式和传输过程，这样可以确保不同供应商设备之间的兼容性。

本部分适用于报警信息的传输和发往/来自入侵、火警、出入口控制和社会报警系统的其他信息的传输，以及发往/来自其他类似系统的信息的传输。

本部分仅以一种串行数据通信为例，以一个主机与一个或多个从机之间的简单查询响应算法为基础说明。本协议支持点对点、点对多点操作。不支持多点对多点之间的操作，但支持以主机为简单路由器的从机到从机之间的信息传输。

此协议遵守 OSI 分层协议的建议以允许物理层应用的灵活性。

## 2 规范性引用文件

下列文件中的条款通过 GB/T 21564 的本部分的引用而成为本部分的条款。凡是注日期的引用文件，其随后所有的修改单(不包括勘误的内容)或修订版均不适用于本部分，然而，鼓励根据本部分达成协议的各方研究是否可使用这些文件的最新版本。凡是不注日期的引用文件，其最新版本适用于本部分。

GB/T 21564.1—2008　报警传输系统串行数据接口信息格式和协议　第1部分：总则(IEC 60839-7-1:2001,MOD)

GA/T 600.1—2006　报警传输系统的要求　第1部分：系统的一般要求(IEC 60839-5-1:1991,IDT)

## 3 术语和定义

GB/T 21564.1 确立的术语和定义适用于 GB/T 21564 的本部分。

## 4 缩略语

GB/T 21564.1 确立的缩略语适用于 GB/T 21564 的本部分。

## 5 概述

采用的基本协议是查询响应，主机只有一个。当有多个从机时，主机将顺序查询每个从机。

需要传输的信息应格式化成一个或多个数据链路数据块，传送到指定目的地。

每个已传输数据链路数据块都要在传输下一个数据链路数据块之前被明确确认。

## 6 数据链路数据块

数据链路将以下面的结构传输信息：

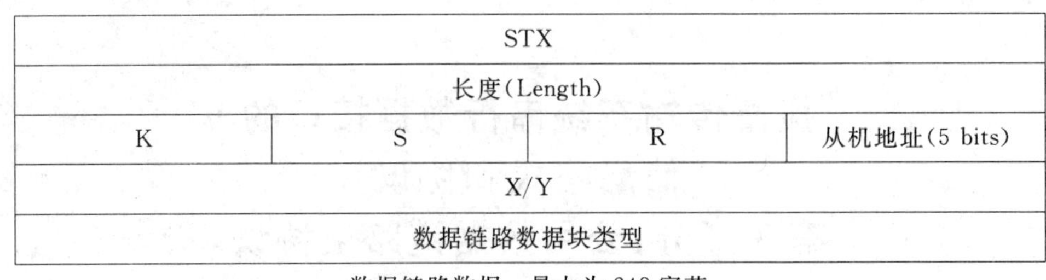

| STX | | | |
|---|---|---|---|
| 长度(Length) | | | |
| K | S | R | 从机地址(5 bits) |
| X/Y | | | |
| 数据链路数据块类型 | | | |

数据链路数据　最大为248字节

| CRC |
|---|

STX字节的值是02H。

信息长度是指长度字节的下一个字节到CRC字节处(包括CRC字节本身)的字节数目。

K位(第三个8比特字节的第7位)置位(=1),表示数据链路层鉴别(DLLA)功能被激活的信息,复位(=0)表示未被激活。

R位(第三个8比特字节的第5位)保留,应复位(=0)。

S位(第三个8比特字节的第6位)是序列标志位,初始时应复位(=0),初始化DLLA数据链路数据块类型中该位置位(=1),主机传送的每一个新信息中,该位都要被触发。从机S位与输入信息对应位的值相等。

对于从主机传来的信息,X/Y字节的值设为X,对于从机传来的信息该值设为Y。

CRC是使用$X^{16}+X^{12}+X^{5}+1$计算出的两个字节的循环冗余校验。

注:这个标准主要针对一个主机与一个从机间的通信。实际应用中,一个主机可以与多个从机通信,在公共传输媒介中交替传输信息。X,Y,S的值针对单个从机的,不受主机与其他从机间介入通信的影响。例如,若用于查询某个从机的S位置为1,那么不管接下去又查询了多少从机,对原从机的下一个查询将使S为0(假设原查询成功)。

## 7　基本传输协议

除非特别说明,主机与单个从机间的通信独立于该主机和其他从机间的通信。

下列描述适用于与单个从机进行通信的情况。不考虑与其他从机通信产生的干扰。

数据链路数据块类型的细节在附录A中给出。

### 7.1　信息时限

信息时限指信息发送结束和接收到相应响应的第一个8比特字节之间允许的最长时间。信息时限适应所有类型的信息,信息时限与GA/T 600.1—2006中提到的传输时延相对应。

### 7.2　再起动时限

再起动时限为潜在主机未成为主机之前,在它看来网络没有任何活动的最短时间。每个网络的时限按以下公式计算。

Time-out=(ADD×50 ms)+3 000 ms

这里的ADD为网络节点的地址,这个值允许+10 ms的误差。

注:上文中提到的再启动时间主要考虑的是基于工业控制总线方式的通信。目前的网络种类有局域网,城域网和广域网,比较常见的接入方式有ADSL虚拟拨号接入方式,无线接入,局域网接入,ISDN接入等,不同的通信方式,再启动时限也有所不同。

### 7.3　网络节点地址

必须给网络的每一个节点分配一个唯一的地址。

本协议适应范围不包括任何监测或禁止地址多路复用的规定(除非这样使用会产生信息冲突从而导致多点信息出错)。

有效地址为01～1F HEX。

注:01～1F HEX = 0000 0001～0001 1111(二进制)和01～1F HEX =1～31(十进制)

## 7.4 主机初始化

尽管网络上只有一台主机工作,网络的其他一些单元也有成为工作主机的潜力。这就提供了在工作主机出错的情况下重新进行配置的可能性(见 7.12.5)。

上电后,潜在主机应在数毫秒再启动时限内监视网络活动,若检测到有效地址(发往或来自任何从机)监视时间将重新开始。

如果收到带有节点地址的一般查询信号,它将认为网络中有另一个主机在工作,将根据 7.5 做出反应(即它将成为一个从机)。

若没有检测到任何活动,该节点被认为是主机并根据 7.5 开始查询每一个可能的网络地址。

在对至少一个从机成功初始化以前,如果检测到传输错误,节点将停止自发传输,重新初始化,所用检测时间为再起动时限。

## 7.5 从机初始化

下列过程可用于初始化主机与从机间的新连接。只有当主机处于特定状态时才允许使用这种模式,以防止被其他的可选装置代替。

主机应产生一个一般查询信号去查询每一个从机是否已连接上,直到收到应答。一般查询和确认信息应将 S 和 K 位复位(=0),X/Y 应该为 00HEX。

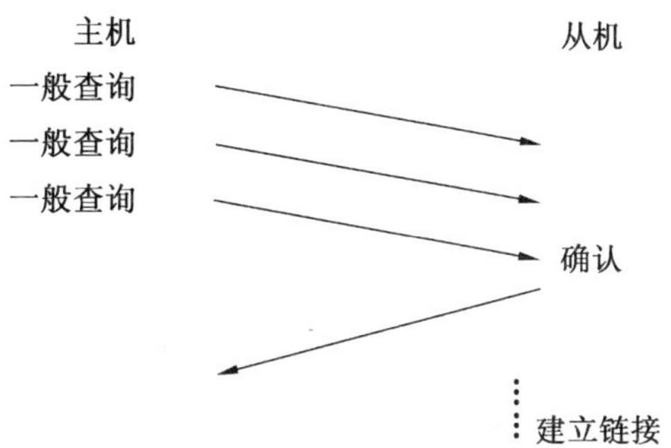


然后应进行下列初始化过程

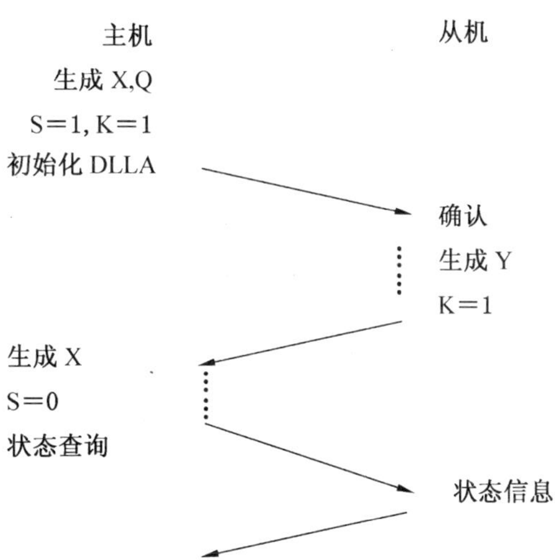


上述过程完成后,连接应处于正常状态。

注:主机和从机初始化问题,主要体现了总线结构模式的简单查询模式,在此仅具有示范作用。

## 7.6 数据链路层鉴别(DLLA)功能

初始化以前,DLLA 功能失效,此时 K 位和 X/Y 的值为 0。

在初始化(从机)的过程中,主机产生两个随机变量 X 和 Q,并把它们作为初始化 DLLA 数据链路数据块类型的一部分传给从机。

从机以确认数据链路数据块类型做出响应，其中 K=1，Y=（X ADD Q）mod 256。

对于后续信息 K=1，主机产生一个新的随机变量 X，并把它传输给从机。若 X 是从机的最新接收值，从机以变量 Y=（X ADD Q）mod 256 做出应答，Q 的值将存到从机中的易失性存储器中。

### 7.7 一般状态

主机将产生一个一般查询信号。如果从机没有信息要传送，它将以确认数据链路数据块类型做响应。

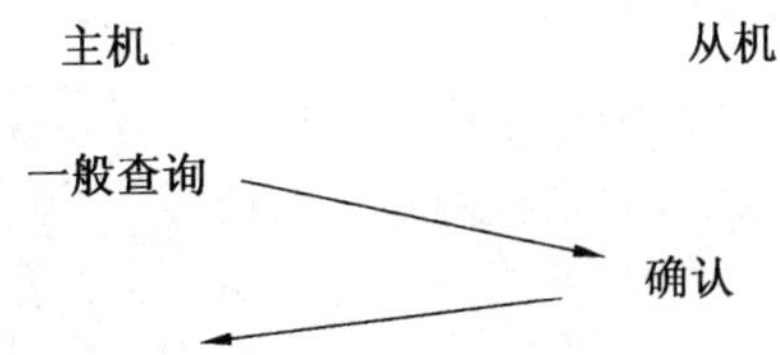


如果从机有信息要传送，它可以用状态信息或块信息做出响应。

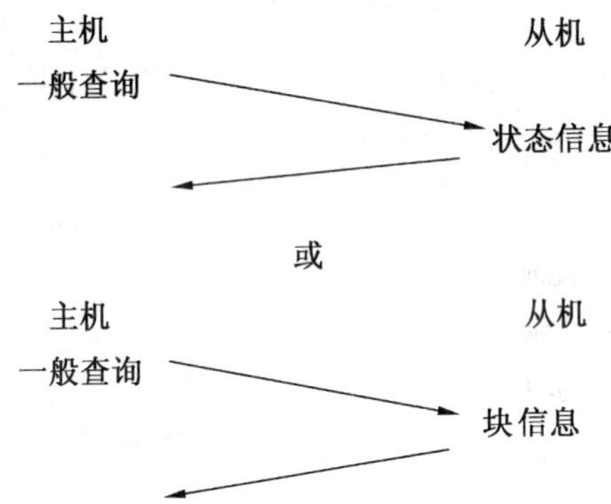


### 7.8 多点操作

多点系统中，主机必须对每个从机进行查询以确保它们都能正常工作，查询方式要确保每个从机都被查询，并且与单个从机间的通信不占用整个总线。为简单起见，本部分的大部分协议描述与单个从机间的信息传输。当含有多点信息时，发往/来自其他从机的信息将被交替插入到总线信息中。

有多种算法可以实现上述目标，最简单的就是让主机对从机进行依次查询（并接收响应）。但是，在正常运行时，为了主机等待不工作的从机超时的时间最小化，要对已成功初始化的从机进行高频率的查询，对其他从机的查询频率则比较低。

采用预先策略（Scheduling）算法应确保网络有充足的响应时间，对网络上从机（错误）的监测也应满足适当的系统要求。

在网络安全问题重要的场合，建议从机的初始化应在主机的定义模式下进行（如工程测试），其他场合仅对已初始化从机进行查询。

### 7.9 等待状态

当主机不能处理输入信息时（如：正在与其他从机交换信息），主机会进行等待查询。从机对此只需响应一个确认数据块。从机可以表明它有块或状态数据块等待传输，主机可以选择其中的一个发送特定查询。

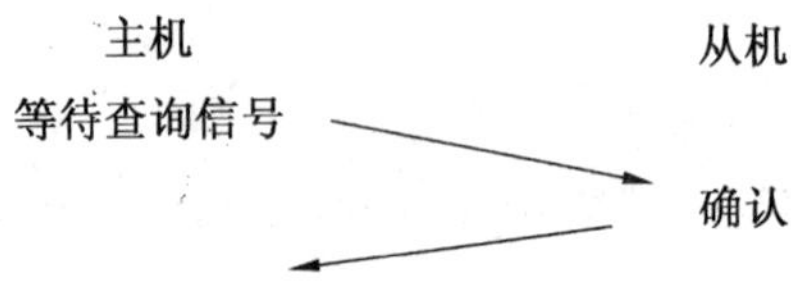


### 7.10 来自主机的信息

主机会发送一个块信息数据块或状态信息数据块给从机，而不是查询信号，从机的响应只需为确认。

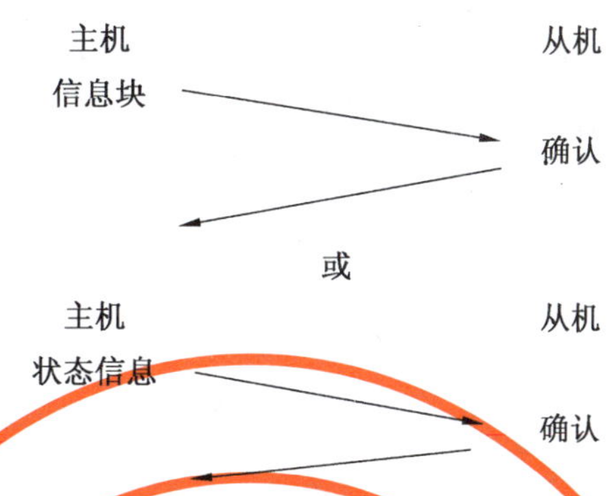


## 7.11 从机间通信

本协议不支持从机间直接通信，但是从机可以把信息传输给主机并通过它向另一个从机传递信息，而不必直接传送给另一个从机。

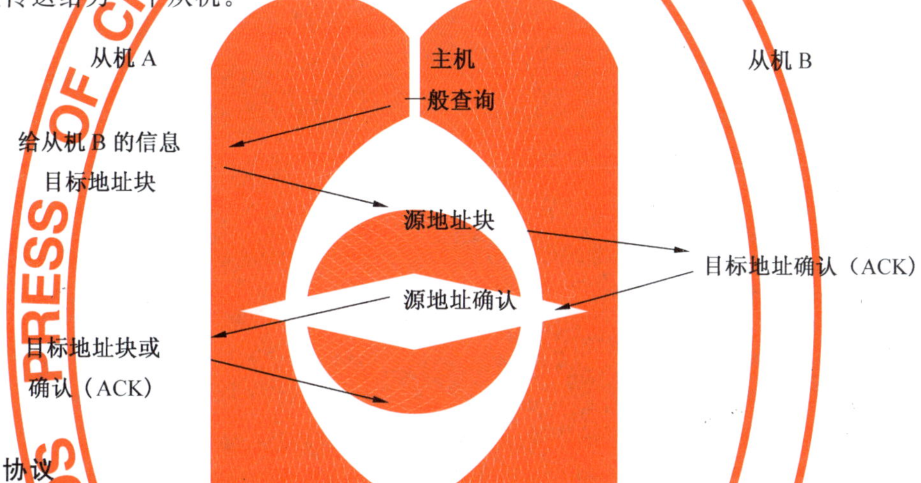


## 7.12 通用协议

### 7.12.1 接收错误

主机或从机接收的任何数据链路数据块有错误的信息都将被丢弃(例如，无 STX，CRC 错误)。

### 7.12.2 响应

接收到主机发来的一个有效信息后，从机必须在信息时限内发送出响应信息的第一个 8 比特字节，然后再发送响应信息中随后的字节。

### 7.12.3 响应失败

当主机向从机发送信息时，未收到有效响应信号，主机应用相同的 S，K 和 X/Y 值再次发送该信息。

如果主机未收到对四个连续报文的有效响应，它应产生信息给自己的网络层，表明网络有故障。

以后，主机可以每隔一段时间就再次向从机发出一般查询信号。

### 7.12.4 从机的重新初始化

在网络安全不重要的场合，可以对主机进行编程，以尝试实现它与从机间连接的重新初始化。在这种情况下，一般查询不需要加密。7.5 中的初始化过程要重复进行。

其他情况下，所有通信应保留当前的 DLLA 设置。只有在人工干预后才能启动重新初始化过程。

在一个被监视的网络中，若一个已初始化从机在通知网络故障的时间内被重新初始化，它将产生一个错误信息表明网络连接错误(后面要跟有信息指示网络恢复)。

### 7.12.5 主机错误

从机接收网络上的所有信息，但只对送往本机地址的信息做出反应，一个有潜力成为主机的从机可以监测网络的活动，如果未监测到任何活动，它会重新将自己设置成潜在主机。

潜在主机将监测网络，时间至少是再起动时限以确保网络上没有其他数据传输。接着它将根据7.5启动初始化程序。新的主机将重新初始化所有从机，给X、Q赋于新值。

注：当网络的安全问题不重要时，建议潜在主机在监测网络信息时，保留响应从机的清单，只尝试重新初始化原主机故障以前网络上已有的从机。

# 附　录　A
(规范性附录)
数据链路数据块类型

**初始化 DLLA**

长度　　:6
K　　:1
S　　:1
X/Y　　:X
数据链路数据块类型　　:02
数据链路数据　　:DLLA 变量 Q(一个 8 比特字节)

**一般查询**

长度　　:5
数据类型　　:80
数据　　:无数据

**确认**

长度　　:6
数据类型　　:70
数据　　:一个 8 比特字节

如果要发送信息块则数据字节中的 0 位应置位(=1),如果要发送状态信息则 1 位应置位(=1),其他位应复位(=0)。

**状态信息**

长度　　:6～21
数据类型　　:40
数据　　:1～16 个 8 比特字节

由 1～16 个独立的 8 比特字节组成的发送信息如下定义:

| 状态类型 | | | | |
|---|---|---|---|---|
| 位 7　　4 | 3 | 2 | 1 | 0 |

状态类型是每个字节的高 4 位,定义其余各位的格式如下:

| 状态类型 | 位 | 含　义 |
|---|---|---|
| 0 | | |
| 1 | 0 | 在线传输失败 |
| 1 | 1 | 在线传输阻塞 |
| 2 | 1 | 电池不足 |
| 2 | 2 | 主电源失效 |
| 3 | 0 | 损坏 |
| 4 | 0 | DLLA 失败 |
| 5 | | |
| 6 | 0 | 一个设备供电指示 |
| 6 | 1 | 监视(Watch-dog)最新事件 |

| 状态类型 | 位 | 含　义 |
|---|---|---|
| 6 | 2 | 单元软件重置 |
| 7 | 0 | RAM 错误 |
| 7 | 1 | PROM 错误 |
| 7 | 2 | EEPROM 错误 |
| 7 | 3 | 软件错误 |
| 8 | | |
| 9 | | |

未用的位应复位(=0)

响应状态查询的状态信息包括所有对设备有效的状态字节,响应一般查询的状态信息只须包括变化了的状态字节。

**状态查询**

长度　:5

数据类型　:41

数据　:无数据

**块信息**

长度　:6～253

数据类型　:30

数据　:1～248 数据字节(来自传输层)

**目标地址块**

长度　:7～253

数据类型　:31

数据 octet1　:接收信息的从机地址

数据 octet2-N　:1～247 数据字节(来自传输层)

**源地址块**

长度　:7～253

数据类型　:32

数据 octet1　:发送信息的从机地址

数据 octet2-N　:1～247 数据字节(来自传输层)

**目标地址确认**

长度　:7

数据类型　:33

数据 octet1　:接收确认信息的从机地址

数据 octet2　:1 octet

如果要传送一个块信息,octet 2 的 0 位应置位(=1)。如果要传送一个状态变化,1 位应置位(=1),其他位应复位(=0)。

**源地址确认**

长度　:7

数据类型　:34

数据 octet1　:发送确认信息的从机地址

数据 octet2　:1 octet

如果要传送一个块信息,octet 2 的 0 位应置位(=1)。如果要传送一个状态变化,1 位应置位(=1),其他位应复位(=0)。

**等待查询**

长度 :5

数据类型 :9

数据 :无数据

---

ICS 13.320;35.100.05
A 91

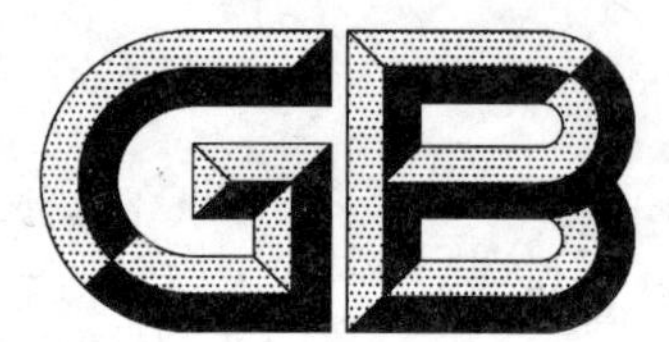

# 中华人民共和国国家标准

GB/T 21564.4—2008

# 报警传输系统串行数据接口的信息格式和协议 第4部分:公用传输层协议

**Message formats and protocols for serial data interfaces in alarm transmission systems—Part 4:Common transport layer protocol**

(IEC 60839-7-4:2001 Alarm systems—Part 7-4: Message formats and protocols for serial data interfaces in alarm transmission systems—Common transport layer protocol,MOD)

2008-03-24 发布 2008-09-01 实施

中华人民共和国国家质量监督检验检疫总局
中国国家标准化管理委员会 发布

# 前言

GB/T 21564《报警传输系统串行数据接口的信息格式和协议》分为五个部分：

——第1部分：总则；

——第2部分：公用应用层协议；

——第3部分：公用数据链路层协议；

——第4部分：公用传输层协议；

——第5部分：数据接口。

本部分为GB/T 21564的第4部分。

本部分修改采用了国际电工委员会IEC 60839-7-4：2001(英文版)。

为了便于使用，对本部分做了下列修改：

——对传输层协议增加注解，提示其加密方式的示范作用；

——删除了原IEC前言，增加了引言部分。

本部分的附录A为规范性附录。

本部分由全国安全防范报警系统标准化技术委员会(SAC/TC 100)提出和归口。

本部分起草单位：中国矿业大学(北京)信电系、SAC/TC 100秘书处、湖北东润科技有限公司，北京联视神盾安防技术有限公司。

本部分主要起草人：王汝琳、刘希清、唐胜男、金巍、周明锦、佟祝斌、杨国胜。

# 引　言

串行数据通信方式是各种通信模型中的主要表现形态。

本部分是基于较早期的RS-232点对点通信模型和RS-485点对多点总线式串行通信模型而制定的。故对目前正在广泛应用的宽带应用情况和无线传输方式未予详细表述，仅在部分环节给出注释和提示。

尽管本部分给出的模型的通信速率较慢，但其数据传输控制原理与现今的各类宽带应用和无线应用是一致的，所以本部分对于报警产品设计者、报警系统规划者和报警系统的使用者等都有很好的指导作用和示范意义。

由ITU-T V.24和ITU-T V.28共同规定的接口，正是目前大家熟悉的EIA-RS232接口，它是适用于同步和异步串行二进制数据交换系统中，数据终端设备之间互连的串行接口协议，是一种非平衡式的双工数字基带通信接口。该接口主要适用于传输速率低，传输距离近的场合。

由ISO/IEC 8482:1993规定的接口，正是目前大家熟悉的EIA-RS485接口，它也是适用于同步和异步串行二进制数据交换系统中，数据终端设备之间互连的串行接口协议。但它是一种平衡式(差分式)的半双工数字基带通信接口。该接口可以支持较远距离的通信，且可支持多通信机间的总线式分时通信。

由ITU-T V.23定义的接口，是一种类似EIA-RS232接口规范的双工数字频带调制的串行通信接口。它可用于基于电话系统的较远距离的点对点通信。

在本部分中，将报警通信的发起者定义为主机，报警通信的响应者定义为从机。它不同于报警系统中的概念。在报警系统中，报警主机和报警从机主要从管理角度来阐述其存在的意义。作为本部分的使用者务必适当分清二者的概念异同：在报警系统中，一台报警从机既可以作为报警主机的响应者而成为报警传输系统的从机，同时它又可以连接下位的总线报警器和下一级报警从机，而成为报警传输系统的主机。其他概念也有类似情况，敬请留意辨析，以免混淆。

作为报警系统的重要技术指标之一——报警响应时间已在其他相关标准中明确定义。本部分不再对此做出新的定义，但推荐使用者理解将报警事件发生到终端设备接收到并显示有关报警信息之间，或者当地的值守人获得报警信息之间的时间间隔作为报警响应时间的测试依据。由于报警传输系统的传输时延是报警响应时间的重要组成环节之一，故本部分推荐本部分的使用者对报警传输系统的传输能力给出适当的评估，以保证实现最终的系统指标。

# 报警传输系统串行数据接口的信息格式和协议 第4部分:公用传输层协议

## 1 范围

GB/T 21564的本部分规定了报警传输系统标准接口所采用的传输层信息结构、格式和传输过程。当一个供应商的设备想与其他供应商的设备相互通信而下层系统结构并不提供必要功能支持公共应用层时,接口处应该使用本部分。

本部分遵从OSI分层协议结构,允许灵活地选择和使用低层的传输媒体和协议,同时保持对公共应用层协议的支持。

本部分适用于报警信息的传输和发往/来自入侵、火警、出入口控制和社会报警系统的其他信息的传输,以及发往/来自其他类似系统的信息的传输。

本部分没有包含对鉴别码的物理管理的要求。

## 2 规范性引用文件

下列文件中的条款通过GB/T 21564的本部分的引用而成为本部分的条款。凡是注日期的引用文件,其随后所有的修改单(不包括勘误的内容)或修订版均不适用于本部分,然而,鼓励根据本部分达成协议的各方研究是否可使用这些文件的最新版本。凡是不注日期的引用文件,其最新版本适用于本部分。

GB/T 21564.1—2008 报警传输系统串行数据接口信息格式和协议 第1部分:总则(IEC 60839-7-1:2001,MOD)

## 3 术语和定义

GB/T 21564.1确立的术语和定义适用于GB/T 21564的本部分。

## 4 缩略语

GB/T 21564.1确立的缩略语适用于GB/T 21564的本部分。

## 5 概述

传输层负责把应用层信息转换成适合下层传输的格式,并增加下层传输机制所不具备的功能。

虽然使用本协议的链路可以是点对多点或多点对多点,但此处描述的传输层假定系统由多个独立进行的逻辑点对点通信组成。

为了标准具有通用性,在上述通信过程中,一个设备被定义为发送器,一个设备被定义为接收器。相应部分应明确哪些功能用于哪些设备。

## 6 传输层信息格式

每个应用层信息或传输层数据块都应被格式化成传输层信息,并附上如下定义的信息头。

注:数据的传输有多种加密方式,本部分的加密方式,仅为示范作用。

### 6.1 传输层数据块的传输

传输层数据应该按照附录 A 进行格式化并附上 6.2 条定义的传输层信息头一起发送。

### 6.2 传输层信息头

传输层信息头应该如下：

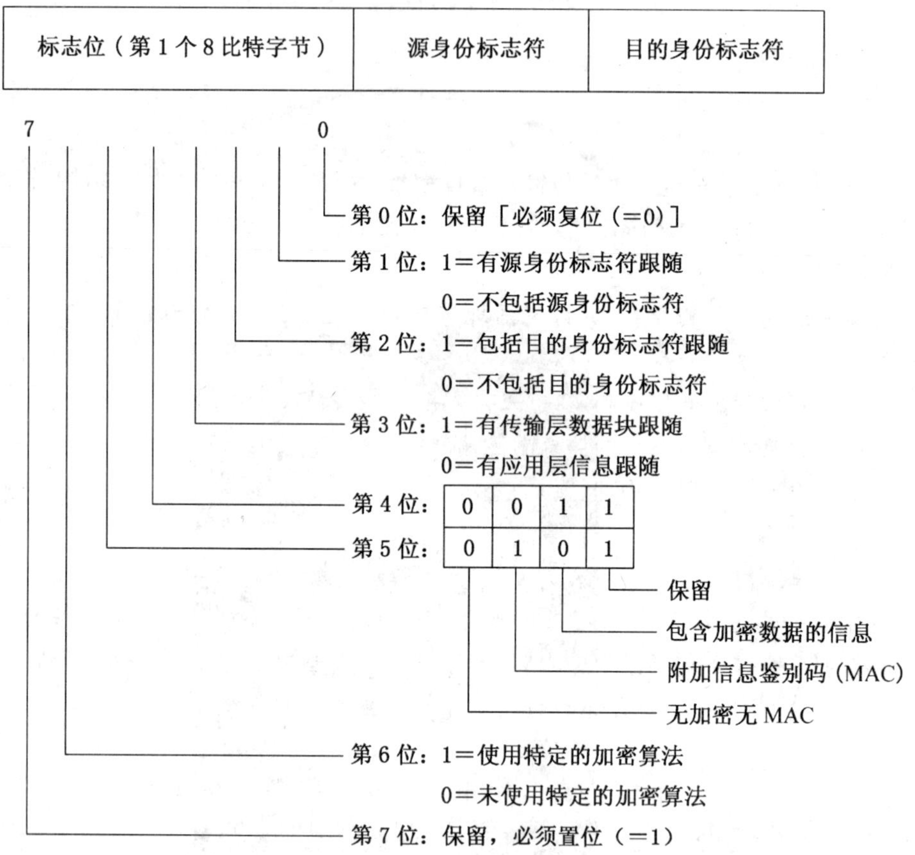


当应用信息或传输数据被加密时，第 4 位应置 1，当信息包括信息鉴别码(MAC)时，第 5 位应置 1。同时使用加密和 MAC 的选择不被采用，以免降低安全性。当加密或 MAC 采用一个特定的高安全性算法时，第 6 位要置 1，否则要采用本部分所定义的标准算法。

第 3 位表示数据是传输层数据块还是应用层信息。

传输层信息头可以只包括源身份标志符或目的身份标志符，也可以两者都包括或都不包括，如第 1 位和第 2 位所定义的那样。

源身份标志符和目的身份标志符的最大长度是 8 个 8 比特字节。

如果包括两个标志符，源身份标志符应该总是在前面。

身份标志符格式如下：

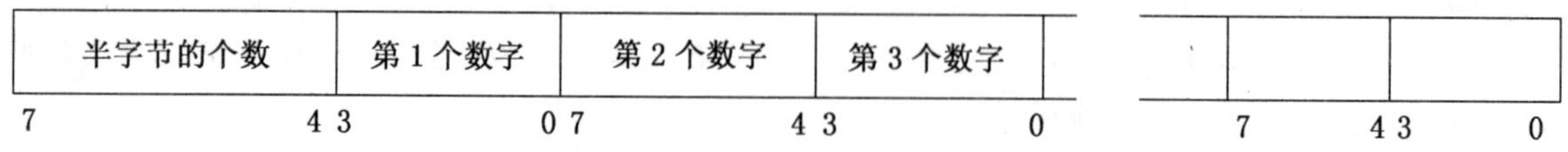


第一个半字节(第一个 8 比特字节的 4～7 位)是地址内的数位个数。实际的身份标志符应该以十六进制形式跟在随后的半字节内，从第 1 个字节的低 4 位开始。标志符所包含的字节数由所需包括的数字(十六进制)个数决定。如果数字的个数是偶数，最后 4 位(最后一个字节的 0～3 位)应该是 0。

例:如果标志符是1234,应该这样传输:

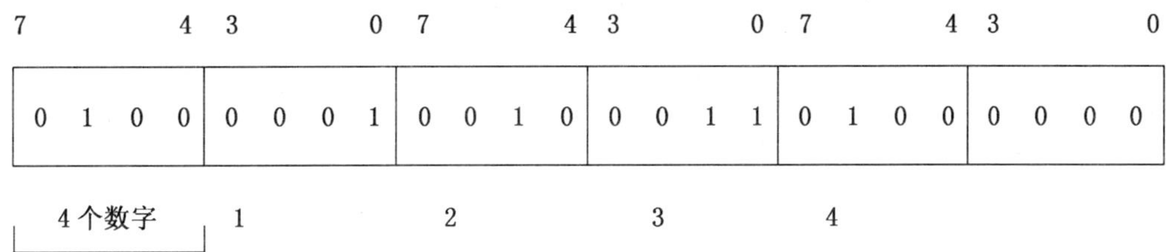


## 7 鉴别

为了确认设备的身份,在建立连接之后应该采取下列步骤。

### 7.1 配置

作为设备的初始化/配置的一部分,每项设备都要用主密钥(Mk)编程。

### 7.2 初始化

建立链接后,发送器将产生两个随机数R1和Rs,并且用Mk加密R1,以传输层信息类型1(参见附录A)传送给接收器。Rs是传输R1所使用的加密算法的随机初始值。

接收器将解码R1,并产生一个随机数R2和次级密钥Ki。它接着返回一个包括R1、Ki和R2的传输层信息类型2给发送器。该信息应该如下图和附录A所示的那样用Mk和Ki加密。

次级密钥Ki的值和随机数R1、R2应该只能被存储在易失性存储器里,不能显示在发送器或接收器的屏幕上。

发送器应将信息解码以求R1、R2和Ki的值。R1的正确接收将确认接收器的身份。如果正确,它将发送一个含有用Ki加密的R2的传输层信息类型3。接收器对R2的正确解码确认发送器的身份。

这时要产生一个信息发送给报警系统和指示设备来表明Ki的值已被设定。

在Ki值改变之前,所有后续通信都要对当前连接和后续连接用次级密钥Ki加密。

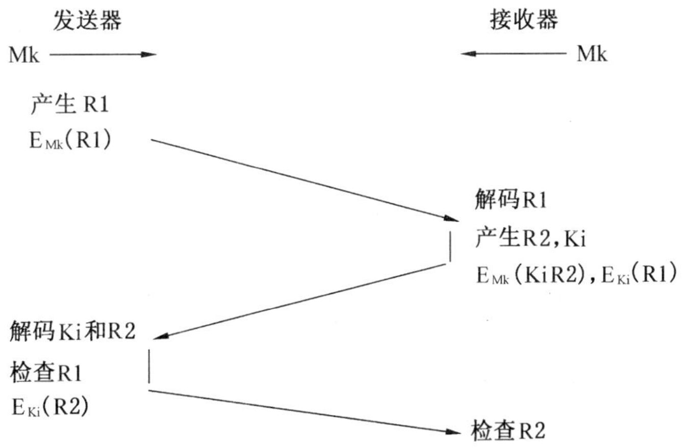


### 7.3 次级密钥的更改

接收器应该定期地通过发送传输层信息类型4来改变Ki的值。这只能在建立连接后按下列程序完成。

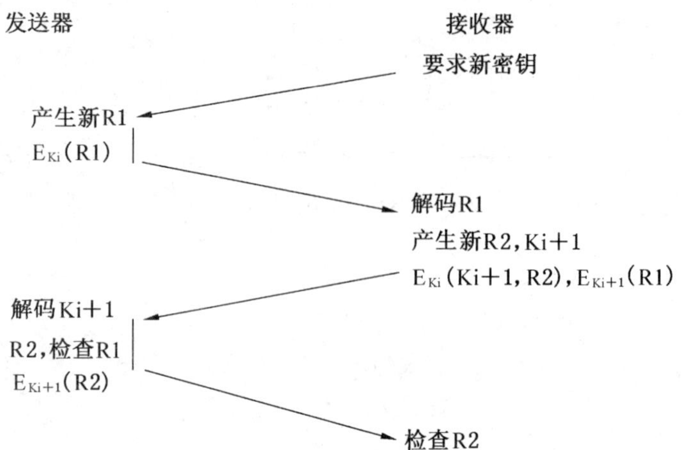


密钥的新值(Ki+1)在发送器发送完上述定义的最后一个信息之后,要用于所有信息的传输和接收,接收器在接收到此信息后也要采用该新值。

### 7.4 同步故障

假如通信建立在未加密电文的情况下而数据在加密形式下不能交换,那么上述的初始化顺序应予以重复。如果在第2次尝试中加密通信失败,要给报警系统和中继设备发送报警或故障信息,进一步的通信要立刻结束。

如果加密通信失败,要用Mk重新初始化密钥使通信再同步。完成这步工作后,要发送报警或故障信息给报警系统和中继设备表明Ki已被重新赋值。在安全至为重要的场合,只有在人工干预之后或设备处于特定模式(例如工程测试)时才可以这样做。

### 7.5 密钥长短

所有上面的随机数和密钥都应该从一个8比特字节里机会均等地选择,但不能选用00(16进制)和FF(16进制)。Ki值对每个发送器都是唯一的。

## 8 加密

若包含应用信息的图像需要加密,传输层信息头后面的所有字节都要被加密。传输层信息头的第1个字节的位4要被置位(=1)。

若传输层信息要求加密,附录A所定义的字节组都要被加密。传输层信息头的第1个字节的位4要被置位(=1)。

在一些有较高安全要求的应用中,下面所述的标准加密算法可能达不到要求,在这种情况下,传输层信息头的第1个字节的位6要被置1,表明使用了不同的算法。

## 9 信息鉴别码(MAC)

若包含应用信息的信息需要一个信息鉴别码MAC,它应作用于传输层信息头后面的所有字节。MAC应该作为单个8比特字节包含在信息的尾部。传输层信息头的第1个字节里的位5应该被置位(=1)。

对带MAC的信息,被传输信息的第1个8比特字节将被作为随机初始值。随后紧跟源字节(源1-源N)和结果N+1。带MAC的信息将比等价的未加密信息长2个8比特字节。

## 10 标准算法

下面的块加密算法应该被用于加密或MAC:

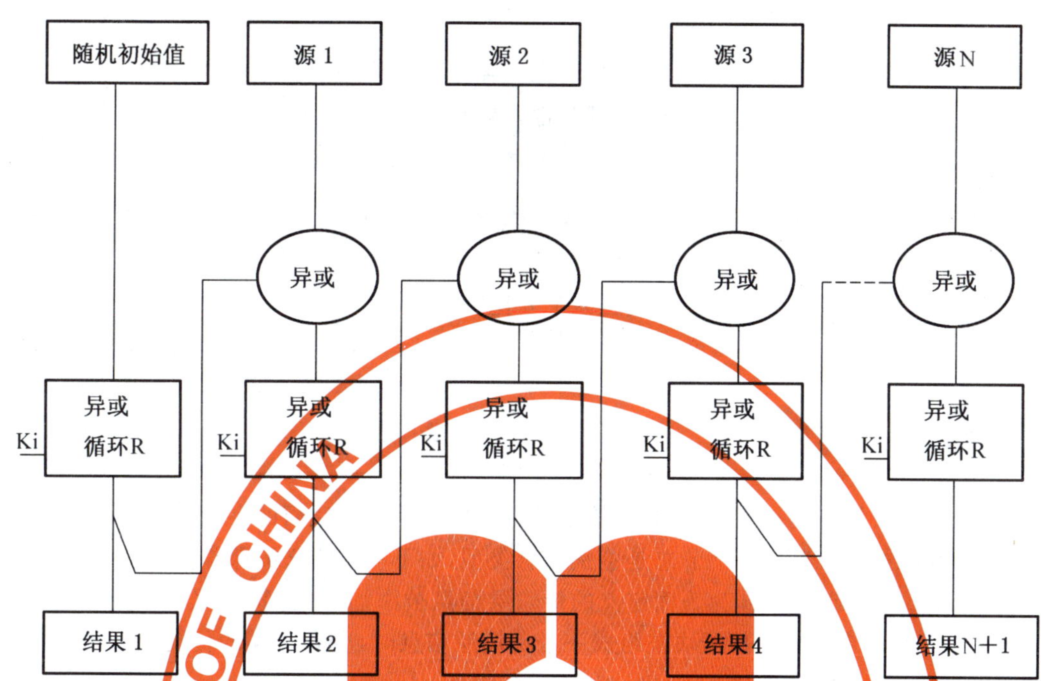


所有用于鉴别信息的随机初始值都要服从附录 A 中的定义。对所有后续信息，它可以是任意随机数。

注：为了提高安全性，随机数应该是发送的上一个信息的最后一个字节。接收设备可以就此将它解密并与接收到的上一个信息的相应值进行对比。这并不能防止知道当前密钥和加密算法的人替换信息，但当下次接收到真的信息时，该替换可被检测到。

对于加密信息，传输信息将是结果 1 到结果 N+1。加密信息将比没有加密的信息长一个字节。

# 附 录 A
（规范性附录）
# 传输层信息

除另有说明，此附录涉及的所有数字都是十六进制格式。A0 HEX 以下未用到的信息类型保留将来使用，A0 HEX 以上的可供厂商特定的扩展使用。

传输层数据块将包括如下所示的 2 个或更多个 8 比特字节：

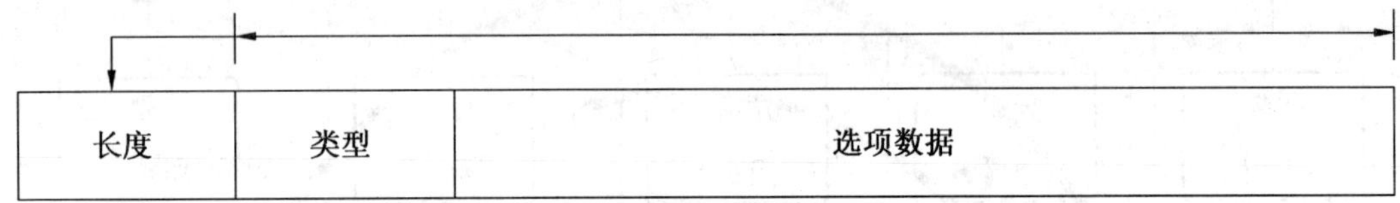


第一个 8 比特字节始终是长度字节，是传输层数据块中长度字节后面的字节数。

传输层数据块的第 2 个 8 比特字节总是鉴别信息类型，如下一条定义的那样。

一个或多个 8 比特字节可以作为下面定义的传输层信息被添加。8 比特数据字节的个数不应该超过 235，但要注意若有多个传输层数据块被组成一个传输层信息时，所有这样的传输层数据块的最大长度不应该超过 237 个 8 比特字节。

下面传输层信息被定义成它们的无加密格式。对那些必须加密的场合，关联图表描述了取得传输数据块的方法。

## A.1 鉴别信息类型 1

按照第 10 章的标准算法。
源 1 长度：2
源 2 类型：1
源 3 数据字节 1：R1
传输格式：加密
随机初始值：Rs
加密密钥：Ki
对于第 1 个鉴别程序，Rs 应由发送器产生，加密密钥(Ki)应该是 Mk。
对于后续密钥更新，Rs 应该是上一个传输信息的最后一个传输字节(传输层或应用层信息)。

## A.2 鉴别信息类型 2

按照第 10 章的标准算法
源 1 长度：4
源 2 类型：2
源 3 数据 8 比特字节1：R1
　　或 Ki+1
源 4 数据 8 比特字节 2：R2
源 5 数据 8 比特字节 3：R1
传输格式：加密
随机初始值：Rs
加密密钥：Mk & Ki
　　或 Ki & Ki+1

对于第1个鉴别,Rs由接收器产生;前5个8比特字节的加密密钥应该是Mk,最后一个8比特字节的加密密钥应是Ki。

对于后续密钥更新,Rs应该是上一个传输信息的最后一个传输字节(传输层或应用层信息),对于前5个8比特字节加密密钥应该是Ki,第1个8比特字节的加密密钥应是Ki+1。

### A.3 鉴别信息类型3

按照第10章的标准算法

源1长度:2

源2类型:3

源3数据8比特字节1:R2

传输格式:加密

随机初始值:Rs

加密密钥:Ki+1

Rs应该是上一个类型1信息的最后一个8比特字节(即上一个传输信息)。

对于第1个鉴别程序,加密密钥应该是Ki。

对于后续密钥更新,加密密钥应是Ki+1。在传输和接收此信息之后,应该使用新密钥(Ki+1)(即Ki=Ki+1)。

### A.4 鉴别信息类型4

按照第10章的标准算法

源1长度:1

源2类型:4

无数据

传输格式:未加密

随机事件:

加密密钥:

ICS 13.320;35.100.05
A 91

# 中华人民共和国国家标准

GB/T 21564.5—2008

# 报警传输系统串行数据接口的信息格式和协议 第5部分:数据接口

**Message formats and protocols for serial data interfaces in alarm transmission systems—Part 5:Data interfaces**

(IEC 60839-7-5,-7-6,-7-7,-7-11,-7-12,-7-20:2001,MOD)

2008-03-24 发布 2008-09-01 实施

中华人民共和国国家质量监督检验检疫总局
中国国家标准化管理委员会 发布

# 前　言

GB/T 21564《报警传输系统串行数据接口的信息格式和协议》分为五个部分，分别是：

——第 1 部分：总则；

——第 2 部分：公用应用层协议；

——第 3 部分：公用数据链路层协议；

——第 4 部分：公用传输层协议；

——第 5 部分：数据接口。

本部分为 GB/T 21564 的第 5 部分。

本部分修改采用 IEC 60839-7-5：2001，IEC 60839-7-6：2001，IEC 60839-7-7：2001，IEC 60839-7-11：2001，IEC 60839-7-12：2001，IEC 60839-7-20：2001（英文版）。

为了使用方便，本部分对 IEC 标准做了以下修改：

——将 IEC 60839-7-5：2001、IEC 60839-7-6：2001、IEC 60839-7-7：2001、IEC 60839-7-11：2001、IEC 60839-7-12：2001、IEC 60839-7-20：2001 六个部分合并为一个部分，标题定为“报警传输系统串行数据接口的信息格式和协议　第 5 部分：数据接口”（本部分的第 5 章对应 IEC 60839-7-5；本部分的第 6 章对应 IEC 60839-7-6；本部分的第 7 章对应 IEC 60839-7-7；本部分的第 8 章对应 IEC 60839-7-11 和 IEC 60839-7-12；本部分的第 9 章对应 IEC 60839-7-20），并重新编排了章条编号。

——本部分的第 7 章中删除了 IEC 60839-7-7 的第 10、11、12 三章关于设备外形及接插件的具体要求，改为“安装牢靠，并且满足电磁兼容性要求”。

——将本部分第 8 章的标题定为“采用 ITU-T 建议 V.23 信令的 PSTN 接口和专用信道 PTT 接口”。

——在个别章条后面增加了注释，以起到解释说明的作用，更便于理解使用。

——删除了 IEC 前言，增加了引言部分。

本部分由全国安全防范报警系统标准化技术委员会（SAC/TC 100）提出和归口。

本部分起草单位：中国矿业大学（北京）信电系、SAC/TC 100 秘书处、湖北东润科技有限公司、北京联视神盾安防技术有限公司。

本部分主要起草人：王汝琳、刘希清、唐胜男、金巍、周明锦、佟祝斌、杨国胜。

# 引　言

串行数据通信方式是各种通信模型中的主要表现形态。

本部分是基于较早期的RS-232点对点通信模型和RS-485点对多点总线式串行通信模型而制定的。故对目前正在广泛应用的宽带应用情况和无线传输方式未予详细表述，仅在部分环节给出注释和提示。

尽管本部分给出的模型的通信速率较慢，但其数据传输控制原理与现今的各类宽带应用和无线应用是一致的，所以本部分对于报警产品设计者、报警系统规划者和报警系统的使用者等都有很好的指导作用和示范意义。

由ITU-T V.24和ITU-T V.28共同规定的接口，正是目前大家熟悉的EIA-RS232接口，它是适用于同步和异步串行二进制数据交换系统中，数据终端设备之间互连的串行接口协议，是一种非平衡式的双工数字基带通信接口。该接口主要适用于传输速率低，传输距离近的场合。

由ISO/IEC 8482:1993规定的接口，正是目前大家熟悉的EIA-RS485接口，它也是适用于同步和异步串行二进制数据交换系统中，数据终端设备之间互连的串行接口协议。但它是一种平衡式(差分式)的半双工数字基带通信接口。该接口可以支持较远距离的通信，且可支持多通信机间的总线式分时通信。

由ITU-T V.23定义的接口，是一种类似EIA-RS232接口规范的双工数字频带调制的串行通信接口。它可用于基于电话系统的较远距离的点对点通信。

在本部分中，将报警通信的发起者定义为主机，报警通信的响应者定义为从机。它不同于报警系统中的概念。在报警系统中，报警主机和报警从机主要从管理角度来阐述其存在的意义。作为本部分的使用者务必适当分清二者的概念异同：在报警系统中，一台报警从机既可以作为报警主机的响应者而成为报警传输系统的从机，同时它又可以连接下位的总线报警器和下一级报警从机，而成为报警传输系统的主机。其他概念也有类似情况，敬请留意辨析，以免混淆。

作为报警系统的重要技术指标之一——报警响应时间已在其他相关标准中明确定义。本部分不再对此做出新的定义，但推荐使用者理解将报警事件发生到终端设备接收到并显示有关报警信息之间，或者当地的值守人获得报警信息之间的时间间隔作为报警响应时间的测试依据。由于报警传输系统的传输时延是报警响应时间的重要组成环节之一，故本部分推荐本部分的使用者对报警传输系统的传输能力给出适当的评估，以保证实现最终的系统指标。

# 报警传输系统串行数据接口的信息格式和协议 第5部分:数据接口

## 1 范围

GB/T 21564 的本部分规定了数据接口的要求,其中第5章规定了按照 ISO/IEC 8482 采用双线连接的标准接口的要求。提供了一种灵活接口,允许一个控制主机 CIE 和多个报警系统收发器或分机 CIE 进行连接,他们必须符合 ISO/IEC 8482 的要求。适用于报警系统控制和指示设备(CIE)与连接到报警传输系统的一个或多个报警系统收发器之间的标准接口。第6章规定了报警系统中控制和指示设备和远程通信传输设备采用 ITU-T 建议 V.24/V.28 信令进行通信时的标准接口要求,其中通信传输设备是中继设备,并不是专为报警行业设计的(因此并不符合本部分的其他部分的要求)。适用于与标准调制解调器、包交换网络、X25 分组装拆设备等的接口。第7章规定了报警系统中控制和指示设备(CIE)和报警系统收发器之间标准接口的要求,其中报警系统收发器将嵌入报警系统控制和指示设备中的标准空间中。第8章规定了报警系统中公共电话交换网(PSTN)和专用信道 PTT 接口,规定了报警系统收发器之间,报警系统和传输网络之间的标准接口的要求,采用符合 ITU-T 建议 V.23 标准的 1200 波特率的接口。适用于报警系统收发器功能集成在控制和指示设备(CIE)中的传输之间的接口,也适用于报警接收中心的终端接收器到 PSTN 和传输网络的接口。第9章规定了报警传输系统终端收发器和中继设备之间标准接口的要求。采用信令符合 ITU-T V.24/V.28 的要求。

本部分适用于报警信息的传输和发往/来自入侵、火警、出入口控制和社会报警系统的其他信息的传输,以及发往/来自其他类似系统的信息的传输。

## 2 规范性引用文件

下列文件中的条款通过 GB/T 21564 的本部分的引用而成为本部分的条款。凡是注日期的引用文件,其随后所有的修改单(不包括勘误的内容)或修订版均不适用于本部分,然而,鼓励根据本部分达成协议的各方研究是否可使用这些文件的最新版本。凡是不注日期的引用文件,其最新版本适用于本部分。

GA/T 600.2—2006 报警传输系统的要求 第2部分:设备的一般要求(IEC 60839-5-2:1991,IDT)

GA/T 600.3—2006 报警传输系统的要求 第3部分:利用专用报警传输通路的报警传输系统(IEC 60839-5-4:1991,IDT)

GA/T 600.4—2006 报警传输系统的要求 第4部分:利用公共电话交换网络的数字通信机系统的要求(IEC 60839-5-5:1991,IDT)

GB/T 21564.1—2008 报警传输系统串行数据接口的信息格式和协议 第1部分:总则(IEC 60839-7-1:2001,MOD)

GB/T 21564.2—2008 报警传输系统串行数据接口的信息格式和协议 第2部分:公用应用层协议(IEC 60839-7-2:2001,MOD)

GB/T 21564.3—2008 报警传输系统串行数据接口的信息格式和协议 第3部分:公用数据链路层协议(IEC 60839-7-3:2001,MOD)

GB/T 21564.4—2008 报警传输系统串行数据接口的信息格式和协议 第4部分：公用传输层协议(IEC 60839-7-4:2001,MOD)

ITU-T V.23 用于公用交换电话网的600/1200波特标准化调制解调器

ITU-T V.24 数据终端设备(DTE)与数据电路终端设备(DCE)之间的接口电路定义表

ITU-T V.28 非平衡双流接口电路的电气特性

ISO/IEC 标准 8482 信息技术 系统间远程通信和信息交换 数据通信 双绞线多点互连

## 3 术语和定义

GB/T 21564.1 确立的术语和定义适用于 GB/T 21564 的本部分。

## 4 缩略语

GB/T 21564.1 确立的缩略语适用于 GB/T 21564 的本部分。

## 5 按照 ISO/IEC 8482 采用双线配置的报警系统接口

注：本部分实际上就是 RS-485 接口的本地系统。

### 5.1 第7层——应用功能

第7层——应用层，负责格式化报警传输系统传输数据所需的基本信息。

接口应支持 GB/T 21564.2—2008 中定义的公用应用层协议。

### 5.2 第4层——传输

应采用 GB/T 21564.4—2008 中定义的公用传输层协议和块格式，且遵从下列规定：

控制显示设备应配置成发送器，而报警系统收发器应配置成接收器。

### 5.3 第2层——数据链路

应采用 GB/T 21564.3—2008 中定义的公用数据链路层协议和块格式，并遵从以下要求：

——所有报警系统收发器必须既可以配置成主机，也可以配置成从机。

——所有控制显示设备(CIE)必须既可以配置成主机，也可以配置成从机。

——当链路上只有一台控制显示设备(CIE)时，它必须配置成主机。

——当多个 CIE 与单个报警系统收发器相连时，或者

a) 该报警系统收发器配置成主机，而 CIE 配置成从机，或者

b) 一个 CIE 配置成主机，而其他的 CIE 和报警系统收发器配置成从机。

——当多个 CIE 与一个或多个报警系统收发器相连时，某个 CIE 应被配置成主机而其他的 CIE 及报警系统收发器应被配置成从机。

注：当原主机发生故障时，可以由一个从机 CIE 做主机。

——当 CIE 复位并处于“工程”或“测试”模式时，现有主机应只初始化新的从机。

——在主机发生故障时，通过程序接管主机工作的从机 CIE 必须拥有一个工作从机地址列表。若重新配置时这台从机 CIE 不处于“工程”或“测试”模式，应只初始化地址列表上的工作从机，否则，应重新初始化所有的从机。

——当信息由于传输系统的故障不能被传送出去时，应产生一个表明错误的信息发往信息发送者，同时也应发送给网络监控中心。

——当信息不能被传送出去时，应产生一个表明错误的信息传给信息发送者。如果被监控区域或报警接收中心的收发器在接收信息时检测到传输错误，应产生一个信息表明收到一个有传输错误的信息。

——连接的完整性应受到监控，任何故障都要报告给报警系统，同时发送一条信息给报警接收中心。连接的恢复要报告给报警系统，同时产生一个相应的信息传输给报警接收中心。

5.4 第1层——物理

5.4.1 传输8比特字节

8比特字节的传输低位在前，字节前加一起始位，字节后加一停止位。

奇偶校验位作为一个选项可加在停止位之前。如图所示：

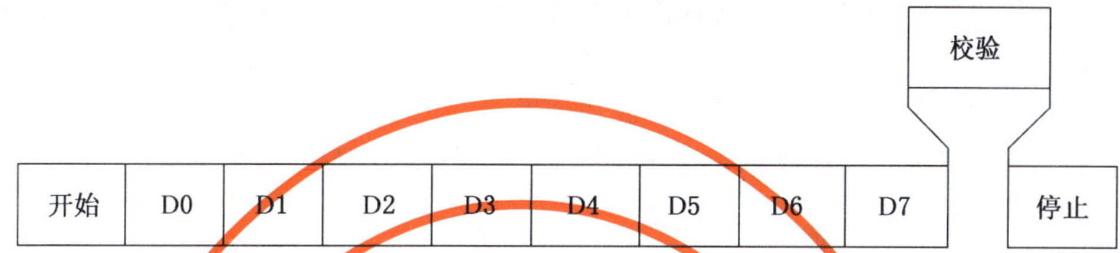


5.4.2 信号电平

采用标准ISO/IEC 8482。

5.4.3 传输率

链路能以4 800波特速率运行，并可以提供多种速率选项。

## 6 采用ITU-T建议V.24/V.28信令的报警系统接口

6.1 第7层——应用功能

第7层——应用层，负责格式化报警传输系统传输数据所需的基本信息。

该接口支持在GB/T 21564.2中定义的公用应用层协议。

6.2 第4层——传输

采用GB/T 21564.4中定义的公用传输层协议和块格式，遵从以下要求：

控制和指示设备应配置成发送器，报警系统收发器应配置成接收器。

6.3 第3层——网络

需要时，这一层要符合国家PTT规则以及可能需要的国家标准、地区标准和国际标准的要求。

应注意GA/T 600.4—2006的要求。

6.4 传输错误传送

当信息由于传输系统的故障不能被传送出去时，应产生一个表明错误的信息发往信息发送者，同时也应发送给网络监控中心。

当信息由于不可修正的传输错误而不能被成功传送时，应产生一个表明错误的信息传给信息发送者。如果被监控区域或报警接收中心的收发器在接收信息时检测到传输错误，应产生一个信息表明收到一个有传输错误的信息。

连接的完整性应受到监控，任何故障都要报告给报警系统，同时发送一条信息给报警接收中心。连接的恢复要上报给报警系统，同时生成一个相应的信息传输给报警接收中心。

6.5 第2层——数据链路

本层要符合CIE所连网络的要求。

6.6 信号电平

信号电平应符合ITU-T V.24和ITU-T V.28的要求。

## 7 嵌入式报警系统收发器的报警系统接口

注：本部分实际上就是收发器与报警系统合一的本地系统。

7.1 第7层——应用功能

第7层——应用层，负责格式化报警传输系统传输数据所需的基本信息。

该接口应支持在GB/T 21564.2中定义的公用应用层协议。

### 7.2 第4层——传输

采用 GB/T 21564.4 中定义的公用传输层协议和块格式，应遵从下述规则：

控制和指示设备应为发送器，报警系统的收发器应配置为接收器。

### 7.3 传输错误传送

当信息由于传输系统的故障不能被传送出去时，应产生一个表明错误的信息并发往信息发送者，同时也应发送给网络监控中心。

当信息由于不可修正的传输错误而不能被成功传送时，应产生一个表明错误的信息传给信息发送者。如果被监控区域场所或报警接收中心的收发器在接收信息时检测到传输错误，应产生一个信息表明收到一个有传输错误的信息。

### 7.4 第2层——数据链路

应采用 GB/T 21564.3 中定义的公用数据链路层协议和块格式，服从以下规则：

控制和指示设备应配置成发送器，报警系统收发器应配置成接收器。

### 7.5 第1层——物理

#### 7.5.1 传输的8比特字节

8 比特字节的传输低位在前，字节前加一起始位，字节后加一停止位。

奇偶校验位作为一个选项可加在停止位之前。如图所示：

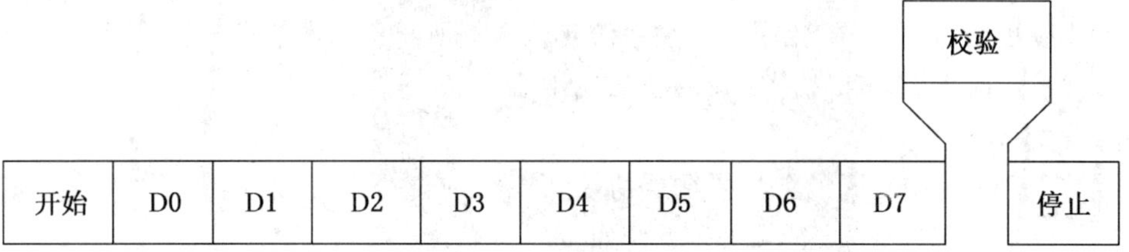


#### 7.5.2 信令电平

发送的信令应按以下要求传输：

逻辑 0：－0.3 V 到＋0.32 V

逻辑 1：＋4.36V 到＋5.3 V

START 信令电流不应超过 4.0 mA

#### 7.5.3 传输速率

链路能以 4 800 波特速率运行，也可提供其他可选速率。

### 7.6 第0层——机械层

安装牢靠，并且满足电磁兼容性要求。

## 8 采用 ITU-T 建议 V.23 信令的 PSTN 接口和专用信道 PTT 接口

### 8.1 第7层——应用功能

第 7 层——应用层，负责格式化报警传输系统传输数据所需的基本信息。

该接口应支持在 GB/T 21564.2 中定义的公用应用层协议。

### 8.2 第4层——传输

应采用 GB/T 21564.4 中定义的公用传输层协议和块格式，且遵守下列规定：

终端收发器应配置成发送器，报警系统收发器应配置成接收器。

### 8.3 传输错误传送

当信息由于传输系统的故障不能被传送出去时，应产生一个表明错误的信息发往信息发送者，同时也应发送给网络监控中心。

当信息由于不可修正的传输错误而不能被成功传送时，应产生一个表明错误的信息传给信息发送者。

如果被监控区域场所或报警接收中心的收发器在接收信息时检测到传输错误，应产生一个信息表明收到一个有传输错误的信息。

### 8.4 接口的监控

PSTN 接口的监控应符合 GA/T 600.4—2006 的要求。

传输网络接口的监控应符合 GA/T 600.3—2006 的要求。

### 8.5 第 3 层——网络

这一层应符合国家 PTT 规则以及可能需要的国家标准、地区标准和国际标准的要求。

PSTN 接口的监控应符合 GA/T 600.4—2006 的要求。

传输网络接口的监控应符合 GA/T 600.3—2006 的要求。

### 8.6 第 2 层——数据链路

应采用 GB/T 21564.3 中定义的公用数据链路层协议和块格式，遵从下列规定：

PSTN 接口数字通信系统中，报警系统收发器应配置为主机，终端收发器作为从机。

专用信道 PTT 接口中，报警系统收发器应配置为从机，终端收发器作为主机。

如果主机在四次连续的查询后没有收到响应，它应向第 3 层一网络层发送传送失败的消息，并且连接将被断开。在 PSTN 接口数字通信系统中，报警系统收发器应配置为地址 10(16 进制数)。

### 8.7 第 1 层——物理

#### 8.7.1 传输的 8 比特字节

8 比特字节的传输低位在前，字节前加一起始位，字节后加一停止位。

奇偶校验位作为一个选项可加在停止位之前。如图所示：

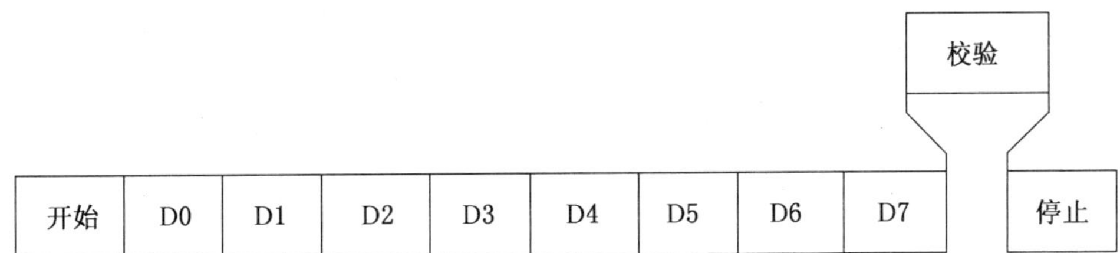


#### 8.7.2 信令电平

应符合 ITU-T 建议 V.23 的要求，使用 1 200 波特、半双工模式。

## 9 采用 ITU-T 建议 V.24/V.28 信令的终端接口

### 9.1 第 7 层——应用功能

第 7 层——应用层，负责格式化报警传输系统传输数据所需的基本信息。

该接口应支持 GB/T 21564.2 中定义的公用应用层协议。

### 9.2 第 4 层——传输

应采用 GB/T 21564.4 中定义的公用传输层协议和块格式，且遵从下列规定：

终端收发器应为发送器，中继设备应配置为接收器。

### 9.3 第 2 层——数据链路

应采用 GB/T 21564.3 中定义的公用数据链路层协议和块格式，且遵从以下规定：

#### 9.3.1 配置

终端收发器应配置为从机，中继设备为主机。

#### 9.3.2 传输系统故障

由于传输系统的故障，信息不能成功发送，应产生一个指示差错的信息发往信息的发送者。

#### 9.3.3 不成功的传输

当信息不能成功传输时，采取下列措施之一：

a) 产生一个信息发往报警系统，表明接收到的信息不被能传给中继设备进行显示和处理；

b) 报警系统收发器预期的确认信息不予传送，这样报警系统收发器（从而报警系统）就知道该信息未被恰当地接收和处理；

c) 在报警接收中心产生错误、报警信息或错误指示，显示、打印原始信息或在报警接收中心使之变成有效。

### 9.3.4 连接的完整性

连接的完整性应受到监控，一旦检测到连接故障，应在报警接收中心产生错误、警告、或错误提示信息。

当连接恢复正常时，应产生相应的信息或提示。

## 9.4 第1层——物理

### 9.4.1 传输的8比特字节

8比特字节的传输低位在前，字节前加一起始位，字节后加一停止位。

奇偶校验位作为一个选项可加在停止位之前。如图所示：

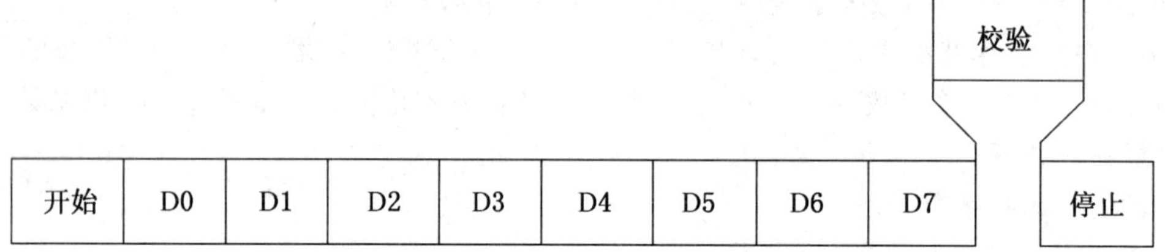


### 9.4.2 信令电平

应符合ITU-T V.24和ITU-T V.28的要求。

### 9.4.3 传送速率

该链路能够在4 800波特下运行。也可提供其他可选速率。

ICS 13.300
A 80

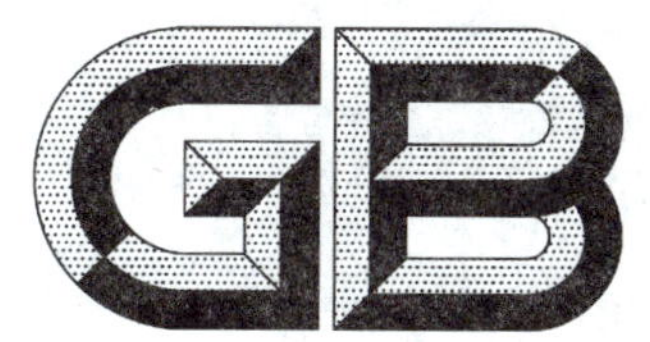

# 中华人民共和国国家标准

GB/T 21565—2008

# 危险品 磁性试验方法

Dangerous goods—Test method of magnetism

2008-04-01 发布　　2008-09-01 实施

中华人民共和国国家质量监督检验检疫总局
中国国家标准化管理委员会　发布

# 前 言

本标准对应于国际民航组织(ICAO)和国际航空运输协会(IATA)的《危险品规则》,与其一致性程度为非等效。其有关技术内容与上述手册完全一致,在标准文本格式上按GB/T 1.1—2000做了编辑性修改。

本标准由全国危险化学品管理标准化技术委员会(SAC/TC 251)提出并归口。

本标准负责起草单位:天津市检验检疫科学技术研究院。

本标准参加起草单位:江南大学、中化化工标准化研究所、天津出入境检验检疫局。

本标准主要起草人:李宁涛、赵好力宝、王利兵、胥传来、周磊、王晓兵。

本标准为首次制定。

# 危险品　磁性试验方法

## 1　范围

本标准规定了危险品磁性试验的术语和定义、试验设备、试验步骤及试验报告。

本标准适用于对危险品磁性物质进行磁场强度的测定试验。

## 2　规范性引用文件

下列文件中的条款通过本标准的引用而成为本标准的条款。凡是注日期的引用文件，其随后所有的修改单(不包括勘误的内容)或修订版均不适用于本标准，然而，鼓励根据本标准达成协议的各方研究是否可使用这些文件的最新版本。凡是不注日期的引用文件，其最新版本适用于本标准。

ICAO/IATA　《危险品规则》

## 3　术语和定义

ICAO/IATA《危险品规则》确立的以及下列术语和定义适用于本标准。

3.1

**磁场强度　intensity of magnetic field**

在任何磁介质中，磁场中某点的磁感应强度 $B$ 与同一点的磁导率 $\mu$ 的比值称为该点的磁场强度 $H$，即：$H=B/\mu$，单位为安/米(A/m)。

3.2

**磁性物质　magnetic object**

任何物质，于距离其空运包装件表面任何一点 2.1 m 处，测得磁场强度大于或等于 0.159 A/m。

## 4　试验设备

奥斯特表、米尺、磁性罗盘仪。

## 5　试验步骤

### 5.1　奥斯特表测定法

将奥斯特表放在相距 4.6 m 远的两点中的一点上，位置应不受地球磁场的干扰。将奥斯特表与第二点成一线并调整表的零位，磁性物体放在两点中的另一点上，在水平位置上转动磁性物体包装件，测定所处位置磁场强度。

### 5.2　磁性罗盘仪测定法

将磁性罗盘仪放在相距 4.6 m 远的两点中的一点上，并向地球的东西方向成一线，应不受地球磁场的干扰。将磁性物体包装件放在另一点上，在水平位置上转动磁性物体包装件，测试该仪表的偏向。

### 5.3　奥斯特表磁性罗盘仪联合测定法

分别按照 5.1 和 5.2 的方法测定磁场强度。

### 5.4　试验结果记录

——奥斯特表法应记录试验样品测试的最大磁场强度是否小于或等于 0.418 A/m；

——磁性罗盘仪法应记录试验样品使用罗盘仪的最大偏移度是否小于 2°；

——奥斯特表磁性罗盘仪联合测定法应记录试验样品在相距 2.1 m 的磁场强度是否小于 0.159 A/m，磁性罗盘有无明显偏移(偏移度小于 0.5°)。

## 6 试验报告

——试验样品名称、数量、规格；
——生产企业名称；
——试验设备；
——试验结果的记录，以及在试验中观察到的任何有助于解释试验结果的现象；
——说明所用试验方法与本标准的差异；
——试验日期、试验人签字、试验单位盖章。

ICS 13.300
A 80

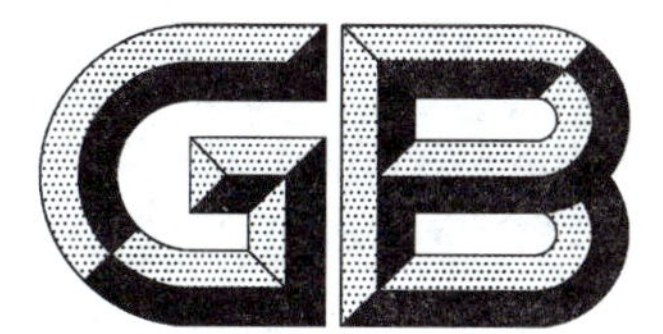

# 中华人民共和国国家标准

GB/T 21566—2008

# 危险品　爆炸品摩擦感度试验方法

Dangerous goods—Test method for friction sensitivity of explosive substance



2008-04-01 发布　　　　2008-09-01 实施

中华人民共和国国家质量监督检验检疫总局
中国国家标准化管理委员会　发布

# 前　言

本标准对应于联合国《关于危险货物运输的建议书　规章范本》和联合国《关于危险货物运输的建议书　试验和标准手册》,与其一致性程度为非等效。其有关技术内容与上述手册完全一致,在标准文本格式上按 GB/T 1.1—2000 做了编辑性修改。

本标准由全国危险化学品管理标准化技术委员会(SAC/TC 251)提出并归口。

本标准负责起草单位:天津市检验检疫科学技术研究院。

本标准参加起草单位:江南大学、中化化工标准化研究所、天津出入境检验检疫局。

本标准主要起草人:王利兵、李宁涛、胥传来、冯智劼、王晓兵、于智睿。

本标准为首次制定。

# 危险品 爆炸品摩擦感度试验方法

## 1 范围

本标准规定了危险品中爆炸性分类定级试验的设备和材料、试验步骤及试验报告。

本标准不适用于对下述货物危险性的试验：

——军用爆炸品的危险性；

——在生产过程中的爆炸品的危险性；

——无包装的爆炸物质在运输中的危险性；

——因受静电或电磁场的影响所造成的危险性；

——因操作不当或违章操作所引起的危险性；

——其他非正常运输条件下的特殊危险性。

## 2 规范性引用文件

下列文件中的条款通过本标准的引用而成为本标准的条款。凡是注日期的引用文件，其随后所有的修改单(不包括勘误的内容)或修订版均不适用于本标准，然而，鼓励根据本标准达成协议的各方研究是否可使用这些文件的最新版本。凡是不注日期的引用文件，其最新版本适用于本标准。

联合国《关于危险货物运输的建议书 规章范本》

联合国《关于危险货物运输的建议书 试验和标准手册》

## 3 术语和定义

联合国《关于危险货物运输的建议书 规章范本》和联合国《关于危险货物运输的建议书 试验和标准手册》确立的以及下列术语和定义适用于本标准。

3.1

**爆炸 explosion**

在极短时间内，释放出大量能量，产生高温，并放出大量气体，在周围形成高压的化学反应或状态变化的现象。

3.2

**爆炸性物质 explosive substance**

是指能够通过其自身化学反应产生气体，在反应时的温度、压力和速度下能对周围环境造成破坏的某一种固态或液态物质(或这些物质的混合物)。烟火物质，即使当它们不放出气体时，也包括在内。

3.3

**爆炸性物品 explosive articles**

是指含有一种或多种爆炸性物质的物品。

## 4 设备和材料

BAM摩擦仪或其他等效仪器。

BAM摩擦仪装备图见图1。

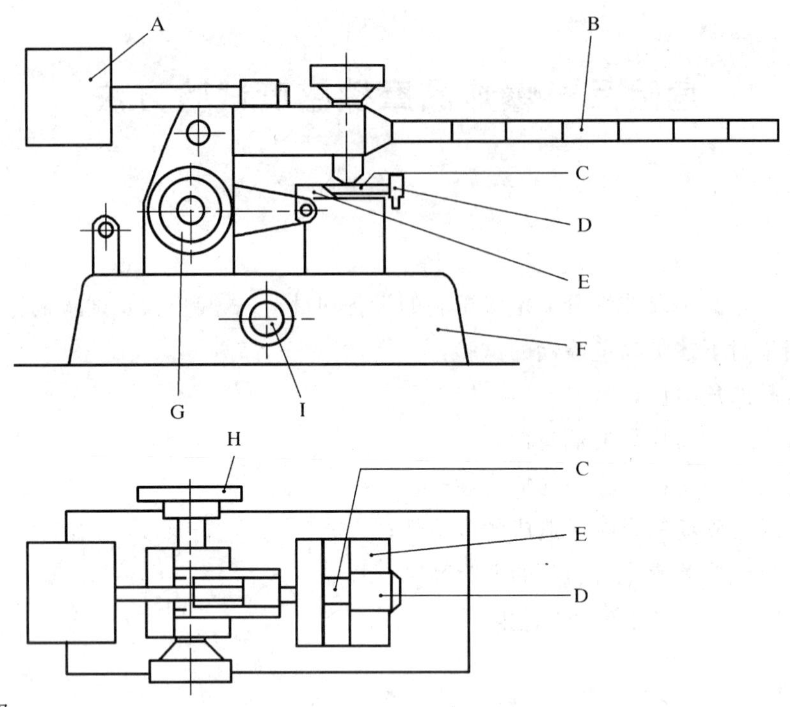


A——平衡砝码；

B——荷重臂；

C——固定的托架上的瓷板；

D——调节杆；

E——可移动托架；

F——钢基座；

G——将托架调定在开始位置的手柄；

H——指向电动机驱动方向；

I——开关。

图 1 BAM 摩擦仪

## 5 样品

5.1 通常以物质收到时的形式进行试验。湿润物质应以运输规定的湿润剂含量最小者进行试验。

5.2 此外对于糊状或胶状以外的固态物质应遵守以下几点：

5.2.1 粉末状物质要过筛(筛孔 0.5 mm),通过筛子的物质用于做试验；

注：对于含有一种以上成分的物质,用于做试验的筛出部分应能代表原来的物质。

5.2.2 压缩、浇注或以其他方式压实的物质要打碎成小块过筛,通过 0.5 mm 筛的部分用于试验；

注：对于含有一种以上成分的物质,用于做试验的筛出部分应能代表原来的物质。

5.2.3 仅以装药形式运输的物质要以体积 10 $mm^3$(最小直径 4 mm)的圆片或小片形式进行试验。

## 6 试验步骤

### 6.1 样品称量

6.1.1 用于试验的物质数量约为 10 $mm^3$,粉末状物质用量具(直径 2.3 mm、深 2.4 mm)量取；

6.1.2 糊状或胶状物质用壁厚 0.5 mm 的带 2 mm×10 mm 窗孔的矩形量具量取。

### 6.2 试验程序

6.2.1 瓷板和瓷棒表面的每一部分只能使用 1 次；每根瓷棒的两个端面可做两次试验,而瓷板的两个摩擦面可做 3 次试验。将瓷板固定在摩擦仪的托架上,使海绵纹路的槽沟与运动方向横切。将牢固卡紧的磁棒置于试样上，在荷重臂上加上所要求的砝码，启动开关。应注意确保磁棒贴在试样上，而且当瓷板移动到磁棒前时，有足够的物质进入磁棒下面。

6.2.2 试验从用 360 N 荷重进行 1 次试验开始。如果在第 1 次试验中观察到“爆炸”(爆炸声、火花或火焰)结果，便逐级减少荷重继续进行试验，直到观察到“分解”(颜色改变或有味道)或“无反应”(即不爆炸)结果为止。在此摩擦荷重水平上重复进行试验，如果不爆炸，重复进行 6 次试验，否则就再逐级减少荷重，直到在 6 次实验中没有发生“爆炸”的最低荷重得到确定为止。如果在 360 N 的第 1 次试验中，结果为“分解”或“无反应”，此试验也要再进行 5 次，如在这最高荷重的 6 次试验中得到 1 次“爆炸”结果，就按上述的方法减少荷重。

### 6.3 试验现象描述

如果在 6 次试验中出现 1 次“爆炸”的最低摩擦荷重小于 80 N，试验结果描述为“+”，亦即物质太危险不能以其进行试验的形式运输。否则，试验结果描述为“—”。

## 7 试验报告

——试验样品名称、数量、规格；

——生产企业名称；

——试验设备；

——最低摩擦荷重；

——试验结果的记录，以及在试验中观察到的任何有助于解释试验结果的现象；

——试验日期、试验人签字、试验单位盖章。

爆炸品摩擦感度试验结果实例见表 1。

**表 1 结果实例**

| 物质 | 极限荷重/kN | 结果 |
|---|---|---|
| 炸胶(75%硝化甘油) | 80 | — |
| 六硝基芪 | 240 | — |
| 奥克托金炸药(干的) | 80 | — |
| 高氯酸肼(干的) | 10 | + |
| 叠氮化铅(干的) | 10 | + |
| 收敛酸铅 | 2 | + |
| 雷酸汞(干的) | 10 | + |
| 硝化纤维素 13.4%N(干的) | 240 | — |
| 奥克托尔炸药 70/30(干的) | 240 | — |
| 季戊炸药(干的) | 60 | + |
| 季戊炸药/蜡 95/5 | 60 | + |
| 季戊炸药/蜡 93/7 | 80 | — |
| 季戊炸药/蜡 90/10 | 120 | — |
| 季戊炸药/水 75/25 | 160 | — |

表 1（续）

| 物质 | 极限荷重/kN | 结果 |
| --- | --- | --- |
| 季戊炸药/乳糖 85/15 | 60 | + |
| 苦味酸(干的) | 360 | — |
| 旋风炸药(干的) | 120 | — |
| 旋风炸药(水湿的) | 160 | — |
| 梯恩梯 | 360 | — |

ICS 13.300
A 80

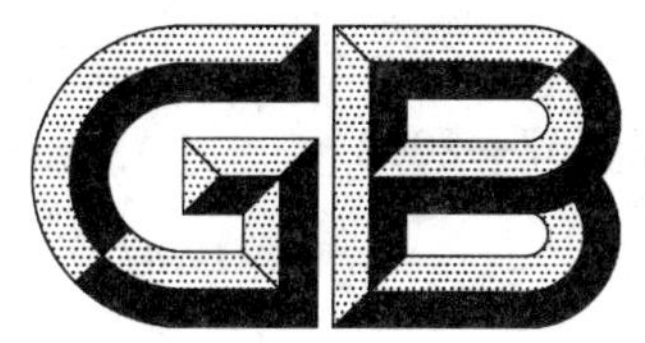

# 中华人民共和国国家标准

GB/T 21567—2008

# 危险品　爆炸品撞击感度试验方法

Dangerous goods—Test method for impact sensitivity of explosive substance

2008-04-01 发布　　　　2008-09-01 实施

中华人民共和国国家质量监督检验检疫总局
中国国家标准化管理委员会　发布

# 前　言

本标准对应于联合国《关于危险货物运输的建议书　规章范本》和联合国《关于危险货物运输的建议书　试验和标准手册》，与其一致性程度为非等效。其有关技术内容与上述手册完全一致，在标准文本格式上按GB/T 1.1—2000做了编辑性修改。

本标准的附录A为资料性附录。

本标准由全国危险化学品管理标准化技术委员会(SAC/TC 251)提出并归口。

本标准负责起草单位：天津市检验检疫科学技术研究院。

本标准参加起草单位：江南大学、中化化工标准化研究所、天津出入境检验检疫局。

本标准主要起草人：王利兵、张园、刘锐、胥传来、王晓兵、周磊。

本标准为首次发布。

# 危险品　爆炸品撞击感度试验方法

## 1　范围

1.1　本标准规定了危险品中爆炸性分类定级试验的设备和材料、试验步骤及试验报告。

1.2　本标准不适用于对下述货物危险性的试验：

——军用爆炸品的危险性；

——在生产过程中的爆炸品的危险性；

——无包装的爆炸物质在运输中的危险性；

——因受静电或电磁场的影响所造成的危险性；

——因操作不当或违章操作所引起的危险性；

——其他非正常运输条件下的特殊危险性。

## 2　规范性引用文件

下列文件中的条款通过本标准的引用而成为本标准的条款。凡是注日期的引用文件，其随后所有的修改单（不包括勘误的内容）或修订版均不适用于本标准，然而，鼓励根据本标准达成协议的各方研究是否可使用这些文件的最新版本。凡是不注日期的引用文件，其最新版本适用于本标准。

联合国《关于危险货物运输的建议书　规章范本》

联合国《关于危险货物运输的建议书　试验和标准手册》

## 3　术语和定义

联合国《关于危险货物运输的建议书　规章范本》、联合国《关于危险货物运输的建议书　试验和标准手册》确立的以及下列术语和定义适用于本标准。

3.1

**爆炸　explosion**

在极短时间内，释放出大量能量，产生高温，并放出大量气体，在周围造成高压的化学反应或状态变化的现象。

3.2

**爆炸性物质　explosive substance**

指能够通过其自身化学反应产生气体，在反应时的温度、压力和速度下能对周围环境造成破坏的某一种固态或液态物质（或这些物质的混合物）。烟火物质，即使当它们不放出气体时，也包括在内。

3.3

**爆炸性物品　explosive articles**

指含有一种或多种爆炸性物质的物品。

## 4　设备和材料

### 4.1　落锤仪

落锤仪的主要部分是带有底板的铸钢块、击砧、圆柱、导轨、带有释放装置的落锤和撞击装置。钢击砧拧入钢块和铸造的底板上。圆柱（用无缝拉制钢管制成）固定在其上的支架，用螺栓固定在钢块后面。击砧、钢块、底板和圆柱的尺寸见附录A图A.1所示。用三个连接板固定在圆柱上的两根导轨装有一个限制落锤回跳的锯齿板和一个用于调整落锤落高的可移动分度尺。落锤释放装置可在两根导轨之间上下移动，并通过拧紧装在两个夹钳上的杠杆螺母夹在导轨上。利用四个紧固在混凝土中的止动螺钉将设备固定在一个混凝土块(600 mm×600 mm)上，使底板与混凝土全面积接触，两根导轨完全垂直。有一个带保护内衬并容易打开的木制保护箱围着设备直到底部连接板的高度。有一个抽气系统将爆炸气体或粉尘排出保护箱。

也可采用其他等效装置。

### 4.2 落锤

落锤配有两个使其落下时保持在轨道之间的定位槽、一个悬挂插销头、一个可拆卸的圆柱形撞击头和一个拧在落锤上的回跳掣子。撞击头是用淬火钢(洛氏硬度为60～63)制成；最小直径为25 mm；有一个肩凸块使它在撞击时不被打进落锤中。有三种落锤可供使用，其质量分别为1.00 kg、5.00 kg和10.00 kg。落锤图见附录A图A.2。

### 4.3 圆柱体和导向环

圆柱体是表面抛光、边缘倒圆的用滚柱轴承制造的钢滚柱，其硬度为洛氏硬度58～65。粉末、糊状或胶状试样物质样品封闭在由两个同轴钢圆柱体组成的撞击装置中，两个圆柱体放在中空的圆柱形钢导向环中，一个压在另一个上面。圆柱体和导向环的尺寸见附录A图A.3。

### 4.4 击砧

击砧尺寸为100 mm($D$)×70 mm，中间击砧为26 mm($D$)×26 mm，位置见附录A图A.4落锤仪下部装置图。

## 5 样品

5.1 糊状或胶状以外的固态物质应遵守以下几点：

5.1.1 粉末状物质要过筛(筛孔0.5 mm)，通过筛子的物质用于做试验；

5.1.2 压缩、浇注或以其他方式压实的物质要打碎成小块过筛，通过1.0 mm筛但留在0.5 mm筛上的部分用于试验；

5.1.3 对于含有一种以上成分的物质，用于做试验的筛出部分应能代表原来的物质；

5.1.4 只以装药形式运输的物质要以圆片(小片)形式做试验，圆片体积为40 $mm^3$(大约直径4 mm，厚3 mm)。

## 6 试验步骤

### 6.1 样品的称量

6.1.1 对于粉末状物质，试样用容积40 $mm^3$ 的量器(直径3.7 mm，高3.7 mm)量取。

6.1.2 对于液体物质，用容积40 $mm^3$ 的移液管量取。

### 6.2 试验程序

6.2.1 对于粉末、糊状或胶状物质，轻压上面的撞击圆柱与试样接触，但不压平。液体试样使液体充满下方承受撞击面与导向环之间的槽，用测深规使上面的撞击圆柱下降到距下撞击圆柱2 mm处(见附录A图A.5液体样品的撞击装置)，固定。

6.2.2 根据式(1)计算落锤高度。试验开始从10 J进行1次试验。如在此试验中观察到"爆炸"(爆炸声、火花或火焰)，就逐渐降低撞击能继续进行试验，直到观察到"分解"或"无反应"为止。在这一撞击能水平下重复进行试验，如果不发生爆炸，重复5次；否则就再逐级降低撞击能，直到测定出极限撞击能为止。如果在10 J撞击能水平下，观察到的结果是"分解"(颜色改变或有味道)或"无反应"(即不爆炸)，则逐级增加撞击能继续进行试验，直到第1次得到"爆炸"的结果。那么再降低撞击能，直到测定出最低撞击能。

$$E \approx M \times g \times H \qquad \cdots\cdots(1)$$

式中：

$E$——撞击能，单位为焦耳(J)；

$M$——落锤质量，单位为千克(kg)；

$g$——重力加速度，单位为牛每千克(N/kg)(取值 10 N/kg)；

$H$——落锤落高，单位为米(m)。

### 6.3 试验结果描述

如果在 6 次试验中至少出现 1 次“爆炸”的最低撞击能是 2 J 或更低，试验结果描述为“+”，亦即物质太危险不能以其进行试验的形式运输。否则，结果描述即为“-”。

## 7 试验报告

——试验样品名称、数量、规格；

——生产企业名称；

——试验设备；

——试验中发生“爆炸”的最小能量；

——试验结果的记录，以及在试验中观察到的任何有助于解释试验结果的现象；

——试验日期、试验人签字、试验单位盖章。

爆炸品装机感度试验结果实例见表 1。

**表 1 结果实例**

| 物 质 | 极限撞击能/J | 结 果 |
|---|---|---|
| 硝酸乙酯(液体) | 1 | + |
| 六氢三硝基三嗪与铝的混合物 70/30 | 10 | - |
| 高氯酸肼(干的) | 2 | + |
| 叠氮化铅(干的) | 2.5 | - |
| 收敛酸铅 | 5 | - |
| 甘露糖醇六硝酸酯(干的) | 1 | + |
| 雷酸汞(干的) | 1 | + |
| 硝化甘油(液体) | 1 | + |
| 季戊炸药(干) | 3 | - |
| 季戊炸药/蜡 95/5 | 3 | - |
| 季戊炸药/蜡 93/7 | 5 | - |
| 季戊炸药/蜡 90/10 | 4 | - |
| 季戊炸药/蜡 75/25 | 5 | - |
| 季戊炸药/乳糖 85/15 | 3 | - |
| 旋风炸药/水 74/26 | 30 | - |
| 旋风炸药(干的) | 5 | - |
| 特屈儿炸药(干的) | 4 | - |

# 附　录　A
# （资料性附录）
# 落锤仪全视图

## A.1　落锤仪全视图(见图 A.1)

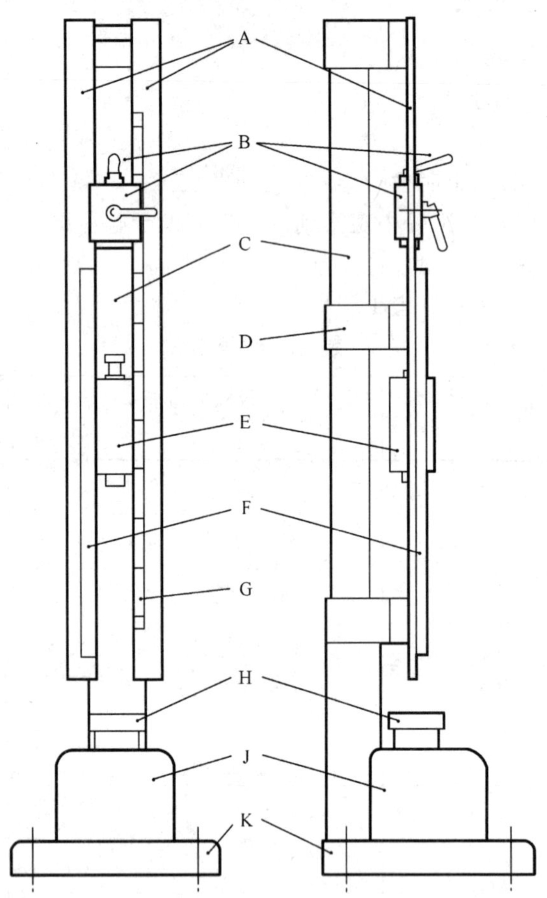


A——两根导轨；

B——夹持和释放装置；

C——圆柱；

D——中间连接板；

E——落锤；

F——锯齿板；

G——分度尺；

H——击砧 100 mm(*D*)×70 mm；

J——钢块 230 mm×250 mm×200 mm；

K——底板 450 mm×450 mm×60 mm。

**图 A.1　落锤仪全视图**

A.2 落锤(见图 A.2)

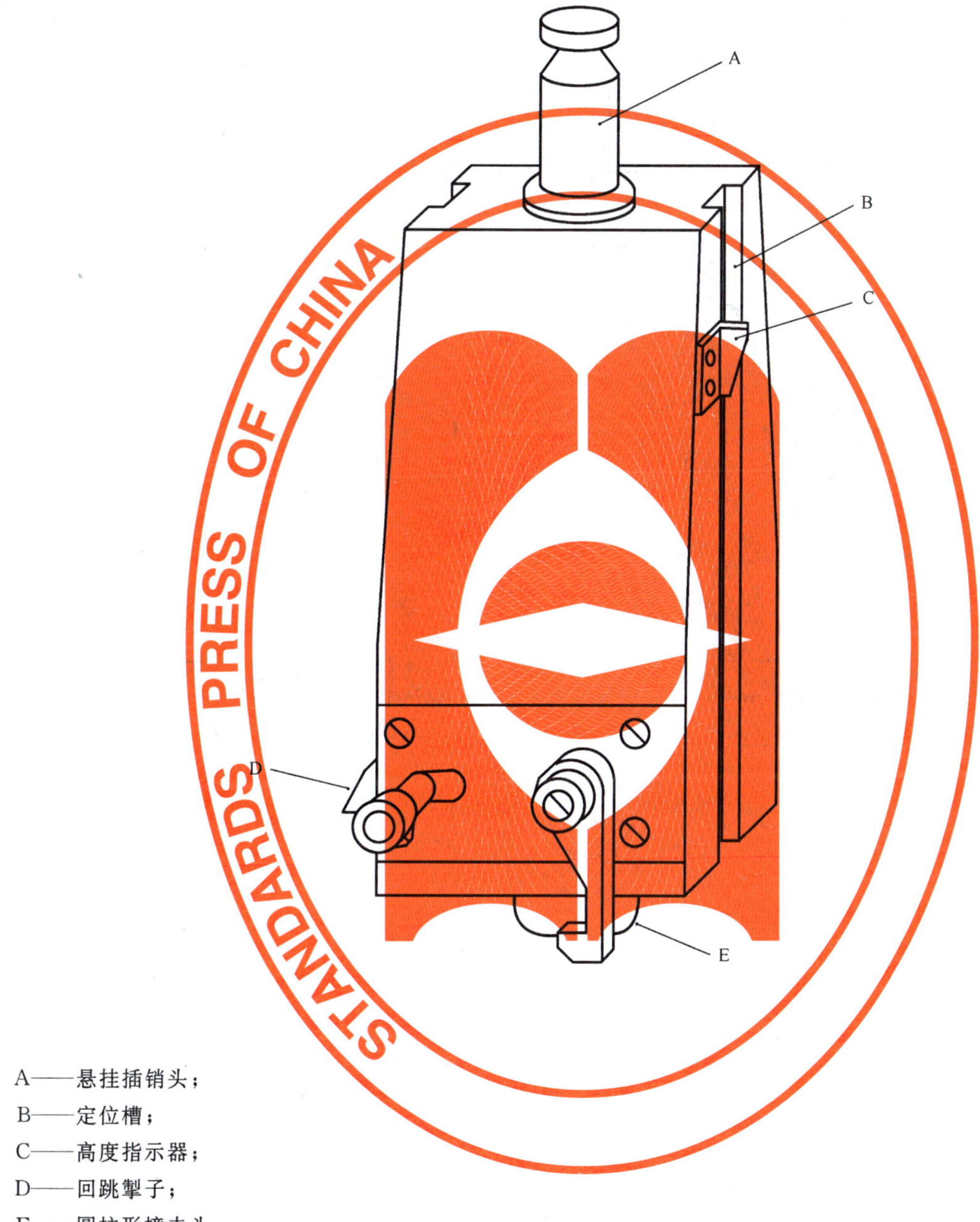


A——悬挂插销头；
B——定位槽；
C——高度指示器；
D——回跳掣子；
E——圆柱形撞击头。

图 A.2 落锤

**A.3　粉末、糊状或胶状物质的装机装置和定位环**(见图 A.3)

单位为毫米

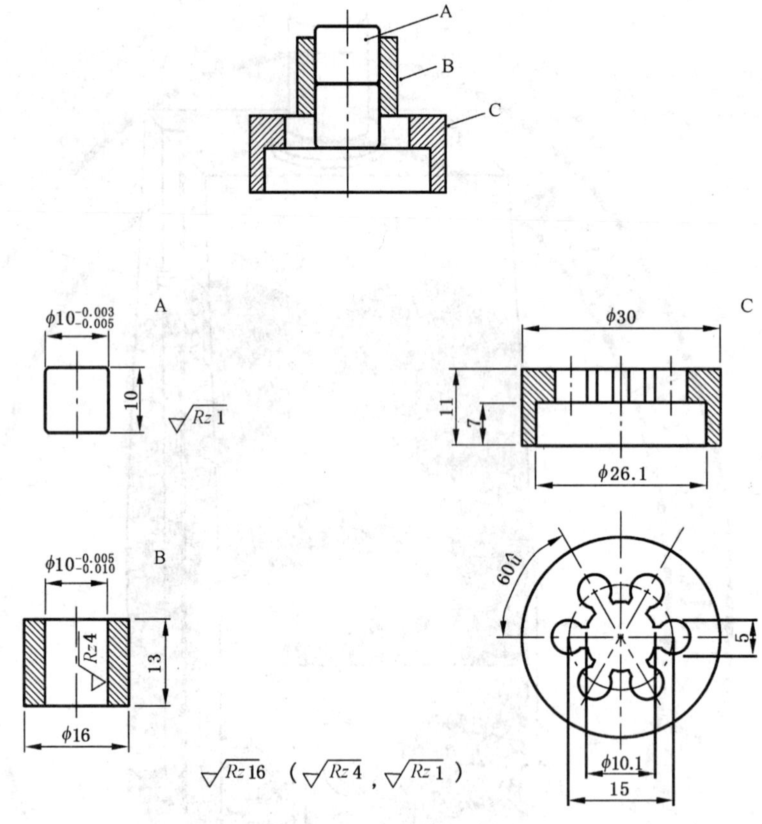


A——钢圆柱体；

B——导向环；

C——定位环。

**图 A.3　粉末、糊状或胶状物质的装机装置和定位环**

**A.4 落锤仪下部装置**(见图 A.4)

单位为毫米

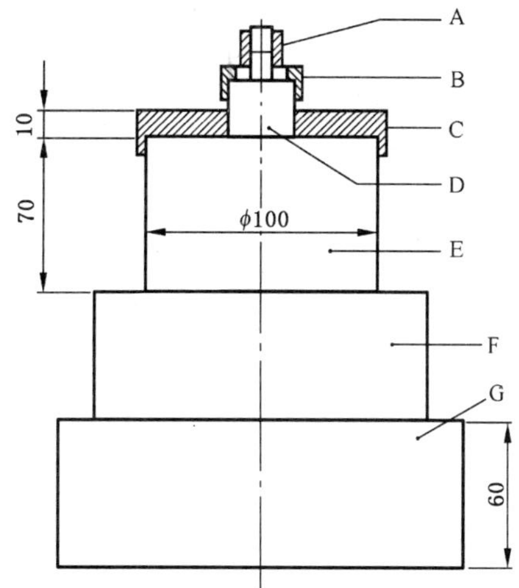


A——撞击装置;
B——定位环;
C——定位板;
D——中间击砧;
E——击砧;
F——钢块 230 mm×250 mm×200 mm;
G——底板 450 mm×450 mm×60 mm。

**图 A.4 落锤仪下部装置**

**A.5 液体的撞击装置**(见图 A.5)

单位为毫米

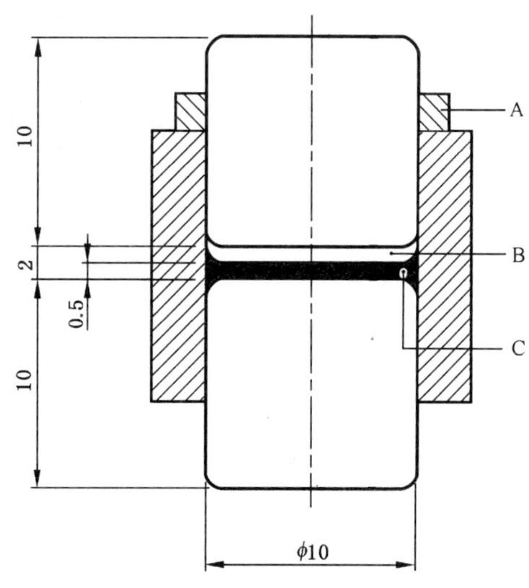


A——橡皮圈;
B——无液体的空间;
C——液体试样渗在钢圆柱体四周。

**图 A.5 液体的撞击装置**

ICS 13.300
A 80

# 中华人民共和国国家标准

GB/T 21568—2008

# 危险品　包装拉断力试验方法

## Dangerous goods—Test method for tensile break stress of packaging



2008-04-01 发布　　　　2008-09-01 实施

中华人民共和国国家质量监督检验检疫总局
中国国家标准化管理委员会　发布

# 前　言

本标准对应于联合国《关于危险货物运输的建议书　规章范本》和联合国《关于危险货物运输的建议书　试验和标准手册》，与其一致性程度为非等效。其有关技术内容与上述手册完全一致，在标准文本格式上按 GB/T 1.1—2000 做了编辑性修改。

本标准由全国危险化学品管理标准化技术委员会(SAC/TC 251)提出并归口。

本标准负责起草单位：天津市检验检疫科学技术研究院。

本标准参加起草单位：中化化工标准化研究所。

本标准主要起草人：于艳军、王利兵、胥传来、周磊、王晓兵、于智睿。

本标准为首次制定。

# 危险品　包装拉断力试验方法

## 1　范围

本标准规定了柔性危险品包装拉断力试验的试验设备、试验程序及试验报告。

本标准适用于柔性危险品包装拉断力试验。

## 2　规范性引用文件

下列文件中的条款通过本标准的引用而成为本标准的条款。凡是注日期的引用文件，其随后所有的修改单(不包括勘误的内容)或修订版均不适用于本标准，然而，鼓励根据本标准达成协议的各方研究是否可使用这些文件的最新版本。凡是不注日期的引用文件，其最新版本适用于本标准。

GB/T 1040(所有部分)　塑料　拉伸性能的测定

GB/T 8946　塑料编织袋

GB/T 8947　复合塑料编织袋

GB/T 10454　集装袋

联合国《关于危险货物运输的建议书　规章范本》

联合国《关于危险货物运输的建议书　试验和标准手册》

## 3　术语和定义

联合国《关于危险货物运输的建议书　规章范本》和联合国《关于危险货物运输的建议书　试验和标准手册》确立的以及下列术语和定义适用于本标准。

3.1

**拉伸断裂应力　tensile break stress**

在试验试样断裂时的拉伸应力。

## 4　试验设备

拉断力试验设备应达到GB/T 1040规定的试验设备要求。

## 5　试验程序

### 5.1　试样制备

根据不同的包装类型，分别按GB/T 8946、GB/T 8947、GB/T 10454进行试样制备并确定试样数量。

### 5.2　试样预处理

5.2.1　柔性危险品包装在温度为23℃±2℃，常湿条件状态调节4 h，并在此条件下进行试验。

5.2.2　柔性中散危险品货物包装在温度为20℃±2℃，相对湿度为65%±5%的状态下调节1 h，并在此条件下进行试验。

5.2.3　柔性危险品大包装在温度为23℃±2℃，相对湿度为50%±5%的状态下调节1 h，并在此条件下进行试验。

### 5.3　试验步骤

5.3.1　按照GB/T 1040有关规定进行试验。

5.3.2　柔性危险品包装测定时夹具间距为200 mm，空车下降速度为200 mm/min±20 mm/min。

5.3.3 柔性中散危险品货物包装测定时夹具间距为 220 mm,空车下降速度约为 100 mm/min。

5.3.4 柔性危险品大包装测定时夹具间距为 220 mm,空车下降速度约为 100 mm/min。

5.4 测出拉断力示值。

5.5 拉断力强度计算公式见式(1):

$$F = \frac{p}{bd} \qquad \cdots\cdots(1)$$

式中:

$F$——拉断力强度,单位为兆帕(MPa);

$p$——最大断裂负荷,单位为牛(N);

$b$——试样宽度,单位为毫米(mm);

$d$——试样厚度,单位为毫米(mm)。

## 6 结果处理

### 6.1 试验数据处理

根据取样部位不同,对相同部位试样测试结果取算术平均值。

### 6.2 拉断力强度合格判定

6.2.1 柔性危险品包装见 GB/T 8947。

6.2.2 柔性中散危险品货物包装见 GB/T 10454。

## 7 试验报告

——试验样品名称、数量、规格;

——生产企业名称;

——预处理的温度、相对湿度和预处理时间;

——试验设备;

——试验结果的记录,以及在试验中观察到的任何有助于解释试验结果的现象;

——说明所用试验方法与本标准的差异;

——试验日期、试验人签字、试验单位盖章。

ICS 13.300
A 80

# 中华人民共和国国家标准

GB/T 21569—2008

# 危险品　大包装顶部提升试验方法

**Dangerous goods—Test method for top lift of large packaging**



2008-04-01 发布　　2008-09-01 实施

中华人民共和国国家质量监督检验检疫总局
中国国家标准化管理委员会　发布

# 前　言

本标准对应于联合国《关于危险货物运输的建议书　规章范本》，与其一致性程度为非等效。其有关技术内容与上述手册完全一致，在标准文本格式上按GB/T 1.1—2000做了编辑性修改。

本标准由全国危险化学品管理标准化技术委员会(SAC/TC 251)提出并归口。

本标准负责起草单位：天津市检验检疫科学技术研究院。

本标准参加起草单位：江南大学、中化化工标准化研究所、天津出入境检验检疫局。

本标准主要起草人：于艳军、王利兵、赵琢、胥传来、王晓兵、于智睿。

本标准为首次制定。

# 危险品　大包装顶部提升试验方法

## 1　范围

本标准规定了危险品大包装顶部提升试验的试验设备、试样预处理、检验数量、试验步骤及试验报告。

本标准适用于危险品大包装顶部提升试验。

## 2　规范性引用文件

下列文件中的条款通过本标准的引用而成为本标准的条款。凡是注日期的引用文件，其随后所有的修改单(不包括勘误的内容)或修订版均不适用于本标准，然而，鼓励根据本标准达成协议的各方研究是否可使用这些文件的最新版本。凡是不注日期的引用文件，其最新版本适用于本标准。

GB/T 4122.1　包装术语　基础

GB 19432.1　危险货物大包装检验安全规范　通则

## 3　术语和定义

GB/T 4122.1 和 GB 19432.1 确立的以及下列术语和定义适用于本标准。

3.1

**大包装　large packagings**

由一个内装多个物品或内容器的外容器组成的容器，并且设计用机械方法装卸，其净质量超过 400 kg 或容积超过 450 L，但不超过 3 $m^3$。

3.2

**衬里　liner**

指另外放入容器但不构成其组成部分、包括其开口的封闭装置的管或袋。

3.3

**最大许可总质量　maxinum permissible gross mass**

壳体及其辅助设备和结构装置的质量加上最大许可装载量(适用于除柔性集装袋所有种类的大包装)。

## 4　试验设备

吊车或天车，有效载荷不小于 3 t。

## 5　试验程序

### 5.1　试验准备

5.1.1　对准备供运输用大包装，包括所使用的内包装和物品，应进行试验，内包装装入的液体应不低于其最大容量的 98%，装入的固体应不低于其最大容量的 95%。

5.1.2　大包装的内包装将装运液体和固体，则需对液体或固体内装物分别作试验。

5.1.3　将用大包装运输的内包装中的物质或物品，可以其他物质或物品代替，但这样做不得使试验结果成为无效。

5.1.4　使用其他内包装或物品时，它们应与所运内包装或物品具有相同的物理特性(质量等)。允许使用添加物，如铅粒包，以达到要求的包件总质量，但这样做不应影响试验结果。

5.1.5 纤维板大包装应在控制温度和相对湿度的环境中放置至少 24 h。有以下三种方案，可选择其一：最好的环境是温度 23℃±2℃和相对湿度 50%±2%。其他两种方案是：温度 20℃±2℃和相对湿度 65%±2%；或温度 27℃±2℃和相对湿度 65%±2%。

注：测量过程允许个别相对量度有±5%的在短期波动，但其平均值应在上述限度内，且波动对试验结果的复验应无影响。

## 5.2 试验数量

危险品大包装顶部提升试验样品数量为 3 个。

## 5.3 试验步骤

5.3.1 大包装应装载至其最大允许总质量的 2 倍，软体大包装应装到其最大许可总质量的 6 倍，载荷分布均匀。

5.3.2 按设计的提升方式以 0.1 m/s 的速度将大包装提升离开地面，并在空中停留 5 min。

# 6 试验报告

——试验样品名称、数量、规格；

——生产企业名称；

——预处理的温度、相对湿度和预处理时间；

——试验设备；

——试验结果的记录，以及在试验中观察到的任何有助于解释试验结果的现象；

——说明所用试验方法与本标准的差异；

——试验日期、试验人签字、试验单位盖章。

ICS 13.300
A 80

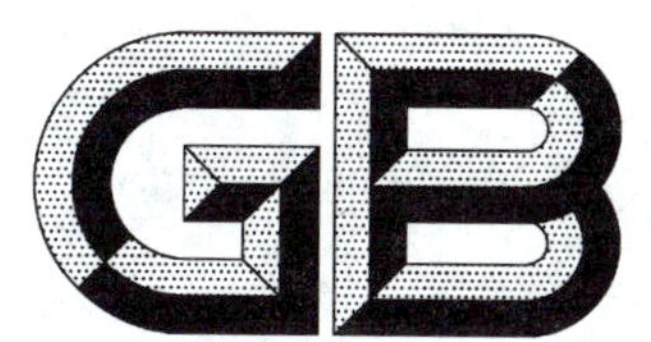

# 中华人民共和国国家标准

GB/T 21570—2008

# 危险品 隔板试验方法

## Dangerous goods—Gap test method

2008-04-01 发布　　　　2008-09-01 实施

中华人民共和国国家质量监督检验检疫总局
中国国家标准化管理委员会 发布

# 前　言

本标准对应于联合国《关于危险货物运输的建议书　规章范本》和联合国《关于危险货物运输的建议书　试验和标准手册》,与其一致性程度为非等效。其有关技术内容与上述手册完全一致,在标准文本格式上按 GB/T 1.1—2000 做了编辑性修改。

本标准由全国危险化学品管理标准化技术委员会(SAC/TC 251)提出并归口。

本标准负责起草单位:天津市检验检疫科学技术研究院。

本标准参加起草单位:江南大学、中化化工标准化研究所、天津出入境检验检疫局。

本标准主要起草人:王利兵、刘锐、胥传来、冯智劼、王晓兵、周磊。

本标准为首次发布。

# 危险品　隔板试验方法

## 1　范围

1.1　本标准规定了危险品中爆炸性分类定级所需试验方法的设备和材料、试验步骤及试验报告。

1.2　本标准不适用于对下述货物危险性的试验：

——军用爆炸品的危险性；

——在生产过程中的爆炸品的危险性；

——无包装的爆炸物质在运输中的危险性；

——因受静电或电磁场的影响所造成的危险性；

——因操作不当或违章操作所引起的危险性；

——其他非正常运输条件下的特殊危险性。

## 2　规范性引用文件

下列文件中的条款通过本标准的引用而成为本标准的条款。凡是注日期的引用文件，其随后所有的修改单(不包括勘误的内容)或修订版均不适用于本标准，然而，鼓励根据本标准达成协议的各方研究是否可使用这些文件的最新版本。凡是不注日期的引用文件，其最新版本适用于本标准。

GB 8031—2005　工业电雷管

联合国《关于危险货物运输的建议书　规章范本》

联合国《关于危险货物运输的建议书　试验和标准手册》

## 3　术语和定义

联合国《关于危险货物运输的建议书　规章范本》、联合国《关于危险货物运输的建议书　试验和标准手册》确立的以及下列术语和定义适用于本标准。

3.1

**爆炸　explosion**

在极短时间内，释放出大量能量，产生高温，并放出大量气体，在周围造成高压的化学反应或状态变化的现象。

3.2

**爆炸性物质　explosive substance**

指能够通过其自身化学反应产生气体，在反应时的温度、压力和速度下能对周围环境造成破坏的某一种固态或液态物质(或这些物质的混合物)。烟火物质，即使当它们不放出气体时，也包括在内。

3.3

**爆炸性物品　explosive articles**

指含有一种或多种爆炸性物质的物品。

## 4　设备和材料

4.1　样品管

冷拉无缝钢管，外径 48 mm±2 mm，壁厚 4.0 mm±0.1 mm，长 400 mm±5 mm。

4.2　起爆药

160 g 旋风炸药/蜡(95/5)或季戊炸药/梯恩梯(50/50)，直径为 50 mm±1 mm，密度 1 600 $kg/m^3$ ± 50 $kg/m^3$，高 50 mm。

4.3 隔板

聚乙烯薄片或聚四氟乙烯薄片，厚0.08 mm。

4.4 硬纸板

厚1.6 mm±0.2 mm。

4.5 验证板

方形低碳素钢，边长150 mm±10 mm，厚3.2 mm±0.2 mm。

4.6 雷管(GB 8031—2005)：8号雷管

4.7 起爆器

4.8 试验装置图

上述装置及材料按图1组装。

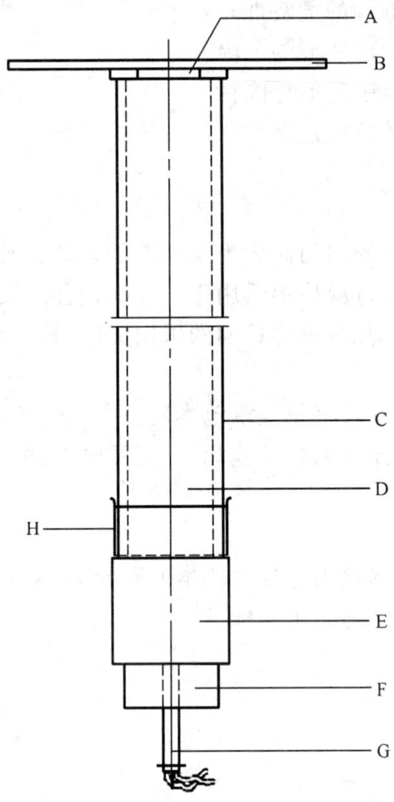


A——隔离层；

B——验证板；

C——钢管；

D——试验物质；

E——旋风炸药/蜡或季戊炸药/梯恩梯起爆装药；

F——雷管支座；

G——雷管；

H——塑料薄片。

**图1 隔板试验装置图**

## 5 试验步骤

5.1 将聚乙烯薄片或聚四氟乙烯薄片紧紧包着(达到塑料变形)并用橡皮带固定住加以密封。

5.2 试样装至钢管的顶部(如试样与钢起反应,钢管内部可涂碳氟树脂)。固体试样要装到敲拍钢管时观察不到试样下沉的密度。测定试样的重量,如果是固体,利用量到的钢管内体积计算其视密度。密度应尽可能接近运输时的密度。

5.3 钢管垂直地放着,起爆装药紧贴着封住钢管底部的薄片放置。

5.4 用硬纸板将验证板与钢管隔开并一起置于钢管顶端。

5.5 雷管贴着起爆装药固定好后引发。试验应进行两次,除非观察到物质爆炸。

5.6 试验结果描述

如果试验中钢管完全破裂或验证穿透一个洞,试验结果描述为"+",亦即物质传播爆轰;其他结果都被视为"-"。

## 6 试验报告

——试验样品名称、数量、规格;

——生产企业名称;

——试验设备;

——试验中钢管/验证板变化状态;

——试验结果的记录,以及在试验中观察到的任何有助于解释试验结果的现象;

——试验日期、试验人签字、试验单位盖章。

危险品隔板试验结果实例见表1。

**表1 结果实例**

| 物质 | 视密度/($kg/m^3$) | 破裂长度/cm | 验证板 | 结果 |
|---|---|---|---|---|
| 硝酸铵,颗粒 | 800 | 40 | 隆起 | + |
| 硝酸铵,200 μm | 540 | 40 | 穿孔 | + |
| 硝酸铵/燃料油,94/6 | 880 | 40 | 穿孔 | + |
| 高氯酸铵,200 μm | 1 190 | 40 | 穿孔 | + |
| 硝基甲苯 | 1 130 | 40 | 穿孔 | + |
| 硝基甲苯/甲醇,55/45 | 970 | 20 | 隆起 | - |
| 季戊炸药/乳糖,20/80 | 880 | 40 | 穿孔 | + |
| 季戊炸药/乳糖,10/90 | 830 | 17 | 无损伤 | - |
| 梯恩梯,浇注 | 1 510 | 40 | 穿孔 | + |
| 梯恩梯,片状粉末 | 710 | 40 | 穿孔 | + |
| 水 | 1 000 | <40 | 隆起 | - |

ICS 13.300
A 80

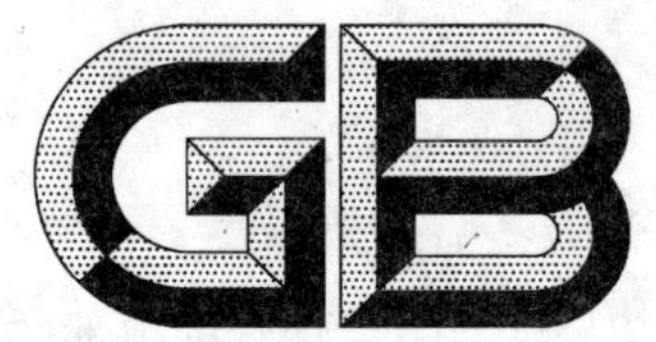

# 中华人民共和国国家标准

GB/T 21571—2008

# 危险品　爆燃转爆轰试验方法

Dangerous goods—Test method of deflagration to detonation transition

2008-04-01 发布　　　　2008-09-01 实施

中华人民共和国国家质量监督检验检疫总局
中国国家标准化管理委员会　发布

# 前　言

本标准对应于联合国《关于危险货物运输的建议书　规章范本》和联合国《关于危险货物运输的建议书　试验和标准手册》，与其一致性程度为非等效。其有关技术内容与上述手册完全一致，在标准文本格式上按GB/T 1.1—2000做了编辑性修改。

本标准由全国危险化学品管理标准化技术委员会(SAC/TC 251)提出并归口。

本标准负责起草单位：天津市检验检疫科学技术研究院。

本标准参加起草单位：江南大学、中化化工标准化研究所、天津出入境检验检疫局。

本标准主要起草人：赵好力宝、王利兵、刘锐、于智睿、张园、胥传来。

本标准为首次发布。

# 危险品 爆燃转爆轰试验方法

## 1 范围

1.1 本标准规定了危险品中爆炸性分类定级所需试验方法的设备和材料、试验步骤及试验报告。

1.2 本标准不适用于对下述货物危险性的试验：

——军用爆炸品的危险性；

——在生产过程中的爆炸品的危险性；

——无包装的爆炸物质在运输中的危险性；

——因受静电或电磁场的影响所造成的危险性；

——因操作不当或违章操作所引起的危险性；

——其他非正常运输条件下的特殊危险性。

## 2 规范性引用文件

下列文件中的条款通过本标准的引用而成为本标准的条款。凡是注日期的引用文件，其随后所有的修改单(不包括勘误的内容)或修订版均不适用于本标准，然而，鼓励根据本标准达成协议的各方研究是否可使用这些文件的最新版本。凡是不注日期的引用文件，其最新版本适用于本标准。

GB/T 3639—2000 冷拔或冷轧精密无缝钢管

联合国《关于危险货物运输的建议书 规章范本》

联合国《关于危险货物运输的建议书 试验和标准手册》

## 3 术语和定义

联合国《关于危险货物运输的建议书 规章范本》、联合国《关于危险货物运输的建议书 试验和标准手册》确立的以及下列术语和定义适用于本标准。

3.1

**爆炸 explosion**

在极短时间内，释放出大量能量，产生高温，并放出大量气体，在周围造成高压的化学反应或状态变化的现象。

3.2

**爆炸性物质 explosive substance**

指能够通过其自身化学反应产生气体，在反应时的温度、压力和速度下能对周围环境造成破坏的某一种固态或液态物质(或这些物质的混合物)。烟火物质，即使当它们不放出气体时，也包括在内。

3.3

**爆炸性物品 explosive articles**

指含有一种或多种爆炸性物质的物品。

## 4 设备和材料

### 4.1 样品管

无缝钢管(GB/T 3639—2000)：45-$\phi$48×4T，长 1 200 mm，内径 40.2 mm，壁厚 4.05 mm，两端配有螺帽封口，抗静压力强度 74.5 MPa。

### 4.2 金属线

是镍/铬(80/20)合金,直径0.4 mm、长15 mm。

### 4.3 验证板

铅验证板,长1 200 mm,宽80 mm,厚30 mm。

### 4.4 试验装置

试验装置见图1。

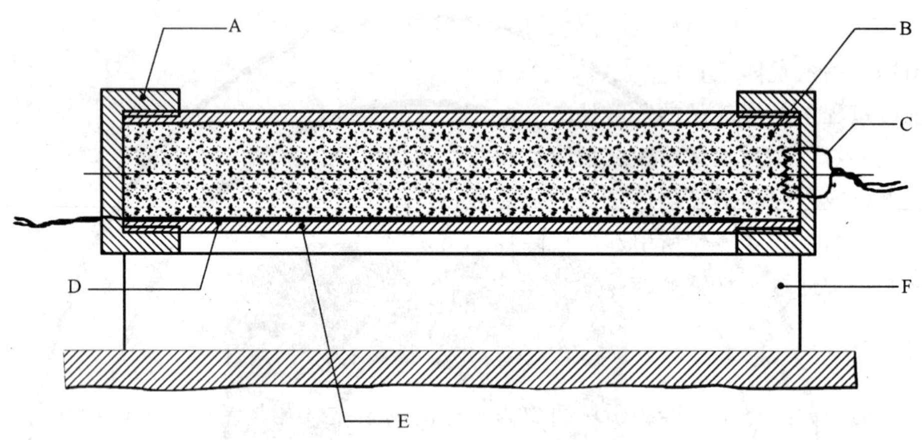


A——铸铁螺帽;
B——试验物质;
C——点火金属线;
D——速度探针;
E——无缝钢管;
F——验证铅板。

**图1 试验装置图**

## 5 试验步骤

5.1 把试验物质装进钢管并用手压实。记下物质的温度、湿度和水含量。

5.2 将金属线插于钢管内,再放钢管在验证板上。

5.3 用最高8 A的电流通电最多3 min来加热金属线点燃物质。

5.4 试验进行三次,除非观察到爆炸现象,该现象根据铅验证板的压缩或爆轰传播速度判断。

5.5 记录爆轰前的长度和爆轰速度。如果在任何一次试验中发生爆轰,试验结果描述为"+",如果试验板没有压缩,并且传播速度小于声音在物质中的速度,试验结果描述为"-"。

## 6 试验报告

——试验样品名称、数量、规格;
——生产企业名称;
——试验设备;
——验证板的变化;
——试验结果的记录,以及在试验中观察到的任何有助于解释试验结果的现象;
——试验日期、试验人签字、试验单位盖章。

危险品爆燃转爆轰试验结果实例见表1。

**表 1 爆燃转爆轰试验**

| 物　　质 | 密度/(kg/m³) | 结果 |
|---|---|---|
| 铝化凝胶(氧化性盐类 62.5%,铝 15%,其他可燃物 15%) | 1 360 | — |
| 铵油炸药(硝酸铵粒径 0.85 mm,吸油率 15%) | 860 | — |
| 胶质硝甘炸药(硝化甘油/乙二醇二硝酸酯 40%,硝酸铵 48%,铝 8%,硝化纤维素) | 1 450 | + |
| 硅藻土炸药(硝化甘油 60%,硅藻土 40%) | 820 | + |
| 敏化的浆状炸药 | 1 570 | — |

ICS 13.300
A 80

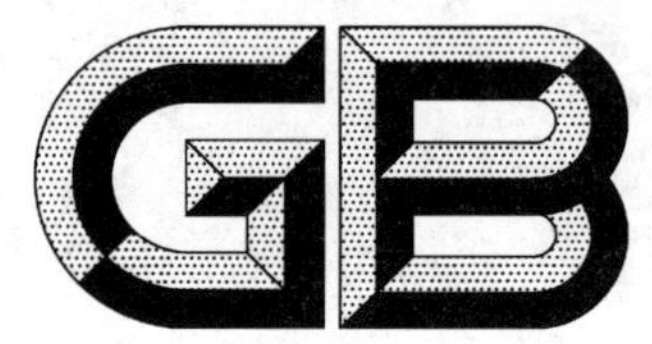

# 中华人民共和国国家标准

GB/T 21572—2008

# 危险品　1.5项物品的外部火烧试验方法

Dangerous goods—Test method of external fire for division 1.5 article

2008-04-01 发布　　2008-09-01 实施

中华人民共和国国家质量监督检验检疫总局
中国国家标准化管理委员会　发布

# 前　言

本标准对应于联合国《关于危险货物运输的建议书　规章范本》和联合国《关于危险货物运输的建议书　试验和标准手册》，与其一致性程度为非等效。其有关技术内容与上述手册完全一致，在标准文本格式上按 GB/T 1.1—2000 做了编辑性修改。

本标准由全国危险化学品管理标准化技术委员会(SAC/TC 251)提出并归口。

本标准负责起草单位：天津市检验检疫科学技术研究院。

本标准参加起草单位：江南大学、中化化工标准化研究所、天津出入境检验检疫局。

本标准主要起草人：王利兵、吕刚、胥传来、于艳军、王晓兵、周磊。

本标准为首次发布。

# 危险品 1.5项物品的外部火烧试验方法

## 1 范围

1.1 本标准规定了危险品中爆炸性分类定级试验的设备和材料、试验步骤及试验报告。

1.2 本标准不适用于对下述货物危险性的试验：

——军用爆炸品的危险性；

——在生产过程中的爆炸品的危险性；

——无包装的爆炸物质在运输中的危险性；

——因受静电或电磁场的影响所造成的危险性；

——因操作不当或违章操作所引起的危险性；

——其他非正常运输条件下的特殊危险性。

## 2 规范性引用文件

下列文件中的条款通过本标准的引用而成为本标准的条款。凡是注日期的引用文件，其随后所有的修改单(不包括勘误的内容)或修订版均不适用于本标准，然而，鼓励根据本标准达成协议的各方研究是否可使用这些文件的最新版本。凡是不注日期的引用文件，其最新版本适用于本标准。

联合国《关于危险货物运输的建议书 规章范本》

联合国《关于危险货物运输的建议书 试验和标准手册》

## 3 术语和定义

联合国《关于危险货物运输的建议书 规章范本》、联合国《关于危险货物运输的建议书 试验和标准手册》确立的以及下列术语和定义适用于本标准。

3.1

**爆炸 explosion**

在极短时间内，释放出大量能量，产生高温，并放出大量气体，在周围造成高压的化学反应或状态变化的现象。

3.2

**爆炸性物质 explosive substance**

指能够通过其自身化学反应产生气体，在反应时的温度、压力和速度下能对周围环境造成破坏的某一种固态或液态物质(或这些物质的混合物)。烟火物质，即使当它们不放出气体时，也包括在内。

3.3

**爆炸性物品 explosive articles**

指含有一种或多种爆炸性物质的物品。

## 4 设备和材料

4.1 支架

带有可放置包件的金属格栅，格栅距离地面为1.0 m。

4.2 燃料

用煤油浸透的木材。

4.3 具有高速和常速功能的彩色摄像机。

## 5 试样

待运输状态和形式下的危险品包件。待试验包件的总体积不小于 0.15 $m^3$，所含危险性物质净质量不超过 200 kg。

## 6 试验步骤

6.1 将以运输状况和形式下的所需数目包件尽可能互相紧靠着在金属格栅上。必要时，在试验中可用1条钢带将这些包件捆在一起。

6.2 燃料放置应超出包件，超出的距离每个方向至少为 1.0 m，木条之间的横向距离约为 100 mm。应有足够的木头使火能够持续燃烧至少 30 min，或者烧到物质或物品明显地有充分时间对火起反应。点燃必要时需要挡住侧风以防热气失散。

6.3 把点火系统放在适当位置后，从两边同时点燃放在格栅下面的堆至格栅底部的成网格状的木头，使火包围包件。其中一边是顶风边。试验应在风速不超过 6 m/s 的条件下进行。在火熄灭后，应等待一段安全时间。

6.4 试验通常只进行一次，但是如果用于烧火的木材或其他燃料全部烧完后，在残余物中或在火烧区附近仍留有相当数量的爆炸性物质未烧毁，那么应当用更多的燃料或增加火烧的强度和/或持续时间，再进行一次试验。用摄像机记录整个试验过程。

6.5 试验中发生爆炸的物质，结果描述为"＋"，亦即不应划入 1.5 项，否则结果描述为"－"。

## 7 试验报告

——试验样品名称、数量、规格；

——生产企业名称；

——试验设备；

——试验中的爆炸迹象；

——试验结果的记录，以及在试验中观察到的任何有助于解释试验结果的现象；

——试验日期、试验人签字、试验单位盖章。

危险品 1.5 项物品的外部火烧试验结果实例见表 1。

**表 1 结果实例**

| 物　质 | 结果 |
|---|---|
| 铵油 | — |
| 铵油(含 6%铝粉) | — |
| 铵油(含 6%可燃物质) | — |
| 铵油乳胶(含 1%微球) | — |
| 铵油乳胶(含 3.4%微球) | — |

ICS 13.300
A 80

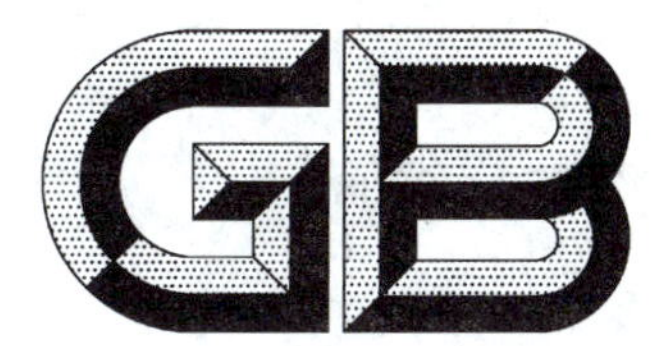

# 中华人民共和国国家标准

GB/T 21573—2008

# 危险品　单个包件试验方法

**Dangerous goods—Test method of single package**

2008-04-01 发布　　　　2008-09-01 实施

中华人民共和国国家质量监督检验检疫总局
中国国家标准化管理委员会　发布

# 前　言

本标准对应于联合国《关于危险货物运输的建议书　规章范本》和联合国《关于危险货物运输的建议书　试验和标准手册》，与其一致性程度为非等效。其有关技术内容与上述手册完全一致，在标准文本格式上按 GB/T 1.1—2000 做了编辑性修改。

本标准由全国危险化学品管理标准化技术委员会(SAC/TC 251)提出并归口。

本标准负责起草单位：天津市检验检疫科学技术研究院。

本标准参加起草单位：江南大学、中化化工标准化研究所、天津出入境检验检疫局。

本标准主要起草人：王利兵、赵青、于智睿、吕刚、王晓兵、胥传来。

本标准为首次发布。

# 危险品　单个包件试验方法

## 1　范围

1.1　本标准规定了危险品中爆炸性分类定级所需试验方法的设备和材料、试验步骤及试验报告。

1.2　本标准不适用于对下述货物危险性的试验：

——军用爆炸品的危险性；

——在生产过程中的爆炸品的危险性；

——无包装的爆炸物质在运输中的危险性；

——因受静电或电磁场的影响所造成的危险性；

——因操作不当或违章操作所引起的危险性；

——其他非正常运输条件下的特殊危险性。

## 2　规范性引用文件

下列文件中的条款通过本标准的引用而成为本标准的条款。凡是注日期的引用文件，其随后所有的修改单(不包括勘误的内容)或修订版均不适用于本标准，然而，鼓励根据本标准达成协议的各方研究是否可使用这些文件的最新版本。凡是不注日期的引用文件，其最新版本适用于本标准。

GB/T 700—2006　碳素结构钢(ISO 630:1995,NEQ)

GB 8301—2005　工业电雷管

GJB 1056A—1990　黑火药规范

联合国《关于危险货物运输的建议书　规章范本》

联合国《关于危险货物运输的建议书　试验和标准手册》

## 3　术语和定义

联合国《关于危险货物运输的建议书　规章范本》、联合国《关于危险货物运输的建议书　试验和标准手册》确立的以及下列术语和定义适用于本标准。

3.1

**爆炸　explosion**

在极短时间内，释放出大量能量，产生高温，并放出大量气体，在周围造成高压的化学反应或状态变化的现象。

3.2

**爆炸性物质　explosive substance**

指能够通过其自身化学反应产生气体，在反应时的温度、压力和速度下能对周围环境造成破坏的某一种固态或液态物质(或这些物质的混合物)。烟火物质，即使当它们不放出气体时，也包括在内。

3.3

**爆炸性物品　explosive articles**

指含有一种或多种爆炸性物质的物品。

3.4

**整体爆炸　mass detonation or explosion of total contents**

是指全部物质或物品同时发生爆炸。

## 4 设备和材料

4.1 雷管

工业电雷管(GB 8031—2005):8 号雷管。

4.2 点火头。

4.3 黑火药(GJB 1056A—1990):小粒黑火药。

4.4 起爆或点火用电源。

4.5 验证板

碳素结构钢 (GB/T 700—2006)Q235-A,厚 3.0 mm。

4.6 冲击波测量设备。

4.7 砂箱或沙袋。

## 5 试验步骤

5.1 包件放在地上的一块验证板上。用形状和大小与试验包件相似的容器装满泥土或沙子,尽可能紧密地放在试验包件的四周,对于不超过 0.15 $m^3$ 的包件封闭厚度为 0.5 m,对于超过 0.15 $m^3$ 的包件为 1.0 m。

5.2 引发方式

5.2.1 对包装物质

5.2.1.1 爆轰性物质用雷管起爆;

5.2.1.2 爆燃性物质用点火头和黑火药点火,以刚好点燃为度,但所用黑火药不应超过 30 g;

5.2.1.3 如果该物质不是用作产生爆炸效应的,则先用雷管起爆,如不爆,再用黑火药点火。

5.2.2 对包装制品

5.2.2.1 制品本身带有引爆或点火装置的,则使位于包装件中央的 1 个制品,以其自身的引发装置引发,如不适宜用其自身的引发装置引发,则用具有所需效应的另一形式刺激物取代物品自身的引发或点燃装置。

5.2.2.2 如制品本身不带引发装置,则将位于包件中央的 1 个制品按原设计要求的方式引发。

5.3 引发物质或物品,观察、记录试验现象。

5.4 试验应进行 3 次,除非在更早发现决定性结果。

5.5 试验结果描述

整体爆炸表示产品可考虑划入 1.1 项。整体爆炸迹象包括试验现场出现一个坑,包件下面的验证板损坏、测量到冲击波和封闭材料分裂和四散。

## 6 试验报告

——试验样品名称、数量、规格;

——生产企业名称;

——试验设备;

——试验过程中的热效应、迸射效应、爆轰、爆燃或包件全部内装物爆炸现象;

——试验结果的记录,以及在试验中观察到的任何有助于解释试验结果的现象;

——试验日期、试验人签字、试验单位盖章。

危险品单个包件试验结果实例见表 1。

表 1　结果实例

| 物质 | 容器 | 引发系统 | 现象 | 结果 |
| --- | --- | --- | --- | --- |
| 高氯酸铵(12 μm) | 10 kg 纤维板圆桶 | 雷管 | 爆轰 | 可考虑划入 1.1 项 |
| 二甲苯麝香 | 50 kg 纤维板圆桶 | 雷管 | 局部分解 | 非 1.1 项 |
| 二甲苯麝香 | 50 kg 纤维板圆桶 | 点火器 | 局部分解 | 非 1.1 项 |
| 单基推进剂(无孔的) | 60 kg 纤维板圆桶 | 点火器 | 无爆炸 | 非 1.1 项 |
| 单基推进剂(多孔的) | 60 kg 纤维板圆桶 | 点火器 | 爆炸 | 可考虑划入 1.1 项 |

ICS 13.300
A 80

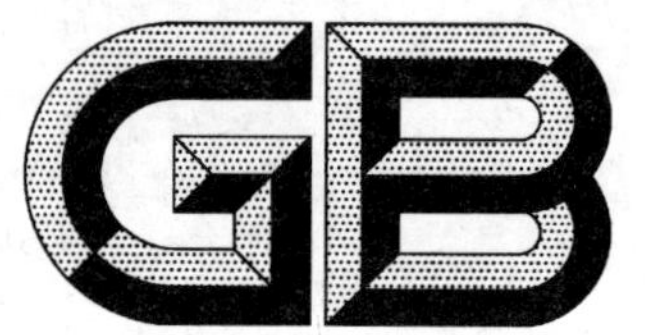

# 中华人民共和国国家标准

GB/T 21574—2008

# 危险品　堆垛试验方法

## Dangerous goods—Stack test method

2008-04-01 发布　　2008-09-01 实施

中华人民共和国国家质量监督检验检疫总局
中国国家标准化管理委员会　发布

# 前　言

本标准对应于联合国《关于危险货物运输的建议书　规章范本》和联合国《关于危险货物运输的建议书　试验和标准手册》，与其一致性程度为非等效。其有关技术内容与上述手册完全一致，在标准文本格式上按 GB/T 1.1—2000 做了编辑性修改。

本标准由全国危险化学品管理标准化技术委员会(SAC/TC 251)提出并归口。

本标准负责起草单位：天津市检验检疫科学技术研究院。

本标准参加起草单位：江南大学、中化化工标准化研究所、天津出入境检验检疫局。

本标准主要起草人：王利兵、于艳军、胥传来、吕刚、王晓兵、周磊。

本标准为首次发布。

# 危险品　堆垛试验方法

## 1　范围

1.1　本标准规定了危险品中爆炸性分类定级所需试验方法的设备和材料、试验步骤及试验报告。

1.2　本标准不适用于对下述货物危险性的试验：

——军用爆炸品的危险性；

——在生产过程中的爆炸品的危险性；

——无包装的爆炸物质在运输中的危险性；

——因受静电或电磁场的影响所造成的危险性；

——因操作不当或违章操作所引起的危险性；

——其他非正常运输条件下的特殊危险性。

## 2　规范性引用文件

下列文件中的条款通过本标准的引用而成为本标准的条款。凡是注日期的引用文件，其随后所有的修改单(不包括勘误的内容)或修订版均不适用于本标准，然而，鼓励根据本标准达成协议的各方研究是否可使用这些文件的最新版本。凡是不注日期的引用文件，其最新版本适用于本标准。

GB/T 700—2006　碳素结构钢(ISO 630:1995,NEQ)

GB 8301—2005　工业电雷管

GJB 1056A—1990　黑火药规范

联合国《关于危险货物运输的建议书　规章范本》

联合国《关于危险货物运输的建议书　试验和标准手册》

## 3　术语和定义

联合国《关于危险货物运输的建议书　规章范本》、联合国《关于危险货物运输的建议书　试验和标准手册》确立的以及下列术语和定义适用于本标准。

3.1

**爆炸　explosion**

在极短时间内，释放出大量能量，产生高温，并放出大量气体，在周围造成高压的化学反应或状态变化的现象。

3.2

**爆炸性物质　explosive substance**

指能够通过其自身化学反应产生气体，在反应时的温度、压力和速度下能对周围环境造成破坏的某一种固态或液态物质(或这些物质的混合物)。烟火物质，即使当它们不放出气体时，也包括在内。

3.3

**爆炸性物品　explosive articles**

指含有一种或多种爆炸性物质的物品。

## 4　设备和材料

4.1　雷管

工业电雷管(GB 8031—2005)：8号雷管。

4.2 点火头。

4.3 黑火药(GJB 1056A—1990):小粒黑火药。

4.4 起爆或点火用电源。

4.5 验证板

碳素结构钢(GB/T 700—2006)Q235-A,厚3.0 mm。

4.6 冲击波测量设备。

4.7 砂箱或沙袋。

## 5 试验步骤

5.1 将不少于2个且总体积不小于0.15 $m^3$ 的包件或无包装的制品按运输时的方式堆放在验证板上。在堆垛四周和顶部堆放砂箱或沙袋,在每个方向形成至少1 m厚的封闭。

5.2 引发方式

5.2.1 对包装物质

5.2.1.1 爆轰性物质用雷管起爆;

5.2.1.2 爆燃性物质用点火头和黑火药点火,以刚好点燃为度,但所用黑火药不应超过30 g;

5.2.1.3 如果该物质不是用作产生爆炸效应的,则先用雷管起爆,如不爆,再用黑火药点火。

5.2.2 对包装制品或无包装制品

5.2.2.1 制品本身带有引爆或点火装置的,则使位于堆垛中央的包件的中心部位的1个制品,以其自身的引发装置引发。如不适宜用其自身的引发装置引发,则用具有所需效应的另一形式刺激物装置代替。

5.2.2.2 如制品本身不带引发装置,则将位于包件中央的1个制品按原设计要求的方式引发。

5.3 引发物质或物品并观察试验现象。

## 6 试验报告

试验进行3次,观察并记录:

——试验样品名称、数量、规格;

——生产企业名称;

——试验设备;

——试验现场是否出现爆炸产生的坑;

——堆垛下面的验证板是否出现损坏及其损坏程度;

——测量到的冲击波;

——封闭材料破裂、四散程度;

——试验结果的记录,以及在试验中观察到的任何有助于解释试验结果的现象;

——试验日期、试验人签字、试验单位盖章。

ICS 13.300
A 80

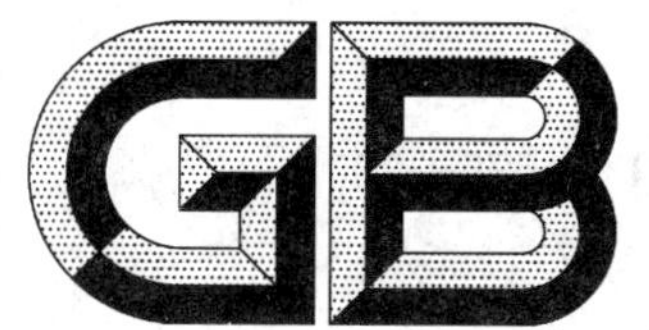

# 中华人民共和国国家标准

GB/T 21575—2008

# 危险品　极不敏感引爆物质的雷管试验方法

Dangerous goods—Test method of cap for extremely insensitive detonate substance(EIDS)

2008-04-01 发布　　2008-09-01 实施

中华人民共和国国家质量监督检验检疫总局
中国国家标准化管理委员会　发布

# 前　言

本标准对应于联合国《关于危险货物运输的建议书　规章范本》和联合国《关于危险货物运输的建议书　试验和标准手册》，与其一致性程度为非等效。其有关技术内容与上述手册完全一致，在标准文本格式上按GB/T 1.1—2000做了编辑性修改。

本标准由全国危险化学品管理标准化技术委员会(SAC/TC 251)提出并归口。

本标准负责起草单位：天津市检验检疫科学技术研究院。

本标准参加起草单位：江南大学、中化化工标准化研究所、天津出入境检验检疫局。

本标准主要起草人：王利兵、李宁涛、于智睿、于艳军、王晓兵、胥传来。

本标准为首次发布。

# 危险品　极不敏感引爆物质的雷管试验方法

## 1　范围

1.1　本标准规定了危险品中爆炸性分类定级所需试验方法的设备和材料、试验步骤及试验报告。

1.2　本标准不适用于对下述货物危险性的试验：

——军用爆炸品的危险性；

——在生产过程中的爆炸品的危险性；

——无包装的爆炸物质在运输中的危险性；

——因受静电或电磁场的影响所造成的危险性；

——因操作不当或违章操作所引起的危险性；

——其他非正常运输条件下的特殊危险性。

## 2　规范性引用文件

下列文件中的条款通过本标准的引用而成为本标准的条款。凡是注日期的引用文件，其随后所有的修改单(不包括勘误的内容)或修订版均不适用于本标准，然而，鼓励根据本标准达成协议的各方研究是否可使用这些文件的最新版本。凡是不注日期的引用文件，其最新版本适用于本标准。

GB 8031—2005　工业电雷管

GB/T 11253—2007　碳素结构钢冷轧薄钢板及钢带(ISO 4997:1999,NEQ)

联合国《关于危险货物运输的建议书　规章范本》

联合国《关于危险货物运输的建议书　试验和标准手册》

## 3　术语和定义

联合国《关于危险货物运输的建议书　规章范本》、联合国《关于危险货物运输的建议书　试验和标准手册》确立的以及下列术语和定义适用于本标准。

3.1

**爆炸　explosion**

在极短时间内，释放出大量能量，产生高温，并放出大量气体，在周围造成高压的化学反应或状态变化的现象。

3.2

**爆炸性物质　explosive substance**

指能够通过其自身化学反应产生气体，在反应时的温度、压力和速度下能对周围环境造成破坏的某一种固态或液态物质(或这些物质的混合物)。烟火物质，即使当它们不放出气体时，也包括在内。

3.3

**爆炸性物品　explosive articles**

指含有一种或多种爆炸性物质的物品。

## 4　设备和材料

### 4.1　雷管

工业电雷管(GB 8031—2005)：8 号雷管。

### 4.2　样品管

内径 80 mm、长 160 mm、壁厚不大于 1.5 mm 的螺旋形旋绕硬纸板管子。

4.3 **验证板**

碳素结构钢薄钢板(GB/T 11253—2007)Q235-A,长、宽均为160 mm,厚1 mm。

4.4 **支架**

普通钢圈,内直径100 mm,壁厚3.5 mm,高50 mm。

4.5 **底板**

长、宽不小于152 mm,厚25 mm。

4.6 **试验装置图**(见图1)

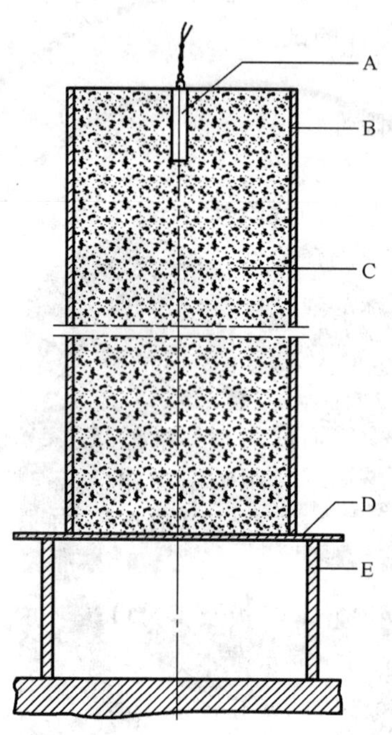


A——雷管;
B——螺旋形绕层纤维板管子;
C——试验物质;
D——普通结构钢验证板;
E——钢圈。

**图1 雷管敏感度试验**

## 5 试验步骤

5.1 将试样装入用薄膜封闭底端的样品管中,要求其密度尽可能接近其运输密度。装试样时应注意:

a) 对粒状试样分3等份装入,在每装完一份后,让管子从50 mm高处垂直落下以便将试样压实,直至装满;
b) 胶体试样应小心装实,避免出现空隙;
c) 对于直径大于80 mm的高密度筒装试样,使用原药筒。如药筒过长,则切下不少于160 mm的药筒进行试验,雷管则插入没有切割端;
d) 对于敏感度与温度有关的试样,在试验前必须在28℃至30℃温度下保存至少30 h;
e) 对含有粒状硝酸铵的爆炸品如应在环境温度高的地区运输,在试验前应进行48 h如下温度循环:25℃—40℃—25℃—40℃—25℃。

5.2 将管子放在用支架支撑的验证板上,再一起放于底板上,把雷管从爆炸品顶部中央插入,插入深度为雷管高度。然后,从一个安全位置给雷管点火,检查验证板。

5.3 试验进行3次。

5.4 试验结果描述：

如果在试验中出现验证板扯裂或其他形式的穿透(既可通过验证板见到光线)——验证板上有凸起、裂痕或弯折并不表明雷管敏感性，则试验结果描述为“+”，否则为“—”。

## 6 试验报告

——试验样品名称、数量、规格；

——生产企业名称；

——试验设备；

——试验验证板变化现象；

——试验结果的记录，以及在试验中观察到的任何有助于解释试验结果的现象；

——试验日期、试验人签字、试验单位盖章。

危险品极不敏感引爆物质的雷管试验方法结果实例见表1。

**表1 危险品极不敏感引爆物质的雷管试验结果实例**

| 物质 | 结果 |
|---|---|
| 环四亚甲基四硝胺/惰性黏合剂(86/14)，浇注 | — |
| 环四亚甲基四硝胺/活性黏合剂(80/20)，浇注 | + |
| 环四亚甲基四硝胺/铝/活性黏合剂(51/19/14)，浇注 | — |
| 旋风炸药/梯恩梯(60/40)，浇注 | + |
| 三氨基三硝基苯/三氟氯乙烯聚合物(95/5)，压制 | — |

ICS 13.300
A 80

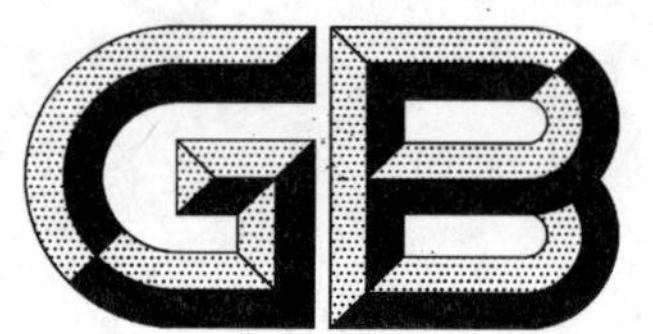

# 中华人民共和国国家标准

GB/T 21576—2008

# 危险品　极不敏感引爆物质的隔板试验方法

Dangerous goods—Test method of gap for extremely insensitive detonate substance (EIDS)

2008-04-01 发布　　2008-09-01 实施

中华人民共和国国家质量监督检验检疫总局
中国国家标准化管理委员会　发布

# 前　言

本标准对应于联合国《关于危险货物运输的建议书　规章范本》和联合国《关于危险货物运输的建议书　试验和标准手册》，与其一致性程度为非等效。其有关技术内容与上述手册完全一致，在标准文本格式上按 GB/T 1.1—2000 做了编辑性修改。

本标准由全国危险化学品管理标准化技术委员会(SAC/TC 251)提出并归口。

本标准负责起草单位：天津市检验检疫科学技术研究院。

本标准参加起草单位：江南大学、中化化工标准化研究所、天津出入境检验检疫局。

本标准主要起草人：赵好力宝、王利兵、冯智劼、胥传来、张园、王晓兵。

本标准为首次发布。

# 危险品　极不敏感引爆物质的隔板试验方法

## 1　范围

1.1　本标准规定了危险品中爆炸性分类定级所需试验方法的设备和材料、试验步骤及试验报告。

1.2　本标准不适用于对下述货物危险性的试验：

——军用爆炸品的危险性；

——在生产过程中的爆炸品的危险性；

——无包装的爆炸物质在运输中的危险性；

——因受静电或电磁场的影响所造成的危险性；

——因操作不当或违章操作所引起的危险性；

——其他非正常运输条件下的特殊危险性。

## 2　规范性引用文件

下列文件中的条款通过本标准的引用而成为本标准的条款。凡是注日期的引用文件，其随后所有的修改单(不包括勘误的内容)或修订版均不适用于本标准，然而，鼓励根据本标准达成协议的各方研究是否可使用这些文件的最新版本。凡是不注日期的引用文件，其最新版本适用于本标准。

GB/T 3639—2000　冷拔或冷轧精密无缝钢管

GB 8031—2005　工业电雷管

联合国《关于危险货物运输的建议书　规章范本》

联合国《关于危险货物运输的建议书　试验和标准手册》

## 3　术语和定义

联合国《关于危险货物运输的建议书　规章范本》、联合国《关于危险货物运输的建议书　试验和标准手册》确立的以及下列术语和定义适用于本标准。

3.1

**爆炸　explosion**

在极短时间内，释放出大量能量，产生高温，并放出大量气体，在周围造成高压的化学反应或状态变化的现象。

3.2

**爆炸性物质　explosive substance**

指能够通过其自身化学反应产生气体，在反应时的温度、压力和速度下能对周围环境造成破坏的某一种固态或液态物质(或这些物质的混合物)。烟火物质，即使当它们不放出气体时，也包括在内。

3.3

**爆炸性物品　explosive articles**

指含有一种或多种爆炸性物质的物品。

## 4　设备和材料

### 4.1　雷管

工业电雷管(GB 8031—2005)。

4.2 **样品管**

精拔管（GB/T 3639—2000)20－ϕ100×11T，外径 95 mm，壁厚 11.1 mm（具有±20%的相对误差)，长度 280 mm，抗拉强度 420 MPa(具有±20%的相对误差)，伸长（百分比)22%(具有±20%的相对误差)，布氏硬度 125(具有±20%的相对误差)。

4.3 **试样**

通过机械加工到直径刚好比样品管直径小。

4.4 **主发药柱**

旋风炸药/蜡弹丸(95/5)，密度 1.60 $g/cm^3$±0.05 $g/cm^3$，直径 95 mm，长度 95 mm。

4.5 **隔板**

有机玻璃，直径 95 mm，长度 70 mm。

4.6 **验证板**

软钢板，200 mm×200 mm×20 mm，抗拉强度 580 MPa(具有±20%的相对误差)，布氏硬度 160(具有±20%的相对误差)，伸长(百分比)21%。

4.7 **木制雷管座**

带有中心孔的，直径 95 mm，高度 25 mm。

4.8 **硬纸板管**

硬纸板，孔径 97 mm，长 443 mm。

4.9 **垫圈**

厚 1.6 mm。

4.10 **支架**

高度至少 10 cm。

4.11 **试验装置图**(见图 1)

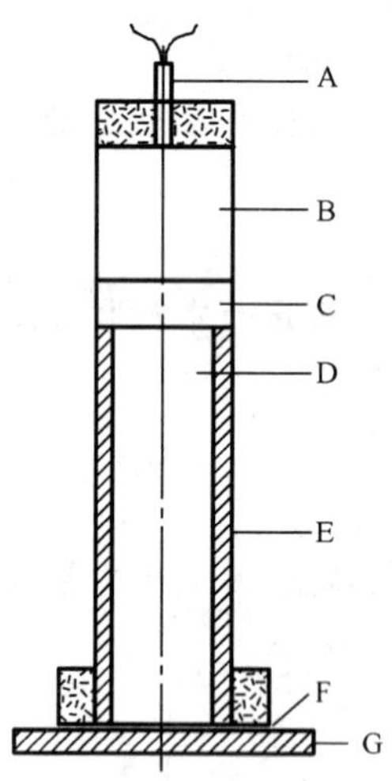


A——雷管；

B——传爆装药；

C——有机玻璃隔板；

D——试验物质；

E——钢管；

F——空隙；

G——验证板。

**图 1 极不敏感引爆物质的隔板试验装置图**

## 5 试验步骤

5.1 将雷管插入雷管座，使雷管、主发药柱、隔板和样品管同轴排列在验证板中央上面。用垫片将样品管和验证板隔离。确保雷管和主发药柱、主发药柱和隔板、隔板与样品之间接触良好，连接起爆线。

5.2 将验证板放于支架上，以便不妨碍验证板被击穿。

5.3 用起爆器引爆雷管。

5.4 试验结果描述：

试验中若验证板击穿一个光洁的洞，表示在试样中引发了爆炸，则试验结果描述为"＋"，否则为"－"。

## 6 试验报告

——试验样品名称、数量、规格；

——生产企业名称；

——试验设备；

——验证板损坏状况；

——试验结果的记录，以及在试验中观察到的任何有助于解释试验结果的现象；

——试验日期、试验人签字、试验单位盖章。

危险品极不敏感引爆物质的隔板试验方法结果实例见表1。

**表1 危险品极不敏感引爆物质的隔板试验结果实例**

| 物质 | 结果 |
|---|---|
| 环四亚甲基四硝胺/惰性黏合剂(86/14)，浇注 | ＋ |
| 环四亚甲基四硝胺/活性黏合剂(80/20)，浇注 | ＋ |
| 环四亚甲基四硝胺/铝/活性黏合剂(51/19/14)，浇注 | ＋ |
| 旋风炸药/惰性黏合剂(85/15)，浇注 | ＋ |
| 旋风炸药/梯恩梯(60/40)，浇注 | ＋ |
| 三氨基三硝基苯/三氟氯乙烯聚合物(95/5)，压制 | － |
| 梯恩梯，浇注 | ＋ |

ICS 13.300
A 80

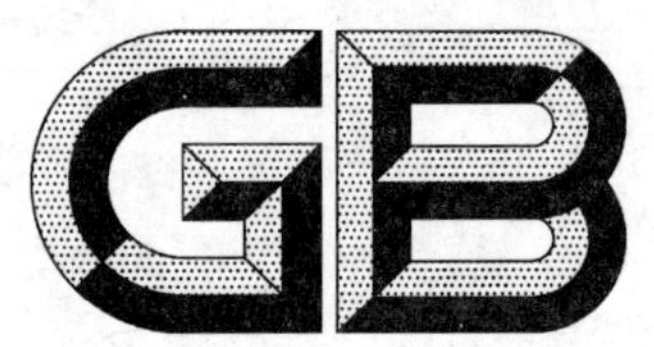

# 中华人民共和国国家标准

GB/T 21577—2008

# 危险品　极不敏感引爆物质的脆性试验方法

**Dangerous goods—Test method of friability for extremely insensitive detonate substance (EIDS)**

2008-04-01 发布　　2008-09-01 实施

中华人民共和国国家质量监督检验检疫总局
中国国家标准化管理委员会　发布

# 前　言

本标准对应于联合国《关于危险货物运输的建议书　规章范本》和联合国《关于危险货物运输的建议书　试验和标准手册》，与其一致性程度为非等效。其有关技术内容与上述手册完全一致，在标准文本格式上按GB/T 1.1—2000做了编辑性修改。

本标准由全国危险化学品管理标准化技术委员会(SAC/TC 251)提出并归口。

本标准负责起草单位：天津市检验检疫科学技术研究院。

本标准参加起草单位：江南大学、中化化工标准化研究所、天津出入境检验检疫局。

本标准主要起草人：王利兵、于艳军、胥传来、张园、王晓兵、周磊。

本标准为首次发布。

# 危险品 极不敏感引爆物质的脆性试验方法

## 1 范围

1.1 本标准规定了危险品中爆炸性分类定级所需试验方法的设备和材料、试验步骤及试验报告。

1.2 本标准不适用于对下述货物危险性的试验：

——军用爆炸品的危险性；

——在生产过程中的爆炸品的危险性；

——无包装的爆炸物质在运输中的危险性；

——因受静电或电磁场的影响所造成的危险性；

——因操作不当或违章操作所引起的危险性；

——其他非正常运输条件下的特殊危险性。

## 2 规范性引用文件

下列文件中的条款通过本标准的引用而成为本标准的条款。凡是注日期的引用文件，其随后所有的修改单(不包括勘误的内容)或修订版均不适用于本标准，然而，鼓励根据本标准达成协议的各方研究是否可使用这些文件的最新版本。凡是不注日期的引用文件，其最新版本适用于本标准。

联合国《关于危险货物运输的建议书 规章范本》

联合国《关于危险货物运输的建议书 试验和标准手册》

## 3 术语和定义

联合国《关于危险货物运输的建议书 规章范本》、联合国《关于危险货物运输的建议书 试验和标准手册》确立的以及下列术语和定义适用于本标准。

3.1

**爆炸 explosion**

在极短时间内，释放出大量能量，产生高温，并放出大量气体，在周围造成高压的化学反应或状态变化的现象。

3.2

**爆炸性物质 explosive substance**

指能够通过其自身化学反应产生气体，在反应时的温度、压力和速度下能对周围环境造成破坏的某一种固态或液态物质(或这些物质的混合物)。烟火物质，即使当它们不放出气体时，也包括在内。

3.3

**爆炸性物品 explosive articles**

指含有一种或多种爆炸性物质的物品。

## 4 设备和材料

4.1 1件能以150 m/s的速度发射直径为18 mm的圆柱形试验体的武器。

4.2 1块厚20 mm的Z30C13不锈钢板，表面粗糙度3.2 μm。

4.3 1个在20℃时为108 $cm^3$±0.5 $cm^3$ 的测压器。

4.4 1个点火盒，由1根加热金属线和平均粒径0.75 mm的0.5 g黑火药组成。黑火药的成分为74%硝酸钾，10.5%硫，15.5%碳，含水量小于1%。

4.5 压实物质的圆柱形试样，直径为18 mm±0.1 mm，质量9.0 g±0.1 g，保持20℃。

4.6 1个碎片回收箱。

## 5 试验步骤

5.1 将试样以150 m/s的初速度对着钢板发射，撞击后收集的碎片的质量应至少为8.8 g。

5.2 把收集到的碎片放在测压器中点火。

5.3 试验共进行3次，记录压力对时间曲线 $p=f(t)$，绘制 $(dp/dt)=f'(t)$ 曲线。

5.4 试验结果描述

试验中如果得到的平均最大 $(dp/dt)_{max}$ 大于15 MPa/ms，则试验结果描述为“+”，否则为“－”。

## 6 试验报告

——试验样品名称、数量、规格；
——生产企业名称；
——试验设备；
——$(dp/dt)=f'(t)$ 曲线及其最大值 $(dp/dt)_{max}$；
——试验结果的记录，以及在试验中观察到的任何有助于解释试验结果的现象；
——试验日期、试验人签字、试验单位盖章。

危险品极不敏感引爆物质的脆性试验结果实例见表1。

**表1 危险品极不敏感引爆物质的脆性试验结果实例**

| 物质 | 结果 |
|---|---|
| 环四亚甲基四硝胺/惰性黏合剂(86/14)，浇注 | － |
| 环四亚甲基四硝胺/活性黏合剂(80/20)，浇注 | ＋ |
| 环四亚甲基四硝胺/铝/活性黏合剂(51/19/14)，浇注 | － |
| 旋风炸药/梯恩梯(60/40)，浇注 | ＋ |
| 三氨基三硝基苯/三氟氯乙烯聚合物(95/5)，压制 | － |

ICS 13.300
A 80

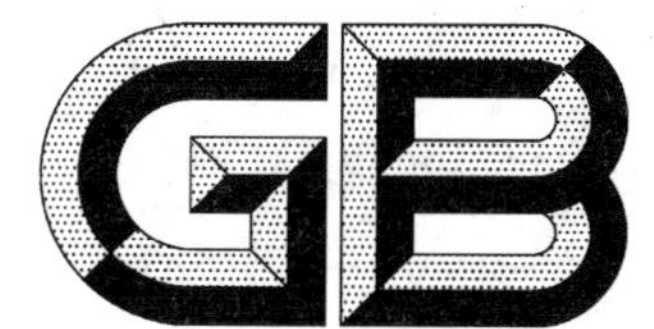

# 中华人民共和国国家标准

GB/T 21578—2008

# 危险品　克南试验方法

**Dangerous goods—Koenen test method**

2008-04-01 发布　　2008-09-01 实施

中华人民共和国国家质量监督检验检疫总局
中国国家标准化管理委员会　发布

# 前　言

本标准对应于联合国《关于危险货物运输的建议书　规章范本》和联合国《关于危险货物运输的建议书　试验和标准手册》，与其一致性程度为非等效。其有关技术内容与上述手册完全一致，在标准文本格式上按 GB/T 1.1—2000 做了编辑性修改。

本标准由全国危险化学品管理标准化技术委员会(SAC/TC 251)提出并归口。

本标准负责起草单位：天津市检验检疫科学技术研究院。

本标准参加起草单位：江南大学、中化化工标准化研究所、天津出入境检验检疫局。

本标准主要起草人：王利兵、于艳军、胥传来、吕刚、王晓兵、周磊。

本标准为首次发布。

# 危险品 克南试验方法

## 1 范围

1.1 本标准规定了危险品中爆炸性分类定级所需试验方法的设备、材料、试验步骤及试验报告。

1.2 本标准不适用于对下述货物危险性的试验：

——军用爆炸品的危险性；

——在生产过程中的爆炸品的危险性；

——无包装的爆炸物质在运输中的危险性；

——因受静电或电磁场的影响所造成的危险性；

——因操作不当或违章操作所引起的危险性；

——其他非正常运输条件下的特殊危险性。

## 2 规范性引用文件

下列文件中的条款通过本标准的引用而成为本标准的条款。凡是注日期的引用文件，其随后所有的修改单(不包括勘误的内容)或修订版均不适用于本标准，然而，鼓励根据本标准达成协议的各方研究是否可使用这些文件的最新版本。凡是不注日期的引用文件，其最新版本适用于本标准。

联合国《关于危险货物运输的建议书 规章范本》

联合国《关于危险货物运输的建议书 试验和标准手册》

## 3 术语和定义

联合国《关于危险货物运输的建议书 规章范本》、联合国《关于危险货物运输的建议书 试验和标准手册》确立的以及下列术语和定义适用于本标准。

3.1

**爆炸 explosion**

在极短时间内，释放出大量能量，产生高温，并放出大量气体，在周围造成高压的化学反应或状态变化的现象。

3.2

**爆炸性物质 explosive substance**

指能够通过其自身化学反应产生气体，在反应时的温度、压力和速度下能对周围环境造成破坏的某一种固态或液态物质(或这些物质的混合物)。烟火物质，即使当它们不放出气体时，也包括在内。

3.3

**爆炸性物品 explosive articles**

指含有一种或多种爆炸性物质的物品。

## 4 设备和材料

设备包括安装在一个加热和保护装置内的不能再使用的钢管及其可在使用的闭合装置。

### 4.1 样品管

钢管是用质量合适的钢板深拉制成的，钢管的开口端做成凸缘。钢管质量为 25.5 g±1.0 g。尺寸如图 1 所示。

### 4.2 配衡管

同样品管。

### 4.3 封口板

用耐热铬板制成，带有一小孔，直径为：(1.0 - 1.5 - 2.0 - 2.5 - 3.0 - 5.0 - 8.0 - 12.0 - 20.1) mm。尺寸如图1所示。

### 4.4 闭合装置

螺纹套筒和螺帽。尺寸如图1所示。

单位为毫米

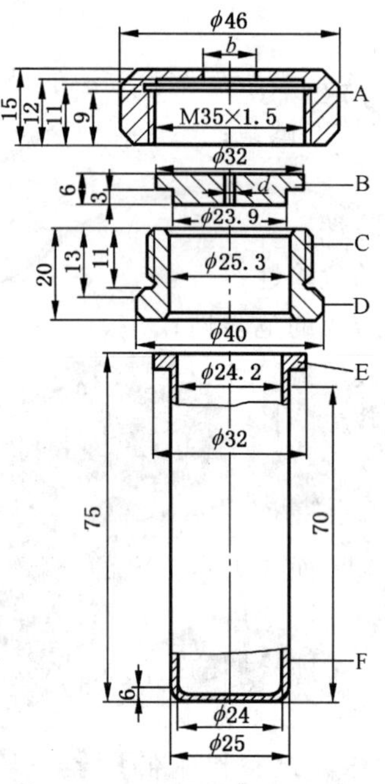


A——螺帽($b$=10.0 mm 或 20.0 mm)带有41号扳手用平面；

B——孔板($a$=1.0 mm～2.0 mm 直径)；

C——螺纹套筒；

D——36号扳手用平面；

E——凸缘；

F——钢管。

图1 试验钢管组件

### 4.5 加热保护装置

一个带有压力调节器的工业丙烷气瓶或达到等同加热速率的气体，通过流量计和一根管道分配到4个燃烧器，并有可同时点燃4个燃烧器的点火装置，外设有保护箱，结构尺寸如图2所示。

单位为毫米

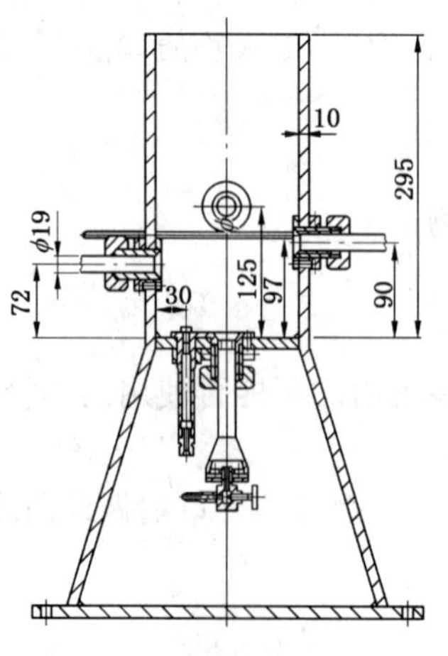


图2 加热和保护装置

## 5 试验步骤

### 5.1 设定标准加热速率

将 27 $cm^3$ 邻苯二甲酸二丁酯装入配衡钢管内，配有 1.5 mm 孔板。将直径为 1 mm 的热电偶放在钢管中央距离管口 43 mm 处，点燃燃烧器，记录液体温度从 135℃上升至 285℃所用时间并计算加热速率。用气瓶压力调节装置调节丙烷流量，直至加热速率为 3.3 K/s±0.3 K/s。

### 5.2 样品准备

#### 5.2.1 固体试样

第一阶段将 9 $cm^3$ 试样装入配衡管中，用施加在钢管整个横截面 80 N 的力将物质压实，如果物质可压缩，则添加物质并压实，直到装至距离管口 55 mm 为止。确定所用试样总质量。在钢管中再添加两次这一质量的试样，每次都用 80 N 的力压实。然后视情况取出或者添加试样以使试样距管口 15 mm 水平。确定所用试样总量。

第二阶段将第一阶段准备程序中确定的物质质量的三分之一装入钢管并压实。在钢管中再添加两次这一质量的试样，每次都用 80 N 的力压实。然后视情况取出或者添加试样以使试样距管口 15 mm 水平。

每次试验所用固体质量为第二阶段中确定的试样质量，将此数量的试样分成 3 等份装入钢管，每 1 等份都压缩成 9 $cm^3$。

注：物质对摩擦敏感，则不需要将物质压实。

#### 5.2.2 液体或胶体试样

液体或胶体装至距管口 60 mm 处，装胶体时应特别小心以防形成气泡。

5.3 将螺纹套筒涂上一些以二硫化钼为基料的润滑油后，将螺纹套筒从下端套到钢管上。插入适当的孔板并用扳手将螺帽拧紧。

注：应检查没有试样留在凸缘和孔板之间或留在螺纹内。

5.4 用孔径 1.0 mm 至 8.0 mm 的孔板时，应使用 10.0 mm 的螺帽，当用孔径大于 8.0mm 的孔板时，应使用 20.0 mm 的螺帽。每个钢管只可进行 1 次试验。孔板、螺纹套筒和螺帽如没有损坏可再次使用。

5.5 将钢管夹在固定的台钳上，用扳手把螺帽拧紧。然后将钢管悬挂在保护箱内的 2 根棒之间，将试验区弄空，打开气体燃料供应、点燃燃烧器。达到反应的时间和反应持续的时间可提供用于解释结果的额外资料。如钢管没有破裂，再持续加热 5 min 结束试验。如钢管破裂，则收集破片过重。

5.6 试验从 20.0 mm 的孔板开始试验，如观察到“爆炸”，就使用没有孔板和螺帽但有螺纹套筒的钢管(孔径 24.0 mm)进行试验；如为“无爆炸”，就使用(12.0-8.0-5.0-3.0-2.0-1.5)mm 和最后使用 1.0 mm 孔板继续做一次性试验，直到某一个孔板得到“爆炸”为止，然后按照 4.3 所给次序用孔径越来越大的孔板进行试验，直到用同一孔径进行 3 次试验都得到“无爆炸”为止，物质的极限直径是得到“爆炸”结果的最大孔径。

### 5.7 试验结果描述

如果在试验所得极限直径为 1.0 mm 或更大，则试验结果描述为“+”，否则为“－”。

## 6 试验报告

### 6.1 试验效应

“O”：钢管无变化；

“A”：钢管底部凸起；

“B”：钢管底部和管壁凸起；

“C”：钢管底部破裂；

“D”：管壁破裂；

“E”：钢管裂成 2 片(留在闭合装置中的钢管上部分算 1 片)；

"F":钢管裂成3片(留在闭合装置中的钢管上部分算1片)或更多片,主要是大碎片;

"G":钢管裂成许多片,主要是小碎片,闭合装置没有损坏;

"H":钢管裂成许多非常小的碎片,闭合装置凸起或破裂。

试验D、E、F效应结果图如图3所示。如试验得到"O"至"E"的任何一现象,视为"无爆炸";得到"F"、"G"和"H"视为"爆炸"。

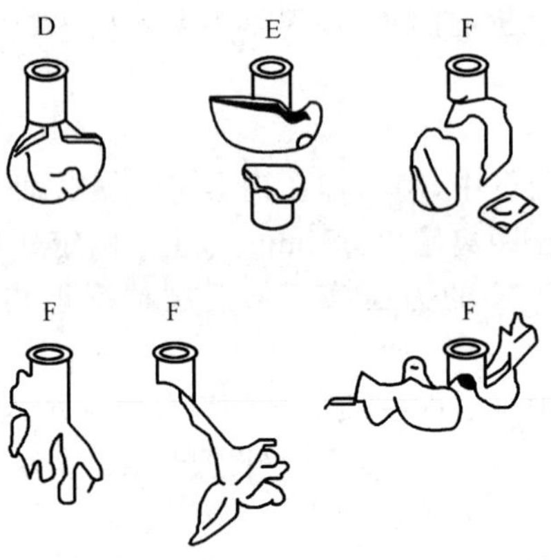


**图3 D、E和F型效应因子**

危险品克南试验的结果实例见表1。

**表1 危险品克南试验结果实例**

| 物　　质 | 极限直径/mm | 结　　果 |
|---|---|---|
| 硝酸铵(晶体) | 1.0 | + |
| 硝酸铵(高密度颗粒) | 1.0 | + |
| 硝酸铵(低密度颗粒) | 1.0 | + |
| 高氯酸铵 | 3.0 | + |
| 1,3-二硝基苯(晶体) | <1.0 | − |
| 2,4-二硝基甲苯(晶体) | <1.0 | − |
| 硝酸胍(晶体) | 1.5 | + |
| 硝基胍(晶体) | 1.0 | + |
| 硝基甲烷 | <1.0 | − |
| 硝酸脲(晶体) | <1.0 | − |

ICS 13.300
A 80

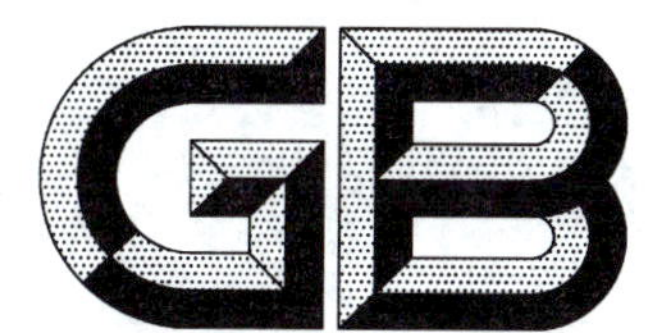

# 中华人民共和国国家标准

GB/T 21579—2008

# 危险品　时间/压力试验方法

## Dangerous goods—Test method of time/pressure

2008-04-01 发布　　2008-09-01 实施

中华人民共和国国家质量监督检验检疫总局
中国国家标准化管理委员会　发布

# 前　言

本标准对应于联合国《关于危险货物运输的建议书　规章范本》和联合国《关于危险货物运输的建议书　试验和标准手册》，与其一致性程度为非等效。其有关技术内容与上述手册完全一致，在标准文本格式上按 GB/T 1.1—2000 做了编辑性修改。

本标准由全国危险化学品管理标准化技术委员会(SAC/TC 251)提出并归口。

本标准负责起草单位：天津市检验检疫科学技术研究院。

本标准参加起草单位：江南大学、中化化工标准化研究所、天津出入境检验检疫局。

本标准主要起草人：赵好力宝、王利兵、李宁涛、赵黎华、胥传来、王晓兵。

本标准为首次发布。

# 危险品　时间/压力试验方法

## 1　范围

1.1　本标准规定了危险品中爆炸性分类定级所需试验方法的设备和材料、试验步骤及试验报告。

1.2　本标准不适用于对下述货物危险性的试验：

——军用爆炸品的危险性；

——在生产过程中的爆炸品的危险性；

——无包装的爆炸物质在运输中的危险性；

——因受静电或电磁场的影响所造成的危险性；

——因操作不当或违章操作所引起的危险性；

——其他非正常运输条件下的特殊危险性。

## 2　规范性引用文件

下列文件中的条款通过本标准的引用而成为本标准的条款。凡是注日期的引用文件，其随后所有的修改单(不包括勘误的内容)或修订版均不适用于本标准，然而，鼓励根据本标准达成协议的各方研究是否可使用这些文件的最新版本。凡是不注日期的引用文件，其最新版本适用于本标准。

联合国《关于危险货物运输的建议书　规章范本》

联合国《关于危险货物运输的建议书　试验和标准手册》

## 3　术语和定义

联合国《关于危险货物运输的建议书　规章范本》及联合国《关于危险货物运输的建议书　试验和标准手册》确立的以及下列术语和定义适用于本标准。

3.1

**爆炸　explosion**

在极短时间内，释放出大量能量，产生高温，并放出大量气体，在周围造成高压的化学反应或状态变化的现象。

3.2

**爆炸性物质　explosive substance**

能够通过其自身化学反应产生气体，在反应时的温度、压力和速度下能对周围环境造成破坏的某一种固态或液态物质(或这些物质的混合物)。烟火物质，即使当它们不放出气体时，也包括在内。

3.3

**爆炸性物品　explosive articles**

含有一种或多种爆炸性物质的物品。

## 4　设备和材料

### 4.1　试验设备

时间/压力试验设备包括一个长 89 mm、外径 60 mm 的圆柱形钢压力容器。将相对的侧削成平面

(把容器的横截面减至 50 mm)以便于安装点火塞和通风塞时可以固定。容器有一直径 20 mm 的内膛,将其任何一端的内面至 19 mm 深处车上螺纹以便容纳 25.4 mm(1 in)的标准管。侧臂形状的压力测量装置拧入压力容器一端 35 mm,与削平的两面成 90°。插座镗孔深 12 mm 并有螺纹,以拧入侧臂一端上的 12.7 mm(0.5 in)标准管螺纹。装上垫圈以确保气密性。侧臂伸出压力容器体外 55 mm,并有 6 mm 内膛。侧臂外端车上螺纹以便安装隔膜式压力传感器。试验设备详细结构如图 1 所示。

单位为毫米

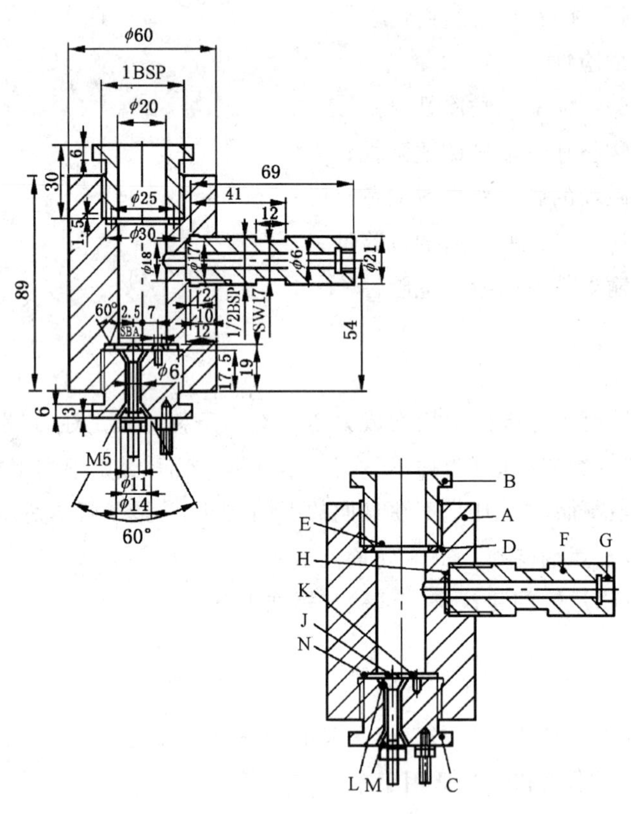


A——压力容器体;
B——防爆盘夹持塞;
C——点火塞;
D——软铅垫圈;
E——防爆盘;
F——侧臂;
G——压力传感螺纹;
H——铜垫圈;
J——绝缘电极;
K——接地电极;
L——绝缘体;
M——钢锥体;
N——垫圈变形槽。

**图 1　危险品时间/压力试验设备**

压力容器离侧臂较远侧用点火塞密封,点火塞上两个电极,一个与塞体绝缘,另一个与塞体接地。压力容器另一端用 0.2 mm 厚铝防爆盘(爆裂压力约 2 200 kPa)密封,并用内膛 20 mm 夹持塞固定,夹持塞用软铅垫圈密封。

## 4.2　支撑架

包括一个尺寸为 235 mm×184 mm×6 mm 的软钢底板和一个长 185 mm 的 70 mm×70 mm×4 mm 的方形空心型材,如图 2 所示。

单位为毫米

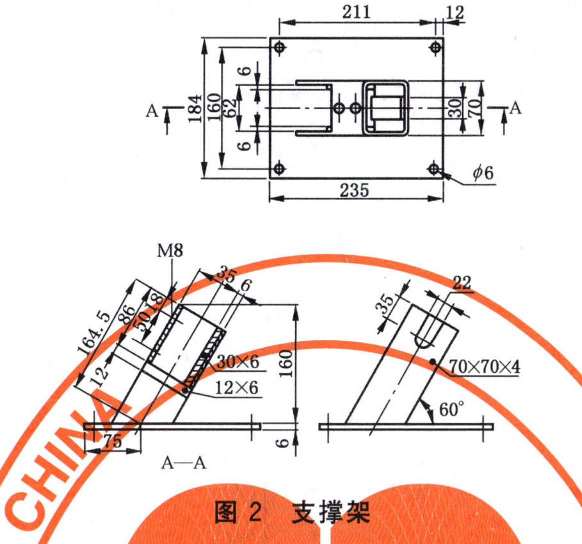


图 2 支撑架

方形空心型材一端相对的两边切去一块，形成一个具有两个平边脚顶着一个长 86 mm 的完整箱形结构，平边的末端切成与水平 60°角并焊到底板上。

底舱上端一边开一个 22 mm 宽、46 mm 深切口以便当压力容器装置以点火塞端朝下放进箱形舱支架时，侧臂落入此缺口。将宽 30 mm、厚 6 mm 钢垫板焊接到箱形舱下部表面上作为衬垫。将两个 7 mm 翼形螺钉拧入相对的两面，固定压力容器。将两块宽 12 mm、厚 6 mm 钢条焊接到邻接箱形舱底部的侧块上支撑压力容器。

## 4.3 点火系统

包括一个低压雷管中常用的电引信头以及一块边长为 13 mm 的正方形且两面涂有 $KNO_3$/Si/无硫火药烟火药剂的细麻布。

### 4.3.1 固体点火系统

准备程序将电引信头的黄铜箔触头同其绝缘体分开，切掉绝缘体露出部分，利用黄铜触头将引信接到点火塞接头，使引信顶端高出点火塞表面 13 mm，将一块点火细麻布从中心穿孔后套在接好的引信头上，然后折叠将引信头包起来并用细棉线扎好，如图 3 所示。

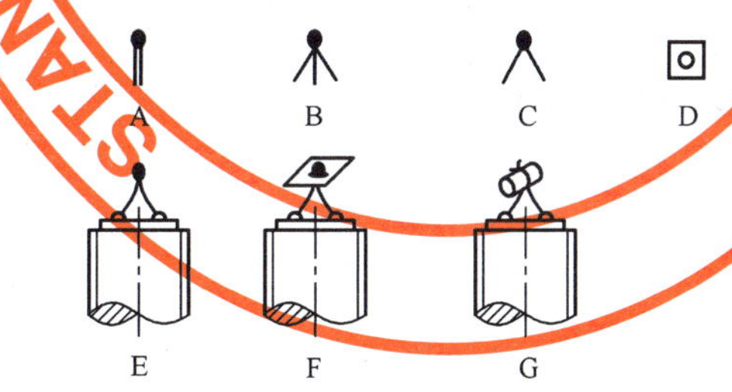


A——制成的点火引信头；

B——黄铜箔触头与卡片绝缘体分离；

C——绝缘卡片被切去；

D——中心有孔的 13 mm 见方点火细麻布；

E——引信头接到点火塞插头；

F——细麻布套上引信头；

G——细麻布包扎。

图 3 固体点火系统

4.3.2 液体点火系统

将引信接到引信头接触箔上，引线穿过长 8 mm、外径 5 mm、内径 1 mm 硅橡胶管，并将硅橡胶管向上推倒引信头的接触箔之上，点火细麻布包着引信头并用一块聚氯乙烯薄膜或等效物罩着点火细麻布和硅橡胶管。用一根细铁丝绕着薄膜和橡胶管将薄膜紧紧扎住。将引线接到点火塞的接头并使引信头顶端高出点火塞表面 13 mm，如图 4 所示。

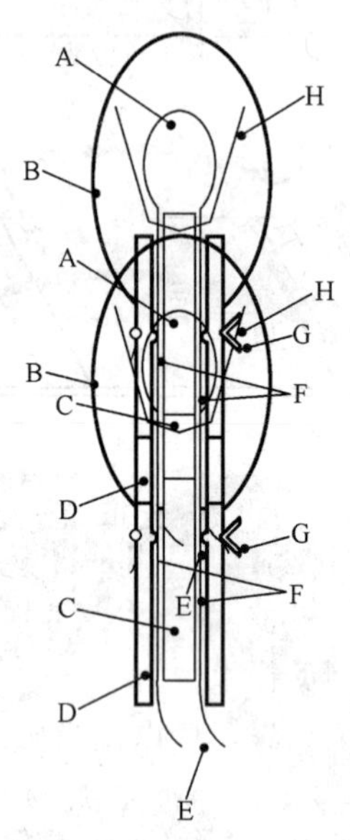


A——引信头；
B——聚氯乙烯薄膜；
C——绝缘卡片；
D——硅橡胶管；
E——点火引线；
F——箔触头；
G——紧固丝；
H——点火细麻布。

图 4 液体点火系统

4.4 压力测量装置

不受高温气体和分解产物的影响，且能够对在 5 ms 的时间内压力从 690 kPa 升至 2 070 kPa 的压力上升速率作出反应。

## 5 试验步骤

5.1 将装上压力传感器但无铝防爆盘的设备以点火塞一端朝下架好。将 5.0 g 试样放进设备中并使之与点火系统接触。

5.2 在将试样装入容器时不必压实，但为了将 5.0 g 试样装入容器时可以轻轻压实。如果轻轻压实仍然无法将 5.0 g 试样全部装入，那么装满容器就可以，应当记下所用的试样重量。

注：如在“危险品小型燃烧试验”中表明试样可能发生迅速反应，则试样量减至 0.5 g。

5.3 装上铅垫圈和铝防爆盘并将夹持塞拧紧。将装了试样的容器移到点火支撑架上，防爆盘朝上，并置于适当的防爆通风橱或点火室中。点火塞外接头接上点火机，将装料点火。

5.4 压力传感器产生的信号记录在既可用于评估又可永久记录所取得的时间/压力图形的适当系统上（例如瞬时记录器与图表记录器耦合）。

5.5 试验进行三次，记录表压由 690 kPa 上升至 2 070 kPa 所需的最短时间。

### 5.6 试验结果描述

如果在试验中表压由 690 kPa 上升至 2 070 kPa 但时间小于 30 ms，则试验结果描述为“＋”，否则为“－”。

## 6 试验报告

——试验样品名称、数量、规格；

——生产企业名称；

——试验设备；

——试验环境温度、湿度条件；

——试验中表压从 690 kPa 上升至 2 070 kPa 所需最短的时间；

——试验结果的记录，以及在试验中观察到的任何有助于解释试验结果的现象；

——试验日期、试验人签字、试验单位盖章。

危险品时间/压力试验结果实例见表 1。

**表 1 危险品时间/压力试验结果实例**

| 物　　质 | 最大压力/kPa | 压力从 690 kPa 上升至 2 070 kPa 所需的时间/ms | 结　　果 |
|---|---|---|---|
| 硝酸铵(高密度颗粒) | < | — | — |
| 硝酸铵(低密度颗粒) | < | — | — |
| 高氯酸铵(2 μm) | > | 5 | + |
| 高氯酸铵(10 μm) | > | 15 | + |
| 叠氮化钡 | > | <5 | + |
| 硝酸胍 | > | 606 | — |
| 亚硝酸异丁酯 | > | 80 | — |
| 硝酸异丙酯 | > | 10 | + |
| 硝基胍 | > | 400 | — |
| 苦胺酸 | > | 500 | — |
| 苦胺酸钠 | > | 15 | + |
| 硝基脲 | > | 400 | — |

ICS 13.300
A 80

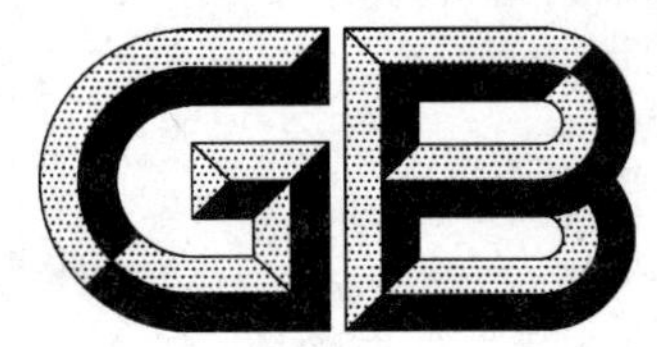

# 中华人民共和国国家标准

GB/T 21580—2008

# 危险品　小型燃烧试验方法

Dangerous goods—Test of small-scale burning

2008-04-01 发布　　2008-09-01 实施

中华人民共和国国家质量监督检验检疫总局
中国国家标准化管理委员会　发布

# 前　言

本标准对应于联合国《关于危险货物运输的建议书　规章范本》和联合国《关于危险货物运输的建议书　试验和标准手册》，与其一致性程度为非等效。其有关技术内容与上述手册完全一致，在标准文本格式上按 GB/T 1.1—2000 做了编辑性修改。

本标准由全国危险化学品管理标准化技术委员会(SAC/TC 251)提出并归口。

本标准负责起草单位：天津市检验检疫科学技术研究院。

本标准参加起草单位：江南大学、中化化工标准化研究所、天津出入境检验检疫局。

本标准主要起草人：王利兵、冯智劼、张园、王晓兵、胥传来、周磊。

本标准为首次发布。

# 危险品　小型燃烧试验方法

## 1　范围

1.1　本标准规定了危险品中爆炸性分类定级所需试验方法的设备、材料、试验步骤及试验报告。

1.2　本标准不适用于对下述货物危险性的试验：

——军用爆炸品的危险性；

——在生产过程中的爆炸品的危险性；

——无包装的爆炸物质在运输中的危险性；

——因受静电或电磁场的影响所造成的危险性；

——因操作不当或违章操作所引起的危险性；

——其他非正常运输条件下的特殊危险性。

## 2　规范性引用文件

下列文件中的条款通过本标准的引用而成为本标准的条款。凡是注日期的引用文件，其随后所有的修改单(不包括勘误的内容)或修订版均不适用于本标准，然而，鼓励根据本标准达成协议的各方研究是否可使用这些文件的最新版本。凡是不注日期的引用文件，其最新版本适用于本标准。

联合国《关于危险货物运输的建议书　规章范本》

联合国《关于危险货物运输的建议书　试验和标准手册》

## 3　术语和定义

联合国《关于危险货物运输的建议书　规章范本》、联合国《关于危险货物运输的建议书　试验和标准手册》确立的以及下列术语和定义适用于本标准。

3.1

**爆炸　explosion**

在极短时间内，释放出大量能量，产生高温，并放出大量气体，在周围造成高压的化学反应或状态变化的现象。

3.2

**爆炸性物质　explosive substance**

指能够通过其自身化学反应产生气体，在反应时的温度、压力和速度下能对周围环境造成破坏的某一种固态或液态物质(或这些物质的混合物)。烟火物质，即使当它们不放出气体时，也包括在内。

3.3

**爆炸性物品　explosive articles**

指含有一种或多种爆炸性物质的物品。

## 4　设备和材料

4.1　煤油浸泡过的锯木屑(约 100 g 木屑和 200 $cm^3$ 煤油)；

4.2　1 个点火器；

4.3　1 个薄的且正好可以盛下试验物质并与试样兼容的塑料烧杯。

## 5　试验步骤

5.1　在烧杯内放置 10 g 物质，将烧杯置于木屑底座(30 cm 长，30 cm 宽，1.3 cm 厚；对于不易点燃的物质厚度增至 2.5 cm)的中央,然后用电点火器将木屑点燃。

5.2 用 10 g 试样进行两次试验,再用 100 g 进行两次,除非观察到燃烧现象。

5.3 固体物质替代试验

物质呈锥形堆于边长 300 mm×300 mm 牛皮纸上,堆的高度、基部半径相同,约 100 mm。绕试验物质一周撒一道无烟火药,在两个对角相对的点从安全距离利用一种适当的点火装置将无烟火药点燃,牛皮纸点燃后引燃试验物质,用 10 g 试样进行两次试验,再用 100 g 进行两次,除非观察到燃烧现象。试验示意图如图 1 所示。

单位为毫米

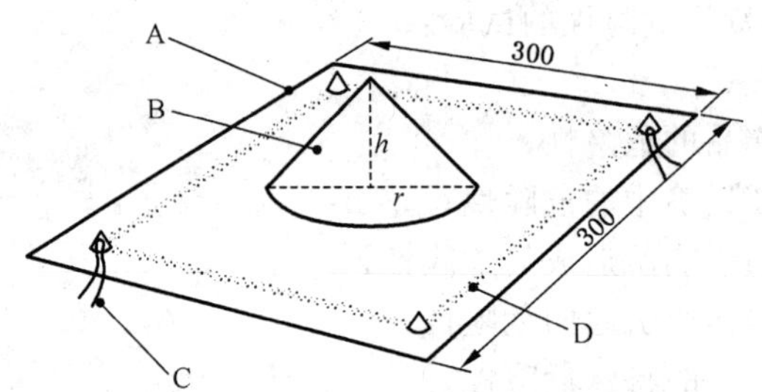


A——牛皮纸;

B——试验物质;

C——用一个点火器和几克无烟火药粉末(从两个相对的角落)点火;

D——无烟火药粉末条。

**图 1 固体小型燃烧替代试验**

5.4 试验结果描述

如果在试验中试验物质发生爆炸,则试验结果描述为"+",否则为"-"。

## 6 试验报告

——试验样品名称、数量、规格;

——生产企业名称;

——试验设备;

——试验中的"爆炸"、"未点着"或"点着并燃烧"现象;

——试验结果的记录,以及在试验中观察到的任何有助于解释试验结果的现象;

——试验日期、试验人签字、试验单位盖章。

危险品小型燃烧试验结果实例见表 1。

**表 1 危险品小型燃烧试验结果实例**

| 物 质 | 观察结果 | 结 果 |
|---|---|---|
| 液体 | | |
| 硝基甲烷 | 燃烧 | - |
| 固体 | | |
| 替代方法 | | |
| 炸胶 A(硝化甘油 92%,消化纤维素 8%) | 燃烧 | - |
| 黑火药粉末 | 燃烧 | - |
| 叠氮化铅 | 爆炸 | + |
| 雷酸汞 | 爆炸 | + |

ICS 13.300
A 80

# 中华人民共和国国家标准

GB/T 21581—2008

# 危险品　液体钢管跌落试验方法

**Dangerous goods—Test method of steel tube drop for liquid**

2008-04-01 发布　　　　2008-09-01 实施

中华人民共和国国家质量监督检验检疫总局
中国国家标准化管理委员会　发布

# 前　言

本标准对应于联合国《关于危险货物运输的建议书　规章范本》和联合国《关于危险货物运输的建议书　试验和标准手册》，与其一致性程度为非等效。其有关技术内容与上述手册完全一致，在标准文本格式上按GB/T 1.1—2000做了编辑性修改。

本标准由全国危险化学品管理标准化技术委员会(SAC/TC 251)提出并归口。

本标准负责起草单位：天津市检验检疫科学技术研究院。

本标准参加起草单位：江南大学、中化化工标准化研究所、天津出入境检验检疫局。

本标准主要起草人：赵好力宝、王利兵、李宁涛、胥传来、于艳军、王晓兵。

本标准为首次发布。

# 危险品　液体钢管跌落试验方法

## 1　范围

1.1　本标准规定了危险品中爆炸性分类定级所需试验方法的设备和材料、试验步骤及试验报告。

1.2　本标准不适用于对下述货物危险性的试验：

——军用爆炸品的危险性；

——在生产过程中的爆炸品的危险性；

——无包装的爆炸物质在运输中的危险性；

——因受静电或电磁场的影响所造成的危险性；

——因操作不当或违章操作所引起的危险性；

——其他非正常运输条件下的特殊危险性。

## 2　规范性引用文件

下列文件中的条款通过本标准的引用而成为本标准的条款。凡是注日期的引用文件，其随后所有的修改单(不包括勘误的内容)或修订版均不适用于本标准，然而，鼓励根据本标准达成协议的各方研究是否可使用这些文件的最新版本。凡是不注日期的引用文件，其最新版本适用于本标准。

联合国《关于危险货物运输的建议书　规章范本》

联合国《关于危险货物运输的建议书　试验和标准手册》

## 3　术语和定义

联合国《关于危险货物运输的建议书　规章范本》和联合国《关于危险货物运输的建议书　试验和标准手册》确立的以及下列术语和定义适用于本标准。

3.1

**爆炸　explosion**

在极短时间内，释放出大量能量，产生高温，并放出大量气体，在周围造成高压的化学反应或状态变化的现象。

3.2

**爆炸性物质　explosive substance**

指能够通过其自身化学反应产生气体，在反应时的温度、压力和速度下能对周围环境造成破坏的某一种固态或液态物质(或这些物质的混合物)。烟火物质，即使当它们不放出气体时，也包括在内。

3.3

**爆炸性物品　explosive articles**

指含有一种或多种爆炸性物质的物品。

## 4　设备和材料

### 4.1　样品管

——材料：精拔管，钢(A37 型)，45$\phi$42×4T，内径 33 mm；

——长度：500 mm；

——底端焊有直径 42 mm、厚 4 mm 的圆形钢片做管底，上端配有铸铁螺帽，帽的中心钻有 1 个 8 mm 的轴向孔。

4.2 **跌落装置**

有效跌落装置不小于 5.0 m,并带有自由脱落装置。

4.3 **跌落板**

钢板,硬度大于 200 HB,长 1 000 mm,宽 500 mm,厚 150 mm。

4.4 **试验装置图**(见图 1)

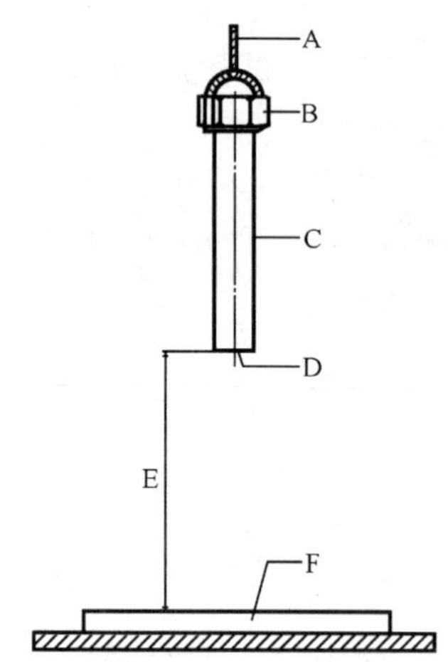


A——通过金属丝熔化释放;

B——铸铁螺帽;

C——无缝钢管;

D——焊接的钢底;

E——跌落高度,0.25 m 至 5.0 m;

F——钢砧。

**图 1 液体钢管跌落试验装置图**

## 5 试验步骤

5.1 试验前记录液体的温度和密度。

5.2 用聚四氟乙烯胶带缠在螺帽螺纹上,再将螺帽拧在样品管上。

5.3 试验前 1 h 将液体摇动 10 s,通过轴向孔将试样装入样品管,用塑料塞封闭。

5.4 将样品管固定在自由脱落装置上,使样品管保持在跌落板中心位置。

5.5 开启自由跌落装置,样品管垂直跌落。试验从 0.5 m 开始试验,直至最大跌落高度 5 m。

5.6 试验结果描述:

试验在跌落 5.0 m 或不到 5.0 m 后发生,则试验结果描述为“+”,否则为“—”。

## 6 试验报告

——试验样品名称、数量、规格;

——生产企业名称;

——试验设备;

——试验在跌落 5 m 或不到 5 m 时是否发生破坏的试验现象,包括爆轰、钢管裂成碎片、钢管破裂、无反应、钢管损坏不大等;

——试验结果的记录,以及在试验中观察到的任何有助于解释试验结果的现象;

——试验日期、试验人签字、试验单位盖章。

危险品液体钢管跌落试验方法结果实例见表 1。

**表 1 危险品液体钢管跌落试验结果实例**

| 液　　体 | 温度/℃ | 爆轰的跌落高度/m | 结果 |
|---|---|---|---|
| 硝化甘油 | 15 | <0.25 | + |
| 硝化甘油/甘油三乙酸酯/2-硝基二苯胺(78/21/1) | 14 | 1.0 | + |
| 硝基甲烷 | 15 | >5.0 | − |
| 三甘醇二硝酸酯 | 13 | >5.0 | − |

---

ICS 13.300
A 80

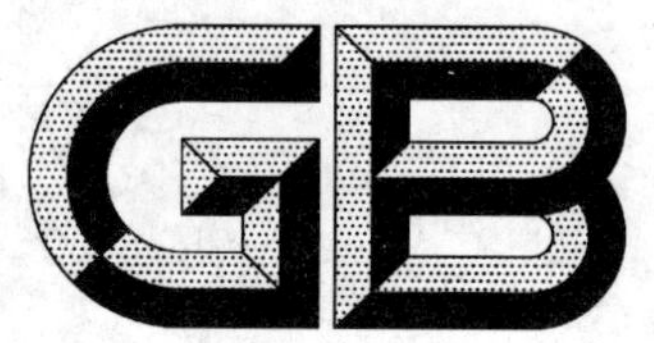

# 中华人民共和国国家标准

GB/T 21582—2008

# 危险品 雷管敏感度试验方法

Dangerous goods—Test method of cap sensitivity

2008-04-01 发布 2008-09-01 实施

中华人民共和国国家质量监督检验检疫总局
中国国家标准化管理委员会 发布

# 前　言

本标准对应于联合国《关于危险货物运输的建议书　规章范本》和联合国《关于危险货物运输的建议书　试验和标准手册》，与其一致性程度为非等效。其有关技术内容与上述手册完全一致，在标准文本格式上按GB/T 1.1—2000做了编辑性修改。

本标准由全国危险化学品管理标准化技术委员会(SAC/TC 251)提出并归口。

本标准负责起草单位：天津市检验检疫科学技术研究院。

本标准参加起草单位：江南大学、中化化工标准化研究所、天津出入境检验检疫局。

本标准主要起草人：张园、王利兵、赵黎华、冯智劼、王晓兵、胥传来。

本标准为首次发布。

# 危险品　雷管敏感度试验方法

## 1　范围

1.1　本标准规定了危险品中爆炸性分类定级所需试验方法的设备和材料、试验步骤及试验报告。

1.2　本标准不适用于对下述货物危险性的试验：

——军用爆炸品的危险性；

——在生产过程中的爆炸品的危险性；

——无包装的爆炸物质在运输中的危险性；

——因受静电或电磁场的影响所造成的危险性；

——因操作不当或违章操作所引起的危险性；

——其他非正常运输条件下的特殊危险性。

## 2　规范性引用文件

下列文件中的条款通过本标准的引用而成为本标准的条款。凡是注日期的引用文件，其随后所有的修改单(不包括勘误的内容)或修订版均不适用于本标准，然而，鼓励根据本标准达成协议的各方研究是否可使用这些文件的最新版本。凡是不注日期的引用文件，其最新版本适用于本标准。

GB 8031—2005　工业电雷管

GB/T 11253—2007　碳素结构钢冷轧薄钢板及钢带(ISO 4997:1999,NEQ)

联合国《关于危险货物运输的建议书　规章范本》

联合国《关于危险货物运输的建议书　试验和标准手册》

## 3　术语和定义

联合国《关于危险货物运输的建议书　规章范本》、联合国《关于危险货物运输的建议书　试验和标准手册》确立的以及下列术语和定义适用于本标准。

3.1

**爆炸　explosion**

在极短时间内，释放出大量能量，产生高温，并放出大量气体，在周围造成高压的化学反应或状态变化的现象。

3.2

**爆炸性物质　explosive substance**

指能够通过其自身化学反应产生气体，在反应时的温度、压力和速度下能对周围环境造成破坏的某一种固态或液态物质(或这些物质的混合物)。烟火物质，即使当它们不放出气体时，也包括在内。

3.3

**爆炸性物品　explosive articles**

指含有一种或多种爆炸性物质的物品。

## 4　设备和材料

4.1　雷管(GB 8031—2005)：8 号雷管；

4.2　样品管

内径 80 mm、长 160 mm、壁厚不大于 1.5 mm 的螺旋形旋绕硬纸板管子；

4.3 验证板

碳素结构钢薄钢板(GB/T 11253—2007)Q235-A,长、宽均为160 mm,厚1.0 mm;

4.4 支架

普通钢圈,内直径100 mm,壁厚3.5 mm,高50 mm;

4.5 底板

长、宽不小于152 mm,厚25 mm。

雷管敏感度试验装置见图1。

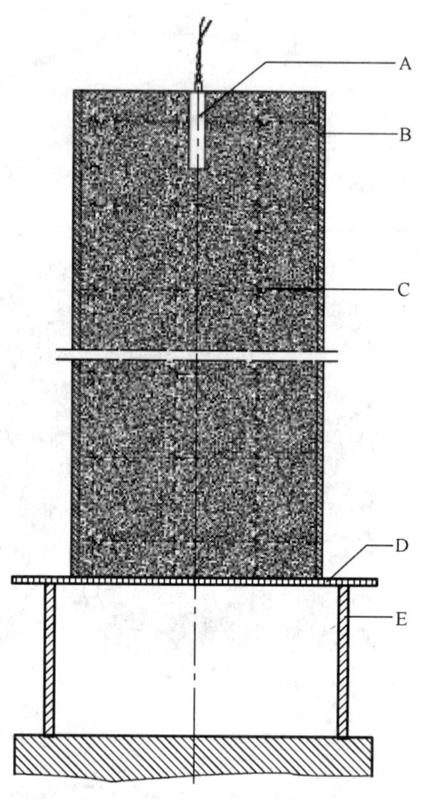


A——雷管;
B——螺旋形绕层纤维板管子;
C——试验物质;
D——普通结构钢验证板;
E——钢圈。

**图1 雷管敏感度试验装置**

## 5 试验步骤

5.1 应将试样装入用薄膜封闭底端的样品管中,要求其密度尽可能接近其运输密度。装试样时应注意:

a) 对粒状试样分3等份装入,在每装完一份后,让管子从50 mm高处垂直落下以便将试样压实,直至装满;

b) 胶体试样应小心装实,避免出现空隙;

c) 对于直径大于80 mm的高密度筒装试样,使用原药筒。如药筒过长,则切下不少于160 mm的药筒进行试验,雷管则插入没有切割端;

d) 对于敏感度与温度有关的试样,在试验前必须在28℃至30℃温度下保存至少30 h;

e) 对含有粒状硝酸铵的爆炸品如应在环境温度高的地区运输,在试验前应进行48 h如下温度循环:25℃—40℃—25℃—40℃—25℃。

5.2 将管子放在用支架支撑的验证板上,再一起放于底板上,把雷管从爆炸品顶部中央插入,插入深度为雷管高度。然后，从安全位置引爆雷管，试验完毕后检查验证板。

5.3 试验进行3次，除非物质发生爆轰。

5.4 试验结果描述：

如果任何一次试验中验证板扯裂或其他形式的穿透（即可通过验证板见到光线），则试验结果描述为"＋"，否则结果即为"－"，验证板上有凸起、裂痕或弯折并不表明雷管敏感性。

## 6 试验报告

进行3次试验并记录：

——试验样品名称、数量、规格；

——生产企业名称；

——试验设备；

——验证板的变化；

——试验结果的记录，以及在试验中观察到的任何有助于解释试验结果的现象；

——试验日期、试验人签字、试验单位盖章。

雷管敏感度试验验证实例见表1。

表1 验证实例

| 物　质 | 密度/($kg/m^3$) | 备考 | 结果 |
|---|---|---|---|
| 硝酸铵颗粒＋燃料油 | 840～900 | 原装 | － |
| 硝酸铵颗粒＋燃料油 | 750～760 | 2次温度循环 | ＋ |
| 硝酸铵＋梯恩梯＋可燃物质 | 1 030～1 070 | 原装 | ＋ |
| 硝酸铵颗粒＋二硝基甲苯(在表面) | 820～830 | 原装 | － |
| 硝酸铵颗粒＋二硝基甲苯(在表面) | 800～830 | 40℃下存放30 h | ＋ |
| 硝酸铵＋二硝基甲苯＋可燃物质 | 970～1 030 | 原装 | － |
| 硝酸铵＋二硝基甲苯＋可燃物质 | 780～960 | 原装 | ＋ |
| 硝酸铵＋可燃物质 | 840～950 | 原装 | － |
| 硝酸铵＋可燃物质 | 620～840 | 原装 | ＋ |
| 硝酸铵＋碱金属硝酸盐＋碱土金属硝酸盐＋铝＋水＋可燃物质 | 1 300～1 450 | 原装 | － |
| 硝酸铵＋碱金属硝酸盐＋碱土金属硝酸盐＋铝＋水＋可燃物质 | 1 130～1 220 | 原装 | ＋ |
| 硝酸铵＋碱金属硝酸盐＋硝酸盐＋梯恩梯＋铝＋水＋可燃物质 | 1 500 | 原装 | － |
| 硝酸铵＋碱金属硝酸盐＋硝酸盐＋梯恩梯＋铝＋水＋可燃物质 | 1 130～1 220 | 原装 | ＋ |
| 硝酸铵/甲醇(90/10)，颗粒 | | | － |
| 硝酸铵/硝基甲烷，87/13 | | | ＋ |
| 铵油炸药(94/6)，颗粒 | | | － |
| 铵油炸药(94/6)，200 μm | | | ＋ |
| 梯恩梯，粒状 | | | ＋ |

ICS 13.300
A 80

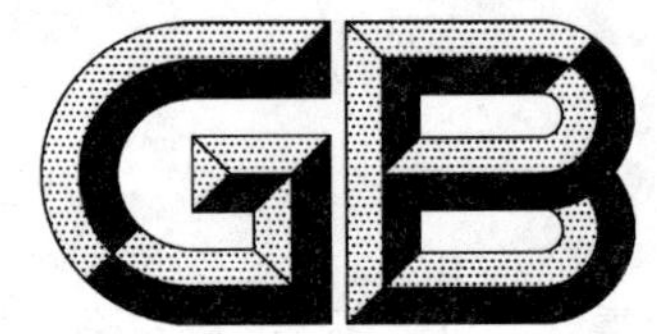

# 中华人民共和国国家标准

GB/T 21583—2008

# 危险品 大包装堆码试验方法

Dangerous goods—Test method for stacking of large packaging

2008-04-01 发布 2008-09-01 实施

中华人民共和国国家质量监督检验检疫总局
中国国家标准化管理委员会 发布

# 前　　言

本标准对应于联合国《关于危险货物运输的建议书　规章范本》，与其一致性程度为非等效。其有关技术内容与上述手册完全一致，在标准文本格式上按 GB/T 1.1—2000 做了编辑性修改。

本标准由全国危险化学品管理标准化技术委员会(SAC/TC 251)提出并归口。

本标准负责起草单位：天津市检验检疫科学技术研究院。

本标准参加起草单位：江南大学、中化化工标准化研究所、天津出入境检验检疫局。

本标准主要起草人：冯智劼、王利兵、李学洋、胥传来、王晓兵、赵黎华。

本标准为首次制定。

# 危险品　大包装堆码试验方法

## 1　范围

本标准规定了危险品大包装堆码试验的试验设备、试样预处理、试样数量、试验步骤和试验报告。

本标准适用于危险品大包装堆码试验。

## 2　规范性引用文件

下列文件中的条款通过本标准的引用而成为本标准的条款。凡是注日期的引用文件，其随后所有的修改单(不包括勘误的内容)或修订版均不适用于本标准，然而，鼓励根据本标准达成协议的各方研究是否可使用这些文件的最新版本。凡是不注日期的引用文件，其最新版本适用于本标准。

GB/T 4122.1　包装术语　基础

GB/T 4857.3　包装　运输包装件　静载荷堆码试验方法(GB/T 4857.3—1992，eqv ISO 2234：1985)

GB 19432.1　危险货物大包装检验安全规范　通则

## 3　术语和定义

GB/T 4122.1 和 GB 19434.1 确立的以及下列术语和定义适用于本标准。

3.1

**大包装　large packagings**

是由一个内装多个物品或内容器的外容器组成的容器，并且设计用机械方法装卸，其净质量超过400 kg 或容积超过 450 L，但不超过 3 $m^3$。

3.2

**衬里　liner**

是指另外放入容器但不构成其组成部分、包括其开口的封闭装置的管或袋。

3.3

**最大许可总质量　maxinum permissible gross mass**

壳体及其辅助设备和结构装置的质量加上最大许可装载质量(适用于除柔性集装袋所有种类的大包装)。

3.4

**堆码试验　stacking test**

在包装件或包装容器上放置重物，评定包装件或包装容器承受堆积静载的能力和包装对内装物保护能力的试验。

## 4　试验设备

4.1　堆码试验设备应符合 GB/T 4857.3 规定。

4.2　水平台面应平整坚硬。任意两点的高度差不超过 2 mm，如为混凝土地面，其厚度应不少于150 mm。

4.3　加载装置按照所选定的方法(方法 1、方法 2 或方法 3)而定。

——方法 1：包装件组。该组包装件的每一件都应与试验中的试验样品完全相同。包装件的数目则以其总质量达到合适的载荷量而定。

——方法2:自由加载平板。该平板应能连同适当的载荷一起,在试验样品上自由地调整达到平衡。载荷与加载平板也可以是一个整体。加载平板置于包装件试样顶部的中心时,其尺寸至少应较包装件的顶面各边大出100 mm。该板应足够坚硬以保证完全承受载荷而不变形。

——方法3:导向加载平板。采用导向措施使该平板的下表面能连同适当的载荷一起始终保持水平,所采用的措施不应造成摩擦而影响试验结果。加载平板置于试验样品顶部的中心时,其尺寸至少应较包装件的顶面各边大出100 mm。该板应足够坚硬,以保证能完全承受载荷而不变形。

4.4 所有偏斜测试装置的误差,应精确到±1 mm。

4.5 在试验时应注意所加负载的稳定和安全,应提供一套稳妥的试验设施,并能在一旦发生危险的情况下,保证载荷受到控制,以便防止对附近人员造成伤害。

## 5 试验程序

### 5.1 试样数量

危险品大包装堆码试验样品数量为3个。

### 5.2 试样预处理

5.2.1 对准备供运输用大包装,包括所使用的内包装和物品,进行试验,内包装装入的液体应不低于其最大容量的98%,装入的固体应不低于其最大容量的95%。

5.2.2 大包装的内包装将装运液体和固体,则需对液体或固体内装物分别作试验。将用大包装运输的内包装中的物质或物品,可以其他物质或物品代替,但不得使试验结果成为无效。

5.2.3 当使用其他内包装或物品时,它们应与所运内包装或物品具有相同的物理特性(质量等)。

5.2.4 允许使用添加物,如铅粒包,以达到要求的包件总质量,但不得影响试验结果。

5.2.5 纤维板大包装应在控制温度和相对湿度的环境中放置至少24 h。以下三种方案,可选择其一。最好的环境是温度23℃±2℃和相对湿度50%±2%。亦可选择:温度20℃±2℃和相对湿度65%±2%;或温度27℃±2℃和相对湿度65%±2%。

注:测量过程允许个别相对量度有±5%的在短期波动,但其平均值应在上述限度内,且波动对试验结果的复验应无影响。

### 5.3 试验步骤

5.3.1 将试验包装件置于堆码地坪上,载荷平板置于包装件顶面中心位置,其周边大于包装件顶面边缘100 mm。

5.3.2 向大包装施加负荷,施加到大包装上的试验负荷应相当于运输中其上面堆码的相同大包装数目最大允许总质量之和的1.8倍。

## 6 试验报告

——试验样品名称、数量、规格;

——生产企业名称;

——试验温度、湿度条件和预处理时间;

——试验设备;

——试验结果的记录,以及在试验中观察到的任何有助于解释试验结果的现象;

——说明所用试验方法与本标准的差异;

——试验日期、试验人签字、试验单位盖章。

ICS 13.300
A 80

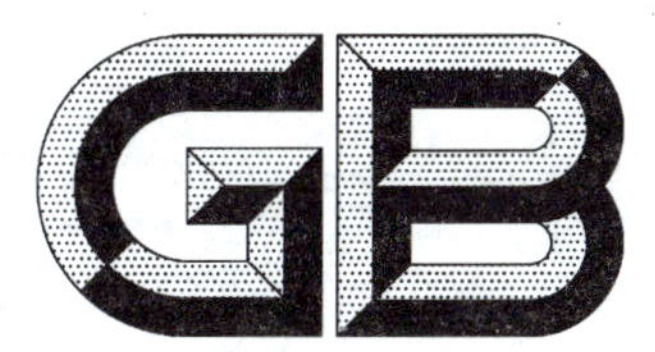

# 中华人民共和国国家标准

GB/T 21584—2008

# 危险品　大包装跌落试验方法

## Dangerous goods—Test method for drop of large packaging

2008-04-01 发布　　2008-09-01 实施

中华人民共和国国家质量监督检验检疫总局
中国国家标准化管理委员会　发布

# 前　言

本标准对应于联合国《关于危险货物运输的建议书　规章范本》，与其一致性程度为非等效。其有关技术内容与上述手册完全一致，在标准文本格式上按 GB/T 1.1—2000 做了编辑性修改。

本标准由全国危险化学品管理标准化技术委员会(SAC/TC 251)提出并归口。

本标准负责起草单位：天津市检验检疫科学技术研究院。

本标准参加起草单位：江南大学、中化化工标准化研究所、天津出入境检验检疫局。

本标准主要起草人：吕刚、王利兵、赵黎华、胥传来、王晓兵、李学洋。

本标准为首次制定。

# 危险品 大包装跌落试验方法

## 1 范围

本标准规定了危险品大包装件跌落试验的试验设备、试样预处理、检验数量、试验步骤及试验报告。

本标准适用于危险品大包装进行跌落试验。

## 2 规范性引用文件

下列文件中的条款通过本标准的引用而成为本标准的条款。凡是注日期的引用文件，其随后所有的修改单(不包括勘误的内容)或修订版均不适用于本标准，然而，鼓励根据本标准达成协议的各方研究是否可使用这些文件的最新版本。凡是不注日期的引用文件，其最新版本适用于本标准。

GB/T 4122.1 包装术语 基础

GB/T 4857.5 包装 运输包装件 跌落试验方法(GB/T 4857.5—1992,eqv ISO 2248:1985)

GB 19270.1 水路运输危险货物包装检验安全规范 通则

GB 19432.1 危险货物大包装检验安全规范 通则

## 3 术语和定义

GB/T 4122.1 和 GB 19432.1 确立的以及下列术语和定义适用于本标准。

3.1

**大包装 large packagings**

是由一个内装多个物品或内容器的外容器组成的容器，并且设计用机械方法装卸，其净质量超过400 kg 或容积超过 450 L，但不超过 3 $m^3$。

3.2

**衬里 liner**

是指另外放入容器但不构成其组成部分、包括其开口的封闭装置的管或袋。

3.3

**最大许可总质量 maxinum permissible gross mass**

壳体及其辅助设备和结构装置的质量加上最大许可装载质量(适用于除柔性集装袋所有种类的大包装)。

3.4

**跌落试验 drop test**

将包装件按规定高度跌落于坚硬、平整的水平面上，评定包装件承受垂直冲击的能力和包装对内装物保护能力的试验。

3.5

**跌落高度 drop height**

指准备释放时试验样品的最低点与冲击台面之间的距离。

## 4 试验设备

跌落试验设备应符合 GB/T 4857.5 规定。

### 4.1 冲击台

冲击台平面为水平平面，试验时不移动，不变形，并满足下列要求：

——为整体物体，质量至少为试验样品质量的50倍；

——要有足够大的面积，以保证试验样品完全落在冲击台面上；

——在冲击台面上任意两点的水平高度差不应超过2 mm；

——冲击台面上任何100 $mm^2$的面积上承受10 kg的静负荷时，其形变量不得超过0.1 mm。

### 4.2 提升装置

在提升或下降过程中，不应损坏试验样品。

### 4.3 释放装置

在释放试验样品的跌落过程中，应使试验样品不碰到装置的任何部件，保证其自由跌落。

## 5 试验步骤

### 5.1 试样准备

5.1.1 对准备供运输的大包装，包括所使用的内包装和物品，应进行试验，内包装装入的液体应不低于其最大容量的98%，装入的固体应不低于其最大容量的95%。

5.1.2 如大包装的内包装将装运液体和固体，则需对液体或固体内装物分别作试验。

5.1.3 将用大包装运输的内包装中的物质或物品，可以其他物质或物品代替，但这样做不得使试验结果成为无效。当使用其他内包装或物品时，它们应与所运内包装或物品具有相同的物理特性(质量等)。

5.1.4 允许使用添加物，如铅粒包，以达到要求的包件总质量，但这样做不得影响试验结果。

5.1.5 塑料做的大包装和装有塑料内包装(用于装固体或物品的塑料袋除外)的大包装，在进行跌落试验时应将试验样品及其内装物的温度降至－18℃或更低。如果受试样品的材料在－18℃或更低温度时具有足够的延展性和抗拉强度，可不考虑该项温度处理条件。

5.1.6 试验液体应保持液态，必要时可添加防冻剂。

5.1.7 纤维板大包装应在控制温度和相对湿度的环境中放置至少24 h。以下三种方案，可选择其一。最好的环境是温度23℃±2℃和相对湿度50%±2%，或选择：温度20℃±2℃和相对湿度65%±2%；或温度27℃±2℃和相对湿度65%±2%。

注：测量过程允许个别相对量度有±5%的在短期波动，但其平均值应在上述限度内，且波动对试验结果的复验应无影响。

### 5.2 试样数量

危险品大包装跌落试验样品数量为3个。

### 5.3 跌落高度

5.3.1 跌落高度见表1。

**表1 跌落高度**

单位为米

| 包装类Ⅰ | 包装类Ⅱ | 包装类Ⅲ |
|---|---|---|
| 1.8 | 1.2 | 0.8 |
| 注：Ⅰ、Ⅱ、Ⅲ类包装定义见GB 19270.1。 | | |

5.3.2 拟装液体的大包装跌落试验时，如使用另一种物质代替，这种物质的相对密度及黏度应与待运输物质相似，也可用水来进行跌落试验，其跌落高度如下：

——如待运物质的相对密度($d$)不超过1.2，跌落高度见表1；

——如待运物质的相对密度($d$)大于1.2,应根据表2计算(四舍五入取第一位小数)待运物质的跌落高度。

**表2 跌落高度计算**

单位为米

| 包装类Ⅰ | 包装类Ⅱ | 包装类Ⅲ |
|---|---|---|
| $d\times1.5$ | $d\times1.0$ | $d\times0.67$ |
| 注:Ⅰ、Ⅱ、Ⅲ类包装定义见GB 19270.1。 | | |

## 5.4 试验要点

大包装须跌落在坚硬、无弹性、光滑、平坦和水平的表面上,确保撞击点落在大包装底部被认为是最脆弱易损的部位。

# 6 试验报告

——试验样品名称、数量、规格;

——生产企业名称;

——试验时温度、湿度条件和预处理时间;

——试验设备;

——试验结果的记录,以及在试验中观察到的任何有助于解释试验结果的现象;

——说明所用试验方法与本标准的差异;

——试验日期、试验人签字、试验单位盖章。

ICS 13.300
A 80

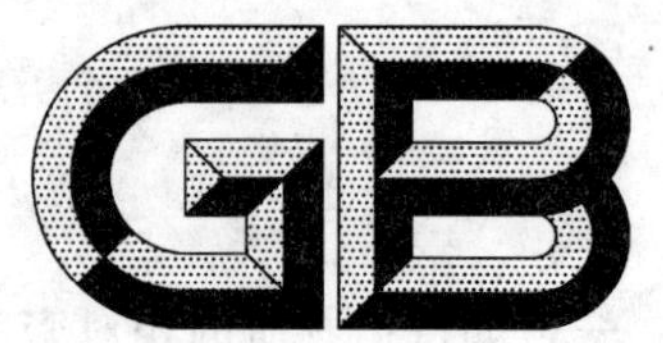

# 中华人民共和国国家标准

GB/T 21585—2008

# 危险品　中型散装容器防渗漏试验方法

Dangerous goods—Leakproofness test method for intermediate bulk containers (IBCs)

2008-04-01 发布　　2008-09-01 实施

中华人民共和国国家质量监督检验检疫总局
中国国家标准化管理委员会　发布

# 前 言

本标准对应于联合国《关于危险货物运输的建议书 规章范本》,与其一致性程度为非等效。其有关技术内容与上述手册完全一致,在标准文本格式上按 GB/T 1.1—2000 做了编辑性修改。

本标准由全国危险化学品管理标准化技术委员会(SAC/TC 251)提出并归口。

本标准负责起草单位:天津市检验检疫科学技术研究院。

本标准参加起草单位:江南大学、中化化工标准化研究所、天津出入境检验检疫局。

本标准主要起草人:王利兵、张园、胥传来、李宁涛、王晓兵、周磊。

本标准为首次发布。

# 危险品 中型散装容器防渗漏试验方法

## 1 范围

本标准规定了复合、刚性塑料、金属危险品中型散装容器防渗漏试验的试验设备、试样数量、试样准备、试验步骤以及试验报告。

本标准适用于复合、刚性塑料、金属危险品中型散装容器防渗漏试验。

## 2 规范性引用文件

下列文件中的条款通过本标准的引用而成为本标准的条款。凡是注日期的引用文件，其随后所有的修改单(不包括勘误的内容)或修订版均不适用于本标准，然而，鼓励根据本标准达成协议的各方研究是否可使用这些文件的最新版本。凡是不注日期的引用文件，其最新版本适用于本标准。

GB/T 4122.1 包装术语 基础

GB 19433.1 空运危险货物包装检验安全规范 通则

GB 19434.1 危险货物中型散装容器检验安全规范 通则

GB 19434.5 危险货物金属中型散装容器检验安全规范 性能检验

GB 19434.6 危险货物复合中型散装容器检验安全规范 性能检验

GB 19434.8 危险货物刚性塑料中型散装容器检验安全规范 性能检验

## 3 术语和定义

GB/T 4122.1 和 GB 19434.1 确立的以及下列术语和定义适用于本标准。

3.1

**中型散装容器(IBCs) intermediate bulk containers**

也称中型散装货物集装箱，是指 GB 19433.1 规定范围以外的硬质或柔性可移动容器，这些容器：

a) 具有下列容量：

——装Ⅱ类包装和Ⅲ类包装的固体和液体时不大于 3.0 $m^3$；

——Ⅰ类包装的固体如装在柔性、刚性塑料、复合、纤维板和木制中型散装容器时不大于 1.5 $m^3$；

——Ⅰ类包装的固体如装在金属中型散装容器时不大于 3.0 $m^3$；

b) 设计为机械装卸；

c) 能经受装卸和运输中产生的应力，该应力由试验确定。

3.2

**箱体 body**

容器本身，包括开口及其封闭装置，但不包括辅助设备。适用于除复合中型散装容器外的所有种类的中型散装容器。

## 4 试验设备

——空气压缩机；

——压力表；

——减压阀；

——计时器；

——检漏用蓄水容器。

## 5 试验程序

### 5.1 试验方法

按 GB 19434.6、GB 19434.8、GB 19434.5 确定何种型号的复合、刚性塑料、金属危险品中型散装容器需进行防渗漏试验。

### 5.2 试样数量

3 个样品。

### 5.3 试样准备

关闭中型散装容器通气口，或使用非通气装置替换，或将通气口堵塞。

### 5.4 试验步骤

利用空气压缩机对试验样品增压，待试验样品的表压不小于 20 kPa 时开始计时，至少 10 min。使用合适的方法确定被试中型散装容器的气密性。例如，用肥皂水涂抹金属中型散装容器焊缝及连接部位，或使用气压压差试验法，也可将中型散装容器置于水中。如果使用后一种方法，应对静水压力采用修正系数。也可以采用具有同等效力的其他方法。

## 6 试验报告

——试验样品名称、数量、尺寸、规格；

——生产企业名称；

——试验设备；

——试验压力；

——试验结果的记录，以及在试验中观察到的任何有助于解释试验结果的现象；

——说明所用试验方法与本标准的差异；

——试验日期、试验人签字、试验单位盖章。

ICS 13.300
A 80

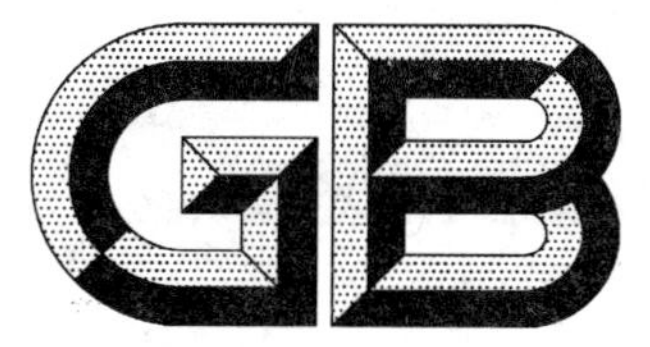

# 中华人民共和国国家标准

GB/T 21586—2008

# 危险品　中型散装容器液压试验方法

Dangerous goods—Test method for leakage seal of intermediate bulk containers (IBCs)

2008-04-01 发布　　2008-09-01 实施

中华人民共和国国家质量监督检验检疫总局
中国国家标准化管理委员会　发布

# 前　言

本标准对应于联合国《关于危险货物运输的建议书　规章范本》，与其一致性程度为非等效。其有关技术内容与上述手册完全一致，在标准文本格式上按GB/T 1.1—2000做了编辑性修改。

本标准由全国危险化学品管理标准化技术委员会(SAC/TC 251)提出并归口。

本标准负责起草单位：天津市检验检疫科学技术研究院。

本标准参加起草单位：江南大学、中化化工标准化研究所、天津出入境检验检疫局。

本标准主要起草人：李宁涛、王利兵、赵黎华、胥传来、王晓兵、李学洋。

本标准为首次制定。

# 危险品　中型散装容器液压试验方法

## 1　范围

本标准规定了复合、刚性塑料、金属危险品中型散装容器液压试验的试验设备、试样数量、试样准备、试验步骤及试验报告。

本标准适用于复合、刚性塑料、金属危险品中型散装容器液压试验。

## 2　规范性引用文件

下列文件中的条款通过本标准的引用而成为本标准的条款。凡是注日期的引用文件，其随后所有的修改单(不包括勘误的内容)或修订版均不适用于本标准，然而，鼓励根据本标准达成协议的各方研究是否可使用这些文件的最新版本。凡是不注日期的引用文件，其最新版本适用于本标准。

GB/T 4122.1　包装术语　基础

GB 19433.1　空运危险货物包装检验安全规范　通则

GB 19434.1　危险货物中型散装容器检验安全规范　通则

GB 19434.5　危险货物金属中型散装容器检验安全规范　性能检验

GB 19434.6　危险货物复合中型散装容器检验安全规范　性能检验

GB 19434.8　危险货物刚性塑料中型散装容器检验安全规范　性能检验

## 3　术语和定义

GB/T 4122.1 和 GB 19434.1 确立的以及下列术语和定义适用于本标准。

3.1

**中型散装容器(IBCs)　intermediate bulk containers**

也称中型散装货物集装箱，是指 GB 19433.1 规定范围以外的硬质或柔性可移动容器，这些容器：

a)　具有下列容量：

——装Ⅱ类包装和Ⅲ类包装的固体和液体时不大于 3.0 $m^3$；

——Ⅰ类包装的固体如装在柔性、刚性塑料、复合、纤维板和木制中型散装容器时不大于 1.5 $m^3$；

——Ⅰ类包装的固体如装在金属中型散装容器时不大于 3.0 $m^3$；

b)　设计为机械装卸；

c)　能经受装卸和运输中产生的应力，该应力由试验确定。

3.2

**箱体　body**

容器本身，包括开口及其封闭装置，但不包括辅助设备。适用于除复合中型散装容器外的所有种类的中型散装容器。

3.3

**装卸装置　handling device**

固定在中型散装容器箱体上或由箱体材料延伸而形成的各种吊环、环圈、钩眼和框架。适用于柔性中型散装容器。

3.4

**最大许可总质量　maximum permissible gross mass**

壳体及其辅助设备和结构装置的质量加上最大许可装载质量(适用于除柔性集装袋所有种类的中型散装容器)。

3.5

**液压试验　leakage seal test**

向拟盛装液体的包装容器内连续均匀施以液压,评定包装件或包装容器所能承受的液压和对包装内装物保护能力的试验。

## 4　试验设备

4.1　可提供 300 kPa～500 kPa 液压泵。

4.2　压力表,量程为 0 kPa～500 kPa,分度为 1 kPa,精度为 2 级。

4.3　盛装检测溶液的容器和刷涂工具。

## 5　试验程序

5.1　按 GB 19434.5,GB 19434.6 和 GB 19434.8 确定为何种型号的金属、复合、刚性塑料危险品中型散装容器需进行液压试验。

5.2　试样数量

3 个样品。

5.3　试验准备

实验应在安装隔热设备之前进行。减压设备和通气关闭装置应处于不工作状态,或将这些装置拆下并将开口堵塞。

5.4　试验步骤

5.4.1　此项试验应按不低于规定压力至少进行 10 min,试验期间,中型散装容器不得受到任何机械束缚。

5.4.2　施加的压力

5.4.2.1　金属危险货物中型散装容器施加的压力见 GB 19434.5;

5.4.2.2　复合危险货物中型散装容器施加的压力见 GB 19434.6;

5.4.2.3　刚性塑料危险货物中型散装容器施加的压力见 GB 19434.8。

5.5　试验要求

5.5.1　21A、21B、21N、31A、31B 和 31N 类型的中型散装容器:满足规定压力试验要求无渗漏。

5.5.2　31A、31B 和 31N 类型的中型散装容器:接受规定的实验压力,中型散装容器未出现任何会危及运输安全的永久变形且无渗漏。

5.5.3　刚性塑料和复合式中型散装容器:中型散装容器未出现任何会危及运输安全的永久变形且无渗漏。

5.5.4　试验样品均达到要求,判该项试验合格。

## 6　试验报告

——试验样品名称、数量、规格;

——生产企业名称;

——试验设备;

——实验液压条件；

——试验结果的记录，以及在试验中观察到的任何有助于解释试验结果的现象；

——说明所用试验方法与本标准的差异；

——试验日期、试验人签字、试验单位盖章。

ICS 13.300
A 80

# 中华人民共和国国家标准

GB/T 21587—2008

# 危险品　中型散装容器跌落试验方法

**Dangerous goods—Test method for drop of intermediate bulk containers (IBCs)**

2008-04-01 发布　　2008-09-01 实施

中华人民共和国国家质量监督检验检疫总局
中国国家标准化管理委员会　发布

# 前　言

本标准对应于联合国《关于危险货物运输的建议书　规章范本》，与其一致性程度为非等效。其有关技术内容与上述手册完全一致，在标准文本格式上按 GB/T 1.1—2000 做了编辑性修改。

本标准由全国危险化学品管理标准化技术委员会(SAC/TC 251)提出并归口。

本标准负责起草单位：天津市检验检疫科学技术研究院。

本标准参加起草单位：江南大学、中化化工标准化研究所、天津出入境检验检疫局。

本标准主要起草人：冯智劼、王利兵、胥传来、李学洋、王晓兵、赵黎华。

本标准为首次制定。

# 危险品　中型散装容器跌落试验方法

## 1　范围

本标准规定了危险品中型散装容器跌落试验的设备、试样数量、试样准备、跌落高度、试验步骤及试验报告。

本标准适用于危险品中型散装容器的跌落试验。

## 2　规范性引用文件

下列文件中的条款通过本标准的引用而成为本标准的条款。凡是注日期的引用文件，其随后所有的修改单(不包括勘误的内容)或修订版均不适用于本标准，然而，鼓励根据本标准达成协议的各方研究是否可使用这些文件的最新版本。凡是不注日期的引用文件，其最新版本适用于本标准。

GB/T 4122.1　包装术语　基础

GB 19270.1　水路运输危险货物包装检验安全规范　通则

GB 19433.1　空运危险货物包装检验安全规范　通则

GB 19434.1　危险货物中型散装容器检验安全规范　通则

## 3　术语和定义

GB/T 4122.1 和 GB 19434.1 确立的以及下列术语和定义适用于本标准。

3.1

**中型散装容器(IBCs)　intermediate bulk containers**

也称中型散装货物集装箱，是指 GB 19433.1 规定范围以外的硬质或柔性可移动容器，这些容器：

a)　具有下列容量：

——装Ⅱ类包装和Ⅲ类包装的固体和液体时不大于 3.0 $m^3$；

——Ⅰ类包装的固体如装在柔性、刚性塑料、复合、纤维板和木制中型散装容器时不大于 1.5 $m^3$；

——Ⅰ类包装的固体如装在金属中型散装容器时不大于 3.0 $m^3$；

b)　设计为机械装卸；

c)　能经受装卸和运输中产生的应力，该应力由试验确定。

3.2

**箱体　body**

容器本身，包括开口及其封闭装置，但不包括辅助设备。适用于除复合中型散装容器外的所有种类的中型散装容器。

3.3

**装卸装置　handling device**

固定在中型散装容器箱体上或由箱体材料延伸而形成的各种吊环、环圈、钩眼和框架。适用于柔性中型散装容器。

3.4

**最大许可总质量　maximum permissible gross mass**

壳体及其辅助设备和结构装置的质量加上最大许可装载质量(适用于除柔性集装袋所有种类的中型散装容器)。

3.5

**跌落试验　drop test**

将包装件按规定高度跌落于坚硬、平整的水平面上，评定包装件承受垂直冲击的能力和包装对内装物保护能力的试验。

3.6

**跌落高度　drop height**

指准备释放时试验样品的最低点与冲击台面之间的距离。

## 4　试验设备

### 4.1　冲击台

中型散装容器应跌落到坚硬、无弹性、光滑、平坦和水平的表面，冲击台平面为水平平面，试验时不移动，不变形，并满足下列要求：

——为整体物体，质量至少为试验样品质量的 50 倍；

——要有足够大的面积，以保证试验样品完全落在冲击台面上；

——在冲击台面上任意两点的水平高度差不应超过 2 mm；

——冲击台面上任何 100 $mm^2$ 的面积上承受 10 kg 的静负荷时，其形变量不得超过 0.1 mm。

### 4.2　提升装置

在提升或下降过程中，不应损坏试验样品。

### 4.3　支撑装置

支撑试验样品的装置在释放前应能使试验样品处于所要求的预定状态。

### 4.4　释放装置

在释放试验样品的跌落过程中，应使试验样品不碰到装置的任何部件，保证其自由跌落。

## 5　试验程序

### 5.1　试样数量

试验样品数量为 3 个。

### 5.2　试样准备

5.2.1　按照设计类型，用于装运固体的中型散装容器应充灌至不低于其容量的 95%，用于装运液体的中型散装容器应充灌至不低于其容量的 98%。

5.2.2　减压装置应确定在不工作的状态，或将减压装置拆下并将其开口堵塞。

5.2.3　对刚性塑料中型散装容器进行试验时，应在试样及其内装物的温度降至－18℃或更低时进行。如果受试样品的材料在－18℃或更低温度时具有足够的延展性和抗拉强度，可不考虑该项温度处理条件。

5.2.4　试验的液体应保持液体状态，必要时可添加防冻剂。

5.2.5　中型散装容器的拟装货物可以用其他物质代替，但不得影响试验结果。如果是固体物质，当使用另一种物质代替时，该替代物质的物理性质（质量、颗粒大小等）应与待运物质相同。允许使用外加物如铅粒袋等，以便达到规定的包件总质量，只要外加物的放置方式不会使试验结果受到影响。

5.2.6　纤维板中型散装容器和具有纤维板外包装的复合式中型散装容器应在控制温度和相对湿度的大气条件下至少处理 24 h。有三种选择方式，可以从中选择一种。建议最好选择 23℃±2℃和 50%±2%的温度、湿度条件。其他两种方案是 20℃±2℃和 65%±2%或 27℃±2℃和 65%±2%。

注：测量过程允许个别相对量度有±5%的在短期波动，但其平均值应在上述限度内，且波动对试验结果的复验应无影响。

### 5.3　跌落高度

5.3.1　对于固体和液体，如果试验是用待运的固体或液体，或用基本上具有相同物理性质的另一物质进行，跌落高度见表 1。

**表 1　跌落高度**

单位为米

| Ⅰ类包装 | Ⅱ类包装 | Ⅲ类包装 |
|---|---|---|
| 1.8 | 1.2 | 0.8 |
| 注：Ⅰ、Ⅱ、Ⅲ类包装定义见 GB 19270.1。 | | |

5.3.2　拟装液体的箱体跌落试验时，如使用另一种物质代替，这种物质的相对密度及黏度应与待运输物质相似，也可用水来进行跌落试验，其跌落高度如下：

——如待运物质的相对密度($d$)不超过 1.2，跌落高度见表 1；

——如待运物质的相对密度($d$)大于 1.2，应根据表 2 计算(四舍五入取第一位小数)待运物质的跌落高度。

**表 2　跌落高度的计算**

单位为米

| Ⅰ类包装 | Ⅱ类包装 | Ⅲ类包装 |
|---|---|---|
| $d\times1.5$ | $d\times1.0$ | $d\times0.67$ |
| 注：Ⅰ、Ⅱ、Ⅲ类包装定义见 GB 19270.1。 | | |

## 5.4　试验步骤

5.4.1　按照 5.1 试验条件准备待验中型散装样品。

5.4.2　跌落的方式应以中型散装容器底部被认为最脆弱的部位为冲击点。

5.4.3　容量等于或小于 0.45 $m^3$ 的中型散装容器，还应进行侧面、顶面和角部位的平坦跌落试验。

5.4.4　在不影响测试结果准确性前提下，同一个试样允许作两次以上跌落试验。

# 6　试验报告

——试验样品名称、数量、尺寸、规格；

——生产企业名称；

——预处理的温度、相对湿度和预处理时间；

——试验样品的跌落顺序、跌落次数；

——试验样品的跌落高度；

——试验设备；

——试验结果的记录，以及在试验中观察到的任何有助于解释试验结果的现象；

——说明所用试验方法与本标准的差异；

——试验日期、试验人签字、试验单位盖章。

ICS 13.300
A 80

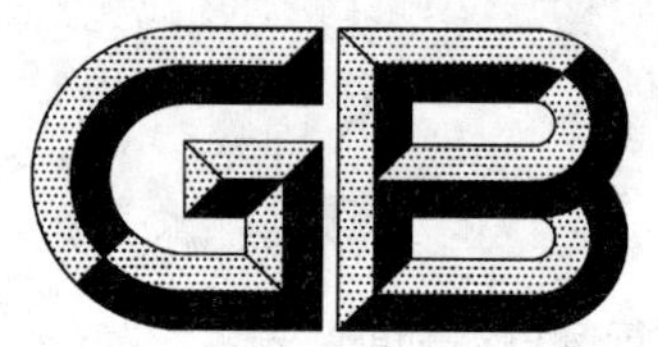

# 中华人民共和国国家标准

GB/T 21588—2008

# 危险品　中型散装容器底部提升试验方法

**Dangerous goods—Test method for bottom lift of intermediate bulk containers (IBCs)**

2008-04-01 发布　　2008-09-01 实施

中华人民共和国国家质量监督检验检疫总局
中国国家标准化管理委员会　发布

# 前　言

本标准对应于联合国《关于危险货物运输的建议书　规章范本》，与其一致性程度为非等效。其有关技术内容与上述手册完全一致，在标准文本格式上按GB/T 1.1—2000做了编辑性修改。

本标准由全国危险化学品管理标准化技术委员会(SAC/TC 251)提出并归口。

本标准负责起草单位：天津市检验检疫科学技术研究院。

本标准参加起草单位：江南大学、中化化工标准化研究所、天津出入境检验检疫局。

本标准主要起草人：李宁涛、王利兵、熊中强、胥传来、王晓兵、赵黎华。

本标准为首次制定。

# 危险品 中型散装容器底部提升试验方法

## 1 范围

本标准规定了所有纤维板和木质中型散装容器以及装有底部提升装置的危险品中型散装容器底部提升试验的试验设备、试样准备、试样数量、试验步骤以及试验报告。

本标准适用于所有纤维板和木质中型散装容器以及装有底部提升装置危险品中型散装容器的底部提升试验。

## 2 规范性引用文件

下列文件中的条款通过本标准的引用而成为本标准的条款。凡是注日期的引用文件，其随后所有的修改单(不包括勘误的内容)或修订版均不适用于本标准，然而，鼓励根据本标准达成协议的各方研究是否可使用这些文件的最新版本。凡是不注日期的引用文件，其最新版本适用于本标准。

GB/T 4122.1 包装术语 基础

GB 19433.1 空运危险货物包装检验安全规范 通则

GB 19434.1 危险货物中型散装容器检验安全规范 通则

## 3 术语和定义

GB/T 4122.1 和 GB 19434.1 确立的以及下列术语和定义适用于本标准。

3.1

**中型散装容器(IBCs) intermediate bulk containers**

也称中型散装货物集装箱，是指 GB 19433.1 规定范围以外的硬质或柔性可移动容器，这些容器：

a) 具有下列容量：

——装Ⅱ类包装和Ⅲ类包装的固体和液体时不大于 3.0 $m^3$；

——Ⅰ类包装的固体如装在柔性、刚性塑料、复合、纤维板和木制中型散装容器时不大于 1.5 $m^3$；

——Ⅰ类包装的固体如装在金属中型散装容器时不大于 3.0 $m^3$；

b) 设计为机械装卸；

c) 能经受装卸和运输中产生的应力，该应力由试验确定。

3.2

**箱体 body**

容器本身，包括开口及其封闭装置，但不包括辅助设备。适用于除复合中型散装容器外的所有种类的中型散装容器。

3.3

**装卸装置 handling device**

固定在中型散装容器箱体上或由箱体材料延伸而形成的各种吊环、环圈、钩眼和框架。适用于柔性中型散装容器。

3.4

**最大许可总质量 maximum permissible gross mass**

壳体及其辅助设备和结构装置的质量加上最大许可装载质量(适用于除柔性集装袋所有种类的中

型散装容器)。

## 4 试验设备

吊车或天车,有效载荷不小于 3 t。

## 5 试验程序

### 5.1 试样预处理

纤维板中型散装容器应在控制温度和相对湿度的大气条件下至少处理 24 h。有三种选择方式,可以从中选择一种。建议最好选择 23℃±2℃和 50%±2%的大气条件。其他两种方案是 20℃±2℃和 65%±2%或 27℃±2℃和 65%±2%。

注:测量过程允许个别相对量度有±5%的在短期波动,但其平均值应在上述限度内,且波动对试验结果的复验应无影响。

### 5.2 试样数量

试验样品数量为 3 个。

### 5.3 试验步骤

5.3.1 待测中型散装容器应装载至其最大许可总质量的 1.25 倍,负荷应分布均匀。

5.3.2 试样由叉车提升、降低两次,叉子的位置应在中央,其间距等于进入面长度的 3/4(进叉点固定者除外)。进叉深度应为进叉方向深度的 3/4。

5.3.3 每一可能的进叉方向均应重复此项试验。

## 6 试验报告

——试验样品名称、数量、尺寸、规格;

——生产企业名称;

——预处理的温度、相对湿度和预处理时间;

——试验设备;

——试验结果的记录,以及在试验中观察到的任何有助于解释试验结果的现象;

——说明所用试验方法与本标准的差异;

——试验日期、试验人签字、试验单位盖章。

ICS 13.300
A 80

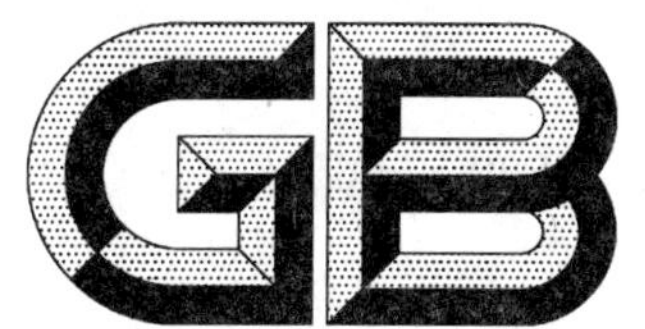

# 中华人民共和国国家标准

GB/T 21589—2008

# 危险品　中型散装容器顶部提升试验方法

**Dangerous goods—Test method for top lift of intermediate bulk containers (IBCs)**

2008-04-01 发布　　　　2008-09-01 实施

中华人民共和国国家质量监督检验检疫总局
中国国家标准化管理委员会　发布

# 前　言

本标准对应于联合国《关于危险货物运输的建议书　规章范本》，与其一致性程度为非等效。其有关技术内容与上述手册完全一致，在标准文本格式上按GB/T 1.1—2000做了编辑性修改。

本标准由全国危险化学品管理标准化技术委员会(SAC/TC 251)提出并归口。

本标准负责起草单位：天津市检验检疫科学技术研究院。

本标准参加起草单位：江南大学、中化化工标准化研究所、天津出入境检验检疫局。

本标准主要起草人：冯智劼、王利兵、胥传来、熊中强、王晓兵、赵黎华。

本标准为首次制定。

# 危险品　中型散装容器顶部提升试验方法

## 1　范围

本标准规定了柔性、复合、刚性塑料和金属危险品中型散装容器顶部提升试验的设备、试样数量、试样准备、试验步骤及试验报告。

本标准适用于柔性、复合、刚性塑料和金属危险品中型散装容器的顶部提升试验。

## 2　规范性引用文件

下列文件中的条款通过本标准的引用而成为本标准的条款。凡是注日期的引用文件，其随后所有的修改单(不包括勘误的内容)或修订版均不适用于本标准，然而，鼓励根据本标准达成协议的各方研究是否可使用这些文件的最新版本。凡是不注日期的引用文件，其最新版本适用于本标准。

GB/T 4122.1　包装术语　基础

GB 19433.1　空运危险货物包装检验安全规范　通则

GB 19434.1　危险货物中型散装容器检验安全规范　通则

GB 19434.4　危险货物柔性中型散装容器检验安全规范　性能检验

GB 19434.5　危险货物金属中型散装容器检验安全规范　性能检验

GB 19434.6　危险货物复合中型散装容器检验安全规范　性能检验

GB 19434.8　危险货物刚性塑料中型散装容器检验安全规范　性能检验

## 3　术语和定义

GB/T 4122.1 和 GB 19434.1 确立的以及下列术语和定义适用于本标准。

3.1

**中型散装容器(IBCs)　intermediate bulk containers**

也称中型散装货物集装箱，是指 GB 19433.1 规定范围以外的硬质或柔性可移动容器，这些容器：

a)　具有下列容量：

——装Ⅱ类包装和Ⅲ类包装的固体和液体时不大于 3.0 $m^3$；

——Ⅰ类包装的固体如装在柔性、刚性塑料、复合、纤维板和木制中型散装容器时不大于 1.5 $m^3$；

——Ⅰ类包装的固体如装在金属中型散装容器时不大于 3.0 $m^3$；

b)　设计为机械装卸；

c)　能经受装卸和运输中产生的应力，该应力由试验确定。

3.2

**箱体　body**

容器本身，包括开口及其封闭装置，但不包括辅助设备。适用于除复合中型散装容器外的所有种类的中型散装容器。

3.3

**装卸装置　handling device**

固定在中型散装容器箱体上或由箱体材料延伸而形成的各种吊环、环圈、钩眼和框架。适用于柔性中型散装容器。

3.4

**最大许可总质量　maximum permissible gross mass**

壳体及其辅助设备和结构装置的质量加上最大许可装载质量(适用于除柔性集装袋所有种类的中型散装容器)。

## 4 试验设备

吊车或其他等效的试验装备。

## 5 试验程序

### 5.1 试验准备

5.1.1 金属、刚性塑料和复合中型散装容器应装满并加上均匀分布的载荷。装满的中型散装容器和载荷的质量应为最大许可总质量的两倍。

5.1.2 柔性中型散装容器应装到其最大许可总质量的六倍,载荷分布均匀。

### 5.2 试样数量

试验样品数量为3个。

### 5.3 试验步骤

5.3.1 柔性危险货物中型散装容器的试验见GB 19434.4;

5.3.2 金属危险货物中型散装容器的试验见GB 19434.5;

5.3.3 复合危险货物中型散装容器的试验见GB 19434.6;

5.3.4 刚性塑料危险货物中型散装容器的试验见GB 19434.8。

## 6 试验报告

——试验样品名称、数量、尺寸、规格;

——生产企业名称;

——预处理的温度、相对湿度和预处理时间;

——试验设备;

——试验结果的记录,以及在试验中观察到的任何有助于解释试验结果的现象;

——说明所用试验方法与本标准的差异;

——试验日期、试验人签字、试验单位盖章。

ICS 13.300
A 80

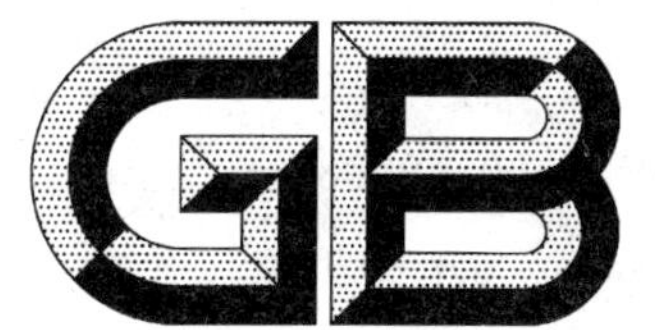

# 中华人民共和国国家标准

GB/T 21590—2008

# 危险品　中型散装容器堆码试验方法

**Dangerous goods—Test method for stacking of intermediate bulk containers (IBCs)**

2008-04-01 发布　　2008-09-01 实施

中华人民共和国国家质量监督检验检疫总局
中国国家标准化管理委员会　发布

# 前　　言

本标准对应于联合国《关于危险货物运输的建议书　规章范本》,与其一致性程度为非等效。其有关技术内容与上述手册完全一致,在标准文本格式上按 GB/T 1.1—2000 做了编辑性修改。

本标准由全国危险化学品管理标准化技术委员会(SAC/TC 251)提出并归口。

本标准负责起草单位:天津市检验检疫科学技术研究院。

本标准参加起草单位:江南大学、中化化工标准化研究所、天津出入境检验检疫局。

本标准主要起草人:李宁涛、王利兵、胥传来、李学洋、王晓兵、赵黎华。

本标准为首次制定。

# 危险品　中型散装容器堆码试验方法

## 1　范围

本标准规定了危险品中型散装容器堆码试验的设备、试样数量、试样准备、试验步骤及试验报告。

本标准适用于对危险品中型散装容器的堆码试验测定。

## 2　规范性引用文件

下列文件中的条款通过本标准的引用而成为本标准的条款。凡是注日期的引用文件，其随后所有的修改单(不包括勘误的内容)或修订版均不适用于本标准，然而，鼓励根据本标准达成协议的各方研究是否可使用这些文件的最新版本。凡是不注日期的引用文件，其最新版本适用于本标准。

GB/T 4122.1　包装术语　基础

GB/T 4857.3　包装　运输包装件　静载荷堆码试验方法(GB/T 4857.3—1992，eqv ISO 2234：1985)

GB 19433.1　空运危险货物包装检验安全规范　通则

GB 19434.1　危险货物中型散装容器检验安全规范　通则

## 3　术语和定义

GB/T 4122.1 和 GB 19434.1 确立的以及下列术语和定义适用于本标准。

3.1

**中型散装容器(IBCs)　intermediate bulk containers**

也称中型散装货物集装箱，是指 GB 19433.1 规定范围以外的硬质或柔性可移动容器，这些容器：

a)　具有下列容量：

——装Ⅱ类包装和Ⅲ类包装的固体和液体时不大于 3.0 $m^3$；

——I类包装的固体如装在柔性、刚性塑料、复合、纤维板和木制中型散装容器时不大于1.5 $m^3$；

——I类包装的固体如装在金属中型散装容器时不大于 3.0 $m^3$；

b)　设计为机械装卸；

c)　能经受装卸和运输中产生的应力，该应力由试验确定。

3.2

**箱体　body**

容器本身，包括开口及其封闭装置，但不包括辅助设备。适用于除复合中型散装容器外的所有种类的中型散装容器。

3.3

**装卸装置　handling device**

固定在中型散装容器箱体上或由箱体材料延伸而形成的各种吊环、环圈、钩眼和框架。适用于除柔性中型散装容器。

3.4

**最大许可总质量　maximum permissible gross mass**

壳体及其辅助设备和结构装置的质量加上最大许可装载质量(适用于除柔性集装袋所有种类的中型散装容器)。

3.5

**堆码试验 stacking test**

在包装件或包装容器上放置重物，评定包装件或包装容器承受堆积静载的能力和包装对内装物保护能力的试验。

## 4 试验设备

### 4.1 水平台面

水平台面应平整坚硬。任意两点的高度差不超过 2 mm，如为混凝土地面，其厚度应不少于 150 mm。

### 4.2 加载装置

加载装置按照所选定的方法见 GB/T 4857.3 中规定。

### 4.3 偏斜测试的装置

所有偏斜测试装置的误差，应精确到±1 mm。

## 5 试验程序

### 5.1 试验准备

5.1.1 按照设计类型，用于装运固体的中型散装容器应充灌至不低于其容量的 95%，用于装运液体的中型散装容器应充灌至不低于其容量的 98%。

5.1.2 减压装置应确定在不工作的状态，或将减压装置拆下并将其开口堵塞。

5.1.3 中型散装容器的拟装货物可以用其他物质代替，但不得影响试验结果。

5.1.4 固体物质，当使用另一种物质代替时，该替代物质的物理性质(质量、颗粒大小等)应与待运物质相同。

5.1.5 允许使用外加物如铅粒袋等，以便达到规定的包件总质量，只要外加物的放置方式不会使试验结果受到影响。

5.1.6 纤维板中型散装容器和具有纤维板外包装的复合式中型散装容器应在控制温度和相对湿度的大气条件下至少处理 24 h。有三种选择方式，可以从中选择一种。建议最好选择 23℃±2℃和 50%±2%的大气条件。其他两种方案是 20℃±2℃和 65%±2%或 27℃±2℃和 65%±2%。

注：测量过程允许个别相对量度有±5%的在短期波动，但其平均值应在上述限度内，且波动对试验结果的复验应无影响。

### 5.2 试样数量

样品数量为 3 件。

### 5.3 试验步骤

5.3.1 中型散装容器应底部向下放在坚硬平坦的地面，然后向其施加均匀的试验负荷，置于该测试负荷的时间至少为：

——金属中型散装容器至少为 5 min；

——刚性塑料中型散装容器和承受堆叠负荷的外壳为塑料的复合型中型散装容器在 40℃时为 28 d；

——其他类型中型散装容器为 24 h。

5.3.2 施加到中型散装容器上的试验负荷应至少相当于运输中其上面堆码的相同中型散装容器数目最大允许总质量之和的 1.8 倍。

5.3.3 施加负荷采用下述方法之一：

——一个或多个充灌至最大允许负荷的相同类型的中型散装容器放置在受试容器之上；

——在受试中型散装容器上放一个平板，再将相应的载荷放在平板上。

## 6 试验报告

——试验样品名称、数量、尺寸、规格；

——生产企业名称；

——预处理的温度、相对湿度和预处理时间；

——试验样品的堆码高度；

——试验设备；

——试验结果的记录，以及在试验中观察到的任何有助于解释试验结果的现象；

——说明所用试验方法与本标准的差异；

——试验日期、试验人签字、试验单位盖章。

ICS 13.300
A 80

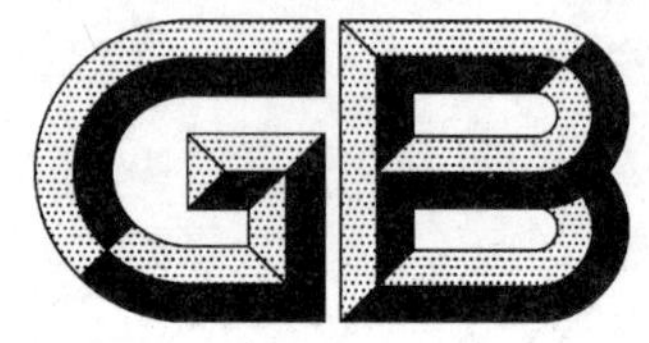

# 中华人民共和国国家标准

GB/T 21591—2008

# 危险品　中型散装容器扯裂试验方法

**Dangerous goods—Test method for tear of intermediate bulk containers（IBCs）**

2008-04-01 发布　　2008-09-01 实施

中华人民共和国国家质量监督检验检疫总局
中国国家标准化管理委员会　发布

# 前　言

本标准对应于联合国《关于危险货物运输的建议书　规章范本》，与其一致性程度为非等效。其有关技术内容与上述手册完全一致，在标准文本格式上按 GB/T 1.1—2000 做了编辑性修改。

本标准由全国危险化学品管理标准化技术委员会(SAC/TC 251)提出并归口。

本标准负责起草单位：天津市检验检疫科学技术研究院。

本标准参加起草单位：江南大学、中化化工标准化研究所、天津出入境检验检疫局。

本标准主要起草人：于艳军、王利兵、熊中强、胥传来、王晓兵、赵黎华。

本标准为首次制定。

# 危险品　中型散装容器扯裂试验方法

## 1　范围

本标准规定了柔性危险品中型散装容器扯裂试验的设备、试样数量、试样准备、试验步骤及试验报告。

本标准适用于柔性危险品中型散装容器的扯裂试验。

## 2　规范性引用文件

下列文件中的条款通过本标准的引用而成为本标准的条款。凡是注日期的引用文件，其随后所有的修改单(不包括勘误的内容)或修订版均不适用于本标准，然而，鼓励根据本标准达成协议的各方研究是否可使用这些文件的最新版本。凡是不注日期的引用文件，其最新版本适用于本标准。

GB/T 4122.1　包装术语　基础

GB 19433.1　空运危险货物包装检验安全规范　通则

GB 19434.1　危险货物中型散装容器检验安全规范　通则

## 3　术语和定义

GB/T 4122.1 和 GB 19434.1 确立的以及下列术语和定义适用于本标准。

3.1

**中型散装容器(IBCs)　intermediate bulk containers**

也称中型散装货物集装箱，是指 GB 19433.1 规定范围以外的硬质或柔性可移动容器，这些容器：

a) 具有下列容量：

——装Ⅱ类包装和Ⅲ类包装的固体和液体时不大于 3.0 $m^3$；

——Ⅰ类包装的固体如装在柔性、刚性塑料、复合、纤维板和木制中型散装容器时不大于 1.5 $m^3$；

——Ⅰ类包装的固体如装在金属中型散装容器时不大于 3.0 $m^3$；

b) 设计为机械装卸；

c) 能经受装卸和运输中产生的应力，该应力由试验确定。

3.2

**柔性中型散装容器　flexible intermediate bulk containers**

也称柔性中型散货箱，是指符合 GB 19434.1 中中型散装容器定义，由薄膜、编织纤维、纺织品及其他柔性材料及其组合组成的箱体，必要时可以加内衬或内涂层以及辅助设备及装卸装置构成的一种中型散装容器。柔性中型散装容器有以下几个类型：

a) 13H1　无涂层或内衬的编织塑料

b) 13H2　带涂层的编织塑料

c) 13H3　带内衬的编织塑料

d) 13H4　带涂层和内衬的编织塑料

e) 13H5　塑料膜

f) 13L1　无涂层或内衬的纺织物

g) 13L2　带涂层的纺织物

h) 13L3　带内衬的纺织物

i) 13L4　带涂层和内衬的纺织物

j） 13M1 多层纸

k） 13M2 防水、多层纸

3.3

**箱体 body**

容器本身，包括开口及其封闭装置，但不包括辅助设备。适用于除复合中型散装容器外的所有种类的中型散装容器。

3.4

**装卸装置 handling device**

固定在中型散装容器箱体上或由箱体材料延伸而形成的各种吊环、环圈、钩眼和框架。适用于柔性中型散装容器。

3.5

**最大许可总质量 maximum permissible gross mass**

壳体及其辅助设备和结构装置的质量加上最大许可装载质量(适用于除柔性集装袋所有种类的中型散装容器)。

## 4 试验设备

——吊车；

——刀具；

——长度计量器具(精确到毫米)。

## 5 试验程序

### 5.1 试验准备

中型散装容器应被装载至不低于其容量的95%，装载至最大允许负荷，负荷应分布均匀。

### 5.2 试样数量

试验样品数量为3个。

### 5.3 试验步骤

5.3.1 将中型散装容器置于地面，在其宽面的壁上，与主轴线成45°角，在内装物底平面和顶平面的中间位置切一个完全穿透长度的100 mm的刀口。

5.3.2 向中型散装容器均匀地施加负荷，所施加的负荷应两倍于其最大允许负荷。该施加负荷应保持至少5 min。

5.3.3 设计上使用顶部提升或侧面提升的中型散装容器应在施加负荷撤除之后，被提升至脱离地面并保持该位置至少5 min。也可以采用其他等效方法。

## 6 试验报告

——试验样品名称、数量、尺寸、规格；

——生产企业名称；

——试验温度、相对湿度；

——试验设备；

——试验结果的记录，以及在试验中观察到的任何有助于解释试验结果的现象；

——说明所用试验方法与本标准的差异；

——试验日期、试验人签字、试验单位盖章。

---

ICS 13.300
A 80

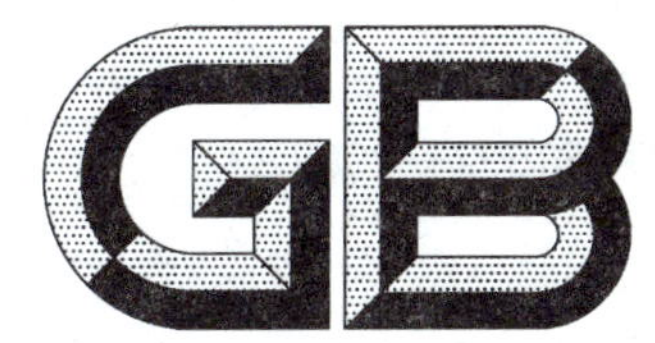

# 中华人民共和国国家标准

GB/T 21592—2008



# 危险品 中型散装容器(IBCs)倾覆试验方法

**Dangerous goods—Topple test method for intermediate bulk containers(IBCs)**

2008-04-01 发布 2008-09-01 实施

中华人民共和国国家质量监督检验检疫总局
中国国家标准化管理委员会 发布

# 前　言

本标准对应于联合国《关于危险货物运输的建议书　规章范本》，与其一致性程度为非等效。其有关技术内容与上述手册完全一致，在标准文本格式上按 GB/T 1.1—2000 做了编辑性修改。

本标准由全国危险化学品管理标准化技术委员会(SAC/TC 251)提出并归口。

本标准负责起草单位：天津市检验检疫科学技术研究院。

本标准参加起草单位：江南大学、中化化工标准化研究所、天津出入境检验检疫局。

本标准主要起草人：王利兵、冯智劼、赵黎华、吕刚、王晓兵、胥传来。

本标准为首次发布。

# 危险品　中型散装容器(IBCs)倾覆试验方法

## 1　范围

本标准规定了柔性危险品中型散装容器倾覆试验的试验设备、试样数量、试样准备、试验步骤及试验报告。

本标准适用于柔性危险品中型散装容器的倾覆试验。

## 2　规范性引用文件

下列文件中的条款通过本标准的引用而成为本标准的条款。凡是注日期的引用文件,其随后所有的修改单(不包括勘误的内容)或修订版均不适用于本标准,然而,鼓励根据本标准达成协议的各方研究是否可使用这些文件的最新版本。凡是不注日期的引用文件,其最新版本适用于本标准。

GB/T 4122.1　包装术语　基础

GB 19270.1　水路运输危险货物包装检验安全规范　通则

GB 19434.1　危险货物中型散装容器检验安全规范　通则

## 3　术语和定义

GB/T 4122.1 和 GB 19434.1 确立的以及下列术语和定义适用于本标准。

3.1

**中型散装容器(IBCs)　intermediate bulk containers**

也称中型散装货物集装箱,是指 GB 19270.1 规定范围以外的硬质或柔性可移动容器,这些容器:

a)　具有下列容量:

——装Ⅱ类包装和Ⅲ类包装的固体和液体时不大于 3.0 $m^3$;

——Ⅰ类包装的固体如装在柔性、刚性塑料、复合、纤维板和木制中型散装容器时不大于 1.5 $m^3$;

——Ⅰ类包装的固体如装在金属中型散装容器时不大于 3.0 $m^3$;

b)　设计为机械装卸;

c)　能经受装卸和运输中产生的应力,该应力由试验确定。

3.2

**柔性中型散装容器　flexible IBCs**

也称柔性中型散货箱,是指符合 GB 19434.1 中中型散装容器定义,由薄膜、编织纤维、纺织品及其他柔性材料及其组合组成的箱体,必要时可以加内衬或内涂层以及辅助设备及装卸装置构成的一种中型散装容器。柔性中型散装容器有以下几个类型:

a)　13H1　无涂层或内衬的编织塑料

b)　13H2　带涂层的编织塑料

c)　13H3　带内衬的编织塑料

d)　13H4　带涂层和内衬的编织塑料

e)　13H5　塑料膜

f)　13L1　无涂层或内衬的纺织物

g)　13L2　带涂层的纺织物

h） 13L3 带内衬的纺织物

i） 13L4 带涂层和内衬的纺织物

j） 13M1 多层纸

k） 13M2 防水、多层纸

3.3

**箱体 body**

容器本身，包括开口及其封闭装置，但不包括辅助设备。适用于除复合中型散装容器外的所有种类的中型散装容器。

3.4

**装卸装置 handling device**

固定在中型散装容器箱体上或由箱体材料延伸而形成的各种吊环、环圈、钩眼和框架。适用于柔性中型散装容器。

3.5

**最大许可总质量 maximum permissible gross mass**

壳体及其辅助设备和结构装置的质量加上最大许可装载质量（适用于除柔性集装袋所有种类的中型散装容器）。

## 4 试验设备

吊车或天车，有效载荷不小于 3 t。

## 5 试验程序

### 5.1 试样数量

试验样品数量为 3 个。

### 5.2 试样准备

5.2.1 按照设计类型与设计最大许可总质量，用于装运固体的中型散装容器应充灌至不低于其容量的 95%，用于装运液体的中型散装容器应充灌至不低于其容量的 98%。

5.2.2 减压装置应确定在不工作的状态，或将减压装置拆下并将其开口堵塞。

5.2.3 对刚性塑料中型散装容器进行试验时，应在试样及其内装物的温度降至－18℃或更低时进行。如果受试样品的材料在－18℃或更低温度时具有足够的延展性和抗拉强度，可不考虑该项温度处理条件。

5.2.4 试验的液体应保持液体状态，必要时可添加防冻剂。

5.2.5 中型散装容器的拟装货物可以用其他物质代替，但不得影响试验结果。如果是固体物质，当使用另一种物质代替时，该替代物质的物理性质（质量、颗粒大小等）应与待运物质相同。只要外加物的放置方式不会使试验结果受到影响，允许使用外加物如铅粒袋等，以便达到规定的包件总质量。

5.2.6 纤维板中型散装容器和具有纤维板外包装的复合式中型散装容器应在控制温度和相对湿度的大气条件下至少处理 24 h。有三种选择方式，可以从中选择一种。建议最好选择 23℃±2℃和 50%±2%的大气条件。其他两种方案是 20℃±2℃和 65%±2%或 27℃±2℃和 65%±2%。

注：测量过程允许个别相对量度有±5%的在短期波动，但其平均值应在上述限度内，且波动对试验结果的复验应无影响。

### 5.3 试验步骤

5.3.1 根据柔性中型散装容器不同的包装类别，按照表 1 的规定，从不同的倾覆高度将试样推倒，使其顶部的任何一部位撞击到一个坚硬、无弹性、光滑、平坦并且水平的表面。

**表 1 倾覆高度**

单位为米

| 包装类Ⅰ | 包装类Ⅱ | 包装类Ⅲ |
| --- | --- | --- |
| 1.8 | 1.2 | 0.8 |
| 注：Ⅰ、Ⅱ、Ⅲ类包装定义见 GB 19270.1。 | | |

5.3.2 按照 5.2 试验条件准备待验中型散装样品。

5.3.3 跌落的方式应以中型散装容器底部被认为最脆弱的部位为冲击点。

5.3.4 在不影响测试结果准确性前提下，同一个试样允许做两次以上跌落试验。

5.3.5 记录试验样品内装物有无损失。撞击后，有少量内装物自封口或缝合处渗出，只要不继续渗漏，应视为合格。

## 6 试验报告

——试验样品名称、数量、规格；

——生产企业名称；

——预处理的温度、相对湿度和预处理时间；

——试验设备；

——危险品中型散装容器倾覆高度；

——试验结果的记录，以及在试验中观察到的任何有助于解释试验结果的现象；

——说明所用试验方法与本标准的差异；

——试验日期、试验人签字、试验单位盖章。

ICS 13.300
A 80

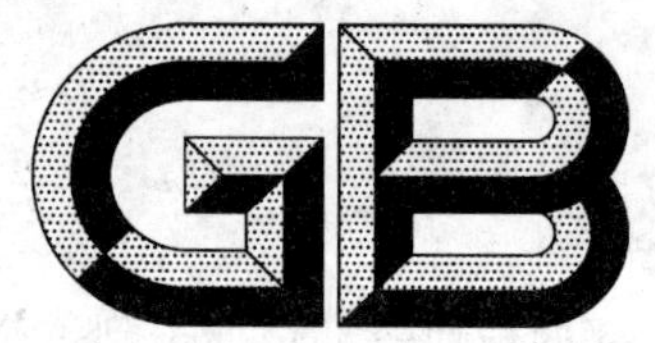

# 中华人民共和国国家标准

GB/T 21593—2008

# 危险品　包装堆码试验方法

**Dangerous goods—Test method for stacking of packaging**

2008-04-01 发布　　2008-09-01 实施

中华人民共和国国家质量监督检验检疫总局
中国国家标准化管理委员会　发布

# 前　言

本标准对应于联合国《关于危险货物运输的建议书　规章范本》，与其一致性程度为非等效。其有关技术内容与上述手册完全一致，在标准文本格式上按GB/T 1.1—2000做了编辑性修改。

本标准由全国危险化学品管理标准化技术委员会（SAC/TC 251）提出并归口。

本标准负责起草单位：天津市检验检疫科学技术研究院。

本标准参加起草单位：江南大学、中化化工标准化研究所、天津出入境检验检疫局。

本标准主要起草人：吕刚、王利兵、胥传来、熊中强、王晓兵、赵黎华。

本标准为首次制定。

# 危险品 包装堆码试验方法

## 1 范围

本标准规定了危险品包装堆码试验的试验设备、试样预处理、试样数量、试验步骤和试验报告。

本标准适用于对危险品包装进行堆码试验测定。

本标准不适用于：

——盛装放射性物质的运输包装；

——盛装压缩气体和液化气体的压力容器的包装；

——净重超过 400 kg 的包装；

——容积超过 450 L 的包装。

## 2 规范性引用文件

下列文件中的条款通过本标准的引用而成为本标准的条款。凡是注日期的引用文件，其随后所有的修改单（不包括勘误的内容）或修订版均不适用于本标准，然而，鼓励根据本标准达成协议的各方研究是否可使用这些文件的最新版本。凡是不注日期的引用文件，其最新版本适用于本标准。

GB/T 4122.1 包装术语 基础

GB/T 4857.3 包装 运输包装件 静载荷堆码试验方法（GB/T 4857.3—1992，eqv ISO 2234：1985）

## 3 术语和定义

GB/T 4122.1 确立的以及下列术语和定义适用于本标准。

3.1

**箱 boxes**

由金属、木材、胶合板、再生木、纤维板、塑料或其他适当材料制作的完整矩形或多角形的容器。只要不破坏或危及包装的完整性，准许包装上带有为了搬运操作或为了符合分类要求的小口（洞）。

3.2

**桶 drum**

由金属、纤维板、塑料、胶合板或其他适当材料制成的两端为平面或凸面的圆柱形容器。

3.3

**纤维板桶 fibre drum**

由纤维板制成的桶。

3.4

**胶合板桶 plywood drum**

用胶合板做桶身，桶顶和桶盖用胶合板和木板制成的桶，比木桶体轻。

3.5

**罐 jerrican**

横截面呈矩形或多角形的金属或塑料容器。

3.6

**容器 receptacle**

用于装放或容纳物质或物品的密封器具，包括封口装置。

3.7

**包装 packaging**

容器和容器为实现贮放作用所需要的其他部件或材料。

3.8

**包装件 package**

产品经过包装所形成的总体。

3.9

**堆码试验 stacking test**

在包装件或包装容器上放置重物，评定包装件或包装容器承受堆积静载的能力和包装对内装物保护能力的试验。

## 4 试验设备

堆码试验设备：应符合 GB/T 4857.3 规定。

### 4.1 水平台面

水平台面应平整坚硬。任意两点的高度差不超过 2 mm，如为混凝土地面，其厚度应不少于 150 mm。

### 4.2 加载装置

加载装置按照所选定的方法(方法 1、方法 2 或方法 3)而定。

#### 4.2.1 方法 1：包装件组

该组包装件的每一件都应与试验中的试验样品完全相同。包装件的数目则以其总质量达到合适的载荷量而定。

#### 4.2.2 方法 2：自由加载平板

该平板应能连同适当的载荷一起，在试验样品上自由地调整达到平衡。载荷与加载平板也可以是一个整体。加载平板置于包装件试样顶部的中心时，其尺寸至少应较包装件的顶面各边大出 100 mm。该板应足够坚硬以保证完全承受载荷而不变形。

#### 4.2.3 方法 3：导向加载平板

采用导向措施使该平板的下表面能连同适当的载荷一起始终保持水平，所采用的措施不应造成摩擦而影响试验结果。加载平板置于试验样品顶部的中心时，其尺寸至少应较包装件的顶面各边大出 100 mm，该板应足够坚硬，以保证能完全承受载荷而不变形。

### 4.3 偏斜测试的装置

所有偏斜测试装置的误差，应精确到±1 mm。

### 4.4 安全设施

在试验时应注意所加负载的稳定和安全，为此，应提供一套稳妥的试验设施，并能在一旦发生危险的情况下，保证载荷受到控制，以便防止对附近人员造成伤害。

## 5 试验程序

### 5.1 试样预处理

5.1.1 高温室(箱)的温度应控制在不低于 40℃。

5.1.2 纤维板危险品包装应在控制温度和相对湿度的环境中放置至少 24 h。有以下三种方案，可选择其一：最好的环境是温度 23℃±2℃和相对湿度 50%±2%。其他两种方案是：温度 20℃±2℃和相对湿度 65%±2%；或温度 27℃±2℃和相对湿度 65%±2%。

### 5.2 试验数量

堆码试验的样品数量为 3 个。

5.3 试验步骤

5.3.1 记录试验场所的温湿度。

5.3.2 将试验包装件置于堆码地坪上，载荷平板置于包装件顶面中心位置，其周边大于包装件顶面边缘 100 mm。

5.3.3 计算堆码载荷。

堆积的最低高度包括试样在内应为 3 m。试样持续时间为 24 h，但塑料桶(罐)和塑料复合桶(罐)在温度不低于 40℃的环境中堆码 28 d。纸、纤维板桶(箱)、胶合板筒(箱)按试样预处理中规定的环境中堆码 24 h。堆码载荷用式(1)计算：

$$P = K \times \left(\frac{H-h}{h}\right) \times M \qquad \cdots\cdots(1)$$

式中：

$P$——加载的负荷，单位为千克(kg)；

$K$——劣变系数，$K$ 值为 1；

$H$——堆码高度(不少于 3 m)，单位为米(m)；

$h$——单个包装件高度，单位为米(m)；

$M$——单个包装件毛质量(毛重)，单位为千克(kg)。

5.3.4 如果使用 4.2.2 或 4.2.3 的方法，则在不造成冲击的情况下将作为载荷的重物放在加载平板上，并使它均匀地和加载平面接触，以保证载荷的重心恰好处于包装件顶面中心的上方。施加的负荷量(包装载荷平板)与计算的加载负荷量的误差为±2%。负荷物的重心离载荷平板的距离，不得超过包装件高度的 50%。如果试验特殊加载时，可将合适的仿模放在试验样品的上面或者下面，也可以根据需要上下都放。

5.3.5 载荷应保持预定的持续时间或直至包装件压坏。

5.3.6 试验期间按预定的测试方案记录试验样品的变形，必要时，也可以随时对试验样品的变形情况进行测定。

5.3.7 去除载荷，并按有关标准规定检查包装件及内装物的损坏情况，并分析试验结果。

## 6 试验报告

——试验样品名称、数量、尺寸、规格；

——生产企业名称；

——预处理的温度、相对湿度和预处理时间；

——试验设备；

——堆码试验条件；

——试验结果的记录，以及在试验中观察到的任何有助于解释试验结果的现象；

——说明所用试验方法与本标准的差异；

——试验日期、试验人签字、试验单位盖章。

ICS 13.300
A 80

# 中华人民共和国国家标准

GB/T 21594—2008

# 危险品　中型散装容器复原试验方法

## Dangerous goods—Righting test method for intermediate bulk containers (IBCs)

2008-04-01 发布　　　　2008-09-01 实施

中华人民共和国国家质量监督检验检疫总局
中国国家标准化管理委员会　发布

# 前　言

本标准对应于联合国《关于危险货物运输的建议书　规章范本》，与其一致性程度为非等效。其有关技术内容与上述手册完全一致，在标准文本格式上按GB/T 1.1—2000做了编辑性修改。

本标准由全国危险化学品管理标准化技术委员会(SAC/TC 251)提出并归口。

本标准负责起草单位：天津市检验检疫科学技术研究院。

本标准参加起草单位：江南大学、中化化工标准化研究所、天津出入境检验检疫局。

本标准主要起草人：王利兵、张园、胥传来、李宁涛、王晓兵、周磊。

本标准为首次发布。

# 危险品 中型散装容器复原试验方法

## 1 范围

本标准规定了柔性中型散装容器复原试验的试验设备、试样准备、试样数量、试验步骤和试验报告。

本标准适用于柔性中型散装容器复原试验。

## 2 规范性引用文件

下列文件中的条款通过本标准的引用而成为本标准的条款。凡是注日期的引用文件，其随后所有的修改单(不包括勘误的内容)或修订版均不适用于本标准，然而，鼓励根据本标准达成协议的各方研究是否可使用这些文件的最新版本。凡是不注日期的引用文件，其最新版本适用于本标准。

GB/T 4122.1 包装术语 基础

GB 19433.1 空运危险货物包装检验安全规范 通则

GB 19434.1 危险货物中型散装容器检验安全规范 通则

## 3 术语和定义

GB/T 4122.1 和 GB 19434.1 确立的以及下列术语和定义适用于本标准。

3.1

**中型散装容器(IBCs) intermediate bulk containers**

也称中型散装货物集装箱，是指 GB 19433.1 规定范围以外的硬质或柔性可移动容器，这些容器：

a) 具有下列容量：

——装Ⅱ类包装和Ⅲ类包装的固体和液体时不大于 3.0 $m^3$；

——I 类包装的固体如装在柔性、刚性塑料、复合、纤维板和木制中型散装容器时不大于 1.5 $m^3$；

——I 类包装的固体如装在金属中型散装容器时不大于 3.0 $m^3$；

b) 设计为机械装卸；

c) 能经受装卸和运输中产生的应力，该应力由试验确定。

3.2

**柔性中型散装容器 flexible intermediate bulk containers**

也称柔性中型散货箱，是指符合 GB 19434.1 中中型散装容器定义，由薄膜、编织纤维、纺织品及其他柔性材料及其组合组成的箱体，必要时可以加内衬或内涂层以及辅助设备及装卸装置构成的一种中型散装容器。柔性中型散装容器有以下几个类型：

a) 13H1 无涂层或内衬的编织塑料

b) 13H2 带涂层的编织塑料

c) 13H3 带内衬的编织塑料

d) 13H4 带涂层和内衬的编织塑料

e) 13H5 塑料膜

f) 13L1 无涂层或内衬的纺织物

g) 13L2 带涂层的纺织物

h) 13L3 带内衬的纺织物

i) 13L4 带涂层和内衬的纺织物

j) 13M1 多层纸

k) 13M2 防水、多层纸

## 4 试验设备

吊车或天车，有效载荷不小于 3 t。

## 5 试验程序

### 5.1 试样准备

5.1.1 按照设计类型，用于装运固体的中型散装容器应充灌至不低于其容量的 95% 和最大允许负荷，用于装运液体的中型散装容器应充灌至不低于其容量的 98%，应分布均匀。

5.1.2 减压装置应确定在不工作的状态，或将减压装置拆下并将其开口堵塞。

5.1.3 中型散装容器的拟装货物可以用其他物质代替，但不得影响试验结果。如果是固体物质，当使用另一种物质代替时，该替代物质的物理性质(质量、颗粒大小等)应与待运物质相同。允许使用外加物如铅粒袋等，以便达到规定的包件总质量，只要外加物的放置方式不会使试验结果受到影响。

5.1.4 纤维板中型散装容器和具有纤维板外包装的复合式中型散装容器应在控制温度和相对湿度的大气条件下至少处理 24 h。有三种选择方式，可以从中选择一种。建议最好选择 23℃±2℃ 和 50%±2% 的大气条件。其他两种方案是 20℃±2℃ 和 65%±2% 或 27℃±2℃ 和 65%±2%。

注：测量过程允许个别相对量度有±5%的在短期波动，但其平均值应在上述限度内，且波动对试验结果的复验应无影响。

5.1.5 中型散装容器侧面向下平放在地上。

### 5.2 试样数量

试验样品数量为 3 个。

### 5.3 试验步骤

5.3.1 用吊车钩住柔性中型散装容器的一个或二个(如有四个提升装置)提升装置。

5.3.2 以 0.1 m/s 的速度将该试样提升至直立状态，并脱离地面。

5.3.3 观察中型散装容器及其提升装置有无任何会危及其运输和装卸安全的损坏。

## 6 试验报告

——试验样品名称、数量、尺寸、规格；

——生产企业名称；

——预处理的温度、相对湿度和预处理时间；

——试验设备；

——试验结果的记录，以及在试验中观察到的任何有助于解释试验结果的现象；

——说明所用试验方法与本标准的差异；

——试验日期、试验人签字、试验单位盖章。

ICS 13.300
A 80

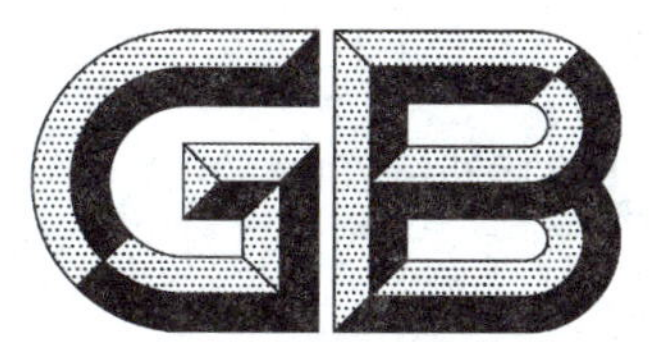

# 中华人民共和国国家标准

GB/T 21595—2008



# 危险品 便携式罐体撞击试验方法

## Dangerous goods—Impact test method for portable tank

2008-04-01 发布　　2008-09-01 实施

中华人民共和国国家质量监督检验检疫总局
中国国家标准化管理委员会　发布

# 前　言

本标准对应于联合国《关于危险货物运输的建议书　规章范本》和联合国《关于危险货物运输的建议书　试验和标准手册》，与其一致性程度为非等效。其有关技术内容与上述手册完全一致，在标准文本格式上按 GB/T 1.1—2000 做了编辑性修改。

本标准由全国危险化学品管理标准化技术委员会(SAC/TC 251)提出并归口。

本标准负责起草单位：天津市检验检疫科学技术研究院。

本标准参加起草单位：江南大学、中化化工标准化研究所、天津出入境检验检疫局。

本标准主要起草人：王利兵、吕刚、赵青、胥传来、王晓兵、周磊。

本标准为首次发布。

# 危险品　便携式罐体撞击试验方法

## 1　范围

本标准规定了危险品便携式罐体撞击试验的试验设备、试验步骤及试验报告。

本标准适用于危险品便携式罐体撞击试验。

## 2　规范性引用文件

下列文件中的条款通过本标准的引用而成为本标准的条款。凡是注日期的引用文件，其随后所有的修改单(不包括勘误的内容)或修订版均不适用于本标准，然而，鼓励根据本标准达成协议的各方研究是否可使用这些文件的最新版本。凡是不注日期的引用文件，其最新版本适用于本标准。

GB 19454.1　危险货物便携式罐体检验安全规范　通则

联合国《关于危险货物运输的建议书　规章范本》

联合国《关于危险货物运输的建议书　试验和标准手册》

## 3　术语和定义

GB 19454.1、联合国《关于危险货物运输的建议书　规章范本》确立的以及下列术语和定义适用于本标准。

3.1

**便携式罐体　portable tanks**

用以运输第3类至第9类物质的、容量不小于450 L的多式联运罐体。便携式罐体的罐壳装有运输危险货物所必要的辅助设备和结构装置。

3.2

**罐壳　shell**

便携式罐体承装所运物质的部分(罐体本身)，包括开口及其封闭装置，但不包括辅助设备或外部结构装置。

3.3

**辅助设备　service equipment**

测量仪表以及装货、卸货、排气、安全、加热、冷却及隔热装置。

3.4

**最大许可总质量　maximum permissible gross mass**

便携式罐体的质量及允许装运的最大荷载质量之和。

## 4　试验设备

参见联合国《关于危险货物运输的建议书　试验和标准手册》。

## 5　试验步骤

5.1　按联合国《关于危险货物运输的建议书　试验和标准手册》第41节规定的动态纵向撞击试验进行。

5.2　冲击力大小不小于满载便携式罐体最大许可总质量4倍的撞击产生的力。

5.3　观察试验罐体及其辅助设备是否均能承受试验撞击力，记录试样有无渗漏，罐体有无任何形变。

## 6 试验报告

——试验样品名称、数量、尺寸、规格；
——生产企业名称；
——试验设备；
——试验撞击力；
——试验结果的记录，以及在试验中观察到的任何有助于解释试验结果的现象；
——说明所用试验方法与本标准的差异；
——试验日期、试验人签字、试验单位盖章。

ICS 13.300
A 80

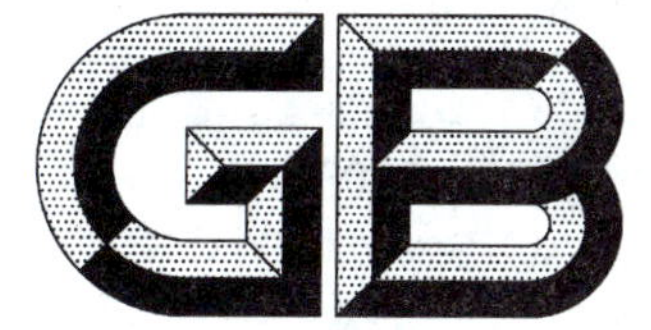

# 中华人民共和国国家标准

GB/T 21596—2008



# 危险品 便携式罐体压力试验方法

## Dangerous goods—Pressure test method for portable tank

2008-04-01 发布 2008-09-01 实施

中华人民共和国国家质量监督检验检疫总局
中国国家标准化管理委员会 发布

# 前　言

本标准对应于联合国《关于危险货物运输的建议书　规章范本》，与其一致性程度为非等效。其有关技术内容与上述手册完全一致，在标准文本格式上按GB/T 1.1—2000做了编辑性修改。

本标准由全国危险化学品管理标准化技术委员会(SAC/TC 251)提出并归口。

本标准负责起草单位：天津市检验检疫科学技术研究院。

本标准参加起草单位：江南大学、中化化工标准化研究所、天津出入境检验检疫局。

本标准主要起草人：王利兵、李宁涛、赵青、李学洋、王晓兵、周磊。

本标准为首次发布。

# 危险品 便携式罐体压力试验方法

## 1 范围

本标准规定了危险品便携式罐体压力试验的试验设备、试验步骤及试验报告。

本标准适用于危险品便携式罐体压力试验。

## 2 规范性引用文件

下列文件中的条款通过本标准的引用而成为本标准的条款。凡是注日期的引用文件,其随后所有的修改单(不包括勘误的内容)或修订版均不适用于本标准,然而,鼓励根据本标准达成协议的各方研究是否可使用这些文件的最新版本。凡是不注日期的引用文件,其最新版本适用于本标准。

GB 19454.1 危险货物便携式罐体检验安全规范 通则

联合国《关于危险货物运输的建议书 规章范本》

## 3 术语和定义

GB 19454.1 及联合国《关于危险货物运输的建议书 规章范本》确立的以及下列术语和定义适用于本标准。

3.1

**便携式罐体 portable tanks**

用以运输第 3 类至第 9 类物质的、容量大于 450 L 的多式联运罐体。便携式罐体的罐壳装有运输危险货物所必要的辅助设备和结构装置。

3.2

**罐壳 shell**

便携式罐体承装所运物质的部分(罐体本身),包括开口及其封闭装置,但不包括辅助设备或外部结构装置。

3.3

**辅助设备 service equipment**

测量仪表以及装货、卸货、排气、安全、加热、冷却及隔热装置。

3.4

**设计压强 design pressure**

公认的压力容器规则要求的计算中所用的压强值。设计压强不得小于下列压强中的最大者:

a) 在装货或卸货时,罐壳内允许的最大有效表压;

b) 以下三项压强之和:

——物质在 65℃(如果是在高于 65℃下运输的高温物质,在装货、卸货或运输过程中的最高温度)时物质的绝对蒸气压减 100 kPa;

——罐体未装满空间内的空气和其他气体的分压(kPa),这个分压是由未装满空间 65℃的最高温度和平均整体温度升高 $t_r-t_f$($t_f$=装货温度,通常为 15℃;$t_r$=50℃,最高平均整体温度)引起的液体膨胀所决定;

——根据运行方向最大许可总质量的两倍乘以重力加速度、与运行方向垂直的水平方向最大许可总质量(运行方向不明确时,为最大许可总质量的两倍)乘以重力加速度、向上的垂直方向最大许可总质量乘以重力加速度、向下的垂直方向最大许可总质量的两倍(包括

重力在内的总载荷)乘以重力加速度分别所指动态力确定的排出压强,但不小于 35 kPa;

c) 根据联合国《关于危险货物运输的建议书　规章范本》(第 14 修订版)4.2 中使用便携式罐体规范规定的最低试验压强值的三分之二。

## 4 试验设备

液压试验机或达到相同效果的其他试验设备。

## 5 试验压力

5.1 便携式罐体试验压力是最大允许工作压力的 1.3 倍。

5.2 对于真空隔热罐壳,试验压力不得小于最大允许工作压力与 100 kPa 之和的 1.3 倍。

5.3 任何情况下试验压强均应不小于 300 kPa。

## 6 试验步骤

6.1 启动液压机,向罐内连续均匀以液压,同时打开排气阀,排除试验容器内残留气体,然后关闭排气阀。

6.2 继续均匀加压至试验压力,恒压 5 min。

6.3 观察试样罐体及其辅助设备是否能够均能承受试验压强,试样无渗漏,罐体无任何形变。

## 7 试验报告

——试验样品名称、数量、尺寸、规格;

——生产企业名称;

——试验设备;

——试验压力;

——试验结果的记录,以及在试验中观察到的任何有助于解释试验结果的现象;

——说明所用试验方法与本标准的差异;

——试验日期、试验人签字、试验单位盖章。

ICS 13.300
A 80

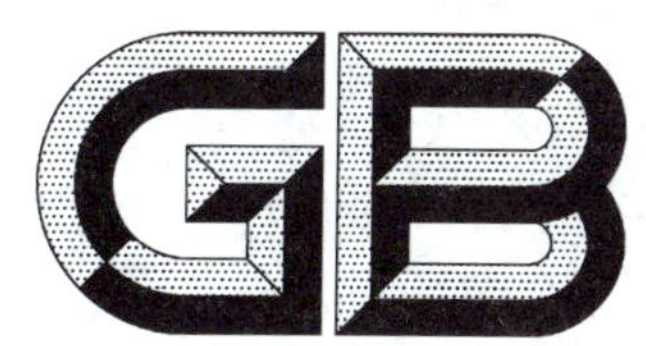

# 中华人民共和国国家标准

GB/T 21597—2008



# 危险品 便携式罐体防漏试验方法

## Dangerous goods—Leakproofness test method for portable tank

2008-04-01 发布 2008-09-01 实施

中华人民共和国国家质量监督检验检疫总局
中国国家标准化管理委员会 发布

# 前　　言

本标准对应于联合国《关于危险货物运输的建议书　规章范本》，与其一致性程度为非等效。其有关技术内容与上述手册完全一致，在标准文本格式上按GB/T 1.1—2000做了编辑性修改。

本标准由全国危险化学品管理标准化技术委员会(SAC/TC 251)提出并归口。

本标准负责起草单位：天津市检验检疫科学技术研究院。

本标准参加起草单位：江南大学、中化化工标准化研究所、天津出入境检验检疫局。

本标准主要起草人：赵好力宝、王利兵、胥传来、冯智劼、王晓兵、于智睿。

本标准为首次发布。

# 危险品　便携式罐体防漏试验方法

## 1　范围

本标准规定了危险品便携式罐体防漏试验的试验设备、试验步骤及试验报告。

本标准适用于对危险品便携式罐体进行防漏试验测定。

## 2　规范性引用文件

下列文件中的条款通过本标准的引用而成为本标准的条款。凡是注日期的引用文件，其随后所有的修改单(不包括勘误的内容)或修订版均不适用于本标准，然而，鼓励根据本标准达成协议的各方研究是否可使用这些文件的最新版本。凡是不注日期的引用文件，其最新版本适用于本标准。

GB 19454.1　危险货物便携式罐体检验安全规范　通则

联合国《关于危险货物运输的建议书　规章范本》

## 3　术语和定义

GB 19454.1、联合国《关于危险货物运输的建议书　规章范本》确立的以及下列术语和定义适用于本标准。

3.1

**便携式罐体　portable tanks**

用以运输第3类至第9类物质的、容量大于450 L的多式联运罐体。便携式罐体的罐壳装有运输危险货物所必要的辅助设备和结构装置。

3.2

**罐壳　shell**

便携式罐体承装所运物质的部分(罐体本身)，包括开口及其封闭装置，但不包括辅助设备或外部结构装置。

3.3

**辅助设备　service equipment**

测量仪表以及装货、卸货、排气、安全、加热、冷却及隔热装置。

3.4

**最大允许工作压强　maximum allowable working pressure**

不小于在工作状态下在罐壳顶部测量的下列两个压强中较大者：

a)　在装货或卸货时，罐壳内允许的最大有效表压；

b)　罐壳的设计最大有效表压，数值不小于以下两项之和：

——物质在65℃(如果是在高于65℃下运输的高温物质，在装货、卸货或运输过程中的最高温度)时物质的绝对蒸气压减100 kPa；

——罐体未装满空间内的空气和其他气体的分压(kPa)，该分压是由未装满空间在装货、卸货或运输过程中的出现的最高温度(最低选择65℃)以及平均整体温度升高 $t_r-t_f$($t_f$=装货温度，通常为15℃；$t_r$=50℃，最高平均整体温度)引起的液体膨胀所决定。

3.5

**防漏试验　leakproofness test**

用气体对罐壳及其辅助设备施加不小于最大允许工作压强25%的有效内压的试验。

## 4 试验设备

——空气压缩机；
——压力表；
——减压阀；
——计时器；
——检漏用蓄水容器。

## 5 试验步骤

5.1 将压力表两端分别与空气压缩机和试验样品相连(对设有排气孔的封闭器，应换成不透气的封闭器或堵住排气孔)，并确保连接处气密完好。

5.2 将容器浸入水中，接通压缩空气，向容器内充气，使容器内部压力达到不小于最大允许工作压强25%的有效内压。

5.3 稳定5 min，观察是否有气泡冒出。

5.4 当试样体积较大，无法完全浸入到检漏蓄水容器中时，在不影响检测结果的情况下，可采用涂皂液的方法。

## 6 试验报告

——试验样品名称、数量、规格；
——生产企业名称；
——试验设备；
——危险品便携式罐体防渗试验压强；
——试验结果的记录，以及在试验中观察到的任何有助于解释试验结果的现象；
——说明所用试验方法与本标准的差异；
——试验日期、试验人签字、试验单位盖章。

ICS 13.300
A 80

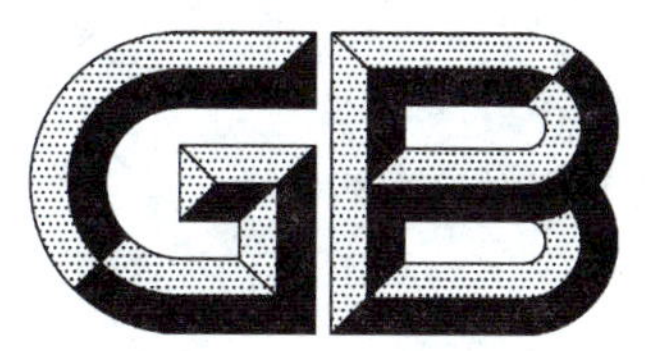

# 中华人民共和国国家标准

GB/T 21598—2008

# 危险品 便携式罐体液压试验方法

Dangerous goods—Hydraulic pressure test for portable tank

2008-04-01 发布 2008-09-01 实施

中华人民共和国国家质量监督检验检疫总局
中国国家标准化管理委员会 发布

# 前　言

本标准对应于联合国《关于危险货物运输的建议书　规章范本》，与其一致性程度为非等效。其有关技术内容与上述手册完全一致，在标准文本格式上按 GB/T 1.1—2000 做了编辑性修改。

本标准由全国危险化学品管理标准化技术委员会(SAC/TC 251)提出并归口。

本标准负责起草单位：天津市检验检疫科学技术研究院。

本标准参加起草单位：江南大学、中化化工标准化研究所、天津出入境检验检疫局。

本标准主要起草人：王利兵、吕刚、刘锐、胥传来、王晓兵、周磊。

本标准为首次发布。

# 危险品　便携式罐体液压试验方法

## 1　范围

本标准规定了危险品便携式罐体液压试验的试验设备、试验步骤及试验报告。

本标准适用于危险品便携式罐体液压试验。

## 2　规范性引用文件

下列文件中的条款通过本标准的引用而成为本标准的条款。凡是注日期的引用文件，其随后所有的修改单(不包括勘误的内容)或修订版均不适用于本标准，然而，鼓励根据本标准达成协议的各方研究是否可使用这些文件的最新版本。凡是不注日期的引用文件，其最新版本适用于本标准。

GB 19454.1　危险货物便携式罐体检验安全规范　通则

联合国《关于危险货物运输的建议书　规章范本》

## 3　术语和定义

GB 19454.1、联合国《关于危险货物运输的建议书　规章范本》确立的以及下列术语和定义适用于本标准。

3.1

**便携式罐体　portable tanks**

用以运输第3类至第9类物质的、容量大于450 L的多式联运罐体。便携式罐体的罐壳装有运输危险货物所必要的辅助设备和结构装置。

3.2

**罐壳　shell**

便携式罐体承装所运物质的部分(罐体本身)，包括开口及其封闭装置，但不包括辅助设备或外部结构装置。

3.3

**辅助设备　service equipment**

测量仪表以及装货、卸货、排气、安全、加热、冷却及隔热装置。

3.4

**设计压强　design pressure**

公认的压力容器规则要求的计算中所用的压强值。设计压强不得小于下列压强中的最大者：

a)　在装货或卸货时，罐壳内允许的最大有效表压；或

b)　以下三项压强之和：

——物质在65℃(如果是在高于65℃下运输的高温物质，在装货、卸货或运输过程中的最高温度)时物质的绝对蒸气压减100 kPa；

——罐体未装满空间内的空气和其他气体的分压(kPa)，这个分压是由未装满空间65℃的最高温度和平均整体温度升高 $t_r-t_f$($t_f$=装货温度，通常为15℃；$t_r$=50℃，最高平均整体温度)引起的液体膨胀所决定；

——根据运行方向最大许可总质量的两倍乘以重力加速度、与运行方向垂直的水平方向最大许可总质量(运行方向不明确时，为最大许可总质量的两倍)乘以重力加速度、向上的垂直方向最大许可总质量乘以重力加速度、向下的垂直方向最大许可总质量的两倍(包括

重力在内的总载荷)乘以重力加速度分别所指动态力确定的排出压强,但不小于 35 kPa;

c) 根据联合国《关于危险货物运输的建议书 规章范本》(第十四修订版)4.2 中使用便携式罐体规范规定的最低试验压强值的三分之二。

3.5

**试验压强 test pressure**

指液压试验时罐壳顶部的最大表压,不小于设计压力的 1.5 倍。拟装运特定物质的便携式罐体的最低试验压力在联合国《关于危险货物运输的建议书 规章范本》(第十四修订版)4.2.5.2.6 内的适用便携式罐体规范中有所规定。

## 4 试验设备

液压试验机或达到相同效果的其他试验设备。

## 5 试验步骤

5.1 启动液压机,向罐内连续均匀加以液压,同时打开排气阀,排除试验容器内残留气体。

5.2 关闭排气阀,继续均匀加压至试验压强,恒定液压 5 min。

5.3 观察罐体及其辅助设备能否承受试验压强,记录试样有无渗漏,罐体有无任何形变。

## 6 试验报告

——试验样品名称、数量、规格;

——生产企业名称;

——试验设备;

——危险品便携式罐体试验压强;

——试验结果的记录,以及在试验中观察到的任何有助于解释试验结果的现象;

——说明所用试验方法与本标准的差异;

——试验日期、试验人签字、试验单位盖章。

ICS 13.300
A 80

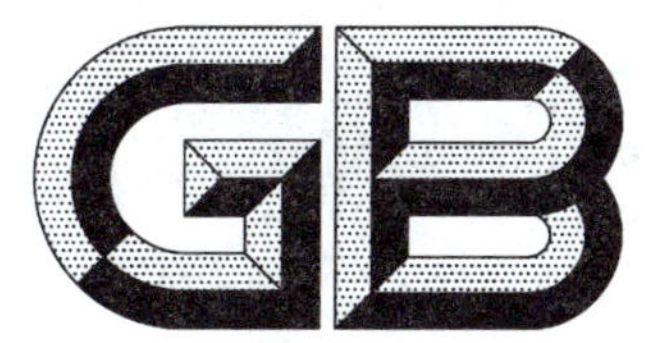

# 中华人民共和国国家标准

GB/T 21599—2008

# 危险品 包装跌落试验方法

## Dangerous goods—Test method for drop of packaging

2008-04-01 发布 2008-09-01 实施

中华人民共和国国家质量监督检验检疫总局
中国国家标准化管理委员会 发布

# 前　言

本标准对应于联合国《关于危险货物运输的建议书　规章范本》，与其一致性程度为非等效。其有关技术内容与上述手册完全一致，在标准文本格式上按 GB/T 1.1—2000 做了编辑性修改。

本标准由全国危险化学品管理标准化技术委员会（SAC/TC 251）提出并归口。

本标准负责起草单位：天津市检验检疫科学技术研究院。

本标准参加起草单位：江南大学、中化化工标准化研究所、天津出入境检验检疫局。

本标准主要起草人：吕刚、王利兵、赵黎华、李宁涛、王晓兵、胥传来。

本标准为首次制定。

# 危险品　包装跌落试验方法

## 1　范围

本标准规定了危险品包装件跌落试验的设备、试样预处理、检验数量、试验步骤及试验报告。

本标准适用于对危险品包装进行跌落试验测定。

本标准不适用于：

——盛装放射性物质的运输包装；

——盛装压缩气体和液化气体的压力容器的包装；

——净重超过 400 kg 的包装；

——容积超过 450 L 的包装。

## 2　规范性引用文件

下列文件中的条款通过本标准的引用而成为本标准的条款。凡是注日期的引用文件，其随后所有的修改单(不包括勘误的内容)或修订版均不适用于本标准，然而，鼓励根据本标准达成协议的各方研究是否可使用这些文件的最新版本。凡是不注日期的引用文件，其最新版本适用于本标准。

GB/T 4122.1　包装术语　基础

GB/T 4857.1　包装　运输包装件　试验时各部位的标示方法(GB/T 4857.1—1992, eqv ISO 2206:1987)

GB/T 4857.5　包装　运输包装件　跌落试验方法(GB/T 4857.5—1992, eqv ISO 2248:1985)

## 3　术语和定义

GB/T 4122.1 确立的以及下列术语和定义适用于本标准。

3.1

**危险品包装　dangerous articles package**

根据危险品的特点，按照有关法令、标准和规定采用专门设计制造的包括容器和防护技术的包装。

3.2

**跌落试验　drop test**

将包装件按规定高度跌落于坚硬、平整的水平面上，评定包装件承受垂直冲击的能力和包装对内装物保护能力的试验。

3.3

**跌落高度　drop height**

指准备释放时试验样品的最低点与冲击台面之间的距离。

3.4

**容器　receptacle**

用于装放或容纳物质或物品的密封器具，包括封口装置。

3.5

**包装　packaging**

容器和容器为实现贮放作用所需要的其他部件或材料。

3.6

**复合包装　composite packaging**

由一个外容器和一个内容器组成的包装，其构造使内容器和外容器形成一个完整的包装。这种包装经装配后，便成为单一的完整装置，整个用于装料、贮存、运输和卸空。

## 4 试验设备

跌落试验设备应符合 GB/T 4857.5 的规定。

### 4.1 冲击台

冲击台平面为水平平面，试验时不移动，不变形，并满足下列要求：

——为整体物体，质量至少为试验样品质量的 50 倍；

——要有足够大的面积，以保证试验样品完全落在冲击台面上；

——在冲击台面上任意两点的水平高度差不应超过 2 mm；

——冲击台面上任何 100 $mm^2$ 的面积上承受 10 kg 的静负荷时，其形变量不应超过 0.1 mm。

### 4.2 提升装置

在提升或下降过程中，不应损坏试验样品。

### 4.3 支撑装置

支撑试验样品的装置在释放前应能使试验样品处于所要求的预定状态。

### 4.4 释放装置

在释放试验样品的跌落过程中，应使试验样品不碰到装置的任何部件，保证其自由跌落。

## 5 试验程序

### 5.1 试样预处理

5.1.1 对塑料桶、塑料罐、泡沫聚乙烯箱以外的塑料箱、复合容器(塑料)及带有塑料袋以外的拟用于装固体或物品的塑料内容器的组合包装的试验，在试样和其盛装的物质的温度降至－18℃或以下，内装物是液体，降温后如果不能保持液态时，应加入防冻剂。组合包装需组合后进行跌落试验。

5.1.2 纤维板危险品包装应在控制温度和相对湿度的环境中放置至少 24 h。有以下三种方案，可选择其一：最佳的环境是温度 23℃±2℃ 和相对湿度 50%±2%。其他两种方案是：温度 20℃±2℃ 和相对湿度 65%±2%；或温度 27℃±2℃ 和相对湿度 65%±2%。

### 5.2 试样数量

——桶、罐类包装 6 个样品；

——箱类包装 5 个样品；

——袋类包装 3 个样品。

### 5.3 试样标记

试样按 GB/T 4857.1 要求进行标记。

### 5.4 跌落高度

5.4.1 对于固体或液体危险货物，如采用拟装危险货物，或采用具有基本相同物理性质的其他物质进行试验，其跌落高度见表 1。

**表 1 跌落高度**

单位为米

| Ⅰ级包装 | Ⅱ级包装 | Ⅲ级包装 |
| --- | --- | --- |
| 1.8 | 1.2 | 0.8 |
| 注：Ⅰ级包装——高度危险性；Ⅱ级包装——中等危险性；Ⅲ级包装——轻度危险性。 | | |

5.4.2 对于液体内装物，如用水来替代进行试验：

——如拟运输液体的相对密度小于或等于 1.2 时其跌落高度见表 1；

——如果拟运输的物质相对密度大于 1.2，其跌落高度应根据拟运输物质的相对密度($d$)按表 2 计算出，四舍五入至一位小数。

表 2 跌落高度与密度换算表

单位为米

| Ⅰ级包装 | Ⅱ级包装 | Ⅲ级包装 |
|---|---|---|
| $d$×1.5 | $d$×1.0 | $d$×0.67 |

### 5.5 试验步骤

5.5.1 提起试验样品至所需的跌落高度位置，并按预定状态将其撑住。其提起高度与预定高度之差不得超过预定高度的±2%。

5.5.2 按下列预定状态，释放试验样品：

——面跌落时，使试验样品的跌落面与水平面之间的夹角最大不超过2°；

——棱跌落时，使跌落的棱与水平面之间的夹角最大不超过2°，试验样品上规定面与冲击台面夹角的误差不大于±5°或夹角的10%（以较大的数值为准），使试验样品的重力线通过被跌落的棱；

——角跌落时，试验样品上规定面与冲击面之间的夹角误差不大于±5°或此夹角的10%（以较大数值为准），使试验样品的重力线通过被跌落的角；

——无论何种状态和形状的试验样品，都应使试验样品的重力线通过被跌落的面、线、点。

5.5.3 实际冲击速度与自由跌落时的冲击速度之差不超过自由跌落时的±1%。

5.5.4 不同包装容器跌落方式见表3。

表 3 跌落方式

| 包装容器 | 跌落方式 |
|---|---|
| 钢桶<br>铝桶<br>钢罐<br>纤维板桶<br>塑料桶和罐<br>桶状复合包装 | 第一组跌落（用3个试样跌在同一部位，如5或6或者其他薄弱部位）：须以倾斜的方式使包装的凸边撞击在目标上，重心垂线通过凸边撞击点。如包装无凸边，则应与圆周接缝或边缘撞击，移动顶盖桶须将桶倒置倾斜，锁紧装置通过中心垂线跌落。<br>第二组跌落（用另外3个试样跌在同一部位）：应使第一组跌落时没有试验到的最薄弱的包装部位撞击到目标上，例如封闭器或桶体纵向焊缝，罐的纵向合缝处等 |
| 天然木箱<br>胶合板箱<br>再生木板箱<br>纤维板箱、钢或铝箱<br>箱状复合包装 塑料箱 | 第一次跌落：以箱底平落<br>第二次跌落：以箱顶平落<br>第三次跌落：以一长侧面平落<br>第四次跌落：以一短侧面平落<br>第五次跌落：以一个角跌落 |
| 无缝边单层或多层袋 | 第一次跌落：以袋的宽面平面跌落<br>第二次跌落：以袋的端部跌落 |
| 有缝边单层或多层袋 | 第一次跌落：以袋的宽面平落<br>第二次跌落：以袋的狭面平落<br>第三次跌落：以袋的端部跌落 |
| 注1：于非平面跌落，试样的重心（矢量）应垂直于撞击点。<br>注2：某一指定方向跌落时试样可能不只一个面，应跌最薄弱的那面。<br>注3：试验应在预处理相同的冷冻环境或温、湿度环境中进行。如果达不到相同条件，则应在试样离开预处理环境5 min内完成。 | |

## 6 试验报告

——试验样品名称、数量、规格；

——生产企业名称；

——预处理的温度、相对湿度和预处理条件及时间；

——试验设备；

——跌落顺序与跌落高度；

——试验结果的记录，以及在试验中观察到的任何有助于解释试验结果的现象；

——试验日期、试验人签字、试验单位盖章。

ICS 13.300
A 80

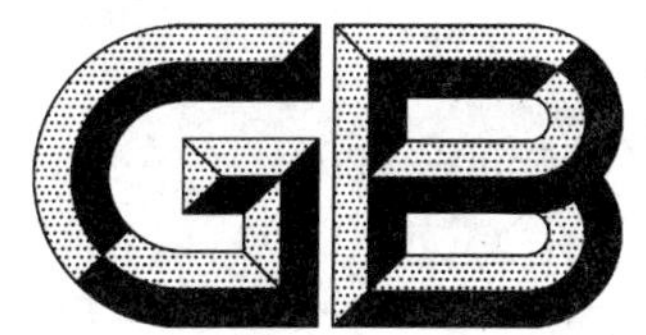


# 中华人民共和国国家标准

GB/T 21600—2008

# 危险品　包装气密试验方法

## Dangerous goods—Test method for gasproofness of packaging

2008-04-01 发布　　2008-09-01 实施

中华人民共和国国家质量监督检验检疫总局
中国国家标准化管理委员会　发布

# 前　言

本标准对应于联合国《关于危险货物运输的建议书　规章范本》，与其一致性程度为非等效。其有关技术内容与上述手册完全一致，在标准文本格式上按GB/T 1.1—2000做了编辑性修改。

本标准由全国危险化学品管理标准化技术委员会(SAC/TC 251)提出并归口。

本标准负责起草单位：天津市检验检疫科学技术研究院。

本标准参加起草单位：江南大学、中化化工标准化研究所、天津出入境检验检疫局。

本标准主要起草人：冯智劼、赵好力宝、王利兵、周磊、胥传来、王晓兵。

本标准为首次制定。

# 危险品 包装气密试验方法

## 1 范围

本标准规定了危险品包装气密性试验的设备、检验数量、试验步骤及试验报告。

本标准适用于危险品包装的气密性检测，以及对拟装货物须要气密封口的包装容器进行检验。

## 2 规范性引用文件

下列文件中的条款通过本标准的引用而成为本标准的条款。凡是注日期的引用文件，其随后所有的修改单(不包括勘误的内容)或修订版均不适用于本标准，然而，鼓励根据本标准达成协议的各方研究是否可使用这些文件的最新版本。凡是不注日期的引用文件，其最新版本适用于本标准。

GB/T 17344 包装 包装容器 气密试验方法

GB 19270.1 水路运输危险货物包装检验安全规范 通则

## 3 术语和定义

下列术语和定义适用于本标准。

3.1

**气密试验 gasproofness test**

将拟盛装液体的包装件浸入水中，通入一定量压缩空气，评定包装件或包装样品的气密性和包装对内装物保护能力的试验。

## 4 试验设备

包装气密试验机：符合 GB/T 17344 的规定。

## 5 试验程序

### 5.1 试样数量

3 个样品。

### 5.2 试验步骤

5.2.1 将压力表两端分别与空气压缩机和试验样品相连。

5.2.2 对设有排气孔的封闭器，必须换成不透气的封闭器或堵住排气孔，并确保连接处气密完好。

5.2.3 将样品浸入水中，接通压缩空气，向样品内充气，使样品内部压力达到试验压力。

5.2.4 施加的空气压力(表压)见表 1。

**表 1 气密试验压力**

单位为千帕

| Ⅰ类包装 | Ⅱ类包装 | Ⅲ类包装 |
|---|---|---|
| 不小于 30 | 不小于 20 | 不小于 20 |
| 注：Ⅰ、Ⅱ、Ⅲ类包装定义见 GB 19270.1。 | | |

5.2.5 稳定 5 min，观察是否有气泡冒出。

5.2.6 当试样体积较大，无法完全浸入到检漏蓄水样品中时，在不影响检测结果的情况下，可采用涂皂液的方法。

## 6 试验报告

——试验样品名称、数量、规格；

——生产企业名称；

——试验设备；

——危险品包装气密性试验压力；

——试验结果的记录，以及在试验中观察到的任何有助于解释试验结果的现象；

——说明所用试验方法与本标准的差异；

——试验日期、试验人签字、试验单位盖章。

ICS 13.300
A 80

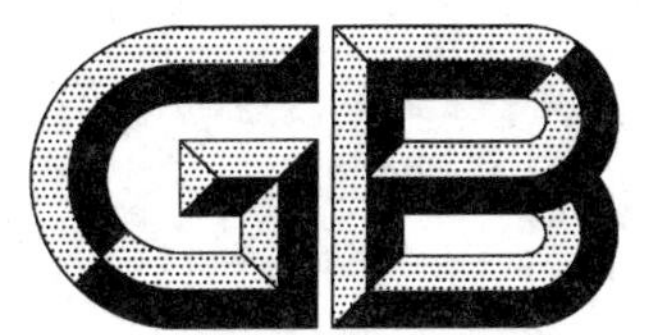

# 中华人民共和国国家标准

GB/T 21601—2008

# 危险品 包装提梁提环强度试验方法

**Dangerous goods—Test method for bale handle and drop handle strength of packaging**

2008-04-01 发布 2008-09-01 实施

中华人民共和国国家质量监督检验检疫总局
中国国家标准化管理委员会 发布

# 前　言

本标准对应于联合国《关于危险货物运输的建议书　规章范本》，与其一致性程度为非等效。其有关技术内容与上述手册完全一致，在标准文本格式上按 GB/T 1.1—2000 做了编辑性修改。

本标准由全国危险化学品管理标准化技术委员会(SAC/TC 251)提出并归口。

本标准负责起草单位：天津市检验检疫科学技术研究院。

本标准参加起草单位：江南大学、中化化工标准化研究所、天津出入境检验检疫局。

本标准主要起草人：冯智劼、王利兵、熊中强、胥传来、王晓兵、赵黎华。

本标准为首次制定。

# 危险品 包装提梁提环强度试验方法

## 1 范围

本标准规定了危险品包装钢提桶提梁、提环强度试验的试验设备、试验步骤及试验报告。

本标准适用于拟装危险货物的开口钢提桶和闭口钢提桶包装其钢提桶提梁、提环强度试验。

## 2 规范性引用文件

下列文件中的条款通过本标准的引用而成为本标准的条款。凡是注日期的引用文件，其随后所有的修改单(不包括勘误的内容)或修订版均不适用于本标准，然而，鼓励根据本标准达成协议的各方研究是否可使用这些文件的最新版本。凡是不注日期的引用文件，其最新版本适用于本标准。

GB 13040 包装术语 金属容器

## 3 术语和定义

GB 13040 确立的以及下列术语和定义适用于本标准。

3.1

**桶 drum**

由金属、纤维板、塑料、胶合板或其他适当材料制成的两端为平面或凸面的圆柱形容器。

3.2

**金属桶 metal can**

用金属薄板制成的容量较小的容器，有密封和不密封两类，一般用镀锡薄钢板、镀铬薄钢板、铝板等制成。

3.3

**提桶 pail**

加有提手的金属桶，有开口和闭口两种。

3.4

**提手 handle**

装在容器上的一种附件，用于抓握或提携。

3.5

**提梁 bale handle**

一种两端由挂耳连接在桶身上的半圆形金属提手。

3.6

**提环 drop handle**

一种由挂耳固定在桶上的，可以自由转动的小环形提手。

3.7

**挂耳 lug**

固定在桶身上，能使提手像合页一样转动的金属连接构件。

## 4 试验设备

4.1 水平悬挂装置。

4.2 偏斜测试装置(测试装置的误差，应精确到±1 mm)。

4.3 标准负载物。

## 5 试验程序

### 5.1 试样数量

提梁、提环强度试验样品数量为3个。

### 5.2 试验步骤

5.2.1 将提梁、提环用适当的方法固定在水平悬挂装置上，偏斜测试装置进行检测，使钢提桶桶身与地面保持垂直，并保证提梁或提环两端受力均匀；

5.2.2 在桶身上沿垂直向下方向均匀加负载至590 N，并保持5 min。

## 6 试验报告

——试验样品名称、数量、尺寸、规格；

——生产企业名称；

——试验的温度、相对湿度条件；

——试验设备；

——试验结果的记录，以及在试验中观察到的任何有助于解释试验结果的现象；

——说明所用试验方法与本标准的差异；

——试验日期、试验人签字、试验单位盖章。

ICS 13.300
A 80

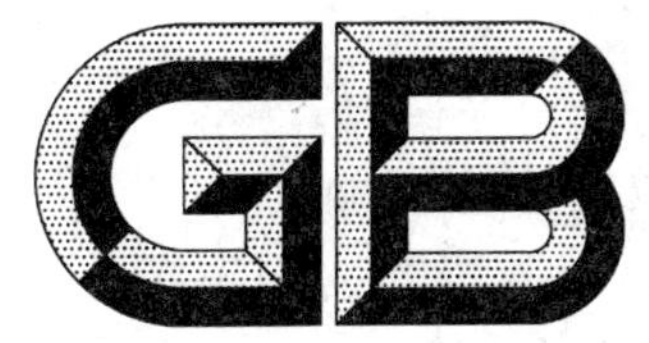

# 中华人民共和国国家标准

GB/T 21602—2008

# 危险品　大包装底部提升试验方法

## Dangerous goods—Test method for bottom lift of large packaging

2008-04-01 发布　　2008-09-01 实施

中华人民共和国国家质量监督检验检疫总局
中国国家标准化管理委员会　发布

# 前 言

本标准对应于联合国《关于危险货物运输的建议书 规章范本》,与其一致性程度为非等效。其有关技术内容与上述手册完全一致,在标准文本格式上按 GB/T 1.1—2000 做了编辑性修改。

本标准由全国危险化学品管理标准化技术委员会(SAC/TC 251)提出并归口。

本标准负责起草单位:天津市检验检疫科学技术研究院。

本标准参加起草单位:江南大学、中化化工标准化研究所、天津出入境检验检疫局。

本标准主要起草人:吕刚、王利兵、胥传来、李宁涛、王晓兵、赵黎华。

本标准为首次制定。

# 危险品　大包装底部提升试验方法

## 1　范围

本标准规定了危险品大包装底部提升试验的试验设备、试样数量、试样准备、试验步骤以及试验报告。

本标准适用于危险品大包装的底部提升试验。

## 2　规范性引用文件

下列文件中的条款通过本标准的引用而成为本标准的条款。凡是注日期的引用文件，其随后所有的修改单(不包括勘误的内容)或修订版均不适用于本标准，然而，鼓励根据本标准达成协议的各方研究是否可使用这些文件的最新版本。凡是不注日期的引用文件，其最新版本适用于本标准。

GB/T 4122.1　包装术语　基础

GB 19432.1　危险货物大包装检验安全规范　通则

## 3　术语和定义

GB/T 4122.1 和 GB 19432.1 确立的以及下列术语和定义适用于本标准。

3.1

**大包装　large packagings**

由一个内装多个物品或内容器的外容器组成的容器，并且设计用机械方法装卸，其净质量超过 400 kg 或容积超过 450 L，但不超过 3 $m^3$。

3.2

**衬里　liner**

另外放入容器但不构成其组成部分、包括其开口的封闭装置的管或袋。

3.3

**最大许可总质量　maxinum permissible gross mass**

壳体及其辅助设备和结构装置的质量加上最大许可装载质量(适用于除柔性集装袋所有种类的大包装)。

## 4　试验设备

吊车及叉车。

## 5　试验程序

### 5.1　试验准备

5.1.1　对准备供运输的大包装，包括所使用的内包装和物品，应进行试验，内包装装入的液体应不低于其最大容量的 98%，装入的固体应不低于其最大容量的 95%。

5.1.2　大包装的内包装将装运液体和固体，则需对液体或固体内装物分别作试验。

5.1.3　将用大包装运输的内包装中的物质或物品，可以其他物质或物品代替，但不应使试验结果成为无效。

5.1.4　使用其他内包装或物品时，应与所运内包装或物品具有相同的物理特性(质量等)。允许使用添加物，如铅粒包，以达到要求的包件总质量，但不得影响试验结果。

5.1.5 纤维板大包装应在控制温度和相对湿度的环境中放置至少 24 h。有以下三种方案，可选择其一：最好的环境是温度 23℃±2℃和相对湿度 50%±2%。其他两种方案是：温度 20℃±2℃和相对湿度 65%±2%；或温度 27℃±2℃和相对湿度 65%±2%。

注：测量过程允许个别相对量度有±5%的在短期波动，但其平均值应在上述限度内，且波动对试验结果的复验应无影响。

### 5.2 试样数量

危险品大包装顶部提升试验样品数量为 3 个。

### 5.3 试验步骤

5.3.1 大包装应装载至其最大允许总质量的 1.25 倍，负荷应分布均匀。

5.3.2 大包装由吊车提起和放下两次，叉斗位置居中，间隔为进入边长度的四分之三（进入点固定的除外），叉斗应插入进入方向的四分之三。

5.3.3 应从每一可能的进入方向重复试验。

## 6 试验报告

——试验样品名称、数量、尺寸、规格；

——生产企业名称；

——预处理的温度、相对湿度和预处理时间；

——试验设备；

——底部提升试验条件；

——试验结果的记录，以及在试验中观察到的任何有助于解释试验结果的现象；

——说明所用试验方法与本标准的差异；

——试验日期、试验人签字、试验单位盖章。

ICS 13.300;11.100
A 80

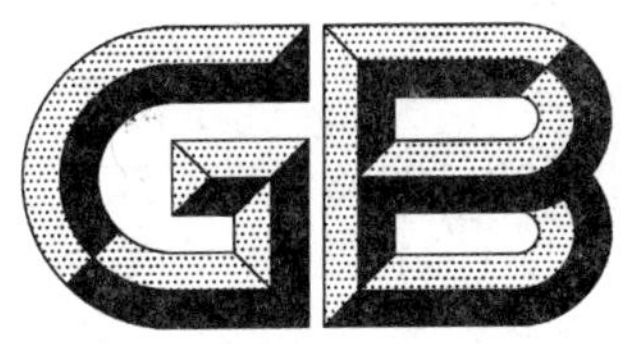


# 中华人民共和国国家标准

GB/T 21603—2008

# 化学品　急性经口毒性试验方法

Chemicals—Test method of acute oral toxicity

2008-04-01 发布　　2008-09-01 实施

中华人民共和国国家质量监督检验检疫总局
中国国家标准化管理委员会　发布

# 前　言

本标准修改采用联合国经济合作与发展组织(OECD)化学品测试方法 No.401《急性经口毒性试验》(1987)。

本标准与 OECD 化学品测试方法 No.401，存在以下差异：

——对 OECD 化学品测试方法 No.401 进行了编辑性修改；

——增加了前言部分。

本标准由全国危险化学品管理标准化技术委员会(SAC/TC 251)提出并归口。

本标准负责起草单位：天津市检验检疫科学技术研究院。

本标准参加起草单位：天津市检验检疫科学技术研究院、江南大学、中化化工标准化所、天津出入境检验检疫局、中国疾病预防控制中心职业卫生与中毒控制所。

本标准主要起草人：张园、王利兵、赵琢、胥传来、王晓兵、于智睿、李朝阳。

本标准为首次制定。

# 化学品　急性经口毒性试验方法

## 1　范围

本标准规定了动物对化学品急性经口毒性试验的试验方法、试验步骤和试验结果。

本标准适用于对化学品进行急性经口毒性的测定。

## 2　规范性引用文件

下列文件中的条款通过本标准的引用而成为本标准的条款。凡是注日期的引用文件，其随后所有的修改单(不包括勘误的内容)或修订版均不适用于本标准，然而，鼓励根据本标准达成协议的各方研究是否可使用这些文件的最新版本。凡是不注日期的引用文件，其最新版本适用于本标准。

GB/T 21605—2008　化学品　急性吸入毒性试验方法

卫生部《化学品毒性鉴定技术规范》(2005)

## 3　术语和定义

下列术语和定义适用于本标准。

3.1

**急性经口毒性　acute oral toxicity**

一次或在 24 h 内多次经口给予实验动物受试样品后，动物在短期内出现的健康损害效应。

3.2

**经口半数致死剂量　oral median lethal dose**

经口一次或 24 h 内多次经口给予受试样品后，引起实验动物总体中半数死亡的毒物的统计学剂量。以单位体重接受受试样品的质量(mg/kg 或 g/kg)来表示。

3.3

**剂量-反应关系　dose-response relationship**

表示化学毒物的剂量与某一群体中质效应的发生率之间的关系。

## 4　试验方法

### 4.1　受试样品的处理

受试样品应溶解或悬浮于适宜的赋形剂中，建议首选水或植物油作溶剂，也可考虑使用其他赋形剂(如羧甲基纤维素、明胶、淀粉等)配成混悬液；不能配制成混悬液时，可配制成其他形式(如糊状物)；不能采用具有明显毒性的有机化学溶剂，如采用有毒性的溶剂应单设溶剂对照组观察。

### 4.2　实验动物

首选健康成年小鼠(18 g～22 g)和大鼠(180 g～220 g)，也可选用其他敏感动物。同性别实验动物个体间体重相差不得超过平均体重的 20%。试验前动物要在试验环境中至少适应 3 d～5 d 时间。

### 4.3　剂量设计

根据所选方法的要求，原则上应设 4～5 个剂量组，每组动物一般为 10 只，雌雄各半。各剂量组间距大小以兼顾产生毒性大小和死亡为宜，通常以较大组距和较少量动物进行预试。如果受试样品毒性很低，也可采用最大限量法，即用 20 只动物(雌雄各半)，采用 5 000 mg/kg 剂量，如未引起动物死亡，可不再进行多个剂量的急性经口毒性试验。

### 4.4 试验步骤

4.4.1 试验前实验动物应禁食(一般 16 h 左右),不限制饮水。若采用代谢率高的其他动物,禁食时间可以适当缩短。

4.4.2 正式试验时,称量动物体重,随机分组,然后对各组动物用经口灌胃法一次染毒。各剂量组的灌胃体积应相同,小鼠常用容量为 20 mL/kg,大鼠常用容量为 10 mL/kg。若一次给予容量太大,也可在 24 h 内分 2～3 次染毒(每次间隔 4 h～6 h),但合并作为一次剂量计算。染毒后继续禁食 3 h～4 h。若采用分批多次染毒,根据染毒间隔长短,必要时可给动物一定量的食物和水。

## 5 试验结果

### 5.1 观察期限及指标

观察并记录染毒过程和观察期内的动物的中毒和死亡情况。观察期限一般为 14 d,观察指标、$LD_{50}$的计算及试验记录形式分别见卫生部《化学品毒性鉴定技术规范》附录 1-A、1-B、1-D。对死亡动物进行尸检。观察期结束后,处死存活动物并进行大体解剖,如有必要,进行病理组织学检查。

### 5.2 结果计算

可采用多种方法测定 $LD_{50}$,建议采用霍恩氏法、寇氏法、概率单位-对数图解法、最大耐受量试验和上-下法等(见卫生部《化学品毒性鉴定技术规范》附录 1-B)。

### 5.3 试验结果的解释

通过急性经口毒性试验和 $LD_{50}$的测定可评价受试样品的急性经口毒性、急性经口毒性分级(其结果对化学品的分类定级参照 GB/T 21605—2008),其结果外推到人类仅具有限可靠性。

### 5.4 试验报告

试验报告应包括如下内容:

——受试样品名称、理化性状、配制方法、所用浓度;

——实验动物的种属、品系和来源(注明合格证号和动物级别);

——实验动物饲养环境,包括饲料来源、室温、相对湿度、动物实验室合格证号;

——所用剂量和动物分组,每组所用动物性别、数量及体重范围;

——染毒后动物中毒表现和死亡情况及出现时间,大体解剖及病理所见;

——计算 $LD_{50}$的方法及其 $LD_{50}$和 95%可信限;

——列表报告结果(建议的表格形式见卫生部《化学品毒性鉴定技术规范》附录 D);

——结论。

ICS 13.300;11.100
A 80

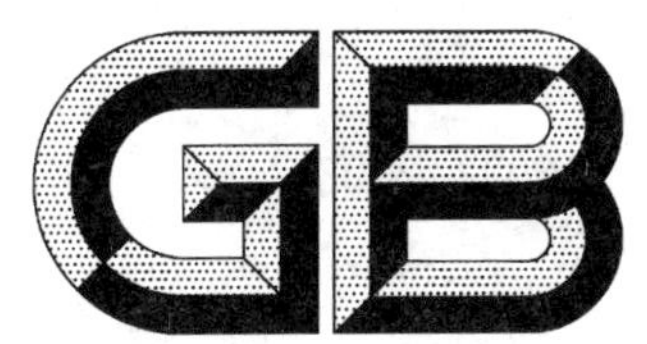

# 中华人民共和国国家标准

GB/T 21604—2008

# 化学品　急性皮肤刺激性/腐蚀性试验方法

**Chemicals—Test method of acute dermal irritation/corrosion**

2008-04-01 发布　　　　2008-09-01 实施

中华人民共和国国家质量监督检验检疫总局
中国国家标准化管理委员会　发布

# 前　言

本标准修改采用联合国经济合作与发展组织(OECD)化学品测试方法 No.404《急性皮肤刺激性/腐蚀性实验》(1992.7)(英文版)。

本标准与 OECD 化学品测试方法 No.404 相比,存在以下差异:

——对 OECD 化学品测试方法 No.404 进行了编辑性修改;

——增加了前言部分。

本标准由全国危险化学品管理标准化技术委员会(SAC/TC 251)提出并归口。

本标准负责起草单位:天津市检验检疫科学技术研究院。

本标准参加起草单位:天津市检验检疫科学技术研究院、江南大学、中化化工标准化所、天津出入境检验检疫局、中国疾病预防控制中心职业卫生与中毒控制所。

本标准主要起草人:张园、王利兵、赵琢、胥传来、王晓兵、于智睿、李朝阳。

本标准为首次制定。

# 化学品　急性皮肤刺激性/腐蚀性试验方法

## 1　范围

本标准规定了动物对化学品急性皮肤刺激性/腐蚀性试验的术语和定义、试验方法和试验结果。

本标准适用于对化学品进行急性皮肤刺激性腐蚀性的测定。

## 2　规范性引用文件

下列文件中的条款通过本标准的引用而成为本标准的条款。凡是注日期的引用文件，其随后所有的修改单(不包括勘误的内容)或修订版均不适用于本标准，然而，鼓励根据本标准达成协议的各方研究是否可使用这些文件的最新版本。凡是不注日期的引用文件，其最新版本适用于本标准。

GB 14924.4　实验动物　兔配合饲料

GB 14925　实验动物　环境及设施

## 3　术语和定义

下列术语和定义适用于本标准。

3.1

**皮肤腐蚀性　dermal corrosion**

皮肤涂敷受试样品后局部产生的不可逆性损伤。

3.2

**皮肤刺激性　dermal irritation**

皮肤涂敷受试样品后局部产生的可逆性炎性变化。

## 4　试验方法

### 4.1　试验动物

#### 4.1.1　动物的品系

首选健康成年的白色家兔。

#### 4.1.2　性别和数量

选用雄性和/或雌性动物，至少使用4只，如某些可疑反应，则需增加试验动物的数量。

#### 4.1.3　饲养条件

饲养条件应符合GB 14924.4、GB 14925的要求。试验动物应单笼饲养。试验动物房的室温，家兔为20℃±3℃，相对湿度为30%～70%。采用人工光源时，应保持光照12 h，黑暗12 h。选用常规的试验室饲料，饮水要充足、不受限制。

#### 4.1.4　动物的准备

试验动物应在饲养条件下检疫和适应环境至少5 d。试验开始前24 h内，紧贴皮肤细心剪去试验动物背部脊柱两侧的被毛，注意不得损伤皮肤。去毛范围每块各约3 cm×3 cm。选择健康无损的皮区进行试验。

### 4.2　受试物

4.2.1　如果受试物为液体，一般不稀释。可直接使用原液染毒。

4.2.2　如果受试物为固体，应将其粉碎并用水或其他适宜的介质溶解或湿润，以保证受试物与皮肤有良好的接触。若使用水以外的其他介质，应考虑到该介质对受试物皮肤刺激作用的影响。

4.2.3 如果受试物为强酸或强碱，pH 值≤2 或 pH 值≥11.5，可以不再进行皮肤刺激试验。若已知受试物具有很强的经皮吸收毒性，或在急性经皮毒性试验中，当限量试验剂量 2 000 mg/kg 体重时仍未出现皮肤刺激作用，或根据体外试验的结果预知具有腐蚀作用，也无需再进行皮肤刺激性试验。

### 4.3 染毒步骤

4.3.1 取受试物 0.5 mL(或 0.5 g)直接涂在 2.5 cm×2.5 cm 大小的皮肤上，仔细、缓慢涂布，不使药液流失。涂毕用四层纱布敷在其上，用无刺激性胶布和绷带固定。当受试物为液体或膏状物时，需先将其置于纱布上，然后再接触皮肤。

4.3.2 当受试物质可能具有腐蚀性时，最多使用三块试验贴连续作用于动物皮肤。第一块试验贴作用 3 min 后移去，如未见严重的皮肤反应，使用第二块试验贴，1 h 后移去，如观察结果显示暴露于受试物的时间可以延长至 4 h，则可以使用第三块试验贴，于 4 h 后移去并将出现的皮肤反应分级。其中任何一步观察到腐蚀性反应时，均应立即结束实验。如果怀疑受试物质具有强烈的刺激性而无腐蚀性，则使用一块试验贴作用于动物皮肤 4 h。

4.3.3 如果一只动物试验表明贴敷受试物 4 h 后既未观察到腐蚀作用，也未观察到严重的刺激性，则追加 3 只动物来完成此试验。每只动物贴敷一块涂布受试物的纱布块，贴敷 4 h。

## 5 试验结果

### 5.1 临床观察和评分

5.1.1 为了确定观察反应的可逆性，动物需要被观察到移去试验贴的第 14 天。如果第 14 天前出现可逆反应，或出现剧烈疼痛、衰竭的表现，应停止试验。

5.1.2 于除去受试物后的 24 h、48 h、72 h，分别观察受试部位皮肤的反应，按表 1 进行皮肤反应评分。除刺激作用外，对观察到的任何皮肤损伤和其他毒作用都应详尽描述和记录。为澄清某些可疑的反应需进行病理组织学检查。

**表 1 皮肤刺激反应评分**

| 皮肤反应 | 评　分 |
|---|---|
| 红斑与焦痂形成 | |
| 无红斑 | 0 |
| 很轻微的红斑(勉强可见) | 1 |
| 红斑清晰可见易于确定 | 2 |
| 中度至重度红斑 | 3 |
| 严重红斑(紫红色)到焦痂形成 | 4 |
| 水肿形成 | |
| 无水肿 | 0 |
| 很轻微的水肿(勉强可见) | 1 |
| 轻度水肿(皮肤隆起轮廓清楚) | 2 |
| 中度水肿(皮肤隆起约 1 mm) | 3 |
| 严重水肿(隆起超过 1 mm、范围超出染毒区) | 4 |

### 5.2 结果评价

5.2.1 对每一试验动物，按规定的观察时间点将皮肤红斑和水肿形成的评分相加，获得每只动物皮肤反应的总分，其理论最高值可达 8 分。再进一步计算每一观察时点动物总数的皮肤反应总分的均值。

5.2.2 根据各观察时点动物总数的皮肤反应总分的均值，按表 2 判定受试物对皮肤刺激或腐蚀作用的有无及其强度。除此之外，有时还应结合观察到的皮肤其他损伤、病理组织学改变、可逆性等对受试物的皮肤刺激性或腐蚀性进行综合评价。

表 2　皮肤刺激强度分级

| 皮肤刺激强度 | 最高总分均值 |
|---|---|
| 无刺激性 | 0～<0.5 |
| 轻刺激性 | 0.5～<2.0 |
| 中等刺激性 | 2.0～<6.0 |
| 强刺激性 | 6.0～<8.0 |

**5.3　结果解释**

将动物皮肤刺激性、腐蚀性试验的结果外推到人仅具有限的可靠性。受试动物的种、系、受试前皮肤的性状、试验的条件、试验动物的饲养环境等因素，都可以影响结果的准确性和可信度。封闭式染毒是一种超常的实验室条件下的试验方法，而实际人群接触化学物的方式绝大多数不是封闭状态的。试验动物的数量有限。白色家兔在大多数情况下对有刺激性或腐蚀性的物质较人类敏感。若用其他种、系动物进行试验也得到类似结果，则会增加从动物外推到人的可靠性。

**5.4　试验报告**

试验报告应包括以下内容：

——受试物及介质的名称、化学结构式、理化性状、pH 值、配制方法、浓度和用量；

——试验动物的品、系、性别、年龄、来源(注明动物合格证号和动物级别)、数量、试验开始和结束时的体重；

——试验动物的饲养环境，包括饲料来源、动物房的温度、相对湿度、单笼饲养或群饲、实验动物房的合格证号；

——试验条件，包括试验部位皮肤的准备、受试物的制备、染毒方法和使用的材料、从受试皮区清除受试物的方法等细节；

——试验结果，包括每只动物各规定的观察时点皮肤红斑和水肿形成的评分、两者相加后的皮肤反应总分、皮肤反应总分的均值、对皮肤刺激的强度、皮肤其他损伤、病理组织学改变、皮肤反应或损伤的可恢复性以及除皮肤刺激或腐蚀作用以外的其他毒性作用；

——结果的评价。

ICS 13.300;11.100
A 80

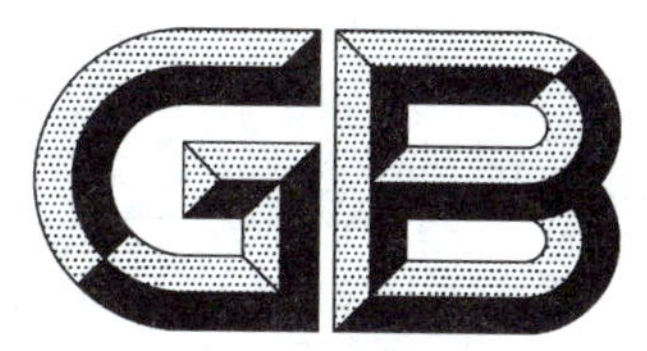

# 中华人民共和国国家标准

GB/T 21605—2008

# 化学品急性吸入毒性试验方法

Test method of acute inhalation toxicity for chemicals

2008-04-01 发布　　　　2008-09-01 实施

中华人民共和国国家质量监督检验检疫总局
中国国家标准化管理委员会　发布

# 前　言

本标准修改采用联合国经济合作与发展组织(OECD)化学品测试方法 No.403《急性吸入毒性试验方法》(1981.2)和 No.433《急性吸入毒性试验方法——固定剂量法》(2002.2)(英文版)。

本标准与 OECD 化学品测试方法 No.403 和 No.433 相比,存在以下差异:

——对 OECD 化学品测试方法 No.403 和 No.433 进行了编辑性修改;

——增加了前言部分;

——增加了附录部分。

本标准的附录 B 为规范性附录;附录 A、附录 C 为资料性附录。

本标准由全国危险化学品管理标准化技术委员会(SAC/TC 251)提出并归口。

本标准负责起草单位:中国疾病预防控制中心职业卫生与中毒控制所。

本标准参加起草单位:天津市检验检疫科学技术研究院、安徽省疾病预防控制中心。

本标准主要起草人:孙金秀、李朝林、吴维皑、林铮、侯粉霞、李霜、张园、于智睿、李宁涛、邢卫平、王维、柳燕。

# 化学品急性吸入毒性试验方法

## 1 范围

本标准规定了动物急性吸入毒性试验的试验目的、术语和定义、试验基本原则、试验方法、试验报告和结果解释。

本标准适用于评价气体、挥发性物质或气溶胶/颗粒物等化学品的急性吸入毒性作用。

## 2 术语和定义

2.1

**急性吸入毒性 acute inhalation toxicity**

实验动物短时间(24 h 内)持续吸入一种可吸入性受试样品后,在短期内出现的健康损害效应。

2.2

**半数致死浓度($LC_{50}$) median lethal concentration**

在一定时间内经呼吸道吸入受试样品后引起受试动物发生死亡概率为50%的浓度,以单位体积空气中受试样品的质量($mg/m^3$)来表示。

2.3

**剂量-反应关系 dose-response relationship**

化学毒物的剂量与某一群体中质效应发生率之间的关系。

## 3 试验目的

检测化学品对实验动物的急性吸入毒性作用和强度,为亚急(慢)性等吸入毒性试验提供剂量选择的依据。

## 4 试验基本原则

各试验组动物在一定时间内吸入不同浓度的受试样品,染毒浓度的选择可通过预试验确定。染毒后观察动物的毒性反应和死亡情况。试验期间死亡的动物要进行尸检,试验结束时仍存活的动物要处死并进行大体解剖。

## 5 试验方法

### 5.1 实验动物

首选健康成年小鼠(18 g~22 g)或大鼠(180 g~220 g),也可选用其他敏感动物。同性别各剂量组个体间体重相差不超过平均体重的20%。试验前动物要在试验环境中至少适应3 d~5 d时间。

### 5.2 剂量设计

根据所选方法的要求,原则上应设4~5个剂量组,每组动物一般为10只,雌雄各半。各剂量组间距大小以受试物毒性大小和动物死亡为宜,通常以较大组距和较少量动物进行预试。如果受试样品毒性很低,也可采用一次限量法,即用20只动物(雌雄各半),一般2 000 $mg/m^3$ 吸入4 h,如未引起动物死亡,则不再进行多个剂量的急性吸入毒性试验。需要时也可做5 000 $mg/m^3$ 或更高浓度吸入4 h,或以最大可能发生的浓度进行试验。

### 5.3 染毒

染毒可采用静式染毒法或动式染毒法。

5.3.1 **静式染毒法**

静式染毒是将实验动物放在一定体积的密闭容器(染毒柜)内,加入一定量的受试样品,并使其挥发,造成试验需要的受试样品浓度的空气,一次吸入性染毒 2 h 或 4 h。

5.3.1.1 染毒柜的容积以每只染毒小鼠每小时不少于 3 L 空气计,每只大鼠每小时不少于 30 L 计。

5.3.1.2 染毒浓度的计算:染毒浓度一般应采用实际测定浓度。在染毒期间一般可测 4～5 次,求其平均浓度。在无适当测试方法时。可用式(1)计算染毒浓度:

$$c = (a \times d/V) \times 10^6 \qquad \cdots\cdots(1)$$

式中:

$c$——染毒浓度,单位为毫克每立方米($mg/m^3$);

$a$——加入受试样品的量,单位为毫升(mL);

$d$——化学品相对密度;

$V$——染毒柜容积,单位为升(L)。

5.3.2 **动式染毒法**

动式染毒是采用机械通风装置,连续不断地将含有一定浓度受试样品的空气均匀不断地送入染毒柜,空气交换量大约为 12 次/h～15 次/h,并排出等量的染毒气体,维持相对稳定的染毒浓度(对通过染毒柜的流动气体应不间断地进行监测,并至少记录 2 次)。一次吸入性染毒 2 h。当受试化合物需要特殊要求时,应用其他的气流速率。染毒时,染毒柜内应确保至少有 19%的氧含量和均衡分配的染毒气体。一般情况下,为确保染毒柜内空气稳定,实验动物的体积不应超过染毒柜体积的 5%。且染毒柜内应维持微弱的负压,以防受试样品泄露污染周围环境。同时,应注意防止受试样品爆炸。

5.3.2.1 **受试样品气化(雾化)和输入的常用方法**

5.3.2.1.1 气体受试样品,经流量计与空气混合成一定浓度后,直接输入染毒柜。

5.3.2.1.2 易挥发液体受试样品,通过空气鼓泡或适当加热促使挥发后输入染毒柜。

5.3.2.1.3 若受试样品现场使用时采取喷雾法时,可采用喷雾器或超声雾化器使其雾化为气溶胶后输入染毒柜。

5.3.2.2 **染毒浓度计算**

染毒浓度一般应采用动物呼吸带实际测定浓度,至少每半小时一次,取其平均值。各测定浓度值应在其平均值的 25%以内。若无适当的测试方法,也可采用式(2)计算染毒浓度:

$$c = [a \times d/(V_1 + V_2)] \times 10^6 \qquad \cdots\cdots(2)$$

式中:

$c$——染毒浓度,单位为毫克每立方米($mg/m^3$);

$a$——气化或雾化受试样品的量,单位为毫升(mL);

$d$——受试样品相对密度;

$V_1$——输入染毒柜风量,单位为升(L);

$V_2$——染毒柜容积,单位为升(L)。

5.4 **观察期限及指标**

5.4.1 观察并记录染毒过程和观察期内的动物中毒和死亡情况。观察期限一般为 14 d,观察指标见附录 A,$LC_{50}$的计算见附录 B。

5.4.2 对死亡动物进行尸检。观察期结束后,处死存活动物并进行大体解剖,必要时,进行病理组织学检查。

5.5 **试验结果评价**

评价试验结果时,应将 $LC_{50}$与观察到的毒性效应和尸检所见相结合考虑,$LC_{50}$值是受试样品急性毒性分级和标识以及判定受试样品经呼吸道吸入后引起动物死亡可能性大小的依据。引用 $LC_{50}$值时一定要注明所用实验动物的种属、性别、染毒方式及时间长短、观察期限。评价应包括动物接触受试样品与动物异常表现(包括行为和临床改变、大体损伤、体重变化、致死效应及其他毒性作用)的发生率和严重程度之间的关系。急性吸入毒性分级可按附录C相应的分级原则进行。

## 6 试验报告

6.1 受试样品名称、理化性状、配制方法、所用浓度。

6.2 动式染毒设备中的气流速度。

6.3 实验动物的种属、品系和来源(注明合格证号和动物级别)。

6.4 实验动物饲养环境,包括饲料来源、室温、相对湿度、动物实验室合格证号。

6.5 所用染毒浓度和动物分组,每组所用动物性别、数量及体重范围。

6.6 计算 $LC_{50}$ 的方法。

6.7 染毒后动物中毒表现及出现时间和恢复情况、死亡时间、大体解剖所见。

6.8 列表报告结果,计算的 $LC_{50}$ 及其95%可信区间。

6.9 结论。

## 7 结果解释

通过 $LC_{50}$ 的测定,可评价受试样品的急性吸入毒性及其毒性分级,可按附录C相应的分级原则进行,但其结果外推到人类的有效性是有限的。

# 附 录 A
## （资料性附录）
## 啮齿类动物中毒表现观察项目表

啮齿类动物中毒表现见表 A.1。

**表 A.1 啮齿类动物中毒表现观察项目表**

| 器官系统 | 观察及检查项目 | 中毒后一般表现 |
|---|---|---|
| 中枢神经系统及躯体运动 | 行为 | 改变姿势，叫声异常，不安或呆滞 |
| | 动作 | 震颤，运动失调，麻痹，惊厥，强制性动作 |
| | 各种刺激的反应 | 易兴奋，知觉过敏或缺乏知觉 |
| | 大脑及脊髓反射 | 减弱或消失 |
| | 肌肉张力 | 强直，迟缓 |
| 自主神经系统 | 瞳孔大小 | 缩小或放大 |
| | 分泌 | 流涎，流泪 |
| 呼吸性质 | 鼻孔 | 流鼻涕 |
| | 呼吸性质和速率 | 徐缓，困难，潮式呼吸 |
| 心血管系统 | 心区触诊 | 心动过缓，心律不齐，心跳过强或过弱 |
| 胃肠系统 | 腹形 | 气胀或收缩，腹泻或便秘 |
| | 粪便硬度和颜色 | 粪便不成形，黑色或灰色 |
| 生殖泌尿系统 | 阴户，乳腺<br>阴茎<br>会阴部 | 膨胀<br>脱垂<br>污秽 |
| 皮肤和毛皮 | 颜色，张力<br>完整性 | 发红，皱折，松弛，皮疹<br>竖毛 |
| 黏膜 | 黏膜<br>口腔 | 流黏液，充血，出血性紫绀，苍白<br>溃疡 |
| 眼 | 眼睑<br>眼球<br>透明度 | 上睑下垂<br>眼球突出或震颤<br>混浊 |
| 其他 | 直肠或皮肤温度<br>一般情况 | 降低或升高<br>姿势不正常，消瘦 |

# 附 录 B
# （规范性附录）
# 化学物急性毒性试验 $LD_{50}$($LC_{50}$)计算方法

## B.1 霍恩氏(Horn)法

### B.1.1 预试验

可根据受试样品的性质和已知资料，选用下述方法：一般多根据体重采用 0.1 g/kg、1.0 g/kg 和 10.0 g/kg 的剂量，各以 2～3 只动物预试验。根据 24 h 内死亡情况，估计 $LD_{50}$ 的可能范围，确定正式试验的剂量。也可简单地采用一个剂量，如 215 mg/kg，用 5 只动物预试验。观察 24 h 内动物的中毒表现。如症状严重，估计多数动物可能死亡，即可采用低于 215 mg/kg 的剂量系列，反之症状较轻，则可采用高于此剂量的剂量系列。如有相应的文献资料时可不进行预试验。

### B.1.2 动物数

一般每组用 5 只。

### B.1.3 常用剂量系列

$$\left.\begin{matrix}1.00\\2.15\\4.64\end{matrix}\right\}\times 10^{t} \quad t=0,\pm 1,\pm 2,\pm 3$$

因为剂量间距较 1.0/3.16 $t=0,\pm 1,\pm 2,\pm 3$ 为小，所以结果较为精确。一般试验时，可根据上述剂量系列设计 5 个组，即较原来的方法在最低剂量组以下或最高剂量组以上各增设一组，这样在查表时容易得出结果。

### B.1.4 正式试验

将动物在动物实验室饲养观察 3 d～5 d，使其适应环境，证明其确系健康动物后，进行随机分组。给予受试样品后一般观察 14 d，必要时延长到 28 d。记录死亡数，查表(表 B.1)求得 $LD_{50}$，并记录死亡时间及中毒表现等。

### B.1.5 该方法的优缺点

优点是简单易行，节省动物；缺点是所得 $LD_{50}$ 的可信限范围较大，不够精确。但经多年来的实际应用与验证，同一受试样品与寇氏法所得结果极为相近。因此对其测定的结果应认为是可信与有效的。

**表 B.1 霍恩氏法(Horn)$LD_{50}$ 值计算(剂量递增法测定 $LD_{50}$ 计算用表)**

| 组1 组2 组3 组4<br>或<br>组1 组3 组2 组4 | | | | 剂量 1=0.464<br>剂量 2=1.00×$10^t$<br>剂量 3=2.15<br>剂量 4=4.64 | | 剂量 1=1.00<br>剂量 2=2.15×$10^t$<br>剂量 3=4.64<br>剂量 4=10.0 | | 剂量 1=2.15<br>剂量 2=4.64×$10^t$<br>剂量 3=10.0<br>剂量 4=21.5 | |
|---|---|---|---|---|---|---|---|---|---|
| | | | | $LD_{50}$ | 95%可信限 | $LD_{50}$ | 95%可信限 | $LD_{50}$ | 95%可信限 |
| 0 | 0 | 3 | 5 | 2.00 | 1.37～2.91 | 4.30 | 2.95～6.26 | 9.26 | 6.36～13.5 |
| 0 | 0 | 4 | 5 | 1.71 | 1.26～2.33 | 3.69 | 2.71～5.01 | 7.94 | 5.84～10.8 |
| 0 | 0 | 5 | 5 | 1.47 | — | 3.16 | — | 6.81 | — |
| 0 | 1 | 2 | 5 | 2.00 | 1.23～3.24 | 4.30 | 2.65～6.98 | 9.26 | 5.70～15.0 |
| 0 | 1 | 3 | 5 | 1.71 | 1.05～2.78 | 3.69 | 2.27～5.99 | 7.94 | 4.89～12.9 |
| 0 | 1 | 4 | 5 | 1.47 | 0.951～2.27 | 3.16 | 2.05～4.88 | 6.81 | 4.41～10.5 |
| 0 | 1 | 5 | 5 | 1.26 | 0.926～1.71 | 2.71 | 2.00～3.69 | 5.84 | 4.30～7.94 |
| 0 | 2 | 2 | 5 | 1.71 | 1.01～2.91 | 3.69 | 2.17～6.28 | 7.94 | 4.67～13.5 |

表 B.1（续）

| 组1 或 组1 | 组2 或 组3 | 组3 或 组2 | 组4 或 组4 | 剂量1=0.464<br>剂量2=1.00×10′<br>剂量3=2.15<br>剂量4=4.64 | | 剂量1=1.00<br>剂量2=2.15×10′<br>剂量3=4.64<br>剂量4=10.0 | | 剂量1=2.15<br>剂量2=4.64×10′<br>剂量3=10.0<br>剂量4=21.5 | |
|---|---|---|---|---|---|---|---|---|---|
| | | | | $LD_{50}$ | 95%可信限 | $LD_{50}$ | 95%可信限 | $LD_{50}$ | 95%可信限 |
| 0 | 2 | 3 | 5 | 1.47 | 0.862～2.50 | 3.16 | 1.86～5.38 | 6.81 | 4.00～13.5 |
| 0 | 2 | 4 | 5 | 1.26 | 0.775～2.05 | 2.71 | 1.69～4.41 | 5.84 | 3.60～9.50 |
| 0 | 2 | 5 | 5 | 1.08 | 0.741～1.57 | 2.33 | 1.60～3.99 | 5.01 | 3.44～7.30 |
| 0 | 3 | 3 | 5 | 1.26 | 0.740～2.14 | 2.71 | 1.59～4.62 | 5.84 | 3.43～9.95 |
| 0 | 3 | 4 | 5 | 1.03 | 0.665～1.75 | 2.33 | 1.43～3.78 | 5.01 | 3.08～8.14 |
| 1 | 0 | 3 | 5 | 1.96 | 1.22～3.14 | 4.22 | 2.63～6.76 | 9.09 | 5.66～14.6 |
| 1 | 0 | 4 | 5 | 1.62 | 1.07～2.43 | 3.48 | 2.31～5.24 | 7.50 | 4.98～11.3 |
| 1 | 0 | 5 | 5 | 1.33 | 1.05～1.70 | 2.87 | 2.26～3.65 | 6.19 | 4.87～7.87 |
| 1 | 1 | 2 | 5 | 1.96 | 1.06～3.60 | 4.22 | 2.29～7.75 | 9.09 | 4.94～16.7 |
| 1 | 1 | 3 | 5 | 1.62 | 0.866～3.01 | 3.48 | 1.87～6.49 | 7.50 | 4.02～16.7 |
| 1 | 1 | 4 | 5 | 1.33 | 0.737～2.41 | 2.87 | 1.59～5.20 | 6.19 | 3.42～11.2 |
| 1 | 1 | 5 | 5 | 1.10 | 0.661～1.83 | 2.37 | 1.42～3.95 | 5.11 | 3.07～8.51 |
| 1 | 2 | 2 | 5 | 1.62 | 0.818～3.19 | 3.48 | 1.76～6.37 | 7.50 | 3.80～14.8 |
| 1 | 2 | 3 | 5 | 1.33 | 0.658～2.70 | 2.87 | 1.42～5.82 | 6.19 | 3.05～12.5 |
| 1 | 2 | 4 | 5 | 1.10 | 0.550～2.20 | 2.37 | 1.19～4.74 | 5.11 | 2.55～10.2 |
| 1 | 3 | 3 | 5 | 1.10 | 0.523～2.32 | 2.37 | 1.13～4.99 | 5.11 | 2.43～10.8 |
| 2 | 0 | 3 | 5 | 1.90 | 1.00～3.58 | 4.08 | 2.16～7.71 | 8.80 | 4.66～16.6 |
| 2 | 0 | 4 | 5 | 1.47 | 0.806～2.67 | 3.16 | 1.74～5.76 | 6.81 | 3.74～12.4 |
| 2 | 0 | 5 | 5 | 1.14 | 0.674～1.92 | 2.45 | 1.45～4.13 | 5.28 | 3.13～8.89 |
| 2 | 1 | 2 | 5 | 1.90 | 0.839～4.29 | 4.08 | 1.81～9.23 | 8.80 | 3.89～19.9 |
| 2 | 1 | 3 | 5 | 1.47 | 0.616～3.50 | 3.16 | 1.33～7.53 | 6.81 | 2.86～16.2 |
| 2 | 1 | 4 | 5 | 1.14 | 0.466～2.77 | 2.45 | 1.00～5.98 | 5.28 | 2.16～12.9 |
| 2 | 2 | 2 | 5 | 1.47 | 0.573～3.76 | 3.16 | 1.24～8.10 | 6.81 | 2.66～17.4 |
| 2 | 2 | 3 | 5 | 1.14 | 0.406～3.18 | 2.45 | 0.875～6.85 | 6.28 | 1.89～14.8 |
| 0 | 0 | 4 | 4 | 1.96 | 1.18～3.26 | 4.22 | 2.53～7.02 | 9.09 | 5.46～15.1 |
| 0 | 0 | 5 | 4 | 1.62 | 1.27～2.05 | 3.48 | 2.74～4.42 | 7.50 | 5.90～9.53 |
| 0 | 1 | 3 | 4 | 1.96 | 0.978～3.92 | 4.22 | 2.11～8.44 | 9.09 | 4.54～18.2 |
| 0 | 1 | 4 | 4 | 1.62 | 0.893～2.92 | 3.48 | 1.92～6.30 | 7.50 | 4.14～13.6 |
| 0 | 0 | 3 | 5 | 2.00 | 1.37～2.91 | 4.30 | 2.95～6.26 | 9.26 | 6.36～13.5 |
| 0 | 0 | 4 | 5 | 1.71 | 1.26～2.33 | 3.69 | 2.71～5.01 | 7.94 | 5.84～10.8 |
| 0 | 0 | 5 | 5 | 1.47 | — | 3.16 | — | 6.81 | — |
| 0 | 1 | 2 | 5 | 2.00 | 1.23～3.24 | 4.30 | 2.65～6.98 | 9.26 | 5.70～15.0 |
| 0 | 1 | 3 | 5 | 1.71 | 1.05～2.78 | 3.69 | 2.27～5.99 | 7.94 | 4.89～12.9 |
| 0 | 1 | 4 | 5 | 1.47 | 0.951～2.27 | 3.16 | 2.05～4.88 | 6.81 | 4.41～10.5 |
| 0 | 1 | 5 | 5 | 1.26 | 0.926～1.71 | 2.71 | 2.00～3.69 | 5.84 | 4.30～7.94 |
| 0 | 2 | 2 | 5 | 1.71 | 1.01～2.91 | 3.69 | 2.17～6.28 | 7.94 | 4.67～13.5 |
| 0 | 2 | 3 | 5 | 1.47 | 0.862～2.50 | 3.16 | 1.86～5.38 | 6.81 | 4.00～13.5 |
| 0 | 2 | 4 | 5 | 1.26 | 0.775～2.05 | 2.71 | 1.69～4.41 | 5.84 | 3.60～9.50 |
| 0 | 2 | 5 | 5 | 1.08 | 0.741～1.57 | 2.33 | 1.60～3.99 | 5.01 | 3.44～7.30 |
| 0 | 3 | 3 | 5 | 1.26 | 0.740～2.14 | 2.71 | 1.59～4.62 | 5.84 | 3.43～9.95 |
| 0 | 3 | 4 | 5 | 1.03 | 0.665～1.75 | 2.33 | 1.43～3.78 | 5.01 | 3.08～8.14 |
| 1 | 0 | 3 | 5 | 1.96 | 1.22～3.14 | 4.22 | 2.63～6.76 | 9.09 | 5.66～14.6 |

**表 B.1（续）**

| 组1 组2 组3 组4<br>或<br>组1 组3 组2 组4 | | | | 剂量 1=0.464<br>剂量 2=1.00×$10^t$<br>剂量 3=2.15<br>剂量 4=4.64 | | 剂量 1=1.00<br>剂量 2=2.15×$10^t$<br>剂量 3=4.64<br>剂量 4=10.0 | | 剂量 1=2.15<br>剂量 2=4.64×$10^t$<br>剂量 3=10.0<br>剂量 4=21.5 | |
|---|---|---|---|---|---|---|---|---|---|
| | | | | $LD_{50}$ | 95%可信限 | $LD_{50}$ | 95%可信限 | $LD_{50}$ | 95%可信限 |
| 1 | 0 | 4 | 5 | 1.62 | 1.07～2.43 | 3.48 | 2.31～5.24 | 7.50 | 4.98～11.3 |
| 1 | 0 | 5 | 5 | 1.33 | 1.05～1.70 | 2.87 | 2.26～3.65 | 6.19 | 4.87～7.87 |
| 1 | 1 | 2 | 5 | 1.96 | 1.06～3.60 | 4.22 | 2.29～7.75 | 9.09 | 4.94～16.7 |
| 1 | 1 | 3 | 5 | 1.62 | 0.866～3.01 | 3.48 | 1.87～6.49 | 7.50 | 4.02～16.7 |
| 1 | 1 | 4 | 5 | 1.33 | 0.737～2.41 | 2.87 | 1.59～5.20 | 6.19 | 3.42～11.2 |
| 1 | 1 | 5 | 5 | 1.10 | 0.661～1.83 | 2.37 | 1.42～3.95 | 5.11 | 3.07～8.51 |
| 1 | 2 | 2 | 5 | 1.62 | 0.818～3.19 | 3.48 | 1.76～6.37 | 7.50 | 3.80～14.8 |
| 1 | 2 | 3 | 5 | 1.33 | 0.658～2.70 | 2.87 | 1.42～5.82 | 6.19 | 3.05～12.5 |
| 1 | 2 | 4 | 5 | 1.10 | 0.550～2.20 | 2.37 | 1.19～4.74 | 5.11 | 2.55～10.2 |
| 1 | 3 | 3 | 5 | 1.10 | 0.523～2.32 | 2.37 | 1.13～4.99 | 5.11 | 2.43～10.8 |
| 2 | 0 | 3 | 5 | 1.90 | 1.00～3.58 | 4.08 | 2.16～7.71 | 8.80 | 4.66～16.6 |
| 2 | 0 | 4 | 5 | 1.47 | 0.806～2.67 | 3.16 | 1.74～5.76 | 6.81 | 3.74～12.4 |
| 2 | 0 | 5 | 5 | 1.14 | 0.674～1.92 | 2.45 | 1.45～4.13 | 5.28 | 3.13～8.89 |
| 2 | 1 | 2 | 5 | 1.90 | 0.839～4.29 | 4.08 | 1.81～9.23 | 8.80 | 3.89～19.9 |
| 2 | 1 | 3 | 5 | 1.47 | 0.616～3.50 | 3.16 | 1.33～7.53 | 6.81 | 2.86～16.2 |
| 2 | 1 | 4 | 5 | 1.14 | 0.466～2.77 | 2.45 | 1.00～5.98 | 5.28 | 2.16～12.9 |
| 2 | 2 | 2 | 5 | 1.47 | 0.573～3.76 | 3.16 | 1.24～8.10 | 6.81 | 2.66～17.4 |
| 2 | 2 | 3 | 5 | 1.14 | 0.406～3.18 | 2.45 | 0.875～6.85 | 6.28 | 1.89～14.8 |
| 0 | 0 | 4 | 4 | 1.96 | 1.18～3.26 | 4.22 | 2.53～7.02 | 9.09 | 5.46～15.1 |
| 0 | 0 | 5 | 4 | 1.62 | 1.27～2.05 | 3.48 | 2.74～4.42 | 7.50 | 5.90～9.53 |
| 0 | 1 | 3 | 4 | 1.96 | 0.978～3.92 | 4.22 | 2.11～8.44 | 9.09 | 4.54～18.2 |
| 0 | 1 | 4 | 4 | 1.62 | 0.893～2.92 | 3.48 | 1.92～6.30 | 7.50 | 4.14～13.6 |

表 B.2 用于每组 5 只动物，其剂量递增公比为 $10^{1/2}$，意即 $10\times10^{1/2}=31.6$，$31.6\times10^{1/2}=100$，…，余此类推。此剂量系列排列如下：

$$1.00$$
$$3.16\times10^{t} \quad t=0,\pm1,\pm2,\pm3$$

**表 B.2 霍恩氏法(Horn)$LD_{50}$值计算（剂量递增法测定 $LD_{50}$ 计算用表）**

| 组1 组2 组3 组4<br>或<br>组1 组3 组2 组4 | | | | 剂量 1=0.316<br>剂量 2=1.00×$10^t$<br>剂量 3=3.16<br>剂量 4=10.0 | | 剂量 1=1.00<br>剂量 2=3.16×$10^t$<br>剂量 3=10.0<br>剂量 4=31.6 | |
|---|---|---|---|---|---|---|---|
| | | | | $LD_{50}$ | 95%可信限 | $LD_{50}$ | 95%可信限 |
| 0 | 0 | 3 | 5 | 2.82 | 1.60～4.95 | 8.91 | 5.07～15.7 |
| 0 | 0 | 4 | 5 | 2.24 | 1.41～3.55 | 7.08 | 4.47～11.2 |
| 0 | 0 | 5 | 5 | 1.78 | — | 5.62 | — |
| 0 | 1 | 2 | 5 | 2.82 | 1.36～5.84 | 8.91 | 4.30～18.5 |
| 0 | 1 | 3 | 5 | 2.24 | 1.08～4.64 | 7.08 | 3.42～14.7 |
| 0 | 1 | 4 | 5 | 1.78 | 0.927～3.41 | 5.62 | 2.93～10.8 |
| 0 | 1 | 5 | 5 | 1.41 | 0.891～2.24 | 4.47 | 2.82～7.08 |
| 0 | 2 | 2 | 5 | 2.24 | 1.01～4.97 | 7.08 | 3.19～15.7 |

表 B.2（续）

| 组1 组1 | 组2 或 组3 | 组3 组2 | 组4 组4 | 剂量1=0.316 剂量2=1.00×10ᵗ 剂量3=3.16 剂量4=10.0 LD₅₀ | 95%可信限 | 剂量1=1.00 剂量2=3.16×10ᵗ 剂量3=10.0 剂量4=31.6 LD₅₀ | 95%可信限 |
|---|---|---|---|---|---|---|---|
| 0 | 2 | 3 | 5 | 1.78 | 0.801～3.95 | 5.62 | 2.53～12.5 |
| 0 | 2 | 4 | 5 | 1.41 | 0.682～2.93 | 4.47 | 2.16～9.25 |
| 0 | 2 | 5 | 5 | 1.12 | 0.638～1.97 | 3.55 | 2.02～6.24 |
| 0 | 3 | 3 | 5 | 1.41 | 0.636～3.14 | 4.47 | 2.01～9.92 |
| 0 | 3 | 4 | 5 | 1.12 | 0.542～2.32 | 3.55 | 1.71～7.35 |
| 1 | 0 | 3 | 5 | 2.74 | 1.35～5.56 | 8.66 | 4.26～17.6 |
| 1 | 0 | 4 | 5 | 2.05 | 1.11～3.80 | 6.49 | 3.51～12.0 |
| 1 | 0 | 5 | 5 | 1.54 | 1.07～2.21 | 4.87 | 3.40～6.98 |
| 1 | 1 | 2 | 5 | 2.74 | 1.10～6.82 | 8.66 | 3.48～21.6 |
| 1 | 1 | 3 | 5 | 2.05 | 0.806～5.23 | 6.49 | 2.55～16.5 |
| 1 | 1 | 4 | 5 | 1.54 | 0.632～3.75 | 4.87 | 2.00～11.9 |
| 1 | 1 | 5 | 5 | 1.15 | 0.537～2.48 | 3.65 | 1.70～7.85 |
| 1 | 2 | 2 | 5 | 2.05 | 0.740～5.70 | 6.49 | 2.34～18.0 |
| 1 | 2 | 3 | 5 | 1.54 | 0.534～4.44 | 4.87 | 1.69～14.1 |
| 1 | 2 | 4 | 5 | 1.15 | 0.408～3.27 | 3.65 | 1.29～10.3 |
| 1 | 3 | 3 | 5 | 1.15 | 0.378～3.53 | 3.65 | 1.20～11.2 |
| 2 | 0 | 3 | 5 | 2.61 | 1.01～6.77 | 8.25 | 3.18～21.4 |
| 2 | 0 | 4 | 5 | 1.78 | 0.723～4.37 | 5.62 | 2.29～13.8 |
| 2 | 0 | 5 | 5 | 1.21 | 0.554～2.65 | 3.83 | 1.75～8.39 |
| 2 | 1 | 2 | 5 | 2.61 | 0.768～8.87 | 8.25 | 2.43～28.1 |
| 2 | 1 | 3 | 5 | 1.78 | 0.484～6.53 | 5.62 | 1.53～20.7 |
| 2 | 1 | 4 | 5 | 1.21 | 0.318～4.62 | 3.83 | 1.00～14.6 |
| 2 | 2 | 2 | 5 | 1.78 | 0.434～7.28 | 5.62 | 1.37～23.0 |
| 2 | 2 | 3 | 5 | 1.21 | 0.259～5.67 | 3.83 | 0.819～17.9 |
| 0 | 0 | 4 | 4 | 2.74 | 1.27～5.88 | 8.66 | 4.03～18.6 |
| 0 | 0 | 5 | 4 | 2.05 | 1.43～2.94 | 6.49 | 4.53～9.31 |
| 0 | 1 | 3 | 4 | 2.74 | 0.968～7.75 | 8.66 | 3.06～24.5 |
| 0 | 1 | 4 | 4 | 2.05 | 0.843～5.00 | 6.49 | 2.67～15.8 |
| 0 | 1 | 5 | 4 | 1.54 | 0.833～2.85 | 4.87 | 2.63～9.01 |
| 0 | 2 | 2 | 4 | 2.74 | 0.896～8.37 | 8.66 | 2.83～26.5 |
| 0 | 2 | 3 | 4 | 2.05 | 0.711～5.93 | 6.49 | 2.25～18.7 |
| 0 | 2 | 4 | 4 | 1.54 | 0.604～3.92 | 4.87 | 1.91～12.4 |
| 0 | 2 | 5 | 4 | 1.15 | 0.568～2.35 | 3.65 | 1.80～7.42 |
| 0 | 3 | 3 | 4 | 1.54 | 0.555～4.27 | 4.87 | 1.76～13.5 |
| 0 | 3 | 4 | 4 | 1.15 | 0.463～2.88 | 3.65 | 1.47～9.10 |
| 1 | 0 | 4 | 4 | 2.61 | 0.953～7.15 | 8.25 | 3.01～22.6 |
| 1 | 0 | 5 | 4 | 1.78 | 1.03～3.06 | 5.62 | 3.27～9.68 |
| 1 | 1 | 3 | 4 | 2.61 | 0.658～10.4 | 8.25 | 2.08～32.7 |
| 1 | 1 | 4 | 4 | 1.78 | 0.528～5.98 | 5.62 | 1.67～18.9 |
| 1 | 1 | 5 | 4 | 1.21 | 0.442～3.32 | 3.83 | 1.40～10.5 |
| 1 | 2 | 2 | 4 | 2.61 | 0.594～11.5 | 8.25 | 1.88～36.3 |
| 1 | 2 | 3 | 4 | 1.78 | 0.423～7.48 | 5.62 | 1.34～23.6 |

表 B.2（续）

| 组1 组2 组3 组4<br>或<br>组1 组3 组2 组4 | | | | 剂量1=0.316<br>剂量2=$1.00\times10^{t}$<br>剂量3=3.16<br>剂量4=10.0 | | 剂量1=1.00<br>剂量2=$3.16\times10^{t}$<br>剂量3=10.0<br>剂量4=31.6 | |
|---|---|---|---|---|---|---|---|
| | | | | $LD_{50}$ | 95%可信限 | $LD_{50}$ | 95%可信限 |
| 1 | 2 | 4 | 4 | 1.21 | 0.305～4.80 | 3.83 | 0.966～15.2 |
| 1 | 3 | 3 | 4 | 1.21 | 0.276～5.33 | 3.83 | 0.871～16.8 |
| 2 | 0 | 4 | 4 | 2.37 | 0.539～10.4 | 7.50 | 1.70～33.0 |
| 2 | 0 | 5 | 4 | 1.33 | 0.446～3.99 | 4.22 | 1.41～12.6 |
| 2 | 1 | 3 | 4 | 2.37 | 0.307～18.3 | 7.50 | 0.970～58.0 |
| 2 | 1 | 4 | 4 | 1.33 | 0.187～9.49 | 4.22 | 0.592～30.0 |
| 2 | 2 | 2 | 4 | 2.37 | 0.262～21.4 | 7.50 | 0.830～67.8 |
| 2 | 2 | 3 | 4 | 1.33 | 0.137～13.0 | 4.22 | 0.433～41.0 |
| 0 | 0 | 5 | 3 | 2.61 | 1.19～5.71 | 8.25 | 3.77～18.1 |
| 0 | 1 | 4 | 3 | 2.61 | 0.684～9.95 | 8.25 | 2.16～31.5 |
| 0 | 1 | 5 | 3 | 1.78 | 0.723～4.37 | 5.62 | 2.29～13.8 |
| 0 | 2 | 3 | 3 | 2.61 | 0.558～12.2 | 8.25 | 1.76～38.6 |
| 0 | 2 | 4 | 3 | 1.78 | 0.484～6.53 | 5.62 | 1.53～20.7 |
| 0 | 2 | 5 | 3 | 1.21 | 0.467～3.14 | 3.83 | 1.48～9.94 |
| 0 | 3 | 3 | 3 | 1.78 | 0.434～7.28 | 5.62 | 1.37～23.0 |
| 0 | 3 | 4 | 3 | 1.21 | 0.356～4.12 | 3.83 | 1.13～13.0 |
| 1 | 0 | 5 | 3 | 2.37 | 0.793～7.10 | 7.50 | 2.51～22.4 |
| 1 | 1 | 4 | 3 | 2.37 | 0.333～16.9 | 7.50 | 1.05～53.4 |
| 1 | 1 | 5 | 3 | 1.33 | 0.303～5.87 | 4.22 | 0.958～18.6 |
| 1 | 2 | 3 | 3 | 2.37 | 0.244～23.1 | 7.50 | 0.771～73.0 |
| 1 | 2 | 4 | 3 | 1.33 | 0.172～10.3 | 4.22 | 0.545～32.6 |
| 1 | 3 | 3 | 3 | 1.33 | 0.148～12.1 | 4.22 | 0.467～38.1 |

## B.2 寇氏（Korbor）法

### B.2.1 预试验

除另有要求外，一般应在预试中求得动物全死亡或90%以上死亡的剂量和动物不死亡或10%以下死亡的剂量，分别作为正式试验的最高与最低剂量。

### B.2.2 动物数

除另有要求外，一般设5～10个剂量组，每组6～10只动物为宜。

### B.2.3 剂量

将由预试验得出的最高、最低剂量换算为常用对数，然后将最高、最低剂量的对数差，按所需要的组数，分为几个对数等距（或不等距）的剂量组。

### B.2.4 试验结果的计算与统计

#### B.2.4.1 列试验数据及其计算表

包括各组剂量（mg/kg，g/kg）、剂量对数（$X$）、动物数（$n$）、动物死亡数（$r$）、动物死亡百分比（$p$，以小数表示），以及统计公式中要求的其他计算数据项目。

B.2.4.2 **$LD_{50}$的计算公式**

根据试验条件及试验结果，可分别选用式(B.1)～式(B.3)中的一个，求出 $\log LD_{50}$，再查其自然数，即 $LD_{50}$(mg/kg,g/kg)。

B.2.4.2.1 按本试验设计得出的任何结果，均可用式(B.1)：

$$\log LD_{50} = \sum 1/2 \times (X_i + X_{i+1})(p_{i+1} - p_i) \quad \cdots\cdots (B.1)$$

式中：

$X_i$ 与 $X_{i+1}$ 及 $p_{i+1}$ 与 $p_i$——分别为相邻两组的剂量对数以及动物死亡百分比。

B.2.4.2.2 按本试验设计且各组剂量对数等距时，可用式(B.2)：

$$\log LD_{50} = XK - 1/2 \times (p_i + p_{i+1}) \quad \cdots\cdots (B.2)$$

式中：

$XK$——最高剂量对数，其他同式(B.1)。

B.2.4.2.3 若试验条件同2.4.2.2且最高、最低剂量组动物死亡百分比分别为100(全死)和0(全不死时)，则可用简便计算式(B.3)。

$$\log LD_{50} = XK - d(\sum p - 0.5) \quad \cdots\cdots (B.3)$$

式中：

$\sum p$——各组动物死亡百分比之和，其他同式(B.2)。

B.2.4.3 **标准误与95%可信限**

B.2.4.3.1 **$\log LD_{50}$的标准误($s$)**

$$s\log LD_{50} = d\{[\sum p_i(i - p_i)]/n\}^{1/2} \quad \cdots\cdots (B.4)$$

B.2.4.3.2 **95%可信限($X$)**

$$X = \log^{-1}(\log LD_{50} \pm 1.96 s\log LD_{50}) \quad \cdots\cdots (B.5)$$

此法易于了解，计算简便，可信限不大，结果可靠，特别是在试验前对受试样品的急性毒性程度了解不多时，尤为适用。

## B.3 概率单位-对数图解法

### B.3.1 预试验

以每组2～3只动物找出全死和全不死的剂量。

### B.3.2 动物数

一般每组不少于10只，各组动物数量不一定要求相等。

### B.3.3 剂量及分组

一般在预试验中得到的两个剂量组之间拟出等比的六个剂量组或更多的组。此法不要求剂量组间呈等比关系，但等比可使各点距离相等，有利于作图。

### B.3.4 作图计算

B.3.4.1 根据各剂量组动物死亡率，从表B.3中查各组的概率单位。因死亡率为0%和100%的概率单位，与所试动物数有关，故需另在表B.4中查找。

例如：对死亡率为45%的概率单位，可查表B.3。先在表的左侧纵标目上找到40，而后在表的上行横标目处找到5，两者交叉点处的4.87，即为45%的概率单位。

又如：某组用10只实验动物，如果全部存活(死亡率为0%)，查表B.4，其概率单位为3.04。

B.3.4.2 用方格纸绘散点图，横轴表示剂量的对数值($X$)，纵轴为概率单位值($Y$)，将各组数值点在图上。

B.3.4.3 按各点的分布趋势，用直尺绘出一条最适合于各点的直线，使线上方的点到线的总距离与线下方的点到线的总距离相近，此线应尽量靠近概率单位为5的点及附近的点。

**B.3.4.4** 查出求概率单位 5 处的剂量对数，其反对数即为 $LD_{50}$。

**B.3.4.5** 按式(B.6)、(B.7)、(B.8)计算 $LD_{50}$ 的 95%可信限。

$$s=(X_2-X_1)/(Y_2-Y_1) \qquad \cdots\cdots (B.6)$$

$$s_m=s/(n'/2)^{-1/2} \qquad \cdots\cdots (B.7)$$

$$LD_{50}\text{ 对数值的 }95\%\text{ 可信限}=\log LD_{50}\pm 1.96s_m \qquad \cdots\cdots (B.8)$$

式中：

$s_m$——$LD_{50}$ 的标准误；

$s$——标准差；

$X_1$、$X_2$——分别为机率单位等于 4($Y_1$)和 6($Y_2$)时相应的剂量对数值；

$n'$——$Y_1$(=4)及 $Y_2$(=6)相应的死亡率间所用的动物数。

注：上式结果，经反对数变换后，可得 $LD_{50}$ 的 95%可信限。

**表 B.3 反应率-概率单位表**

| 反应率 | 0 | 1 | 2 | 3 | 4 | 5 | 6 | 7 | 8 | 9 |
|---|---|---|---|---|---|---|---|---|---|---|
| 1 | — | 2.67 | 2.95 | 3.12 | 3.25 | 3.36 | 3.45 | 3.52 | 3.60 | 3.66 |
| 10 | 3.72 | 3.77 | 3.83 | 3.87 | 3.92 | 3.96 | 4.01 | 4.05 | 4.09 | 4.12 |
| 20 | 4.16 | 4.19 | 4.23 | 4.26 | 4.29 | 4.33 | 4.36 | 4.39 | 4.42 | 4.45 |
| 30 | 4.48 | 4.50 | 4.53 | 4.56 | 4.59 | 4.62 | 4.64 | 4.67 | 4.70 | 4.72 |
| 40 | 4.75 | 4.77 | 4.80 | 4.82 | 4.85 | 4.87 | 4.90 | 4.93 | 4.95 | 4.98 |
| 50 | 5.00 | 5.03 | 5.05 | 5.08 | 5.10 | 5.13 | 5.15 | 5.18 | 5.20 | 5.23 |
| 60 | 5.25 | 5.28 | 5.31 | 5.33 | 5.36 | 5.39 | 5.40 | 5.44 | 5.47 | 5.50 |
| 70 | 5.52 | 5.55 | 5.58 | 5.61 | 5.64 | 5.67 | 5.71 | 5.74 | 5.77 | 5.81 |
| 80 | 5.84 | 5.88 | 5.92 | 5.95 | 5.99 | 6.04 | 6.08 | 6.13 | 6.18 | 6.23 |
| 90 | 6.28 | 6.34 | 6.41 | 6.48 | 6.56 | 6.65 | 6.75 | 6.88 | 7.05 | 7.33 |

## B.4 最大限量试验

### B.4.1 适宜条件

有关资料显示毒性极小的或未显示毒性的受试样品，给予动物最大使用浓度和最大灌胃容量的受试样品时，仍不出现死亡。

### B.4.2 动物数

至少雌、雄各 5 只。

### B.4.3 剂量

受试样品最大使用浓度和灌胃容量(一个剂量组)。

### B.4.4 方法

动物购买后观察 3 d～5 d，给予最大使用浓度和最大灌胃容量的受试样品(一日内 1 次或多次给予，一日内最多不超过 3 次)，连续观察 14 d，动物不出现死亡，则认为受试样品对某种动物的经口急性毒性剂量大于某一数值。

表 B.4 相当于反应率 0%及 100%的概率单位

| 每组动物数 | 反 应 率 | | 每组动物数 | 反 应 率 | |
|---|---|---|---|---|---|
| | 0% | 100% | | 0% | 100% |
| 2 | 3.85 | 6.15 | 12 | 2.97 | 7.03 |
| 3 | 3.62 | 6.38 | 13 | 2.93 | 7.07 |
| 4 | 3.47 | 6.53 | 14 | 2.90 | 7.10 |
| 5 | 3.36 | 6.64 | 15 | 2.87 | 7.13 |
| 6 | 3.27 | 6.73 | 16 | 2.85 | 7.15 |
| 7 | 3.20 | 6.80 | 17 | 3.82 | 7.18 |
| 8 | 3.13 | 6.87 | 18 | 2.80 | 7.20 |
| 9 | 3.09 | 6.91 | 19 | 2.78 | 7.22 |
| 10 | 3.04 | 6.96 | 20 | 2.76 | 7.24 |
| 11 | 3.00 | 7.00 | | | |

## B.5 上-下增减剂量法(UDP)up-and-down procedure

### B.5.1 概念

UDP 是所需实验动物数量最少的急性毒性试验方法。此方法适用于 1 d 或 2 d 内引起动物死亡的受试样品。5 d 以上引起动物死亡的受试样品不适用此方法。因严重的刺激性和腐蚀性引起明显疼痛的受试样品剂量不需进行该试验。濒死的、有极其痛苦症状的动物要被处死,对试验结果的解释时,这些动物要与试验中死亡的动物同样被考虑进去。

### B.5.2 试验方法

#### B.5.2.1 UDP 最大限量试验

按 5 000 mg/kg 剂量给一只动物染毒,如动物死亡,用后述的主试验测 $LD_{50}$。如动物存活,增加两只动物继续染毒。如两只动物均存活,$LD_{50}$ 高于限度剂量且试验终止(观察 14 d 不进一步染毒)。

如果一只或两只动物死亡,则另增加两只动物染毒,一次一只。如果试验中一只动物出现未预料到的延迟死亡,而其他动物存活,恰当的方法是停止染毒并观察所有动物在观察期中是否仍会出现死亡。结果评价如下(O=存活,X=死亡,U=不必):

当 3 只或以上的动物死亡时,$LD_{50}$ 小于 5 000 mg/kg:

OXOXX

OOXXX

OXXOX

OXXX

当 3 只或 3 只以上动物存活时,$LD_{50}$ 大于 5 000 mg/kg:

OOO

OXOXO

OXOO

OOXXO

OOXO

OXXOO

**B.5.2.2 主试验**

**B.5.2.2.1 试验方法**

单个动物通常在48 h时间间隔被连续染毒。然而,两次染毒的时间间隔是由毒性作用的时间、耐受时间和毒性反应的严重性来决定。直到已染毒的动物确信存活,才能对动物进行下一剂量染毒。时间间隔可适当调整。

第一只动物的染毒剂量应在预计的$LD_{50}$之下。如此动物存活,第二只动物接受更高一级剂量。如果第一只动物死亡或出现濒死,第二只动物接受更低一级剂量。通常选择的剂量递增系数为3.2(3.2为估计的剂量-反应曲线斜率等于2的倒数1/2的反对数),此系数在整个试验过程中是固定不变的。没有受试样品剂量-反应曲线斜率的信息时,使用3.2为剂量递增系数。使用3.2为剂量递增系数时,剂量序列为1.75,5.5,17.5,55,175,550,1 750,5 000。如果没有受试样品致死性资料时,起始染毒剂量为175 mg/kg。如果动物对受试样品的剂量-反应曲线斜率小于2,在开始试验前,剂量递增系数应增加一个等级;反之应降低一个等级。(表B.5为起始剂量为0.175 mg/kg、斜率从1~8的递增剂量表)。

染毒继续与否取决于所有动物固定时间间隔(48 h)的结果。当下列终止标准中一个首先被满足时试验终止。

a) 上限剂量3个连续的动物存活。

b) 在试验的任何6个连续的动物中有5个出现相反反应。

c) 首对相反反应出现后至少有4只动物进行试验并指定的可能性比例超过标准值。

濒死动物与在试验中死亡的动物同样考虑。如果一个动物在研究中出现未预料的延迟死亡,且在此剂量或剂量之上的其他动物存活,应当停止染毒并观察所有已染毒动物在观察期中是否仍有死亡。如果存活的动物随后也出现死亡,所用的剂量水平超过$LD_{50}$,最好是重新选择恰当的方法进行研究。如果在死亡的动物剂量水平或剂量之上后来的动物都存活,没有必要改变剂量循进系数,因为现在已死亡动物的信息按照比后来存活的动物低一个剂量级的剂量水平纳入计算。$LD_{50}$将下移。

因$LD_{50}$和斜率的结合,在出现相反结果后4~6个动物满足终止标准。在某些情况下,对剂量-反应曲线斜率低的化学品,需要增加动物到总数15只。

**B.5.2.2.2 主试验$LD_{50}$和可信限区间的计算**

主试验$LD_{50}$和可信限区间的计算可以利用OECD推荐的AOT425计算机程序包完成。AOT425计算机程序包可直接从OECD网页上下载。

试验前应确定选用的$\sum$值是最大限量试验还是主试验及最大限量值,每次试验的剂量、结果均应及时输入AOT425程序,程序将自动给出下次试验的剂量及是否可以停止试验,并计算出$LD_{50}$和95%可信限区间。

**表B.5 UDP不同斜率各剂量表**

mg/kg

| 斜率= | 1 | 2 | 3 | 4 | 5 | 6 | 7 | 8 |
|---|---|---|---|---|---|---|---|---|
| | 0.175[a] | 0.175[a] | 0.175[a] | 0.175[a] | 0.175[a] | 0.175[a] | 0.175[a] | 0.175[a] |
| | | | | | | | 0.24 | 0.23 |
| | | | | | 0.275 | 0.26 | | |
| | | | | 0.31 | | | 0.34 | 0.31 |
| | | | 0.375 | | | 0.375 | | |
| | | | | | | | | |
| | | | | | 0.44 | | 0.47 | |
| | | 0.55 | | 0.55 | | 0.55 | | 0.55 |
| | | | | | 0.69 | | 0.65 | |

表 B.5（续）

mg/kg

| 斜率＝ | 1 | 2 | 3 | 4 | 5 | 6 | 7 | 8 |
|---|---|---|---|---|---|---|---|---|
| | | | | | | | | 0.73 |
| | | | 0.81 | | | 0.82 | | |
| | | | | 0.99 | | | 0.91 | 0.97 |
| | | | | | 1.09 | 1.2 | | |
| | | | | | | | 1.26 | 1.29 |
| | 1.75 | 1.75 | 1.75 | 1.75 | 1.75 | 1.75 | 1.75 | 1.75 |
| | | | | | | | 2.4 | 2.3 |
| | | | | | 2.75 | 2.6 | | |
| | | | | 3.1 | | | 3.4 | 3.1 |
| | | | 3.75 | | | 3.75 | | |
| | | | | | 4.4 | | | 4.1 |
| | | | | | | | 4.7 | |
| | | 5.5 | | 5.5 | | 5.5 | | 5.5 |
| | | | | | 6.9 | | 6.5 | |
| | | | | | | | | 7.3 |
| | | | 8.1 | | | 8.2 | | |
| | | | | 9.9 | | | 9.1 | 9.7 |
| | | | | | 10.9 | 12 | | |
| | | | | | | | 12.6 | 12.9 |
| | 17.5 | 17.5 | 17.5 | 17.5 | 17.5 | 17.5 | 17.5 | 17.5 |
| | | | | | | | 24 | 23 |
| | | | | | 27.5 | 26 | | |
| | | | | 31 | | | 34 | 31 |
| | | | 37.5 | | | 37.5 | | |
| | | | | | 44 | | | 41 |
| | | | | | | | 47 | |
| | | 55 | | 55 | | 55 | | 55 |
| | | | | | | | 65 | |
| | | | | | 69 | | | 73 |
| | | | 81 | | | 82 | | |
| | | | | 99 | | | 91 | 97 |
| | | | | | 109 | 120 | | |
| | | | | | | | 126 | 129 |
| | 175 | 175 | 175 | 175 | 175 | 175 | 175 | 175 |
| | | | | | | | 240 | 230 |

**表 B.5（续）**

mg/kg

| 斜率＝ | 1 | 2 | 3 | 4 | 5 | 6 | 7 | 8 |
|---|---|---|---|---|---|---|---|---|
| | | | | | 275 | 260 | | |
| | | | | 310 | | | 340 | 310 |
| | | | 375 | | | 375 | | |
| | | | | | 440 | | | 410 |
| | | | | | | | 470 | |
| | | 550 | | 550 | | 550 | | 550 |
| | | | | | | | 650 | |
| | | | | | 690 | | | 730 |
| | | | 810 | | | 820 | | |
| | | | | 990 | | | 910 | 970 |
| | | | | | 1 090 | 1 200 | | |
| | | | | | | | 1 260 | 1 290 |
| | 1 750 | 1 750 | 1 750 | 1 750 | 1 750 | 1 750 | 1 750 | 1 750 |
| | | | | | | | 2 400 | 2 300 |
| | | | | | 2 750 | 2 600 | | |
| | | | | 3 100 | | | | 3 100 |
| | | | | | | 3 750 | 3 400 | |
| | | | | | | | | 4 100 |
| | 5 000 | 5 000 | 5 000 | 5 000 | 5 000 | 5 000 | 5 000 | 5 000 |

a 如果需要更低的剂量，应继续降低剂量级数。

# 附 录 C
（资料性附录）

**表 C.1 世界卫生组织推荐的农药急性危害分级标准**

| 级别 | | 大鼠 $LD_{50}$/(mg/kg) | | | |
|---|---|---|---|---|---|
| | | 经口 | | 经皮 | |
| | | 固体[a] | 液体[a] | 固体[a] | 液体[a] |
| Ⅰa | 极度危害 | 不大于 5 | 不大于 20 | 不大于 10 | 不大于 40 |
| Ⅰb | 高度危害 | 5～ | 20～ | 10～ | 40～ |
| Ⅱ | 中度危害 | 50～ | 200～ | 100～ | 400～ |
| Ⅲ | 低度危害 | 大于 500 | 大于 2 000 | 大于 1 000 | 大于 4 000[b] |

a 表中的“固体”和“液体”指分级产品和制剂的物理状态。

b 指导手册第七页，第二部分，第七段的注释。

注：引用《世界卫生组织推荐的农药急性危害分级》2004 年。

**表 C.2 世界卫生组织推荐的急性毒性分级标准**

| 毒性分级 | 大鼠一次经口 $LD_{50}$/(mg/kg) | 6 只大鼠吸入 4 h，死亡 2～4 只的浓度 ($\times 10^{-6}$) | 兔经皮 $LD_{50}$/(mg/kg) | 对人可能致死估计量 | |
|---|---|---|---|---|---|
| | | | | g/kg | 总量 (g/60 kg) |
| 剧毒 | ＜1 | ＜10 | ＜5 | ＜0.05 | 0.1 |
| 高毒 | 1～ | 10～ | 5～ | 0.05～ | 3 |
| 中等毒 | 50～ | 100～ | 44～ | 0.5～ | 30 |
| 低毒 | 500～ | 1 000～ | 350～ | 5～ | 250 |
| 微毒 | 5 000～ | 10 000～ | 2 180～ | ＞15 | ＞1 000 |

注：引用(张桥主编)《卫生毒理学基础》2003 年。

**表 C.3 急性毒性危险类别 $LD_{50}$/$LC_{50}$ 值**

| 暴露方式 | 类别 1 | 类别 2 | 类别 3 | 类别 4 | 类别 5 |
|---|---|---|---|---|---|
| 经口/(mg/kg) | 5 | 50 | 300 | 2 000 | |
| 经皮/(mg/kg) | 50 | 200 | 1 000 | 2 000 | |
| 气体体积分数/$10^{-6}$[a] | 100 | 500 | 2 500 | 5 000 | 5 000[e] |
| 蒸气(mL/L)[a,b,c] | 0.5 | 2.0 | 10 | 20 | |
| 粉尘和烟雾[a,d] | 0.05 | 0.5 | 1.0 | 5 | |

a 表中吸入临界值是基于 4 h 试验暴露得到的。对吸入 1 h 所得到的 $LC_{50}$ 值，转换为吸入 4 h 的数值时，气体和蒸气应除以因子 2，粉尘和烟雾应除以因子 4。

b 饱和蒸气压参数在某些管理性规定中为了保护健康、安全的特殊需要可能作为附带的条件。(例如联合国推荐的危险物品运输方法)。

**表 C.3（续）**

<table>
<tr><th>暴露方式</th><th>类别 1</th><th>类别 2</th><th>类别 3</th><th>类别 4</th><th>类别 5</th></tr>
<tr><td colspan="6">
[c] 某些受试样品在制备吸入染毒空气时也许不完全都是蒸气，可能是液体和蒸汽的混合物；也可能是接近于气体的蒸气；后一种情况可按照体积分数进行分级：类别 1（体积分数为 $0.01\times10^{-2}$），类别 2（体积分数为 $0.05\times10^{-2}$），类别 3（体积分数为 $0.25\times10^{-2}$），类别 4（体积分数为 $0.5\times10^{-2}$）。按照 OECD，对粉尘、烟雾和蒸气这三个术语作出明确定义：<br>
• 粉尘：悬浮空气中的物质或混合物的固体颗粒；<br>
• 烟雾：悬浮在空气中的物质或混合物的液态颗粒；<br>
• 蒸气：物质从其液体或固体状态释放出的气体。<br>
粉尘的形成一般是机械加工。烟雾则是过饱和的蒸气凝结或液体的物理转变形成的。粉尘和烟雾的直径通常是从小于 1 μm 到 100 μm 左右。<br>
[d] 评价粉尘和烟雾的值时，对于 OECD 中有关吸入试验中粉尘和烟雾浓度的制备、维持、监测，应保持在可吸入的状态的技术方面的限定，应能适应其将来所做的任何改变；<br>
[e] 类别 5 的标准是能识别急性毒性危害相对较低，但在某些情况下对易感人群可能有一定危害的物质。该类物质估计经口或经皮 $LD_{50}$ 的范围为 2 000 mg/kg～5 000 mg/kg 和等同的吸入剂量。类别 5 的特定标准为：<br>
1） 如果有可靠的证据表明 $LD_{50}$（$LC_{50}$）是在类别 5 规定的范围，或其他动物试验，或人类的毒性作用显示对人类健康的急性毒性应关注的；<br>
2） 通过数据的外推、评估或测定，该物质划分到类别 5。虽然归到更高一级毒性类别缺乏依据，但有如下情况时，则不能划分到类别 5：<br>
——有可靠资料表明对人类有明显的毒性作用；或<br>
——按类别 4、3、2、1 进行经口、吸入或经皮试验时，观察到有任何的死亡；或<br>
——按类别 4、3、2、1 进行试验时，有除了腹泻、毛蓬松、污秽外观之外的明显临床毒性表现；或<br>
——有可靠的资料显示其他动物试验研究时动物出现潜在的明显急性毒性。
</td></tr>
<tr><td colspan="6">注：引用联合国 GHS《化学品分类及标记全球协调系统》2003 年。</td></tr>
</table>

**表 C.4 急性毒性危害类别 $LD_{50}/LC_{50}$ 值**

<table>
<tr><th>暴露方式</th><th>类别 1</th><th>类别 2</th><th>类别 3</th><th>类别 4</th><th>类别 5</th></tr>
<tr><td>经口/[mg/kg(体重)][a]</td><td>≤5</td><td>≤50</td><td>≤300</td><td>≤2 000</td><td rowspan="5">≤5 000[f]</td></tr>
<tr><td>经皮/[mg/kg(体重)][a]</td><td>≤50</td><td>≤200</td><td>≤1 000</td><td>≤2 000</td></tr>
<tr><td>气体(mL/L)[a,b]</td><td>≤0.1</td><td>≤0.5</td><td>≤2.5</td><td>≤5</td></tr>
<tr><td>蒸气(mg/L)[a,b,c,d]</td><td>≤0.5</td><td>≤2.0</td><td>≤10</td><td>≤20</td></tr>
<tr><td>粉尘和烟雾(mg/L)[a,b,e]</td><td>≤0.05</td><td>≤0.5</td><td>≤1.0</td><td>≤5</td></tr>
<tr><td colspan="6">
[a] 急性毒性评估是用于混合物中一种物质或成分的分类，其源自于如下：<br>
• 适合的 $LD_{50}/LC_{50}$；<br>
• 与上表有关的一系列试验的结果的合适的转换值；<br>
• 与上表有关的分类的合适的转换值。<br>
[b] 表中吸入临界值是基于 4 h 试验暴露得到的。对吸入 1 h 所得到的 $LC_{50}$ 值，转换为吸入 4 h 的数值时，气体和蒸气应除以因子 2，粉尘和烟雾应除以因子 4；<br>
[c] 饱和蒸气压参数在某些管理性规定中为了保护健康、安全的特殊需要可能作为附带的条件。（例如联合国推荐的危险物品运输方法）；
</td></tr>
</table>

表 C.4（续）

<table>
<tr><th>暴露方式</th><th>类别 1</th><th>类别 2</th><th>类别 3</th><th>类别 4</th><th>类别 5</th></tr>
<tr><td colspan="6">
d 某些受试样品在制备吸入染毒空气时也许不完全都是蒸气，可能是液体和蒸汽的混合物；也可能是接近于气体的蒸气；后一种情况可按照体积分数进行分级：类别 1（体积分数为 $0.01\times10^{-2}$），类别 2（体积分数为 $0.05\times10^{-2}$），类别 3（体积分数为 $0.25\times10^{-2}$），类别 4（体积分数为 $0.5\times10^{-2}$）。按照 OECD，对粉尘、烟雾和蒸气这三个术语定义如下：<br>
• 粉尘：悬浮空气中的物质或混合物的固体颗粒；<br>
• 烟雾：悬浮在空气中的物质或混合物的液态颗粒；<br>
• 蒸气：物质从其液体或固体状态释放出的气体。<br>
粉尘的形成一般是机械加工。烟雾则是过饱和的蒸气凝结或液体的物理转变形成的。粉尘和烟雾的直径通常是从小于 1 μm 到 100 μm 左右。<br>
e 评价粉尘和烟雾的值时，对于 OECD 中有关吸入试验中粉尘和烟雾浓度的制备、维持、监测，应保持在可吸入的状态的技术方面的限定，应能适应其将来所做的任何改变；<br>
f 类别 5 的标准是能识别急性毒性危害相对较低，但在某些情况下对易感人群可能有一定危害的物质。该类物质估计经口或经皮 $LD_{50}$ 的范围为 2 000 mg/kg～5 000 mg/kg 和等同的吸入剂量。类别 5 的特定标准为：<br>
1） 如果有可靠的证据表明 $LD_{50}$（$LC_{50}$）是在类别 5 规定的范围，或其他动物试验，或人类的毒性作用显示对人类健康的急性毒性应关注的；<br>
2） 通过数据的外推、评估或测定，该物质划分到类别 5。虽然归到更高一级毒性类别缺乏依据，但有如下情况时，则不能划分到类别 5：<br>
——有可靠资料表明对人类有明显的毒性作用；或<br>
——按类别 4、3、2、1 进行经口、吸入或经皮试验时，观察到有任何的死亡；或<br>
——按类别 4、3、2、1 进行试验时，有除了腹泻、毛蓬松、污秽外观之外的明显临床毒性表现；或<br>
——有可靠的资料显示其他动物试验研究时动物出现潜在的明显急性毒性。
</td></tr>
<tr><td colspan="6">注：引用 OECD《分类和标签协调任务——急性毒性 3.1 章节修改建议》2004 年 7 月。</td></tr>
</table>

表 C.5 急性毒性（危害）分类

<table>
<tr><th>毒性类别</th><th>经口/（mg/kg）</th><th>经皮/（mg/kg）</th><th>吸入/（mg/L）</th></tr>
<tr><td>Ⅰ</td><td>≤50</td><td>≤200</td><td>≤0.05</td></tr>
<tr><td>Ⅱ</td><td>51～500</td><td>201～2 000</td><td>0.05～0.5[a]</td></tr>
<tr><td>Ⅲ</td><td>501～5 000</td><td>2 001～5 000</td><td>0.5～2[b]</td></tr>
<tr><td>Ⅳ</td><td>>5 000</td><td>>5 000</td><td>>2</td></tr>
<tr><td colspan="4">a 该范围不包括 0.05；<br>b 该范围不包括 0.5。</td></tr>
<tr><td colspan="4">注：引用 EPA《健康影响试验指导 OPPTS 870.1000 急性毒性试验——背景》1998 年。</td></tr>
</table>

表 C.6 急性毒性分级标准

<table>
<tr><th>毒性指标</th><th>剧毒</th><th>高毒</th><th>中等毒</th><th>低毒</th></tr>
<tr><td>经口 $LD_{50}$/（mg/kg）</td><td><5</td><td>5～</td><td>50～</td><td>>500</td></tr>
<tr><td>吸入 $LC_{50}$/（mg/m$^3$）</td><td><20</td><td>20～</td><td>200～</td><td>>2 000</td></tr>
<tr><td>经皮 $LD_{50}$/（mg/kg）</td><td><20</td><td>20～</td><td>200～</td><td>>2 000</td></tr>
<tr><td colspan="5">注：引用（尹松年等主编）《工业化学品毒性鉴定规范及实验方法》1998 年。</td></tr>
</table>

ICS 13.300;11.100
A 80

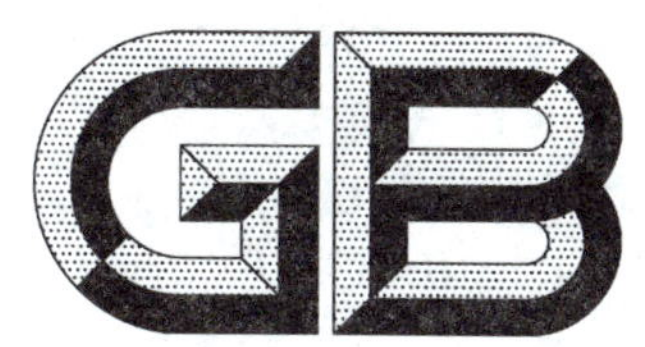

# 中华人民共和国国家标准

GB/T 21606—2008

# 化学品急性经皮毒性试验方法

Test method of acute dermal toxicity for chemicals

2008-04-01 发布　　2008-09-01 实施

中华人民共和国国家质量监督检验检疫总局
中国国家标准化管理委员会　发布

# 前　言

本标准修改采用联合国经济合作与发展组织(OECD)化学品测试方法 No. 402《急性经皮毒性试验》(1992.7)(英文版)。

本标准与 OECD 化学品测试方法 No. 402 相比,存在以下差异:

——对 OECD 化学品测试方法 No. 402 进行了编辑性修改;

——增加了前言部分;

——增加了附录部分。

本标准的附录 B、附录 D 为规范性附录;附录 A、附录 C 为资料性附录。

本标准由全国危险化学品管理标准化技术委员会(SAC/TC 251)提出并归口。

本标准负责起草单位:中国疾病预防控制中心职业卫生与中毒控制所。

本标准参加起草单位:天津市检验检疫科学技术研究院、河南省职业病防治院。

本标准主要起草人:吴维皑、李朝林、侯粉霞、林铮、孙金秀、李霜、张圆、于智睿、李宁涛、刘涛。

# 化学品急性经皮毒性试验方法

## 1 范围

本标准规定了动物急性经皮毒性试验的试验目的、试验基本原则、试验方法、试验结果评价、试验报告和结果解释。

本标准适用于评价化学品的急性经皮毒性。

## 2 术语和定义

2.1

**急性经皮毒性 acute dermal toxicity**

受试样品一次或在 24 h 内多次经皮肤染毒所产生的健康损害效应。

2.2

**经皮半数致死剂量 dermal median lethal dose**

一次或在 24 h 内多次经皮肤染毒受试样品，引起受试动物发生死亡概率为 50%的剂量，以单位体重接受受试样品的质量[mg/kg 或 g/kg]来表示。

2.3

**剂量-反应关系 dose-response relationship**

表示化学毒物的剂量与某一群体中质效应的发生率之间的关系。

## 3 试验目的

确定受试样品能否经皮肤吸收和短期经皮染毒所产生的急性毒性作用和强度，并为确定亚急(慢)性经皮毒性及其他试验的剂量设计提供试验依据。

## 4 试验基本原则

在试验前，先去除实验动物受试部位的被毛。将实验动物分成若干剂量组，每组涂布不同剂量的受试样品，而后观察实验动物中毒反应和死亡情况，计算 $LD_{50}$。对试验中死亡的动物做大体解剖和病理组织学检查，对试验结束时的存活动物也应做大体解剖。注意排除受试样品引起的皮肤局部刺激或腐蚀作用所致的全身效应。

## 5 试验方法

### 5.1 受试样品处理

不溶性或难溶固体或颗粒状受试样品应研磨，过 100 目筛。用适量无毒无刺激性赋形剂混匀，以保证受试样品与皮肤良好的接触。常用的赋形剂有水、植物油、凡士林、羊毛脂等。液体受试样品一般不必稀释，可直接用原液试验。

### 5.2 实验动物

首选大鼠，也可选用豚鼠或家兔。实验动物体重要求范围分别为：大鼠 200 g～300 g，豚鼠 350 g～450 g，家兔 2 000 g～3 000 g。

试验期间，为避免实验动物相互抓挠，应尽可能采用单笼喂养。

试验前 24 h，在动物背部正中线两侧去毛，仔细检查皮肤，要求完整无损，以免改变皮肤的通透性。去毛面积不应少于实验动物体表面积的 10%。各类动物体表面积的数值和计算方法见附录 D。

5.3 剂量和分组

实验动物随机分为4～5个剂量组。若使用水、植物油、凡士林、羊毛脂以外的赋形剂和溶剂，则需设赋形剂对照组。豚鼠或大鼠每一剂量组(单性别)不少于5只;家兔每一剂量组(单性别)最好为5只。

各剂量组间要有适当的组距，可按等比或等差级设置剂量，以使各剂量组实验动物产生的毒性反应和死亡率呈现剂量-反应关系。

一般情况下，如果剂量达到2 000 mg/kg仍不出现实验动物死亡时，则不需要再进行进一步试验。

5.4 试验步骤

选择适当方法固定好实验动物，将受试样品均匀涂布于实验动物的去毛区，并用塑料薄膜或玻璃纸和两层纱布覆盖，再用无刺激性胶布或绷带加以固定，以保证受试样品和皮肤的密切接触，防止脱落和动物舔食受试样品。24 h后取下固定物和覆盖物，用温水或适当的溶剂洗去皮肤上残留的受试样品。

5.5 观察期限及指标

观察并记录染毒过程和观察期内动物中毒和死亡情况。观察期限一般为14 d，全面观察中毒的发生、发展过程和规律以及中毒特点和毒作用的靶器官，观察指标见附录A，$LD_{50}$的计算见附录B。对死亡动物进行尸检。观察期结束后，处死存活动物并进行大体解剖，必要时，进行病理组织学检查。

## 6 试验结果评价

按附录B计算$LD_{50}$，可按附录C相应的分级原则进行。

## 7 试验报告

7.1 受试样品名称、理化性状、配制方法、所用浓度等。

7.2 体内试验需包括：实验动物的种属、品系和来源(注明合格证号和动物级别)、性别、体重范围和/或周龄、喂养方式;实验动物饲养环境，包括饲料来源(对非标准饲料应注明饲料的配方)、室温、相对湿度，动物实验室和饲料的合格证号;剂量设计和动物分组方法，每组所用动物性别、数量及初始体重范围。

7.3 主要操作步骤。

7.4 各项检测指标的测定方法及主要检测仪器的名称和型号。

7.5 按剂量组列表说明每组动物数、性别状况、出现毒效应的动物数、死亡动物数。

7.6 染毒时间、染毒持续时间、染毒后动物中毒的主要表现。

7.7 $LD_{50}$计算方法。

7.8 $LD_{50}$值及其95%可信区间(包括雌、雄实验动物各自的$LD_{50}$)。

7.9 病理组织学检查结果。

7.10 结论。

## 8 结果解释

经皮$LD_{50}$是评价化学物急性毒性的重要参数之一，也是急性毒性分级的依据。但$LD_{50}$仅表示受试样品经皮吸收引起实验动物死亡50%的剂量，并不能全面反映受试样品经皮吸收的所有急性毒性特征，因此，评价一受试样品经皮急性毒性既要考虑其对某一品系实验动物的经皮$LD_{50}$值，又要考虑其中毒症状表现及反应出现的早晚和持续时间，并结合体重变化与病理学检查结果，经综合分析才能得出经皮急性毒性较为全面的评价。

## 附　录　A
## （资料性附录）
## 啮齿类动物中毒表现观察项目表

啮齿类动物中毒表现见表 A.1。

**表 A.1　啮齿类动物中毒表现观察项目表**

| 器官系统 | 观察及检查项目 | 中毒后一般表现 |
| --- | --- | --- |
| 中枢神经系统及躯体运动 | 行为 | 改变姿势，叫声异常，不安或呆滞 |
| | 动作 | 震颤，运动失调，麻痹，惊厥，强制性动作 |
| | 各种刺激的反应 | 易兴奋，知觉过敏或缺乏知觉 |
| | 大脑及脊髓反射 | 减弱或消失 |
| | 肌肉张力 | 强直，迟缓 |
| 自主神经系统 | 瞳孔大小 | 缩小或放大 |
| | 分泌 | 流涎，流泪 |
| 呼吸性质 | 鼻孔 | 流鼻涕 |
| | 呼吸性质和速率 | 徐缓，困难，潮式呼吸 |
| 心血管系统 | 心区触诊 | 心动过缓，心律不齐，心跳过强或过弱 |
| 胃肠系统 | 腹形 | 气胀或收缩，腹泻或便秘 |
| | 粪便硬度和颜色 | 粪便不成形，黑色或灰色 |
| 生殖泌尿系统 | 阴户，乳腺<br>阴茎<br>会阴部 | 膨胀<br>脱垂<br>污秽 |
| 皮肤和毛皮 | 颜色，张力<br>完整性 | 发红，皱折，松弛，皮疹<br>竖毛 |
| 黏膜 | 黏膜<br>口腔 | 流黏液，充血，出血性紫绀，苍白<br>溃疡 |
| 眼 | 眼睑<br>眼球<br>透明度 | 上睑下垂<br>眼球突出或震颤<br>混浊 |
| 其他 | 直肠或皮肤温度<br>一般情况 | 降低或升高<br>姿势不正常，消瘦 |

# 附 录 B
## （规范性附录）
## 化学品急性毒性试验 $LD_{50}$（$LC_{50}$）计算方法

### B.1 霍恩氏(Horn)法

#### B.1.1 预试验

可根据受试样品的性质和已知资料，选用下述方法：一般多采用 0.1 g/kg、1.0 g/kg 和 10.0 g/kg 的剂量，各以 2～3 只动物预试验。根据 24 h 内死亡情况，估计 $LD_{50}$的可能范围，确定正式试验的剂量。也可简单地采用一个剂量，如 215 mg/kg，用 5 只动物预试验。观察 24 h 内动物的中毒表现。如症状严重，估计多数动物可能死亡，即可采用低于 215 mg/kg 的剂量系列，反之症状较轻，则可采用高于此剂量的剂量系列。如有相应的文献资料时可不进行预试验。

#### B.1.2 动物数

一般每组用 5 只。

#### B.1.3 常用剂量系列

$$\begin{matrix} 1.00 \\ 2.15 \times 10^{t} \quad t=0,\pm1,\pm2,\pm3 \\ 4.64 \end{matrix}$$

因为剂量间距较 1.0/3.16 $t=0,\pm1,\pm2,\pm3$ 为小，所以结果较为精确。一般试验时，可根据上述剂量系列设计 5 个组，即较原来的方法在最低剂量组以下或最高剂量组以上各增设一组，这样在查表时容易得出结果。

#### B.1.4 正式试验

将动物在动物实验室饲养观察 3 d～5 d，使其适应环境，证明其确系健康动物后，进行随机分组。给予受试样品后一般观察 14 d，必要时延长到 28 d。记录死亡数，查表（表 B.1）求得 $LD_{50}$，并记录死亡时间及中毒表现等。

#### B.1.5 该方法的优缺点

优点是简单易行，节省动物；缺点是所得 $LD_{50}$的可信限范围较大，不够精确。但经多年来的实际应用与验证，同一受试样品与寇氏法所得结果极为相近。因此对其测定的结果应认为是可信与有效的。

表 B.1 霍恩氏法(Horn)$LD_{50}$值计算（剂量递增法测定 $LD_{50}$计算用表）

| 组 1 组 2 组 3 组 4<br>或<br>组 1 组 3 组 2 组 4 | | | | 剂量 1=0.464<br>剂量 2=1.00×10$^{t}$<br>剂量 3=2.15<br>剂量 4=4.64 | | 剂量 1=1.00<br>剂量 2=2.15×10$^{t}$<br>剂量 3=4.64<br>剂量 4=10.0 | | 剂量 1=2.15<br>剂量 2=4.64×10$^{t}$<br>剂量 3=10.0<br>剂量 4=21.5 | |
|---|---|---|---|---|---|---|---|---|---|
| | | | | $LD_{50}$ | 95%可信限 | $LD_{50}$ | 95%可信限 | $LD_{50}$ | 95%可信限 |
| 0 | 0 | 3 | 5 | 2.00 | 1.37～2.91 | 4.30 | 2.95～6.26 | 9.26 | 6.36～13.5 |
| 0 | 0 | 4 | 5 | 1.71 | 1.26～2.33 | 3.69 | 2.71～5.01 | 7.94 | 5.84～10.8 |
| 0 | 0 | 5 | 5 | 1.47 | — | 3.16 | — | 6.81 | — |
| 0 | 1 | 2 | 5 | 2.00 | 1.23～3.24 | 4.30 | 2.65～6.98 | 9.26 | 5.70～15.0 |
| 0 | 1 | 3 | 5 | 1.71 | 1.05～2.78 | 3.69 | 2.27～5.99 | 7.94 | 4.89～12.9 |
| 0 | 1 | 4 | 5 | 1.47 | 0.951～2.27 | 3.16 | 2.05～4.88 | 6.81 | 4.41～10.5 |
| 0 | 1 | 5 | 5 | 1.26 | 0.926～1.71 | 2.71 | 2.00～3.69 | 5.84 | 4.30～7.94 |
| 0 | 2 | 2 | 5 | 1.71 | 1.01～2.91 | 3.69 | 2.17～6.28 | 7.94 | 4.67～13.5 |

**表 B.1(续)**

| 组1 组2 组3 组4<br>或<br>组1 组3 组2 组4 | | | | 剂量1=0.464<br>剂量2=1.00×10'<br>剂量3=2.15<br>剂量4=4.64 | | 剂量1=1.00<br>剂量2=2.15×10'<br>剂量3=4.64<br>剂量4=10.0 | | 剂量1=2.15<br>剂量2=4.64×10'<br>剂量3=10.0<br>剂量4=21.5 | |
|---|---|---|---|---|---|---|---|---|---|
| | | | | $LD_{50}$ | 95%可信限 | $LD_{50}$ | 95%可信限 | $LD_{50}$ | 95%可信限 |
| 0 | 2 | 3 | 5 | 1.47 | 0.862~2.50 | 3.16 | 1.86~5.38 | 6.81 | 4.00~13.5 |
| 0 | 2 | 4 | 5 | 1.26 | 0.775~2.05 | 2.71 | 1.69~4.41 | 5.84 | 3.60~9.50 |
| 0 | 2 | 5 | 5 | 1.08 | 0.741~1.57 | 2.33 | 1.60~3.99 | 5.01 | 3.44~7.30 |
| 0 | 3 | 3 | 5 | 1.26 | 0.740~2.14 | 2.71 | 1.59~4.62 | 5.84 | 3.43~9.95 |
| 0 | 3 | 4 | 5 | 1.03 | 0.665~1.75 | 2.33 | 1.43~3.78 | 5.01 | 3.08~8.14 |
| 1 | 0 | 3 | 5 | 1.96 | 1.22~3.14 | 4.22 | 2.63~6.76 | 9.09 | 5.66~14.6 |
| 1 | 0 | 4 | 5 | 1.62 | 1.07~2.43 | 3.48 | 2.31~5.24 | 7.50 | 4.98~11.3 |
| 1 | 0 | 5 | 5 | 1.33 | 1.05~1.70 | 2.87 | 2.26~3.65 | 6.19 | 4.87~7.87 |
| 1 | 1 | 2 | 5 | 1.96 | 1.06~3.60 | 4.22 | 2.29~7.75 | 9.09 | 4.94~16.7 |
| 1 | 1 | 3 | 5 | 1.62 | 0.866~3.01 | 3.48 | 1.87~6.49 | 7.50 | 4.02~16.7 |
| 1 | 1 | 4 | 5 | 1.33 | 0.737~2.41 | 2.87 | 1.59~5.20 | 6.19 | 3.42~11.2 |
| 1 | 1 | 5 | 5 | 1.10 | 0.661~1.83 | 2.37 | 1.42~3.95 | 5.11 | 3.07~8.51 |
| 1 | 2 | 2 | 5 | 1.62 | 0.818~3.19 | 3.48 | 1.76~6.37 | 7.50 | 3.80~14.8 |
| 1 | 2 | 3 | 5 | 1.33 | 0.658~2.70 | 2.87 | 1.42~5.82 | 6.19 | 3.05~12.5 |
| 1 | 2 | 4 | 5 | 1.10 | 0.550~2.20 | 2.37 | 1.19~4.74 | 5.11 | 2.55~10.2 |
| 1 | 3 | 3 | 5 | 1.10 | 0.523~2.32 | 2.37 | 1.13~4.99 | 5.11 | 2.43~10.8 |
| 2 | 0 | 3 | 5 | 1.90 | 1.00~3.58 | 4.08 | 2.16~7.71 | 8.80 | 4.66~16.6 |
| 2 | 0 | 4 | 5 | 1.47 | 0.806~2.67 | 3.16 | 1.74~5.76 | 6.81 | 3.74~12.4 |
| 2 | 0 | 5 | 5 | 1.14 | 0.674~1.92 | 2.45 | 1.45~4.13 | 5.28 | 3.13~8.89 |
| 2 | 1 | 2 | 5 | 1.90 | 0.839~4.29 | 4.08 | 1.81~9.23 | 8.80 | 3.89~19.9 |
| 2 | 1 | 3 | 5 | 1.47 | 0.616~3.50 | 3.16 | 1.33~7.53 | 6.81 | 2.86~16.2 |
| 2 | 1 | 4 | 5 | 1.14 | 0.466~2.77 | 2.45 | 1.00~5.98 | 5.28 | 2.16~12.9 |
| 2 | 2 | 2 | 5 | 1.47 | 0.573~3.76 | 3.16 | 1.24~8.10 | 6.81 | 2.66~17.4 |
| 2 | 2 | 3 | 5 | 1.14 | 0.406~3.18 | 2.45 | 0.875~6.85 | 6.28 | 1.89~14.8 |
| 0 | 0 | 4 | 4 | 1.96 | 1.18~3.26 | 4.22 | 2.53~7.02 | 9.09 | 5.46~15.1 |
| 0 | 0 | 5 | 4 | 1.62 | 1.27~2.05 | 3.48 | 2.74~4.42 | 7.50 | 5.90~9.53 |
| 0 | 1 | 3 | 4 | 1.96 | 0.978~3.92 | 4.22 | 2.11~8.44 | 9.09 | 4.54~18.2 |
| 0 | 1 | 4 | 4 | 1.62 | 0.893~2.92 | 3.48 | 1.92~6.30 | 7.50 | 4.14~13.6 |
| 0 | 0 | 3 | 5 | 2.00 | 1.37~2.91 | 4.30 | 2.95~6.26 | 9.26 | 6.36~13.5 |
| 0 | 0 | 4 | 5 | 1.71 | 1.26~2.33 | 3.69 | 2.71~5.01 | 7.94 | 5.84~10.8 |
| 0 | 0 | 5 | 5 | 1.47 | — | 3.16 | — | 6.81 | — |
| 0 | 1 | 2 | 5 | 2.00 | 1.23~3.24 | 4.30 | 2.65~6.98 | 9.26 | 5.70~15.0 |
| 0 | 1 | 3 | 5 | 1.71 | 1.05~2.78 | 3.69 | 2.27~5.99 | 7.94 | 4.89~12.9 |
| 0 | 1 | 4 | 5 | 1.47 | 0.951~2.27 | 3.16 | 2.05~4.88 | 6.81 | 4.41~10.5 |
| 0 | 1 | 5 | 5 | 1.26 | 0.926~1.71 | 2.71 | 2.00~3.69 | 5.84 | 4.30~7.94 |
| 0 | 2 | 2 | 5 | 1.71 | 1.01~2.91 | 3.69 | 2.17~6.28 | 7.94 | 4.67~13.5 |
| 0 | 2 | 3 | 5 | 1.47 | 0.862~2.50 | 3.16 | 1.86~5.38 | 6.81 | 4.00~13.5 |
| 0 | 2 | 4 | 5 | 1.26 | 0.775~2.05 | 2.71 | 1.69~4.41 | 5.84 | 3.60~9.50 |
| 0 | 2 | 5 | 5 | 1.08 | 0.741~1.57 | 2.33 | 1.60~3.99 | 5.01 | 3.44~7.30 |
| 0 | 3 | 3 | 5 | 1.26 | 0.740~2.14 | 2.71 | 1.59~4.62 | 5.84 | 3.43~9.95 |
| 0 | 3 | 4 | 5 | 1.03 | 0.665~1.75 | 2.33 | 1.43~3.78 | 5.01 | 3.08~8.14 |
| 1 | 0 | 3 | 5 | 1.96 | 1.22~3.14 | 4.22 | 2.63~6.76 | 9.09 | 5.66~14.6 |

表 B.1(续)

| 组1 组2 组3 组4 或 组1 组3 组2 组4 | | | | 剂量 1=0.464 剂量 $2=1.00\times10^t$ 剂量 3=2.15 剂量 4=4.64 | | 剂量 1=1.00 剂量 $2=2.15\times10^t$ 剂量 3=4.64 剂量 4=10.0 | | 剂量 1=2.15 剂量 $2=4.64\times10^t$ 剂量 3=10.0 剂量 4=21.5 | |
|---|---|---|---|---|---|---|---|---|---|
| | | | | $LD_{50}$ | 95%可信限 | $LD_{50}$ | 95%可信限 | $LD_{50}$ | 95%可信限 |
| 1 | 0 | 4 | 5 | 1.62 | 1.07~2.43 | 3.48 | 2.31~5.24 | 7.50 | 4.98~11.3 |
| 1 | 0 | 5 | 5 | 1.33 | 1.05~1.70 | 2.87 | 2.26~3.65 | 6.19 | 4.87~7.87 |
| 1 | 1 | 2 | 5 | 1.96 | 1.06~3.60 | 4.22 | 2.29~7.75 | 9.09 | 4.94~16.7 |
| 1 | 1 | 3 | 5 | 1.62 | 0.866~3.01 | 3.48 | 1.87~6.49 | 7.50 | 4.02~16.7 |
| 1 | 1 | 4 | 5 | 1.33 | 0.737~2.41 | 2.87 | 1.59~5.20 | 6.19 | 3.42~11.2 |
| 1 | 1 | 5 | 5 | 1.10 | 0.661~1.83 | 2.37 | 1.42~3.95 | 5.11 | 3.07~8.51 |
| 1 | 2 | 2 | 5 | 1.62 | 0.818~3.19 | 3.48 | 1.76~6.37 | 7.50 | 3.80~14.8 |
| 1 | 2 | 3 | 5 | 1.33 | 0.658~2.70 | 2.87 | 1.42~5.82 | 6.19 | 3.05~12.5 |
| 1 | 2 | 4 | 5 | 1.10 | 0.550~2.20 | 2.37 | 1.19~4.74 | 5.11 | 2.55~10.2 |
| 1 | 3 | 3 | 5 | 1.10 | 0.523~2.32 | 2.37 | 1.13~4.99 | 5.11 | 2.43~10.8 |
| 2 | 0 | 3 | 5 | 1.90 | 1.00~3.58 | 4.08 | 2.16~7.71 | 8.80 | 4.66~16.6 |
| 2 | 0 | 4 | 5 | 1.47 | 0.806~2.67 | 3.16 | 1.74~5.76 | 6.81 | 3.74~12.4 |
| 2 | 0 | 5 | 5 | 1.14 | 0.674~1.92 | 2.45 | 1.45~4.13 | 5.28 | 3.13~8.89 |
| 2 | 1 | 2 | 5 | 1.90 | 0.839~4.29 | 4.08 | 1.81~9.23 | 8.80 | 3.89~19.9 |
| 2 | 1 | 3 | 5 | 1.47 | 0.616~3.50 | 3.16 | 1.33~7.53 | 6.81 | 2.86~16.2 |
| 2 | 1 | 4 | 5 | 1.14 | 0.466~2.77 | 2.45 | 1.00~5.98 | 5.28 | 2.16~12.9 |
| 2 | 2 | 2 | 5 | 1.47 | 0.573~3.76 | 3.16 | 1.24~8.10 | 6.81 | 2.66~17.4 |
| 2 | 2 | 3 | 5 | 1.14 | 0.406~3.18 | 2.45 | 0.875~6.85 | 6.28 | 1.89~14.8 |
| 0 | 0 | 4 | 4 | 1.96 | 1.18~3.26 | 4.22 | 2.53~7.02 | 9.09 | 5.46~15.1 |
| 0 | 0 | 5 | 4 | 1.62 | 1.27~2.05 | 3.48 | 2.74~4.42 | 7.50 | 5.90~9.53 |
| 0 | 1 | 3 | 4 | 1.96 | 0.978~3.92 | 4.22 | 2.11~8.44 | 9.09 | 4.54~18.2 |
| 0 | 1 | 4 | 4 | 1.62 | 0.893~2.92 | 3.48 | 1.92~6.30 | 7.50 | 4.14~13.6 |

表 B.2 用于每组 5 只动物，其剂量递增公比为 $10^{1/2}$，意即 $10\times10^{1/2}=31.6$，$31.6\times10^{1/2}=100$，…，余此类推。此剂量系列排列如下：

$$1.00$$

$$3.16\times10^t \quad t=0,\pm1,\pm2,\pm3$$

**表 B.2 霍恩氏法(Horn)$LD_{50}$值计算(剂量递增法测定 $LD_{50}$ 计算用表)**

| 组1 组2 组3 组4 或 组1 组3 组2 组4 | | | | 剂量 1=0.316 剂量 $2=1.00\times10^t$ 剂量 3=3.16 剂量 4=10.0 | | 剂量 1=1.00 剂量 $2=3.16\times10^t$ 剂量 3=10.0 剂量 4=31.6 | |
|---|---|---|---|---|---|---|---|
| | | | | $LD_{50}$ | 95%可信限 | $LD_{50}$ | 95%可信限 |
| 0 | 0 | 3 | 5 | 2.82 | 1.60~4.95 | 8.91 | 5.07~15.7 |
| 0 | 0 | 4 | 5 | 2.24 | 1.41~3.55 | 7.08 | 4.47~11.2 |
| 0 | 0 | 5 | 5 | 1.78 | — | 5.62 | — |
| 0 | 1 | 2 | 5 | 2.82 | 1.36~5.84 | 8.91 | 4.30~18.5 |
| 0 | 1 | 3 | 5 | 2.24 | 1.08~4.64 | 7.08 | 3.42~14.7 |
| 0 | 1 | 4 | 5 | 1.78 | 0.927~3.41 | 5.62 | 2.93~10.8 |
| 0 | 1 | 5 | 5 | 1.41 | 0.891~2.24 | 4.47 | 2.82~7.08 |
| 0 | 2 | 2 | 5 | 2.24 | 1.01~4.97 | 7.08 | 3.19~15.7 |

表 B.2（续）

| 组 1 | 组 2 | 组 3 | 组 4 | 剂量 1=0.316<br>剂量 2=1.00×$10^{t}$<br>剂量 3=3.16<br>剂量 4=10.0 | | 剂量 1=1.00<br>剂量 2=3.16×$10^{t}$<br>剂量 3=10.0<br>剂量 4=31.6 | |
|---|---|---|---|---|---|---|---|
| 或 | | | | | | | |
| 组 1 | 组 3 | 组 2 | 组 4 | | | | |
| | | | | $LD_{50}$ | 95%可信限 | $LD_{50}$ | 95%可信限 |
| 0 | 2 | 3 | 5 | 1.78 | 0.801～3.95 | 5.62 | 2.53～12.5 |
| 0 | 2 | 4 | 5 | 1.41 | 0.682～2.93 | 4.47 | 2.16～9.25 |
| 0 | 2 | 5 | 5 | 1.12 | 0.638～1.97 | 3.55 | 2.02～6.24 |
| 0 | 3 | 3 | 5 | 1.41 | 0.636～3.14 | 4.47 | 2.01～9.92 |
| 0 | 3 | 4 | 5 | 1.12 | 0.542～2.32 | 3.55 | 1.71～7.35 |
| 1 | 0 | 3 | 5 | 2.74 | 1.35～5.56 | 8.66 | 4.26～17.6 |
| 1 | 0 | 4 | 5 | 2.05 | 1.11～3.80 | 6.49 | 3.51～12.0 |
| 1 | 0 | 5 | 5 | 1.54 | 1.07～2.21 | 4.87 | 3.40～6.98 |
| 1 | 1 | 2 | 5 | 2.74 | 1.10～6.82 | 8.66 | 3.48～21.6 |
| 1 | 1 | 3 | 5 | 2.05 | 0.806～5.23 | 6.49 | 2.55～16.5 |
| 1 | 1 | 4 | 5 | 1.54 | 0.632～3.75 | 4.87 | 2.00～11.9 |
| 1 | 1 | 5 | 5 | 1.15 | 0.537～2.48 | 3.65 | 1.70～7.85 |
| 1 | 2 | 2 | 5 | 2.05 | 0.740～5.70 | 6.49 | 2.34～18.0 |
| 1 | 2 | 3 | 5 | 1.54 | 0.534～4.44 | 4.87 | 1.69～14.1 |
| 1 | 2 | 4 | 5 | 1.15 | 0.408～3.27 | 3.65 | 1.29～10.3 |
| 1 | 3 | 3 | 5 | 1.15 | 0.378～3.53 | 3.65 | 1.20～11.2 |
| 2 | 0 | 3 | 5 | 2.61 | 1.01～6.77 | 8.25 | 3.18～21.4 |
| 2 | 0 | 4 | 5 | 1.78 | 0.723～4.37 | 5.62 | 2.29～13.8 |
| 2 | 0 | 5 | 5 | 1.21 | 0.554～2.65 | 3.83 | 1.75～8.39 |
| 2 | 1 | 2 | 5 | 2.61 | 0.768～8.87 | 8.25 | 2.43～28.1 |
| 2 | 1 | 3 | 5 | 1.78 | 0.484～6.53 | 5.62 | 1.53～20.7 |
| 2 | 1 | 4 | 5 | 1.21 | 0.318～4.62 | 3.83 | 1.00～14.6 |
| 2 | 2 | 2 | 5 | 1.78 | 0.434～7.28 | 5.62 | 1.37～23.0 |
| 2 | 2 | 3 | 5 | 1.21 | 0.259～5.67 | 3.83 | 0.819～17.9 |
| 0 | 0 | 4 | 4 | 2.74 | 1.27～5.88 | 8.66 | 4.03～18.6 |
| 0 | 0 | 5 | 4 | 2.05 | 1.43～2.94 | 6.49 | 4.53～9.31 |
| 0 | 1 | 3 | 4 | 2.74 | 0.968～7.75 | 8.66 | 3.06～24.5 |
| 0 | 1 | 4 | 4 | 2.05 | 0.843～5.00 | 6.49 | 2.67～15.8 |
| 0 | 1 | 5 | 4 | 1.54 | 0.833～2.85 | 4.87 | 2.63～9.01 |
| 0 | 2 | 2 | 4 | 2.74 | 0.896～8.37 | 8.66 | 2.83～26.5 |
| 0 | 2 | 3 | 4 | 2.05 | 0.711～5.93 | 6.49 | 2.25～18.7 |
| 0 | 2 | 4 | 4 | 1.54 | 0.604～3.92 | 4.87 | 1.91～12.4 |
| 0 | 2 | 5 | 4 | 1.15 | 0.568～2.35 | 3.65 | 1.80～7.42 |
| 0 | 3 | 3 | 4 | 1.54 | 0.555～4.27 | 4.87 | 1.76～13.5 |
| 0 | 3 | 4 | 4 | 1.15 | 0.463～2.88 | 3.65 | 1.47～9.10 |
| 1 | 0 | 4 | 4 | 2.61 | 0.953～7.15 | 8.25 | 3.01～22.6 |
| 1 | 0 | 5 | 4 | 1.78 | 1.03～3.06 | 5.62 | 3.27～9.68 |
| 1 | 1 | 3 | 4 | 2.61 | 0.658～10.4 | 8.25 | 2.08～32.7 |
| 1 | 1 | 4 | 4 | 1.78 | 0.528～5.98 | 5.62 | 1.67～18.9 |
| 1 | 1 | 5 | 4 | 1.21 | 0.442～3.32 | 3.83 | 1.40～10.5 |
| 1 | 2 | 2 | 4 | 2.61 | 0.594～11.5 | 8.25 | 1.88～36.3 |
| 1 | 2 | 3 | 4 | 1.78 | 0.423～7.48 | 5.62 | 1.34～23.6 |

表 B.2（续）

| 组1 组2 组3 组4<br>或<br>组1 组3 组2 组4 | | | | 剂量1=0.316<br>剂量2=1.00×10′<br>剂量3=3.16<br>剂量4=10.0 | | 剂量1=1.00<br>剂量2=3.16×10′<br>剂量3=10.0<br>剂量4=31.6 | |
|---|---|---|---|---|---|---|---|
| | | | | $LD_{50}$ | 95%可信限 | $LD_{50}$ | 95%可信限 |
| 1 | 2 | 4 | 4 | 1.21 | 0.305～4.80 | 3.83 | 0.966～15.2 |
| 1 | 3 | 3 | 4 | 1.21 | 0.276～5.33 | 3.83 | 0.871～16.8 |
| 2 | 0 | 4 | 4 | 2.37 | 0.539～10.4 | 7.50 | 1.70～33.0 |
| 2 | 0 | 5 | 4 | 1.33 | 0.446～3.99 | 4.22 | 1.41～12.6 |
| 2 | 1 | 3 | 4 | 2.37 | 0.307～18.3 | 7.50 | 0.970～58.0 |
| 2 | 1 | 4 | 4 | 1.33 | 0.187～9.49 | 4.22 | 0.592～30.0 |
| 2 | 2 | 2 | 4 | 2.37 | 0.262～21.4 | 7.50 | 0.830～67.8 |
| 2 | 2 | 3 | 4 | 1.33 | 0.137～13.0 | 4.22 | 0.433～41.0 |
| 0 | 0 | 5 | 3 | 2.61 | 1.19～5.71 | 8.25 | 3.77～18.1 |
| 0 | 1 | 4 | 3 | 2.61 | 0.684～9.95 | 8.25 | 2.16～31.5 |
| 0 | 1 | 5 | 3 | 1.78 | 0.723～4.37 | 5.62 | 2.29～13.8 |
| 0 | 2 | 3 | 3 | 2.61 | 0.558～12.2 | 8.25 | 1.76～38.6 |
| 0 | 2 | 4 | 3 | 1.78 | 0.484～6.53 | 5.62 | 1.53～20.7 |
| 0 | 2 | 5 | 3 | 1.21 | 0.467～3.14 | 3.83 | 1.48～9.94 |
| 0 | 3 | 3 | 3 | 1.78 | 0.434～7.28 | 5.62 | 1.37～23.0 |
| 0 | 3 | 4 | 3 | 1.21 | 0.356～4.12 | 3.83 | 1.13～13.0 |
| 1 | 0 | 5 | 3 | 2.37 | 0.793～7.10 | 7.50 | 2.51～22.4 |
| 1 | 1 | 4 | 3 | 2.37 | 0.333～16.9 | 7.50 | 1.05～53.4 |
| 1 | 1 | 5 | 3 | 1.33 | 0.303～5.87 | 4.22 | 0.958～18.6 |
| 1 | 2 | 3 | 3 | 2.37 | 0.244～23.1 | 7.50 | 0.771～73.0 |
| 1 | 2 | 4 | 3 | 1.33 | 0.172～10.3 | 4.22 | 0.545～32.6 |
| 1 | 3 | 3 | 3 | 1.33 | 0.148～12.1 | 4.22 | 0.467～38.1 |

## B.2 寇氏(Korbor)法

### B.2.1 预试验

除另有要求外，一般应在预试中求得动物全死亡或90%以上死亡的剂量和动物不死亡或10%以下死亡的剂量，分别作为正式试验的最高与最低剂量。

### B.2.2 动物数

除另有要求外，一般设5～10个剂量组，每组6～10只动物为宜。

### B.2.3 剂量

将由预试验得出的最高、最低剂量换算为常用对数，然后将最高、最低剂量的对数差，按所需要的组数，分为几个对数等距(或不等距)的剂量组。

### B.2.4 试验结果的计算与统计

#### B.2.4.1 列试验数据及其计算表

包括各组剂量(mg/kg,g/kg)，剂量对数($X$)，动物数($n$)，动物死亡数($r$)，动物死亡百分比($p$，以小数表示)，以及统计公式中要求的其他计算数据项目。

**B.2.4.2 $LD_{50}$的计算公式**

根据试验条件及试验结果，可分别选用式(B.1)～式(B.3)中的一个，求出 $\log LD_{50}$，再查其自然数，即 $LD_{50}$(mg/kg,g/kg)。

B.2.4.2.1 按本试验设计得出的任何结果，均可用式(B.1)：

$$\log LD_{50} = \sum 1/2 \times (X_i + X_{i+1})(P_{i+1} - P_i) \qquad \cdots\cdots(B.1)$$

式中：

$X_i$ 与 $X_{i+1}$ 及 $P_{i+1}$ 与 $P_i$——分别为相邻两组的剂量对数以及动物死亡百分比。

B.2.4.2.2 按本试验设计且各组剂量对数等距时，可用式(B.2)：

$$\log LD_{50} = XK - 1/2 \times (P_i + P_{i+1}) \qquad \cdots\cdots(B.2)$$

式中：

$XK$——最高剂量对数，其他同式(B.1)。

B.2.4.2.3 若试验条件同2.4.2.2且最高、最低剂量组动物死亡百分比分别为100(全死)和0(全不死时)，则可用简便计算式(B.3)。

$$\log LD_{50} = XK - d(\sum P - 0.5) \qquad \cdots\cdots(B.3)$$

式中：

$\sum P$——各组动物死亡百分比之和，其他同式(B.2)。

**B.2.4.3 标准误与95%可信限**

B.2.4.3.1 $\log LD_{50}$的标准误($s$)计算见式(B.4)。

$$s\log LD_{50} = d\{[\sum P_i(i - P_i)]/n\}^{1/2} \qquad \cdots\cdots(B.4)$$

B.2.4.3.2 95%可信限($X$)计算见式(B.5)。

$$X = \log^{-1}(\log LD_{50} \pm 1.96 s\log LD_{50}) \qquad \cdots\cdots(B.5)$$

此法易于了解，计算简便，可信限不大，结果可靠，特别是在试验前对受试样品的急性毒性程度了解不多时，尤为适用。

## B.3 概率单位-对数图解法

**B.3.1 预试验**

以每组2～3只动物找出全死和全不死的剂量。

**B.3.2 动物数**

一般每组不少于10只，各组动物数量不一定要求相等。

**B.3.3 剂量及分组**

一般在预试验中得到的两个剂量组之间拟出等比的六个剂量组或更多的组。此法不要求剂量组间呈等比关系，但等比可使各点距离相等，有利于作图。

**B.3.4 作图计算**

B.3.4.1 根据各剂量组动物死亡率，从表B.3中查各组的概率单位。因死亡率为0%和100%的概率单位，与所试动物数有关，故需另在表B.4中查找。

例如：对死亡率为45%的概率单位，可查表B.3。先在表的左侧纵标目上找到40，而后在表的上行横标目处找到5，两者交叉点处的4.87，即为45%的概率单位。

又如：某组用10只实验动物，如果全部存活(死亡率为0%)，查表B.4，其概率单位为3.04。

B.3.4.2 用方格纸绘散点图，横轴表示剂量的对数值($X$)，纵轴为概率单位值($Y$)，将各组数值点在图上。

B.3.4.3 按各点的分布趋势，用直尺绘出一条最适合于各点的直线，使线上方的点到线的总距离与线下方的点到线的总距离相近，此线应尽量靠近概率单位为5的点及附近的点。

**B.3.4.4** 查出求概率单位5处的剂量对数，其反对数即为 $LD_{50}$。

**B.3.4.5** 按式(B.6)、(B.7)、(B.8)计算 $LD_{50}$ 的95%可信限。

$$s = (X_2 - X_1)/(Y_2 - Y_1) \quad \cdots\cdots(B.6)$$

$$s_m = s/(N'/2)^{-1/2} \quad \cdots\cdots(B.7)$$

$$LD_{50}\text{对数值的 95\% 可信限} = \log LD_{50} \pm 1.96s_m \quad \cdots\cdots(B.8)$$

注：上式结果，经反对数变换后，可得 $LD_{50}$ 的95%可信限。

式中：

$s_m$——$LD_{50}$ 的标准误；

$s$——标准差；

$X_1$、$X_2$——分别为机率单位等于4($Y_1$)和6($Y_2$)时相应的剂量对数值；

$N'$——$Y_1$(=4)及 $Y_2$(=6)相应的死亡率间所用的动物数。

**表 B.3 反应率-概率单位表**

| 反应率 | 0 | 1 | 2 | 3 | 4 | 5 | 6 | 7 | 8 | 9 |
|---|---|---|---|---|---|---|---|---|---|---|
| 1 | — | 2.67 | 2.95 | 3.12 | 3.25 | 3.36 | 3.45 | 3.52 | 3.60 | 3.66 |
| 10 | 3.72 | 3.77 | 3.83 | 3.87 | 3.92 | 3.96 | 4.01 | 4.05 | 4.09 | 4.12 |
| 20 | 4.16 | 4.19 | 4.23 | 4.26 | 4.29 | 4.33 | 4.36 | 4.39 | 4.42 | 4.45 |
| 30 | 4.48 | 4.50 | 4.53 | 4.56 | 4.59 | 4.62 | 4.64 | 4.67 | 4.70 | 4.72 |
| 40 | 4.75 | 4.77 | 4.80 | 4.82 | 4.85 | 4.87 | 4.90 | 4.93 | 4.95 | 4.98 |
| 50 | 5.00 | 5.03 | 5.05 | 5.08 | 5.10 | 5.13 | 5.15 | 5.18 | 5.20 | 5.23 |
| 60 | 5.25 | 5.28 | 5.31 | 5.33 | 5.36 | 5.39 | 5.40 | 5.44 | 5.47 | 5.50 |
| 70 | 5.52 | 5.55 | 5.58 | 5.61 | 5.64 | 5.67 | 5.71 | 5.74 | 5.77 | 5.81 |
| 80 | 5.84 | 5.88 | 5.92 | 5.95 | 5.99 | 6.04 | 6.08 | 6.13 | 6.18 | 6.23 |
| 90 | 6.28 | 6.34 | 6.41 | 6.48 | 6.56 | 6.65 | 6.75 | 6.88 | 7.05 | 7.33 |

## B.4 最大限量试验

### B.4.1 适宜条件

有关资料显示毒性极小的或未显示毒性的受试样品，给予动物最大使用浓度和最大灌胃容量的受试样品时，仍不出现死亡。

### B.4.2 动物数

至少雌、雄各5只。

### B.4.3 剂量

受试样品最大使用浓度和灌胃容量(一个剂量组)。

### B.4.4 方法

动物购买后观察3 d～5 d，给予最大使用浓度和最大灌胃容量的受试样品(一日内1次或多次给予，一日内最多不超过3次)，连续观察14 d，动物不出现死亡，则认为受试样品对某种动物的经口急性毒性剂量大于某一数值。

表 B.4 相当于反应率 0%及 100%的概率单位

| 每组动物数 | 反应率 | | 每组动物数 | 反应率 | |
|---|---|---|---|---|---|
| | 0% | 100% | | 0% | 100% |
| 2 | 3.85 | 6.15 | 12 | 2.97 | 7.03 |
| 3 | 3.62 | 6.38 | 13 | 2.93 | 7.07 |
| 4 | 3.47 | 6.53 | 14 | 2.90 | 7.10 |
| 5 | 3.36 | 6.64 | 15 | 2.87 | 7.13 |
| 6 | 3.27 | 6.73 | 16 | 2.85 | 7.15 |
| 7 | 3.20 | 6.80 | 17 | 3.82 | 7.18 |
| 8 | 3.13 | 6.87 | 18 | 2.80 | 7.20 |
| 9 | 3.09 | 6.91 | 19 | 2.78 | 7.22 |
| 10 | 3.04 | 6.96 | 20 | 2.76 | 7.24 |
| 11 | 3.00 | 7.00 | | | |

## B.5 上-下增减剂量法(UDP)up-and-down procedure

### B.5.1 概念

UDP 是所需实验动物数量最少的急性毒性试验方法。此方法适用于 1 d 或 2 d 内引起动物死亡的受试样品。5 d 以上引起动物死亡的受试样品不适用此方法。因严重的刺激性和腐蚀性引起明显疼痛的受试样品剂量不需进行该试验。濒死的、有极其痛苦症状的动物要被处死，对试验结果的解释时，这些动物要与试验中死亡的动物同样被考虑进去。

### B.5.2 试验方法

#### B.5.2.1 UDP 最大限量试验

按 5 000 mg/kg 剂量给一只动物染毒，如动物死亡，用后述的主试验测 $LD_{50}$。如动物存活，增加两只动物继续染毒。如两只动物均存活，$LD_{50}$ 高于限度剂量且试验终止(观察 14 d 不进一步染毒)。

如果一只或两只动物死亡，则另增加两只动物染毒，一次一只。如果试验中一只动物出现未预料到的延迟死亡，而其他动物存活，恰当的方法是停止染毒并观察所有动物在观察期中是否仍会出现死亡。结果评价如下(O=存活，X=死亡，U=不必)

当 3 只或以上的动物死亡时，$LD_{50}$ 小于 5 000 mg/kg：

OXOXX

OOXXX

OXXOX

OXXX

当 3 只或 3 只以上动物存活时，$LD_{50}$ 大于 5 000 mg/kg：

OOO

OXOXO

OXOO

OOXXO

OOXO

OXXOO

**B.5.2.2 主试验**

**B.5.2.2.1 试验方法**

单个动物通常在48 h时间间隔被连续染毒。然而，两次染毒的时间间隔是由毒性作用的时间、耐受时间和毒性反应的严重性来决定。直到已染毒的动物确信存活，才能对动物进行下一剂量染毒。时间间隔可适当调整。

第一只动物的染毒剂量应在预计的$LD_{50}$之下。如此动物存活，第二只动物接受更高一级剂量。如果第一只动物死亡或出现濒死，第二只动物接受更低一级剂量。通常选择的剂量递增系数为3.2(3.2为估计的剂量-反应曲线斜率等于2的倒数1/2的反对数)，此系数在整个试验过程中是固定不变的。没有受试样品剂量-反应曲线斜率的信息时，使用3.2为剂量递增系数。使用3.2为剂量递增系数时，剂量序列为1.75，5.5，17.5，55，175，550，1 750，5 000。如果没有受试样品致死性资料时，起始染毒剂量为175 mg/kg。如果动物对受试样品的剂量-反应曲线斜率小于2，在开始试验前，剂量递增系数应增加一个等级；反之应降低一个等级(表B.5为起始剂量为0.175 mg/kg、斜率从1～8的递增剂量表)。

染毒继续与否取决于所有动物固定时间间隔(48 h)的结果。当下列终止标准中一个首先被满足时试验终止。

a) 上限剂量3个连续的动物存活。

b) 在试验的任何6个连续的动物中有5个出现相反反应。

c) 首对相反反应出现后至少有4只动物进行试验并指定的可能性比例超过标准值。

濒死动物与在试验中死亡的动物同样考虑。如果一个动物在研究中出现未预料的延迟死亡，且在此剂量或剂量之上的其他动物存活，应当停止染毒并观察所有已染毒动物在观察期中是否仍有死亡。如果存活的动物随后也出现死亡，所用的剂量水平超过$LD_{50}$，最好是重新选择恰当的方法进行研究。如果在死亡的动物剂量水平或剂量之上后来的动物都存活，没有必要改变剂量循进系数，因为现在已死亡动物的信息按照比后来存活的动物低一个剂量级的剂量水平纳入计算。$LD_{50}$将下移。

因$LD_{50}$和斜率的结合，在出现相反结果后4～6个动物满足终止标准。在某些情况下，对剂量-反应曲线斜率低的化学品，需要增加动物到总数15只。

**B.5.2.2.2 主试验$LD_{50}$和可信限区间的计算**

主试验$LD_{50}$和可信限区间的计算可以利用OECD推荐的AOT425计算机程序包完成。AOT425计算机程序包可直接从OECD网页上下载。

试验前应确定选用的Sigma值、是最大限量试验还是主试验及最大限量值，每次试验的剂量、结果均应及时输入AOT425程序，程序将自动给出下次试验的剂量及是否可以停止试验，并计算出$LD_{50}$和95%可信限区间。

**表B.5 UDP不同斜率各剂量表**

mg/kg

| 斜率= | 1 | 2 | 3 | 4 | 5 | 6 | 7 | 8 |
|---|---|---|---|---|---|---|---|---|
| | 0.175[a] | 0.175[a] | 0.175[a] | 0.175[a] | 0.175[a] | 0.175[a] | 0.175[a] | 0.175[a] |
| | | | | | | | 0.24 | 0.23 |
| | | | | | 0.275 | 0.26 | | |
| | | | | 0.31 | | | 0.34 | 0.31 |
| | | | 0.375 | | | 0.375 | | |
| | | | | | | | | |
| | | | | | 0.44 | | 0.47 | |
| | | 0.55 | | 0.55 | | 0.55 | | 0.55 |
| | | | | | 0.69 | | 0.65 | |

表 B.5（续）

mg/kg

| 斜率＝ | 1 | 2 | 3 | 4 | 5 | 6 | 7 | 8 |
|---|---|---|---|---|---|---|---|---|
| | | | | | | | | 0.73 |
| | | | 0.81 | | | 0.82 | | |
| | | | | 0.99 | | | 0.91 | 0.97 |
| | | | | | 1.09 | 1.2 | | |
| | | | | | | | 1.26 | 1.29 |
| | 1.75 | 1.75 | 1.75 | 1.75 | 1.75 | 1.75 | 1.75 | 1.75 |
| | | | | | | | 2.4 | 2.3 |
| | | | | | 2.75 | 2.6 | | |
| | | | | 3.1 | | | 3.4 | 3.1 |
| | | | 3.75 | | | 3.75 | | |
| | | | | | 4.4 | | | 4.1 |
| | | | | | | | 4.7 | |
| | | 5.5 | | 5.5 | | 5.5 | | 5.5 |
| | | | | | 6.9 | | 6.5 | |
| | | | | | | | | 7.3 |
| | | | 8.1 | | | 8.2 | | |
| | | | | 9.9 | | | 9.1 | 9.7 |
| | | | | | 10.9 | 12 | | |
| | | | | | | | 12.6 | 12.9 |
| | 17.5 | 17.5 | 17.5 | 17.5 | 17.5 | 17.5 | 17.5 | 17.5 |
| | | | | | | | 24 | 23 |
| | | | | | 27.5 | 26 | | |
| | | | | 31 | | | 34 | 31 |
| | | | 37.5 | | | 37.5 | | |
| | | | | | 44 | | | 41 |
| | | | | | | | 47 | |
| | | 55 | | 55 | | 55 | | 55 |
| | | | | | | | 65 | |
| | | | | | 69 | | | 73 |
| | | | 81 | | | 82 | | |
| | | | | 99 | | | 91 | 97 |
| | | | | | 109 | 120 | | |
| | | | | | | | 126 | 129 |
| | 175 | 175 | 175 | 175 | 175 | 175 | 175 | 175 |
| | | | | | | | 240 | 230 |

表 B.5（续）

mg/kg

| 斜率= | 1 | 2 | 3 | 4 | 5 | 6 | 7 | 8 |
|---|---|---|---|---|---|---|---|---|
| | | | | | 275 | 260 | | |
| | | | | 310 | | | 340 | 310 |
| | | | 375 | | | 375 | | |
| | | | | | 440 | | | 410 |
| | | | | | | | 470 | |
| | | 550 | | 550 | | 550 | | 550 |
| | | | | | | | 650 | |
| | | | | | 690 | | | 730 |
| | | | 810 | | | 820 | | |
| | | | | 990 | | | 910 | 970 |
| | | | | | 1 090 | 1 200 | | |
| | | | | | | | 1 260 | 1 290 |
| | 1 750 | 1 750 | 1 750 | 1 750 | 1 750 | 1 750 | 1 750 | 1 750 |
| | | | | | | | 2 400 | 2 300 |
| | | | | | 2 750 | 2 600 | | |
| | | | | 3 100 | | | | 3 100 |
| | | | | | | 3 750 | 3 400 | |
| | | | | | | | | 4 100 |
| | 5 000 | 5 000 | 5 000 | 5 000 | 5 000 | 5 000 | 5 000 | 5 000 |

[a] 如果需要更低的剂量，应继续降低剂量级数。

# 附 录 C
## （资料性附录）

**表 C.1 世界卫生组织推荐的农药急性危害分级标准**

| 级别 | | 大鼠 $LD_{50}$/(mg/kg) | | | |
|---|---|---|---|---|---|
| | | 经口 | | 经皮 | |
| | | 固体[a] | 液体[a] | 固体[a] | 液体[a] |
| Ⅰa | 极度危害 | 不大于 5 | 不大于 20 | 不大于 10 | 不大于 40 |
| Ⅰb | 高度危害 | 5～ | 20～ | 10～ | 40～ |
| Ⅱ | 中度危害 | 50～ | 200～ | 100～ | 400～ |
| Ⅲ | 低度危害 | 大于 500 | 大于 2 000 | 大于 1 000 | 大于 4 000[b] |

a 表中的“固体”和“液体”指分级产品和制剂的物理状态。

b 指导手册第七页，第二部分，第七段的注释。

注：引用《世界卫生组织推荐的农药急性危害分级》2004 年。

**表 C.2 世界卫生组织推荐的急性毒性分级标准**

| 毒性分级 | 大鼠一次经口 $LD_{50}$/(mg/kg) | 6 只大鼠吸入 4 h，死亡 2～4 只的浓度 $10^{-6}$ | 兔经皮 $LD_{50}$/(mg/kg) | 对人可能致死估计量 | |
|---|---|---|---|---|---|
| | | | | g/kg | 总量 (g/60 kg) |
| 剧毒 | <1 | <10 | <5 | <0.05 | 0.1 |
| 高毒 | 1～ | 10～ | 5～ | 0.05～ | 3 |
| 中等毒 | 50～ | 100～ | 44～ | 0.5～ | 30 |
| 低毒 | 500～ | 1 000～ | 350～ | 5～ | 250 |
| 微毒 | 5 000～ | 10 000～ | 2 180～ | >15 | >1 000 |

注：引用（张桥主编）《卫生毒理学基础》2003 年。

**表 C.3 急性毒性危险类别 $LD_{50}/LC_{50}$ 值**

| 暴露方式 | 类别 1 | 类别 2 | 类别 3 | 类别 4 | 类别 5 |
|---|---|---|---|---|---|
| 经口/(mg/kg) | 5 | 50 | 300 | 2 000 | 5 000[e] |
| 经皮/(mg/kg) | 50 | 200 | 1 000 | 2 000 | |
| 气体体积分数/$10^{-6}$ [a] | 100 | 500 | 2 500 | 5 000 | |
| 蒸气/(ml/L)[a,b,c] | 0.5 | 2.0 | 10 | 20 | |
| 粉尘和烟雾[a,d] | 0.05 | 0.5 | 1.0 | 5 | |

a 表中吸入临界值是基于 4 h 试验暴露得到的。对吸入 1 h 所得到的 $LC_{50}$ 值，转换为吸入 4 h 的数值时，气体和蒸气应除以因子 2，粉尘和烟雾应除以因子 4；

b 饱和蒸气压参数在某些管理性规定中为了保护健康、安全的特殊需要可能作为附带的条件。（例如联合国推荐的危险物品运输方法）；

表 C.3(续)

| 暴露方式 | 类别 1 | 类别 2 | 类别 3 | 类别 4 | 类别 5 |
|---|---|---|---|---|---|

[c] 某些受试样品在制备吸入染毒空气时也许不完全都是蒸气，可能是液体和蒸汽的混合物；也可能是接近于气体的蒸气；后一种情况可按照体积分数进行分级：类别 1(体积分数为 $0.01\times10^{-2}$)，类别 2(体积分数为 $0.05\times10^{-2}$)，类别 3(体积分数为 $0.25\times10^{-2}$)，类别 4(体积分数为 $0.5\times10^{-2}$)。按照 OECD，对粉尘、烟雾和蒸气这三个术语作出明确定义：

- 粉尘：悬浮空气中的物质或混合物的固体颗粒；
- 烟雾：悬浮在空气中的物质或混合物的液态颗粒；
- 蒸气：物质从其液体或固体状态释放出的气体。

粉尘的形成一般是机械加工。烟雾则是过饱和的蒸气凝结或液体的物理转变形成的。粉尘和烟雾的直径通常是从小于 1 μm 到 100 μm 左右。

[d] 评价粉尘和烟雾的值时，对于 OECD 中有关吸入试验中粉尘和烟雾浓度的制备、维持、监测，应保持在可吸入的状态的技术方面的限定，应能适应其将来所做的任何改变；

[e] 类别 5 的标准是能识别急性毒性危害相对较低，但在某些情况下对易感人群可能有一定危害的物质。该类物质估计经口或经皮 $LD_{50}$ 的范围为 2 000 mg/kg～5 000 mg/kg 和等同的吸入剂量。类别 5 的特定标准为：

1) 如果有可靠的证据表明 $LD_{50}$($LC_{50}$)是在类别 5 规定的范围，或其他动物试验，或人类的毒性作用显示对人类健康的急性毒性应关注的；

2) 通过数据的外推、评估或测定，该物质划分到类别 5。虽然归到更高一级毒性类别缺乏依据，但有如下情况时，则不能划分到类别 5：

——有可靠资料表明对人类有明显的毒性作用；或

——按类别 4、3、2、1 进行经口、吸入或经皮试验时，观察到有任何的死亡；或

——按类别 4、3、2、1 进行试验时，有除了腹泻、毛蓬松、污秽外观之外的明显临床毒性表现；或

——有可靠的资料显示其他动物试验研究时动物出现潜在的明显急性毒性。

注：引用联合国 GHS《化学品分类及标记全球协调系统》2003 年。

**表 C.4　急性毒性危害类别 $LD_{50}/LC_{50}$ 值**

| 暴露方式 | 类别 1 | 类别 2 | 类别 3 | 类别 4 | 类别 5 |
|---|---|---|---|---|---|
| 经口/(mg/kg)[a] | ≤5 | ≤50 | ≤300 | ≤2 000 | ≤5 000[f] |
| 经皮/(mg/kg)[a] | ≤50 | ≤200 | ≤1 000 | ≤2 000 | |
| 气体/(mL/L)[a,b] | ≤0.1 | ≤0.5 | ≤2.5 | ≤5 | |
| 蒸气/(mg/L)[a,b,c,d] | ≤0.5 | ≤2.0 | ≤10 | ≤20 | |
| 粉尘和烟雾/(mg/L)[a,b,e] | ≤0.05 | ≤0.5 | ≤1.0 | ≤5 | |

[a] 急性毒性评估是用于混合物中一种物质或成分的分类，其源自于如下：

- 适合的 $LD_{50}/LC_{50}$；
- 与本表有关的一系列试验的结果的合适的转换值；
- 与本表有关的分类的合适的转换值。

[b] 表中吸入临界值是基于 4 h 试验暴露得到的。对吸入 1 h 所得到的 $LC_{50}$ 值，转换为吸入 4 h 的数值时，气体和蒸气应除以因子 2，粉尘和烟雾应除以因子 4。

[c] 饱和蒸气压参数在某些管理性规定中为了保护健康、安全的特殊需要可能作为附带的条件(例如联合国推荐的危险物品运输方法)。

[d] 某些受试样品在制备吸入染毒空气时也许不完全都是蒸汽，可能是液体和蒸汽的混合物；也可能是接近于气体的蒸汽；后一种情况可按照体积分数进行分级：类别 1(体积分数为 $0.01\times10^{-2}$)，类别 2(体积分数为 $0.05\times10^{-2}$)，类别 3(体积分数为 $0.25\times10^{-2}$)，类别 4(体积分数为 $0.5\times10^{-2}$)。按照 OECD，对粉尘、烟雾和蒸气这三个术语定义如下：

**表 C.4（续）**

| 暴露方式 | 类别 1 | 类别 2 | 类别 3 | 类别 4 | 类别 5 |
|---|---|---|---|---|---|
| • 粉尘：悬浮空气中的物质或混合物的固体颗粒；<br>• 烟雾：悬浮在空气中的物质或混合物的液态颗粒；<br>• 蒸气：物质从其液体或固体状态释放出的的气体。<br>粉尘的形成一般是机械加工。烟雾则是过饱和的蒸气凝结或液体的物理转变形成的。粉尘和烟雾的直径通常是从小于 1 μm 到 100 μm 左右。<br>e 评价粉尘和烟雾的值时，对于 OECD 中有关吸入试验中粉尘和烟雾浓度的制备、维持、监测，应保持在可吸入的状态的技术方面的限定，应能适应其将来所做的任何改变。<br>f 类别 5 的标准是能识别急性毒性危害相对较低，但在某些情况下对易感人群可能有一定危害的物质。该类物质估计经口或经皮 $LD_{50}$ 的范围为 2 000 mg/kg～5 000 mg/kg 和等同的吸入剂量。类别 5 的特定标准为：<br>1） 如果有可靠的证据表明 $LD_{50}$（$LC_{50}$）是在类别 5 规定的范围，或其他动物试验，或人类的毒性作用显示对人类健康的急性毒性应关注的；<br>2） 通过数据的外推、评估或测定，该物质划分到类别 5。虽然归到更高一级毒性类别缺乏依据，但有如下情况时，则不能划分到类别 5：<br>——有可靠资料表明对人类有明显的毒性作用；或<br>——按类别 4、3、2、1 进行经口、吸入或经皮试验时，观察到有任何的死亡；或<br>——按类别 4、3、2、1 进行试验时，有除了腹泻、毛蓬松、污秽外观之外的明显临床毒性表现；或<br>——有可靠的资料显示其他动物试验研究时动物出现潜在的明显急性毒性。 | | | | | |
| 注：引用 OECD《分类和标签协调任务——急性毒性 3.1 章节修改建议》2004 年 7 月。 | | | | | |

**表 C.5 急性毒性(危害)分类**

| 毒性类别 | 经口浓度/(mg/kg) | 经皮浓度/(mg/kg) | 吸入浓度/(mg/L) |
|---|---|---|---|
| Ⅰ | ≤50 | ≤200 | ≤0.05 |
| Ⅱ | 51～500 | 201～2 000 | 0.05～0.5[a] |
| Ⅲ | 501～5 000 | 2 001～5 000 | 0.5～2[b] |
| Ⅳ | ＞5 000 | ＞5 000 | ＞2 |
| a 该范围不包括 0.05。<br>b 该范围不包括 0.5。 | | | |
| 注：引用 EPA《健康影响试验指导 OPPTS 870.1000 急性毒性试验——背景》1998 年。 | | | |

**表 C.6 急性毒性分级标准**

| 毒性指标 | 剧毒 | 高毒 | 中等毒 | 低毒 |
|---|---|---|---|---|
| 经口 $LD_{50}$/(mg/kg) | ＜5 | 5～ | 50～ | ＞500 |
| 吸入 $LC_{50}$/(mg/$m^3$) | ＜20 | 20～ | 200～ | ＞2 000 |
| 经皮 $LD_{50}$/(mg/kg) | ＜20 | 20～ | 200～ | ＞2 000 |
| 注：引用(尹松年等主编)《工业化学品毒性鉴定规范及实验方法》1998 年。 | | | | |

# 附　录　D
（规范性附录）
# 实验动物体表面积估算方法

**D.1**　家兔体表面积估算见式(D.1)。

$$S = K \cdot m^{2/3} \qquad \cdots\cdots (D.1)$$

式中：

$S$——体表面积，单位为平方厘米($cm^2$)；

$K$——常数，一般成年家兔为10；

$m$——动物体重，单位为克(g)。

例：体重2 kg成年家兔体表面积：$S=10\times2\,000^{2/3}$

$\lg S = \lg10+2/3\lg2\,000$

$=1+0.666\,7\times3.301\,0$

$=1+2.200\,8=3.200\,8$

查反对数表：$S=1\,588\ cm^2$

**表 D.1　家兔体表面积**　　单位为平方厘米

| 体重/g | 0 | 2 | 4 | 6 | 8 |
|---|---|---|---|---|---|
| 2 000 | 1 587.40 | 1 597.96 | 1 608.49 | 1 618.99 | 1 629.45 |
| 2 100 | 1 639.88 | 1 650.27 | 1 660.64 | 1 670.97 | 1 681.27 |
| 2 200 | 1 691.53 | 1 701.77 | 1 711.97 | 1 722.15 | 1 732.30 |
| 2 300 | 1 742.41 | 1 752.50 | 1 762.56 | 1 772.58 | 1 782.58 |
| 2 400 | 1 792.56 | 1 802.50 | 1 812.42 | 1 822.31 | 1 832.17 |
| 2 500 | 1 842.01 | 1 851.82 | 1 861.61 | 1 871.37 | 1 881.10 |
| 2 600 | 1 890.81 | 1 900.49 | 1 991.15 | 1 919.79 | 1 929.40 |
| 2 700 | 1 938.99 | 1 948.55 | 1 958.09 | 1 967.61 | 1 977.10 |
| 2 800 | 1 986.57 | 1 996.02 | 2 005.45 | 2 014.85 | 2 024.23 |
| 2 900 | 2 033.59 | 2 042.93 | 2 052.25 | 2 061.55 | 2 072.82 |
| 3 000 | 2 080.08 | 2 089.31 | 2 098.53 | 2 107.72 | 2 116.89 |

**D.2**　豚鼠体表面积估算见式(D.2)。

$$S = K \cdot m^{2/3} \qquad \cdots\cdots (D.2)$$

式中：

$S$——体表面积，单位为平方厘米($cm^2$)；

$K$——常数，$K=9.26$；

$m$——动物体重，单位为克(g)。

例：体重438 g豚鼠的体表面积：$S=9.26\times438^{2/3}$

$\lg S = \lg9.26+2/3\lg438$

$=0.966\,6+2/3\times0.880\,5$

$=0.966\,6+1.761\,0=2.727\,6$

查反对数表：$S=534\ cm^2$

**表 D.2 豚鼠体表面积**

单位为平方厘米

| 体重/g | 0 | 2 | 4 | 6 | 8 |
|---|---|---|---|---|---|
| 350 | 459.89 | 461.64 | 463.38 | 465.13 | 466.87 |
| 360 | 468.61 | 470.34 | 472.07 | 473.80 | 475.52 |
| 370 | 477.24 | 478.96 | 480.68 | 482.39 | 484.10 |
| 380 | 485.81 | 487.51 | 489.21 | 490.91 | 492.60 |
| 390 | 494.29 | 495.98 | 497.67 | 499.35 | 501.03 |
| 400 | 502.71 | 504.38 | 506.05 | 507.72 | 509.39 |
| 410 | 511.05 | 512.71 | 514.37 | 516.02 | 517.68 |
| 420 | 519.33 | 520.97 | 522.62 | 524.26 | 525.90 |
| 430 | 527.54 | 529.17 | 530.80 | 532.43 | 534.06 |
| 440 | 535.68 | 537.31 | 538.93 | 540.54 | 542.16 |
| 450 | 543.77 | 545.38 | 546.99 | 548.59 | 550.20 |

**D.3** 大鼠体表面积估算见式(D.3)。

$$S = K \cdot m^{2/3} \qquad \text{(D.3)}$$

式中：

$S$——体表面积，单位为平方厘米($cm^2$)；

$K$——常数，$K$=0.091 3；

$m$——动物体重，单位为克(g)。

例：体重 200 g 大鼠的体表面积：$S=0.091\,3\times(0.2)^{2/3}$

$\lg S = \lg 0.091\,3 + 2/3 \lg 0.2$

$= (-1.039\,5) + 2/3 \times (-0.699\,0)$

$= (-1.039\,5) + (-0.466\,0) = -1.505\,5$

查反对数表：$S=312\ cm^2$

**表 D.3 大鼠体表面积**

单位为平方厘米

| 体重/g | 0 | 2 | 4 | 6 | 8 |
|---|---|---|---|---|---|
| 200 | 31.22 | 31.43 | 31.63 | 31.84 | 32.05 |
| 210 | 32.25 | 32.46 | 32.66 | 32.86 | 33.07 |
| 220 | 33.27 | 33.47 | 33.67 | 33.87 | 34.07 |
| 230 | 34.27 | 34.47 | 34.66 | 34.86 | 35.06 |
| 240 | 35.25 | 35.45 | 35.65 | 35.84 | 36.03 |
| 250 | 36.23 | 36.42 | 36.61 | 36.80 | 37.00 |
| 260 | 37.19 | 37.38 | 37.57 | 37.76 | 37.95 |
| 270 | 38.13 | 38.32 | 38.51 | 38.70 | 38.88 |
| 280 | 39.07 | 39.26 | 39.44 | 39.63 | 39.81 |
| 290 | 40.00 | 40.18 | 40.36 | 40.55 | 40.73 |
| 300 | 40.91 | 41.09 | 41.27 | 41.45 | 41.63 |

ICS 13.300;11.100
A 80

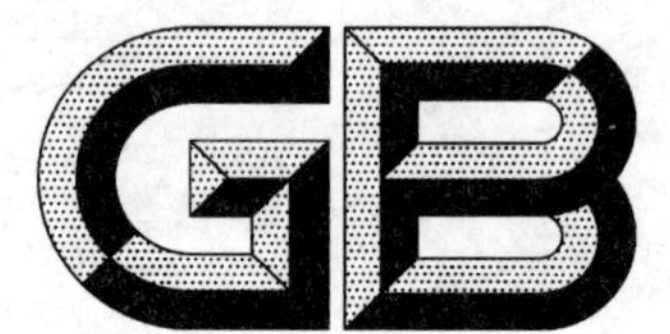

# 中华人民共和国国家标准

GB/T 21607—2008

# 化学品 一代繁殖毒性试验方法

**Chemicals—Test method of one-generation reproduction toxicity**

2008-04-01 发布 2008-09-01 实施

中华人民共和国国家质量监督检验检疫总局
中国国家标准化管理委员会 发布

# 前　　言

本标准修改采用联合国经济合作与发展组织(OECD)化学品测试方法 No.415《一代繁殖毒性研究》(1983)。

本标准与 OECD 化学品测试方法 No.415 相比,存在以下差异:

——对 OECD 化学品测试方法 No.415 进行了编辑性修改;

——增加了前言部分;

——标准文本格式上按 GB/T 1.1—2000 做了编辑性修改。

本标准由全国危险化学品管理标准化技术委员会(SAC/TC 251)提出并归口。

本标准负责起草单位:天津市检验检疫科学技术研究院。

本标准参加起草单位:江南大学、中化化工标准化所、天津出入境检验检疫局、中国疾病预防控制中心职业卫生与中毒控制所。

本标准主要起草人:张园、王利兵、李学洋、赵琢、王晓兵、胥传来、李朝阳。

本标准为首次制定。

# 化学品　一代繁殖毒性试验方法

## 1　范围

本标准规定了化学品一代繁殖毒性试验的试验动物、试验步骤、结果评价和试验报告。

本标准适用于检测化学品的一代繁殖毒性。

## 2　规范性引用文件

下列文件中的条款通过本标准的引用而成为本标准的条款。凡是注日期的引用文件，其随后所有的修改单(不包括勘误的内容)或修订版均不适用于本标准，然而，鼓励根据本标准达成协议的各方研究是否可使用这些文件的最新版本。凡是不注日期的引用文件，其最新版本适用于本标准。

GB 14924.1　实验动物　配合饲料通用质量标准

GB 14925　实验动物　环境及设施

## 3　术语和定义

### 3.1

**繁殖毒性　reproductive toxicity**

指由化学品引起的雌性或雄性生殖功能的损伤或生殖能力的降低，如繁殖率的下降；或引起子代的非遗传性不良效应，如生长发育毒性，包括致畸性和哺乳期中的健康损害效应。

## 4　试验动物

### 4.1　种类和品系的选择

首选健康初成年的大鼠或小鼠。最常使用断乳，7～8 周龄，至少经过 5 d 适应期的动物来进行繁殖毒性试验。雌性动物必须是未产过仔的。

### 4.2　动物数目

雄性和雌性动物通常按 1∶1 或 1∶2 的比例合笼交配。交配的动物数应保证每个剂量组及对照组都能获得 20 只左右的孕鼠。

### 4.3　饲养环境

试验动物的饲养和环境设施应符合 GB 14924.1 和 GB 14925 的规定。本试验动物采用自由饮食。孕鼠临近分娩时，应单笼饲养在分娩笼中，需要时笼中放置造窝垫料。

## 5　试验步骤

### 5.1　分组和对照

染毒前将动物按体重随机分为剂量组和对照组。如果受试样品使用赋形剂，对照组应采用赋形剂的最大使用量进行平行染毒。如果受试样品引起动物食物摄入量和利用率的下降时，那么对照组动物需要与试验组动物配对喂饲。

### 5.2　剂量水平

试验至少设三个剂量组和一个对照组。最高剂量应使亲代动物出现明显的毒性反应，但不引起动物死亡；中间剂量可引起轻微的毒性反应；低剂量应不引起动物及其子代的任何毒性反应。如果受试样品的毒性较低，剂量达到 1 000 mg/kg 时，仍未对繁殖过程产生任何毒作用，则可以采用限量试验，即试验不需要设其他剂量组。若高剂量的预试验观察到明显的母体毒性作用，但对生育无影响，也可以采用预试验的高剂量进行限量试验。

5.3 染毒剂量

如果受试样品是通过灌胃或胶囊染毒时,给样量应按每只动物的体重来确定,且每周进行调整。对于妊娠期的母鼠,染毒量应按妊娠的第0天或第6天的体重计算。

5.4 染毒时间和程序(以大鼠为例)(见表1)

表1 染毒时间和程序

| 试验周期 | 亲代(P) | 子代(F1) |
|---|---|---|
| 第1周～第8周末 | 给予雄性与雌性亲代动物受试样品 | |
| 第9周～第11周末 | 交配(染毒),交配后处死雄性亲代动物 | |
| 第12周～第14周末 | 雌性亲代动物继续染毒(妊娠及分娩) | F1出生 |
| 第15周～第17周末 | 哺乳结束后,停止染毒并处死雌性亲代动物 | 断乳后处死F1 |

5.5 交配程序

5.5.1 雄性和雌性动物按1∶1或1∶2的比例进行交配。

5.5.2 雌鼠应始终与同剂量组的同一只雄鼠合笼直至受孕,合笼最长时间可为3周。将检查到精子或阴栓的当天计为雌鼠妊娠的第0天(判为交配成功动物)。

5.6 窝的规格

出生后的第4天,应将仔鼠数尽量随机调整到每窝4雌和4雄。若得不到4雌和4雄时可作不均等的调整(如5雄3雌)。但每窝的幼仔数至少为8只。

5.7 观察及检查

5.7.1 临床观察

每日至少对动物进行一次仔细的观察。记录有无行为改变,难产或滞产以及所有的毒性反应(包括死亡)。

5.7.2 体重和食物摄入量

5.7.2.1 在交配前和交配期,应测定每只动物每天的食物摄入量(交配期间雌、雄动物摄食量分别按交配前一周平均值计算)。

5.7.2.2 产仔后,每窝仔鼠需要称量体重时,母鼠的食物摄入量也应同时计算。

5.7.2.3 如受试样品是添加到水中进行给样的,则还应记录水的摄入量。

5.7.2.4 亲代动物应在给样的第1天进行称量,以后每周称量体重一次。

5.7.2.5 妊娠周期应该从怀孕的第0天开始计算。生产下的仔鼠应尽早分辨性别,记录每窝的出生数、活仔数以及幼仔外观有无异常和畸形。同时记录母鼠或仔鼠在生理上和行为上的异常表现。

5.7.2.6 每窝为单位,对仔鼠于出生的当天上午、第4天、第7天、第14天和第21天进行称量。

5.7.3 大体解剖检查

死亡和到期处死的亲代动物都应解剖进行大体检查,肉眼观察有无组织器官形态上的改变,特别是生殖器官。死亡或濒临死亡的仔鼠也应接受检查,查看是否有外观或器官形态的缺陷。

5.7.4 病理组织学检查

保留上述剖检的所有亲代动物的卵巢、子宫、子宫颈、阴道、睾丸、附睾、精囊、前列腺、脑下垂体和靶器官标本。先对最高剂量组和对照组的动物标本以及剖检中发现异常的标本进行组织病理学检查。如最高剂量组没有发现有意义的病变,其他剂量组的标本可不必再进行病理检查。若最高剂量组发现有意义的病理改变,则其他剂量组相关的标本也应作进一步的检查。

## 6 结果评价

6.1 繁殖指数

交配成功率(%)=(交配成功动物数/用于交配的雌性动物数)×100

受孕率(%)=(受孕动物数/用于交配的雌性动物数)×100

活产率(%)=(产生活仔的雌性动物数/受孕动物数)×100

出生存活率(%)=(出生后 4 d 幼仔存活数/出生当时存活仔数)×100

哺育成活率(%)=(21 d 断奶时幼仔成活数/出生后 4 d 幼仔存活数)×100

### 6.2 数据处理

6.2.1 列表表示试验数据,表中应显示每组的实验动物数、交配的雄性动物数、受孕的雌性动物数、各种毒性反应及其出现动物百分数。

6.2.2 应采用适当的统计方法对数据进行统计分析。

### 6.3 结果评价

逐一比较剂量组动物与对照组动物繁殖指数是否有显著性差异,以评定受试样品有无繁殖毒性,同时还可根据出现统计学差异的指标(如体重,观察指标、大体解剖和病理组织学检查结果等),进一步估计繁殖毒性的损害作用特点。

## 7 试验报告

试验报告应包括以下内容:

——受试样品名称、理化特性、配制方法;

——实验动物的种类、品系、性别、体重、数量和来源(注明合格证号和动物级别);

——实验动物饲养环境,包括饲料来源、室温、相对湿度、合笼或单笼饲养、动物实验室合格证号;

——试验方法:给样方法和期限,剂量分组;

——亲代动物的食物摄入量和体重资料;

——按性别和剂量组分别记录的毒性反应,包括繁殖、妊娠和发育能力的异常;

——试验过程中,动物死亡的时间以及试验到期时是否还有存活的动物;

——每窝仔鼠的体重和仔鼠的平均体重,以及试验后期单个仔鼠的重量;

——任何有关繁殖,子鼠及其生长发育的毒性和其他健康损害效应;

——观察到的各种异常症状的时间和持续过程;

——大体解剖检查的结果;

——详述病理组织学检查结果;

——统计处理的结果;

——结论。

## 8 试验结果的解释

本试验可反映动物在多次接触某一受试样品后所产生的生殖毒性。在分析结果时,应将其与亚慢性试验、致畸试验以及其他试验的结果相结合,进行综合分析。试验结果能提供无作用剂量水平和人体安全接触水平,但试验结果外推到人仍存在着一定的局限性。

ICS 13.300;11.100
A 80

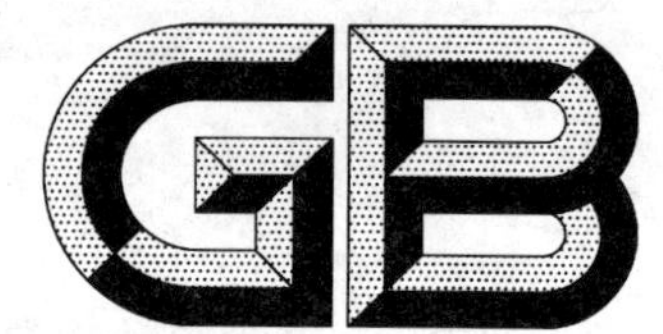

# 中华人民共和国国家标准

GB/T 21608—2008

# 化学品皮肤致敏试验方法

**Test method of skin sensitization for chemicals**

2008-04-01 发布 2008-09-01 实施

中华人民共和国国家质量监督检验检疫总局
中国国家标准化管理委员会 发布

# 前　　言

本标准修改采用联合国经济合作与发展组织(OECD)化学品测试方法 No.406《皮肤致敏试验》(1992.7)(英文版)。

本标准与 OECD 化学品测试方法 No.406 相比,存在以下差异:

——对 OECD 化学品测试方法 No.406 进行了编辑性修改;

——增加了前言部分;

——增加了试验方法可靠性的检查中所用的部分阳性物[见美国环境保护局(USEPA)的《健康影响试验指导 OPPTS 870.2600 皮肤致敏试验》(1998.8)]。

本标准由全国危险化学品管理标准化技术委员会(SAC/TC 251)提出并归口。

本标准负责起草单位:中国疾病预防控制中心职业卫生与中毒控制所。

本标准参加起草单位:天津市检验检疫科学技术研究院、贵阳医学院。

本标准主要起草人:孙金秀、李朝林、林铮、侯粉霞、吴维皑、刘海龙、张园、于智睿、李宁涛、洪峰、潘雪莉。

# 化学品皮肤致敏试验方法

## 1 范围

本标准规定了动物皮肤致敏试验的试验目的、术语定义和缩略语、试验基本原则、试验方法、试验报告和结果解释。

本标准适用于检测化学品对皮肤的变态反应性。

## 2 规范性引用文件

下列文件中的条款通过本标准的引用而成为本标准的条款。凡是注日期的引用文件，其随后所有的修改单(不包括勘误的内容)或修订版均不适用于本标准，然而，鼓励根据本标准达成协议的各方研究是否可使用这些文件的最新版本。凡是不注日期的引用文件，其最新版本适用于本标准。

GB 14925—2001 实验动物 环境及设施

美国环境保护局(USEPA)的《健康影响试验指导 OPPTS 870.2600 皮肤致敏试验》(1998.8)(英文版)

美国化学文摘登记号 CAS No. 94-09-07

美国化学文摘登记号 CAS No. 97-00-7

美国化学文摘登记号 CAS No. 101-86-0

美国化学文摘登记号 CAS No. 149-30-4

## 3 术语、定义和缩略语

3.1

**皮肤致敏反应/过敏性接触性皮炎 skin sensitization/allergic contact dermatitis**

皮肤对一种物质产生的免疫源性皮肤反应。对于人类这种反应可能以瘙痒、红斑、丘疹、水疱、融合水疱为特征。动物的反应不同，可能只见到皮肤红斑和水肿。

3.2

**诱导接触 induction exposure**

机体通过接触受试样品以达到诱导产生致敏状态目的的试验性暴露。

3.3

**诱导期 induction period**

机体通过接触受试样品而诱导出过敏状态所需的时间。

3.4

**激发接触 challenge exposure**

机体接受诱导接触后，再次接触受试样品的试验性接触，以确定皮肤是否会出现过敏反应。

3.5

**最大反应试验(GPMT) guinea pig maximisation test**

3.6

**完全福氏佐剂 (FCA) freunds complete adjuvant**

3.7

**十二烷基硫酸钠(SDS) sodium dodecyl sulfate**

## 4 试验目的

确定重复接触化学品对哺乳动物是否可引起皮肤变态反应及其程度。

## 5 试验基本原则

实验动物通过多次皮肤涂抹诱导剂量受试样品 10 d～14 d(诱导期)后，给予激发剂量的受试样品，观察实验动物，并与对照动物比较对激发接触受试样品的皮肤反应强度。

## 6 试验方法

### 6.1 实验动物和饲养环境

#### 6.1.1 动物种属

首选健康、成年的白化豚鼠，体重 250 g～300 g。如选择其他种属，试验者需提供选择的依据。

#### 6.1.2 动物饲养和环境

动物饲养环境应符合 GB 14925—2001 相应规定。动物自由饮食和饮水。需提供富含维生素 C 的食物。

#### 6.1.3 动物数量和性别

动物数量和性别依赖于选择的试验方法。两种性别均可用于局部封闭敷贴法(buehler test)和豚鼠 GPMT。雌性动物应该是未生育过和未怀孕的。局部封闭敷贴法要求试验组至少20 只豚鼠，对照组至少 10 只。GPMT 要求试验组至少 10 只豚鼠，对照组至少 5 只，如果试验结果难以确定受试样品的致敏性，应增加动物数，试验组至少 20 只，对照组至少 10 只。

### 6.2 试验方法可靠性的检查

使用已知的能引起轻度/中度致敏的阳性物每隔 6 个月做一次阳性对照。局部封闭敷贴法至少有 30％动物出现皮肤过敏反应；皮内注射法至少有 60％动物出现皮肤过敏反应。阳性物一般采用：

a) 己苯乙烯醛(hexylcinnamic aldehyde，CAS No. 101-86-0)；

b) 巯基苯并噻唑(2-mercaptobenzothiazole，CAS No. 149-30-4)；

c) 氨基苯甲酸乙酯(ethyl-4-aminobenzoate，CAS No. 94-09-7)；

d) 2,4-对-二硝基氯苯(2,4-dinitrochlorobenzene，CAS No. 97-00-7)；或

e) DER 331 环氧树脂(DER 331epoxy resin)。(引用 USEPA《健康影响试验指导 OPPTS 870.2600 皮肤致敏试验》(1998.8))。

### 6.3 剂量设计

试验剂量水平可以通过少量动物(2 只～3 只)的预试验获得。在受试物存在皮肤刺激性时，诱导剂量为能足以引起皮肤轻度刺激反应的剂量(最小刺激剂量)，激发剂量为不引起皮肤刺激反应的最大剂量(最大无刺激剂量)。

水溶性受试样品可用水或无刺激性表面活性剂作为赋形剂，其他受试样品可用 80％乙醇(诱导接触)或丙酮(激发接触)作赋形剂。

### 6.4 试验步骤

#### 6.4.1 局部封闭敷贴法(buehler test)

6.4.1.1 动物数

试验组至少 20 只，对照组至少 10 只。

6.4.1.2 剂量水平

用 2 只～3 只动物进行预试验，寻找能引起皮肤轻度刺激反应的最高浓度(剂量)。

在试验中设阴性对照组，在诱导接触时该组仅涂以溶剂作为对照；在激发接触时该组涂以受试样品。对照组动物必须与受试样品组动物为同一批。在实验室开展致敏反应试验初期、或使用新的动物种属或品系时，需同时设阳性对照组。

6.4.1.3 诱导接触

试验前 24 h 实验动物背部左侧去毛，去毛范围为 3 cm×3 cm。

于第 0 日、第 7 日、第 14 日分别将 0.4 mL 新配制的受试样品涂布在背部左侧 2 cm×2 cm 的区域，以二层纱布和一层玻璃纸覆盖，再以无刺激胶带封闭固定 6 h 后，移去敷贴物，清洗残留受试样品。

6.4.1.4 激发接触

末次诱导 14 d 后，即第 28 日，将 0.5 g(或 0.5 mL)受试样品敷贴于豚鼠右侧背部 2 cm×2 cm 的脱毛区(试验前 24 h 去毛)，然后用二层纱布和一层玻璃纸覆盖，再以无刺激胶带封闭固定 6 h 后，移去敷贴物，清洗方法同前。

6.4.1.5 结果观察与评价

在 24 h、48 h 后分别观察局部皮肤反应。用盲法观察对照组和试验组。按表 1 对局部皮肤反应评分。当受试样品组动物出现皮肤反应积分不小于 2 时，判为该动物出现皮肤致敏反应阳性，并计算致敏率，按表 2 判定受试样品的致敏强度。

6.4.1.6 如果结果可疑，该动物可以一周后重新激发，用最初的对照组或新的对照组进行比较。

表 1 皮肤致敏反应试验评分标准(1)

| 反　　应 | 评　　分 |
| --- | --- |
| 红斑和焦痂形成 | |
| 无反应 | 0 |
| 轻微的红斑(勉强可见) | 1 |
| 明显红斑(散在或小块红斑) | 2 |
| 中度-重度红斑 | 3 |
| 严重红斑(紫红色)至轻微焦痂形成 | 4 |
| 水肿形成 | |
| 无水肿 | 0 |
| 轻微水肿(勉强可见) | 1 |
| 中度水肿(皮肤隆起轮廓清楚) | 2 |
| 严重水肿(皮肤隆起约 1 cm 或以上) | 3 |
| 最高积分 | 7 |
| 注：皮肤致敏程度分级同表 2。 | |

表 2 皮肤致敏反应试验分级标准(2)

| 致敏率/% | 等级 | 致敏程度 |
| --- | --- | --- |
| 小于 9 | Ⅰ | 弱 |
| 9～ | Ⅱ | 轻度 |
| 29～ | Ⅲ | 中度 |
| 65～ | Ⅳ | 强 |
| 不小于 81 | Ⅴ | 极强 |
| 注：致敏率是反应评分为 1 或以上的动物数占该组动物总数的百分比，Ⅰ级致敏度没有意义，在实际使用下无致敏危险。 | | |

6.4.2 **豚鼠最大反应试验**

采用 FCA 皮内注射方法检测致敏的可能性。

6.4.2.1 动物数

试验组至少用 10 只，对照组至少 5 只。如果试验结果难以确定受试样品的致敏性，应增加动物数，试验组 20 只，对照组 10 只。

6.4.2.2 剂量水平

诱导接触受试样品浓度为能引起皮肤轻度刺激反应的最高浓度，激发接触受试样品浓度为不能引起皮肤刺激反应的最高浓度。试验浓度水平可以通过少量动物（2 只～3 只）的预试验获得。

6.4.2.3 试验步骤

6.4.2.3.1 诱导接触（第 0 日）

受试样品组：将颈背部去毛区（2 cm×4 cm）中线两侧划定三个对称点，每点皮内注射 0.1 mL 下述溶液。

第 1 点 1∶1（体积比）FCA/水或生理盐水的混合物；

第 2 点 耐受浓度的受试样品；

第 3 点 用 1∶1（体积比）FCA/水或生理盐水配制的受试物，浓度与第 2 点相同。

对照组：注射部位同受试样品

第 1 点 1∶1（体积比）FCA/水或生理盐水的混合物；

第 2 点 未稀释的赋形剂；

第 3 点 用 1∶1（体积比）FCA/水或生理盐水配制的浓度为 50%（质量分数）的赋形剂。

6.4.2.3.2 诱导接触（第 7 日）

将涂有 0.5 g（或 0.5 mL）受试样品的 2 cm×4 cm 滤纸敷贴在上述再次去毛的注射部位，然后用两层纱布，一层玻璃纸覆盖，无刺激胶布封闭固定 48 h。对无皮肤刺激作用的受试样品，可加强致敏，于第二次诱导接触前 24 h 在注射部位涂抹 10%SDS 0.5 mL。对照组仅用赋形剂作诱导处理。

6.4.2.3.3 激发接触（第 21 日）

将豚鼠躯干部去毛，用涂有 0.5 g（或 0.5 mL ）受试样品的 2 cm×2 cm 滤纸片敷贴在去毛区，然后再用两层纱布，一层玻璃纸覆盖，无刺激胶布封闭固定 24 h。对照组动物作同样处理。如激发接触所得结果不能确定，可在第一次激发接触一周后进行第二次激发接触。对照组作同步处理。

6.4.2.4 观察及结果评价

激发接触结束，除去涂有受试样品的滤纸后 24 h、48 h 和 72 h，观察皮肤反应，（如需要清除受试残留物可用水或选用不改变皮肤已有反应和不损伤皮肤的溶剂）按表 3 评分。当受试样品组动物皮肤反应积分不小于 1 时，应判为皮肤致敏反应阳性，按表 2 对受试样品进行致敏强度分级。

表 3 皮肤致敏反应试验评分标准（3）

| 反应 | 评分 |
|---|---|
| 无反应 | 0 |
| 散在或小块红斑 | 1 |
| 中度弥漫的红斑、轻度水肿 | 2 |
| 严重的红斑、水肿 | 3 |

## 7 试验报告

7.1 受试样品名称、理化性状、配制方法、所用浓度等。

7.2 体内试验需包括：实验动物的种属、品系和来源（注明合格证号和动物级别）、性别、体重范围和（或）周龄、喂养方式；实验动物饲养环境，包括饲料来源（对非标准饲料应注明饲料的配方）、室温、相对湿度，动物实验室和饲料的合格证号；剂量设计和动物分组方法，每组所用动物性别、数量及初始体重范围。

7.3 主要操作步骤。

7.4 各项检测指标的测定方法及主要检测仪器的名称和型号。

7.5 评分等级系统的简要描述。

7.6 诱导和激发使用的赋形剂，如果不是水和生理盐水，说明使用的理由。任何可能与受试样品反应、或增强、或妨碍吸收的原料均应报告。

7.7 诱导和激发使用受试样品的总量，每次使用的技术。

7.8 阳性试验信息，包括阳性对照物、试验方法和试验时间。

7.9 检测结果数据统计学处理方法以及各项参数的计算方法。

7.10 列表报告各项指标测定结果，并列出经计算所得的毒理学参数。

7.11 结论。

## 8 结果解释

试验结果应能得出受试样品的致敏能力和强度，这些结果只能在很有限的范围内外推到人类。

ICS 13.300;11.100
A 80

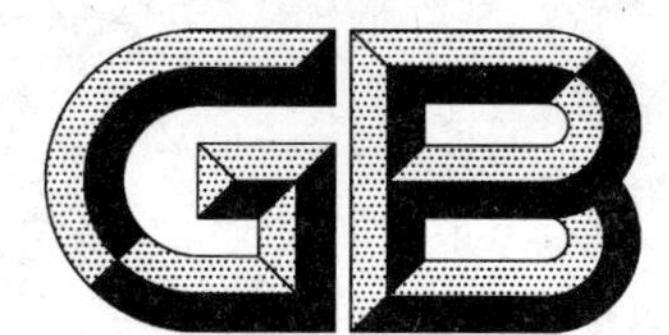

# 中华人民共和国国家标准

GB/T 21609—2008

# 化学品 急性眼刺激性/腐蚀性试验方法

## Chemicals—Test method of acute dermal irritation/corrosion

2008-04-01 发布　　　　2008-09-01 实施

中华人民共和国国家质量监督检验检疫总局
中国国家标准化管理委员会　发布

# 前　　言

本标准修改采用联合国经济合作与发展组织(OECD)化学品测试方法 No.405《急性眼刺激性/腐蚀性试验》(2002.4)(英文版)。

本标准与 OECD 化学品测试方法 No.405 相比,存在以下差异:

——对 OECD 化学品测试方法 No.405 进行了编辑性修改;

——增加了前言部分;

——增加了附录部分。

本标准的附录 A 为资料性附录。

本标准由全国危险化学品管理标准化技术委员会(SAC/TC 251)提出并归口。

本标准负责起草单位:天津市检验检疫科学技术研究院。

本标准参加起草单位:天津市检验检疫科学技术研究院、江南大学、中化化工标准化所、天津出入境检验检疫局、中国疾病预防控制中心职业卫生与中毒控制所。

本标准主要起草人:张园、王利兵、李学洋、赵琢、王晓兵、胥传来、李朝阳。

本标准为首次制定。

# 化学品　急性眼刺激性/腐蚀性试验方法

## 1　范围

本标准规定了动物对化学品眼刺激/眼损伤试验的术语和定义、试验方法、试验结果。

本标准适用于对化学品进行急性眼刺激性/腐蚀性作用的测定。

## 2　规范性引用文件

下列文件中的条款通过本标准的引用而成为本标准的条款。凡是注日期的引用文件，其随后所有的修改单(不包括勘误的内容)或修订版均不适用于本标准，然而，鼓励根据本标准达成协议的各方研究是否可使用这些文件的最新版本。凡是不注日期的引用文件，其最新版本适用于本标准。

GB 14924.4　实验动物　兔配合饲料

GB 14925　实验动物　环境及设施

## 3　术语和定义

3.1

**眼睛刺激性　eye irritation**

眼球表面接触受试物后产生的眼睛可逆性炎性变化。

3.2

**眼睛腐蚀性　eye corrosion**

眼球表面接触受试物后产生的眼睛不可逆性组织损伤。

## 4　试验方法

### 4.1　试验动物

#### 4.1.1　动物的品系

首选健康成年的白色家兔。

#### 4.1.2　性别和数量

选用雄性和/或雌性动物，至少使用 4 只，如某些可疑反应，则需增加试验动物的数量。

#### 4.1.3　饲养条件

饲养条件应符合 GB 14924.4、GB 14925 的要求。试验动物应单笼饲养。试验动物房的室温，家兔为 20℃±3℃，相对湿度为 30%～70%。采用人工光源时，应保持光照 12 h，黑暗 12 h。选用常规的试验室饲料，饮水要充足、不受限制。

#### 4.1.4　动物的准备

试验动物应在饲养条件下检疫和适应环境至少 5 d。试验开始前 24 h 内，借助于辅助光源对每一只试验动物的双眼进行肉眼检查，然后再进一步作荧光素检查。将 1 滴 2%荧光素钠生理盐水溶液滴入眼结合膜囊内，15 s 后用温生理盐水轻轻淋冲眼睛，在 365 nm 紫外线光源下检查，如果膜表面有荧光素滞留，表示该部位角膜上皮脱落或溃疡。凡有眼睛刺激症状、眼缺陷和角膜损伤的动物均不能用于试验。

### 4.2　受试物

4.2.1　如果受试物为液体，一般不稀释。可直接使用原液染毒。装于手压泵式容器中的液态受试物，应先将它挤压入另一容器中，然后按液体同样的方法染毒。不应用喷雾的方式染毒。

4.2.2 如果受试物为固体、颗粒或粉末,在染毒前应将其粉碎、研细。轻叩容器,测定经轻轻压缩后细粉的容积并称量,计算相当于0.1 mL容积的质量。

4.2.3 装于加压容器中的液体气溶胶态的受试物,可采用喷雾的方法染毒,也可收集喷出的液体,然后再按液体同样的方法染毒。

4.2.4 如果受试物为强酸或强碱,pH值≤2或pH值≥11.5,或已被证实对皮肤有腐蚀性或严重刺激性时,可以不再进行眼刺激性试验。如果根据体外试验的结果确能预知具有腐蚀性或严重刺激性的物质,也无需再进行眼刺激性试验。

### 4.3 染毒步骤

4.3.1 使动物的头左倾,让受试的右眼侧向斜上方,轻轻提起双睑,将受试物直接滴(涂或放)于角膜上。液态受试物的剂量为0.1 mL,固态受试物的剂量相当于0.1 mL的质量,但不超过100 mg。染毒后松开双睑,任其自然开或闭。染毒时应尽量避免瞬间遮盖角膜。染后24 h内不冲洗眼睛。若认为必要,可在24 h后进行冲洗。不作处理的左眼为自身对照。

4.3.2 装于加压容器中的液体气溶胶态的受试物,可采用喷雾的方法染毒,轻轻扒开双睑,从眼睛的正前方10 cm处向眼睛一次喷雾1s,应注意别损伤眼睛。喷雾染毒的剂量可通过模拟的方法估测:在塑料膜的中央建议与受试动物眼裂一样大小的窗孔,塑料膜后紧贴一层滤纸,用同样的方法向窗孔喷雾,接受喷雾前后滤纸的质量差即约相当于喷入眼睛的染毒量。对于挥发性受试物的染毒剂量,可采用喷雾前后压力容器的失重来估测。

4.3.3 局部麻醉。如果受试物可引起剧烈的疼痛,染毒前可给以眼部局部麻醉。为保证局麻对受试物的作用没有明显影响,应谨慎选择局麻药的种类、浓度和剂量。同时,对照眼同样也应给以局麻。

4.3.4 如果本试验结果显示有中度或中度以上眼刺激性,应考虑另选6只动物进行冲洗眼睛的效果试验。分别各选3只动物,于眼染毒后4 s及30 s用足量、流速较快但又不会引起眼部损伤的生理盐水水流冲洗30s,对照眼也应用同样方法冲洗。

4.3.5 如果预知受试物对眼睛可能会产生严重的刺激或腐蚀作用,可以考虑先用一只动物进行试验。若试验结果表明受试物的确对眼睛有严重的刺激或腐蚀作用,则无需再用更多的动物进行试验。

## 5 试验结果

### 5.1 临床观察

5.1.1 于染毒后1 h、24 h、48 h、72 h和第4天、第7天对眼睛进行检查。如果染毒后72 h仍未观察到染毒眼有刺激征象,可以结束试验。

5.1.2 可借助放大镜、双目放大镜、手持裂隙灯、或组织显微镜或其他使用的器材对眼睛进行观察。在染毒后第24 h观察和记录结束后,对所有动物的眼睛应用荧光素作进一步检查,如角膜表面有荧光素滞留,则该眼睛在以后的每一观察时点都应做荧光素检查,直到阴性为止。

5.1.3 每次检查时均应按附录A表A.1眼睛损伤评分标准对每一动物的角膜、虹膜、结合膜损伤分别进行评分,并计算它们的加权积分。除此以外,对观察到的任何损伤和其他毒作用都应详尽描述和记录(见附录A表A.3~表A.6)。

5.1.4 对观察期限不作硬性规定,但应满足评价所观察到的眼睛反应是否可恢复,一般不超过21 d。

### 5.2 数据与报告

#### 5.2.1 结果处理

对每一个试验动物,按规定的观察时点将角膜、虹膜、结合膜损伤的加权积分相加,获得每只动物眼睛损伤的加权总积分,其理论最高分为110分。再进一步计算每一观察时点受试动物总数的眼损伤加权总积分值。

#### 5.2.2 结果评价

根据染毒前4 d最高加权总积分均值、刺激反应持续时间及其分值,按附录A表A.1~表A.2眼睛刺激性分级及其评价标准判定受试物对眼刺激或腐蚀作用的有无及强度。除此之外，有时还应结合观察到的眼睛其他损伤、病理组织学改变、可恢复性等对受试物的眼睛刺激性或腐蚀性进行综合评价。

### 5.2.3 试验结果的解释

将动物眼睛刺激性、腐蚀性试验的结果外推到人仅具有限的可靠性。受试动物的品、系、受试前眼睛的状态、实验条件、实验动物的饲养环境等因素，都可影响结果的准确性和可信度。受试动物的数量毕竟有限。白色家兔的眼睛在大多数情况下对有刺激性或腐蚀性的物质较人类敏感。若用其他品、系动物进行试验也得到类似结果，则会增加从动物外推到人的可能性。在解释试验结果时应注意排除因继发感染引起的刺激作用。

### 5.3 结果报告

试验报告应包括以下内容：

——受试物及介质的名称、化学结构式、理化性状、pH 值、配制方法、浓度和用量；

——试验动物的品、系、性别、年龄、来源(注明动物合格证号和动物级别)、数量、试验开始和结束时的体重；

——试验动物的饲养环境，包括饲料来源、动物房的温度、相对湿度、单笼饲养或群饲、实验动物房的合格证号；

——试验条件，包括试验前眼睛的预检、染毒方法、染毒剂量等，如进行了眼局部麻醉，则应给出局麻药的名称、浓度、用法和用量；如进行了冲洗，则应给出冲洗用水及其容量、流速和冲洗时间；

——描述检查眼睛的方法；

——试验结果，按不冲洗、染毒后 4 s 冲洗和 30 s 冲洗分别描述，内容应包括各观察时点每只动物的角膜、虹膜、结合膜损伤的评分、加权积分、眼损伤的加权总积分、受试动物总数的加权总积分均值、对眼刺激性强度的分级、对眼睛的其他损伤、眼睛反应或损伤的可恢复性、眼部以外的其他毒作用；

——结果的评价。

# 附 录 A
# (资料性附录)
# 眼部损伤评价标准

## A.1 眼部损伤的评分标准(见表A.1)

表 A.1

| 部位及损伤情况 | 评分 |
|---|---|
| 角膜 | |
| (O) 角膜浑浊——不透明程度(以最致密的部位为准) | |
| 无溃疡或浑浊 | 0 |
| 散在或弥漫性浑浊(与正常的光泽轻度暗晦不同)虹膜的细微结构清晰可辨 | 1 |
| 半透明的浑浊区容易分辨,虹膜结构轻度模糊 | 2 |
| 乳白色浑浊区,虹膜细微结构看不清,瞳孔大小勉强可辨 | 3 |
| 角膜不透明,通过浑浊的角膜看不到虹膜 | 4 |
| (A) 受损的角膜面积(出现任何程度浑浊的总面积) | |
| 无溃疡或浑浊 | 0 |
| >0,≤1/4 | 1 |
| >1/4,<1/2 | 2 |
| >1/2,<3/4 | 3 |
| >3/4,－1 | 4 |
| 角膜损伤加权积分=O×A×5,理论最高值=80 | |
| 虹膜 | |
| (I) 虹膜损伤 | |
| 正常 | 0 |
| 皱褶明显加深(折痕超过正常)、充血、肿胀、角膜周围中度充血,出现其中一项或全部,或其中任何两项的联合,虹膜仍有对光反应(反应迟钝) | 1 |
| 对光反应消失、出血、肉眼可见的明显破坏(出现其中一项或全部) | 2 |
| 虹膜损伤加权积分=I×5,理论最高值=10 | |
| 结合膜 | |
| (R) 结合膜充血(指睑结合膜和球结合膜,不包括角膜和虹膜) | |
| 血管正常 | 0 |
| 有些血管血液灌注充盈明显超过正常,呈鲜红色 | 1 |
| 弥散性充血,呈深红色,个别血管模糊难以辨认 | 2 |
| 弥散性充血,呈紫红色 | 3 |
| (S) 结膜水肿(包括眼睑和瞬膜) | |
| 无水肿 | 0 |
| 轻度水肿(包括瞬膜,轻度水肿) | 1 |
| 明显水肿包括部分睑外翻 | 2 |
| 水肿,眼睑近半闭合 | 3 |
| 水肿,眼睑半闭合到全闭合 | 4 |
| (D) 结合膜分泌物 | |
| 无分泌物 | 0 |
| 超过正常的少量分泌物(不包括正常动物内眦部位可见的少量分泌物) | 1 |
| 分泌物增多,伴有眼睑和睫毛潮湿 | 2 |
| 分泌物增多,伴有眼睑、睫毛和眼周围相当大面积潮湿 | 3 |
| 结合膜损伤加权积分=(R+S+D)×2,理论最高值=20 | |
| 眼损伤加权总积分=角膜、虹膜和结合膜加权积分之和,理论最高分=110 | |

## A.2 眼刺激性分级及其评价标准(见表 A.2)

**表 A.2**

| 染毒前 4 d 最高加权总积分均值 | 刺激反应持续时间及其分值 | | | 眼刺激性及其分级 | |
|---|---|---|---|---|---|
| | 时间 | 加权总积分均值 | 动物个体的加权总积分 | | |
| 0.00～2.49 | 第 24 小时 | =0 | | 无刺激性 | 1 |
| | | >0 | | 实际无刺激性 | 2 |
| 2.50～14.99 | 第 48 小时 | =0 | | 轻微刺激性 | 3 |
| | | >0 | | 轻度刺激性 | 4 |
| 15.00～24.99 | 第 72 小时 | =0 | | 轻度刺激性 | 4 |
| | | >0 | | 中度刺激性 | 5 |
| 25.00～49.99 | 第 7 天 | ≤20 | (1) 半数以上动物≤10<br>(2) 半数以上动物>10，但无一动物>30 | 中度刺激性 | 5 |
| | | ≤20 | 半数以上动物>10，且有任一动物>30 | 重度刺激性 | 6 |
| | | >20 | | 重度刺激性 | 6 |
| 50.00～79.99 | 第 7 天 | ≤40 | (1) 半数以上动物≤30<br>(2) 半数以上动物>30，但无一动物>60 | 重度刺激性 | 5 |
| | | ≤40 | 半数以上动物>30，且有任一动物>60 | 很重度刺激性 | 6 |
| | | >40 | | 很重度刺激性 | 7 |
| 80.00～99.99 | 第 7 天 | ≤80 | (1) 半数以上动物≤60<br>(2) 半数以上动物>60，但无一动物>100 | 很重度刺激性 | 7 |
| | | ≤80 | 半数以上动物>60，且有任一动物>100 | 极重度刺激性 | 8 |
| | | >80 | | 极重度刺激性 | 8 |
| 100.00～110.00 | 第 7 天 | ≤80 | 半数以上动物≤60 | 很重度刺激性 | 7 |
| | | ≤80 | 半数以上动物>60 | 极重度刺激性 | 8 |
| | | >80 | | 极重度刺激性 | 8 |

## A.3 角膜新生血管形成(见表 A.3)

**表 A.3**

| 检查所见 | 符号 | 定 义 |
|---|---|---|
| 新生血管形成——很轻微 | VAS-1 | 血管形成的角膜组织总面积<10%角膜表面 |
| 新生血管形成——轻度 | VAS-2 | 血管形成的角膜组织总面积>10%，<25%角膜表面 |
| 新生血管形成——中度 | VAS-3 | 血管形成的角膜组织总面积>25%，<50%角膜表面 |
| 新生血管形成——重度 | VAS-4 | 血管形成的角膜组织总面积>50%角膜表面 |

## A.4 眼睛继发性损伤所见(见表 A.4)

表 A.4

| 检查所见 | 符号 | 定义 |
|---|---|---|
| 角膜上皮 | SCE | 角膜表面角膜上皮组织剥脱 |
| 角膜膨胀 | CB | 整个角膜表面向外膨出 |
| 角膜正常的光泽轻度暗晦 | SDL | 角膜正常的闪亮表面变得轻度暗晦 |
| 角膜表面区域性凸出 | RAC | 角膜表面某区域相对于角膜的其他部位凸起,该区域通常伴有新生血管形成,呈现灰白色或黄色 |
| 角膜水肿 | CE | 角膜肿胀 |
| 眼内残留受试物 | TAE | 眼内或结合膜囊内或内眦部位有残留的受试物 |
| 裂隙灯观察验证 | OCS | 进行裂隙灯检查,验证初步所见 |
| 角膜矿化 | CM | 观察到角膜组织内有白色或灰白色小的结晶物 |

## A.5 角膜的荧光素检查(见表 A.5)

表 A.5

| 检查所见 | 符号 |
|---|---|
| 荧光素滞留伴有机械擦伤 | MI |
| 荧光素滞留伴有点状刻蚀 | ST |
| 荧光素滞留伴有角膜鳞片状脱屑 | DES |
| 荧光素滞留伴有角膜浑浊区 | FAO |
| 荧光素滞留,无其他任何所见 | FNF |
| 未观察到有荧光素滞留 | (—) |

## A.6 染毒后的临床表现(见表 A.6)

表 A.6

| 检查所见 | 符号 |
|---|---|
| 染毒后动物尖叫 | VOC |
| 染毒后动物拼命乱抓受试眼睛 | PAW |
| 染毒后动物出现异常活跃 | HYP |
| 染毒后动物出现头极度侧倾 | HT |
| 染毒后动物出现受试眼斜视 | SQ |
| 注:任何其他所见都应记入原始记录和最终报告中。 | |

ICS 13.300;11.100
A 80

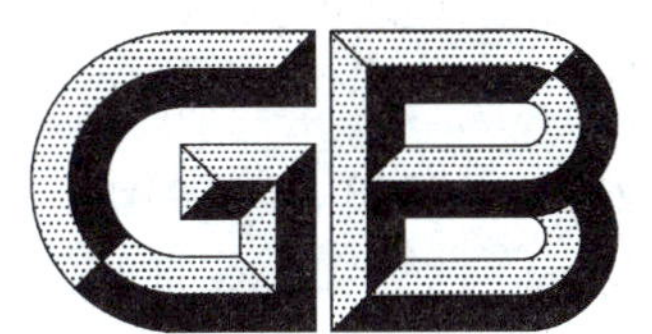

# 中华人民共和国国家标准

GB/T 21610—2008

# 化学品啮齿类动物显性致死试验方法

Test method of rodent dominant lethal for chemicals



2008-04-01 发布 2008-09-01 实施

中华人民共和国国家质量监督检验检疫总局
中国国家标准化管理委员会 发布

# 前言

本标准修改采用联合国经济合作与发展组织(OECD)化学品测试方法 No. 478《啮齿类动物显性致死试验》(1997)(英文版)。

本标准与 OECD 化学品测试方法 No. 478 相比,存在以下差异:

——对 OECD 化学品测试方法 No. 478 进行了编辑性修改;

——增加了前言部分;

——饲养环境采用 GB 14924—2001 和 GB 14925—2001 规定的内容。

本标准由全国危险化学品管理标准化技术委员会(SAC/TC 251)提出并归口。

本标准负责起草单位:中国疾病预防控制中心职业卫生与中毒控制所。

本标准参加起草单位:天津市检验检疫科学技术研究院、湖南省劳动卫生职业病防治所。

本标准主要起草人:吴维皑、李朝林、许建宁、林铮、孙金秀、史晓祎、张园、于智睿、李宁涛、陆丹。

# 化学品啮齿类动物显性致死试验方法

## 1 范围

本标准规定了啮齿类动物显性致死试验的试验目的、术语和定义、试验基本原则、试验程序、结果评价、试验报告和结果解释。

本标准适用于检测化学品对整体啮齿类动物生殖细胞染色体的损伤。

## 2 规范性引用文件

下列文件中的条款通过本标准的引用而成为本标准的条款。凡是注日期的引用文件，其随后所有的修改单(不包括勘误的内容)或修订版均不适用于本标准，然而，鼓励根据本标准达成协议的各方研究是否可使用这些文件的最新版本。凡是不注日期的引用文件，其最新版本适用于本标准。

GB 14924—2001 实验动物与饲料标准

GB 14925—2001 实验动物 环境及设施

美国化学文摘登记号 CAS No.50-18-0

美国化学文摘登记号 CAS No.51-18-3

美国化学文摘登记号 CAS No.62-50-0

美国化学文摘登记号 CAS No.6055-19-2

## 3 术语和定义

3.1

**显性致死(DL) dominant lethal**

指引起胚胎或胎儿死亡。当接触某一化学物产生的这种作用表明受试样品作用于实验动物的生殖组织，一般认为是引起生殖细胞染色体结构和数量改变的结果。不排除基因突变和毒性作用。

3.2

**显性致死突变 dominant lethal mutation**

指发育中的精子或卵子在物理或化学因素作用下，发生了染色体损伤，从而使受精卵在发育中造成死亡。并不引起受精障碍，但引起受精卵的死亡。

## 4 试验目的

本试验是一项生殖细胞致突变试验，用来检测整体啮齿类动物生殖细胞染色体畸变，进一步确证体外试验，或其他试验系统获得的阳性结果，以评价受试样品能否到达性腺组织产生遗传危害。

## 5 试验基本原理

通过适当的途径使雄性动物接触受试样品，然后与未经染毒且未交配过的雌性动物交配，交配结束后，取出雌性动物。雌性动物于妊娠后半期处死，剖开腹腔，取出子宫，检查两侧子宫内的植入数(着床数)、早死胎数、晚死胎数和活胎数。雄性动物则于一定间隔时间后再与另一批未经染毒且未交配过的雌性动物交配，如此共进行数批，以保证覆盖一个精子周期(6周～9周)。

## 6 试验程序

### 6.1 受试样品处理

受试样品应新鲜配制。除非有资料表明此溶液(或乳浊液、悬浊液等)保存具有稳定性。固体受试样品应溶于或悬浮于适当的溶剂或载体中，并进行稀释。液体受试样品可直接使用或稀释后使用。根据受试样品的理化性质(水溶性/脂溶性)确定受试样品所用的溶剂或载体。但所用溶剂或载体在使用剂量水平对实验动物应不产生毒作用，且不与受试样品发生任何化学反应。通常用蒸馏水、等渗盐水、植物油、食用淀粉、羧甲基纤维素钠等。如非常用溶剂或载体，应有参考资料说明其成分。

**6.2 对照**

6.2.1 每次试验都应设置相应的阳性对照和阴性对照(溶剂或载体)，阴性对照除不使用受试样品外，其他处理与受试样品组一致。

6.2.2 若一年之内已从试验中获得了有效的阳性对照结果，则在同一实验室进行本试验时可不设阳性对照组。

6.2.3 应该使用已被证明在较低剂量水平即对显性致死敏感的阳性对照物，常用的阳性对照物有：

a) 环磷酰胺(cyclophosphamide，CAS No. 50-18-0)，40 mg/kg(体重) 腹腔注射；

b) 单水环磷酰胺(cyclophosphamide monohydrate，CAS No. 6055-19-2)，50 mg/kg(体重)～100 mg/kg(体重) 腹腔注射；

c) 三亚乙基嘧胺(triethylenemelamine，CAS No. 51-18-3)，0.3 mg/kg(体重) 腹腔注射；

d) 甲磺酸乙酯(ethyl methanesulphonate，CAS No. 62-50-0)，400 mg/kg(体重)一次或 100 mg/kg(体重) 5次腹腔注射。

6.2.4 阴性对照由溶剂或载体组成。当所使用的溶剂没有文献资料或历史性资料证明其无有害作用或无致突变性作用时，还应设未处理对照组。

**6.3 实验动物和饲养环境**

**6.3.1 实验动物**

应选用低背景的显性致死率、高妊娠率和高植入数、健康、性成熟的动物品系，大鼠和小鼠是本试验的常规使用动物。经生殖能力预试，受孕率应在70%以上。小鼠体重 30 g 以上或大鼠体重 200 g 以上，动物平均体重差异按性别不能超过±20%。雌鼠应为未交配过鼠，且为雄鼠的 12～18 倍量。动物应随机分组，每个处理组和对照组雄鼠一般不少于 15 只，要求每组每周至少有 30 只受孕雌鼠。动物购回后应适应实验室新环境不少于 3 d。

**6.3.2 饲养环境**

动物实验室、实验动物和动物饲料应符合 GB 14924—2001 和 GB 14925—2001 的规定。

**6.4 剂量设计**

6.4.1 受试样品至少设三个剂量组，应先进行预试验以确定最高剂量。最高剂量应能使实验动物出现毒性症状或繁殖能力轻微降低，染毒剂量可选择在 $1/10LD_{50}$～$1/3LD_{50}$ 之间。中间剂量应引起较轻的可观察到的毒性效应，低剂量应不出现任何毒效应。剂量组的剂量间距以 2～4 倍为宜。对照组除不接触受试样品外，其他条件应与染毒组完全相同。必要时可设赋形剂对照组，以研究赋形剂的影响。对照组中赋形剂的浓度可采用高浓度组的赋形剂用量。如染毒后出现严重的中毒症状，则应降低受试样品的剂量，即使高剂量组由于浓度的降低导致了其他毒性反应明显下降或消失，也应如此。

6.4.2 受试样品毒性较低时，最高剂量一次染毒为 5 g/kg(体重)，最高剂量多次染毒为 1 g/(kg·d)。

**6.5 试验步骤**

**6.5.1 染毒方式与途径**

6.5.1.1 雄鼠预先接触受试样品，再进行交配。雌鼠不接触受试样品。

6.5.1.2 根据试验目的或受试样品的性质选择染毒途径，通常采取经口灌胃或腹腔注射的途径。

6.5.1.3 受试样品溶液一次给予的最大容量，大鼠不应超过 2 mL/100 g(体重)，小鼠不应超过 0.8 mL/20 g(体重)。

6.5.1.4 一般情况下染毒一次或每天一次，连续 5 d。

6.5.2 **交配方式**

雄鼠接触受试样品后的当天(染毒一次)或最后一次接触受试样品后的当天(多次染毒),按 1∶1 或 2∶1 的雌雄鼠比例同笼交配,于 5 d 后取出雌鼠另行饲养。雄鼠则于 2 d 后再与同样数量的另一批为交配的雌鼠同笼交配,如此共进行 6～9 批。

6.5.3 **临床观察**

主要观察并记录亲代动物的毒性反应。

6.5.4 **胚胎检查**

以雌雄鼠同笼日算起第 15 日～第 17 日,采用颈椎脱臼法处死雌鼠,立即剖腹取出子宫,仔细检查、计数,分别记录每一雌鼠的植入数、活胎数、早期死亡胚胎数和晚期死亡胚胎数。

6.5.5 **胚胎鉴别**

6.5.5.1 活胎:完整成形、色鲜红,有自然运动,机械刺激后有运动反应。

6.5.5.2 早期死亡胚胎:胚胎形体较小,外形不完整,胎盘较小或不明显。最早期死亡胚胎会在子宫内膜上隆起如一小瘤。如已完全被吸收,仅在子宫内膜上留一隆起暗褐色点状物。

6.5.5.3 晚期死亡胚胎:成形、色泽暗淡,无自然运动,机械刺激后无运动反应。

6.6 **结果处理与评价**

6.6.1 应以表格的形式列出雄鼠数、孕鼠数和未受孕雌鼠数。应分别记录每次每对雌雄鼠交配的情况。对每只雌鼠而言,还应详细记录其交配周次、与之交配的雄鼠接触受试样品的剂量以及活胎率和死胎率情况。

6.6.2 以受试样品组的雄鼠为单位,按式(1)～式(6)分别计算每周的下列各项指标。

$$平均受孕率 = \frac{每组孕鼠数}{每组同笼雌鼠总数} \times 100\% \qquad \cdots\cdots(1)$$

$$总着床数 = 活胎数 + 早期胚胎死亡数 + 晚期胚胎死亡数 \qquad \cdots\cdots(2)$$

$$平均着床数 = \frac{每组总着床数}{每组受孕雌鼠数} \qquad \cdots\cdots(3)$$

$$早期胚胎死亡率(\%) = \frac{每组早期胚胎死亡数}{每组总着床数} \times 100 \qquad \cdots\cdots(4)$$

$$晚期胚胎死亡率(\%) = \frac{每组晚期胚胎死亡数}{每组总着床数} \times 100 \qquad \cdots\cdots(5)$$

$$平均早期胚胎死亡数 = \frac{每组早期胚胎死亡数}{每组受孕雌鼠数} \qquad \cdots\cdots(6)$$

按受试样品组与对照组动物的上述指标分别用 $t$ 检验、负二项分布、$X^2$ 检验、单因素方差分析或秩和检验法进行统计学分析。

6.6.3 结果的评价与判定

受试样品组受孕率或着床数明显低于阴性对照组;早期或晚期胚胎死亡率明显高于阴性对照组,并有明显的剂量-反应关系和统计学意义时,即可确认为阳性结果。若统计学上差异有显著性,但无剂量-反应关系,则须进行重复试验,结果能重复者可确定为阳性。显性致死阳性结果表明在试验条件下受试样品对所用动物的生殖细胞的具有遗传毒性。

## 7 试验报告

7.1 受试样品名称、理化性状、配制方法、所用浓度等。

7.2 实验动物的种属、品系和来源(注明合格证号和动物级别)、性别、体重范围和(或)周龄、喂养方式;实验动物饲养环境,包括饲料来源(对非标准饲料应注明饲料的配方)、室温、相对湿度,动物实验室和饲料的合格证号;剂量设计和动物分组方法,每组所用动物性别、数量及初始体重范围。

7.3 各项检测指标的测定方法及主要检测仪器的名称和型号。

7.4 剂量分组及选择剂量的基本原则，阳性和阴性对照资料（包括当前和历史的资料）、染毒途径和方式。

7.5 主要操作步骤。

7.6 检测结果数据统计学处理方法以及各项参数的计算方法。

7.7 结果：中毒症状、每周每组总着床数、平均着床数、平均受孕率、早期胚胎死亡率、晚期胚胎死亡率和平均早期胚胎死亡数，剂量-反应关系、阴性对照的参考资料及历史资料、阳性对照的参考资料等。列表报告各项指标测定结果，并列出经计算所得的毒理学参数。

7.8 结论。

## 8 结果解释

阳性结果表明受试样品对受试动物的生殖细胞具有遗传毒性。

阴性结果表明在本试验条件下受试样品对受试动物生殖细胞无遗传毒性。

ICS 13.300
A 80

# 中华人民共和国国家标准

GB/T 21611—2008

# 危险品　易燃固体自燃试验方法

Dangerous goods—Test method of spontaneous combustion for flammable solids

2008-04-01 发布　　2008-09-01 实施

中华人民共和国国家质量监督检验检疫总局
中国国家标准化管理委员会　发布

# 前　言

本标准对应于联合国《关于危险货物运输的建议书　规章范本》和联合国《关于危险货物运输的建议书　试验和标准手册》，与其一致性程度为非等效。其有关技术内容与上述手册完全一致，在标准文本格式上按 GB/T 1.1—2000 做了编辑性修改。

本标准由全国危险化学品管理标准化技术委员会(SAC/TC 251)提出并归口。

本标准负责起草单位：天津市检验检疫科学技术研究院。

本标准参加起草单位：江南大学、中化化工标准化研究所、天津出入境检验检疫局。

本标准主要起草人：王利兵、赵青、赵黎华、吕刚、王晓兵、胥传来。

本标准为首次发布。

# 危险品　易燃固体自燃试验方法

## 1　范围

本标准规定了危险品易燃固体自燃试验的设备、试验步骤和试验报告。

本标准适用于对危险品易燃固体进行自燃试验测定。

## 2　规范性引用文件

下列文件中的条款通过本标准的引用而成为本标准的条款。凡是注日期的引用文件，其随后所有的修改单（不包括勘误的内容）或修订版均不适用于本标准，然而，鼓励根据本标准达成协议的各方研究是否可使用这些文件的最新版本。凡是不注日期的引用文件，其最新版本适用于本标准。

联合国《关于危险货物运输的建议书　规章范本》

联合国《关于危险货物运输的建议书　试验和标准手册》

## 3　术语和定义

联合国《关于危险货物运输的建议书　规章范本》、联合国《关于危险货物运输的建议书　试验和标准手册》确立的以及下列术语和定义适用于本标准。

3.1

**易燃固体　flammable solids**

易燃固体是易于燃烧的固体和摩擦可能起火的固体。

## 4　试验设备

5 mL 量筒、1 m 卷尺、计时器。

## 5　试验步骤

将 1 mL 到 2 mL 的所要试验的粉状物质从约 1 m 高处往不燃烧的表面倒下，并观察该物质是否在跌落时或在落下后 5 min 内燃烧。

如果试样在一次试验中燃烧，则物质具有自燃性，并划为 4.2 项 I 类包装。

## 6　试验报告

——试验样品名称、数量、规格；

——生产企业名称；

——试验设备；

——试验样品的燃烧现象；

——试验结果的记录，以及在试验中观察到的任何有助于解释试验结果的现象；

——试验日期、试验人签字、试验单位盖章。

危险品易燃固体自燃试验结果实例见表 1。

表 1　结果实例

| 物　　质 | 到达燃烧的时间/s | 结　　果 |
| --- | --- | --- |
| 亚乙基双(二硫代氨基甲酸)锰与锌盐的络合物,88%(代森锰锌) | 5 min 内没有燃烧 | 非 4.2 项Ⅰ类包装 |
| 亚乙基双(二硫代氨基甲酸)锰与锌盐的络合物,80%(代森锰锌) | 5 min 内没有燃烧 | 非 4.2 项Ⅰ类包装 |
| 亚乙基双(二硫代氨基甲酸)锰与锌盐的络合物,75%(代森锰锌) | 5 min 内没有燃烧 | 非 4.2 项Ⅰ类包装 |

ICS 13.300
A 80

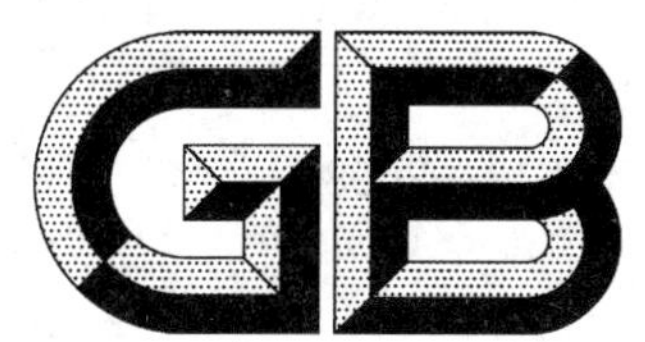

# 中华人民共和国国家标准

GB/T 21612—2008

# 危险品 易燃固体自热试验方法

## Dangerous goods—Test method of self heating for flammable solids

2008-04-01 发布 2008-09-01 实施

中华人民共和国国家质量监督检验检疫总局
中国国家标准化管理委员会 发布

# 前　言

本标准对应于联合国《关于危险货物运输的建议书　规章范本》和联合国《关于危险货物运输的建议书　试验和标准手册》，与其一致性程度为非等效。其有关技术内容与上述手册完全一致，在标准文本格式上按 GB/T 1.1—2000 做了编辑性修改。

本标准由全国危险化学品管理标准化技术委员会(SAC/TC 251)提出并归口。

本标准负责起草单位：天津市检验检疫科学技术研究院。

本标准参加起草单位：江南大学、中化化工标准化研究所、天津出入境检验检疫局。

本标准主要起草人：王利兵、李宁涛、赵青、李学洋、王晓兵、周磊。

本标准为首次发布。

# 危险品　易燃固体自热试验方法

## 1　范围

本标准规定了危险品易燃固体自热试验的设备、试验步骤和试验报告。

本标准适用于对危险品易燃固体进行自热试验测定。

## 2　规范性引用文件

下列文件中的条款通过本标准的引用而成为本标准的条款。凡是注日期的引用文件，其随后所有的修改单(不包括勘误的内容)或修订版均不适用于本标准，然而，鼓励根据本标准达成协议的各方研究是否可使用这些文件的最新版本。凡是不注日期的引用文件，其最新版本适用于本标准。

联合国《关于危险货物运输的建议书　规章范本》

联合国《关于危险货物运输的建议书　试验和标准手册》

## 3　术语和定义

联合国《关于危险货物运输的建议书　规章范本》、联合国《关于危险货物运输的建议书　试验和标准手册》确立的以及下列术语和定义适用于本标准。

3.1

**易燃固体　flammable solids**

易燃固体是易于燃烧的固体或摩擦可能起火的固体。

## 4　试验设备

4.1　热空气循环式烘箱，其内容积大于 9 L，控温精度 100℃±2℃、120℃±2℃、140℃±2℃。

4.2　边长 25 mm 和 100 mm 的立方形试样容器，用不锈钢制造，网孔边长为 0.05 mm，容器上部敞开。

4.3　2 个直径 0.3 mm 的铬铝热电偶。

## 5　试验步骤

5.1　将待测物质的粉状或颗粒状试样装进试样容器，装满至边，并将容器轻拍若干次。如试样下沉，继续添加样品，试样堆高后，齐边削平，将容器用罩罩住，挂在烘箱中心。

5.2　两个热电偶分别测量烘箱、试验中心温度。

5.3　取边长为 100 mm 的立方体试样在 140℃条件下进行试验并保持 24 h，连续记录试样温度和烘箱温度。

5.4　取边长为 25 mm 的立方体试样在 140℃条件下进行试验并保持 24 h，连续记录试样温度和烘箱温度。

5.5　物质将要在体积大于 0.45 $m^3$，小于 3 $m^3$ 的容器中运输，取边长为 100 mm 的立方体 120℃条件下进行试验并保持 24 h，连续记录试样温度和烘箱温度。

5.6　物质将要在体积小于 0.45 $m^3$，取边长为 100 mm 的立方体 100℃条件下进行试验并保持 24 h，连续记录试样温度和烘箱温度。

## 6　试验结果描述

6.1　如果在 24 h 试验时间内发生自热或者试样温度比烘箱温度高出 60℃，则认为试验物为自热物质，记录为肯定结果。否则，记录结果为否定。

6.2　试验物质如符合下列条件，则为非 4.2 项物质。

a)　用 100 $mm^3$ 立方体试样在 140℃下试验时取得否定结果；

b) 用 100 $mm^3$ 立方体试样在 140℃下试验时取得肯定结果，用 25 $mm^3$ 立方体试样在 140℃下试验时取得否定结果，用 100 $mm^3$ 立方体试样在 120℃下试验取得否定结果，并且该物质装在体积不大于 3 $m^3$ 的容器内运输；

c) 用 100 $mm^3$ 立方体试样在 140℃下试验时取得肯定结果，用 25 $mm^3$ 立方体试样在 140℃下试验时取得否定结果，用 100 $mm^3$ 立方体试样在 100℃下试验取得否定结果，并且该物质装在体积不大于 450 L 的容器内运输。

6.3 用 25 $mm^3$ 立方体试样在 140℃下试验取得肯定结果的自热物质，划为Ⅱ类包装。

6.4 自热物质如符合下列条件，划为Ⅲ类包装。

a) 用 100 $mm^3$ 立方体试样在 140℃下试验时取得肯定结果，用 25 $mm^3$ 立方体试样在 140℃下试验时取得否定结果，并且该物质装在体积大于 3 $m^3$ 的容器内运输；

b) 用 100 $mm^3$ 立方体试样在 140℃下试验时取得肯定结果，用 25 $mm^3$ 立方体试样在 140℃下试验时取得否定结果，用 100 $mm^3$ 立方体试样在 120℃下试验取得肯定结果，并且该物质装在体积大于 450 L 的容器内运输；

c) 用 100 $mm^3$ 立方体试样在 140℃下试验时取得肯定结果，用 25 $mm^3$ 立方体试样在 140℃下试验时取得否定结果，并且用 100 $mm^3$ 立方体试样在 100℃下试验取得肯定结果。

## 7 试验报告

——试验样品名称、数量、规格；

——生产企业名称；

——试验设备；

——24 h 试验过程中试样温度和烘箱温度及其环境温度、湿度；

——试验结果的记录，以及在试验中观察到的任何有助于解释试验结果的现象；

——试验日期、试验人签字、试验单位盖章。

危险品易燃固体自热试验结果实例见表 1。

**表 1 结果实例**

| 物质 | 烘箱温度/℃ | 立方体尺寸/mm | 达到的最高温度/℃ | 结果 |
| --- | --- | --- | --- | --- |
| 钴/钼催化剂颗粒 | 140 | 100 | >200 | 4.2 项Ⅲ类包装 |
| | 140 | 25 | 181 | |
| 亚乙基双(二硫代氨基甲酸)锰，80%(代森锌锰) | 140 | 25 | >200 | 4.2 项Ⅱ类包装 |
| 亚乙基双(二硫代氨基甲酸)锰与锌盐的络合物，75%(代森锌锰) | 140 | 25 | >200 | 4.2 项Ⅱ类包装 |
| 镍催化剂颗粒，含 70%氢化油 | 140 | 100 | 140 | 非 4.2 项 |
| 镍催化剂颗粒，含 50%白油 | 140 | 100 | >200 | 4.2 项Ⅲ类包装 |
| | 140 | 25 | 140 | |
| 镍/钼催化剂颗粒(废的) | 140 | 100 | >200 | 4.2 项Ⅲ类包装 |
| | 140 | 25 | 150 | |
| 镍/钼催化剂颗粒(纯化的) | 140 | 100 | 161 | 非 4.2 项 |
| 镍/矾催化剂颗粒 | 140 | 25 | >200 | 4.2 项Ⅱ类包装 |

ICS 13.300
A 80

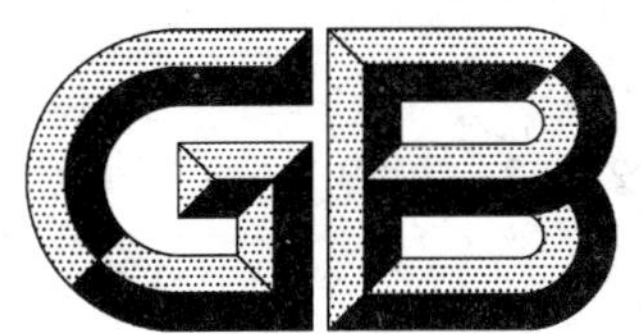

# 中华人民共和国国家标准

GB/T 21613—2008

# 危险品　自加速分解温度试验方法

Dangerous goods—Test method for determination of the accelerating decomposition temperature

2008-04-01 发布　　2008-09-01 实施

中华人民共和国国家质量监督检验检疫总局
中国国家标准化管理委员会　发布

# 前　言

本标准对应于联合国《关于危险货物运输的建议书　规章范本》和联合国《关于危险货物运输的建议书　试验和标准手册》，与其一致性程度为非等效。其有关技术内容与上述手册完全一致，在标准文本格式上按GB/T 1.1—2000做了编辑性修改。

本标准由全国危险化学品管理标准化技术委员会(SAC/TC 251)提出并归口。

本标准负责起草单位：天津市检验检疫科学技术研究院。

本标准参加起草单位：江南大学、中化化工标准化研究所、天津出入境检验检疫局。

本标准主要起草人：于艳军、王利兵、胥传来、李宁涛、王晓兵、赵黎华。

本标准为首次制定。

# 危险品 自加速分解温度试验方法

## 1 范围

本标准规定了危险品自加速分解温度试验的设备和试验步骤、试验报告。

本标准适用于确定物质在特定包装件中发生自加速分解的最低恒定环境温度。

## 2 规范性引用文件

下列文件中的条款通过本标准的引用而成为本标准的条款。凡是注日期的引用文件，其随后所有的修改单(不包括勘误的内容)或修订版均不适用于本标准，然而，鼓励根据本标准达成协议的各方研究是否可使用这些文件的最新版本。凡是不注日期的引用文件，其最新版本适用于本标准。

GB 19458 危险货物危险特性检验安全规范 通则

联合国《关于危险货物运输的建议书 规章范本》

联合国《关于危险货物运输的建议书 试验和标准手册》

## 3 术语和定义

联合国《关于危险货物运输的建议书 规章范本》、联合国《关于危险货物运输的建议书 试验和标准手册》、GB 19458 确立的以及下列术语和定义适用于本标准。

3.1

**自加速分解温度 accelerating decomposition temperature**

物质装在用于运输的容器内可能发生自加速分解的最低温度。

## 4 试验设备

4.1 实验室的结构应当符合下列要求：

——有良好的绝缘；

——提供恒温控制的空气循环，以便使空气温度均匀地保持在预定温度±2℃内；

——包件与墙壁之间的距离至少 100 mm。

4.2 小包件烤炉可以用开顶的 220 L 钢桶制成。包件与炉壁之间应保持 100 mm 的距离。

4.3 大包件烤炉可以用 50 mm×100 mm 木料做成边长 1.2 m 的立方形框架，每一面的里边和外边都镶上 6 mm 厚的防水胶合板并且全部包着 100 mm 厚的纤维玻璃绝缘层。框架的一面由铰接活动连接，以便装入和取出试验桶。底面应当用 50 mm×100 mm 的木料彼此间隔 200 mm 垫着，使试验容器离开底面并使空气能够绕着包件自由流通。系绳板条应与门垂直以便于叉车搬动试验桶。风扇应装在与门相对的一面。气流应从烤炉上角流到放在斜对下角的排气风扇。可用 2.5 kW 的电加热器来加热空气。热电偶应放在空气流入和流出管道内以及烤炉的顶部、中部、底部。

4.4 对于自加速分解温度低于环境温度的物质，试验应在冷却室中进行，或者用固态二氧化碳冷却烤炉。

4.5 包件中装一个热电偶套管以便把热电偶置于包件中央。热电偶套管可以用玻璃、不锈钢或其他适当材料制造，但其放入包件的方式不得降低包件的强度或排气能力。

4.6 试验场所应有防火和防爆炸危险的连续测量和记录温度设备。

4.7 试验应当在适当地防火、防爆炸危险和防毒性烟气的场所，建议离开公路和有人的建筑物一段安全距离，例如 90 m。如果可能有毒性，应保持足够长的安全距离。

## 5 试验步骤

5.1 将包件称量，热电偶插入试验包件中测量试样中心的温度。

5.2 如果所需的烤炉温度低于环境温度，那么在把包件放入烤炉之前，应先将烤炉接通制冷电源使烤炉内部冷却至所需的温度。如果所需的烤炉温度等于或高于环境温度，应在环境温度下将包件放入烤炉，然后将烤炉接通电源。包件与烤炉每一面之间的距离至少应为 100 mm。

5.3 加热试样并连续测量试样和实验室的温度。记下试样温度达到比实验室温度低 2℃的时间。然后试验再继续进行 7 d，或者直到试样温度上升到比实验室温度高 6℃或更多时为止，如果后者较早发生。记下试样温度从比实验室温度低 2℃上升到其最高温度所需的时间。

5.4 试验完成后，将试样冷却并取出实验室。记录温度随时间的变化，如果包件完好无损，记录质量损失百分比并确定成分有无任何变化，试验完毕尽快将试样做安全无害处理。

5.5 如果试样温度没有比烤炉温度高出 6℃以上，则用新的试样在温度高 5℃的烤炉内再进行试验。如果对物质进行试验是为了确定它是否符合自反应物质的自加速分解温度标准，应进行足够次数的试验以便确定 50 kg 包件的自加速分解温度是否为 75℃或更低。

## 6 试验报告

——试验样品名称、数量、规格；

——生产企业名称；

——试验设备；

——记录在试验中观察到的任何有助于解释试验结果的现象；

——自加速分解温度，试验结果取两次试验的平均值；

——试验日期、试验人签字、试验单位盖章。

ICS 13.300
A 80

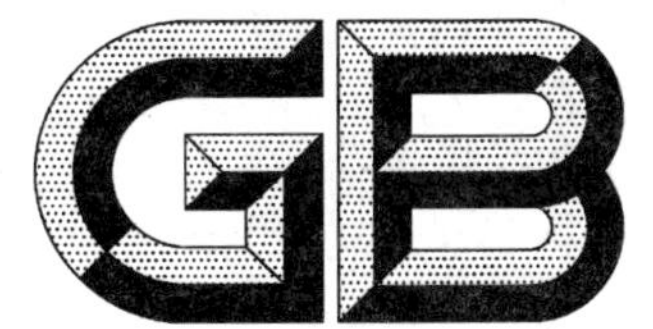

# 中华人民共和国国家标准

GB/T 21614—2008

# 危险品　喷雾剂燃烧热试验方法

Dangerous goods—Test method for heat combustion of spray aerosols

2008-04-01 发布　　2008-09-01 实施

中华人民共和国国家质量监督检验检疫总局
中国国家标准化管理委员会　发布

# 前　言

本标准对应于联合国《关于危险货物运输的建议书　规章范本》和联合国《关于危险货物运输的建议书　试验和标准手册》，与其一致性程度为非等效。其有关技术内容与上述手册完全一致，在标准文本格式上按GB/T 1.1—2000做了编辑性修改。

本标准由全国危险化学品管理标准化技术委员会(SAC/TC 251)提出并归口。

本标准负责起草单位：天津市检验检疫科学技术研究院。

本标准参加起草单位：江南大学、中化化工标准化研究所、天津出入境检验检疫局。

本标准主要起草人：于艳军、赵好力宝、王利兵、周磊、胥传来、王晓兵。

本标准为首次制定。

# 危险品　喷雾剂燃烧热试验方法

## 1　范围

本标准规定了危险品喷雾剂燃烧热试验的试验设备、试验要求、试验步骤和试验报告。

本标准适用于对危险品喷雾剂进行燃烧热的测定。

## 2　规范性引用文件

下列文件中的条款通过本标准的引用而成为本标准的条款。凡是注日期的引用文件，其随后所有的修改单(不包括勘误的内容)或修订版均不适用于本标准，然而，鼓励根据本标准达成协议的各方研究是否可使用这些文件的最新版本。凡是不注日期的引用文件，其最新版本适用于本标准。

ASTM D 240　弹式量热器测定液烃燃料燃烧热的标准试验方法

联合国《关于危险货物运输的建议书　规章范本》

联合国《关于危险货物运输的建议书　试验和标准手册》

## 3　术语和定义

联合国《关于危险货物运输的建议书　规章范本》、联合国《关于危险货物运输的建议书　试验和标准手册》、ASTM D 240 确立的以及下列术语和定义适用于本标准。

3.1

**总燃烧热　gross heat of combustion**

$Q_g$

单位质量的气体燃料在恒容热容中燃烧产生的热量。

3.2

**净燃烧热　net heat of combustion**

$Q_n$

单位质量的燃料在恒压热容中燃烧产生的热量。

## 4　试验设备

试验设备包括热量计、护套、温度计、弹头等应符合 ASTM D 240 的规定。

## 5　试验要求

### 5.1　设备要求

——测定热量计的能量当量；

——用挥发性燃料测试热量计的使用；

——比较压力敏感带和凝胶或矿物油的燃烧热。

### 5.2　环境要求

试验应在温度 20℃～25℃，湿度 30%～80%的环境中进行，避免阳光直射。

## 6　试验步骤

6.1　样品称量。

6.2　向弹头中用吸管加入 1.0 mL 水。

6.3　将氧气调节至室温下氧气的压力(3.0 MPa)。

6.4　调节热量计水的温度。

6.5　对同一样品进行三次测试。

## 7　试验结果

### 7.1　试验结果计算

7.1.1　等温护套中温度的升高值。

7.1.2　隔热护套中温度的升高值。

7.1.3　热化学矫正值。

7.1.4　总燃烧热。

7.1.5　净燃烧热。

### 7.2　试验结果判定

7.2.1　样品为极度易燃:内含85%以上易燃成分,且燃烧热大于或等于30 kJ/g。

7.2.2　样品为非易燃:内含1%以下易燃成分,且燃烧热小于20 kJ/g。

## 8　试验报告

——试验样品名称、数量、规格;

——生产企业名称;

——试验设备;

——试验结果的记录,以及在试验中观察到的任何有助于解释试验结果的现象;

——说明所用试验方法与本标准的差异;

——试验日期、试验人签字、试验单位盖章。